개념탑재
일반기계기사 작업형 실기 도면집

**개념탑재
일반기계기사 작업형 실기 도면집**

| 발 행 | 2025년 10월 20일 초판 1쇄
| 저 자 | 개념탑재팀
| 발 행 처 | 피앤피북
| 발 행 인 | 최영민
| 주 소 | 경기도 파주시 신촌로 16
| 전 화 | 031-8071-0088
| 팩 스 | 031-942-8688
| 전자우편 | pnpbook@naver.com
| 출판등록 | 2015년 3월 27일
| 등록번호 | 제406-2015-31호

ⓒ2025. 개념탑재술 All rights reserved.

정가 : 28,000원

ISBN 979-11-94085-76-8 (93550)

- 이 책의 어느 부분도 저작권자나 발행인의 승인 없이 무단 복제하여 이용할 수 없습니다.
- 파본 및 낙장은 구입하신 서점에서 교환하여 드립니다.

PREFACE

　최근 산업 트렌드는 단순히 도면을 작성하거나 제품을 생산하는 단계를 넘어, 설계에서 제작까지 전 과정을 주도적으로 수행할 수 있는 능력을 중시하고 있습니다. 이러한 흐름 속에서 일반기계기사를 비롯해 전산응용기계제도기능사, 기계설계산업기사와 같은 국가기술자격은 현장의 실무 능력을 객관적으로 검증하는 중요한 기준이 되고 있습니다. 따라서 수험생들이 자격증을 준비하는 과정에서 체계적이고 실질적인 학습 자료가 무엇보다 필요합니다.

　이 도면집에는 기계설계 분야 작업형 실기 시험에서 빈번히 다루어지는 유형의 도면을 엄선해 수록하였습니다. 특히 2025년 개정된 최신 KS 표현법을 반영하여, 수험생들이 최신 기준에 맞춘 제도 방식을 정확히 익히고 실전에 가까운 연습을 할 수 있도록 구성하였습니다.

　아울러 수록된 도면 중 일부는 유튜브 채널 'TOP JAE 개념탑재술'을 통해 동영상 강의를 제공할 예정입니다. 이를 통해 수험자 여러분은 도면집의 내용을 보다 직관적으로 이해하고, 학습 효과를 한층 높일 수 있을 것입니다.

　이 도면집이 기계설계 분야 국가기술자격을 준비하는 모든 수험생들에게 실질적인 학습 자료로 활용되기를 바라며, 수험자 여러분이 꾸준한 연습을 통해 실전 감각을 기르고, 더 나아가 현장에서 요구되는 전문 역량을 한층 강화하는 데 도움이 되기를 기대합니다.

2025년 10월
저자 일동

- 개념탑재술 Youtube 채널 : https://www.youtube.com/@TOPJAE
- 개념탑재술 네이버 카페 : https://cafe.naver.com/topjae
- 개념탑재 Instagram : https://www.instagram.com/cad_topcenter

CHAPTER. 01 기계설계 분야 자격시험 알아보기   6

CHAPTER. 02 작업형 실기 도면   14

01	동력전달장치-1	16	16	동력전달장치-16	106
02	동력전달장치-2	22	17	편심구동장치-1	112
03	동력전달장치-3	28	18	편심구동장치-2	118
04	동력전달장치-4	34	19	편심구동장치-3	124
05	동력전달장치-5	40	20	편심구동장치-4	130
06	동력전달장치-6	46	21	드릴지그-1	136
07	동력전달장치-7	52	22	드릴지그-2	142
08	동력전달장치-8	58	23	드릴지그-3	148
09	동력전달장치-9	64	24	드릴지그-4	154
10	동력전달장치-10	70	25	드릴지그-5	160
11	동력전달장치-11	76	26	드릴지그-6	166
12	동력전달장치-12	82	27	드릴지그-7	172
13	동력전달장치-13	88	28	드릴지그-8	178
14	동력전달장치-14	94	29	드릴지그-9	184
15	동력전달장치-15	100	30	드릴지그-10	190

CONTENTS

31 드릴지그-11   196
32 바이스-1   202
33 바이스-2   208
34 바이스-3   214
35 에어 클램프-1   220
36 에어 클램프-2   226
37 기어 펌프-1   232
38 기어 펌프-2   238
39 기어 펌프-3   244
40 기어 펌프-4   250

41 기어 펌프-5   256
42 기어 펌프-6   262
43 기어 박스-1   268
44 기어 박스-2   274
45 동력변환장치-1   280
46 동력변환장치-2   286
47 동력변환장치-3   292
48 동력변환장치-4   298
49 감속기-1   304
50 감속기-2   310

CHAPTER. 03   KS 기계제도 규격   316

CHAPTER. 01

기계설계 분야 작업시험 알아보기

01 전산응용기계제도기능사, 기계설계산업기사, 일반기계기사 실기 차이점

기계설계 분야의 국가기술자격인 전산응용기계제도기능사, 기계설계산업기사 실기 시험과 일반기계기사의 작업형 실기 시험에 대한 차이점을 알아보겠습니다.

1 전산응용기계제도기능사

주어진 1장의 과제 도면에서 3~5개의 부품에 대한 부품도 및 렌더링 등각 투상도를 제작합니다. 작업 후 제출하는 도면은 총 2장입니다.

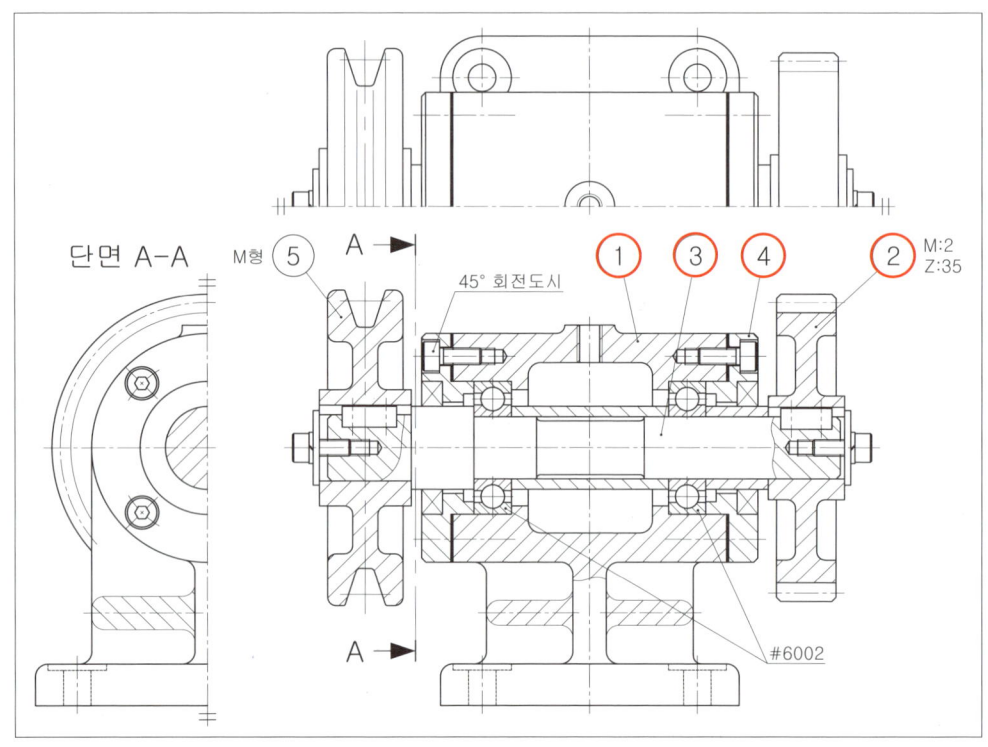

- 과제 도면 : 1장
- 제출 도면 : 2장 / 부품도(2D), 렌더링 등각 투상도(3D)
- 시험 시간 : 5시간

2 기계설계산업기사

주어진 1장의 과제 도면에서 요구된 설계 변경 조건에 따라 3~5개의 부품에 대한 부품도 및 렌더링 등각 투상도를 제작합니다. 작업 후 제출하는 도면은 전산응용기계제도기능사와 같이 총 2장입니다.

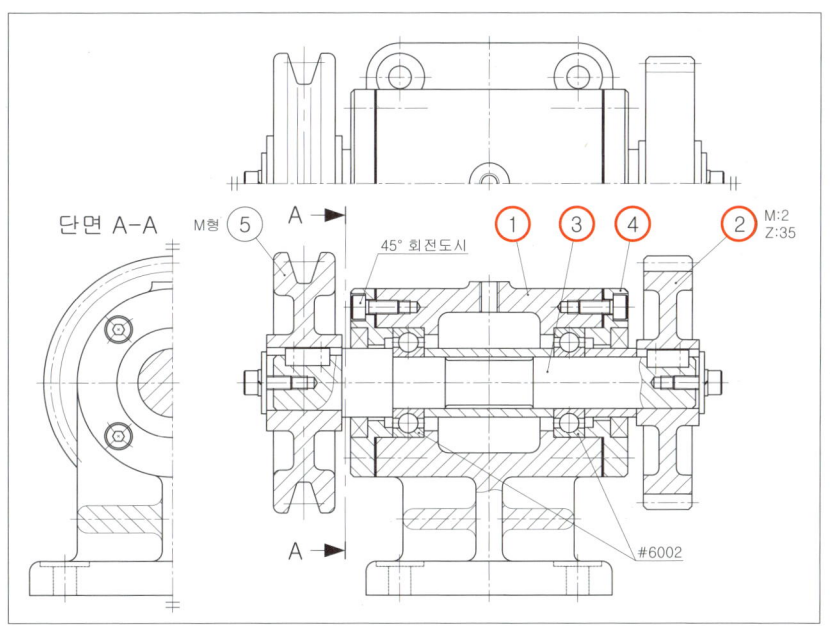

- 과제 도면 : 1장
- 제출 도면 : 2장 / 부품도(2D), 렌더링 등각 투상도(3D)
- 시험 시간 : 5시간 30분
- **설계 변경 작업**

설계 변경 조건(예)
베어링 사양을 6002에서 6003으로 변경하시오.
도면에서 "A"부 치수를 "62"에서 "70"으로 변경하시오.
기어의 잇수를 "35"에서 "40"으로 변경하시오.
"①"번 부품의 볼트 조립부 결합 개소를 "4"개에서 "6"개로 변경하시오.

3 일반기계기사

2장의 과제 도면에서 도면 1장당 1~3개의 부품에 대한 부품도 및 렌더링 등각 투상도를 제작합니다. 작업 후 제출하는 도면은 전산응용기계제도기능사, 기계설계산업기사와 같이 총 2장입니다.

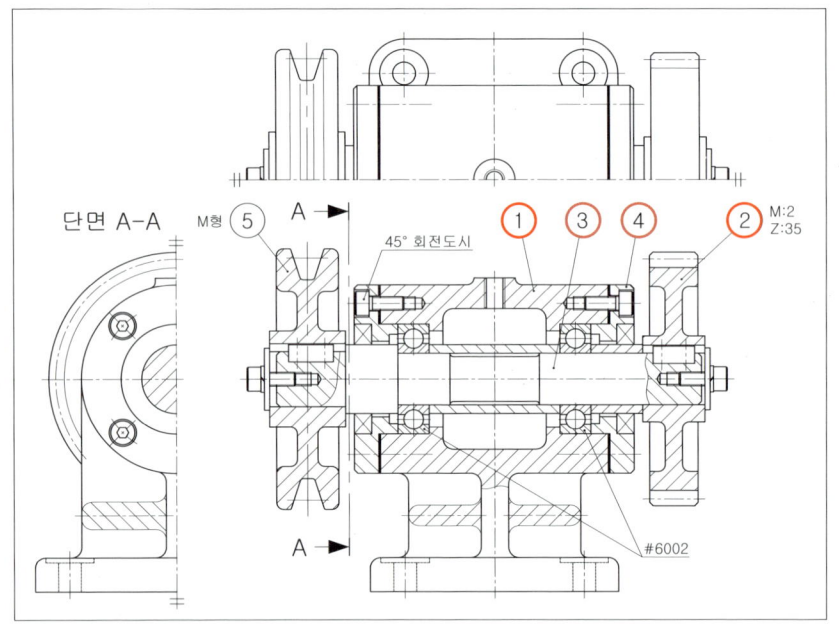 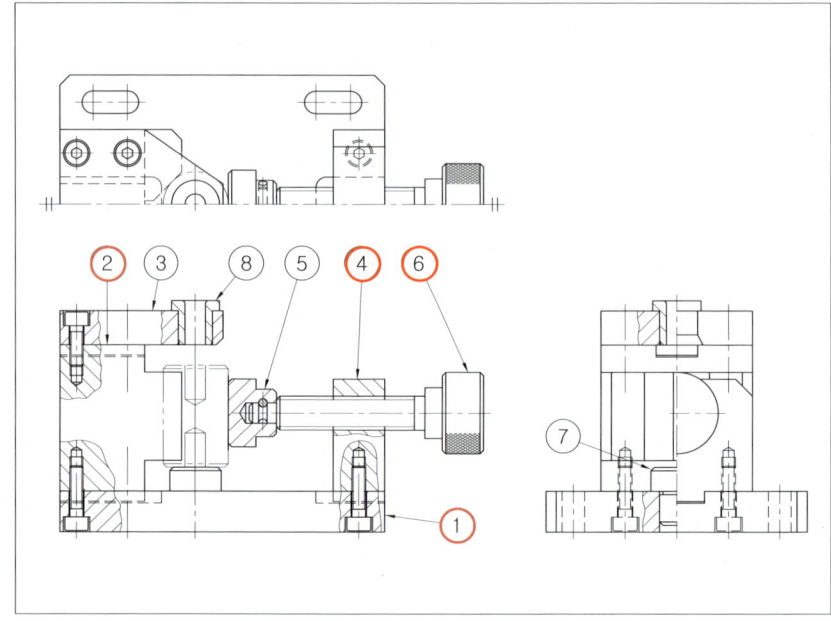

- 과제 도면 : 2장

과제 도면(예)	동력전달장치	드릴지그
A 타입	①, ②	④, ⑥
B 타입	③, ④	①, ②

- 제출 도면 : 2장 / 부품도(2D), 렌더링 등각 투상도(3D)
- 시험 시간 : 5시간

02 전산응용기계제도기능사, 기계설계산업기사 실기 작업 예시

작업 후 제출하는 도면에 대한 예시입니다. 전산응용기계제도기능사와 기계설계산업기사는 설계 변경만 다를뿐 제출하는 도면의 종류 및 갯수는 같습니다.

- 부품도 (2D)

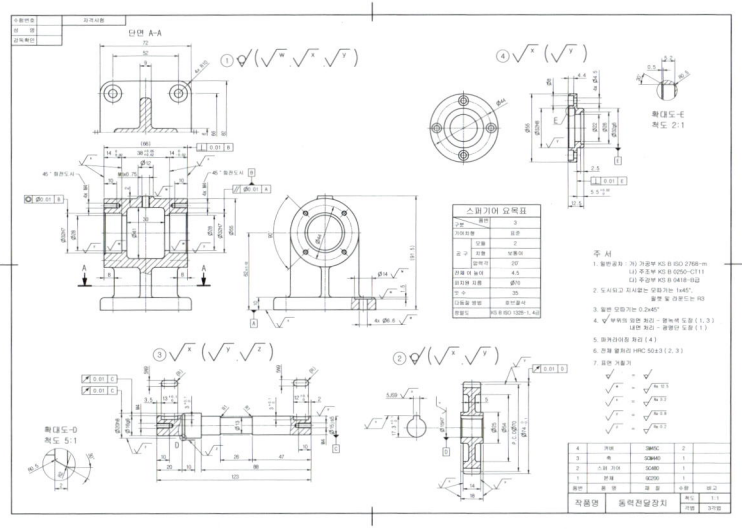

- 렌더링 등각 투상도(3D)

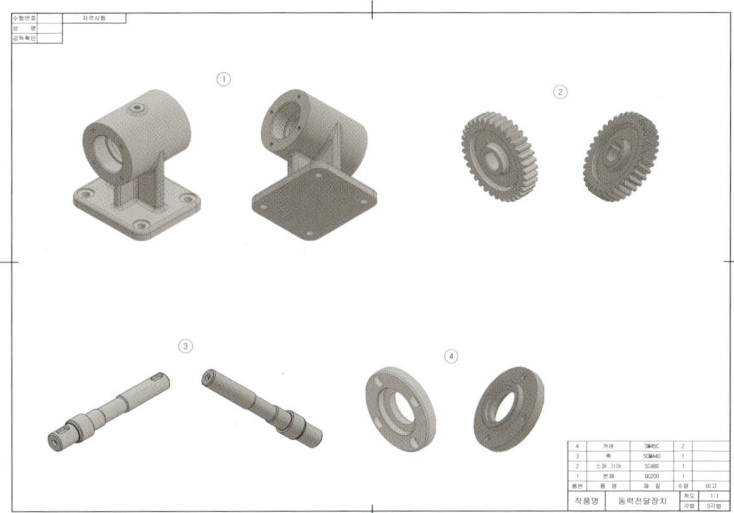

03 일반기계기사 실기 작업 예시

작업 후 제출하는 도면에 대한 예시입니다. 일반기계기사는 과제 도면이 2장이므로 타입별로 다르게 작업된 예시 도면을 참고하시기 바랍니다.

1 A 타입

- 부품도 (2D)

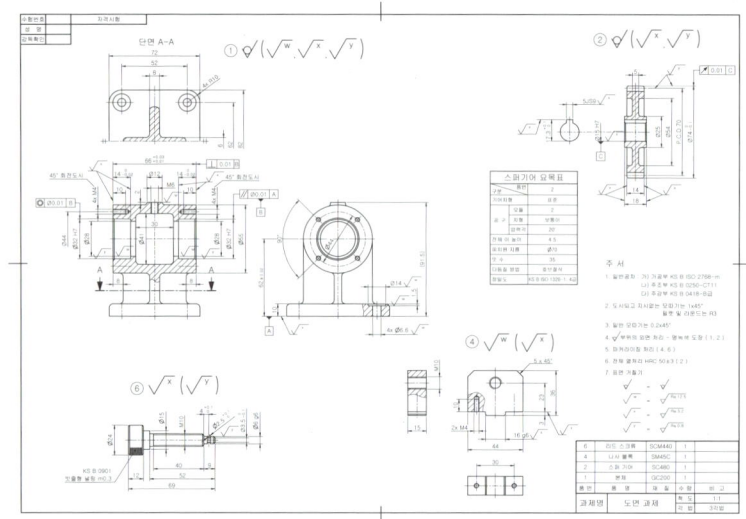

- 렌더링 등각 투상도(3D)

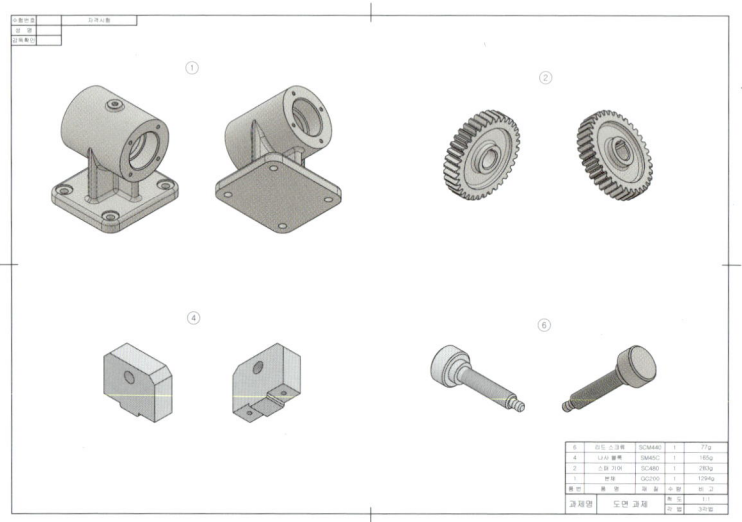

2 B 타입

- 부품도 (2D)

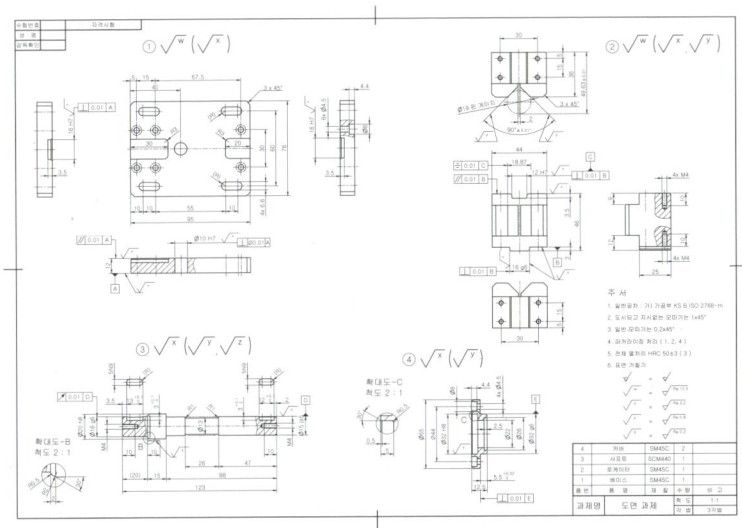

- 렌더링 등각 투상도(3D)

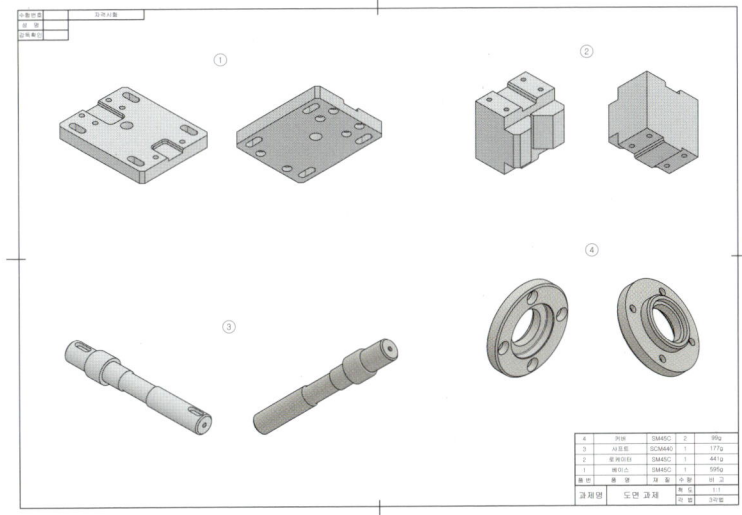

CHAPTER. 02

작업형 실기 도면

● 동력전달장치-1 문제 도면

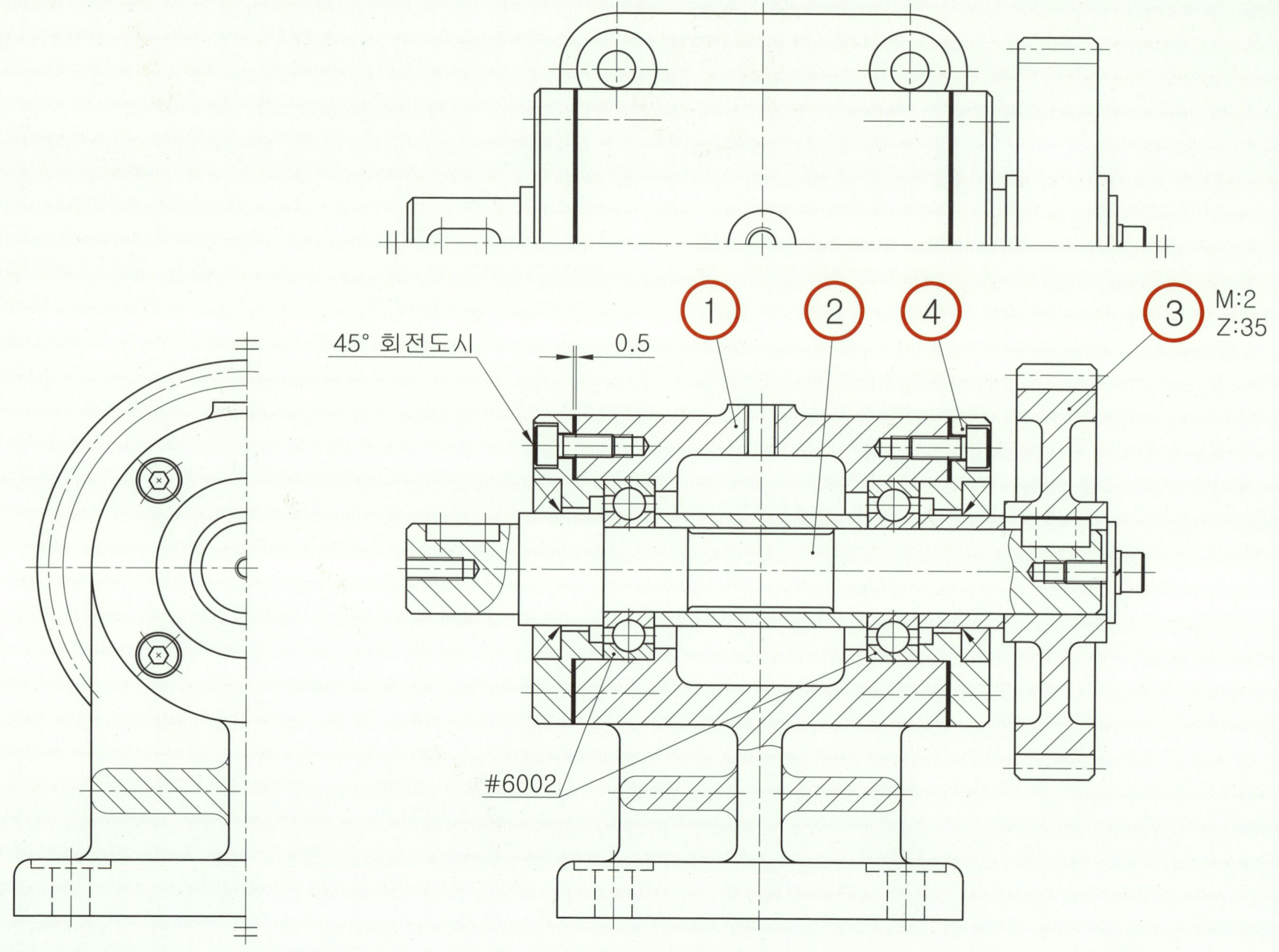

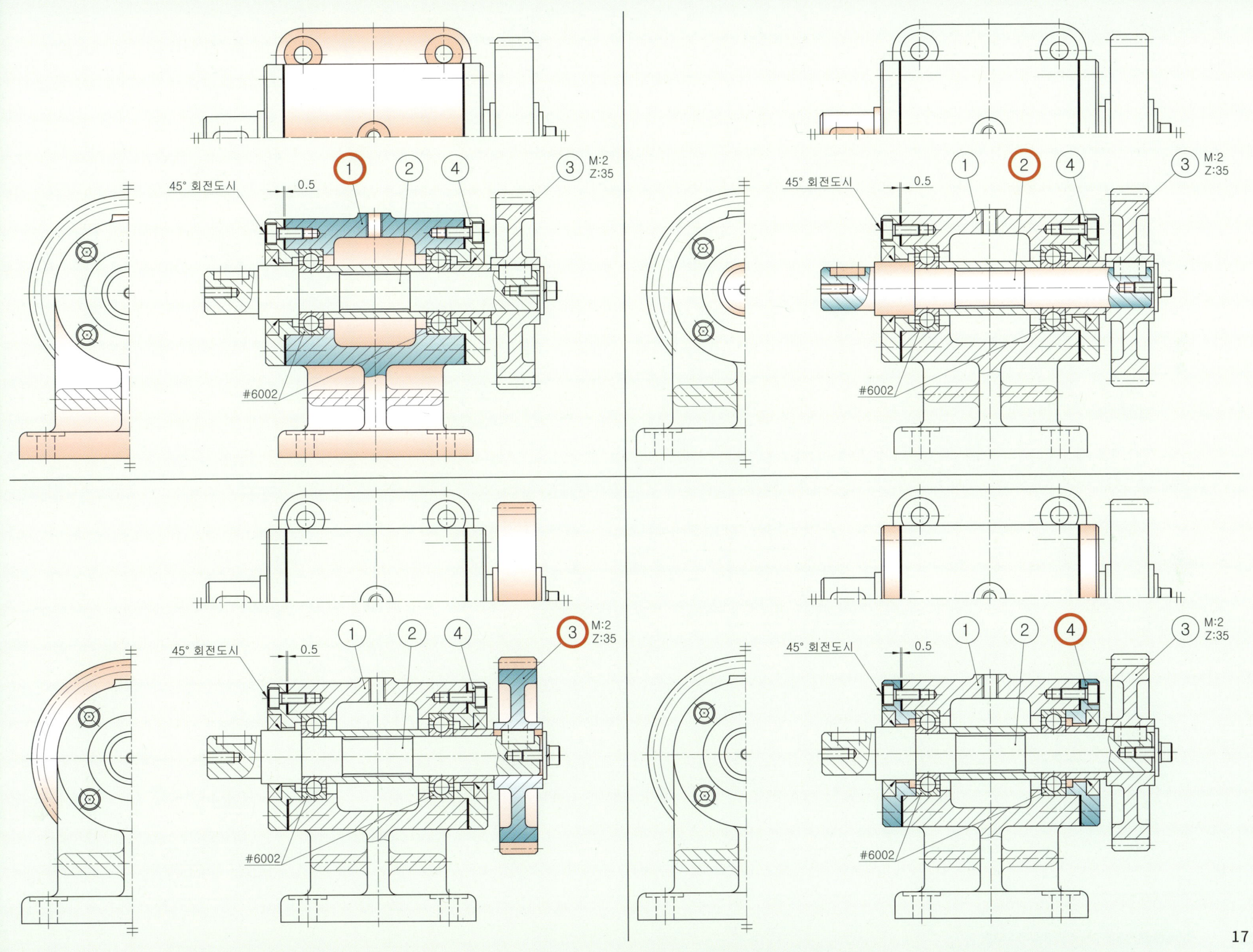

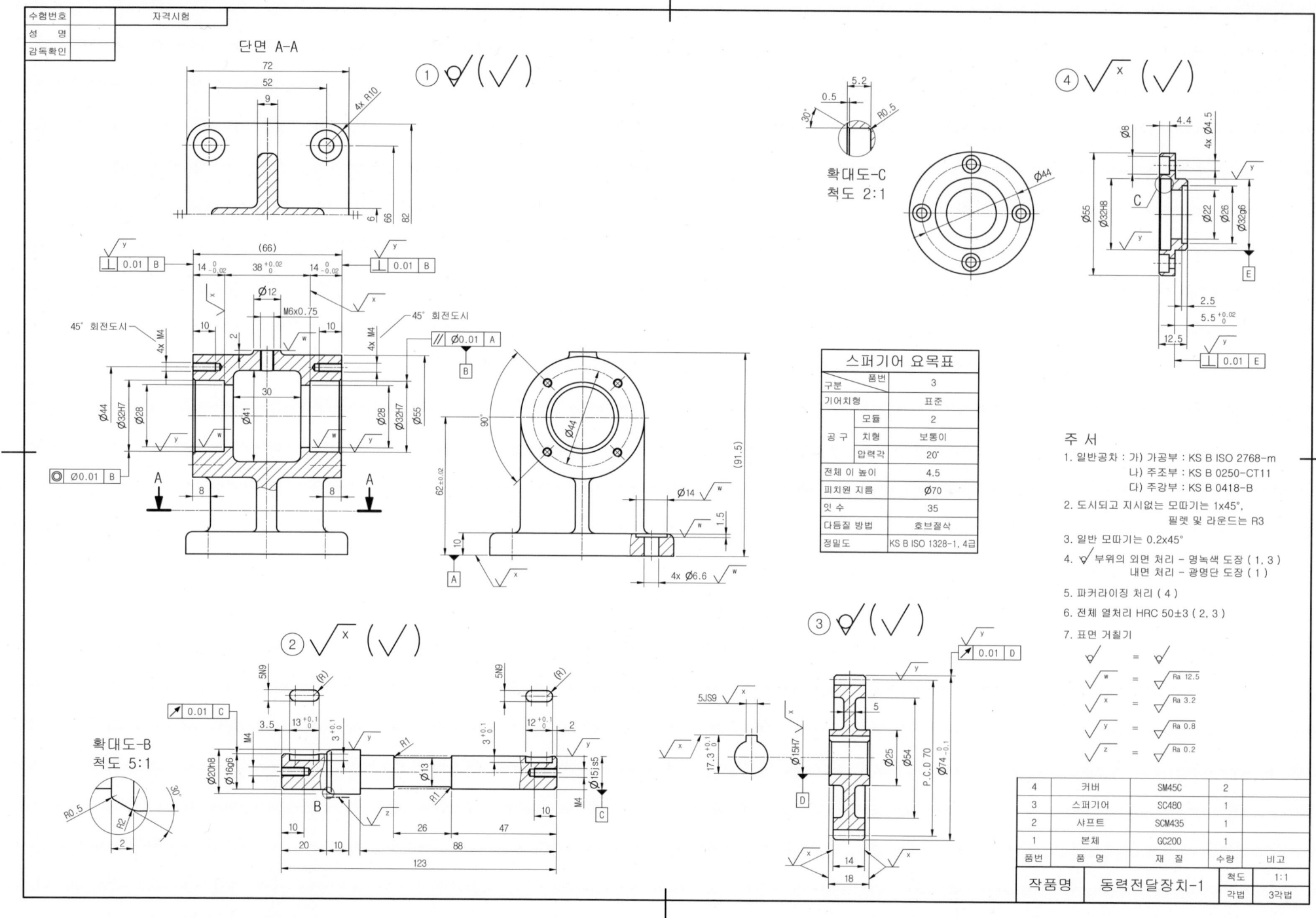

● 동력전달장치-1 등각 투상도

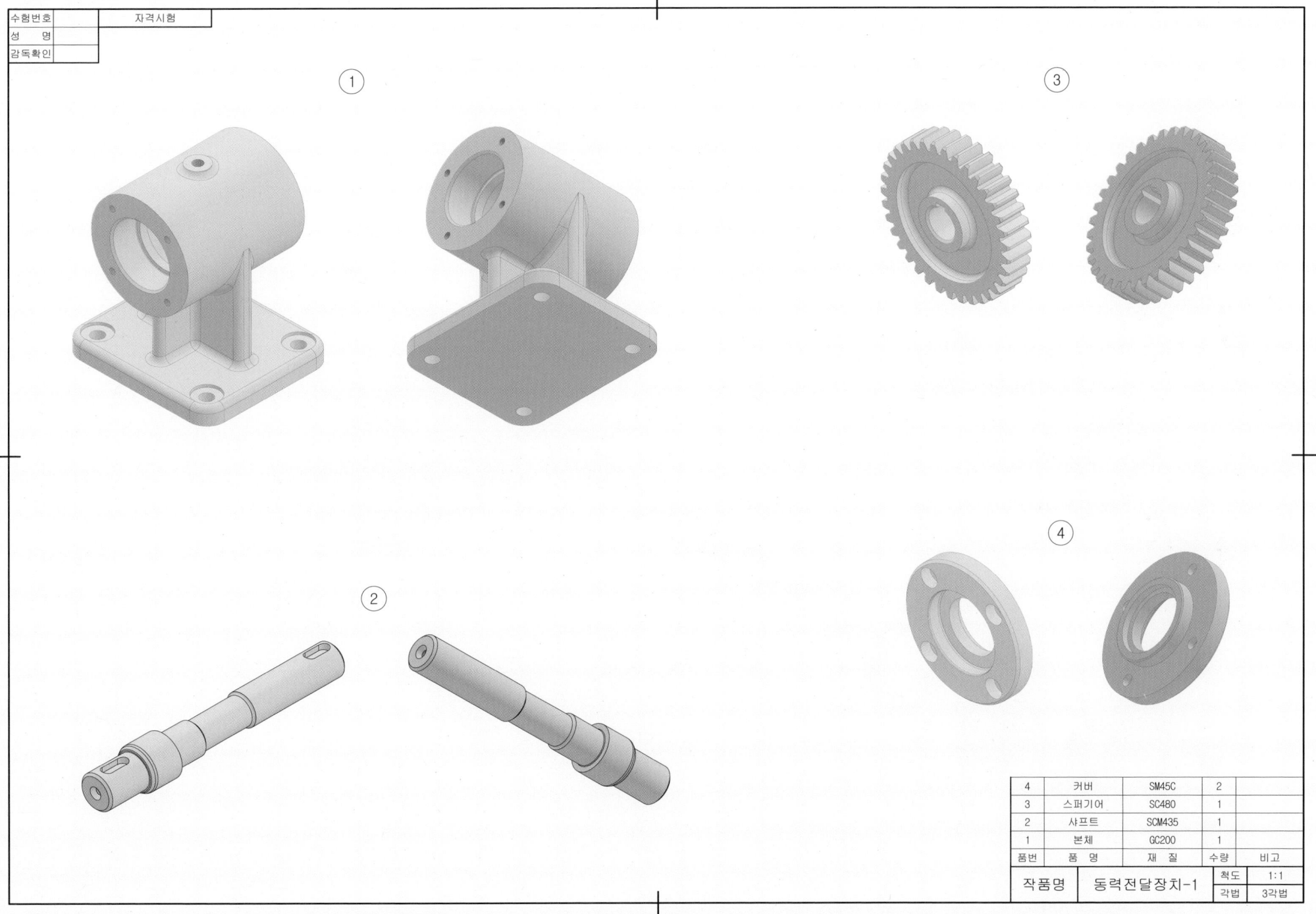

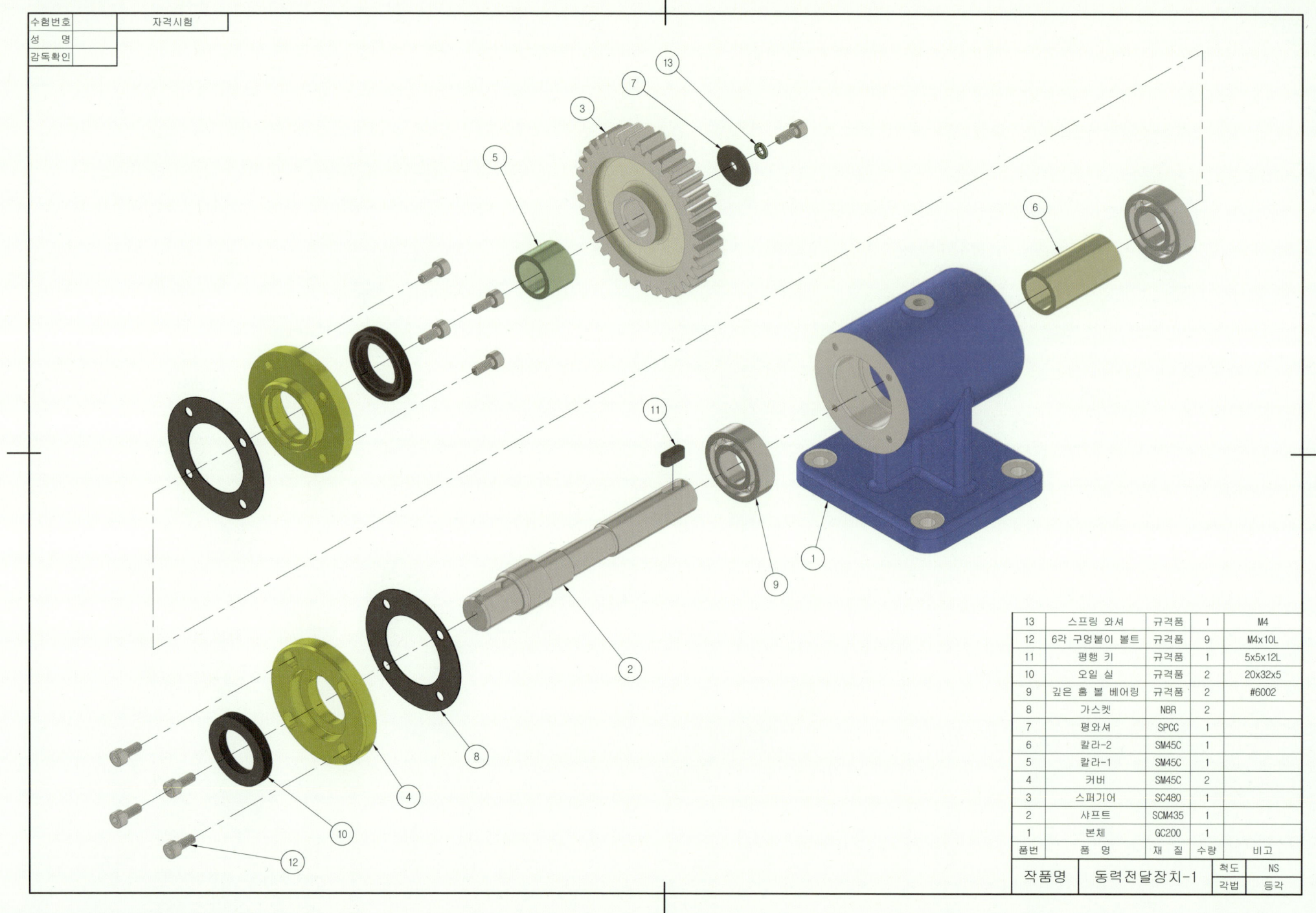

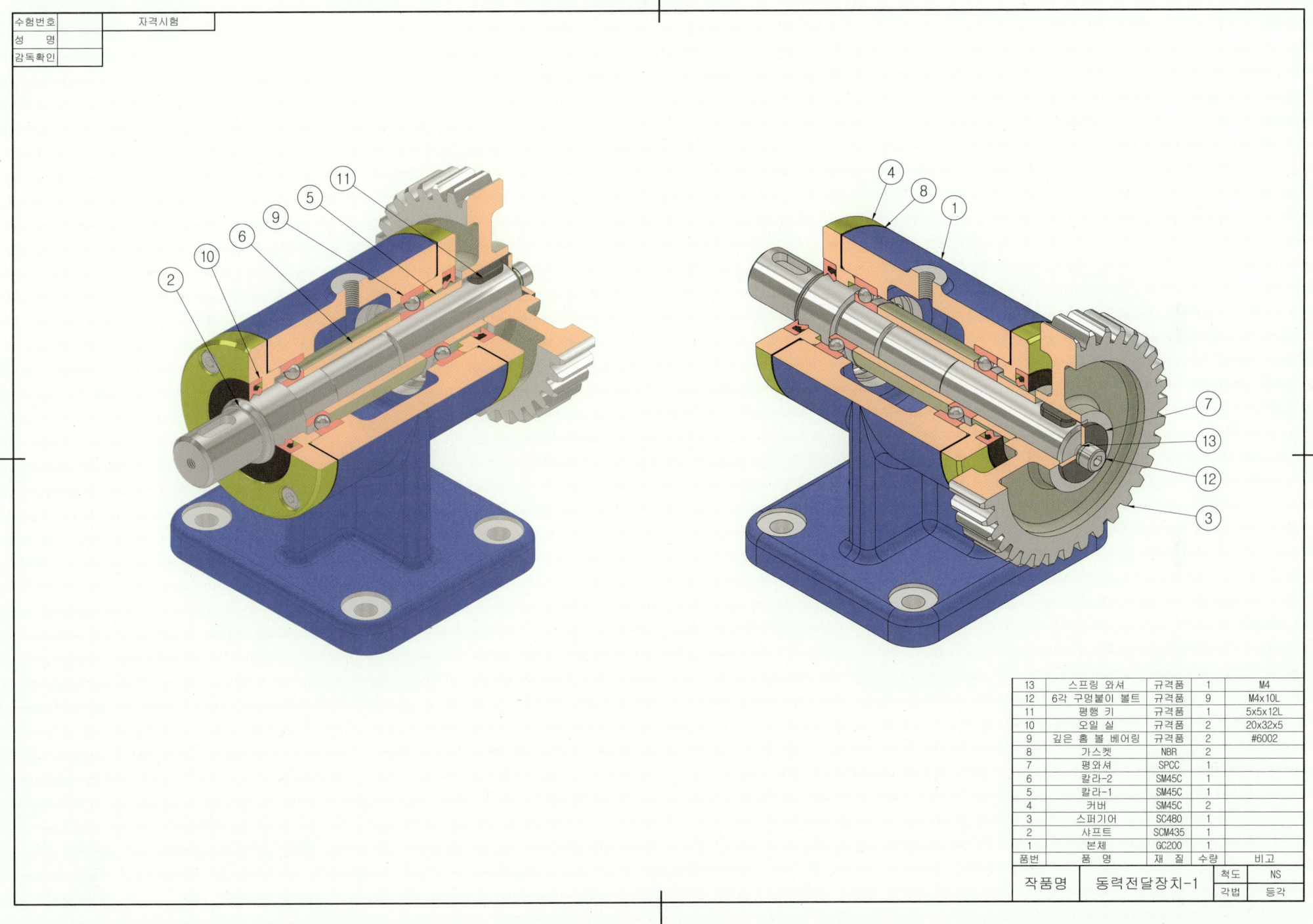

동력전달장치-2 문제 도면

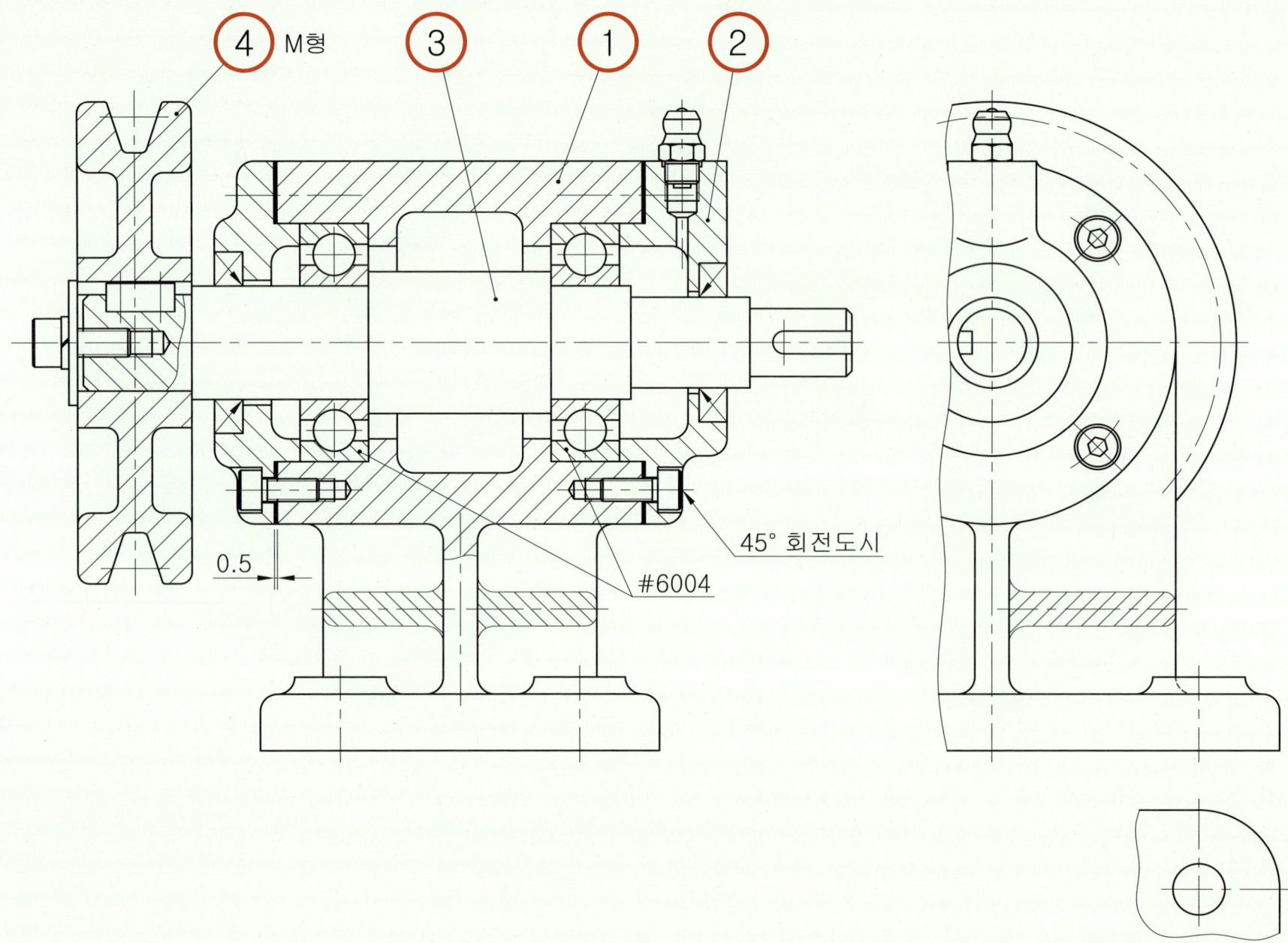

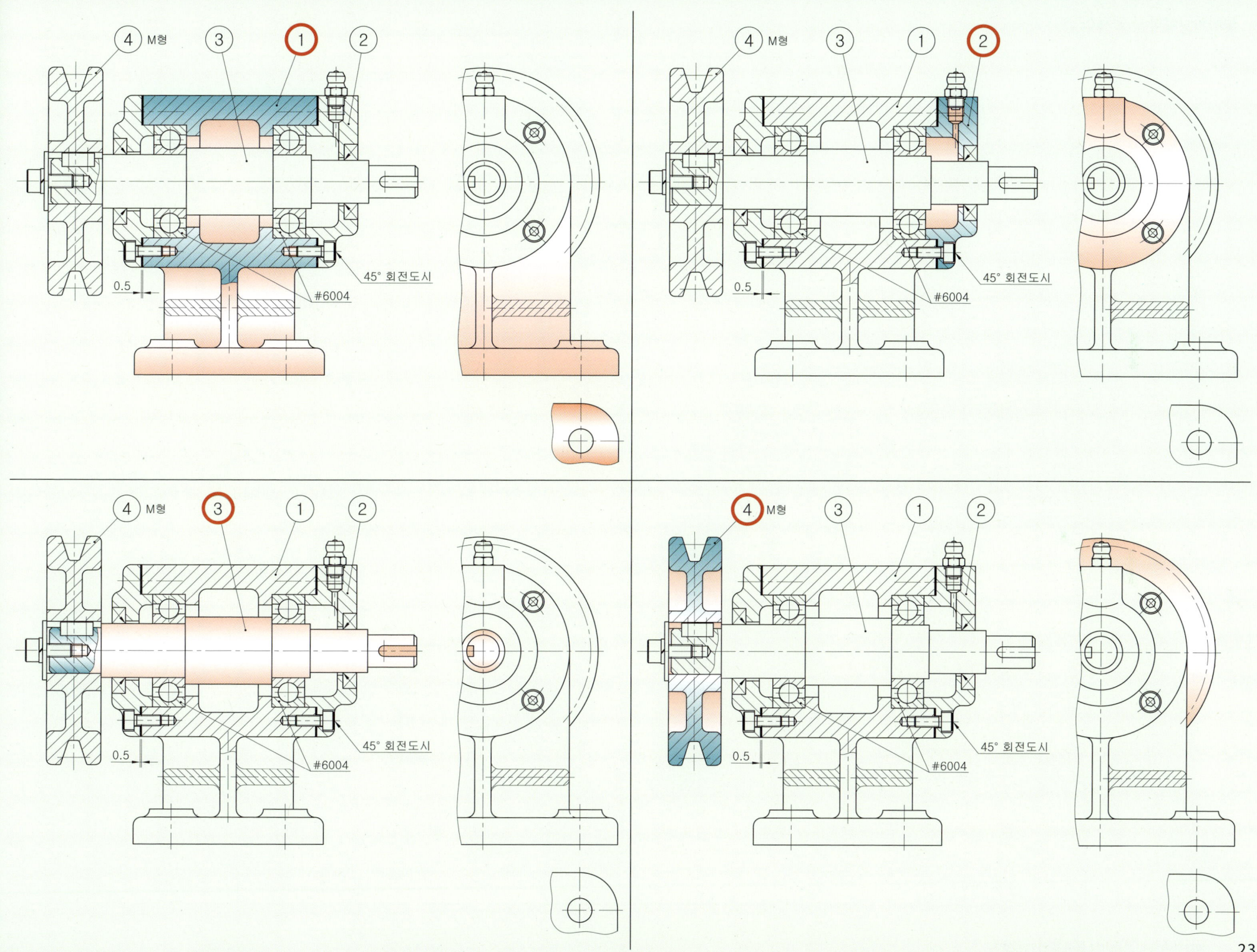

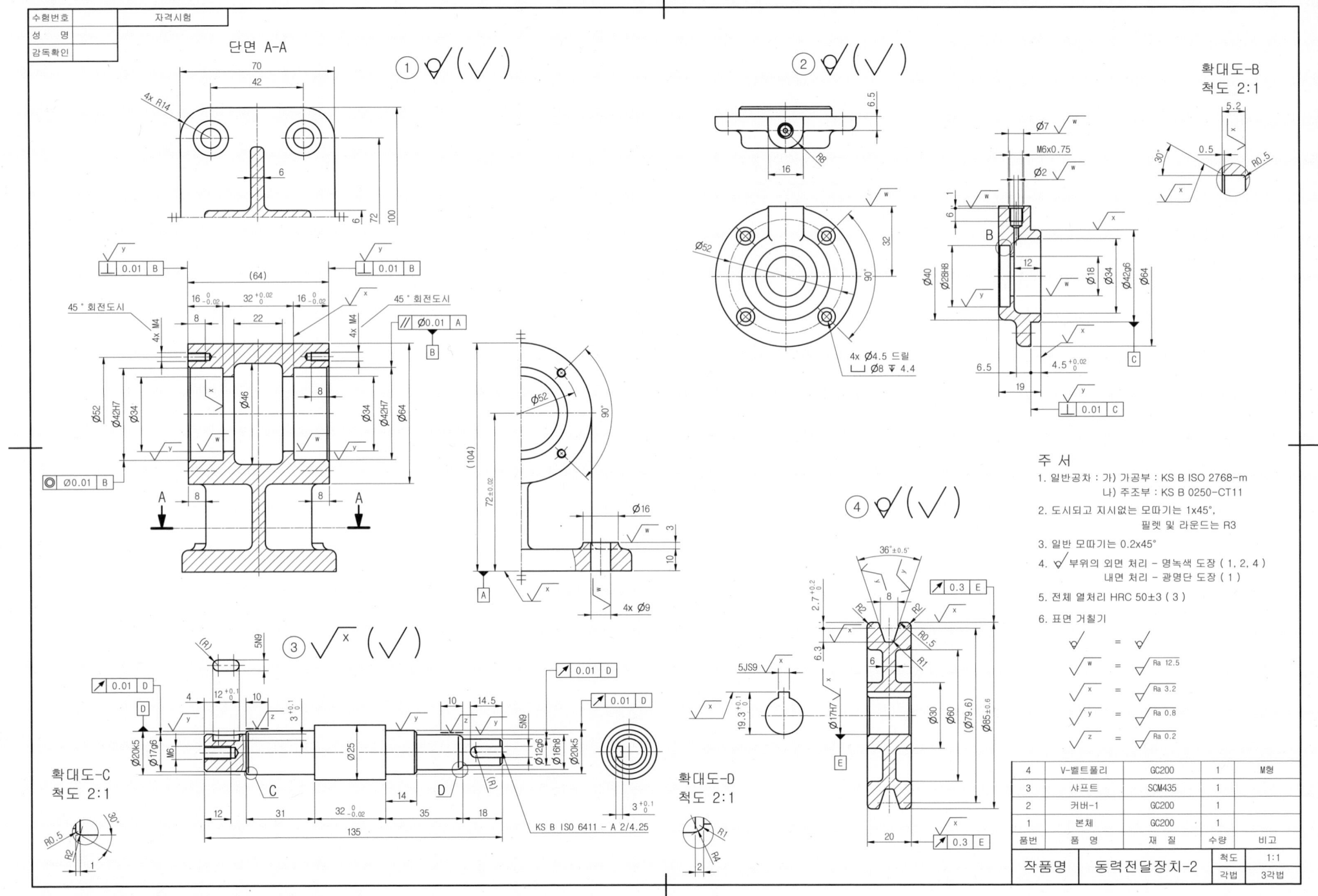

● 동력전달장치-2 등각 투상도

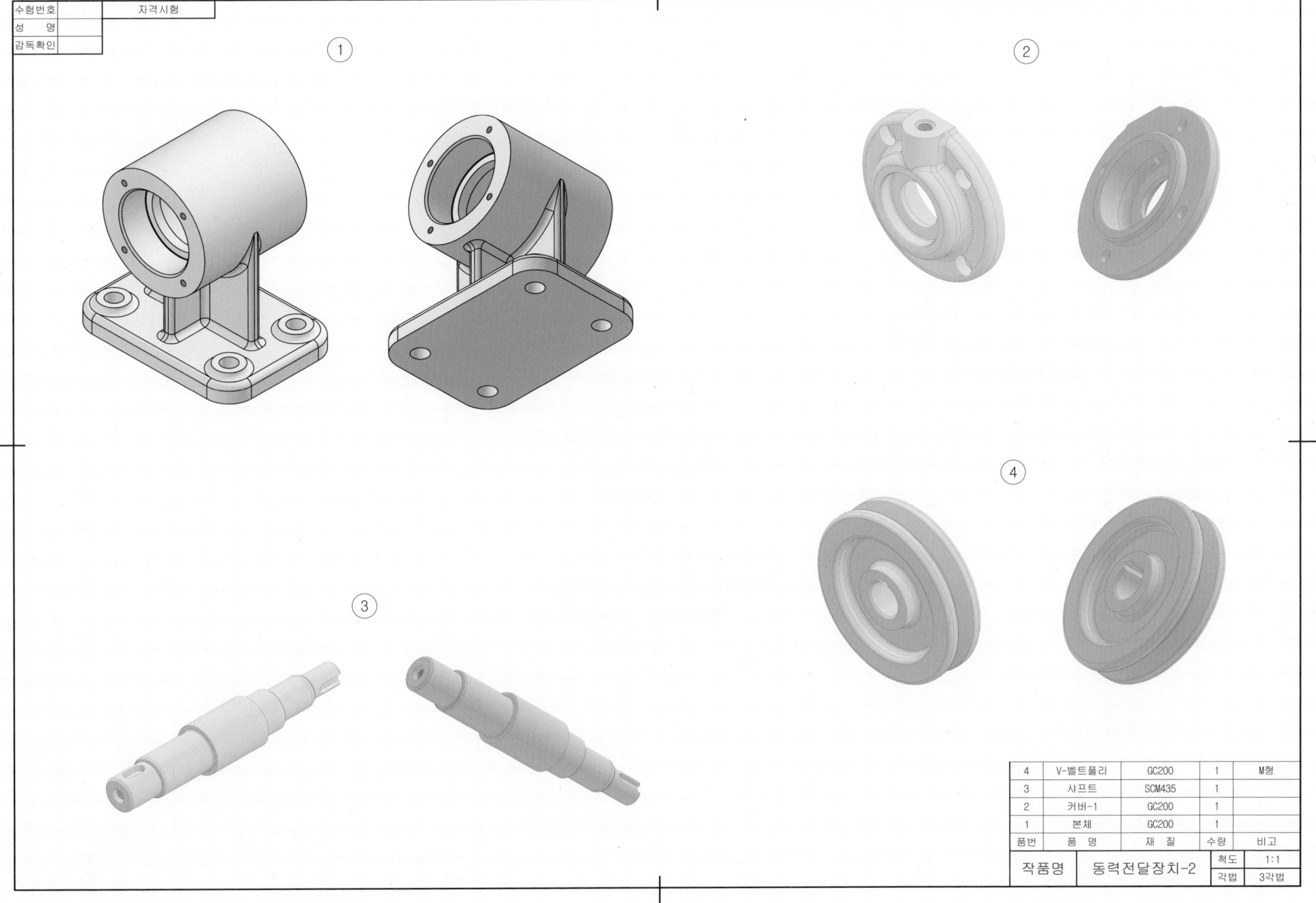

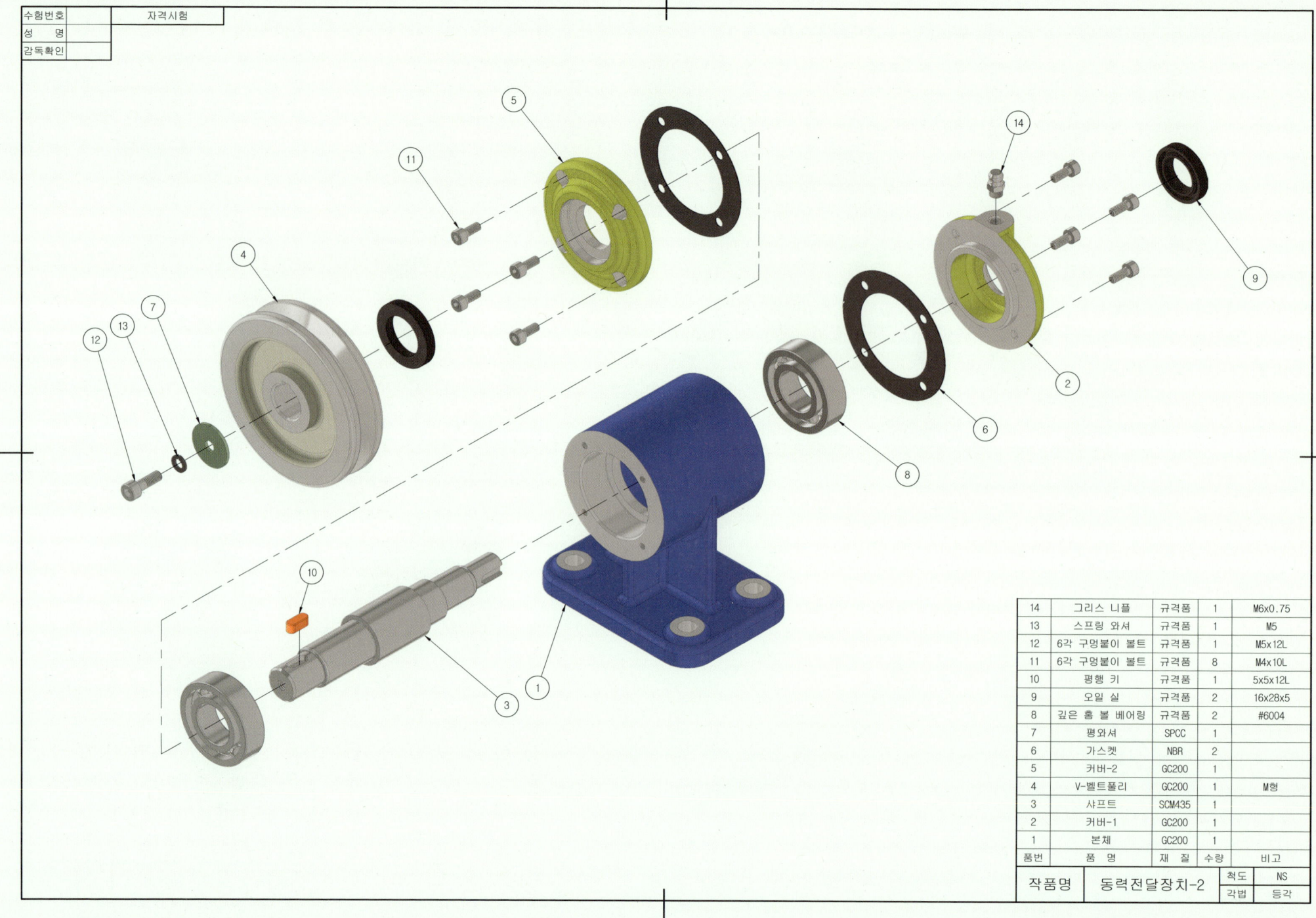

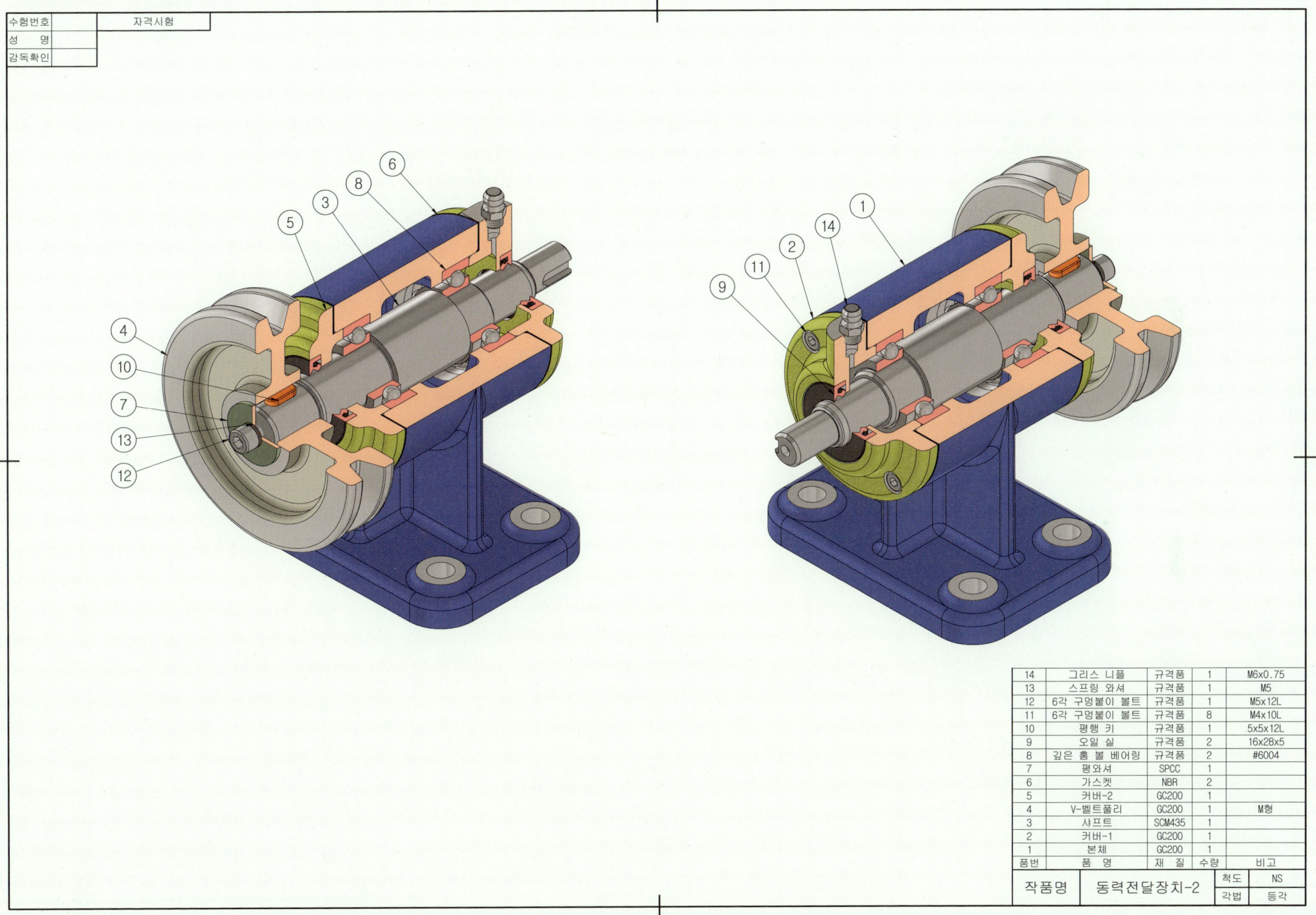

● 동력전달장치-3 문제 도면

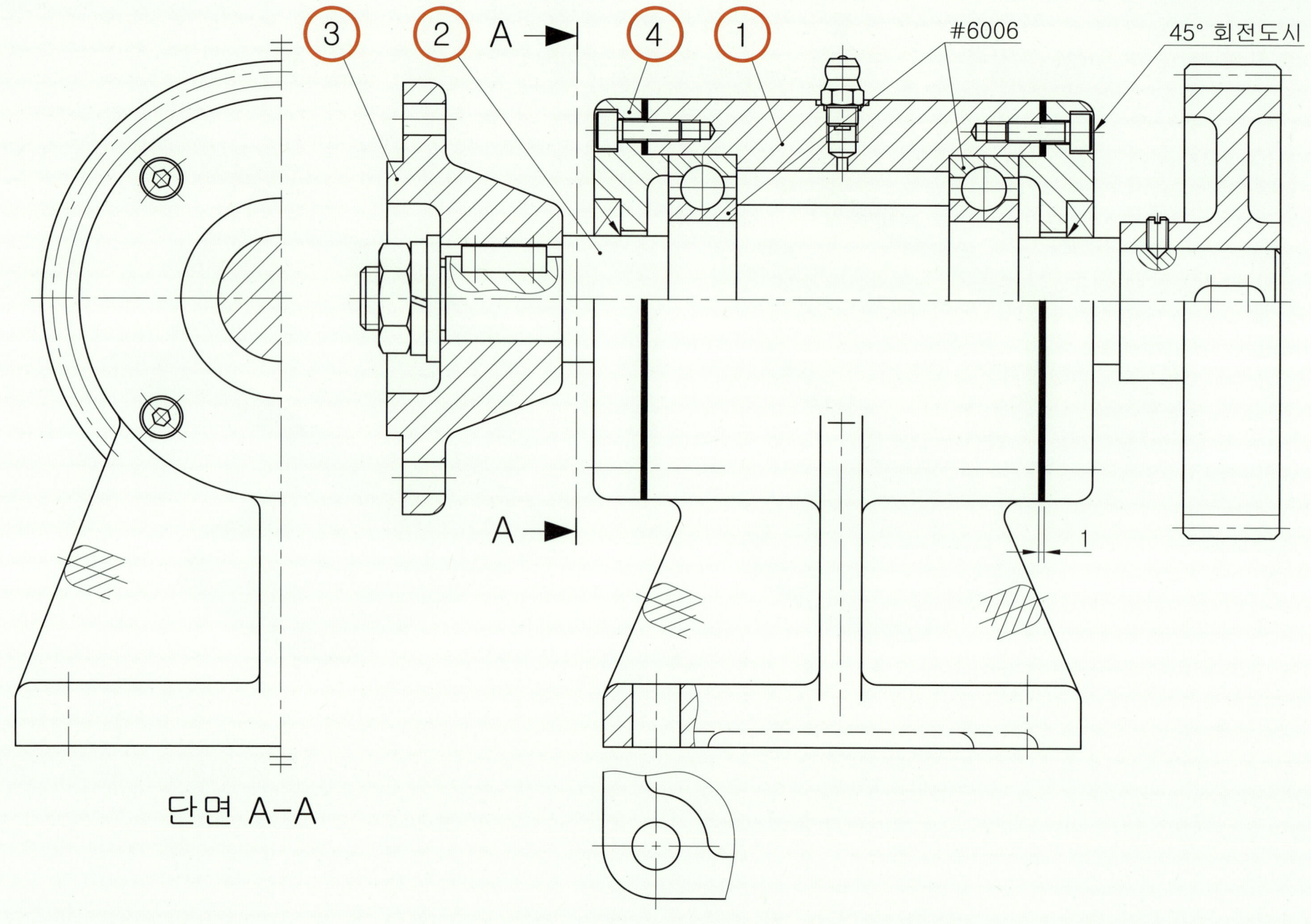

단면 A-A

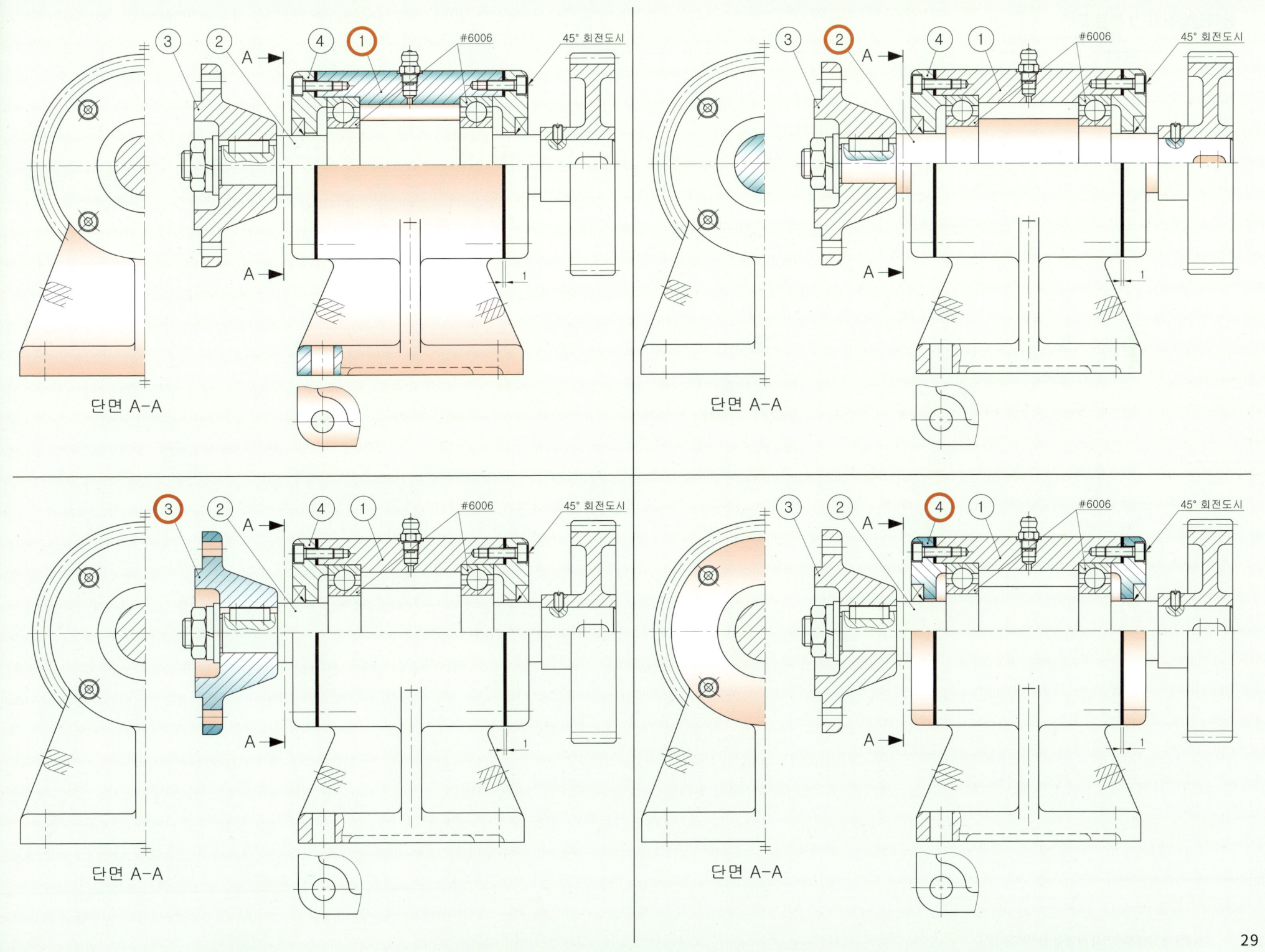

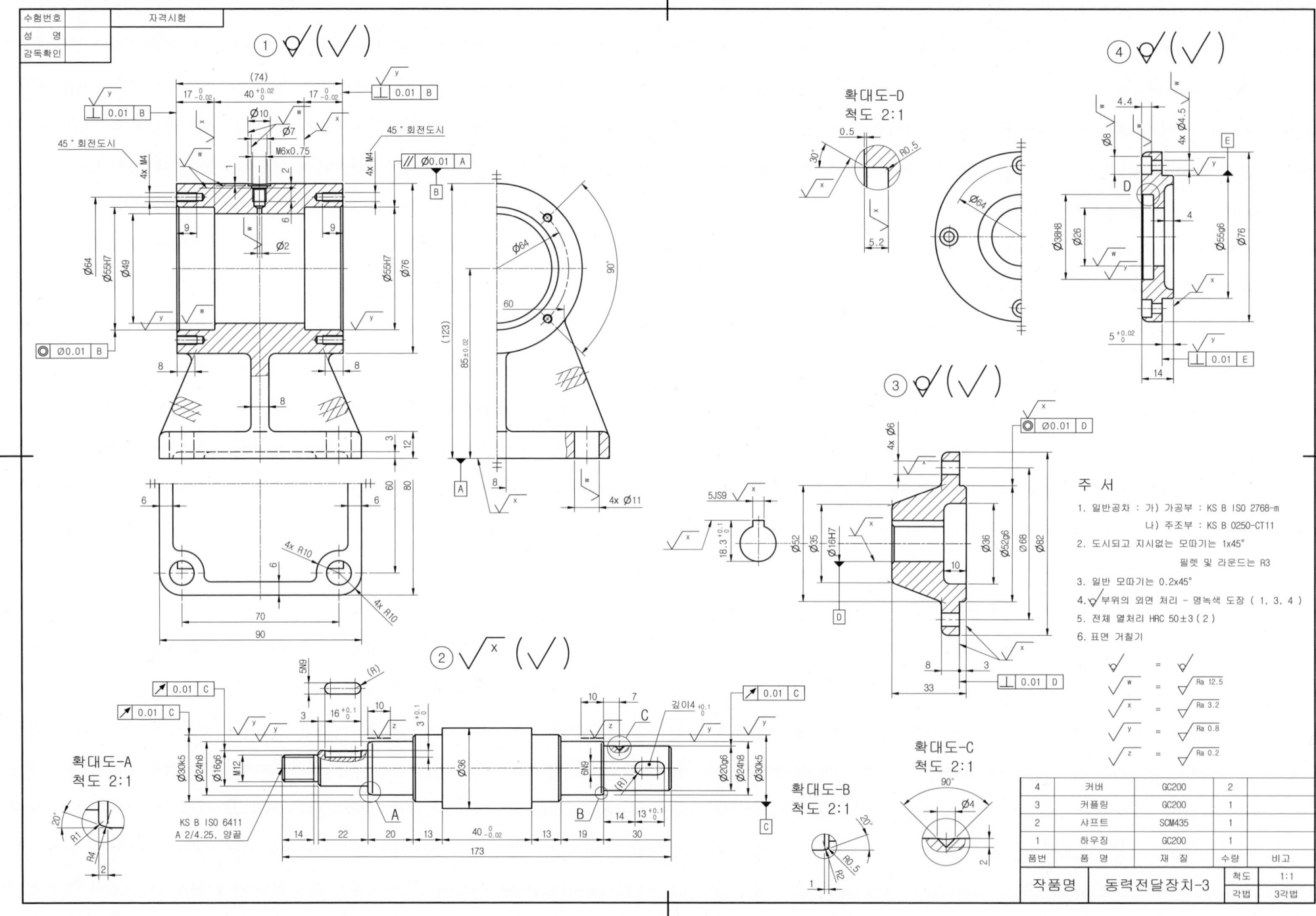

● 동력전달장치-3 등각 투상도

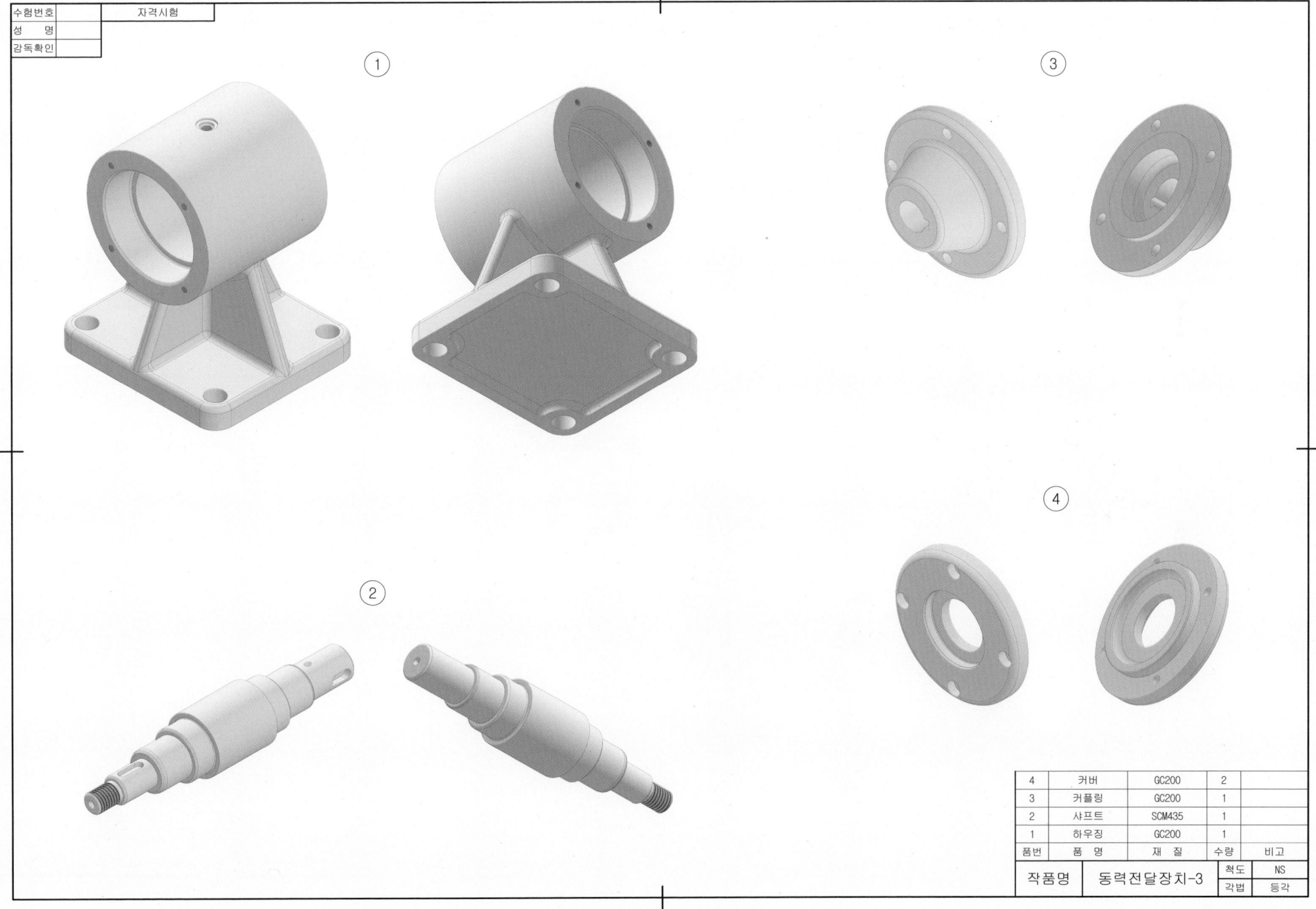

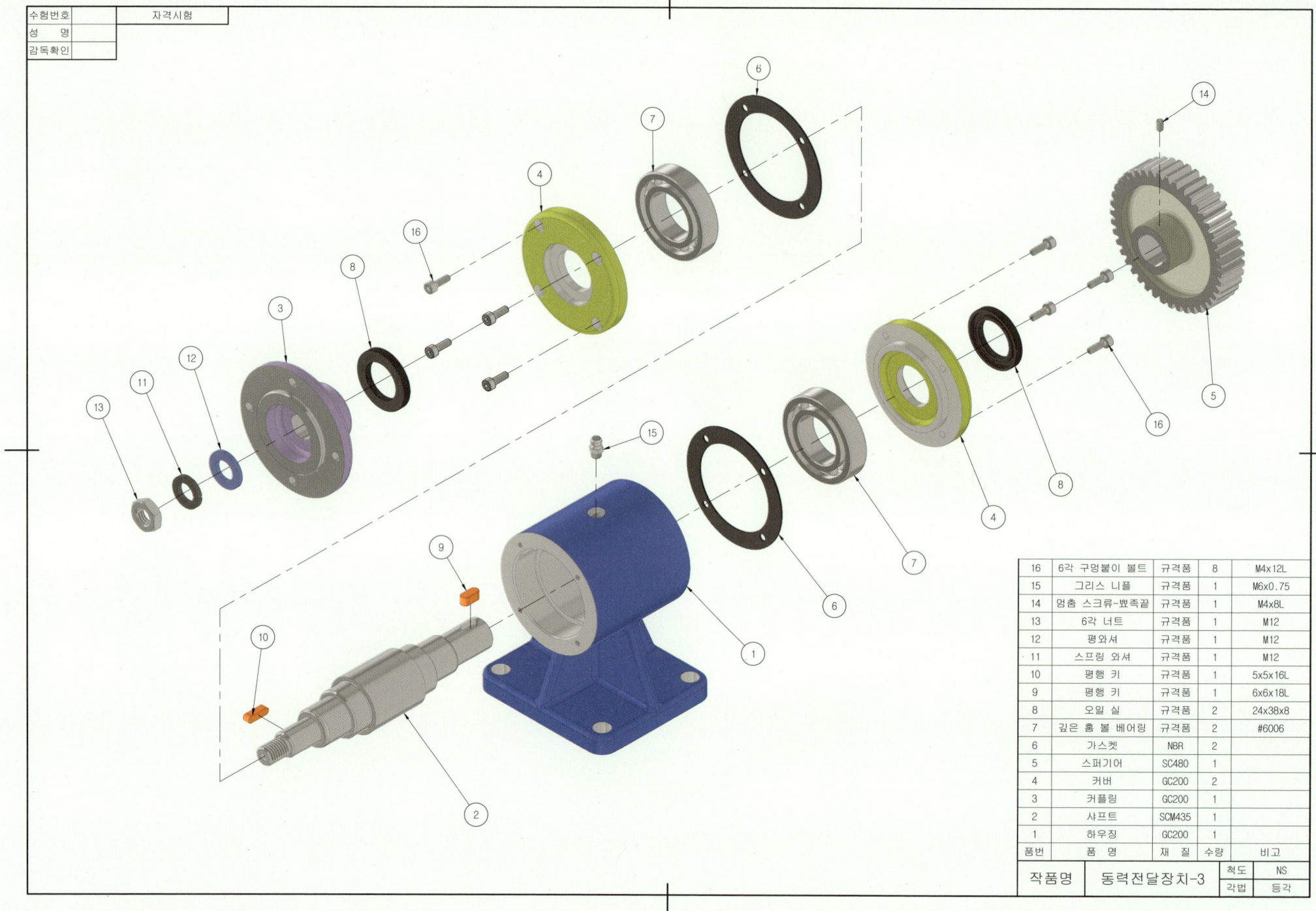

동력전달장치-3 조립도

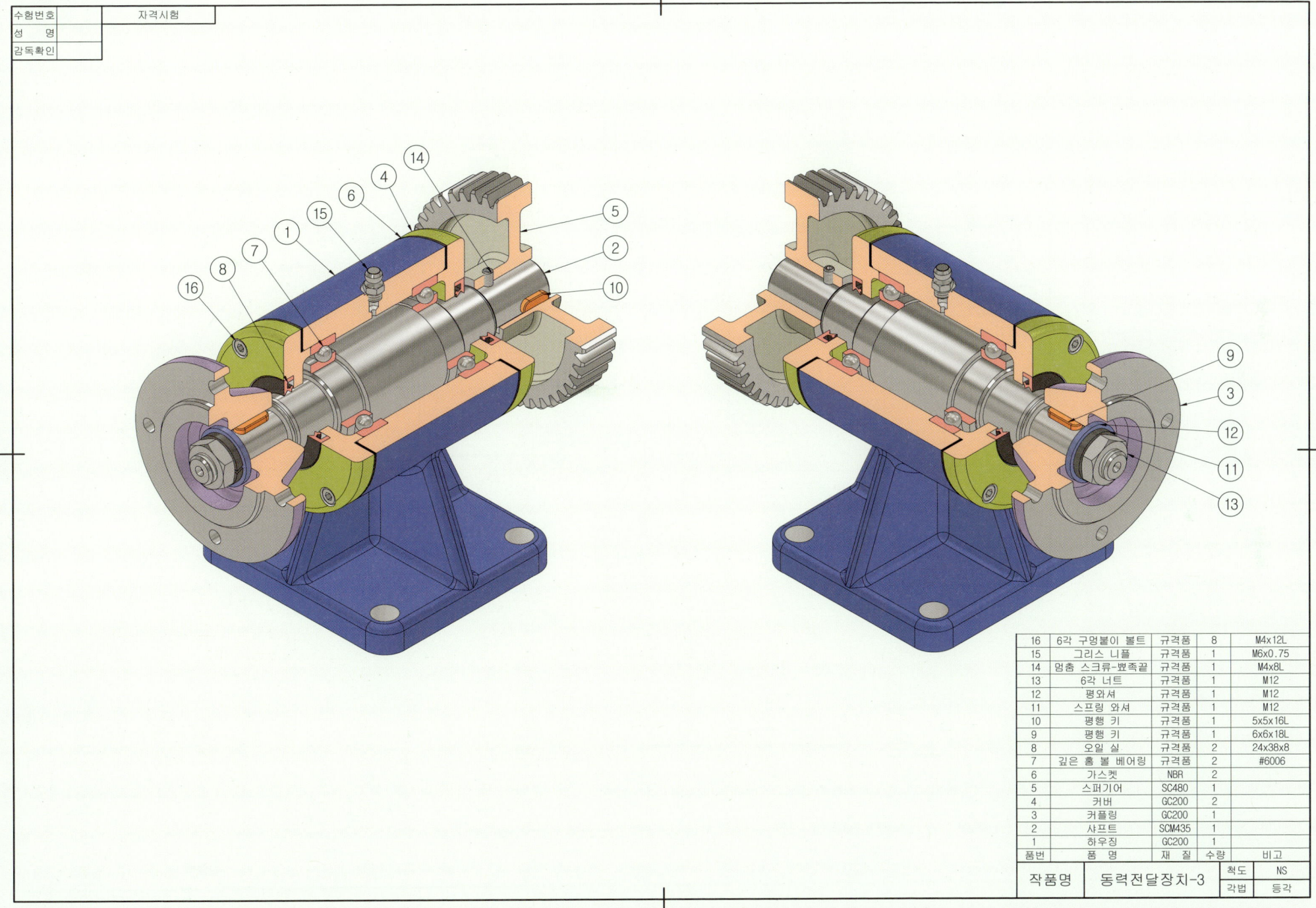

16	6각 구멍붙이 볼트	규격품	8	M4x12L
15	그리스 니플	규격품	1	M6x0.75
14	멈춤 스크류-뾰족끝	규격품	1	M4x8L
13	6각 너트	규격품	1	M12
12	평와셔	규격품	1	M12
11	스프링 와셔	규격품	1	M12
10	평행 키	규격품	1	5x5x16L
9	평행 키	규격품	1	6x6x18L
8	오일 실	규격품	2	24x38x8
7	깊은 홈 볼 베어링	규격품	2	#6006
6	가스켓	NBR	2	
5	스퍼기어	SC480	1	
4	커버	GC200	2	
3	커플링	GC200	1	
2	샤프트	SCM435	1	
1	하우징	GC200	1	
품번	품 명	재 질	수량	비고

작품명	동력전달장치-3	척도	NS
		각법	등각

동력전달장치-4 문제 도면

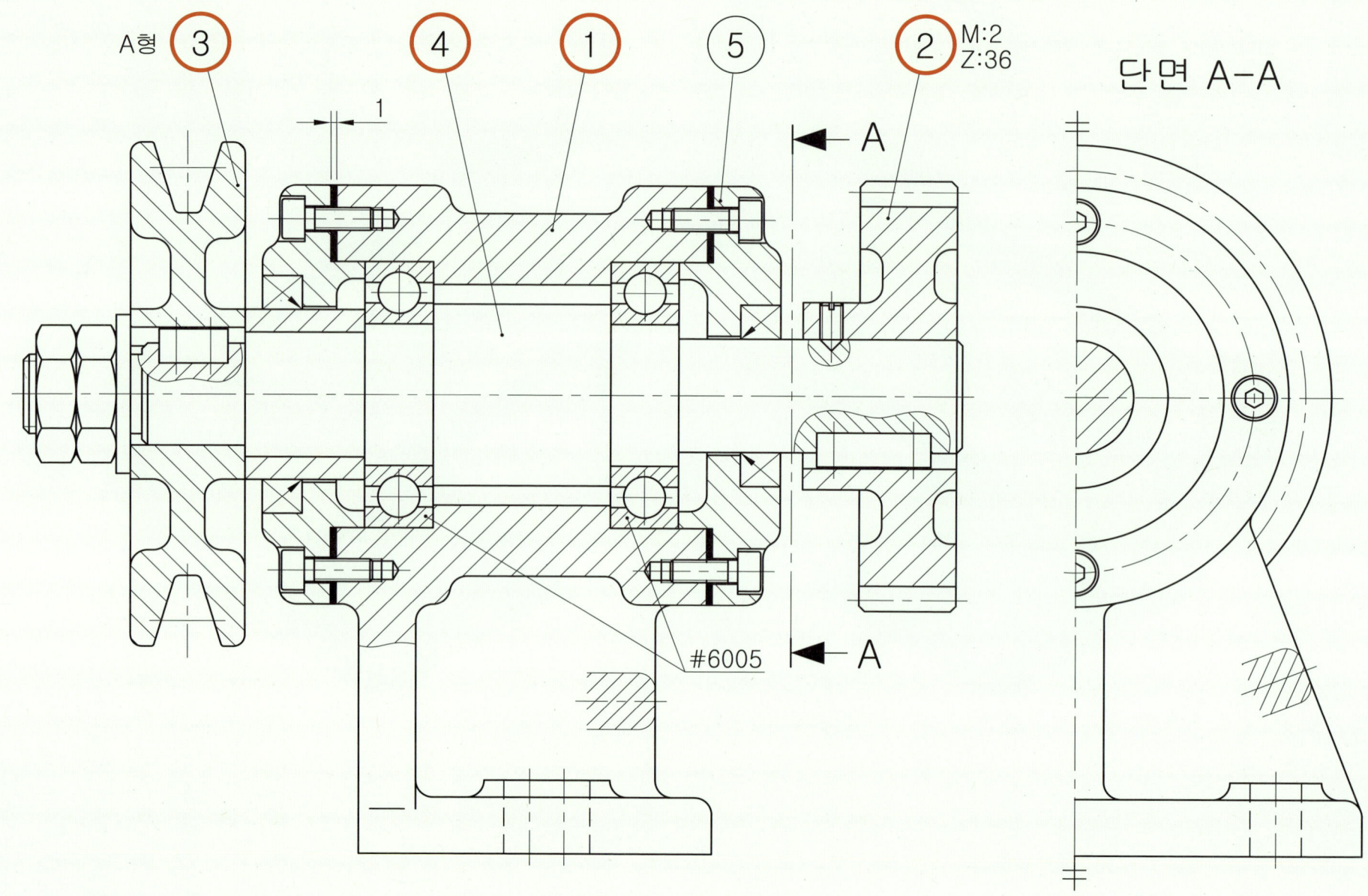

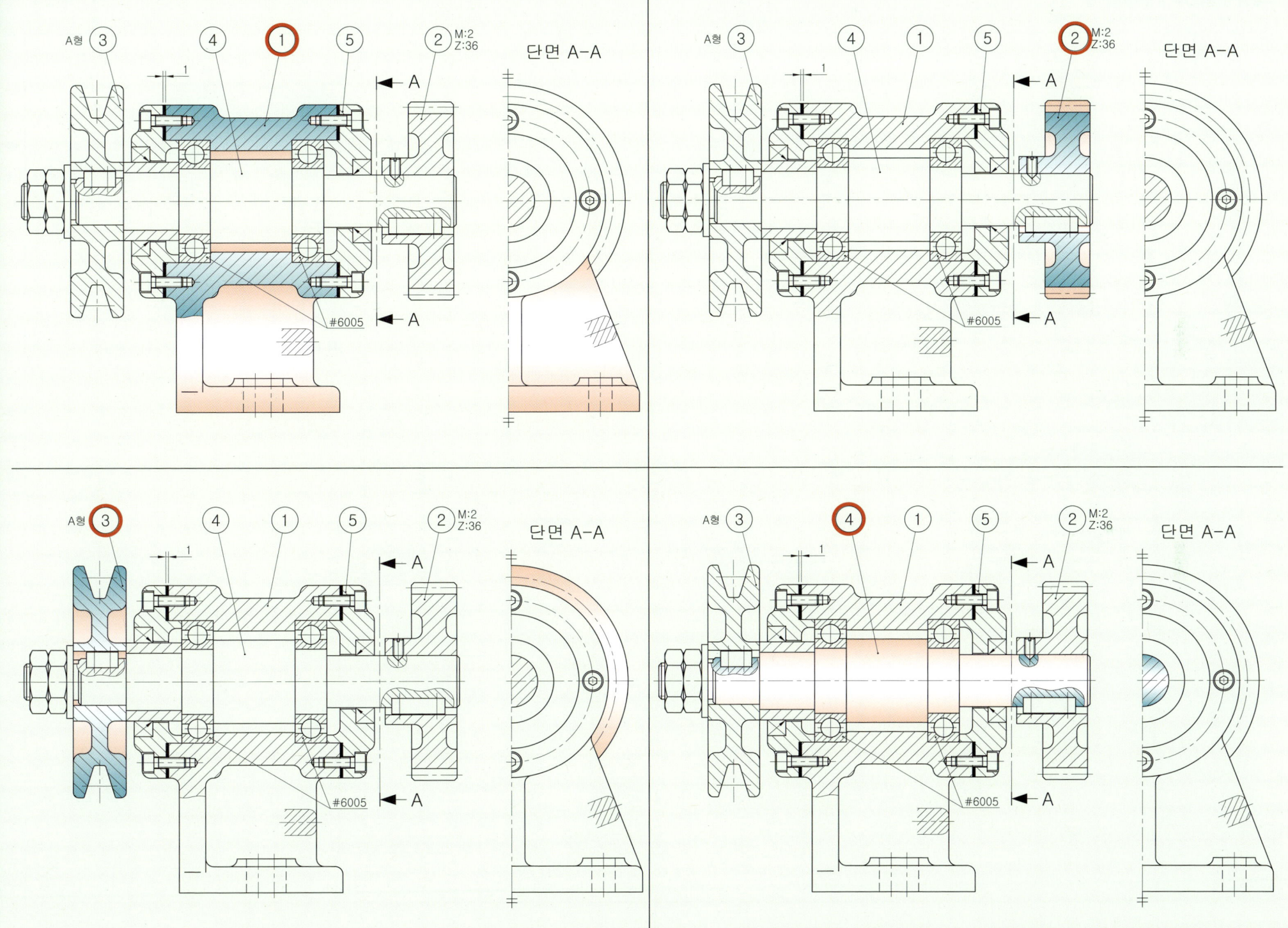

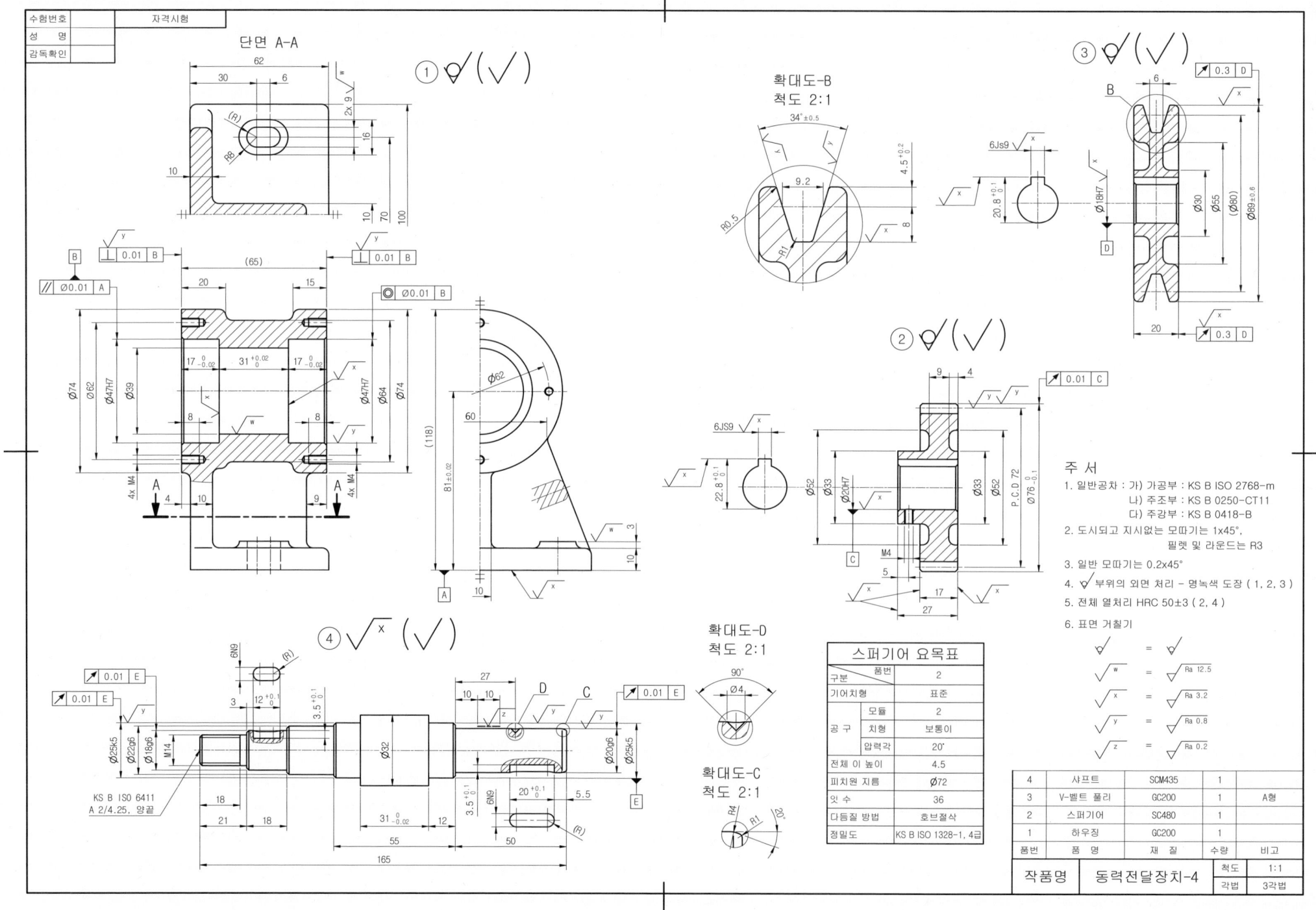

동력전달장치-4 등각 투상도

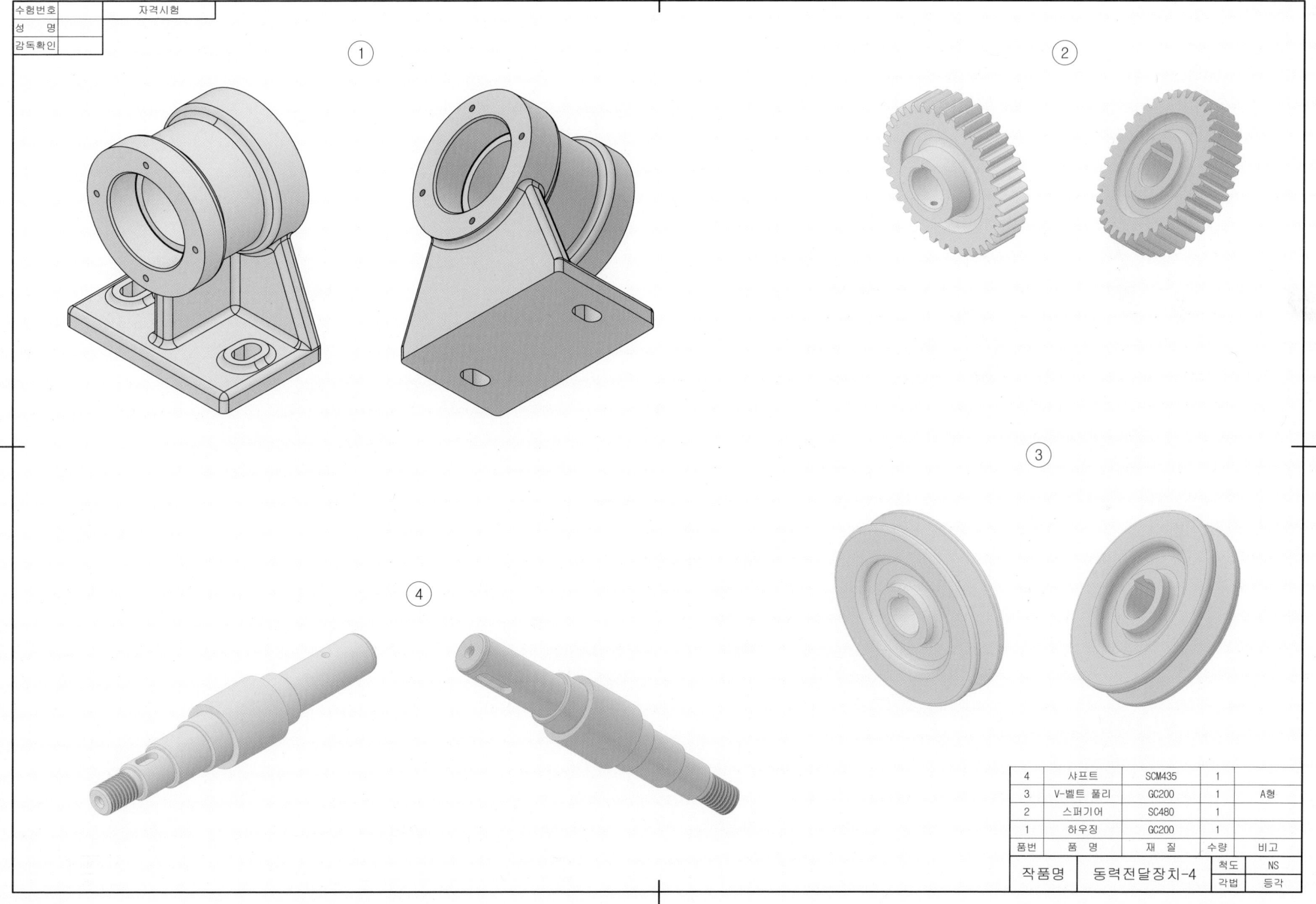

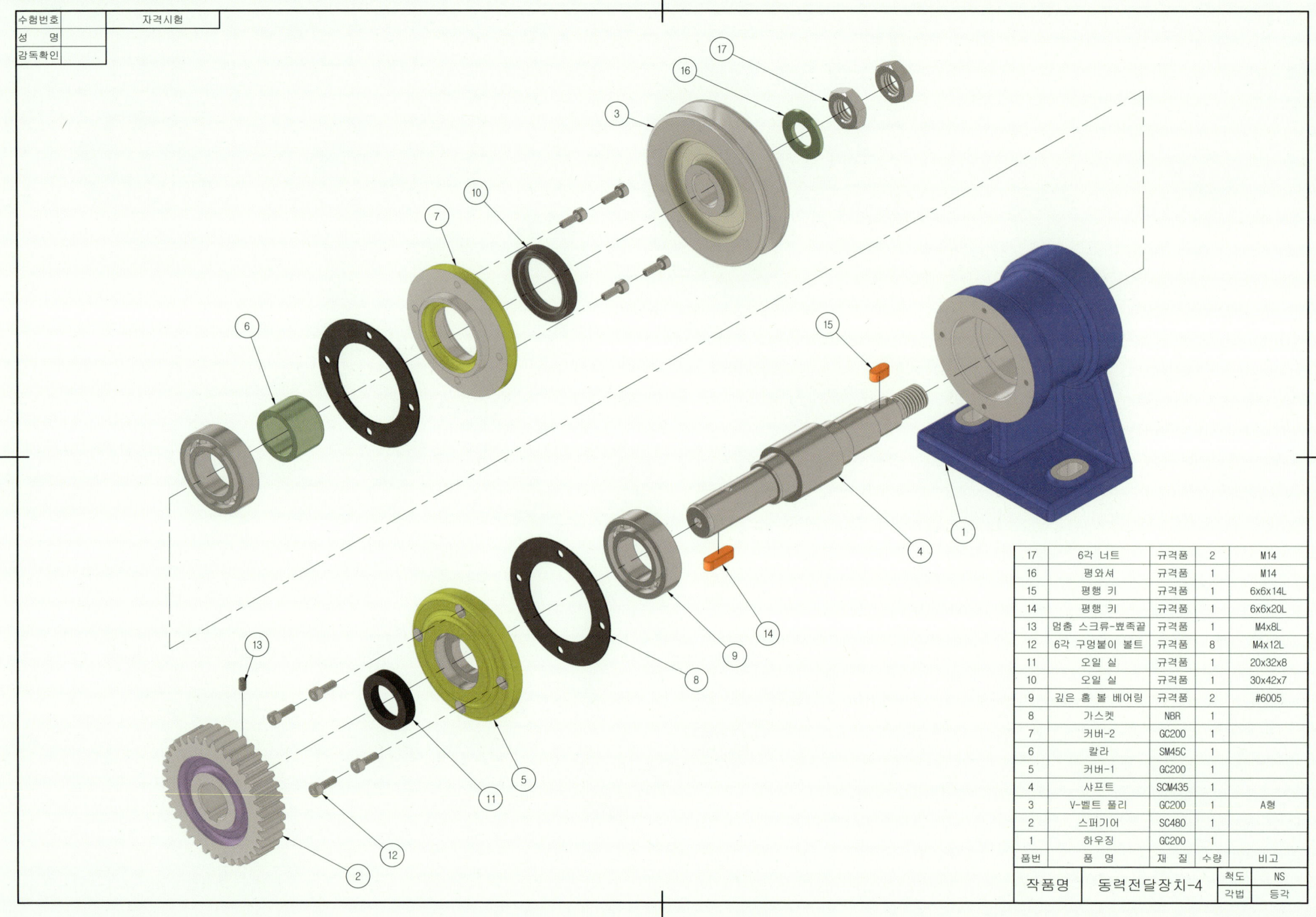

동력전달장치-4 조립도

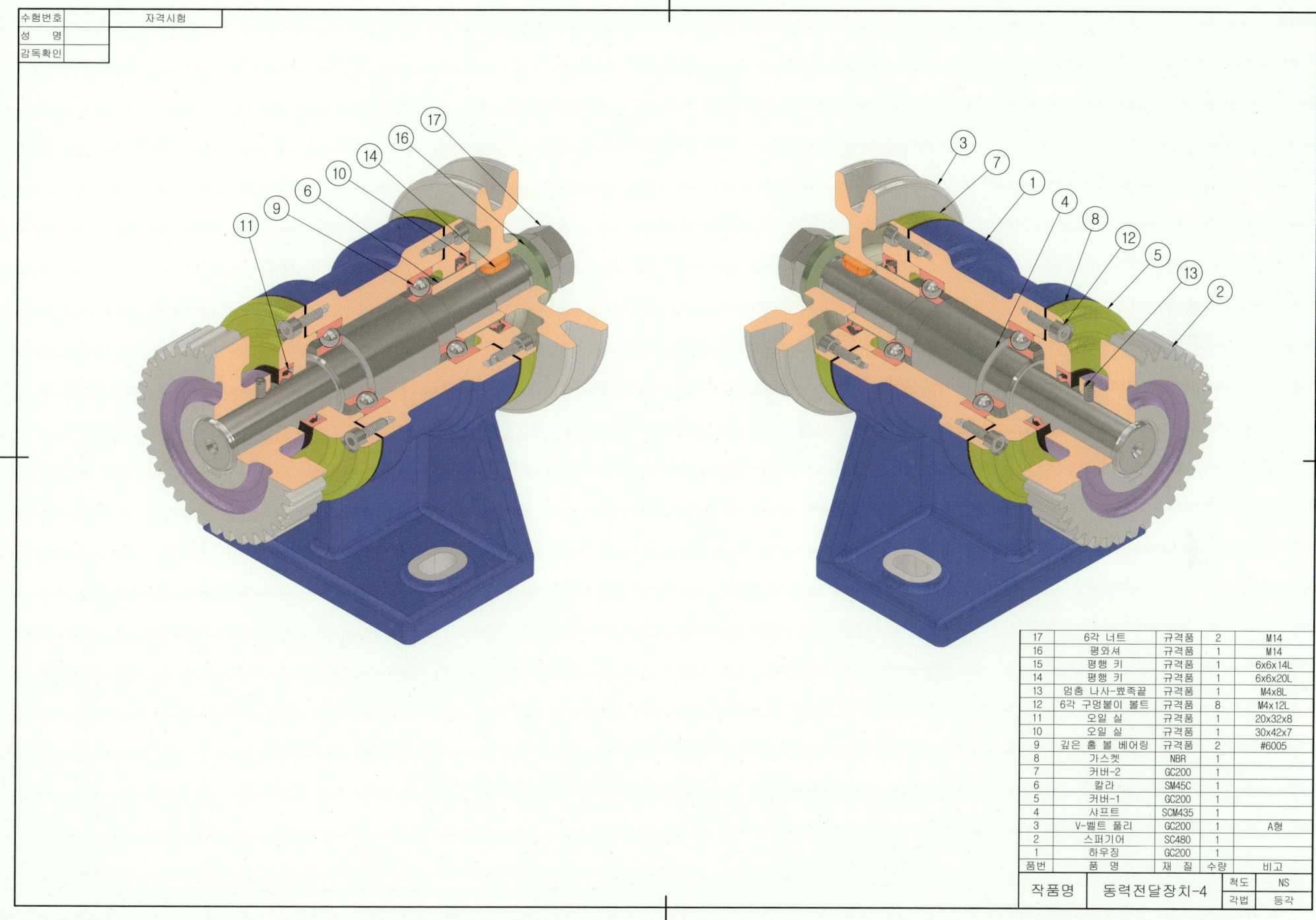

17	6각 너트	규격품	2	M14
16	평와셔	규격품	1	M14
15	평행 키	규격품	1	6x6x14L
14	평행 키	규격품	1	6x6x20L
13	멈춤 나사-뾰족끝	규격품	1	M4x8L
12	6각 구멍붙이 볼트	규격품	8	M4x12L
11	오일 실	규격품	1	20x32x8
10	오일 실	규격품	1	30x42x7
9	깊은 홈 볼 베어링	규격품	2	#6005
8	가스켓	NBR	1	
7	커버-2	GC200	1	
6	칼라	SM45C	1	
5	커버-1	GC200	1	
4	샤프트	SCM435	1	
3	V-벨트 풀리	GC200	1	A형
2	스퍼기어	SC480	1	
1	하우징	GC200	1	
품번	품 명	재 질	수량	비고
작품명	동력전달장치-4		척도	NS
			각법	등각

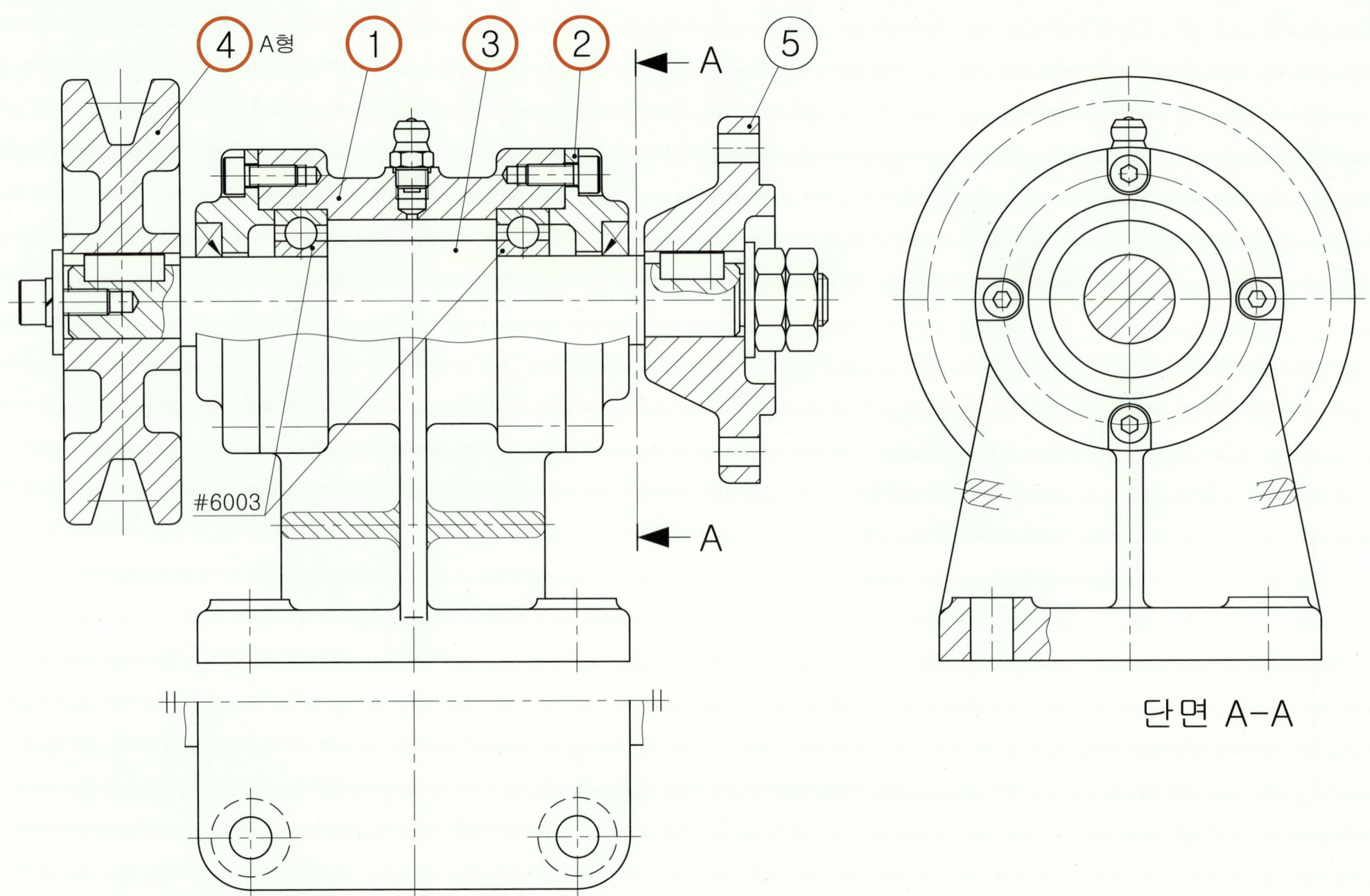

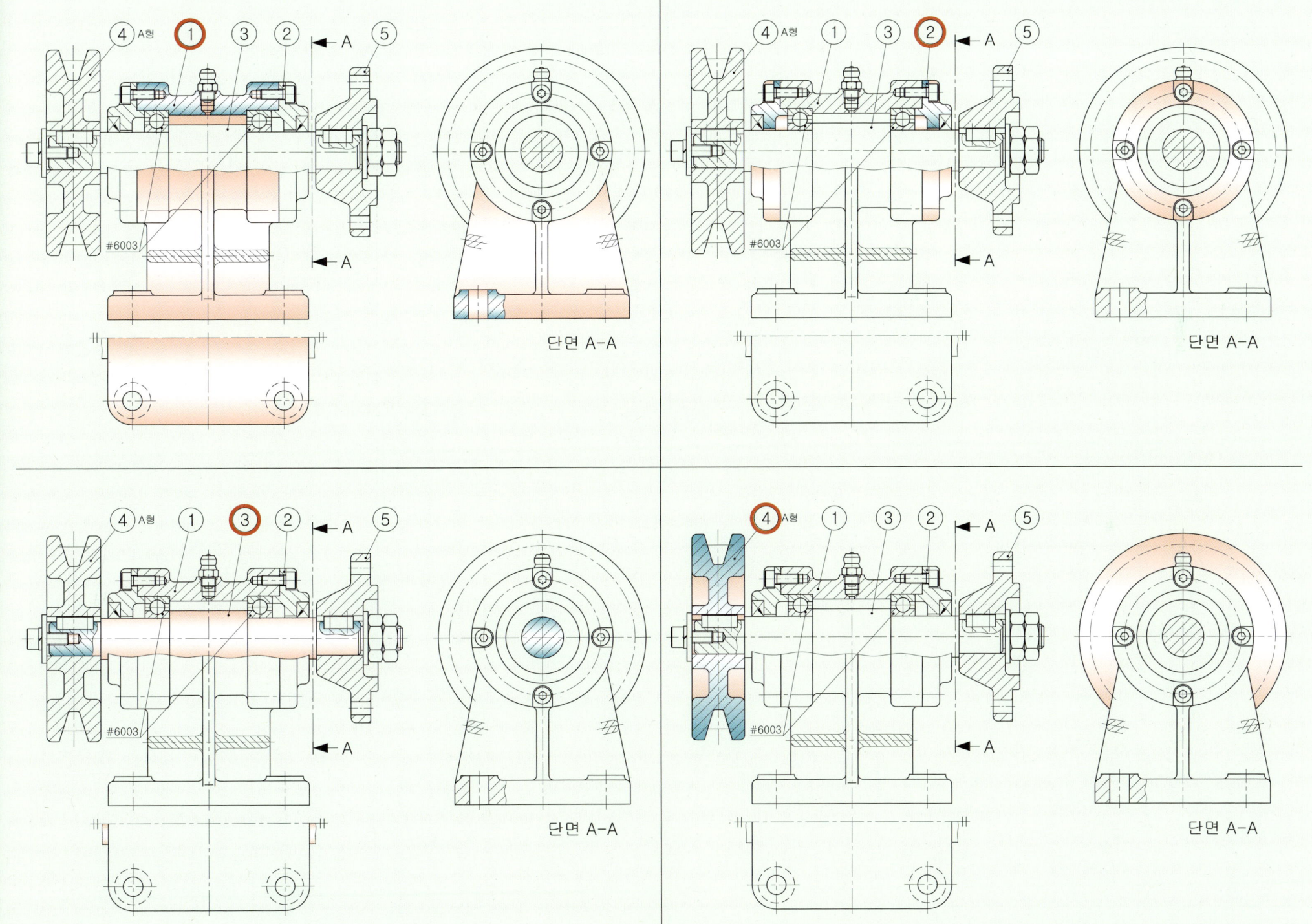

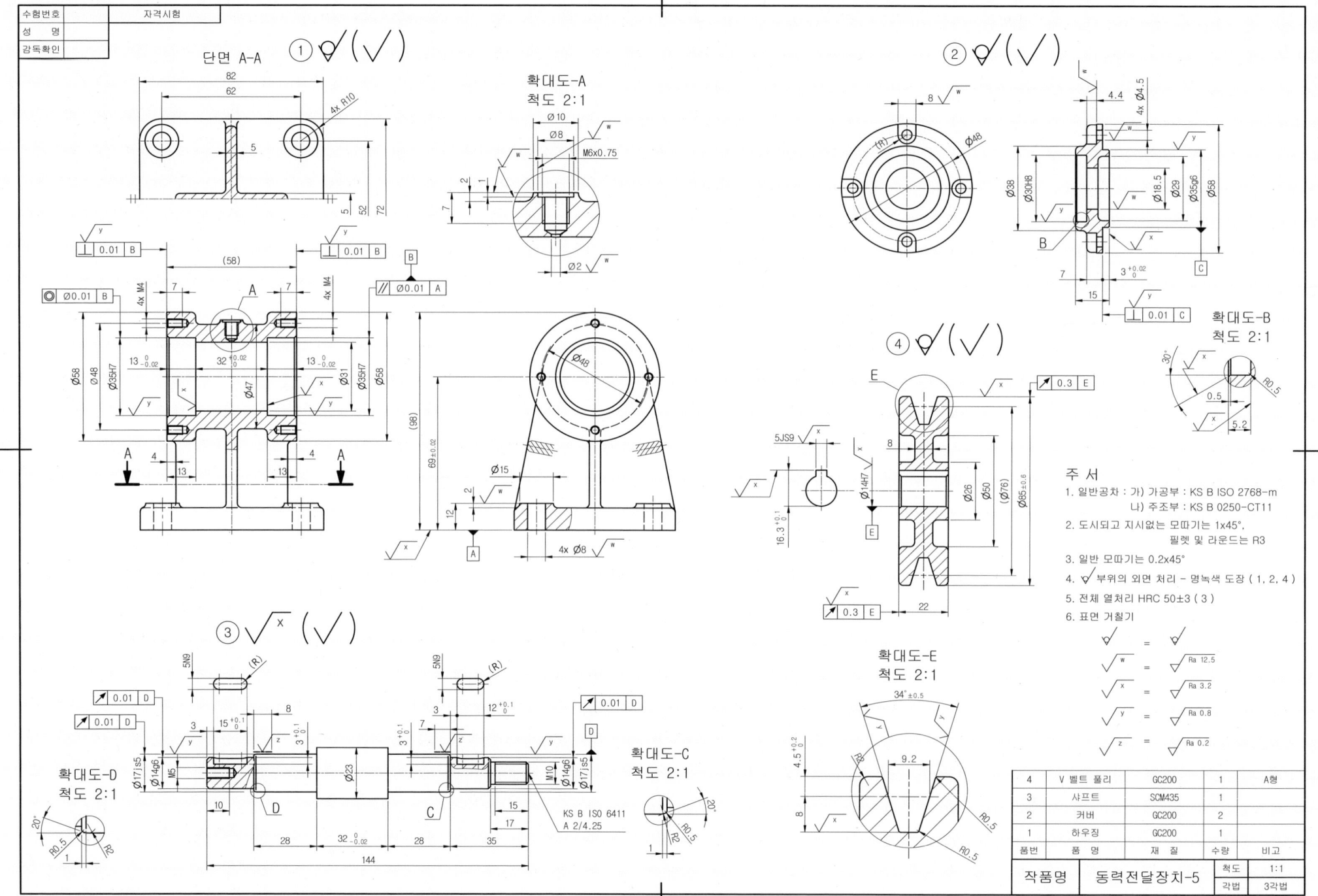

● 동력전달장치-5 등각 투상도

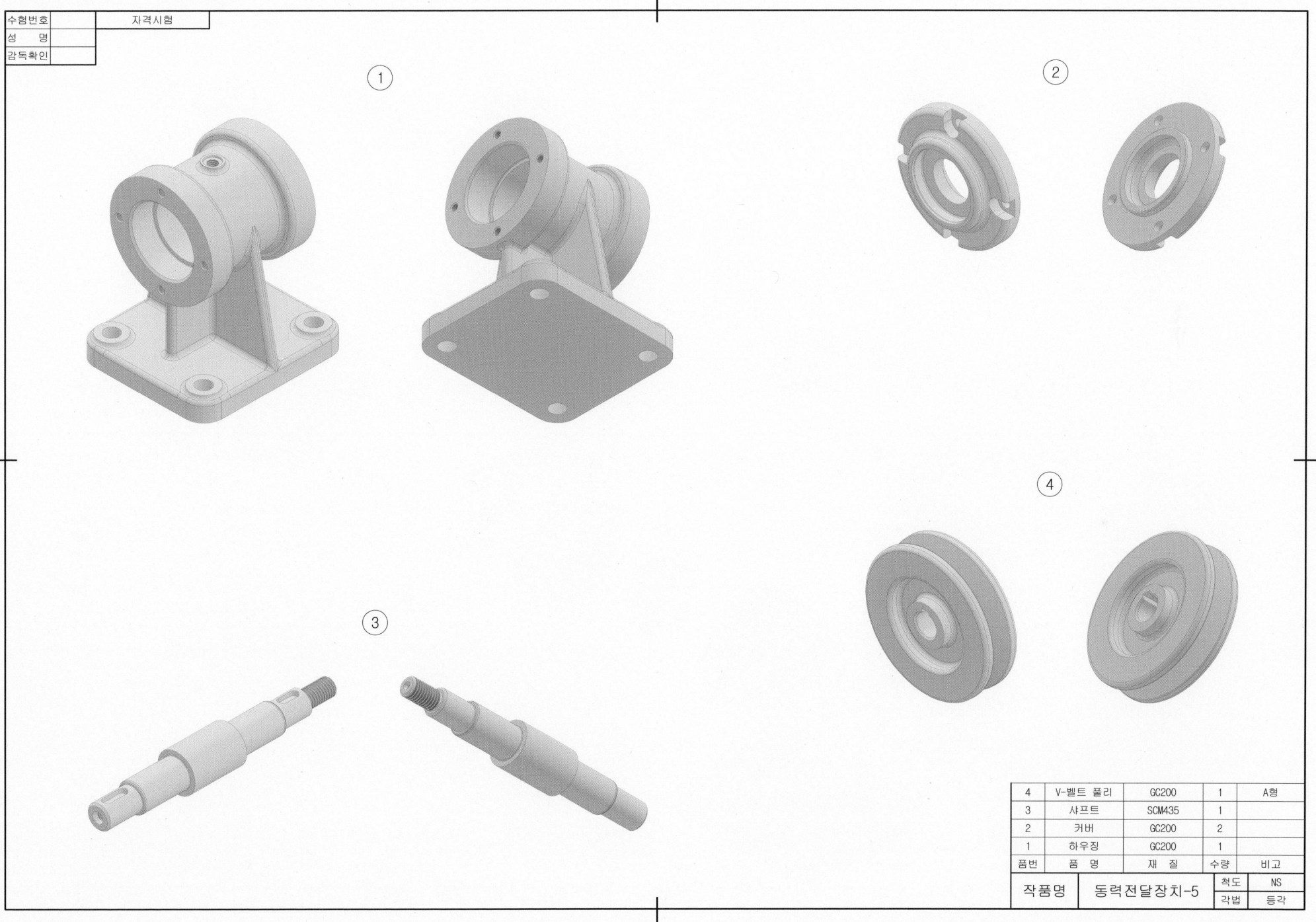

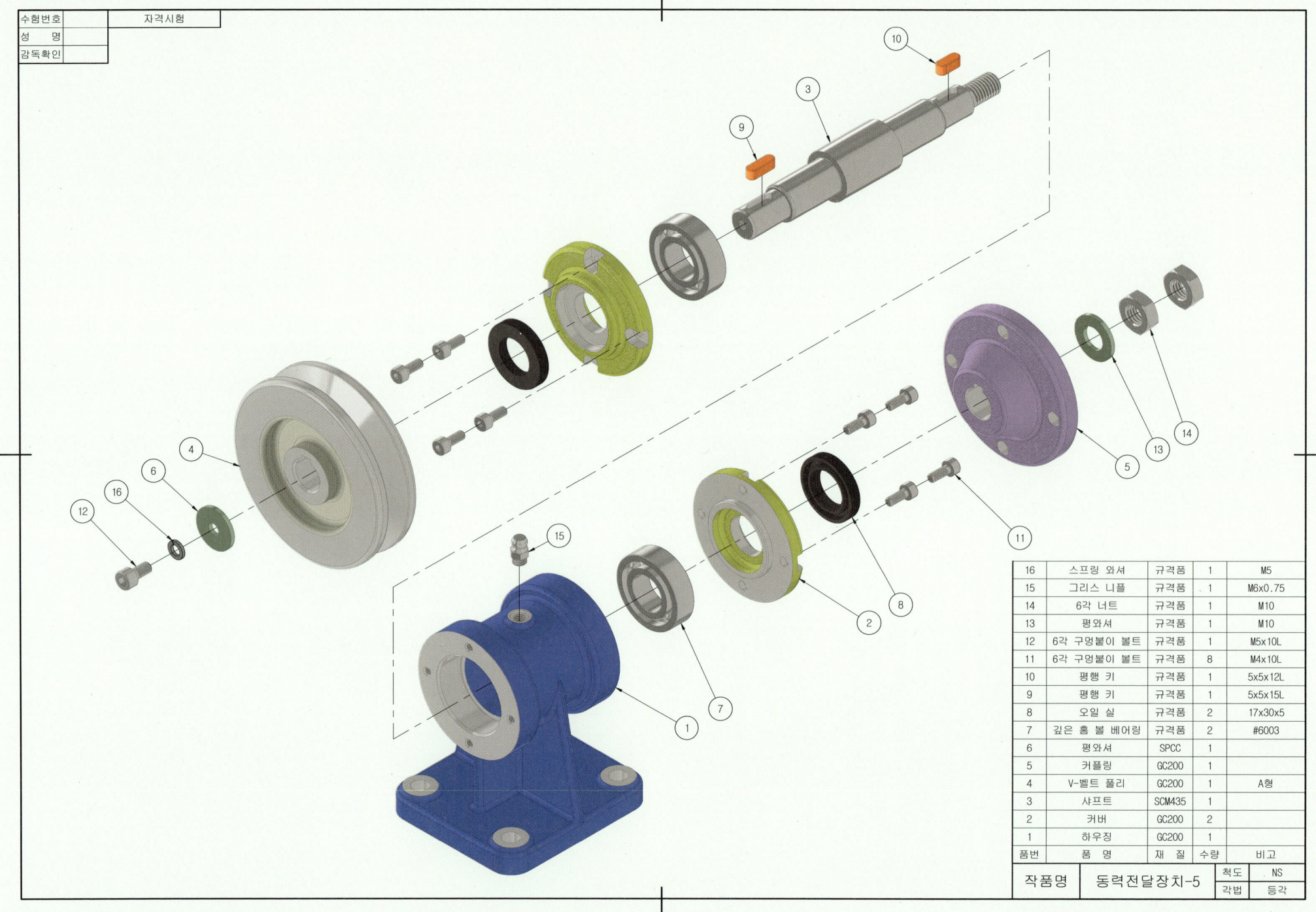

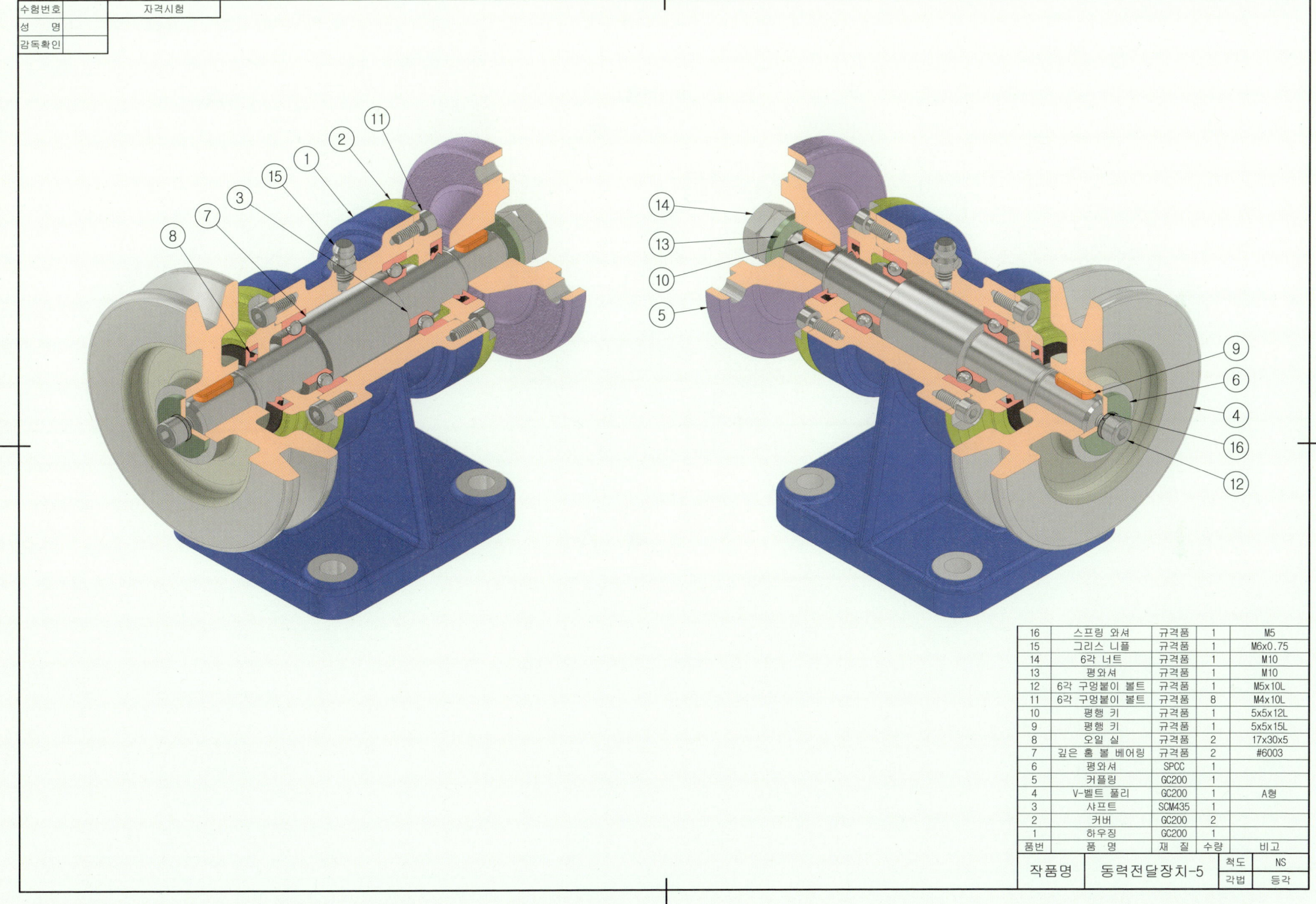

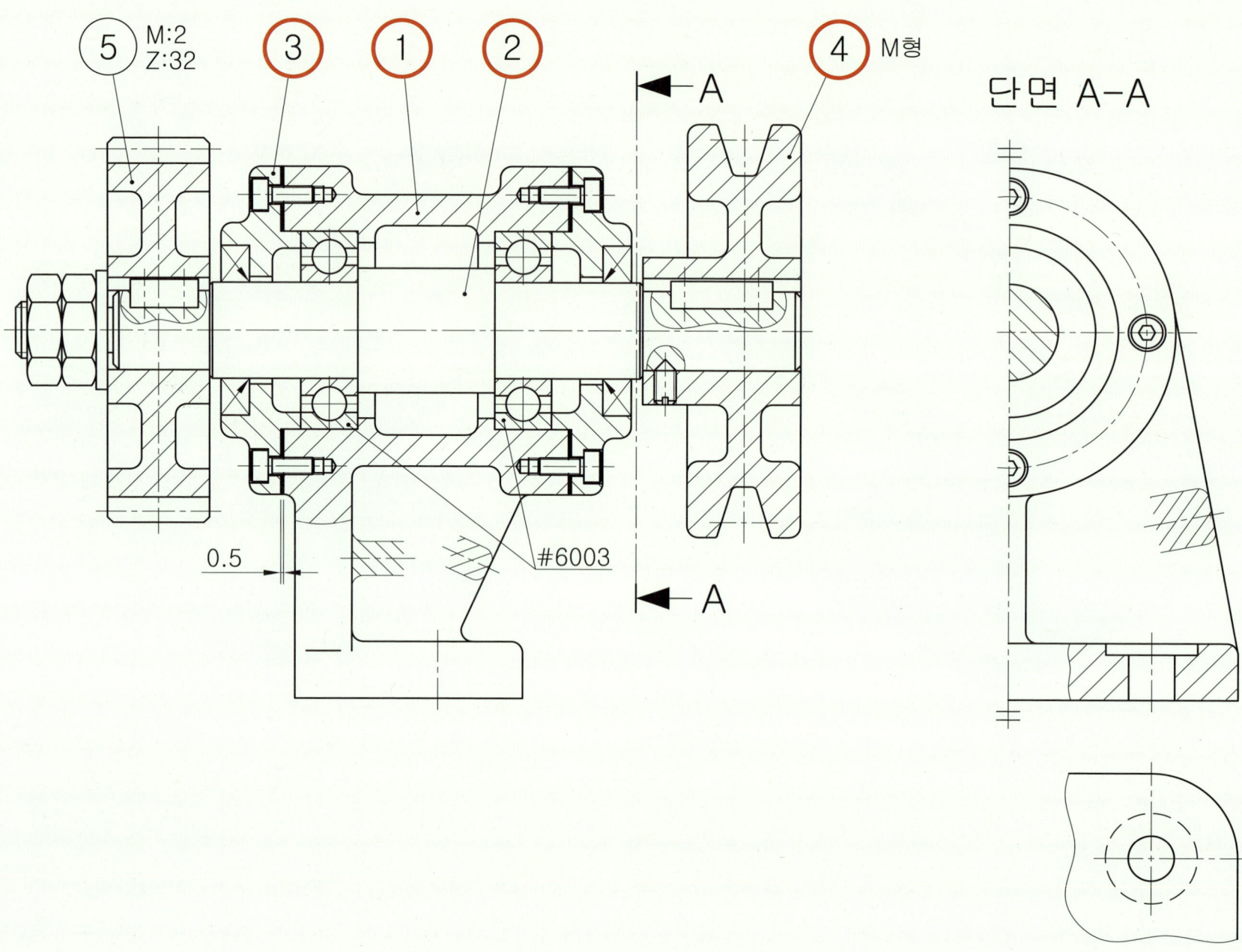

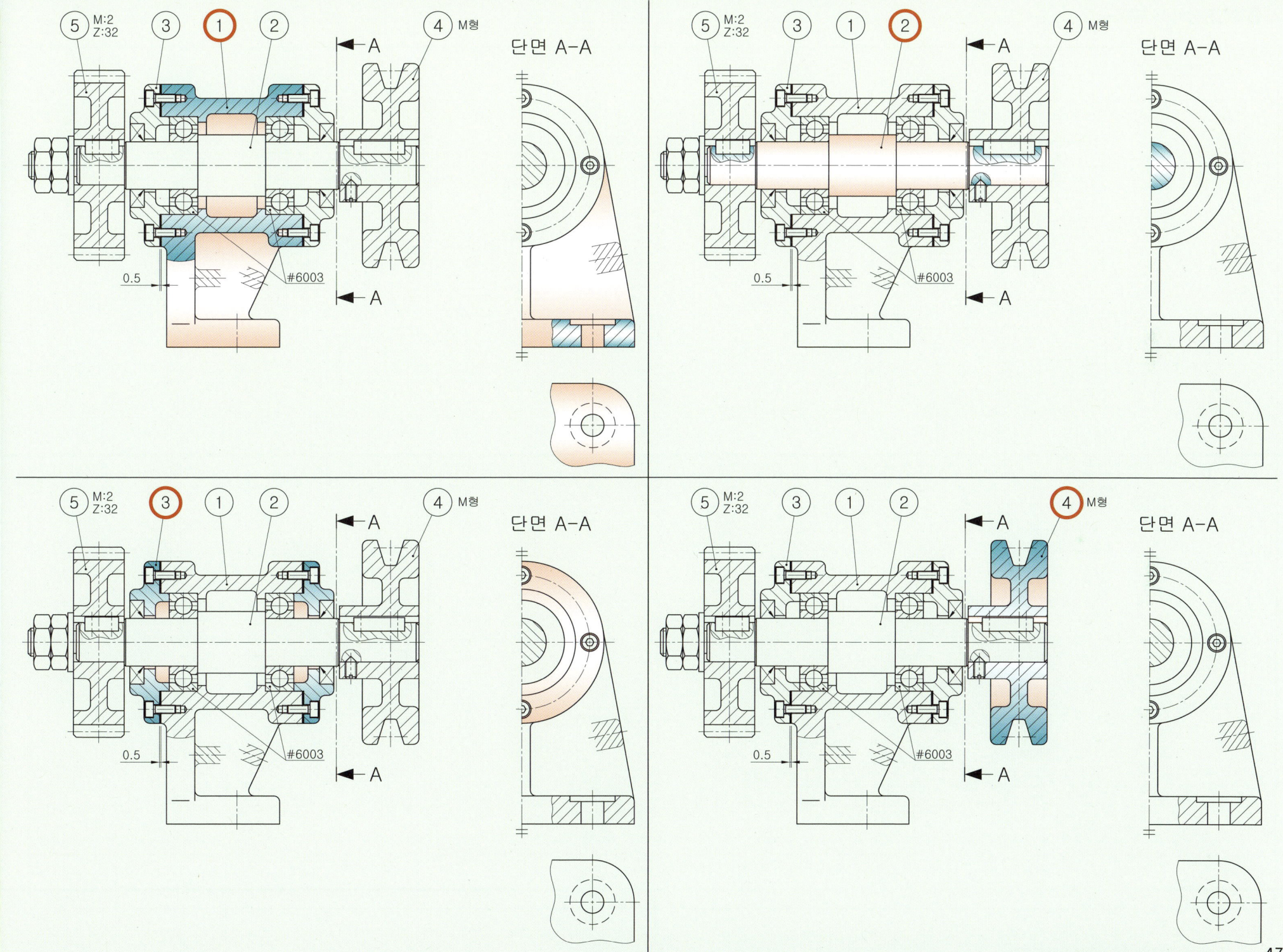

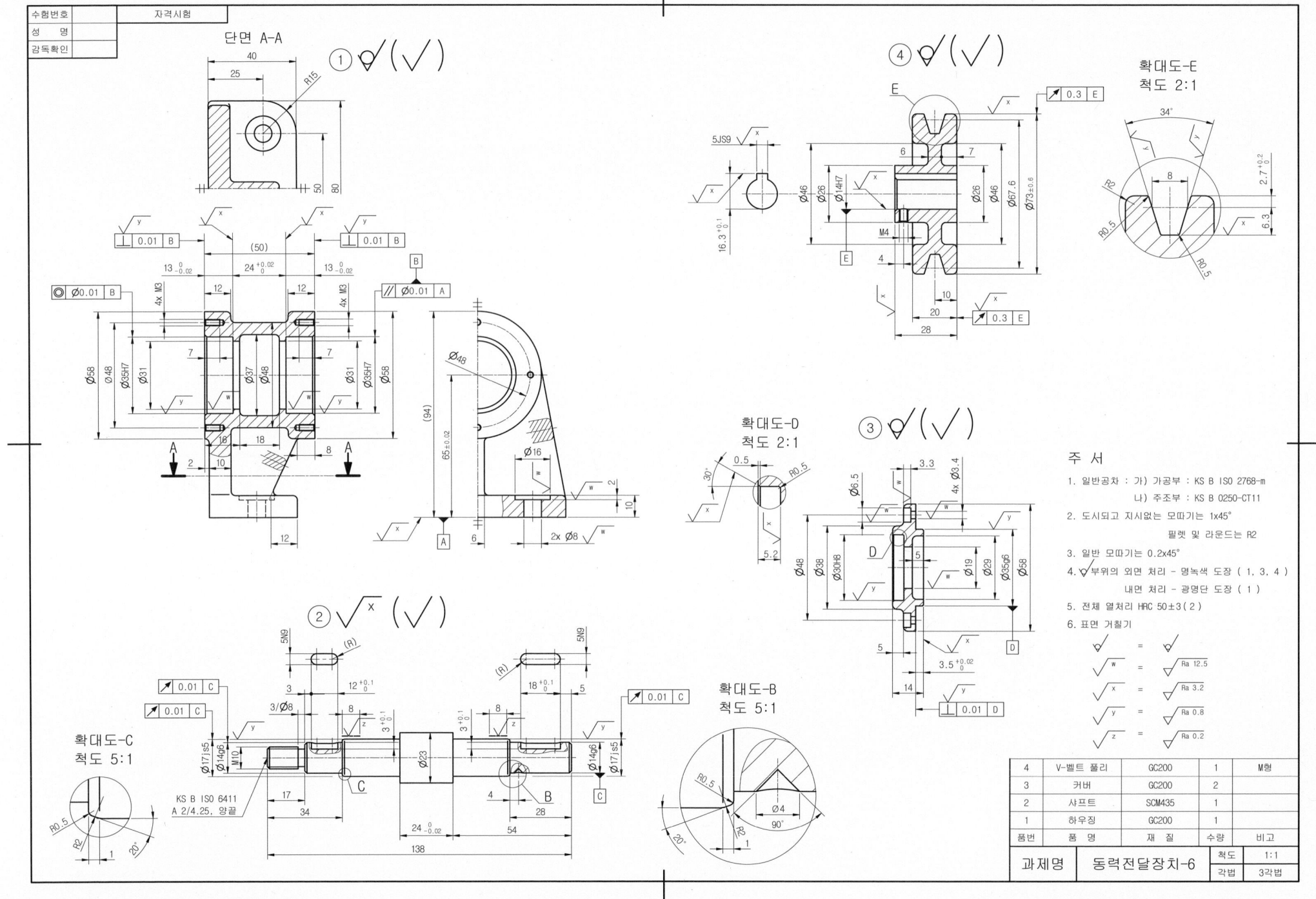

● 동력전달장치-6 등각 투상도

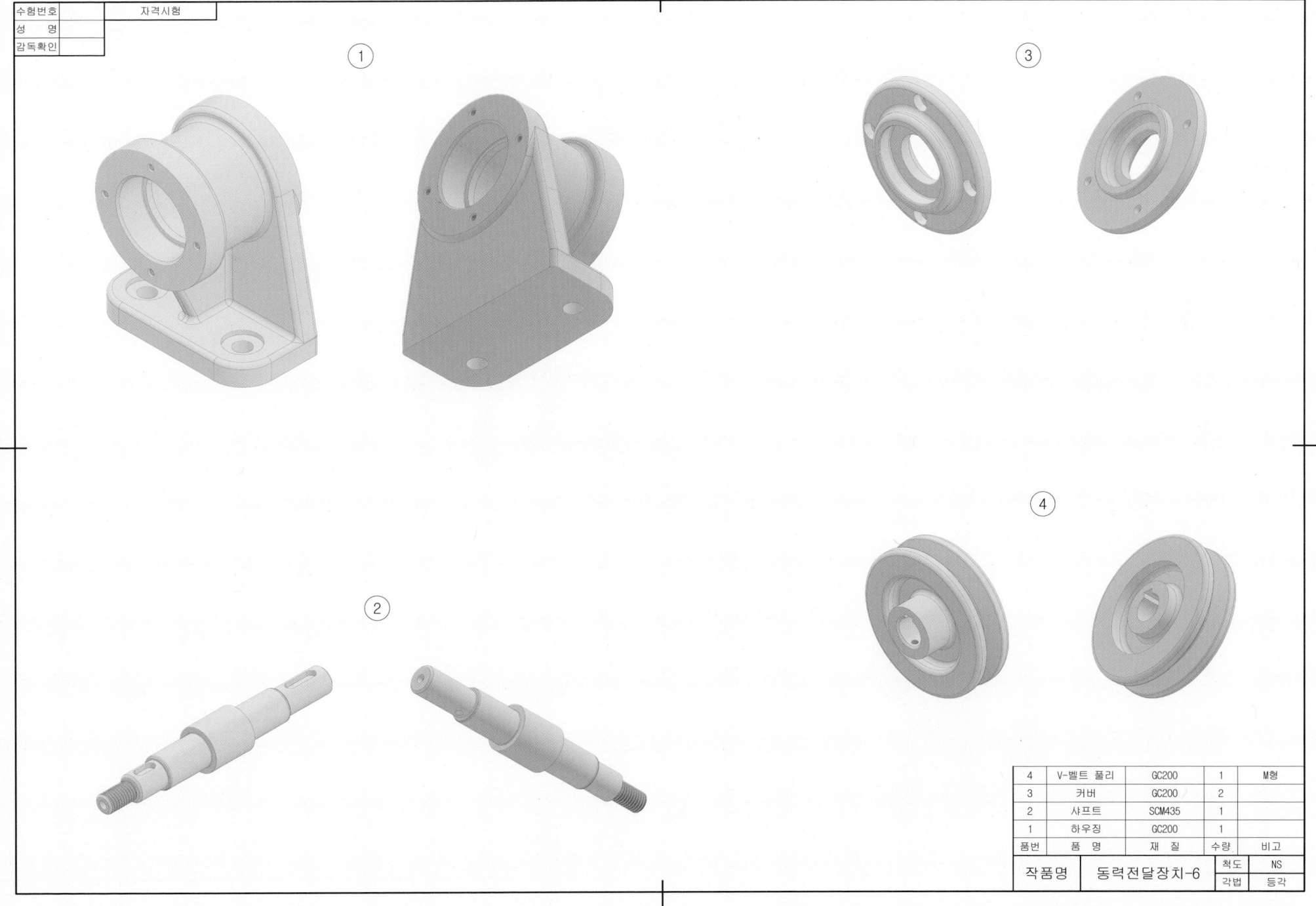

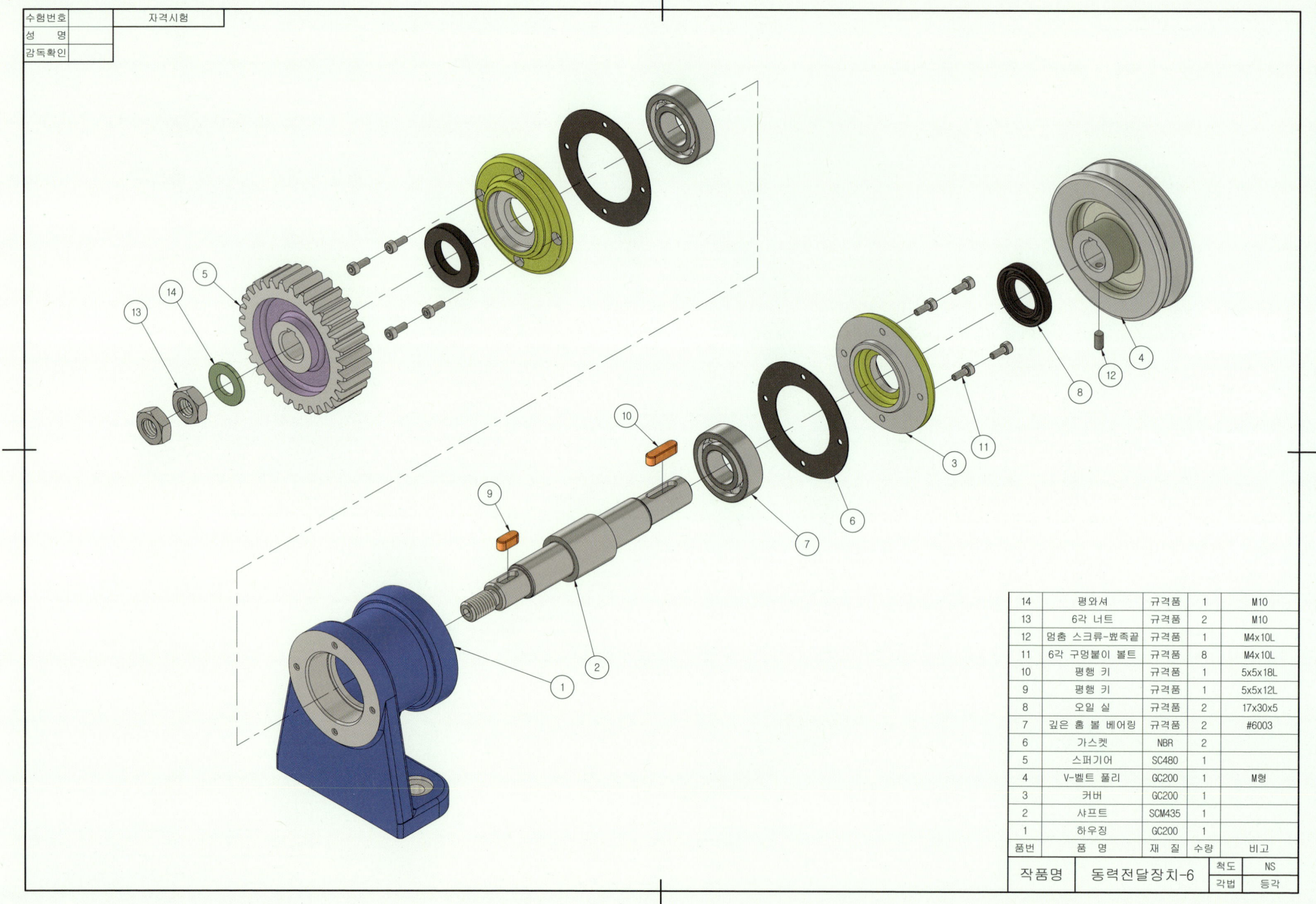

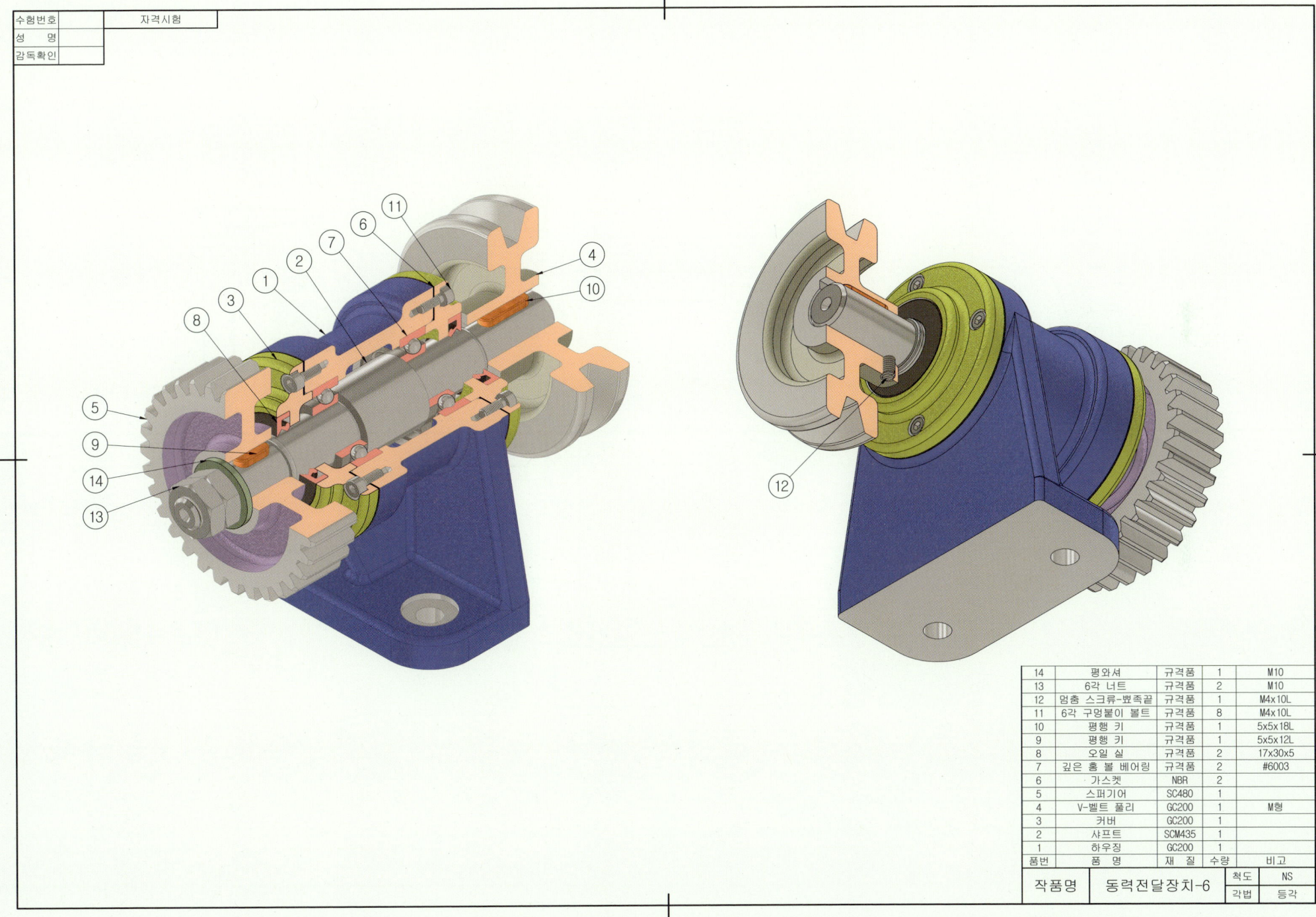

● 동력전달장치-7 문제 도면

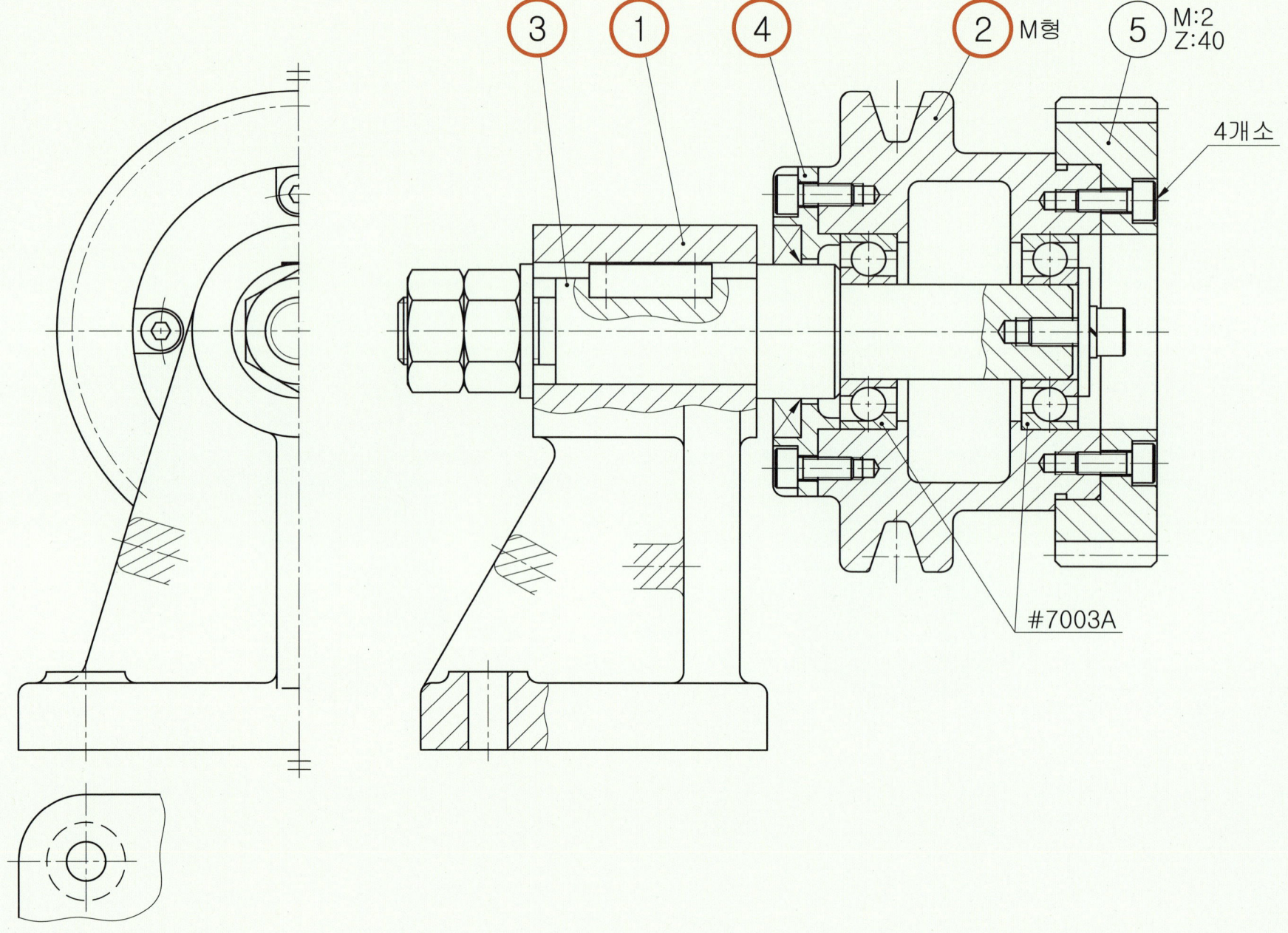

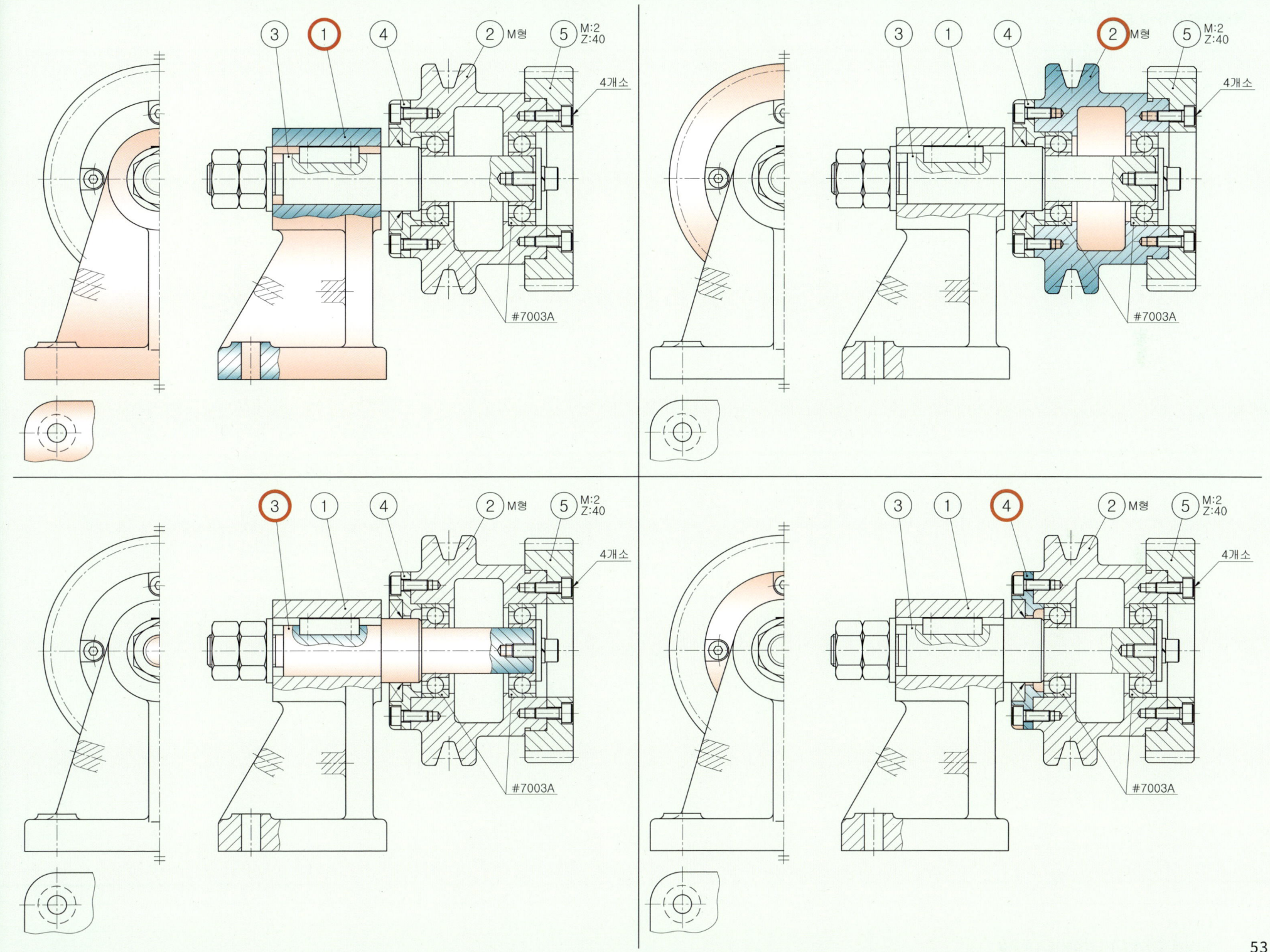

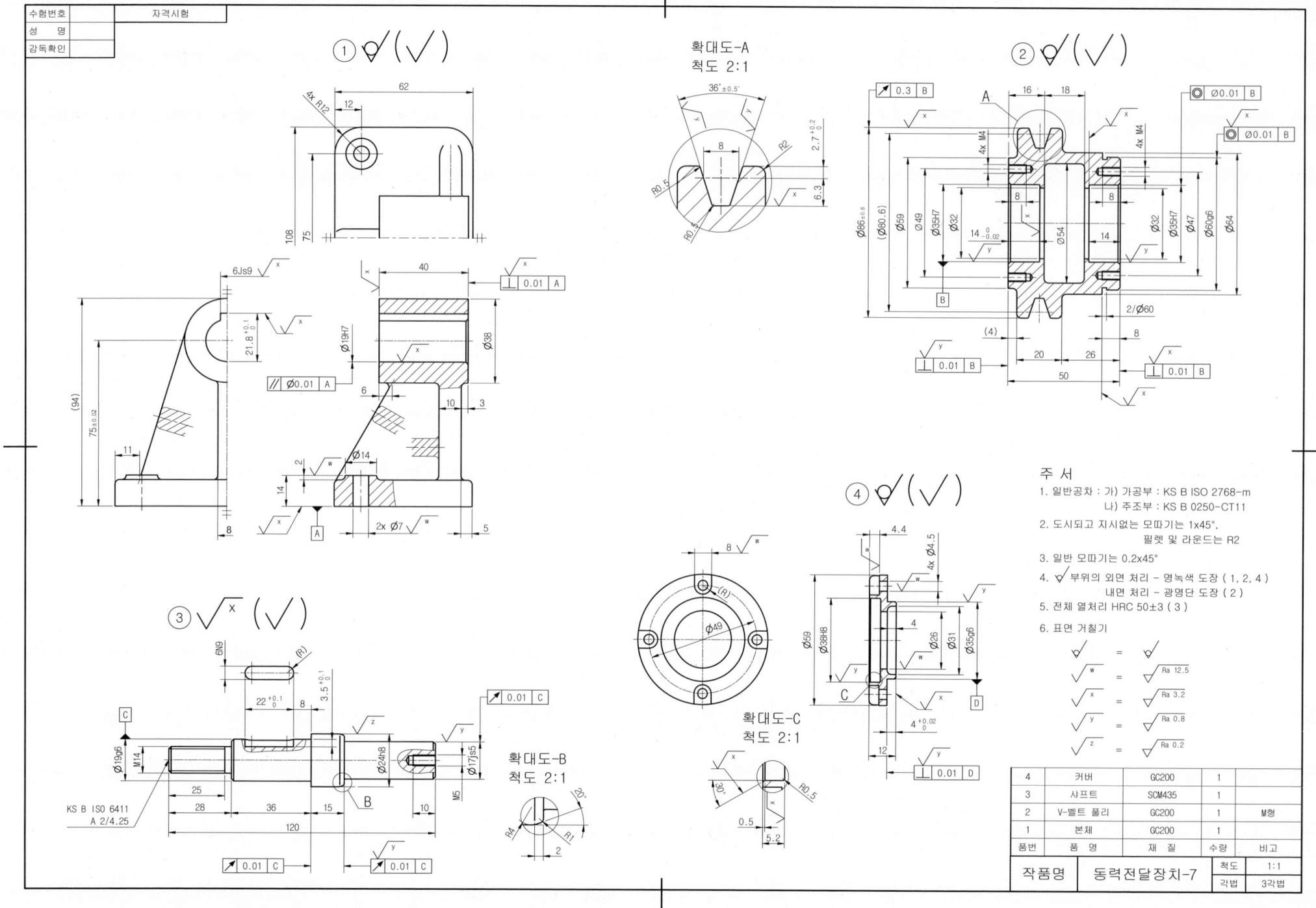

● 동력전달장치-7 등각 투상도

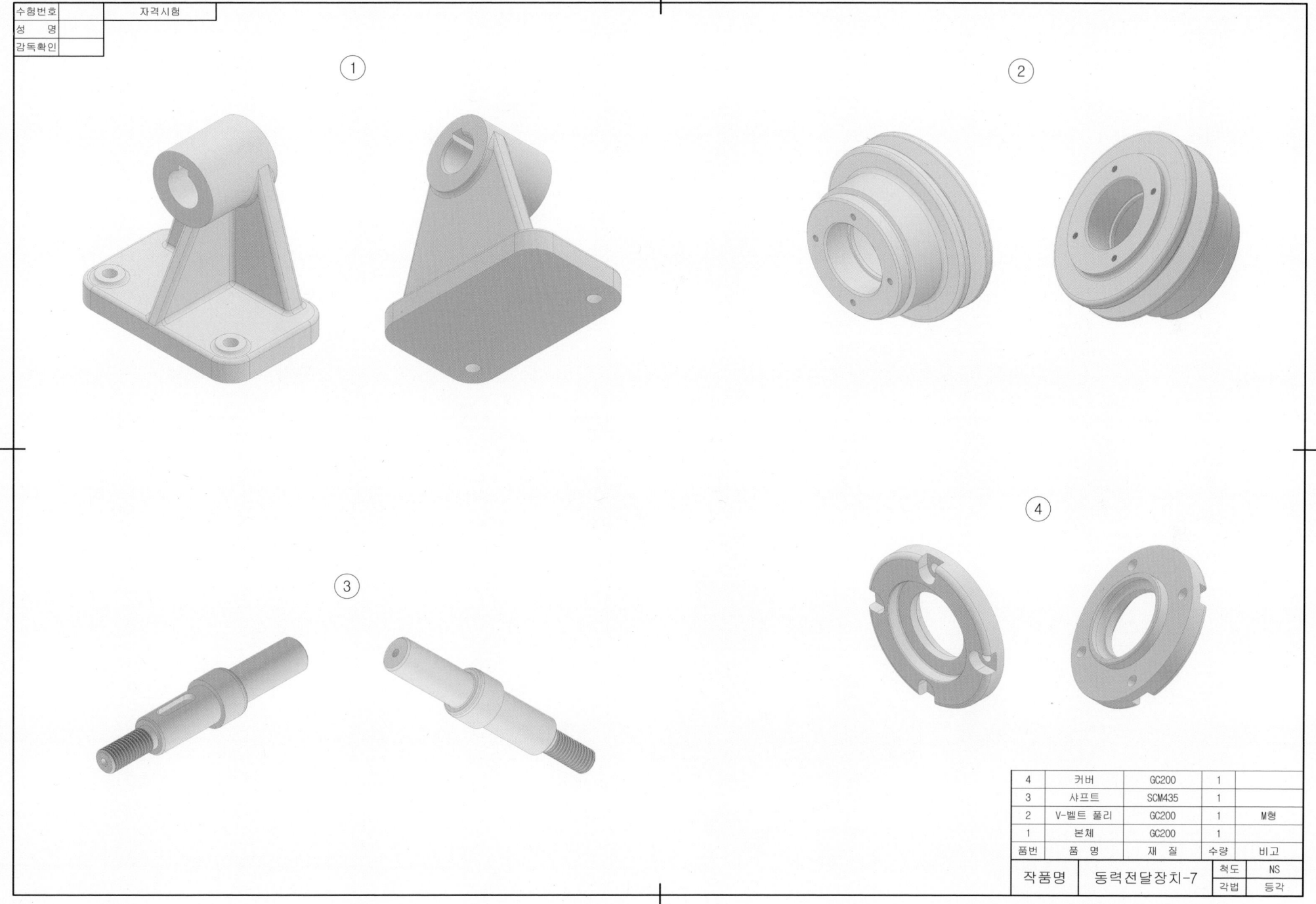

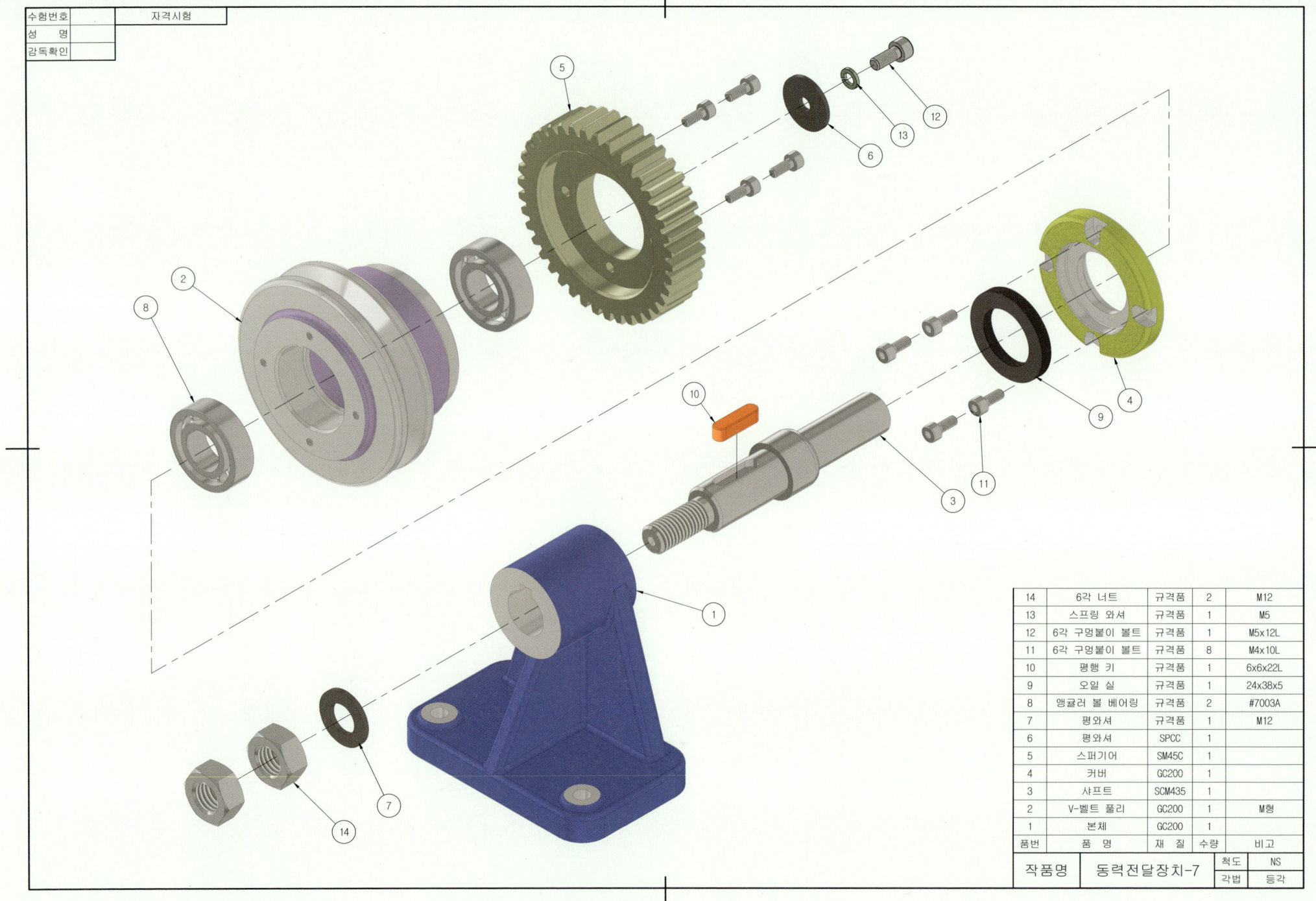

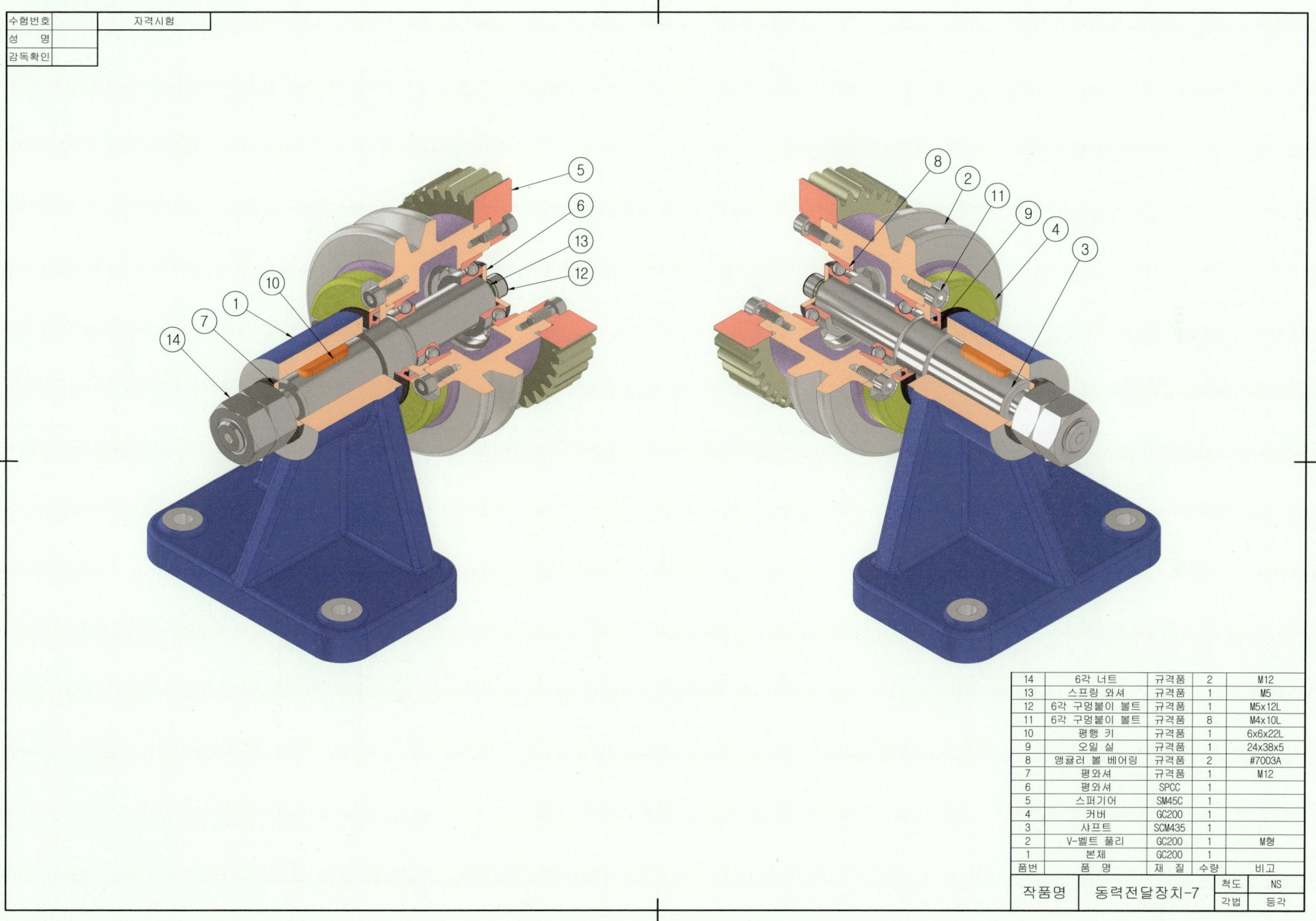

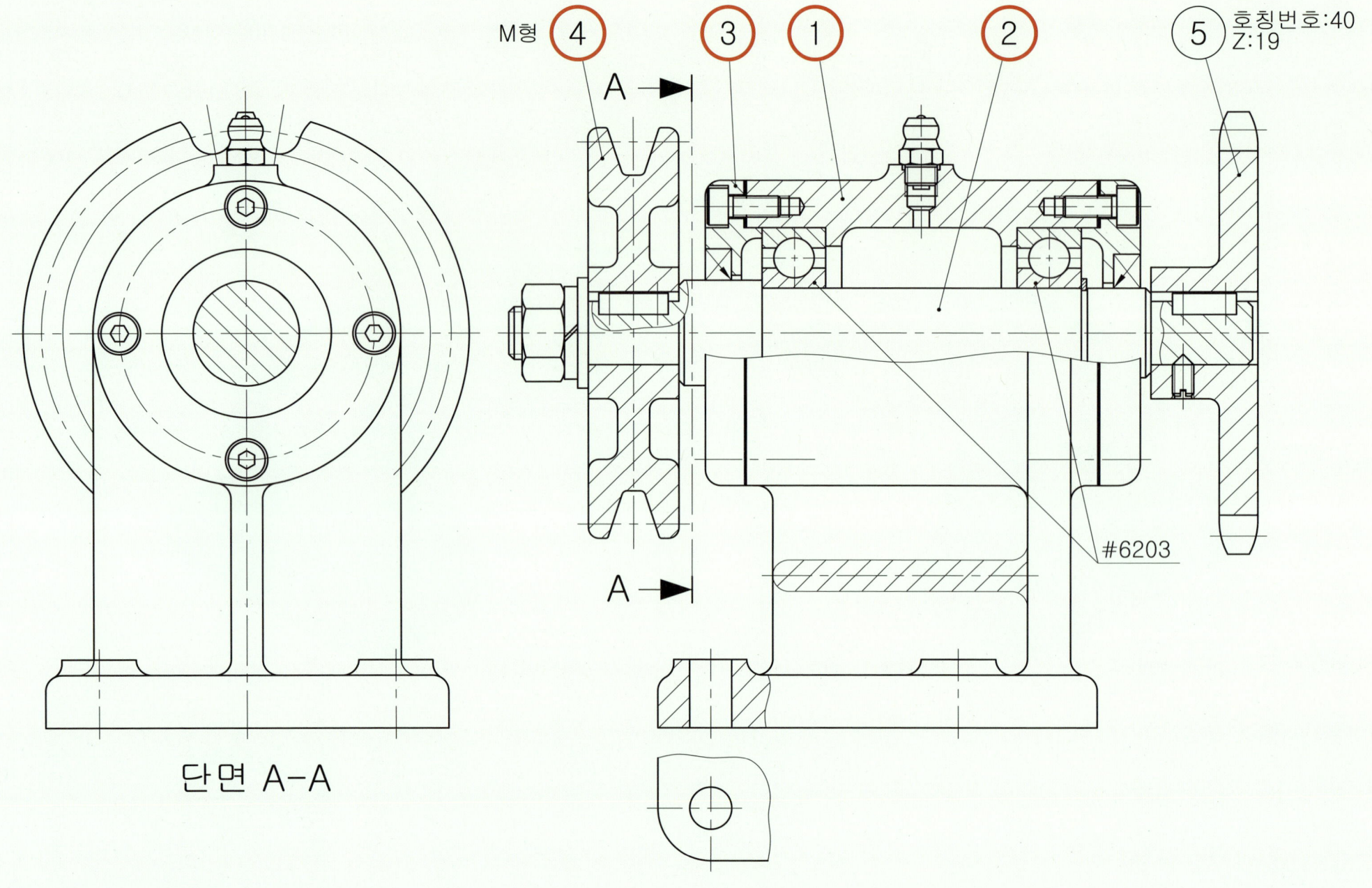

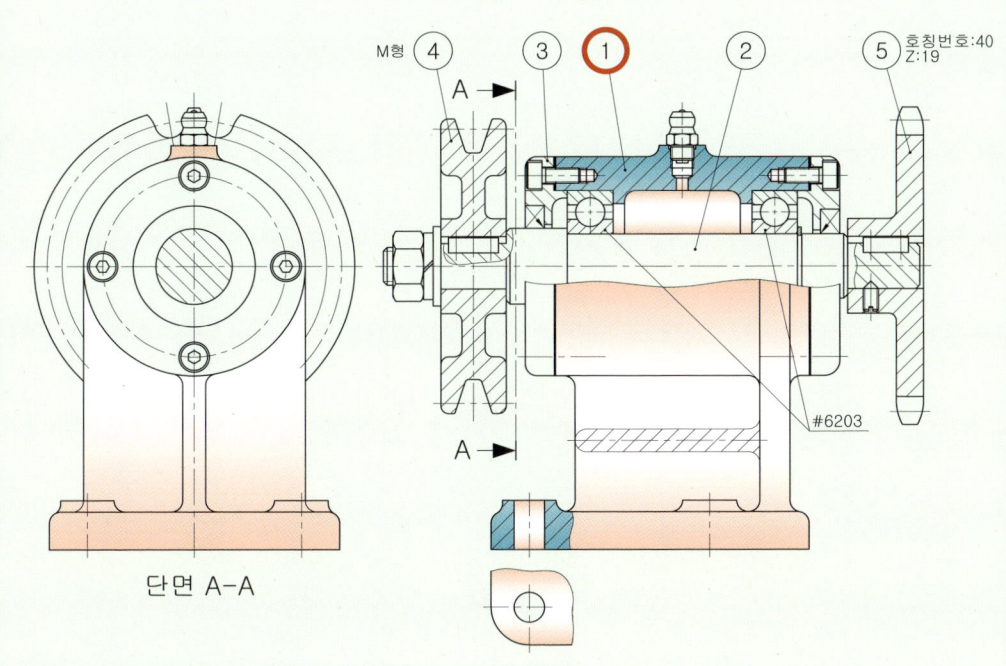
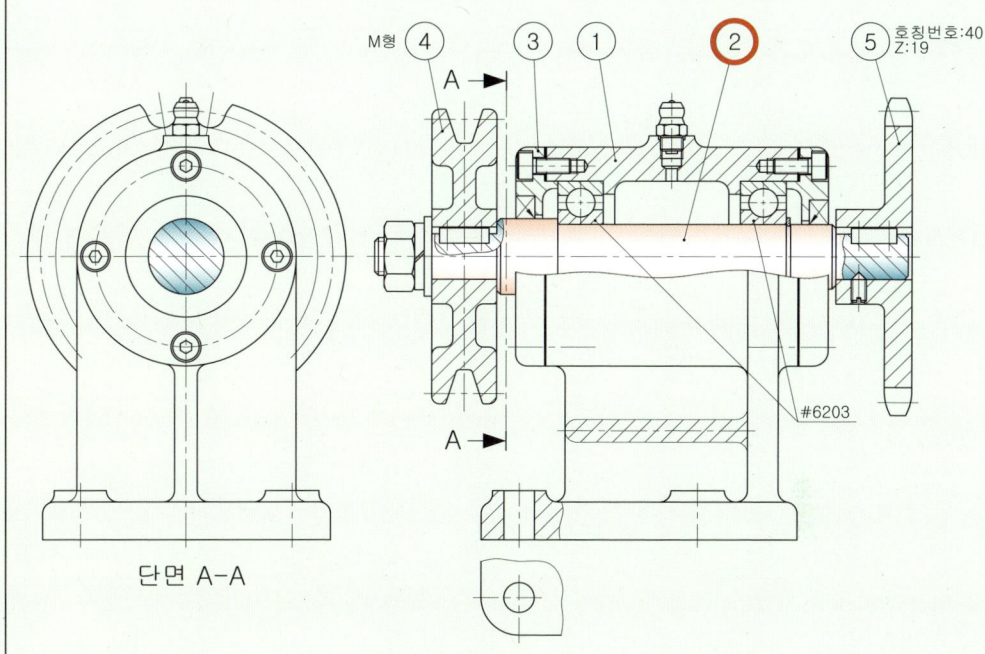
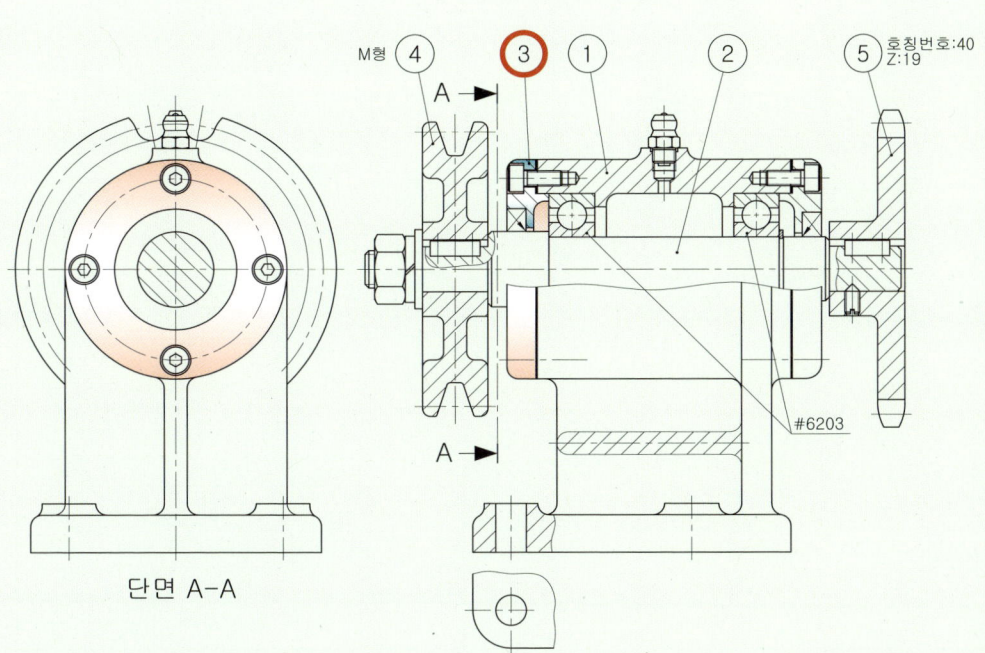
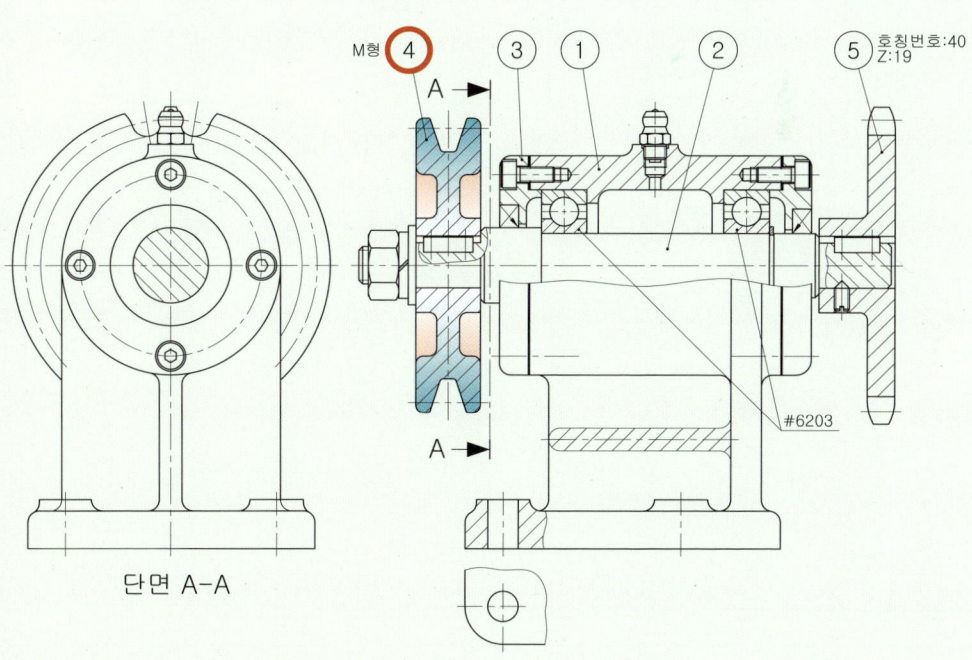

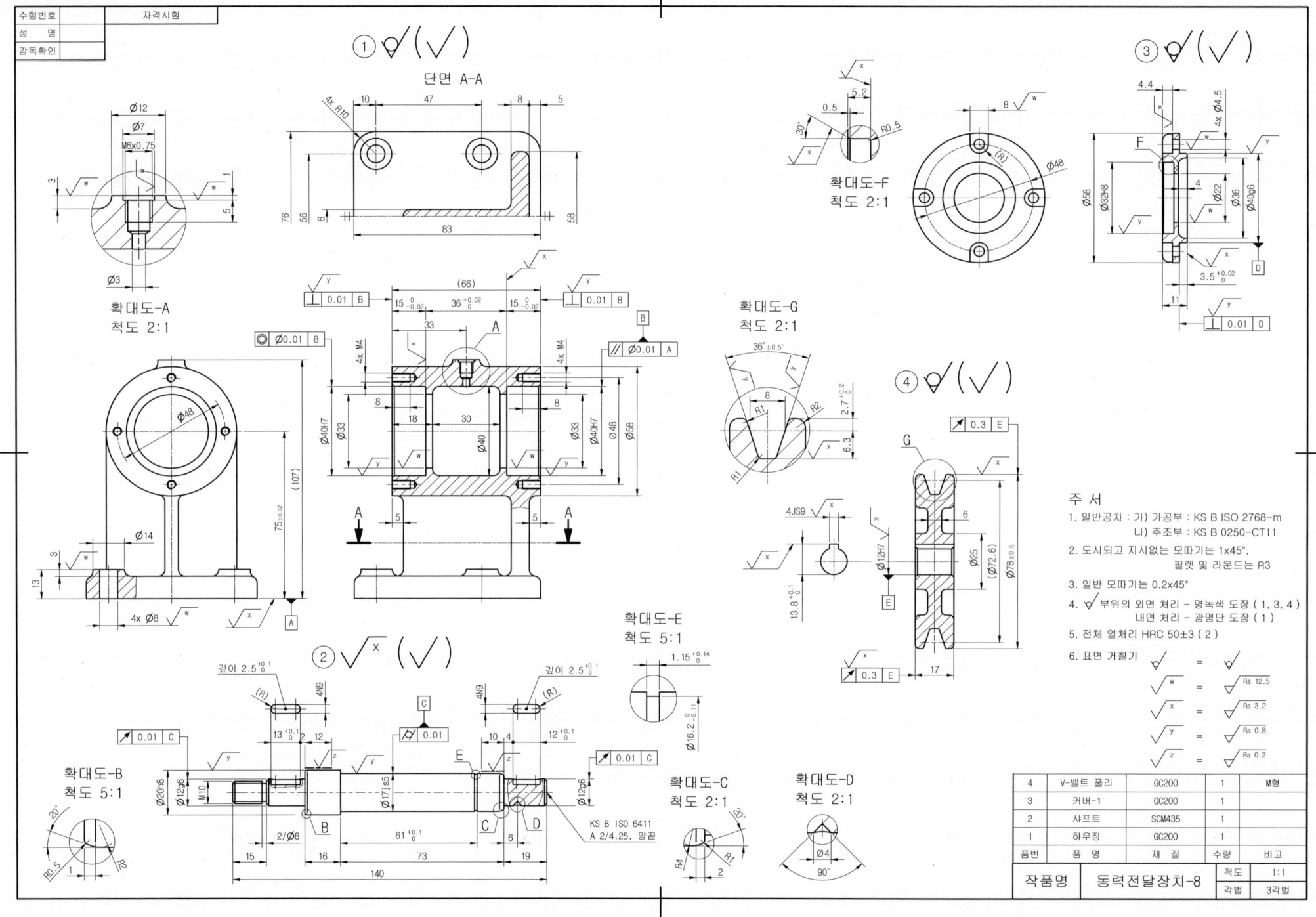

● 동력전달장치-8 등각 투상도

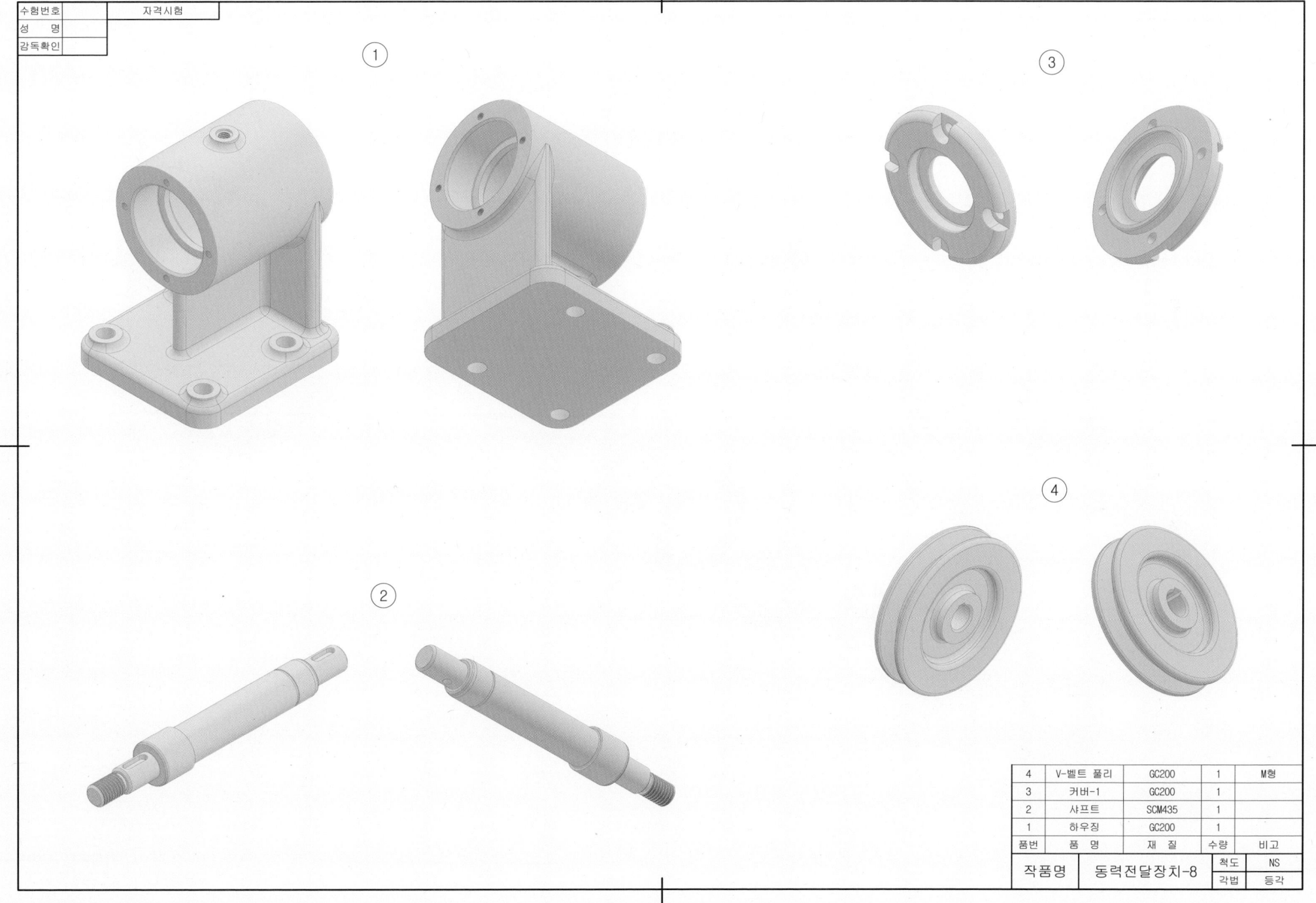

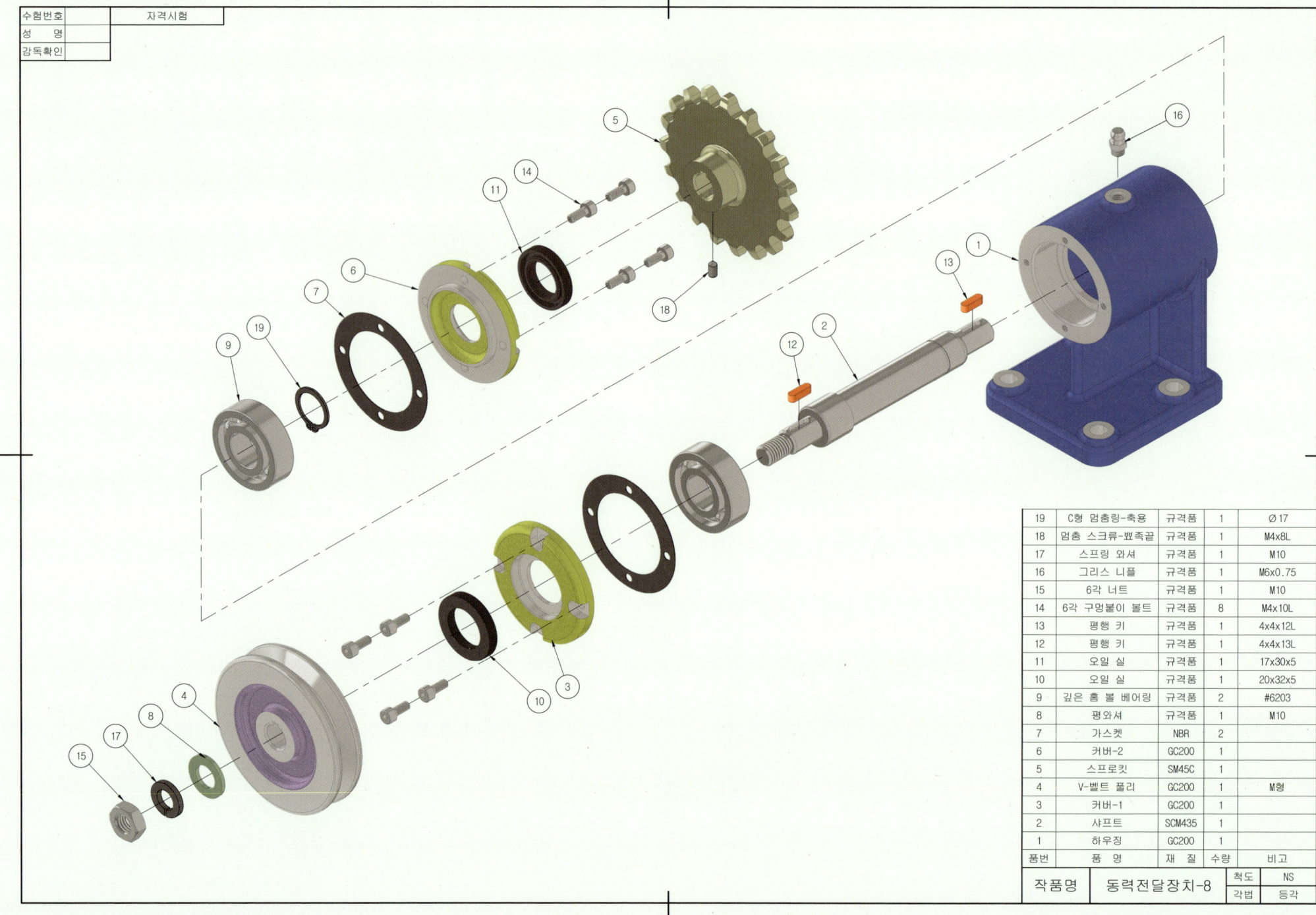

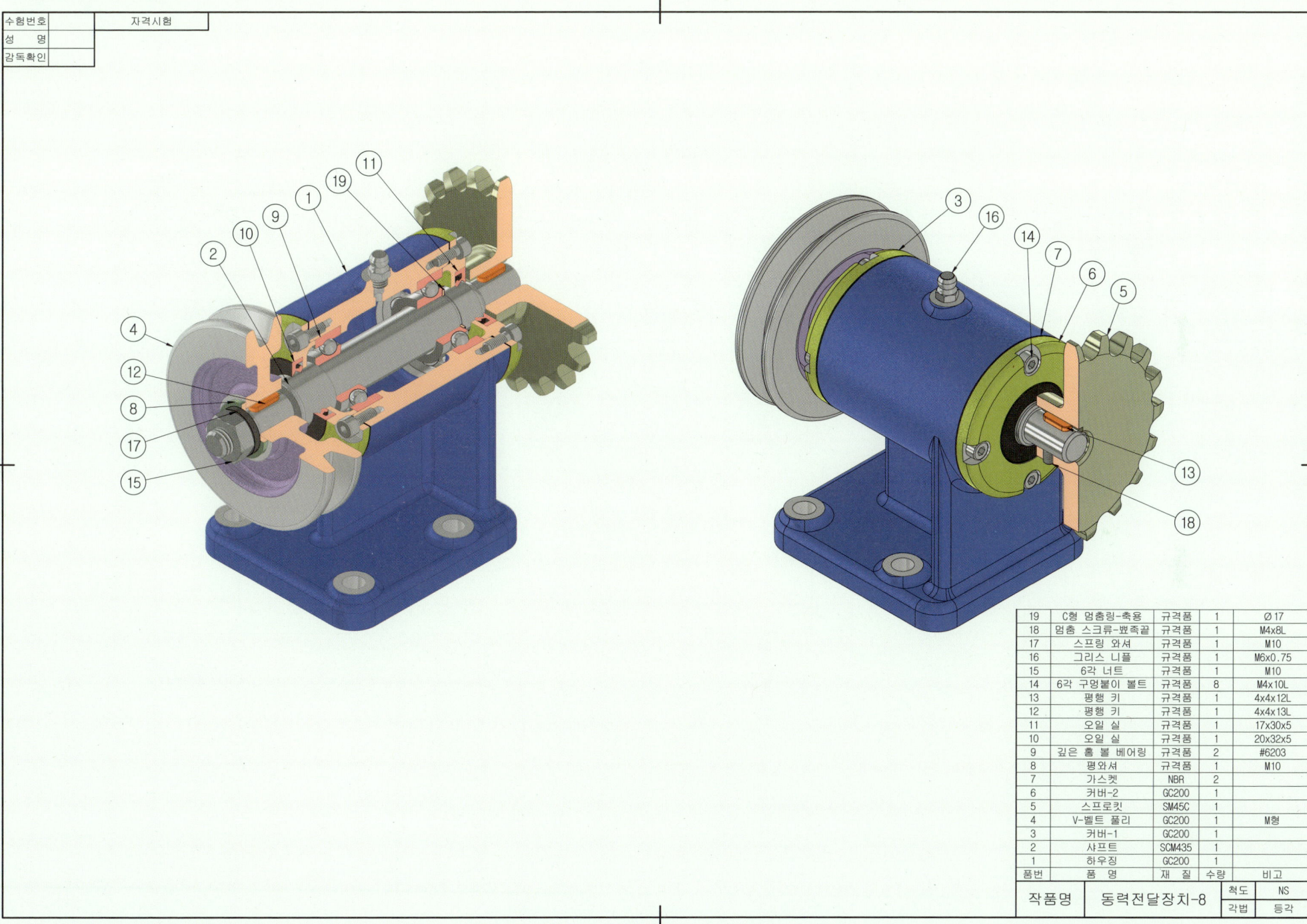

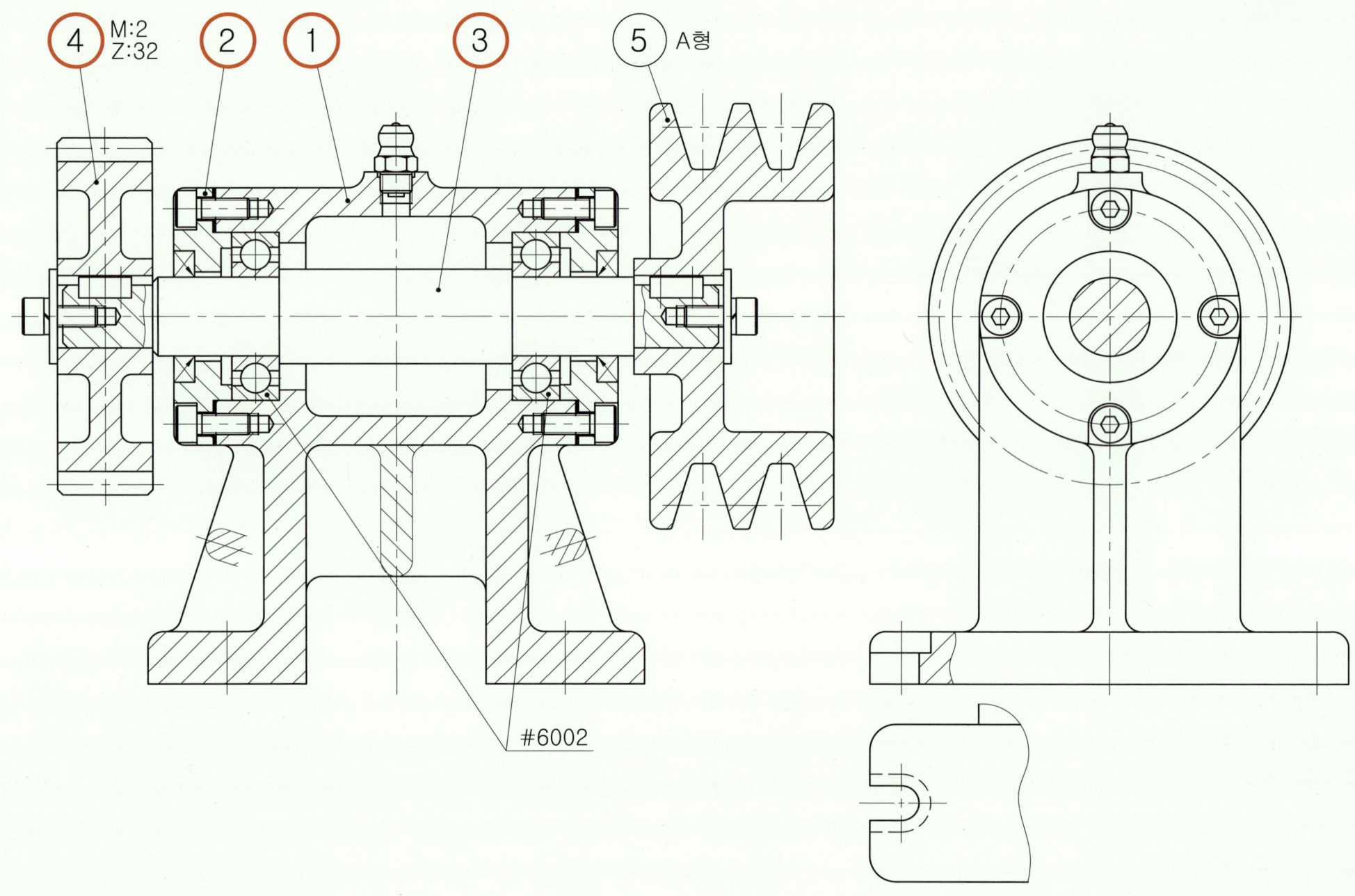

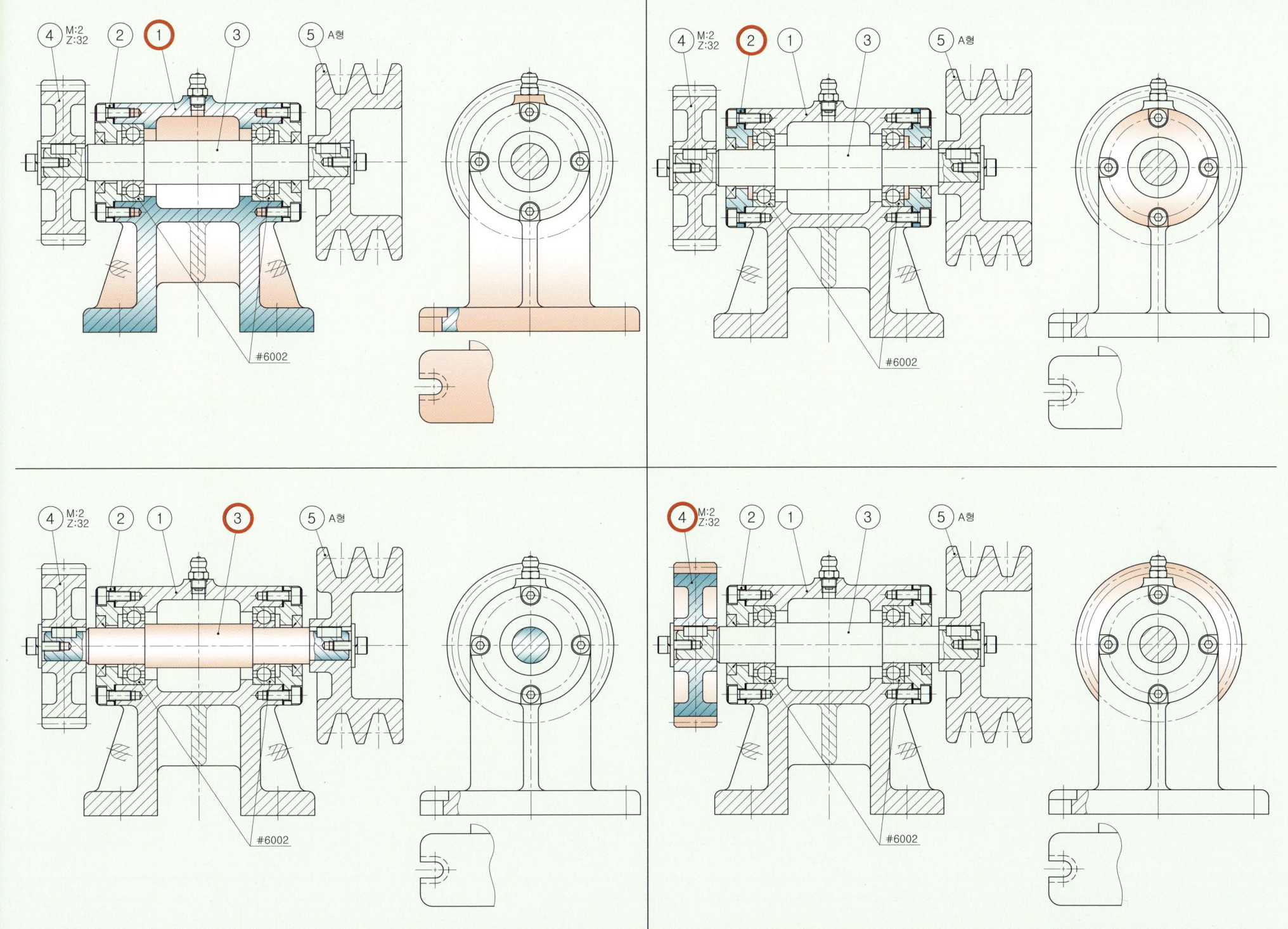

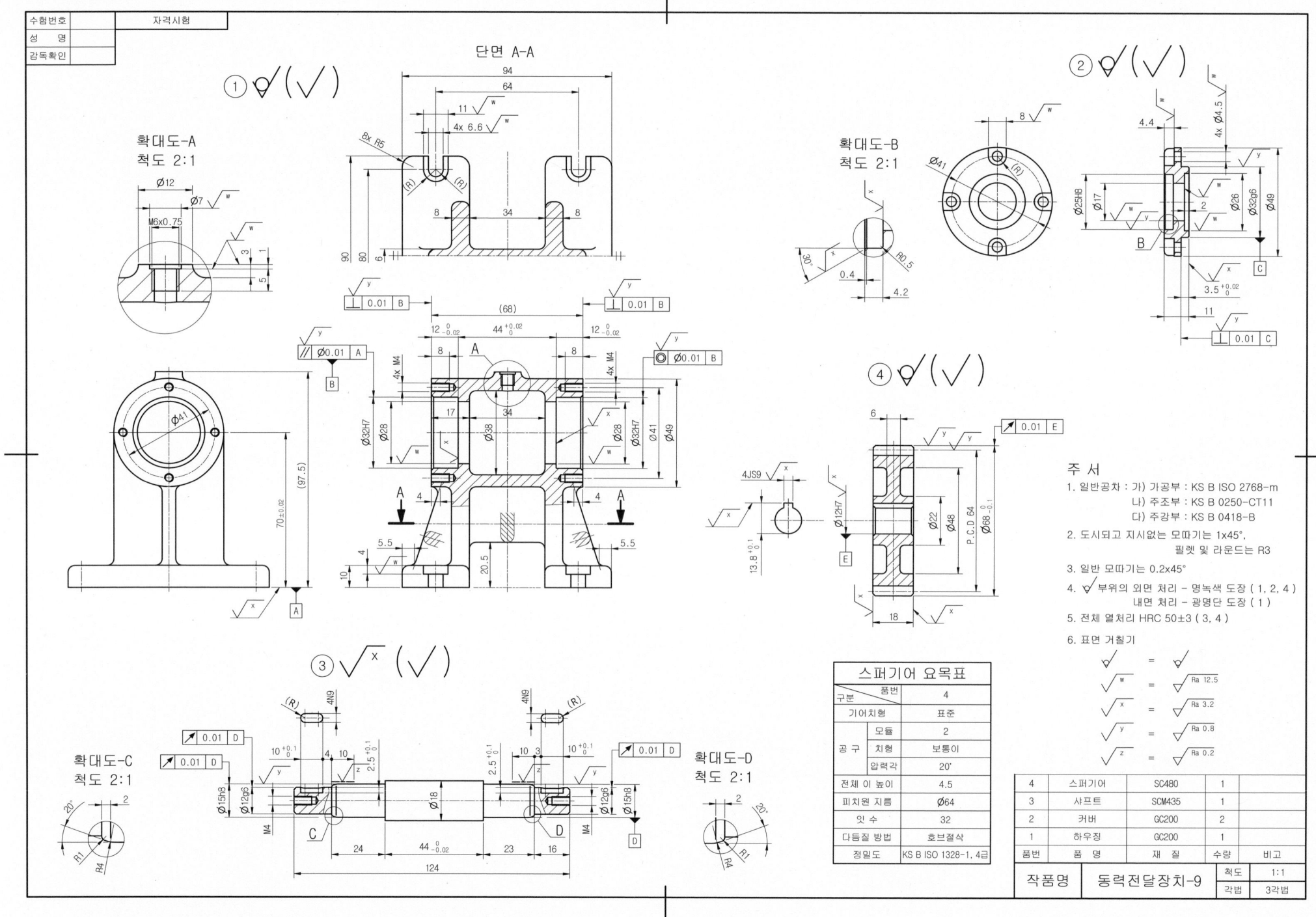

● 동력전달장치-9 등각 투상도

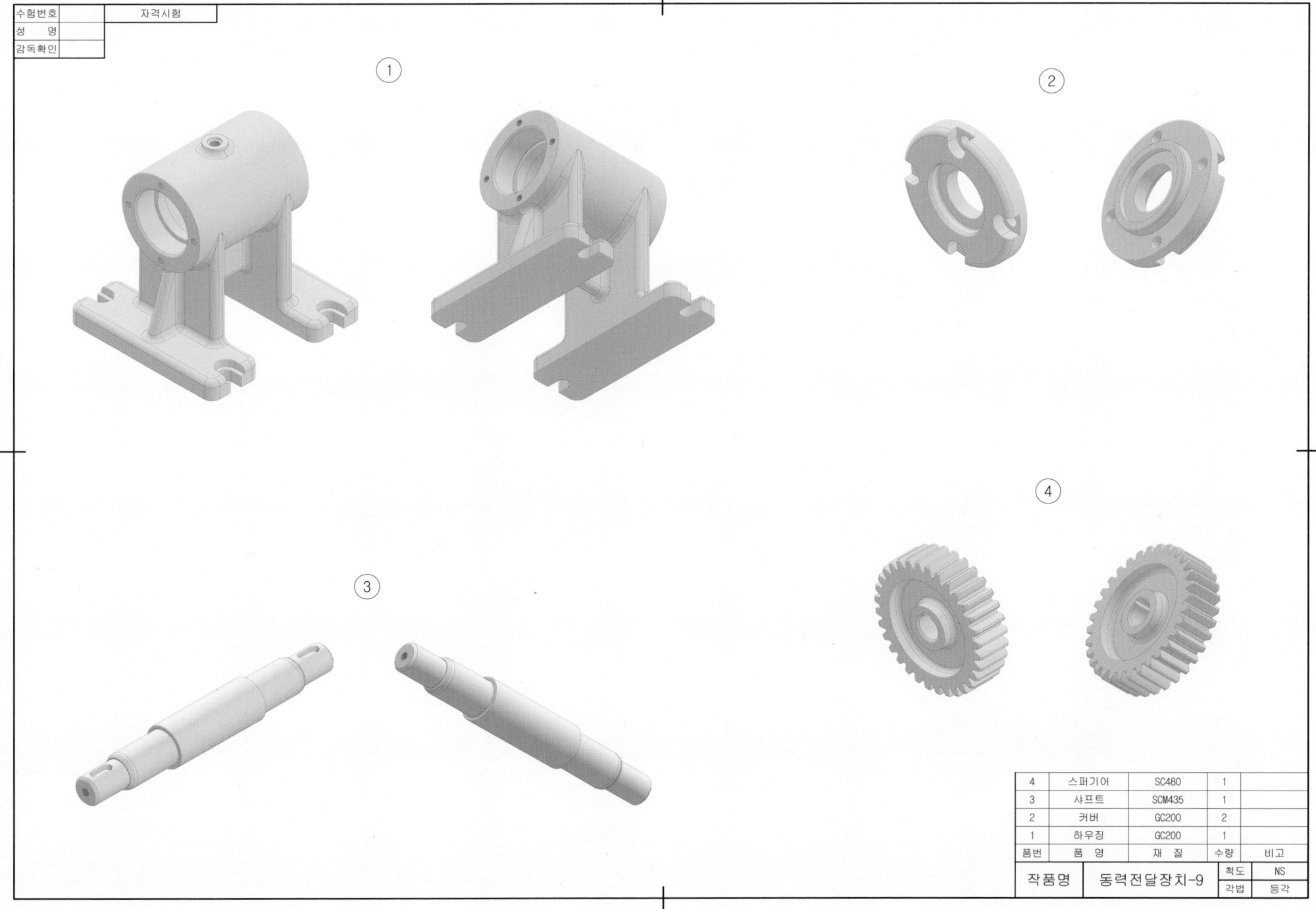

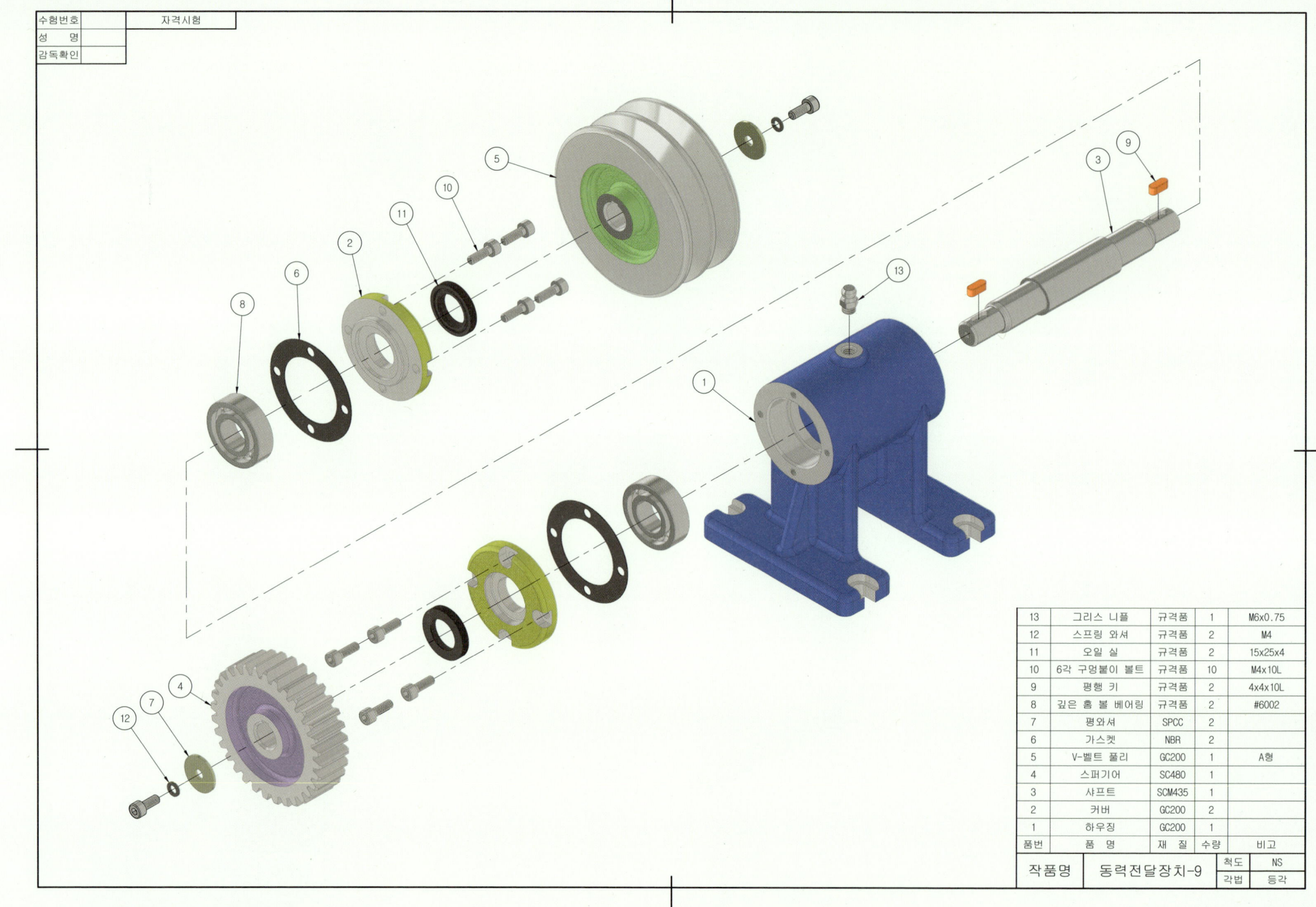

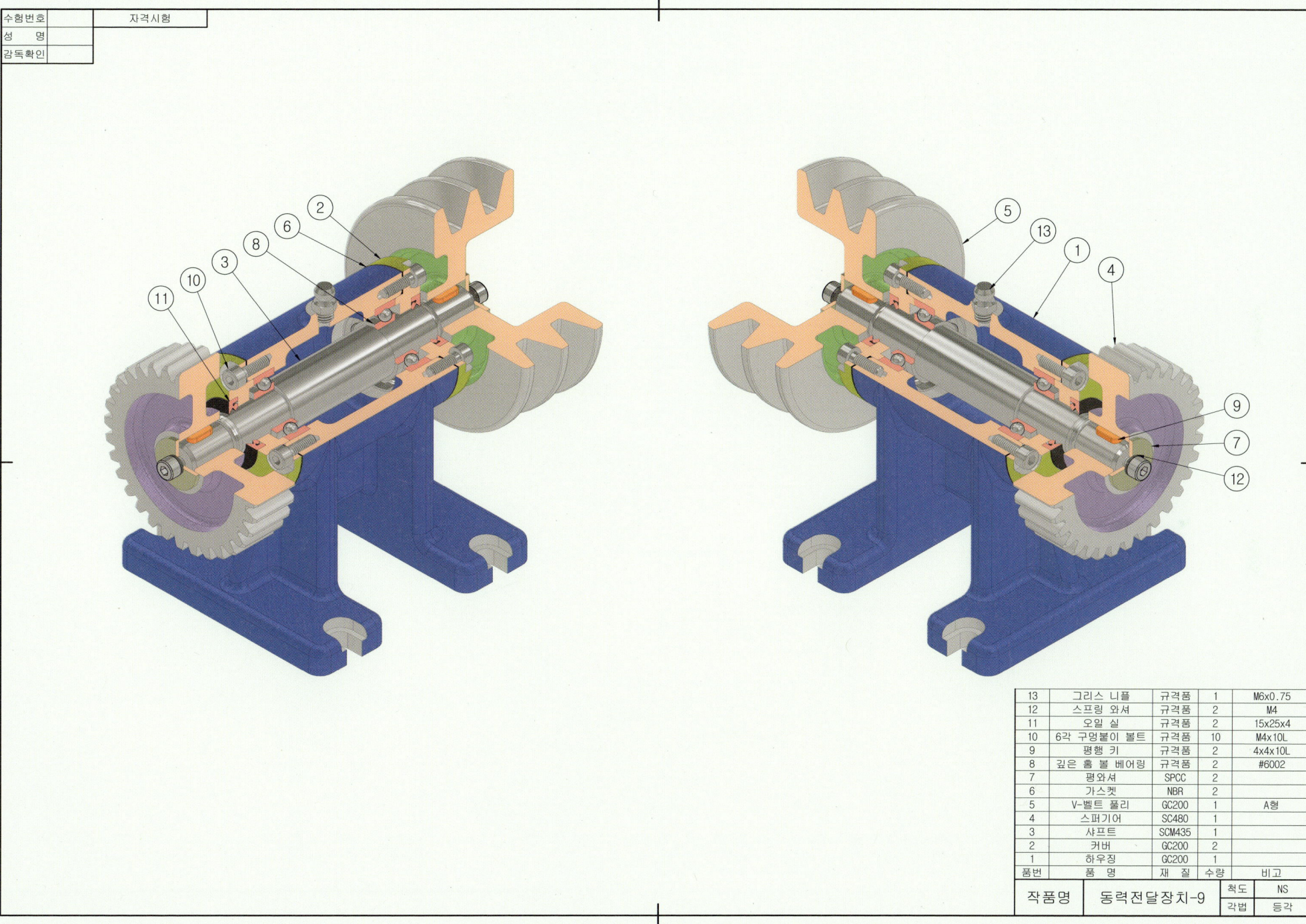

동력전달장치-10 문제 도면

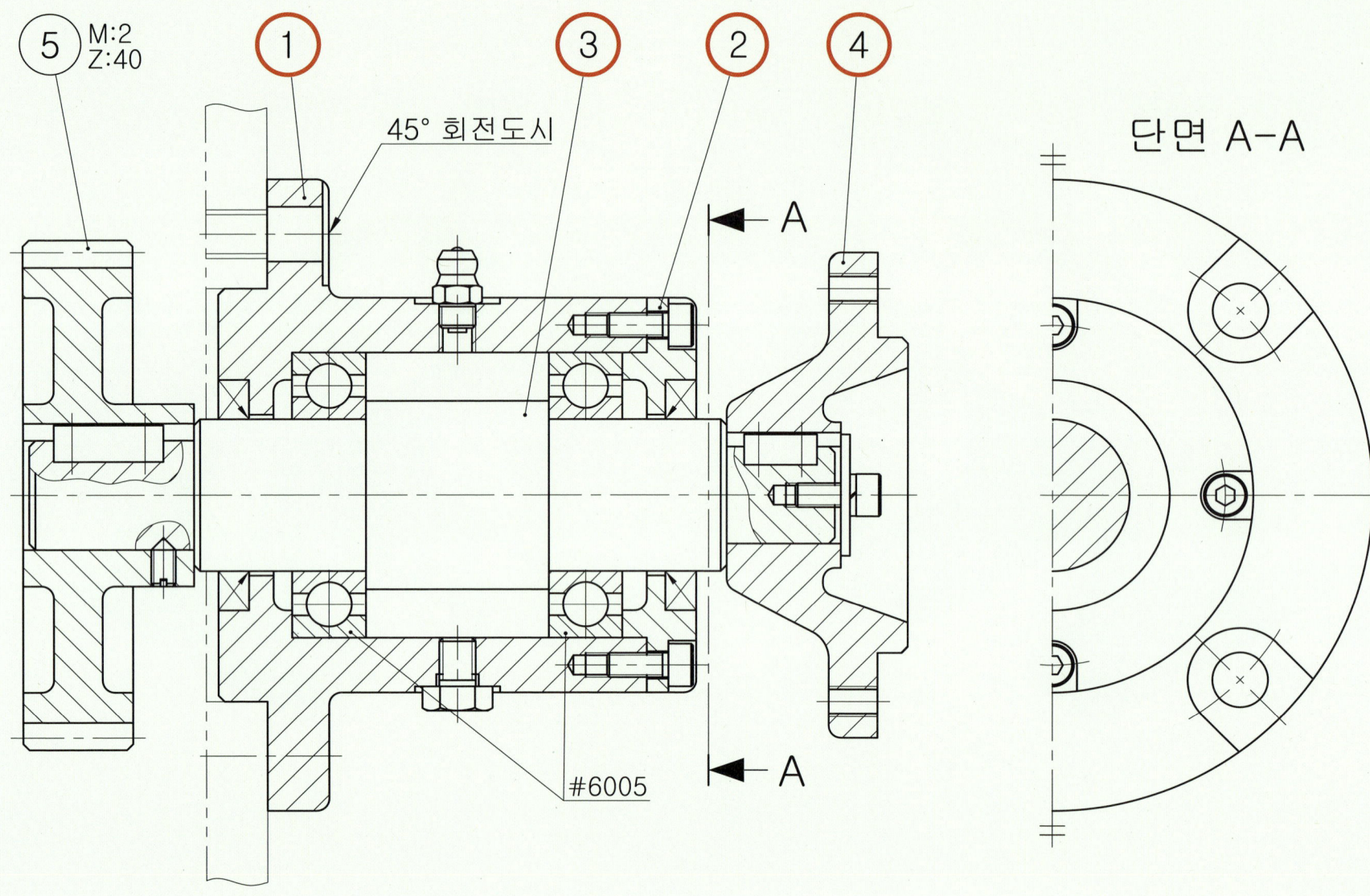

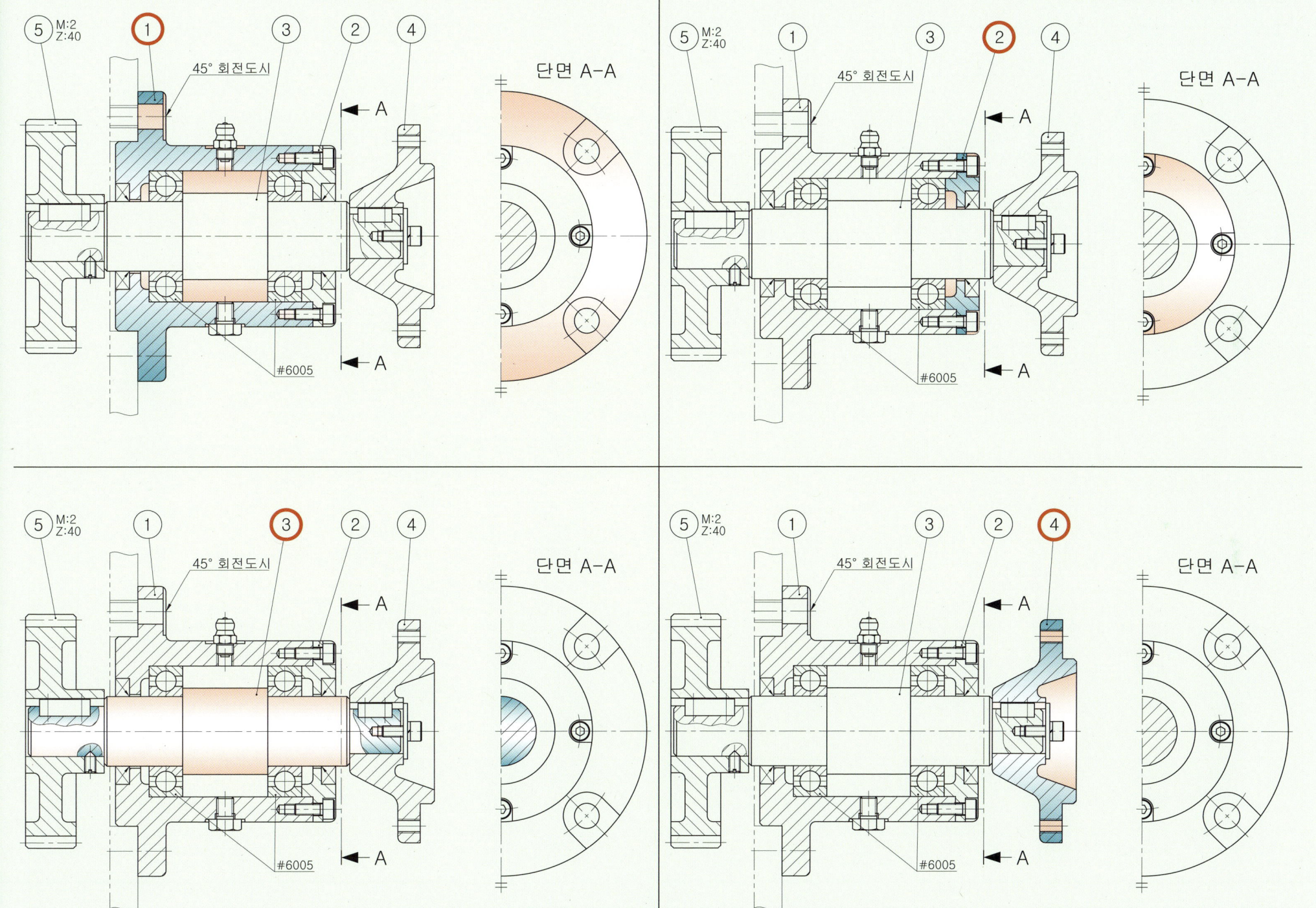

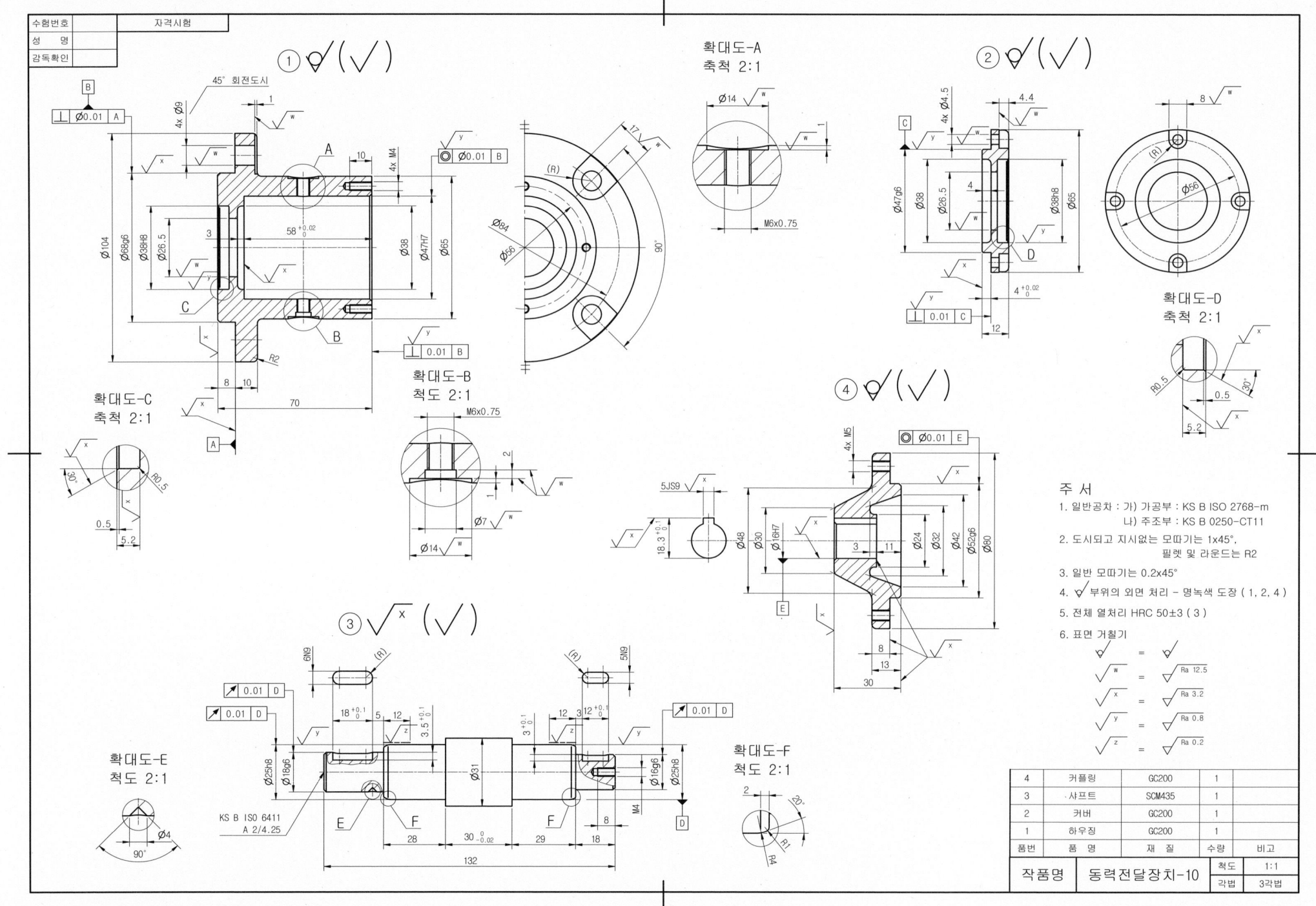

● 동력전달장치-10 등각 투상도

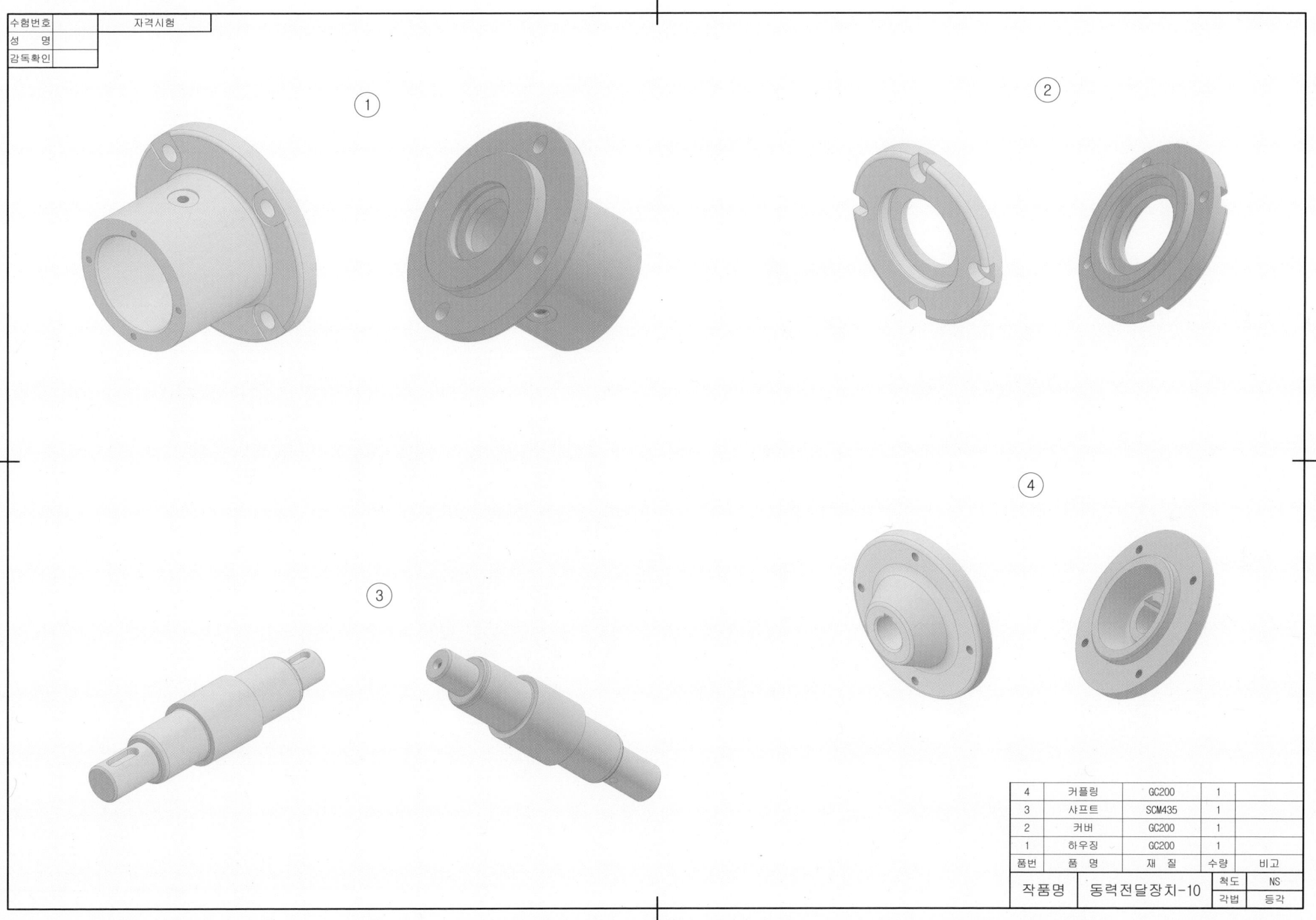

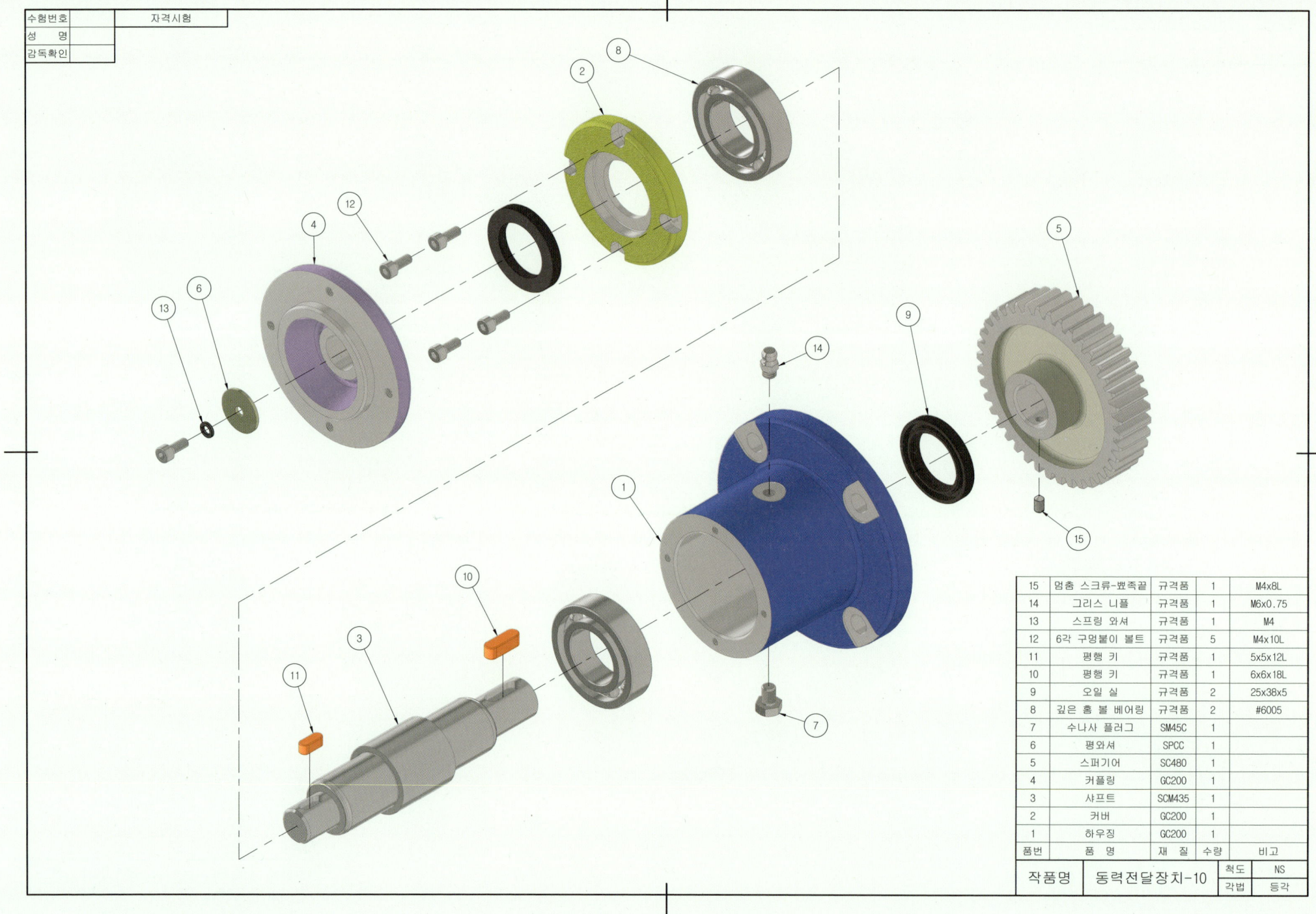

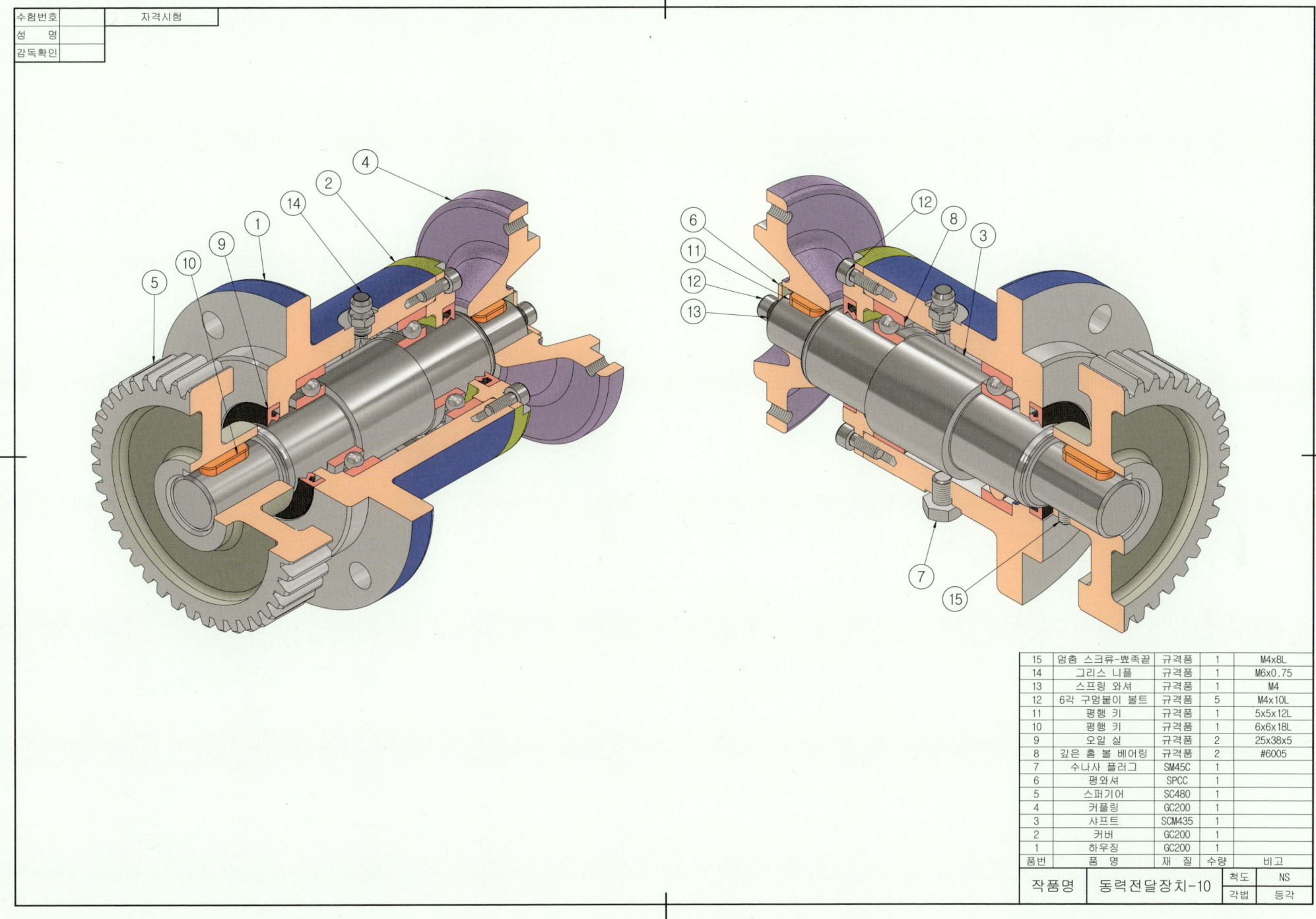

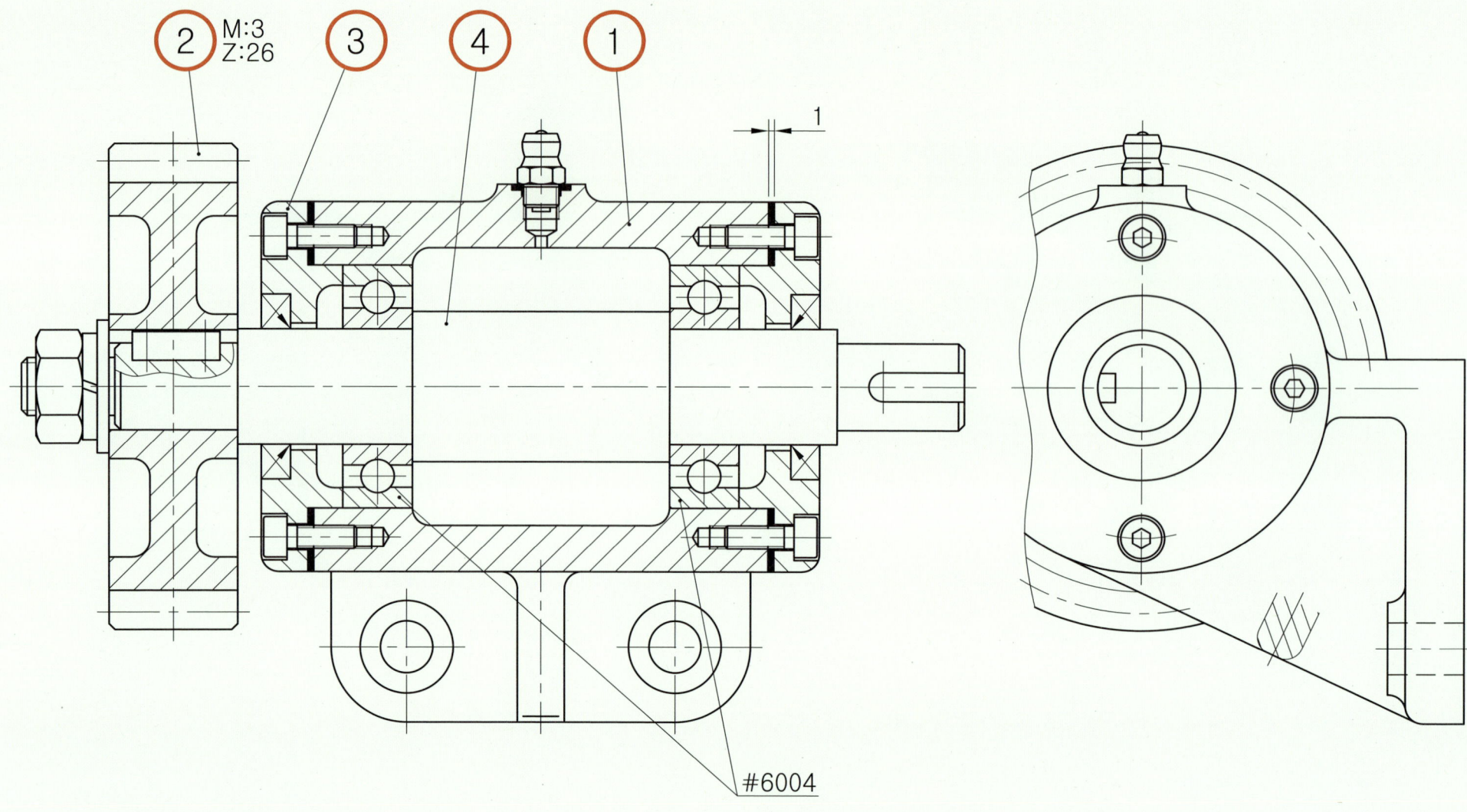

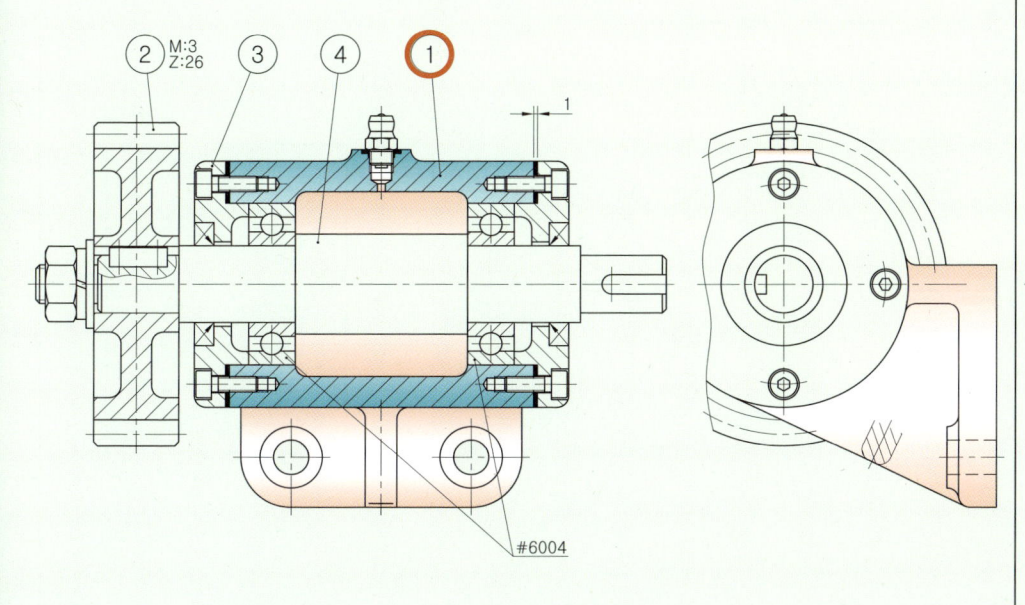
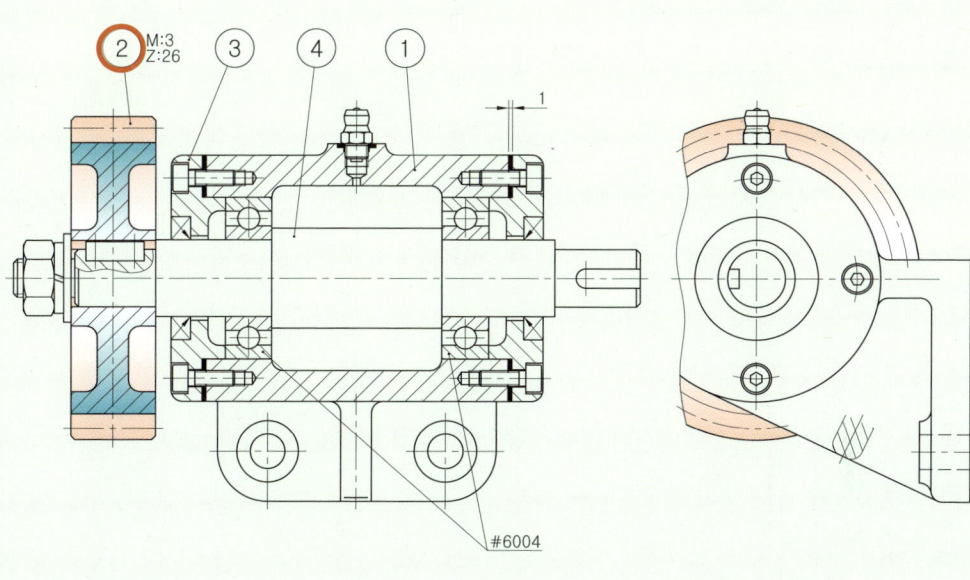
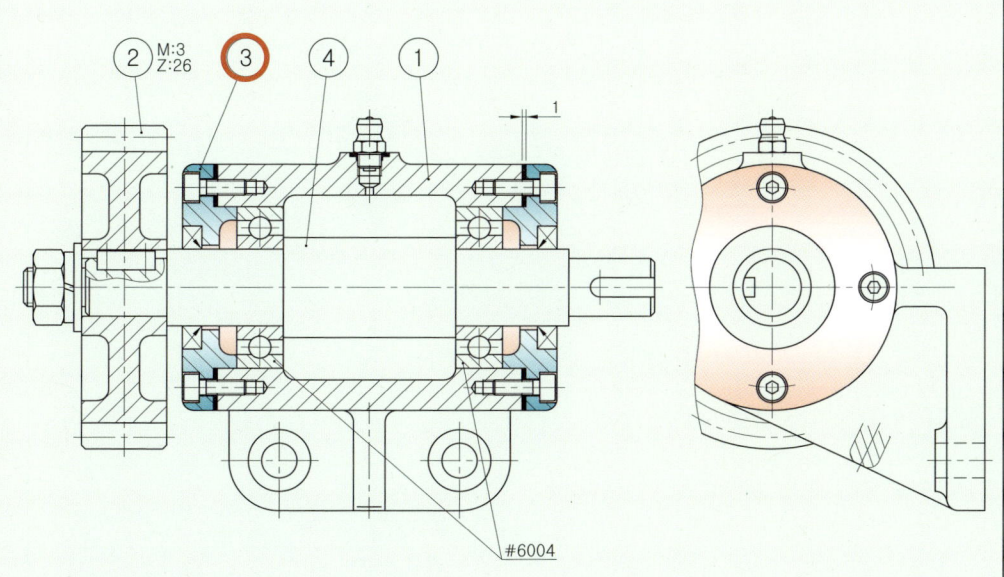
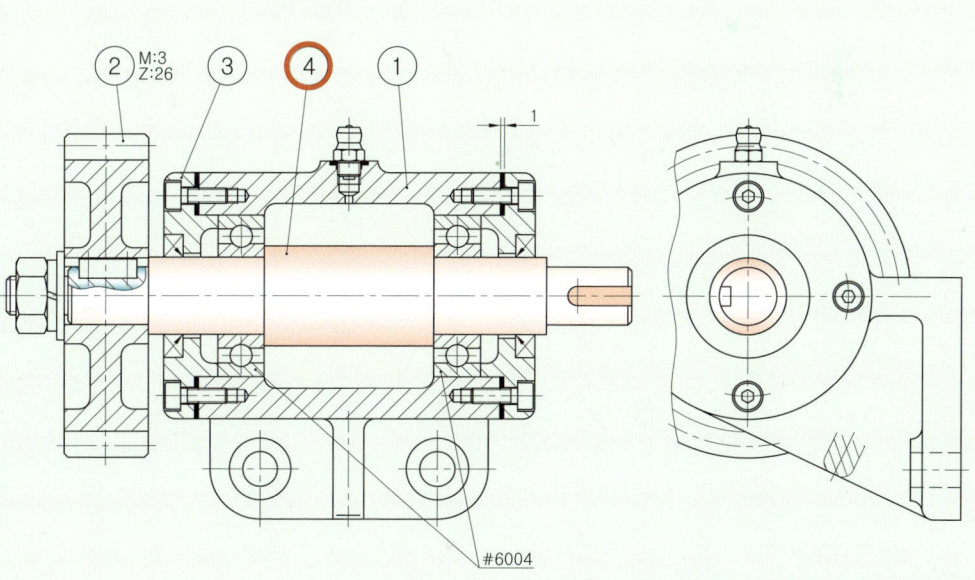

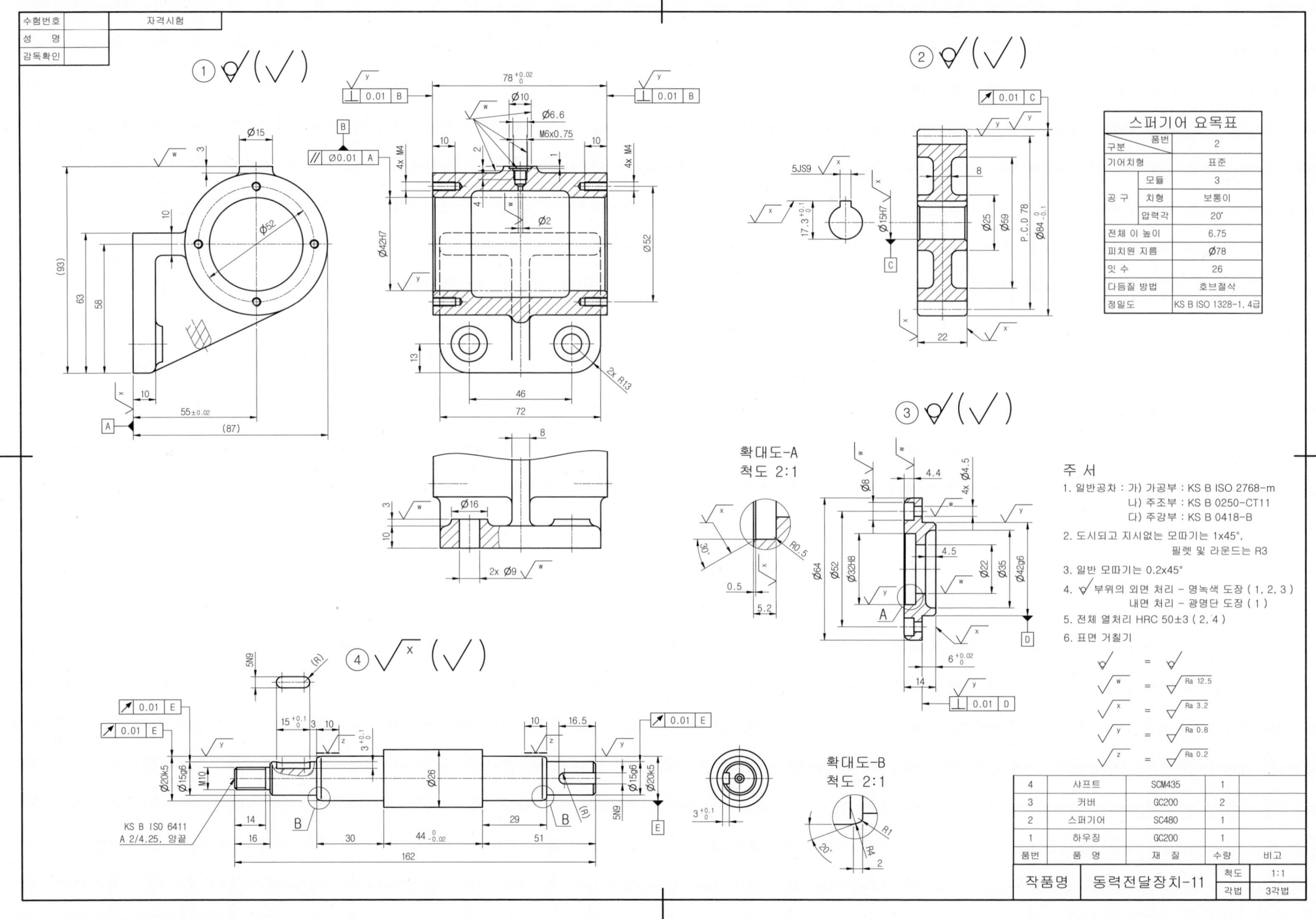

● 동력전달장치-11 등각 투상도

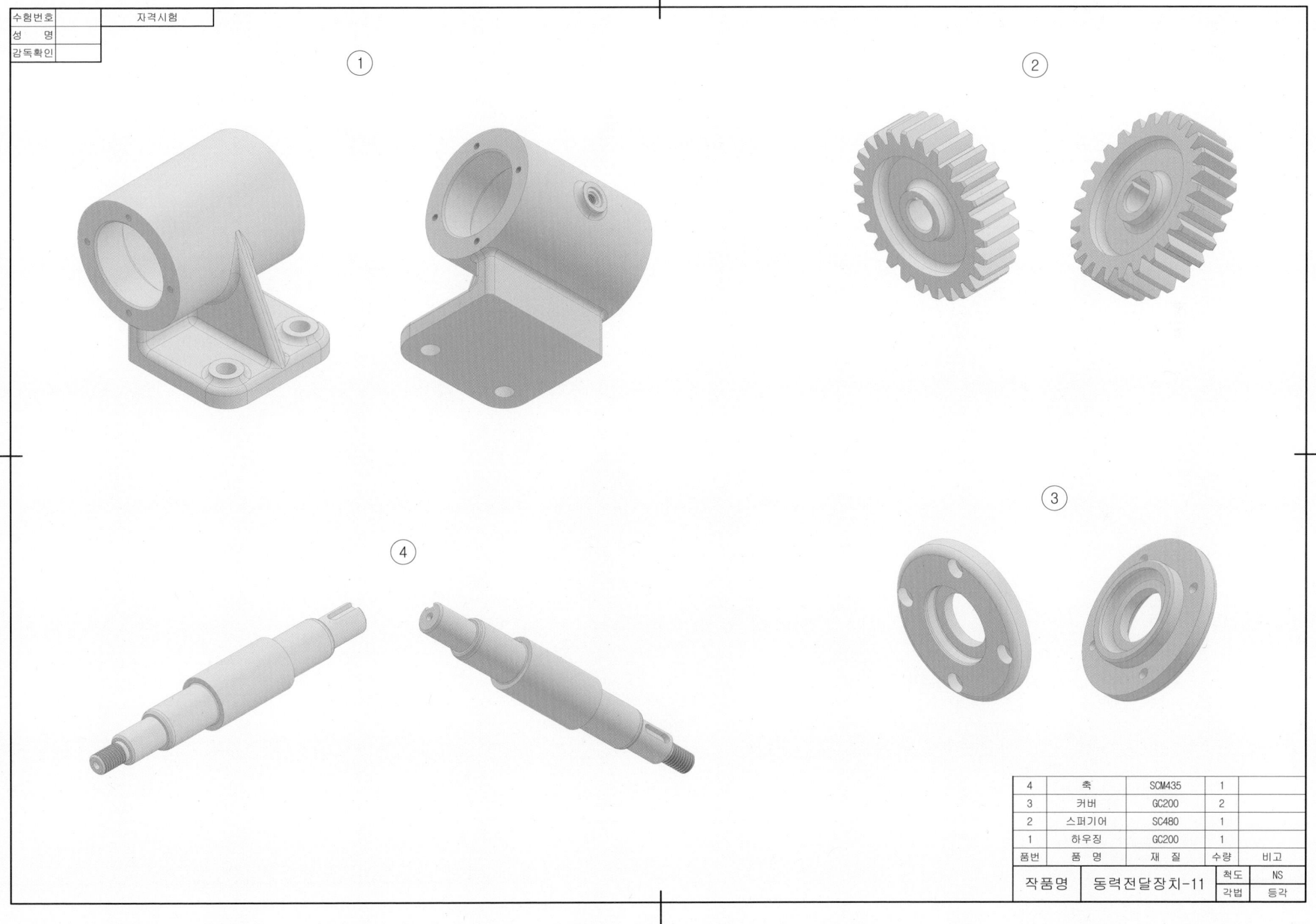

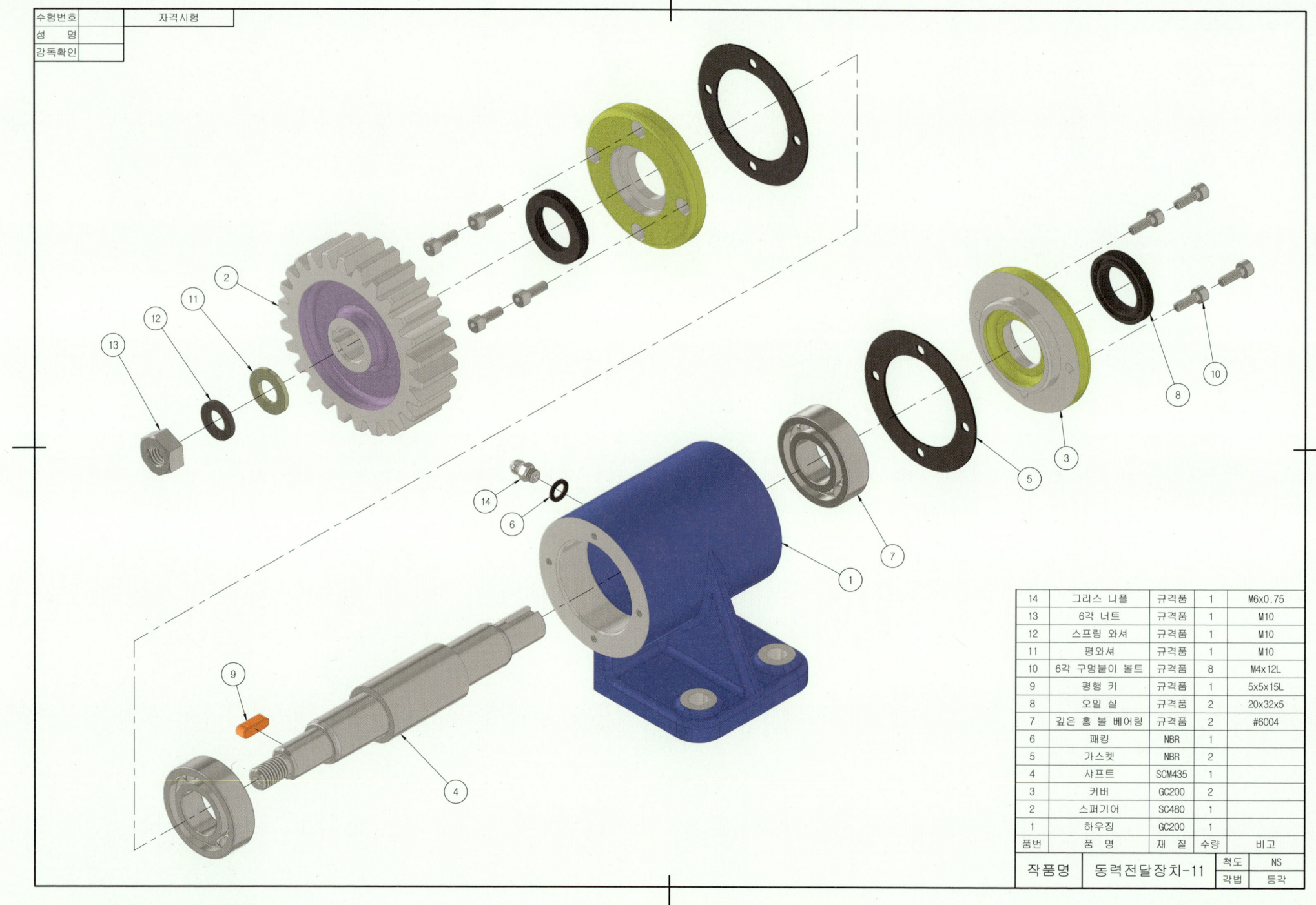

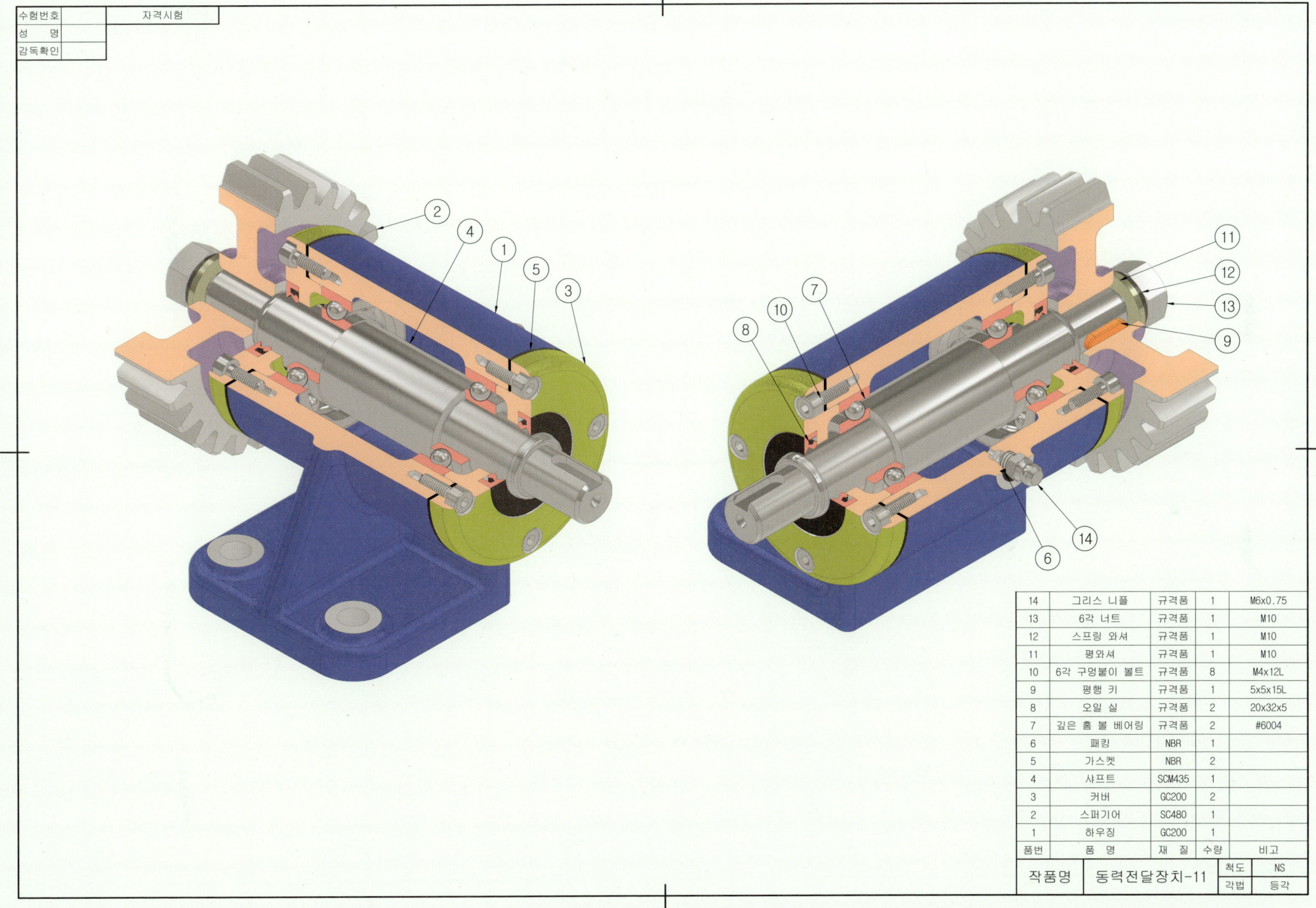

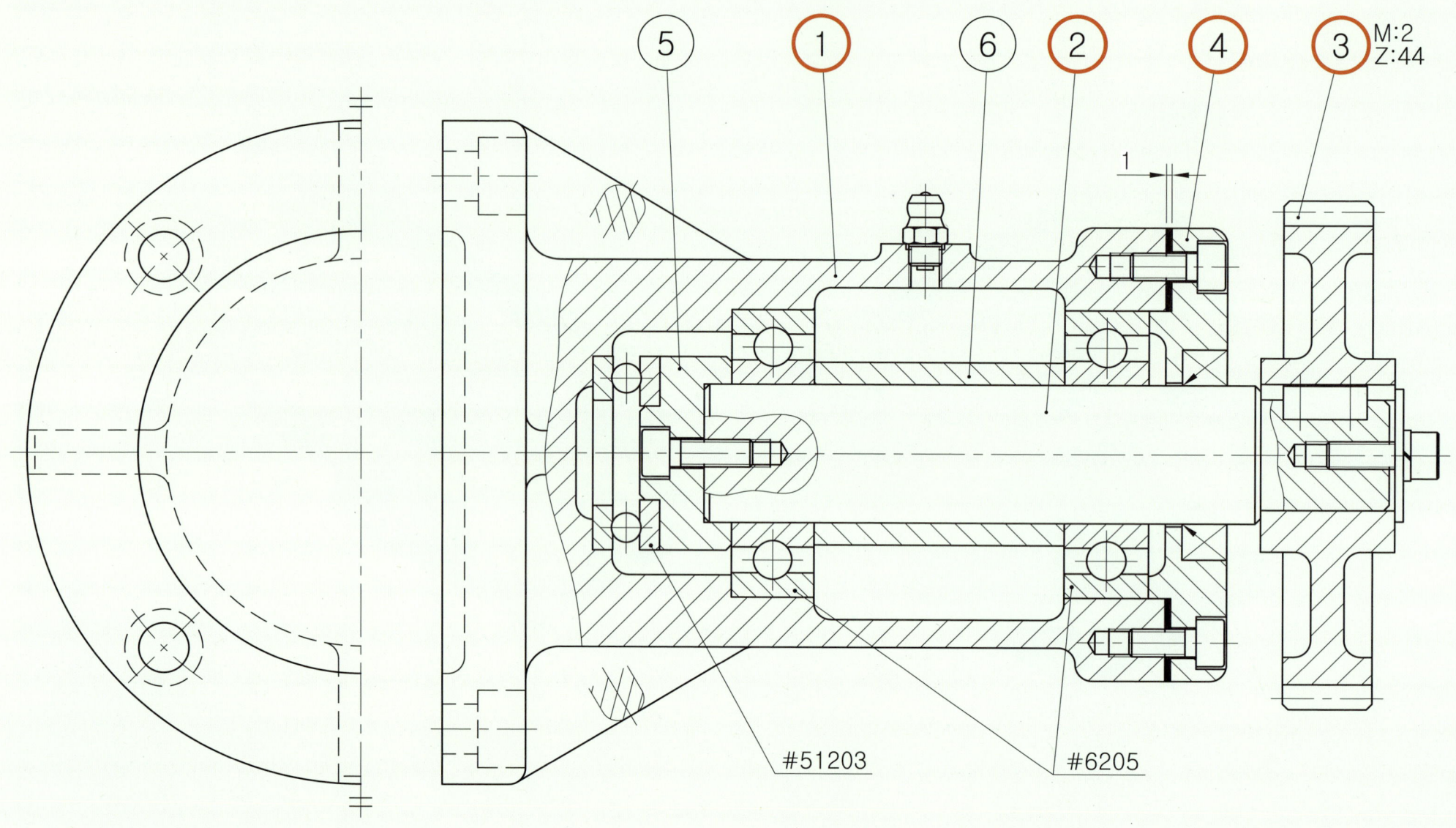

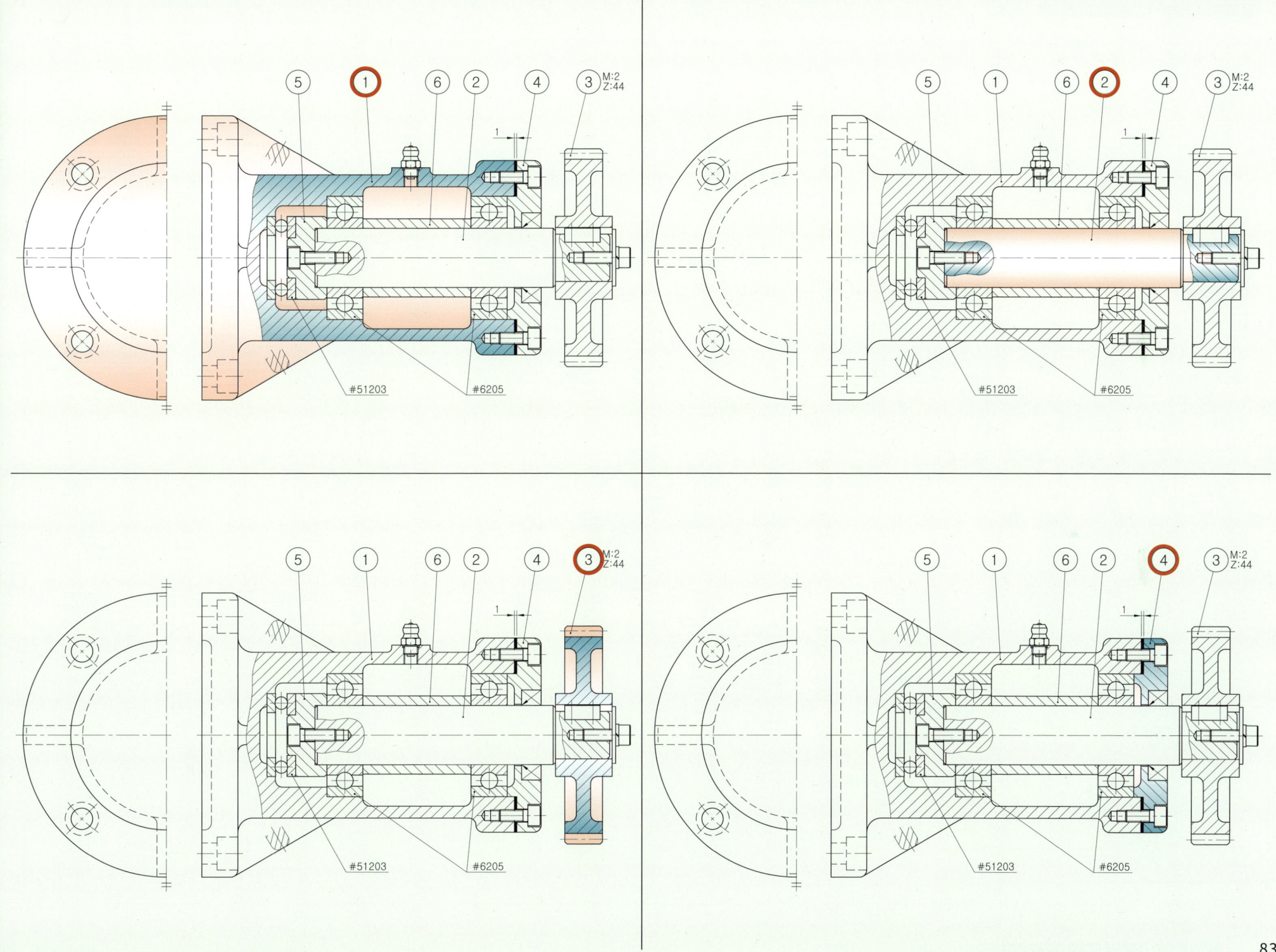

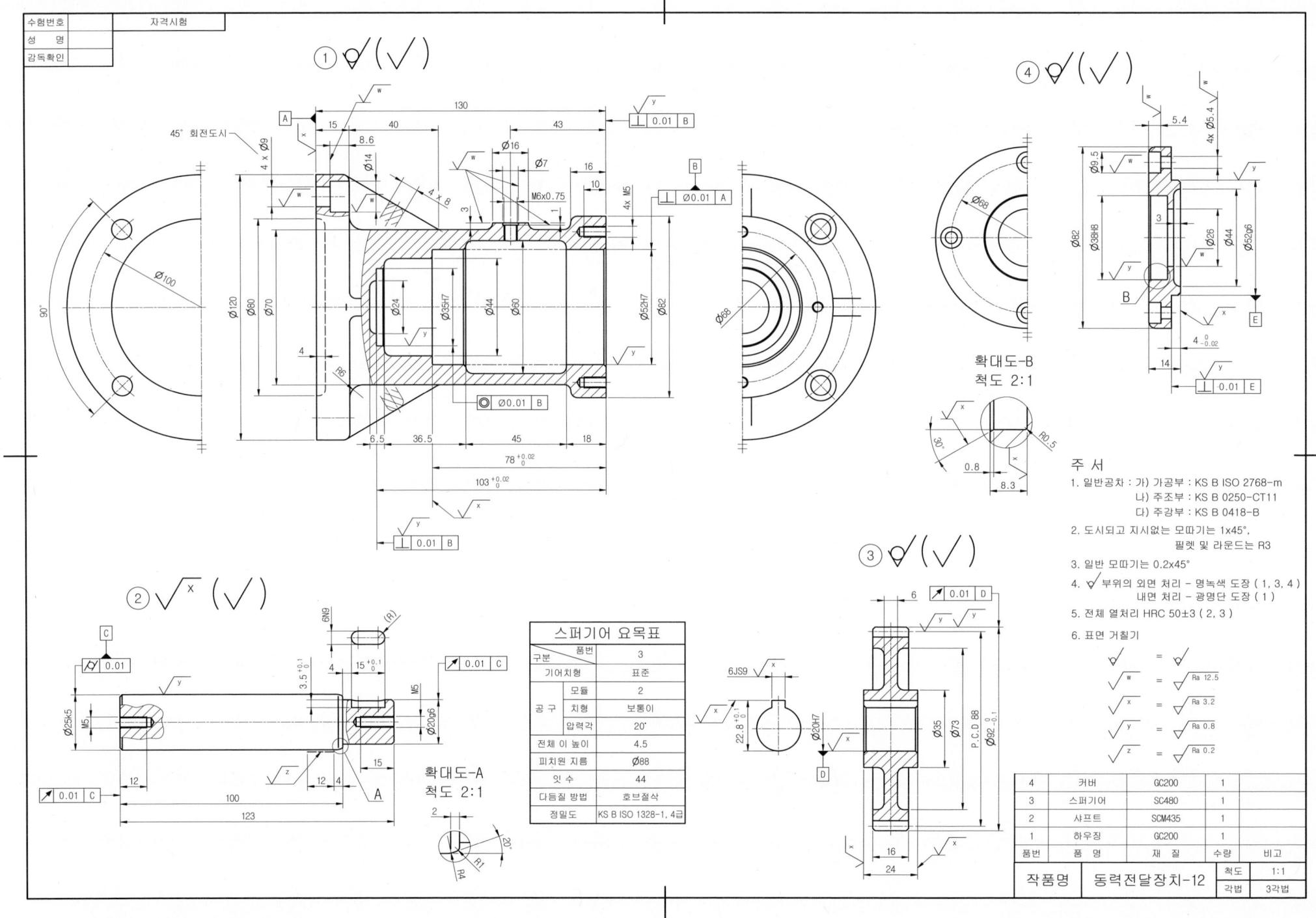

동력전달장치-12 등각 투상도

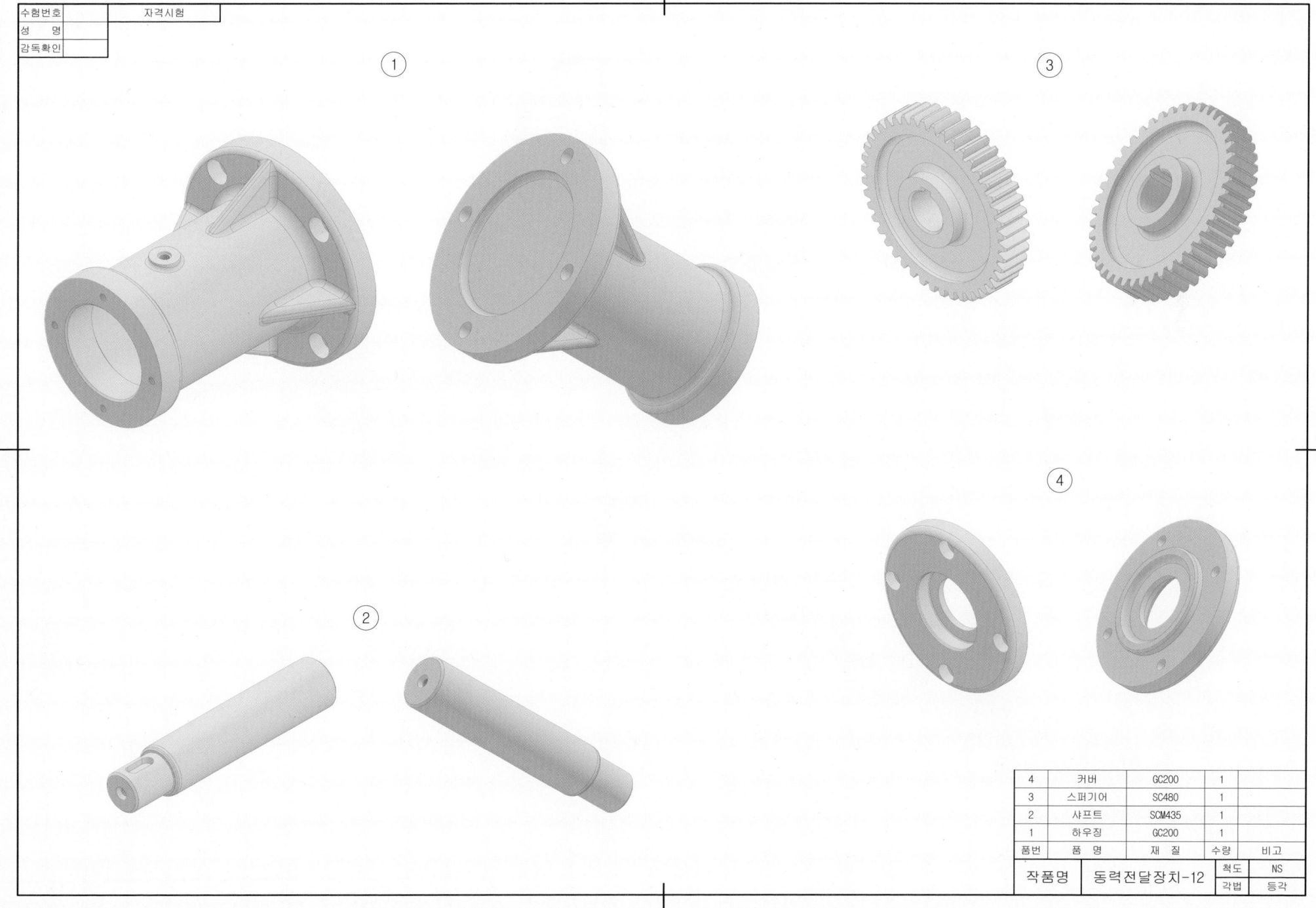

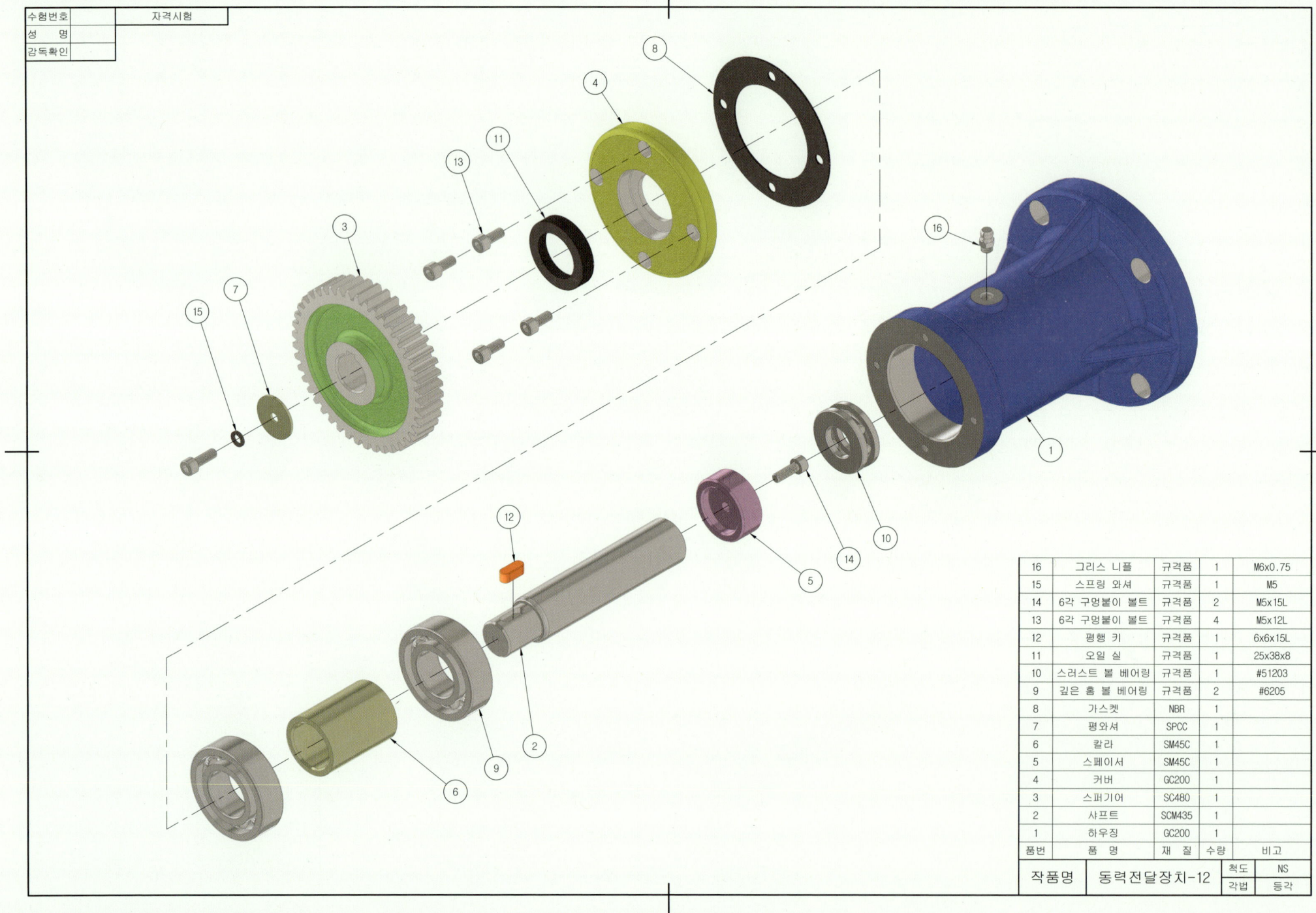

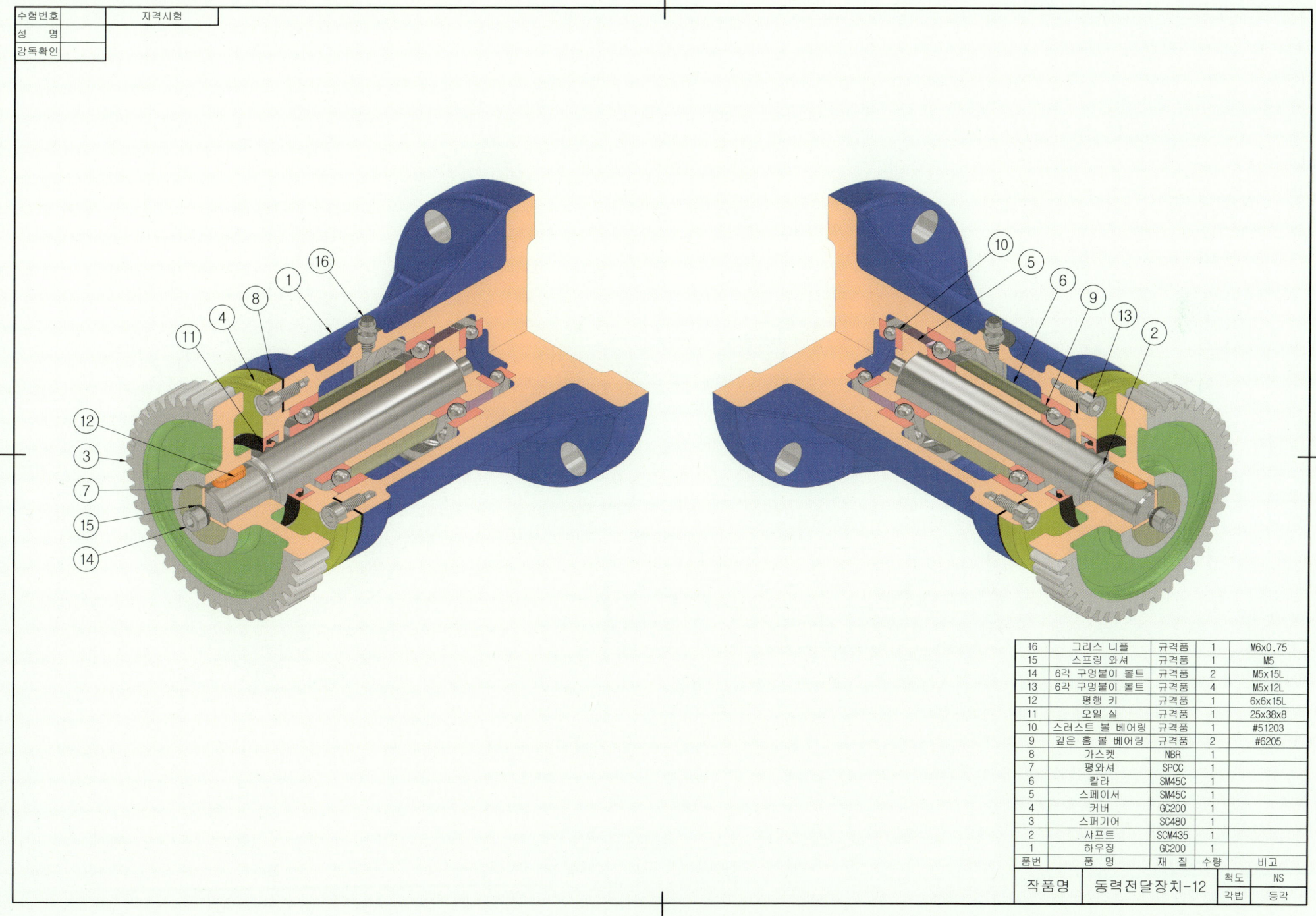

동력전달장치-13 문제 도면

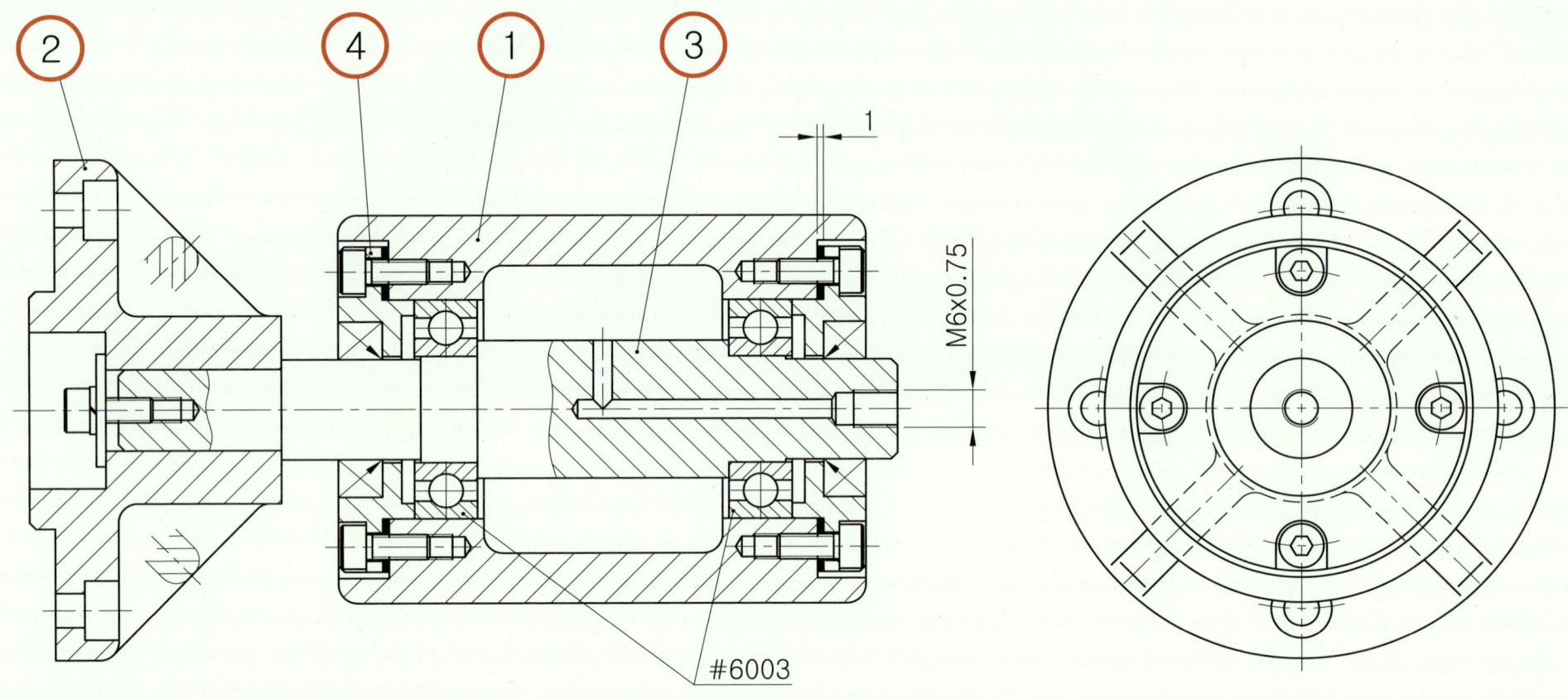

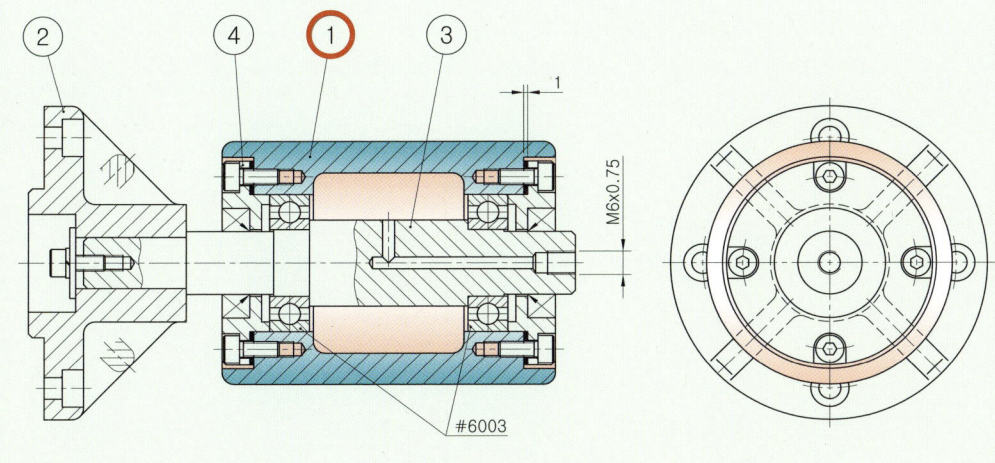
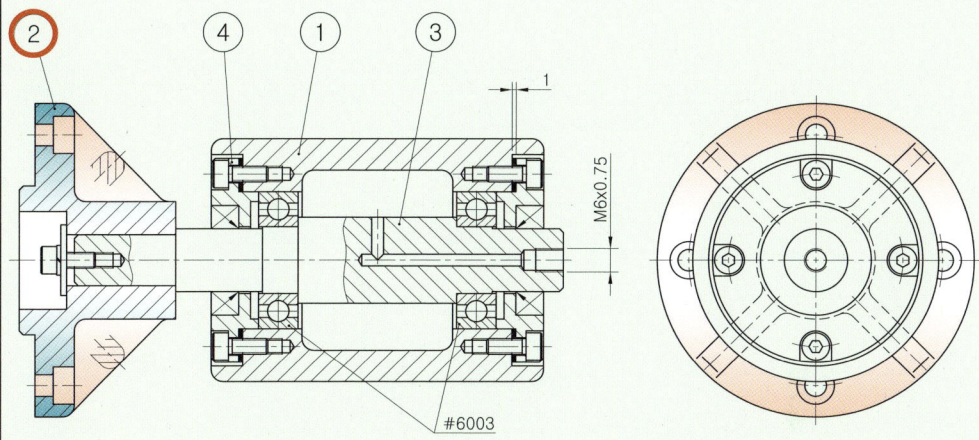
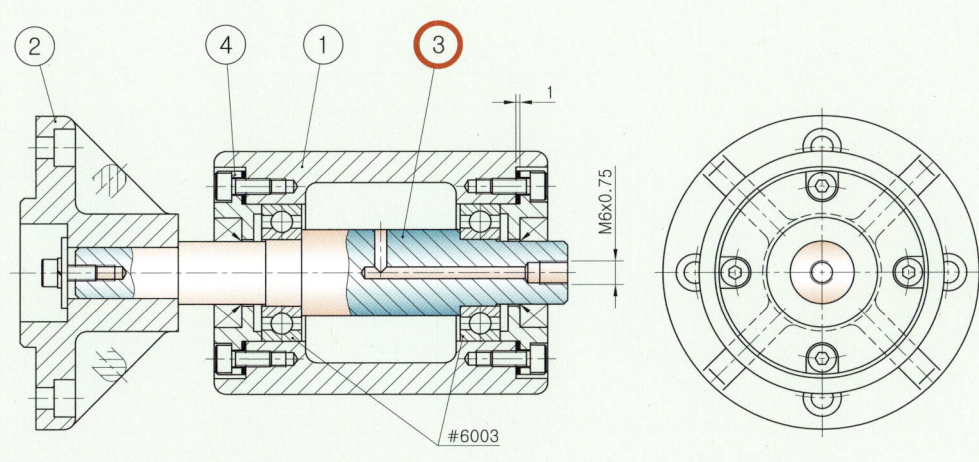
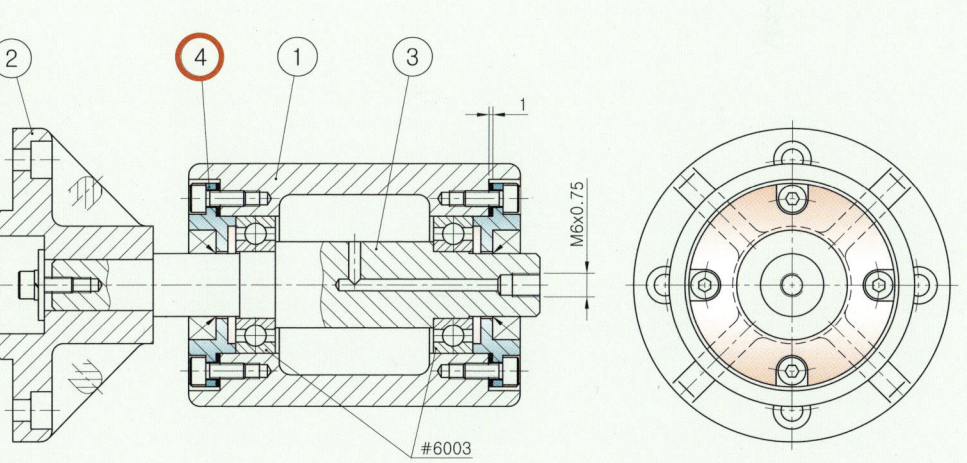

동력전달장치-13 부품도

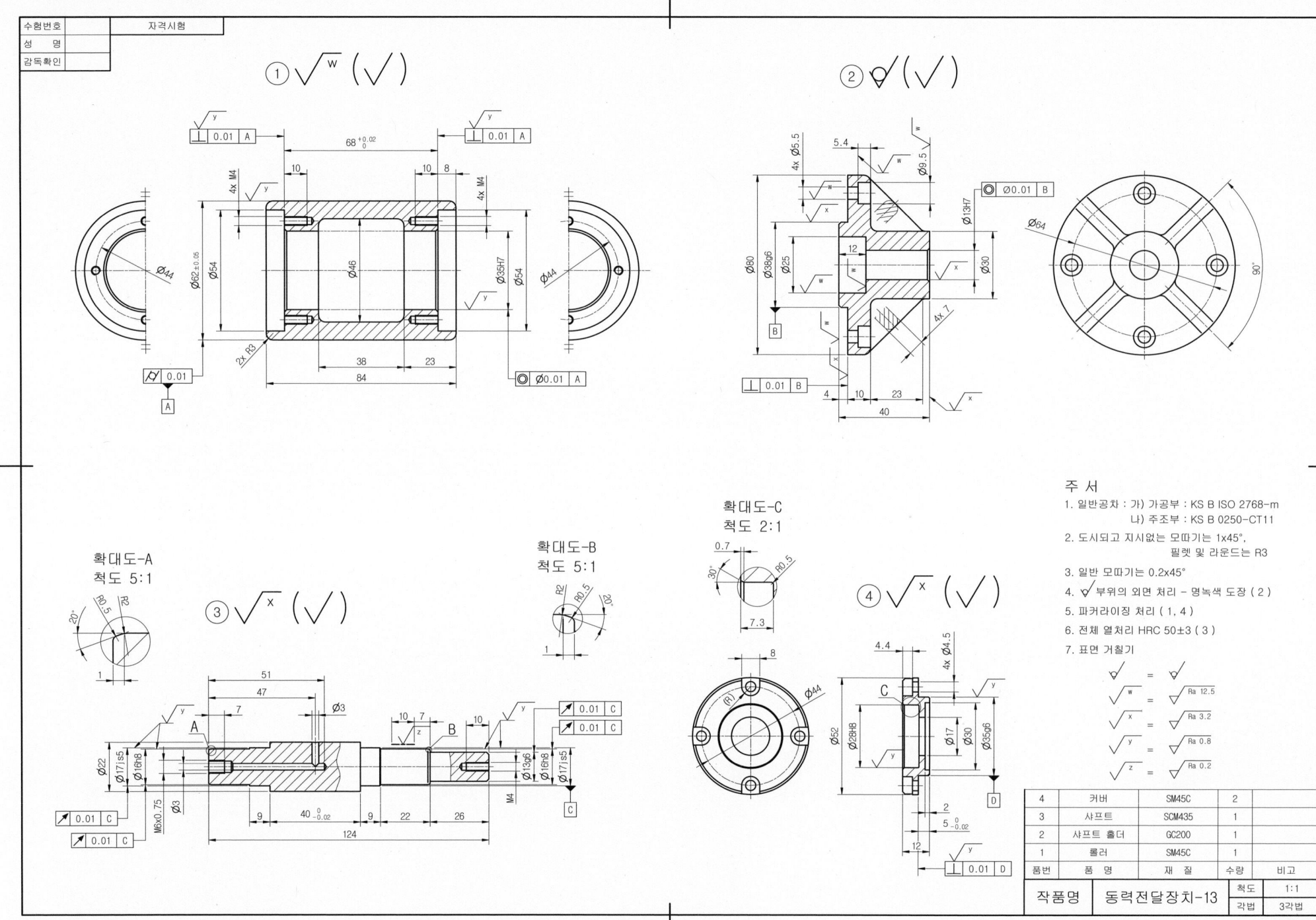

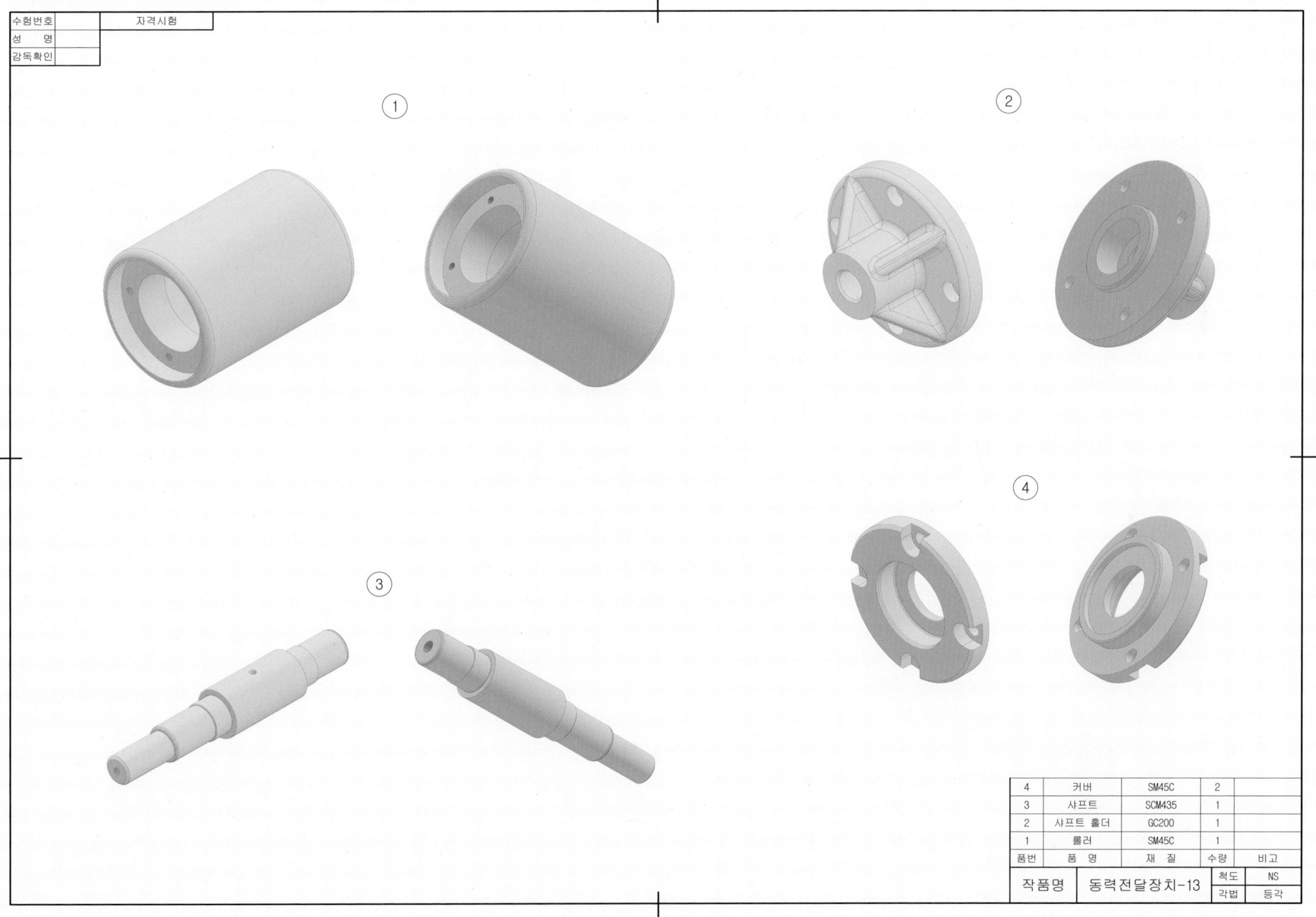

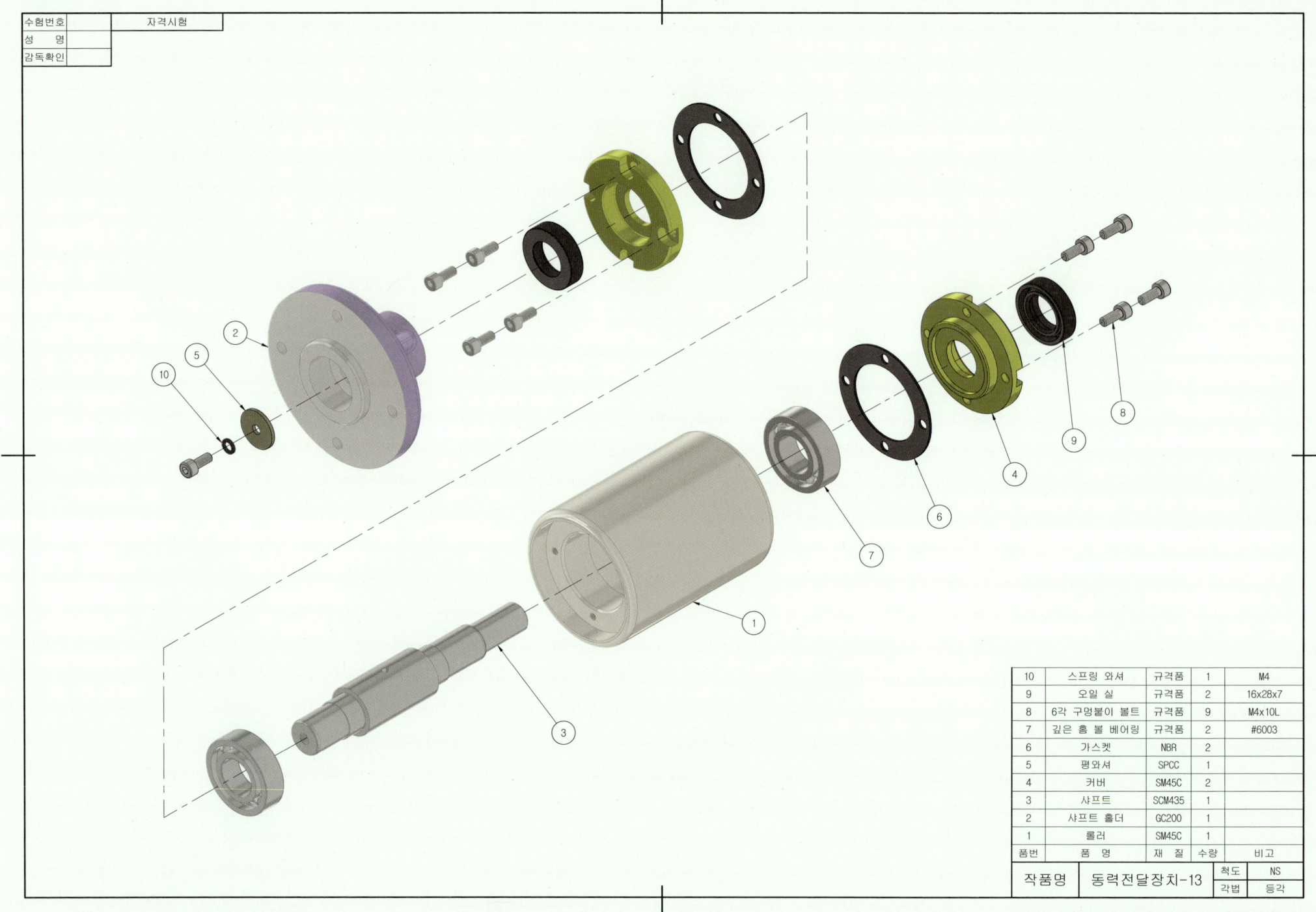

- **동력전달장치-13 조립도**

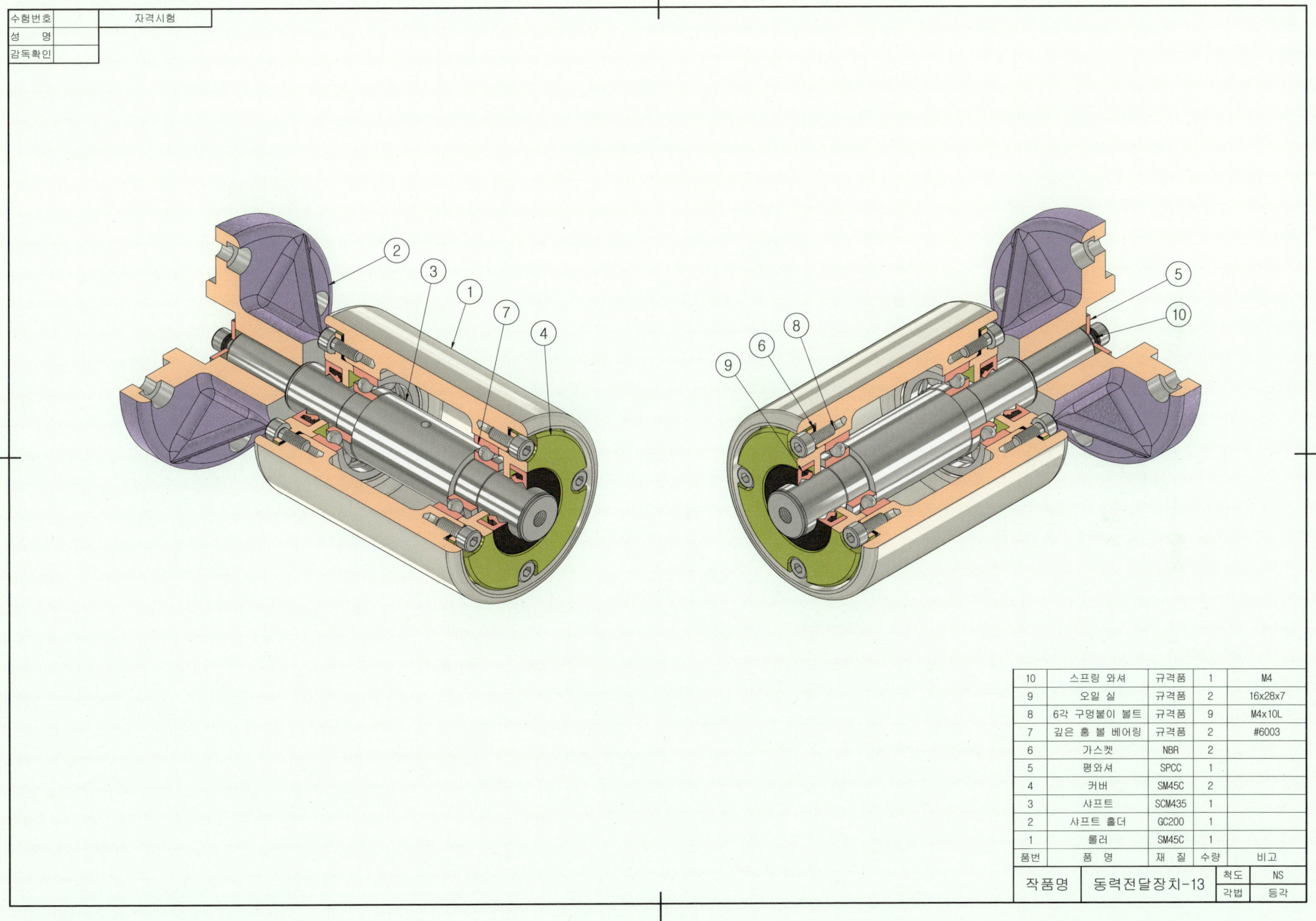

동력전달장치-14 문제 도면

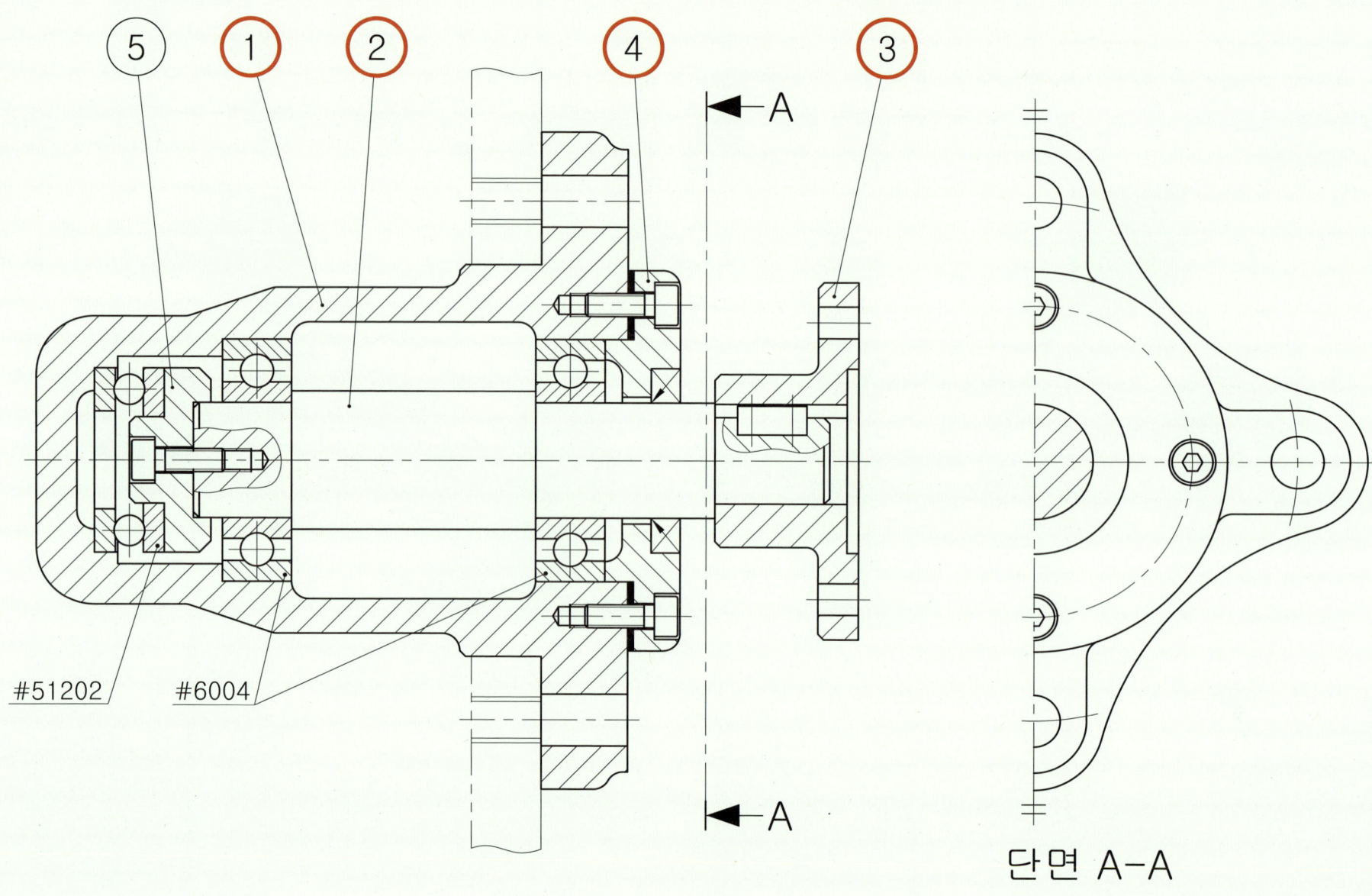

단면 A-A

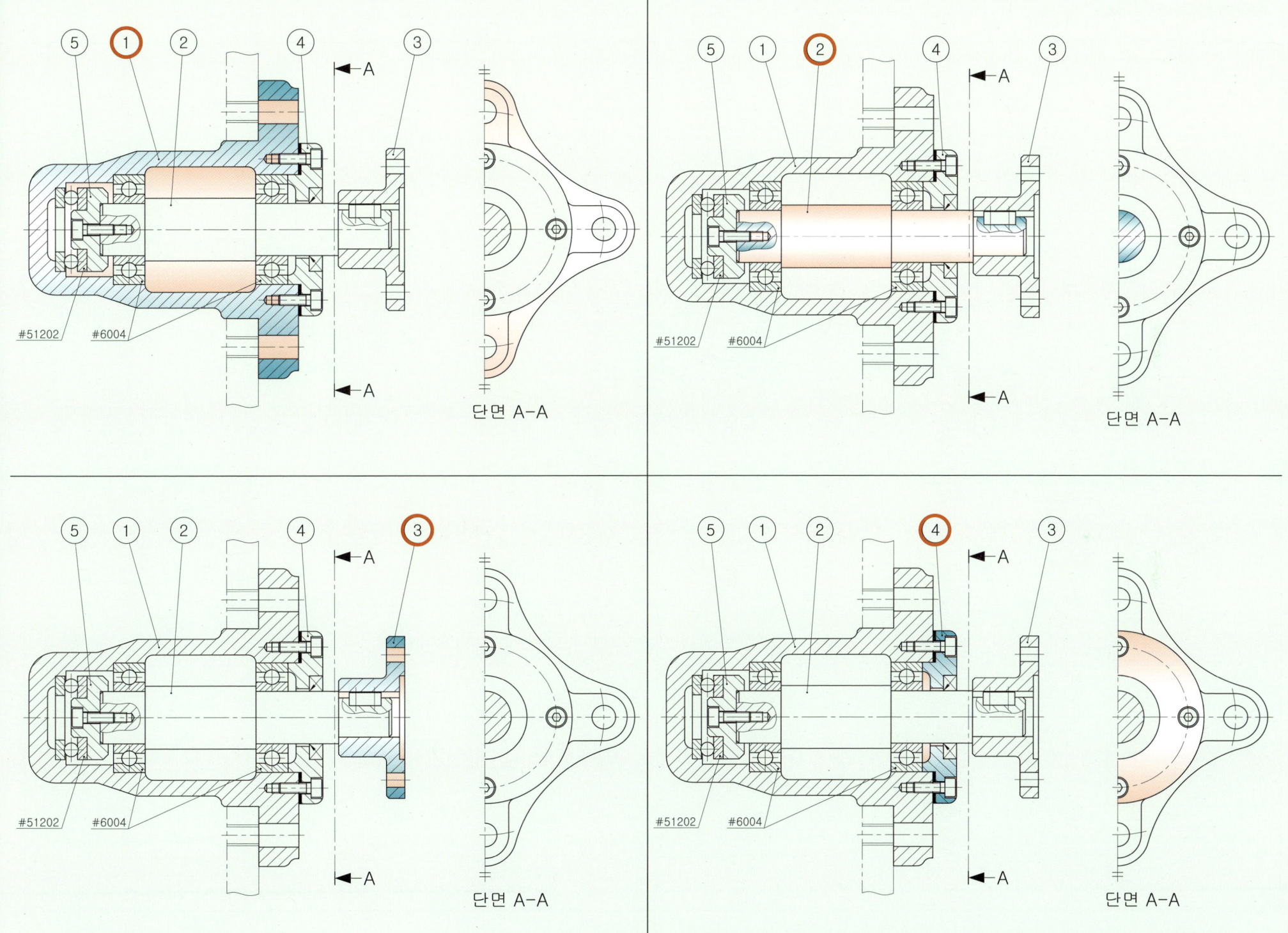

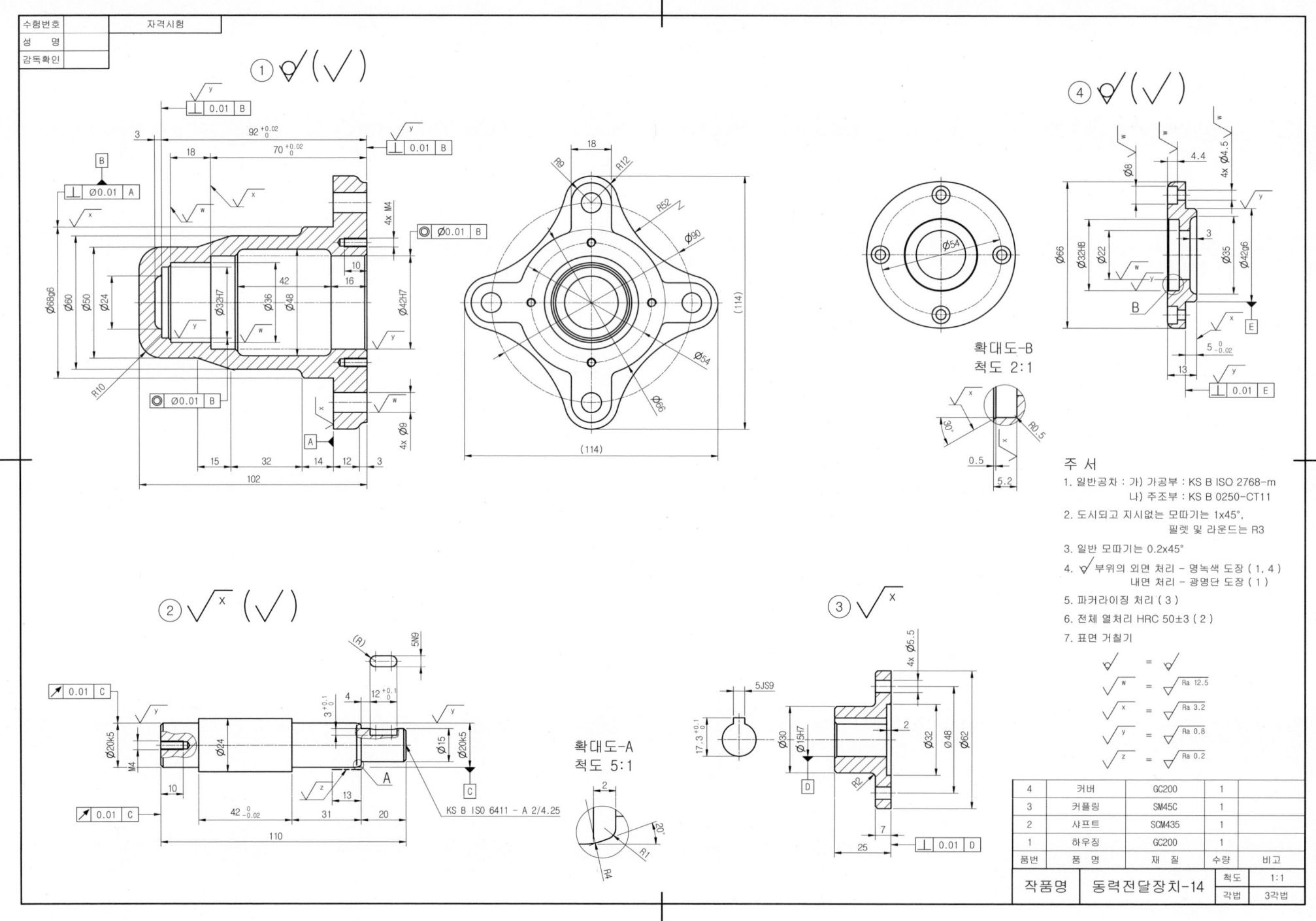

● 동력전달장치-14 등각 투상도

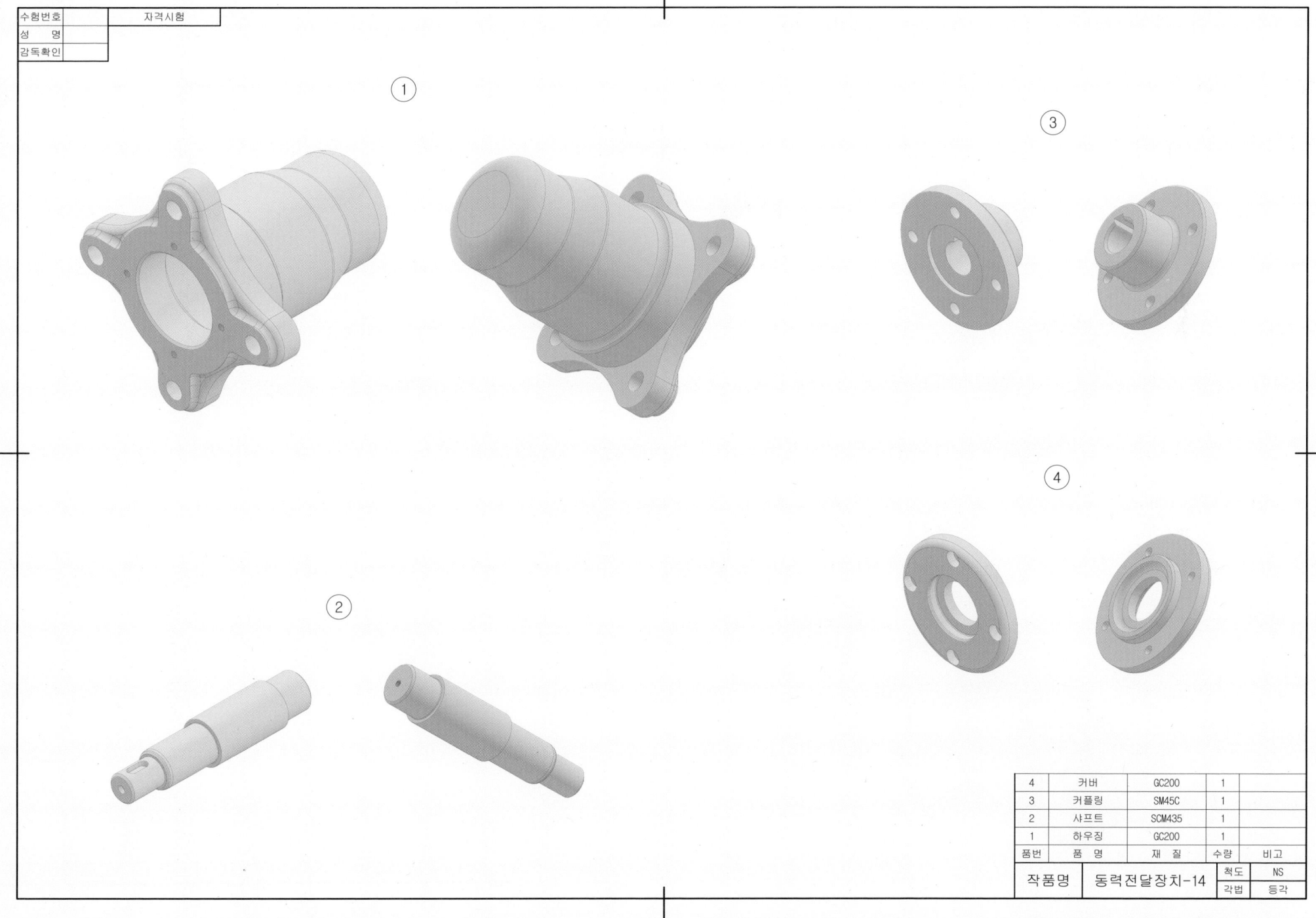

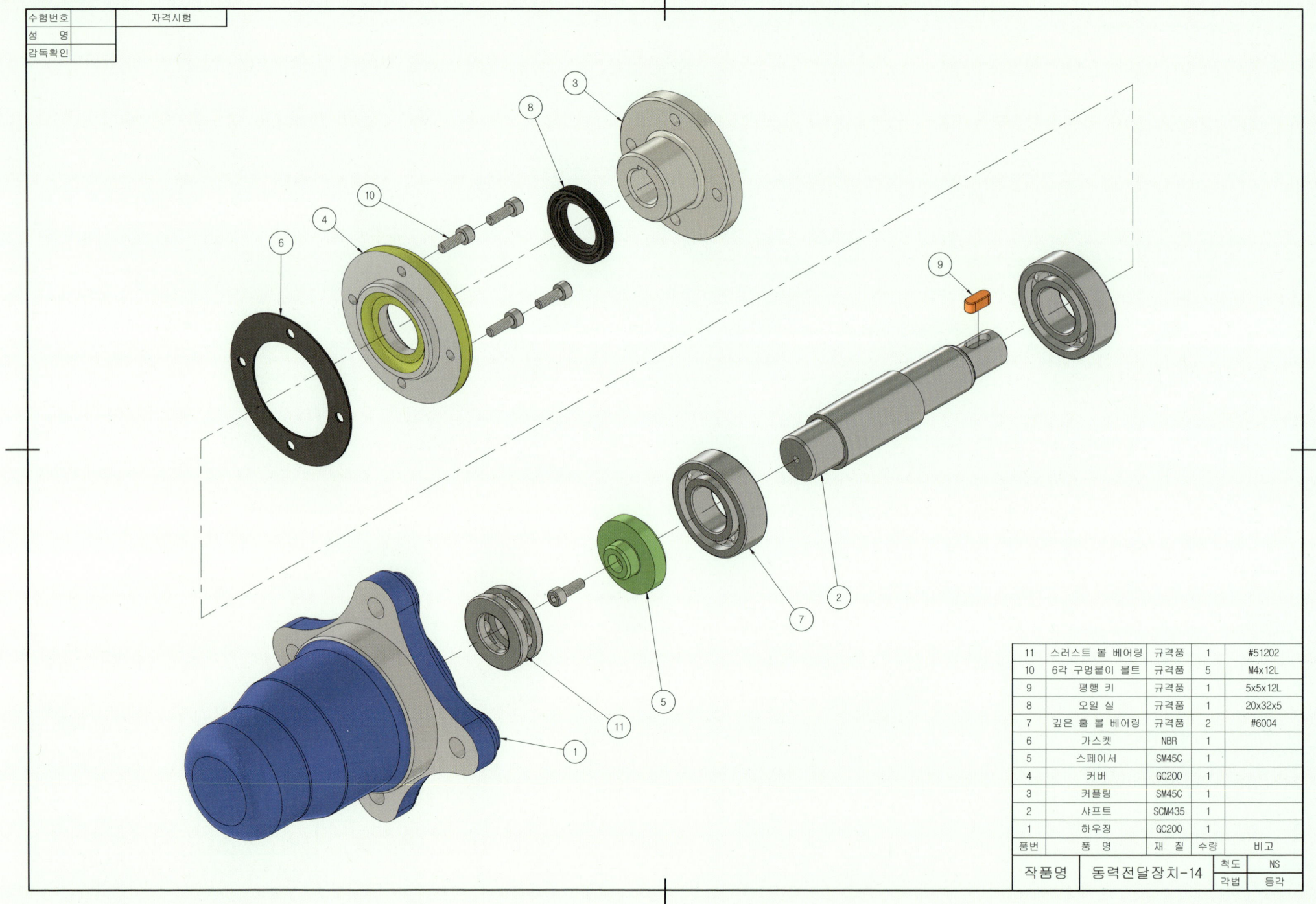

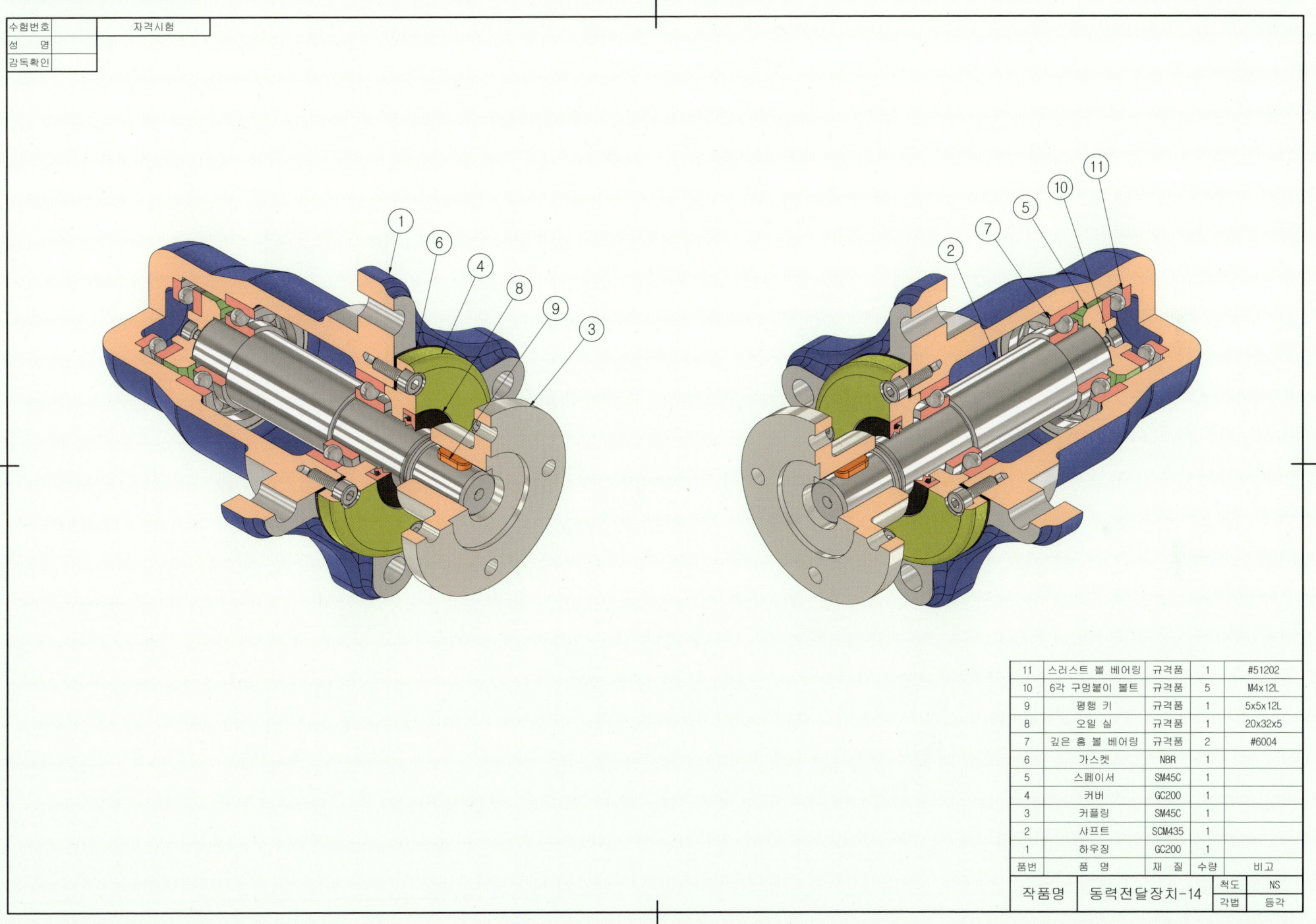

● 동력전달장치-15 문제 도면

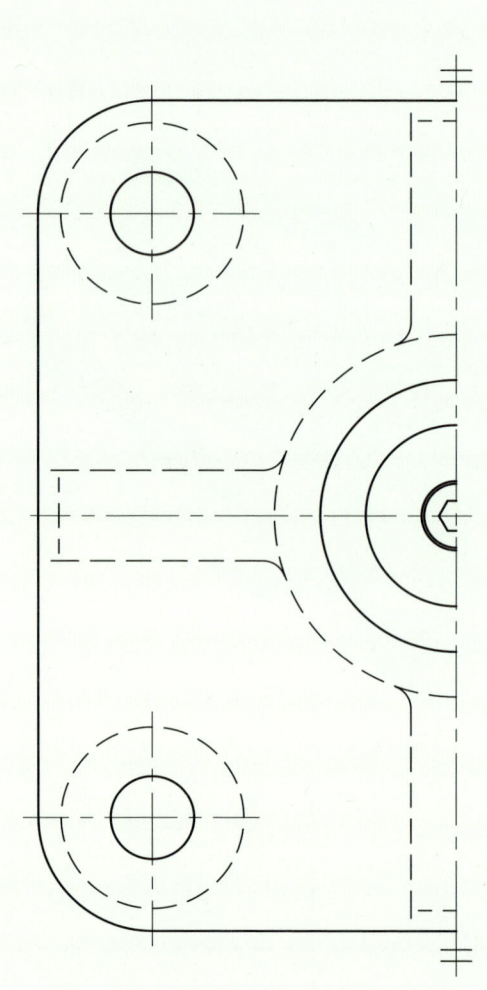
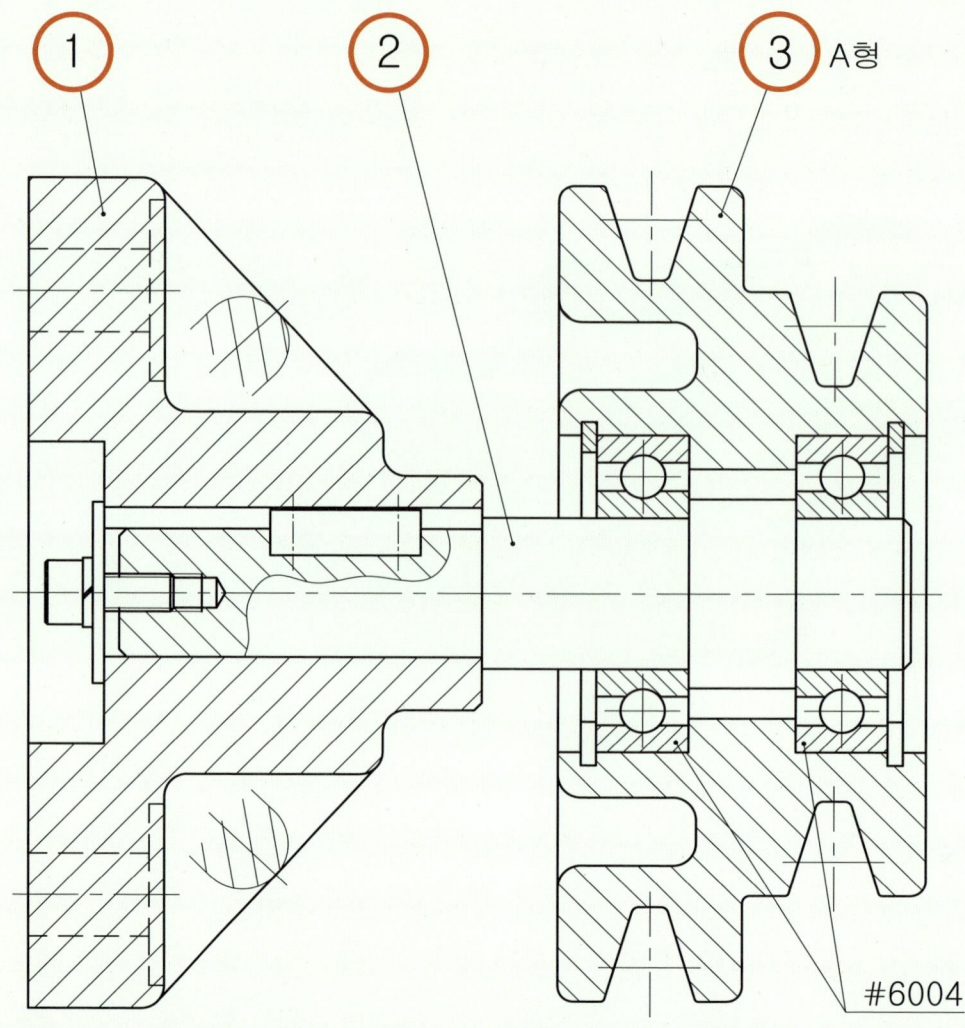

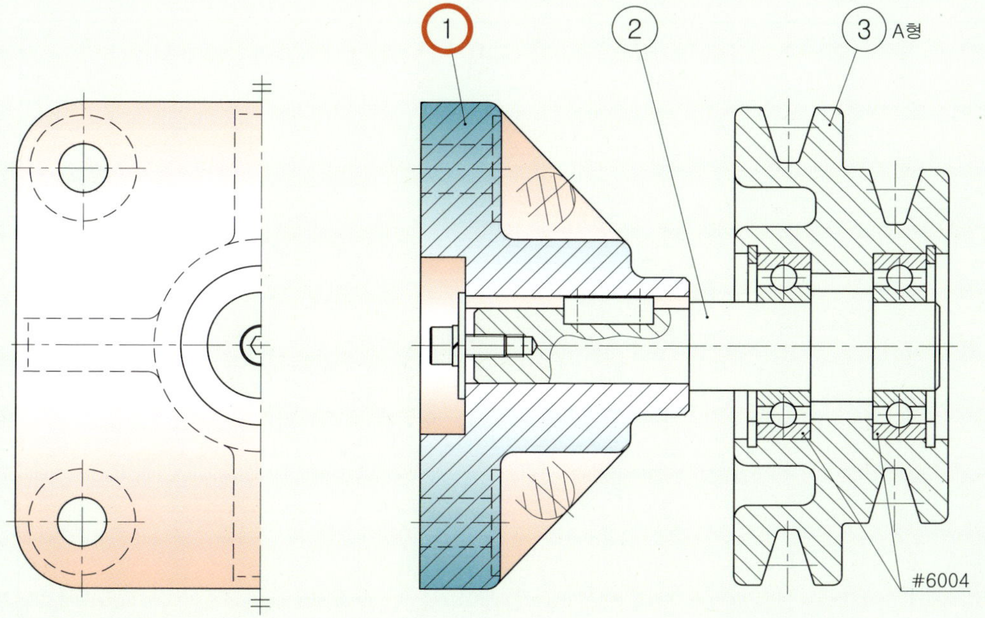
1
2
3 A형
#6004

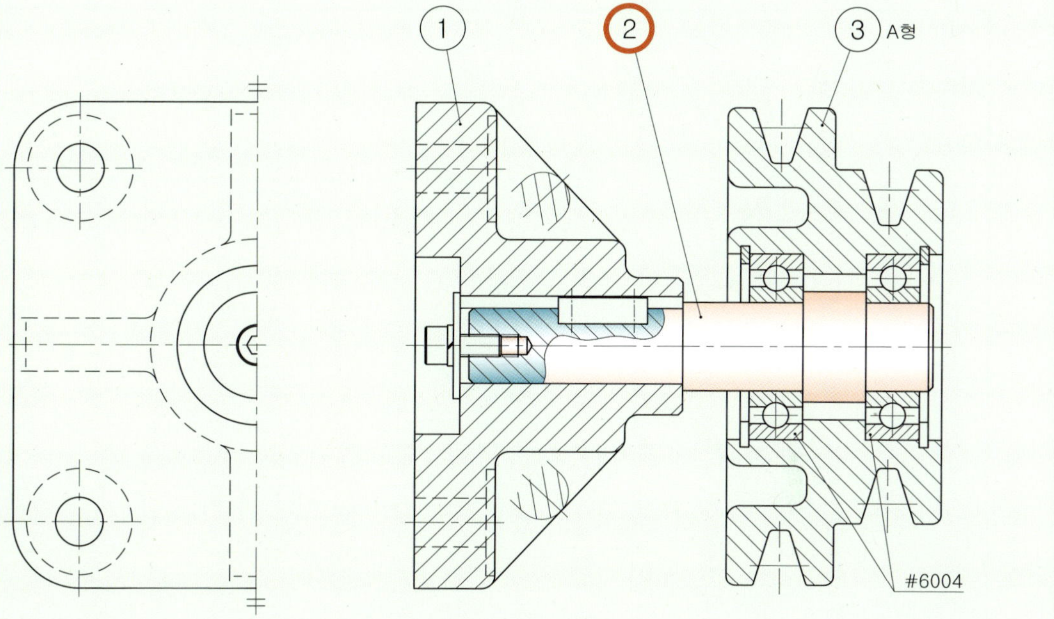
1
2
3 A형
#6004

1
2
3 A형
#6004

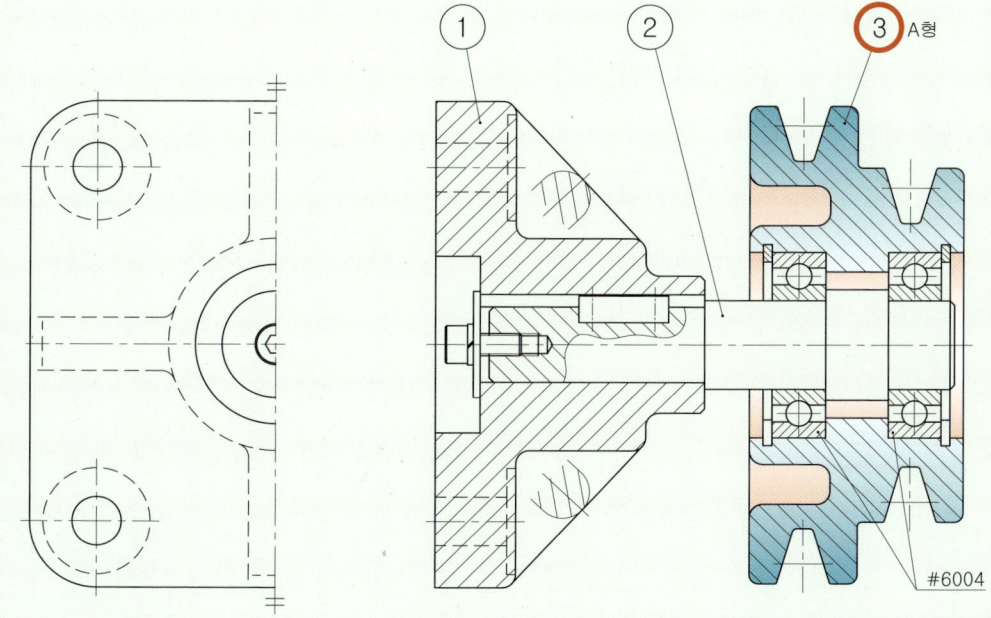

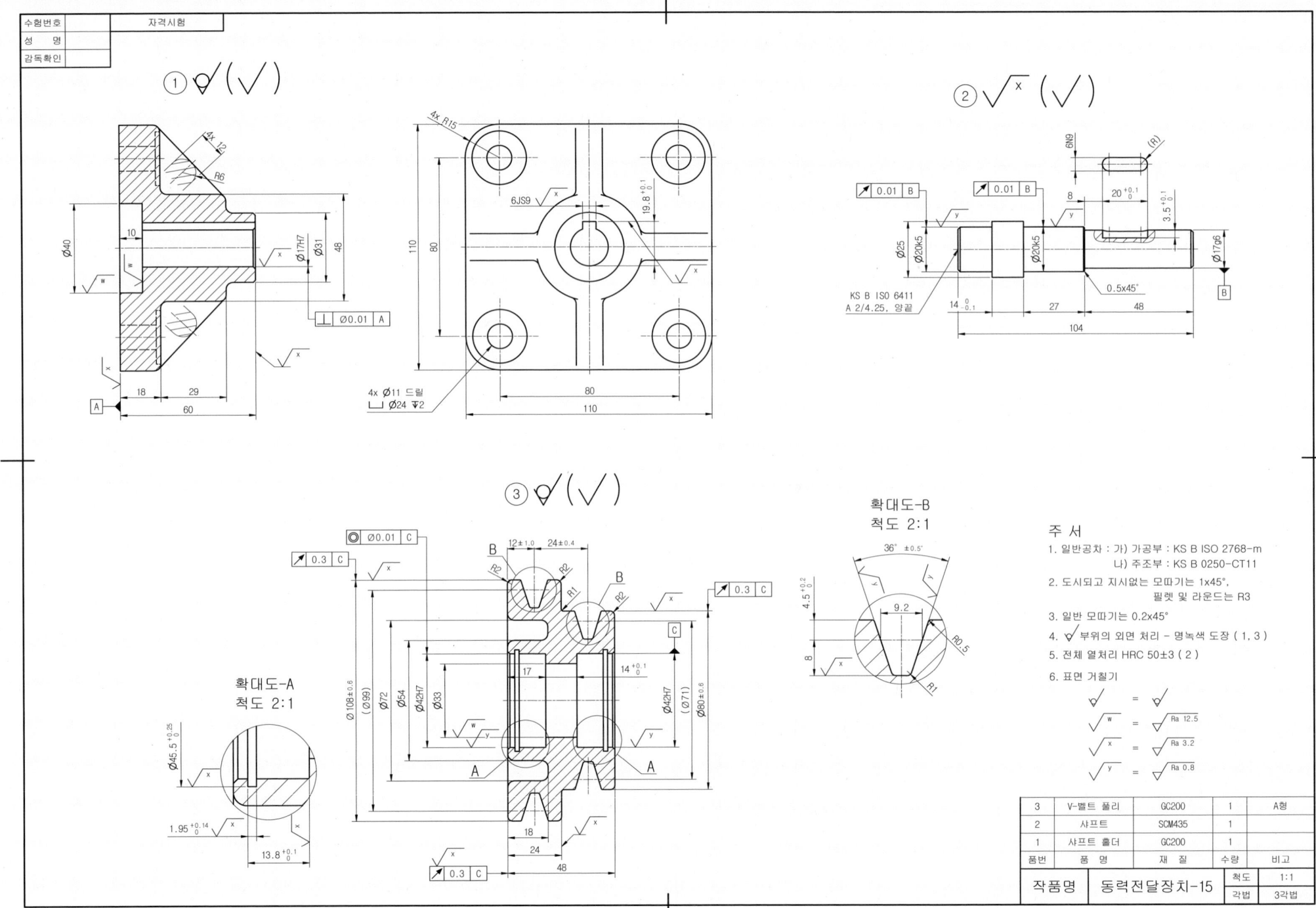

● 동력전달장치-15 등각 투상도

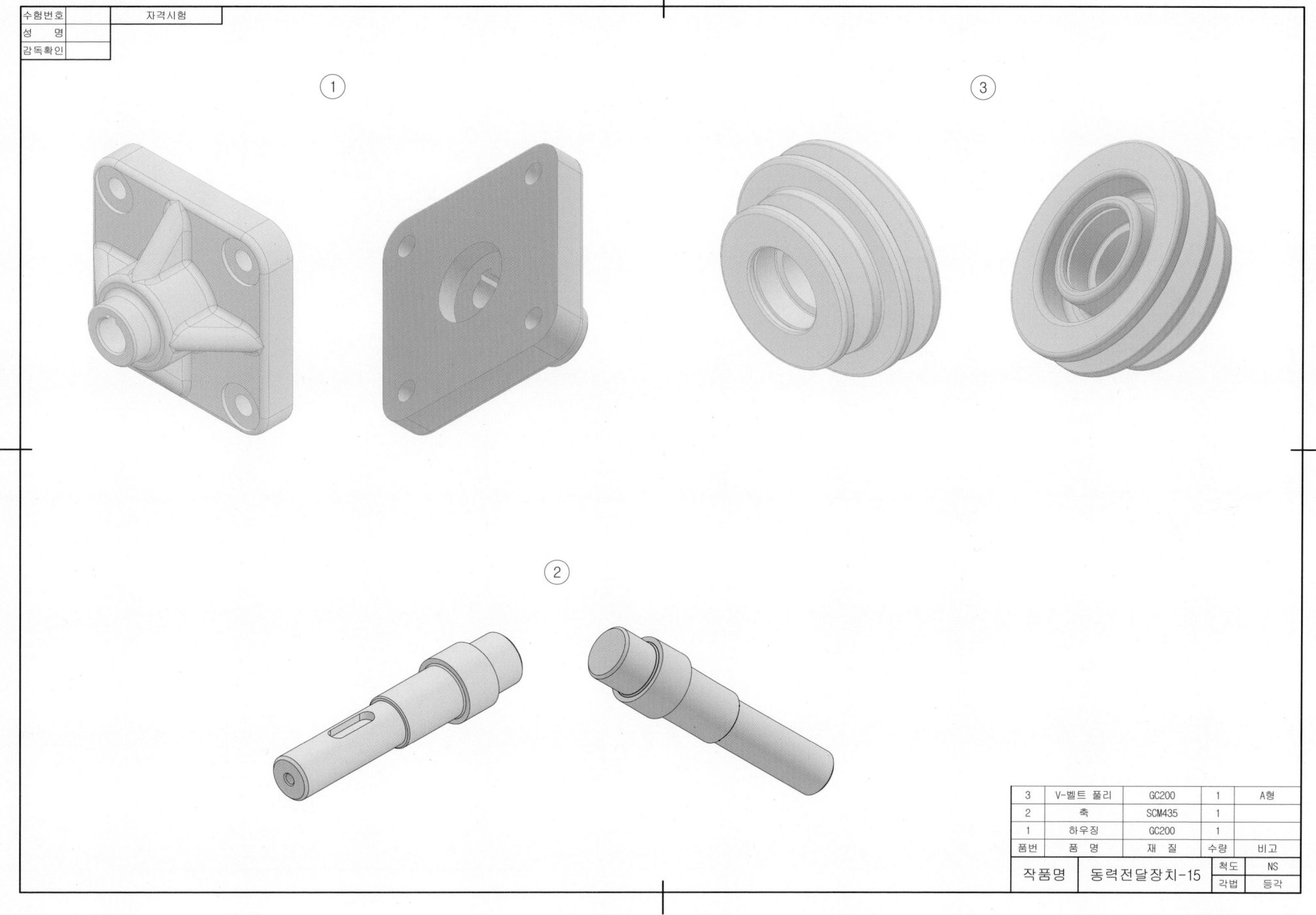

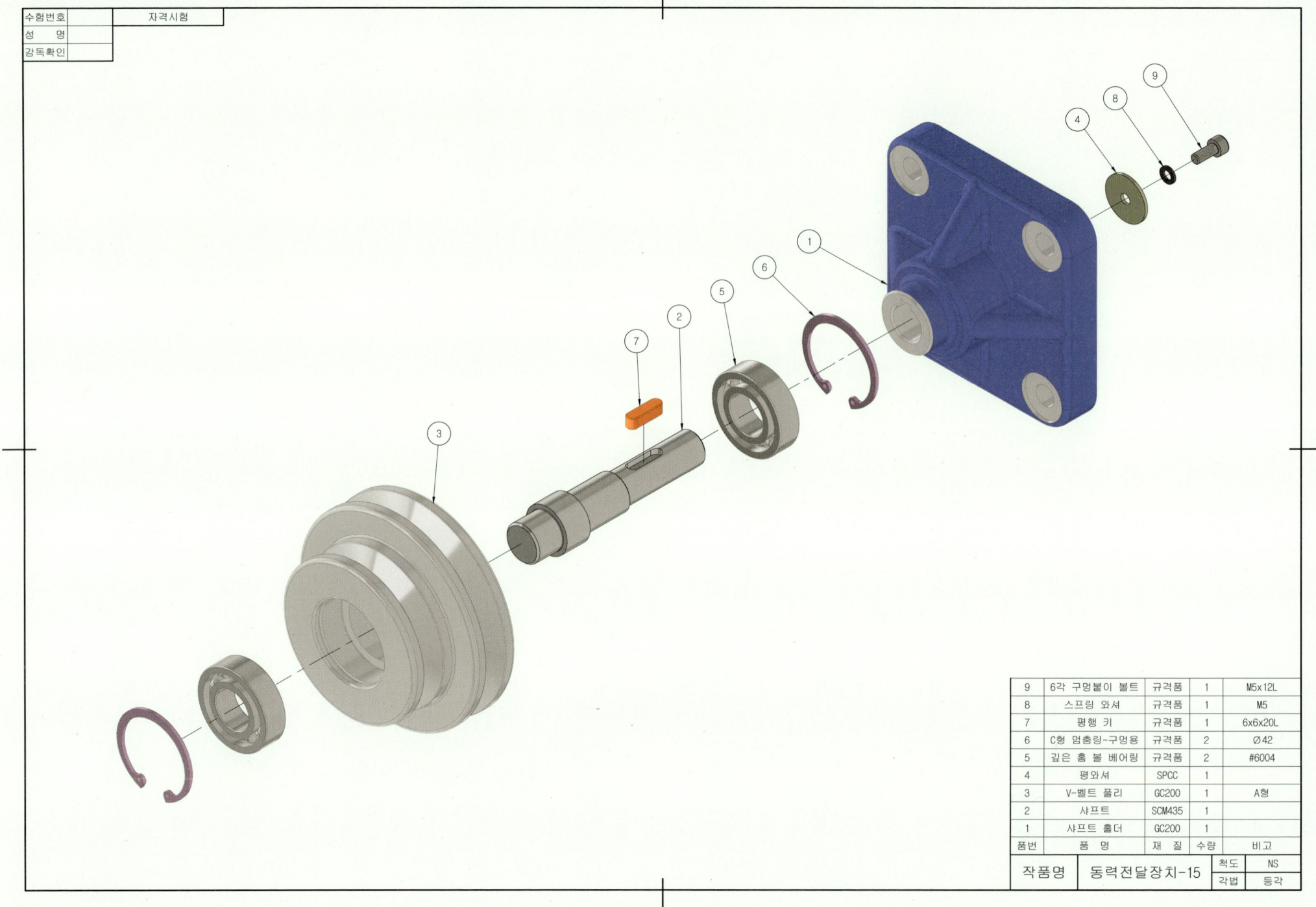

동력전달장치-15 조립도

9	6각 구멍붙이 볼트	규격품	1	M5x12L
8	스프링 와셔	규격품	1	M5
7	평행 키	규격품	1	6x6x20L
6	C형 멈춤링-구멍용	규격품	2	Ø42
5	깊은 홈 볼 베어링	규격품	2	#6004
4	평와셔	SPCC	1	
3	V-벨트 풀리	GC200	1	A형
2	샤프트	SCM435	1	
1	샤프트 홀더	GC200	1	
품번	품 명	재 질	수량	비고

작품명	동력전달장치-15	척도	NS
		각법	등각

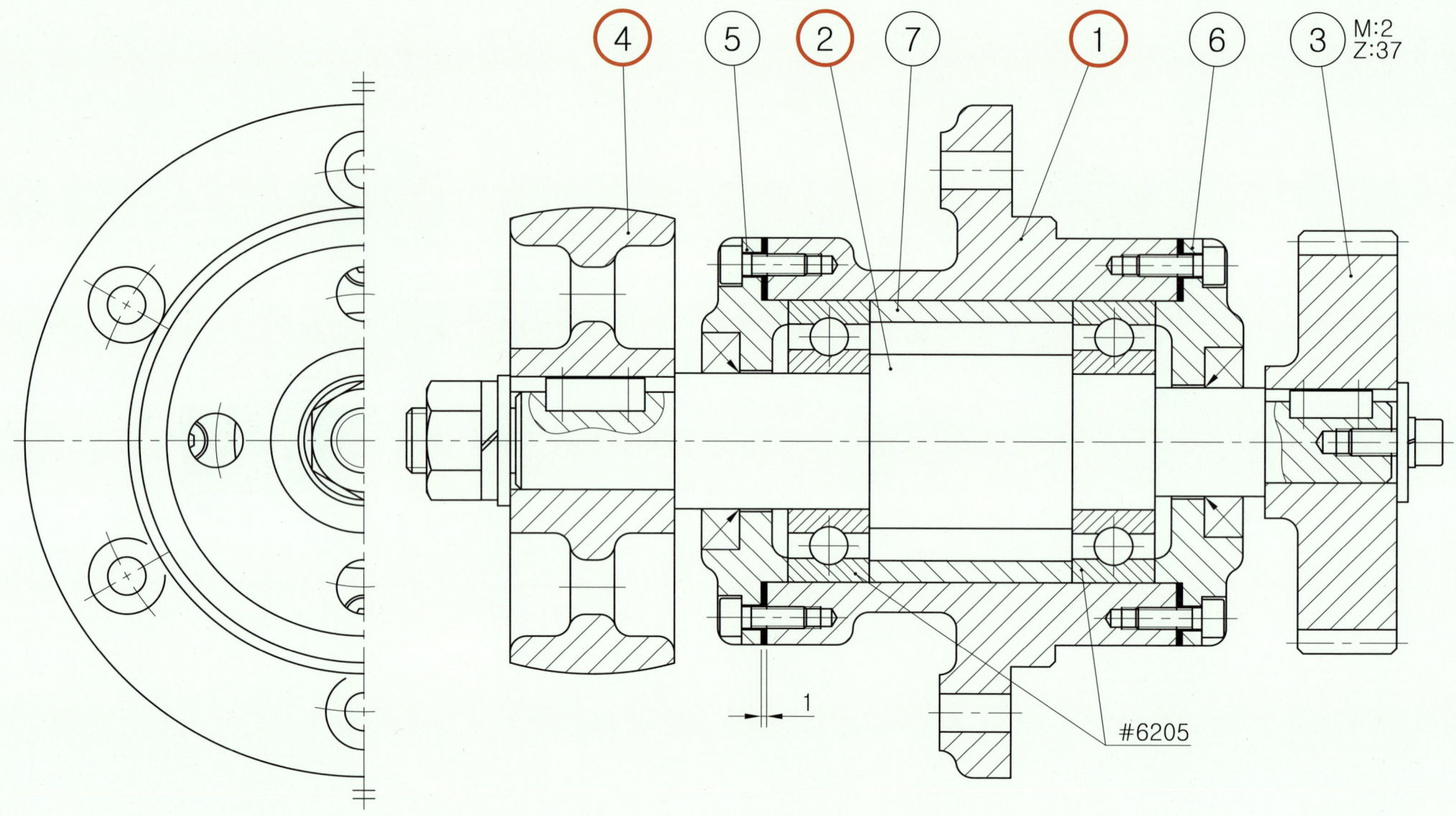

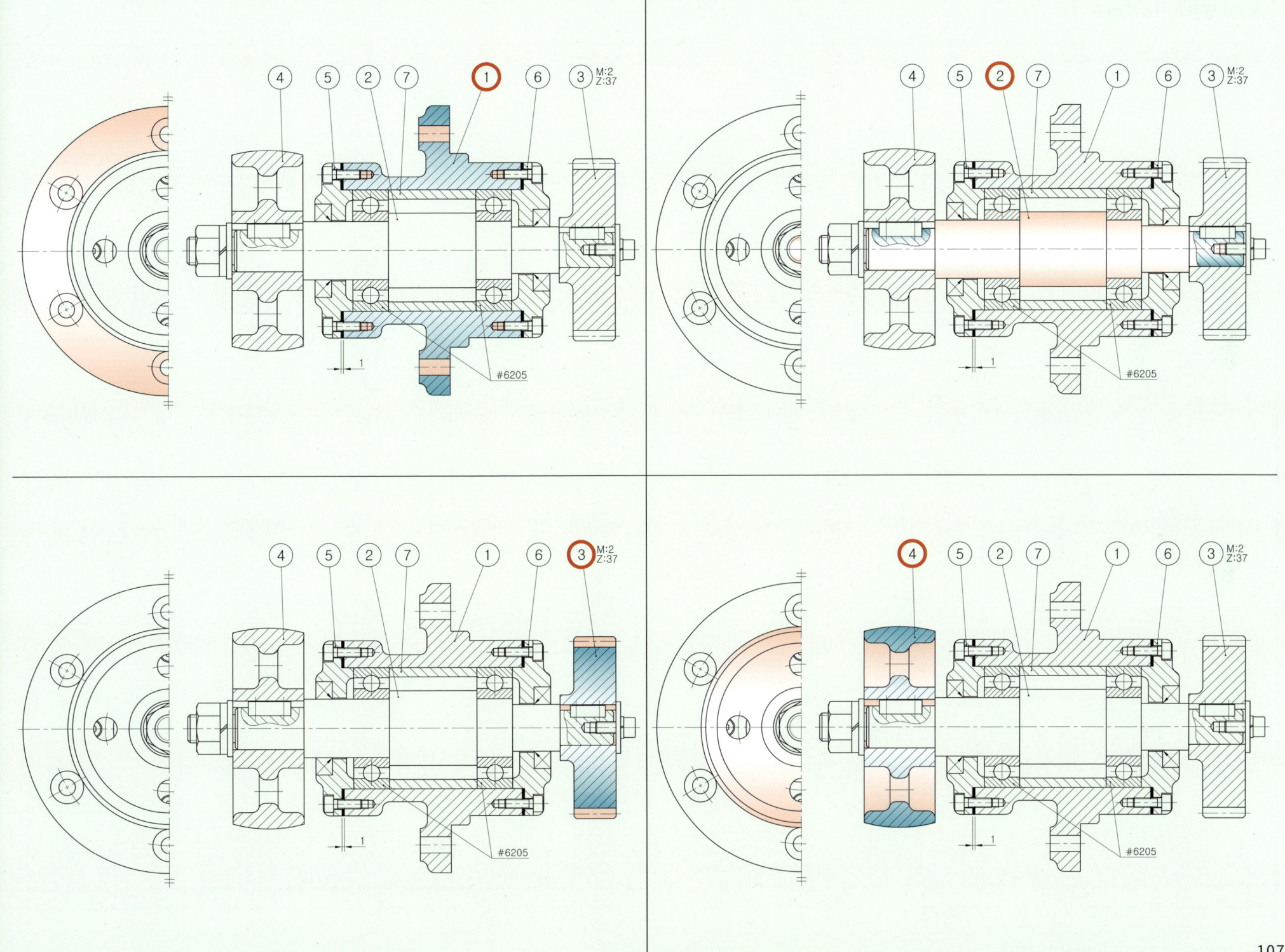

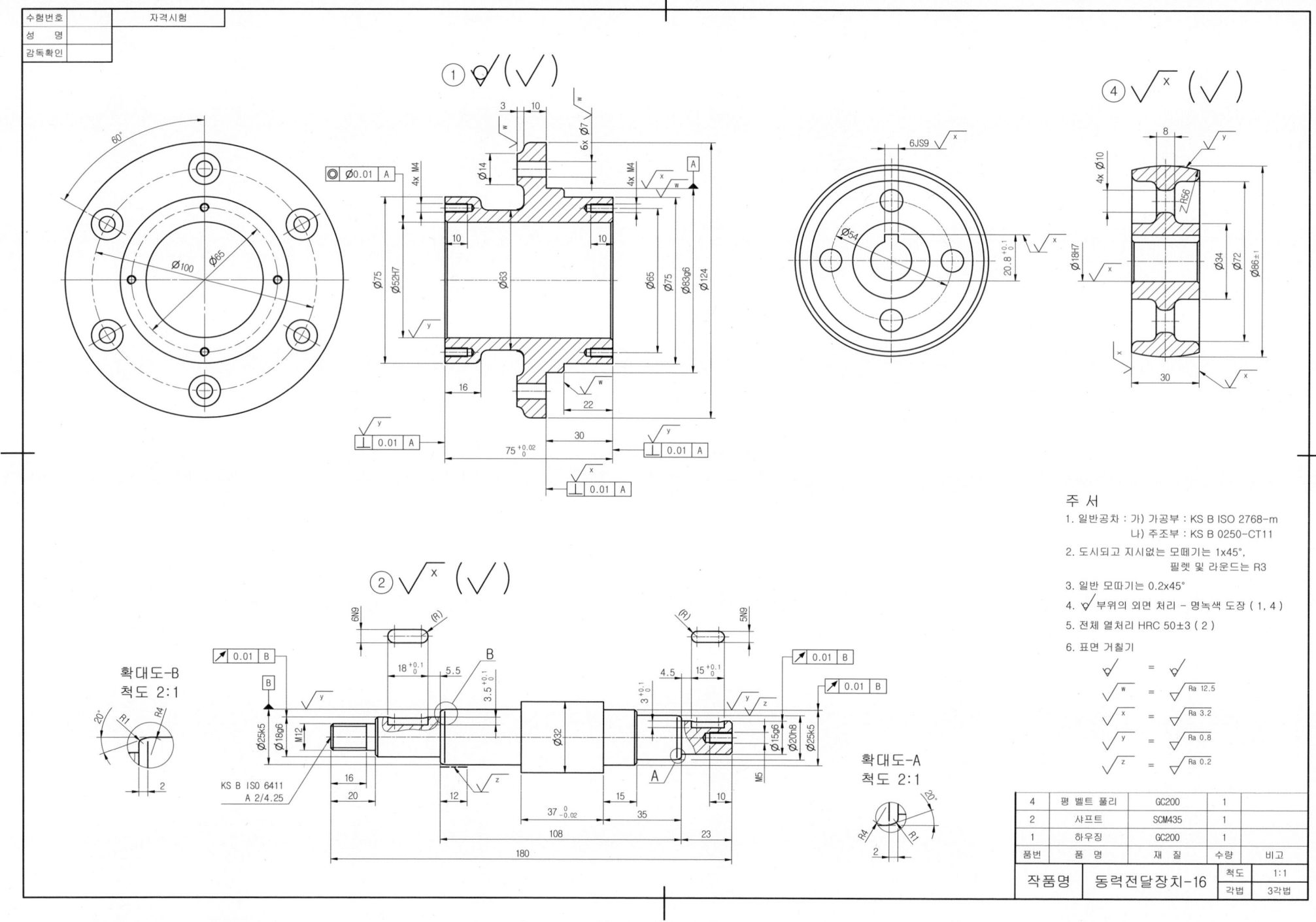

● 동력전달장치-16 등각 투상도

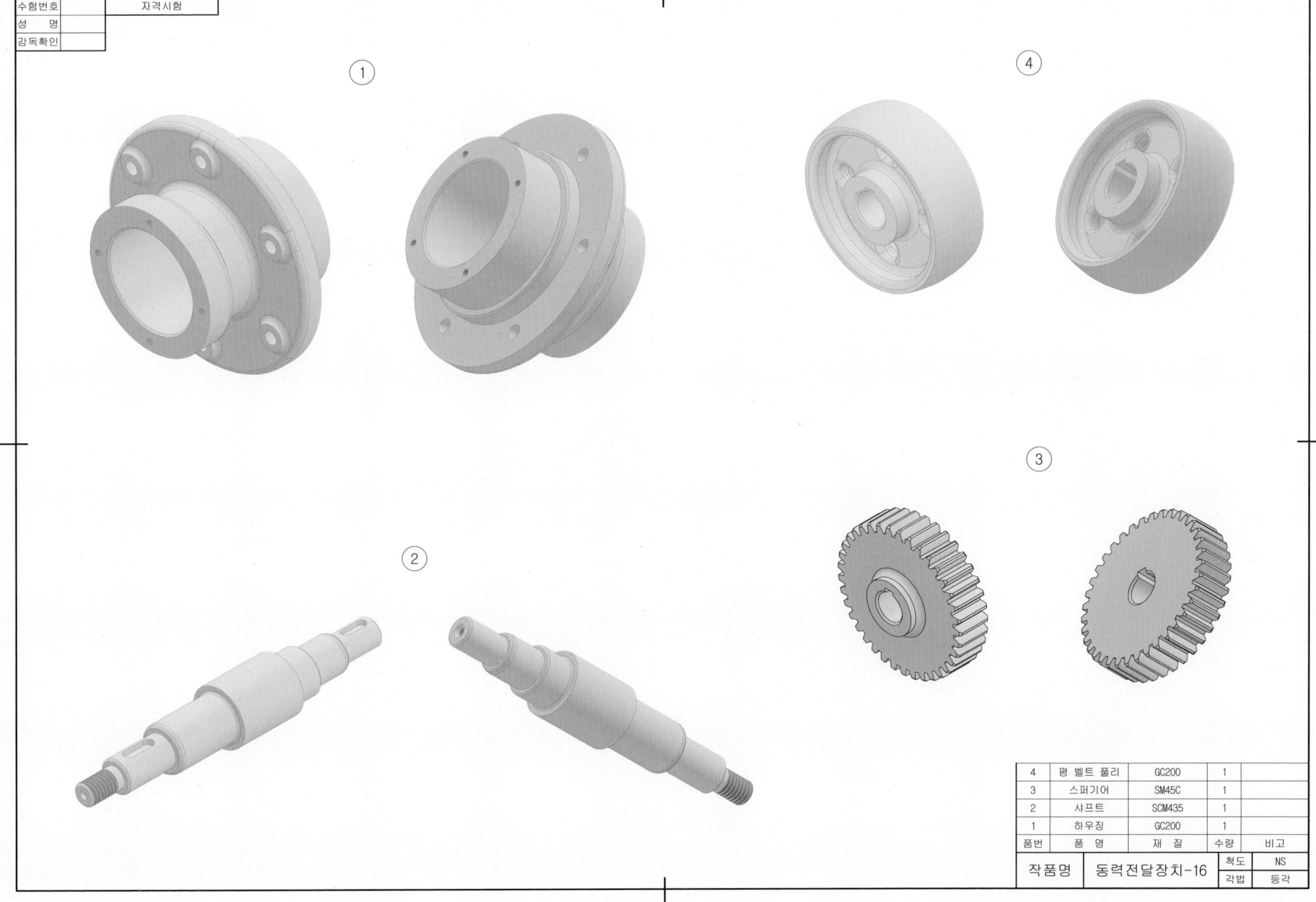

4	평 벨트 풀리	GC200	1	
3	스퍼기어	SM45C	1	
2	샤프트	SCM435	1	
1	하우징	GC200	1	
품번	품 명	재 질	수량	비고

| 작품명 | 동력전달장치-16 | 척도 | NS |
| | | 각법 | 등각 |

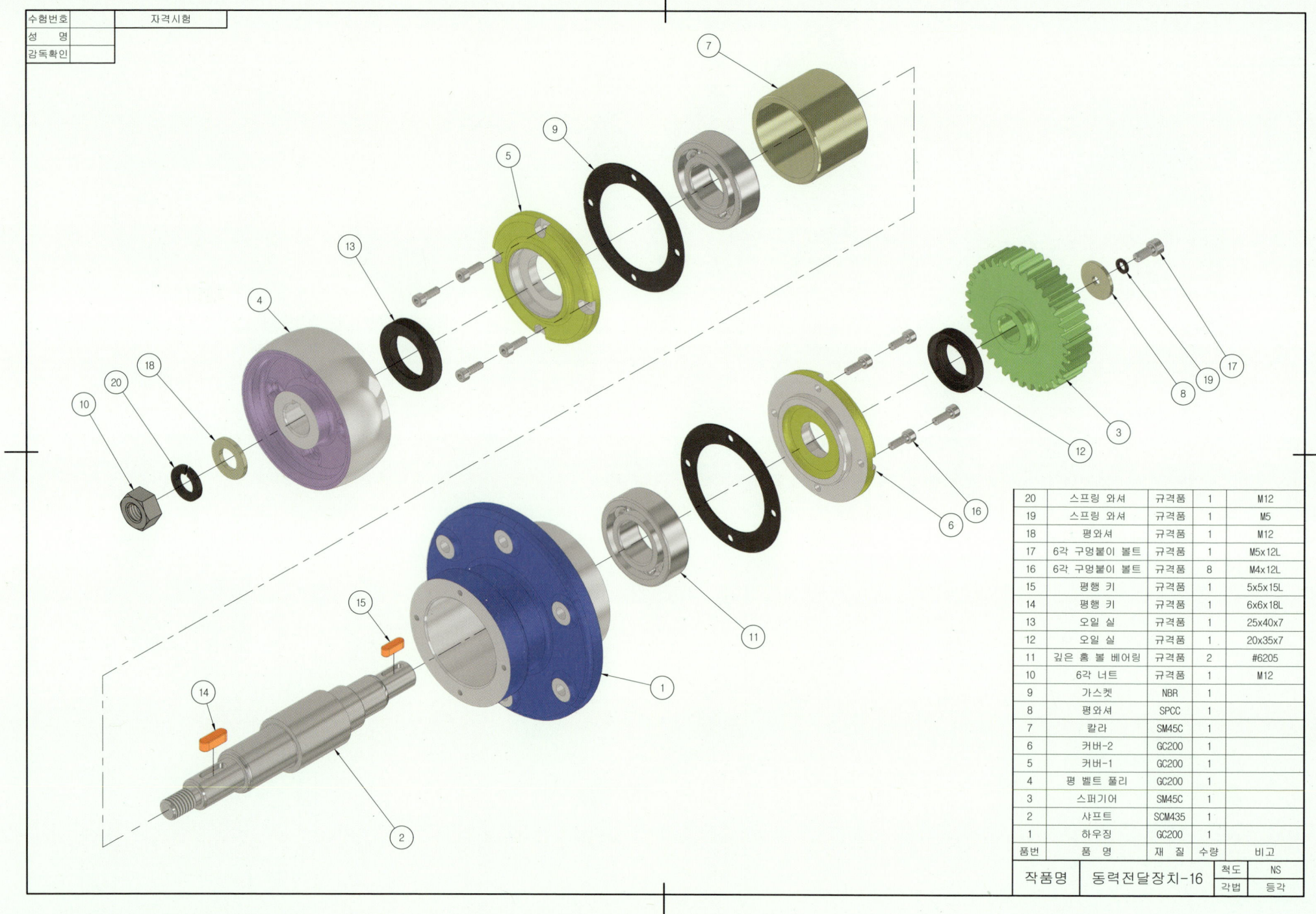

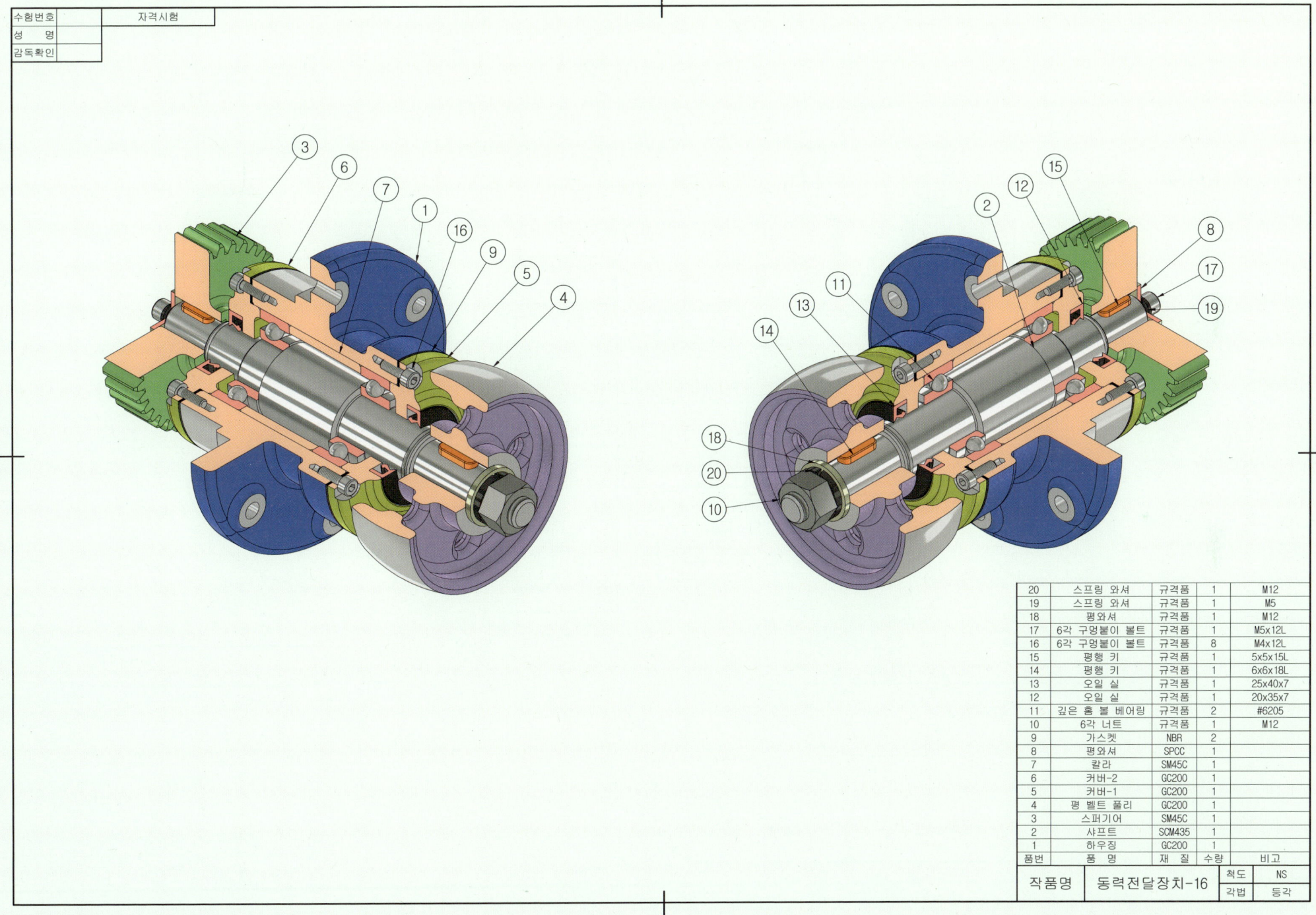

- 편심구동장치-1 문제 도면

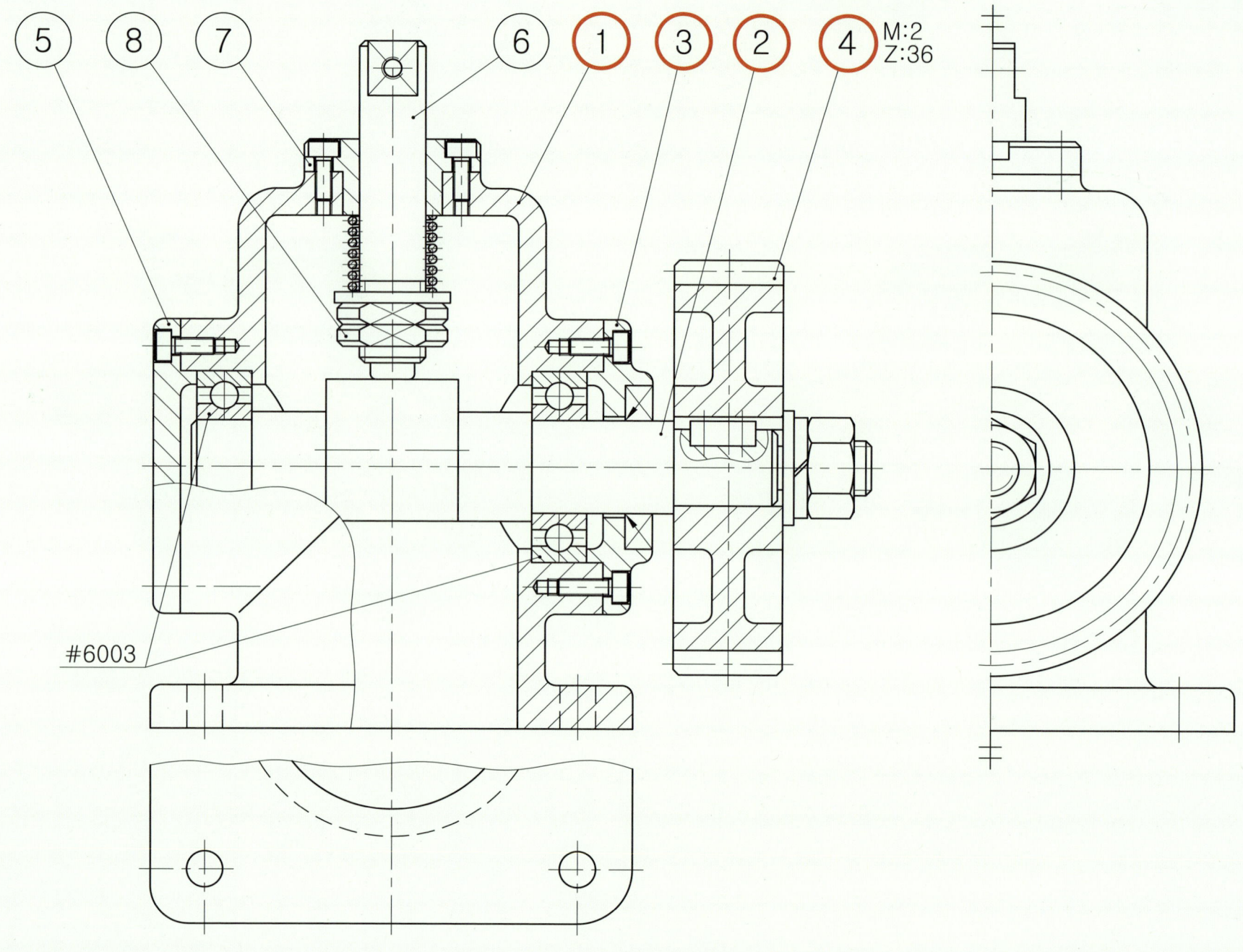

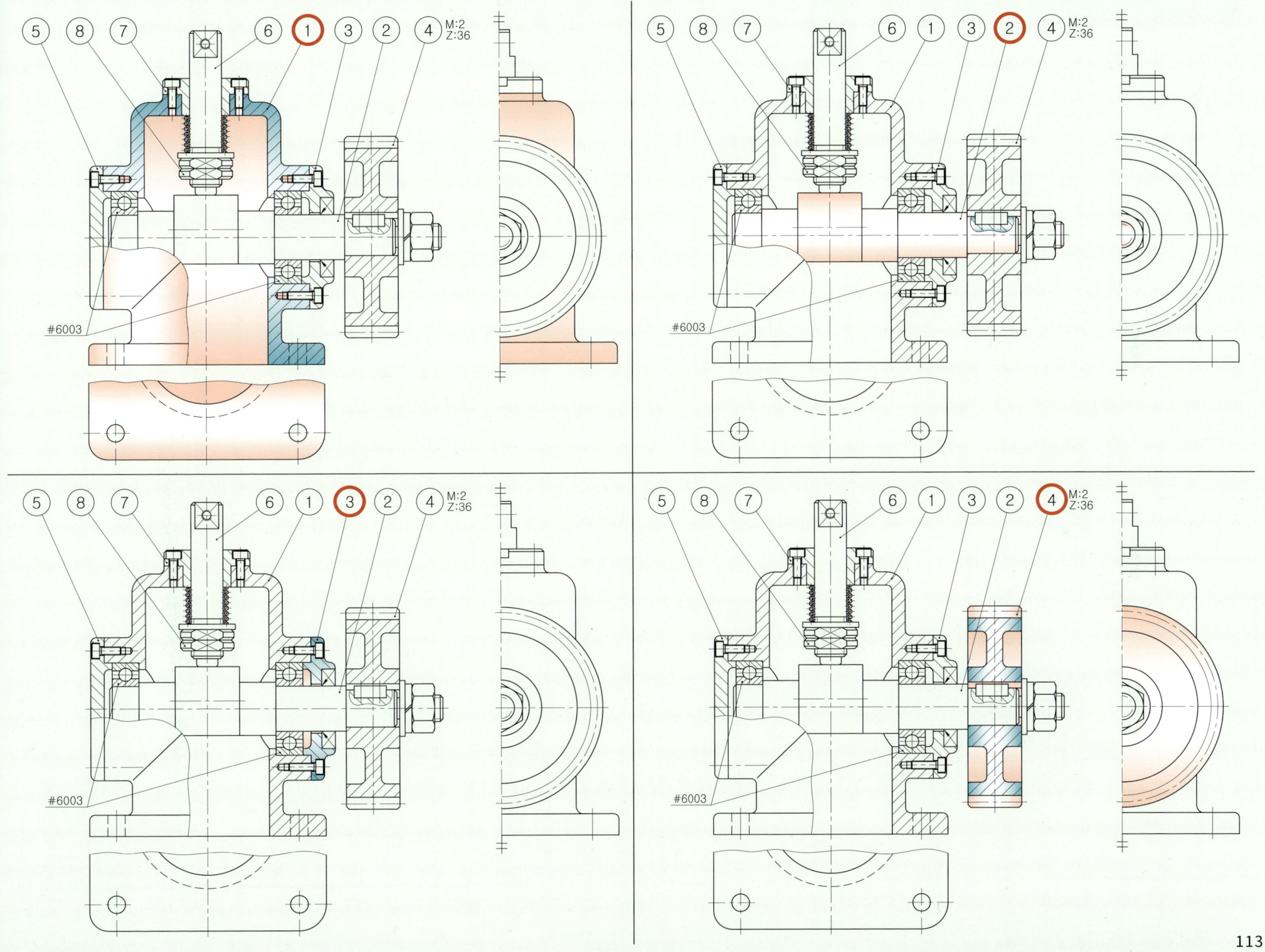

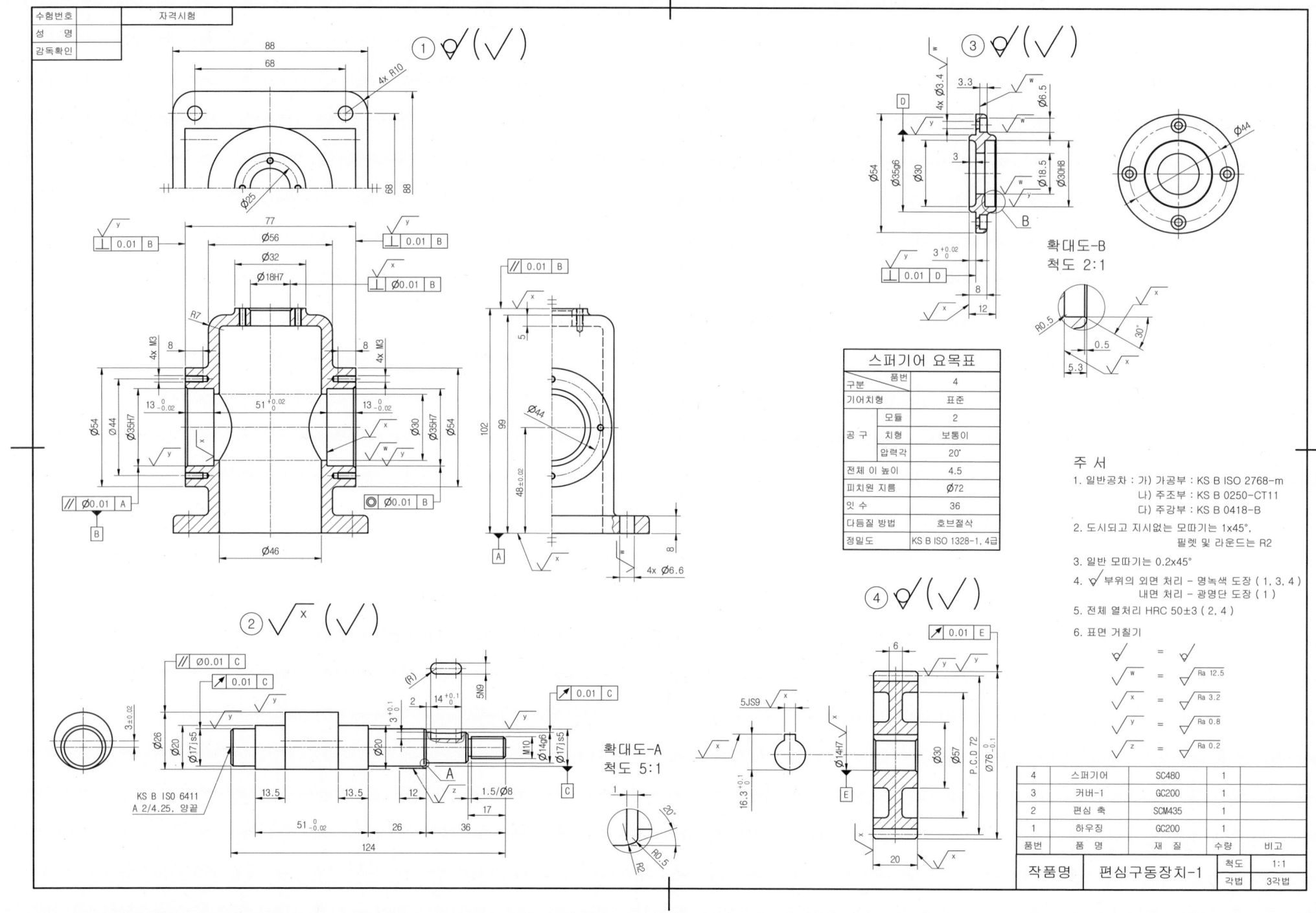

● 편심구동장치-1 등각 투상도

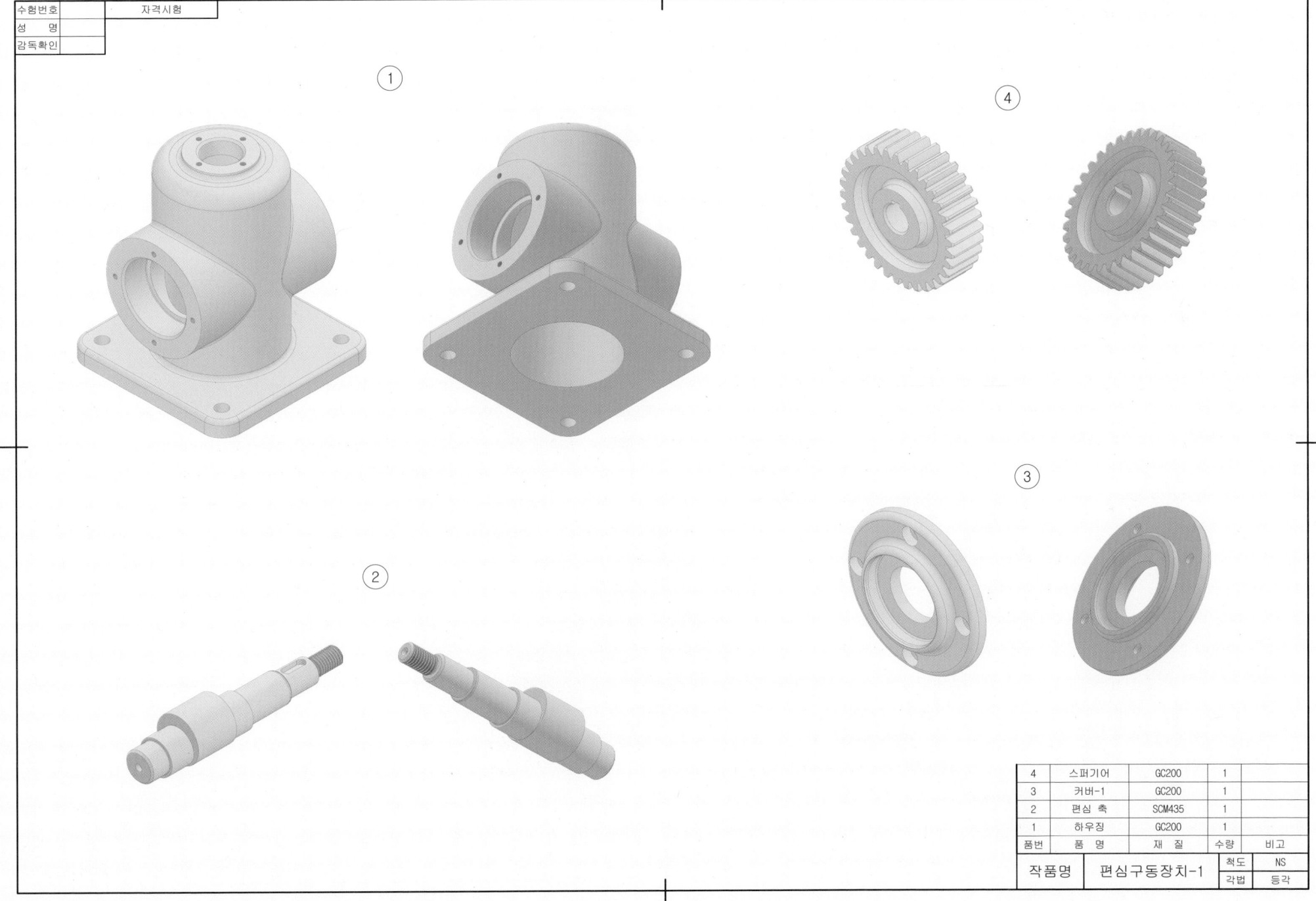

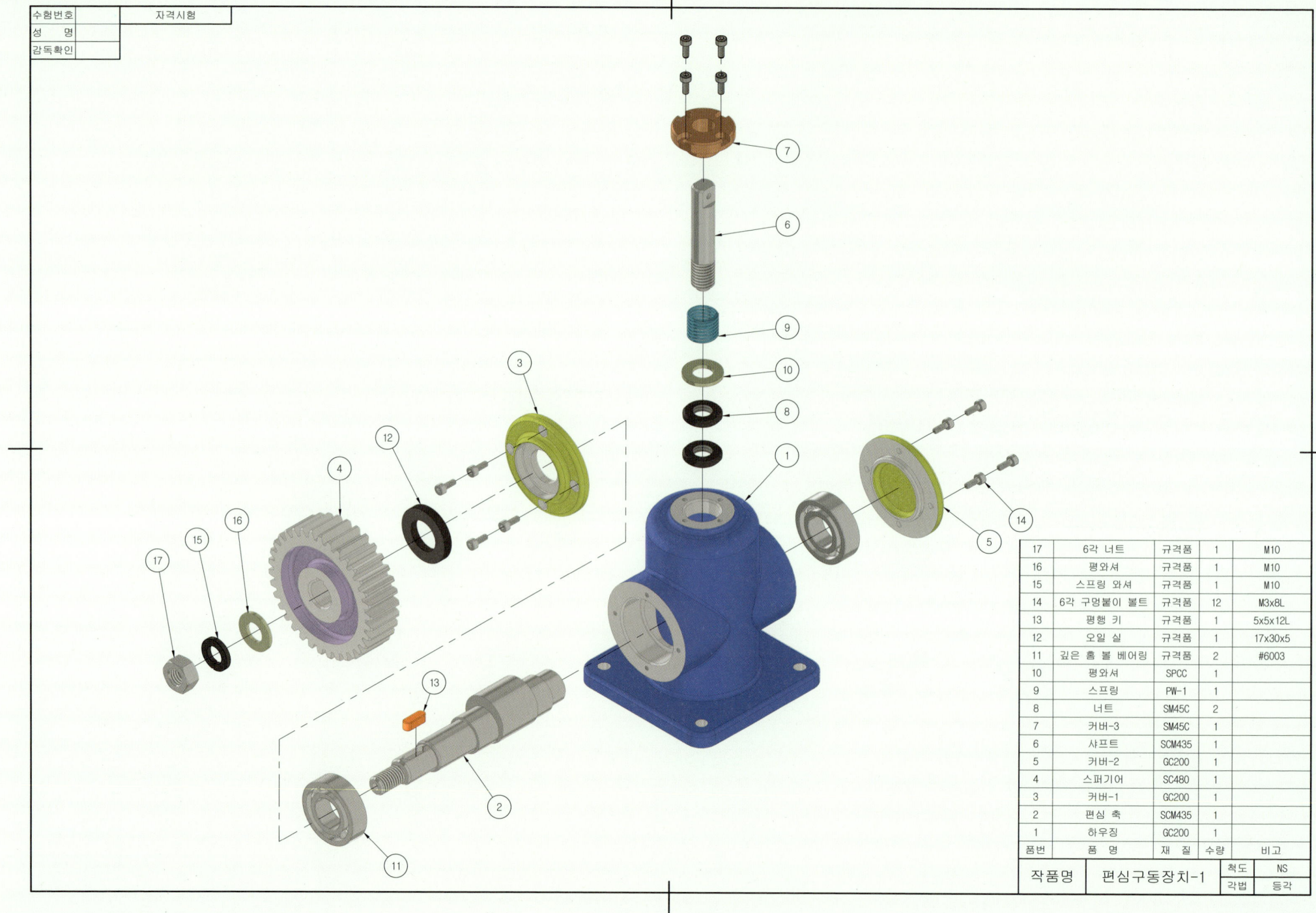

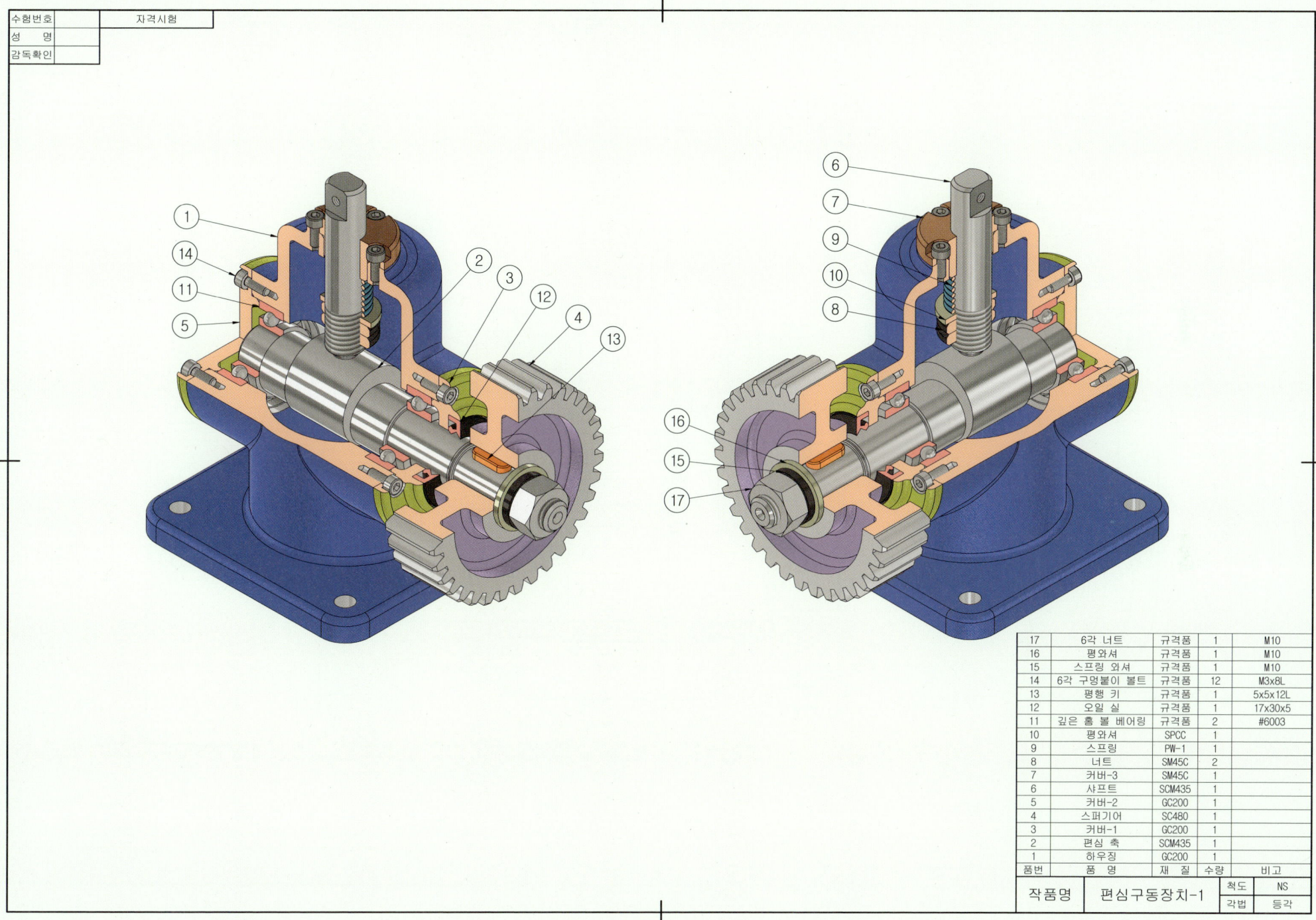

• 편심구동장치-2 문제 도면

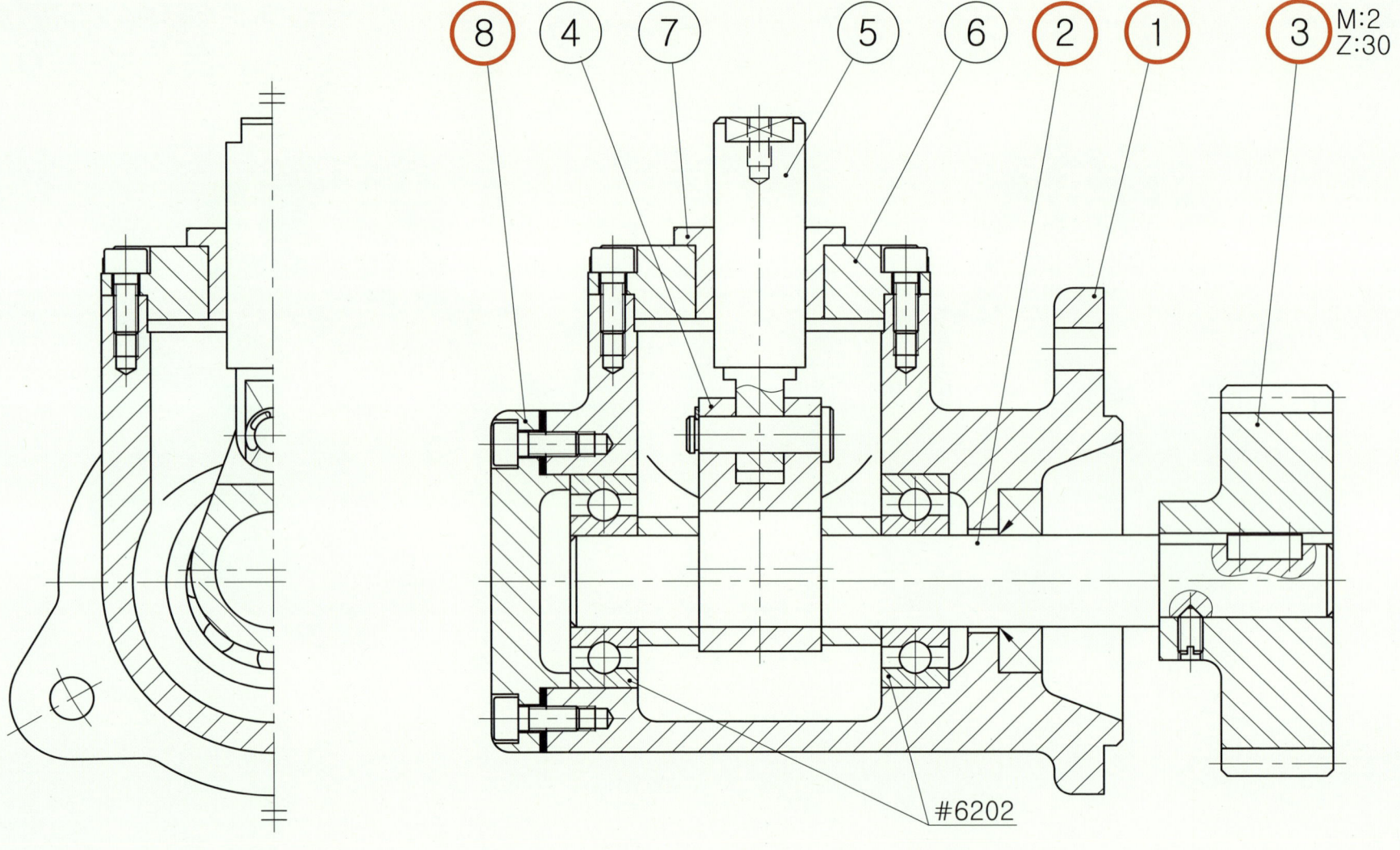

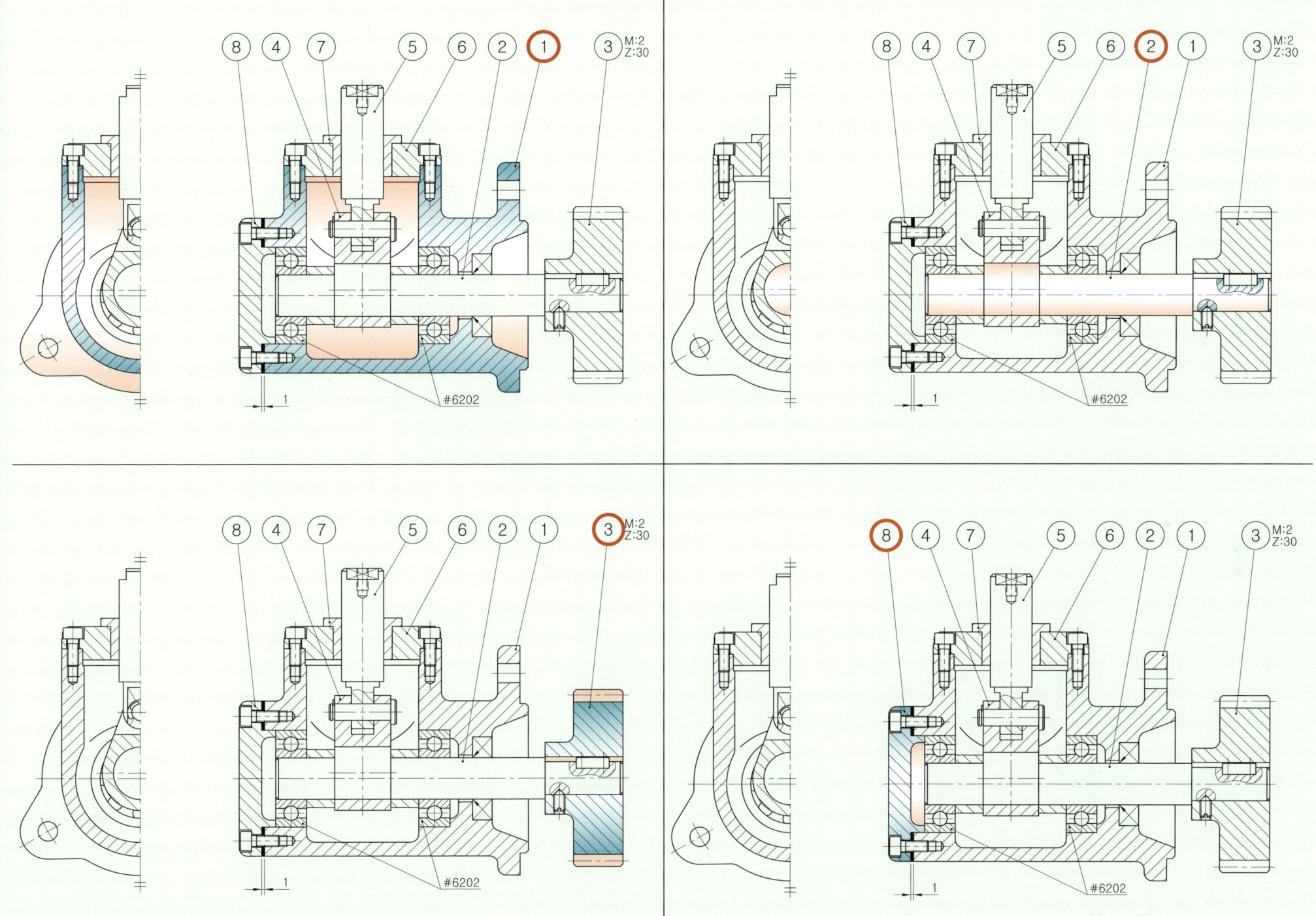

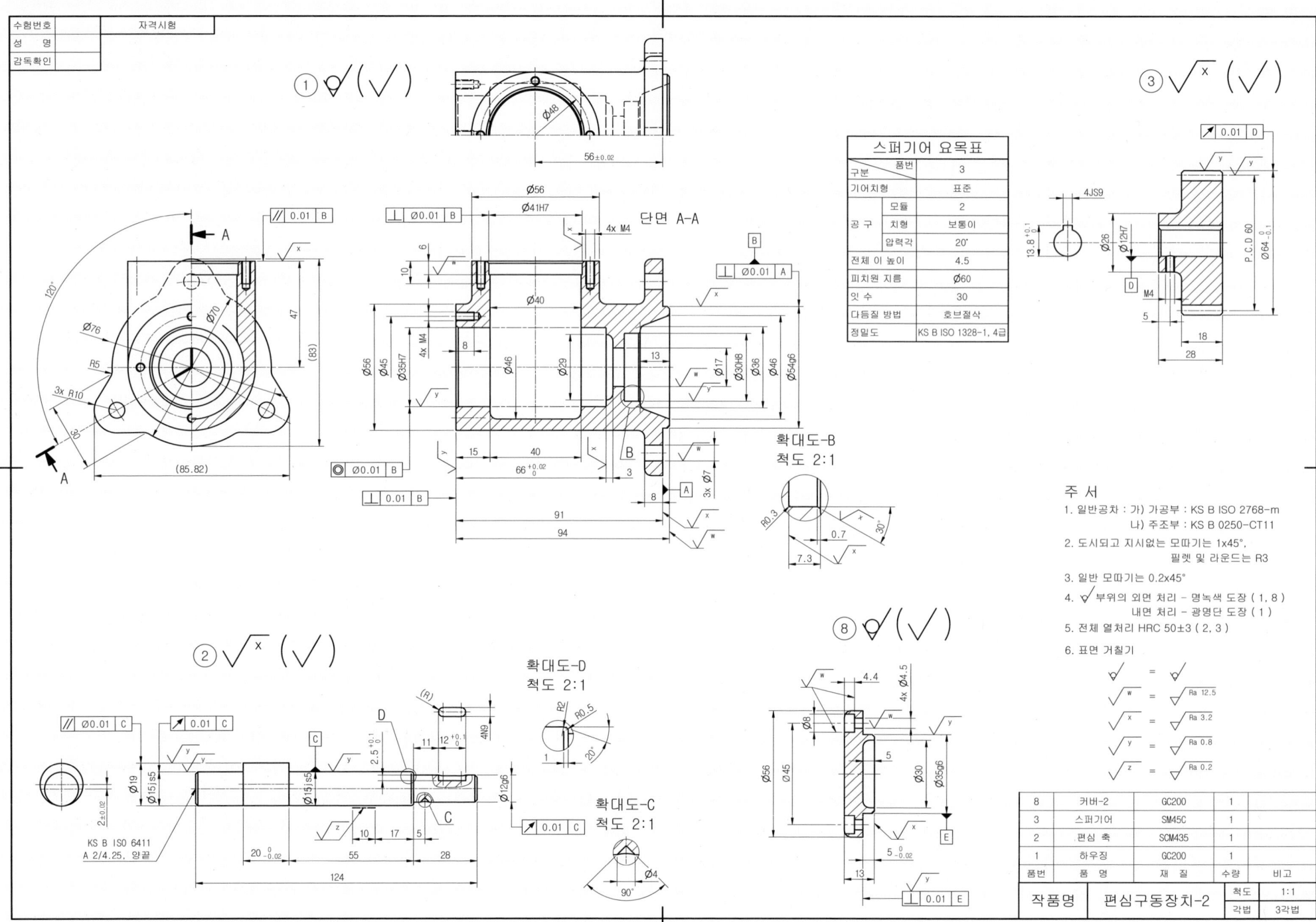

● 편심구동장치-2 등각 투상도

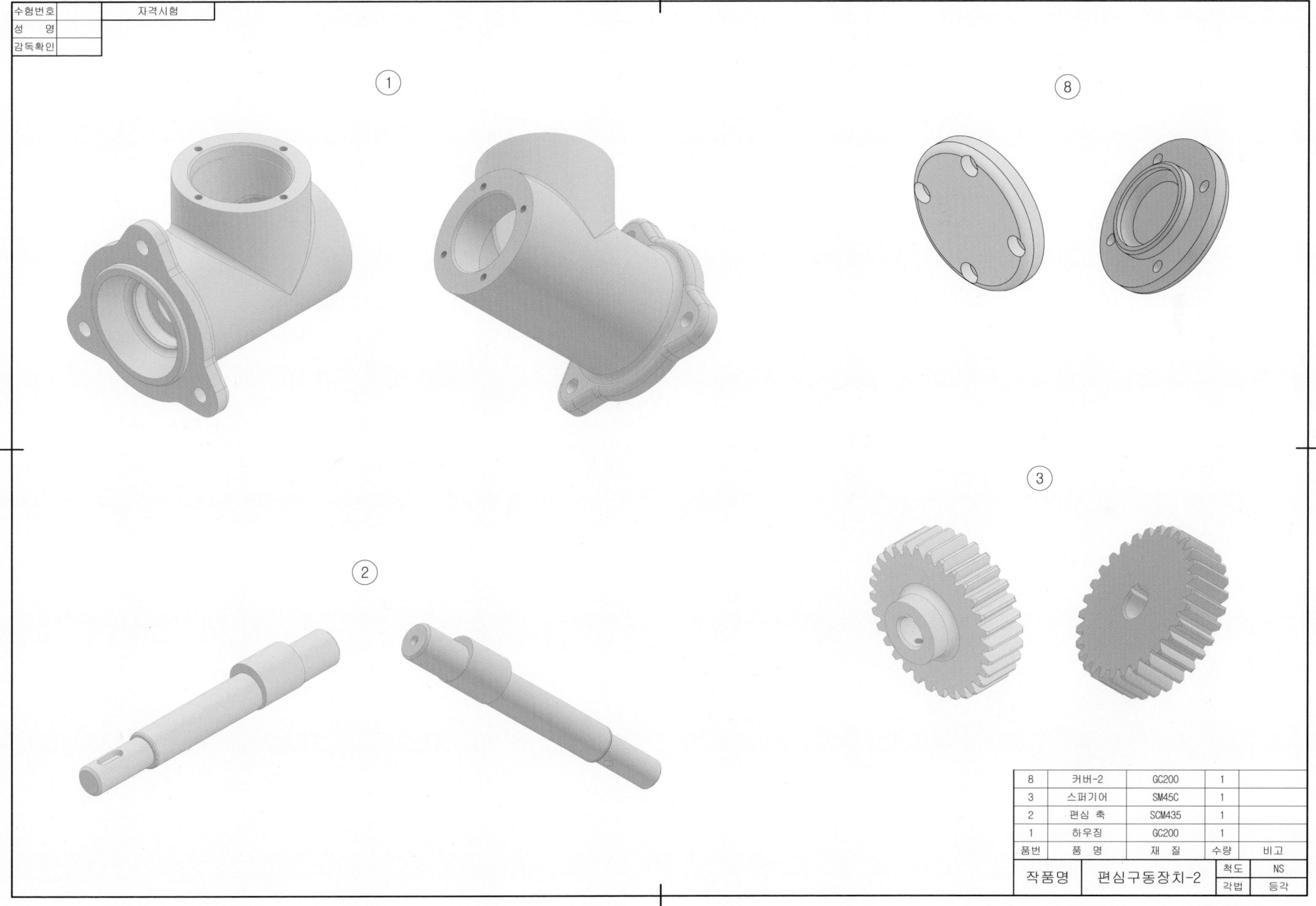

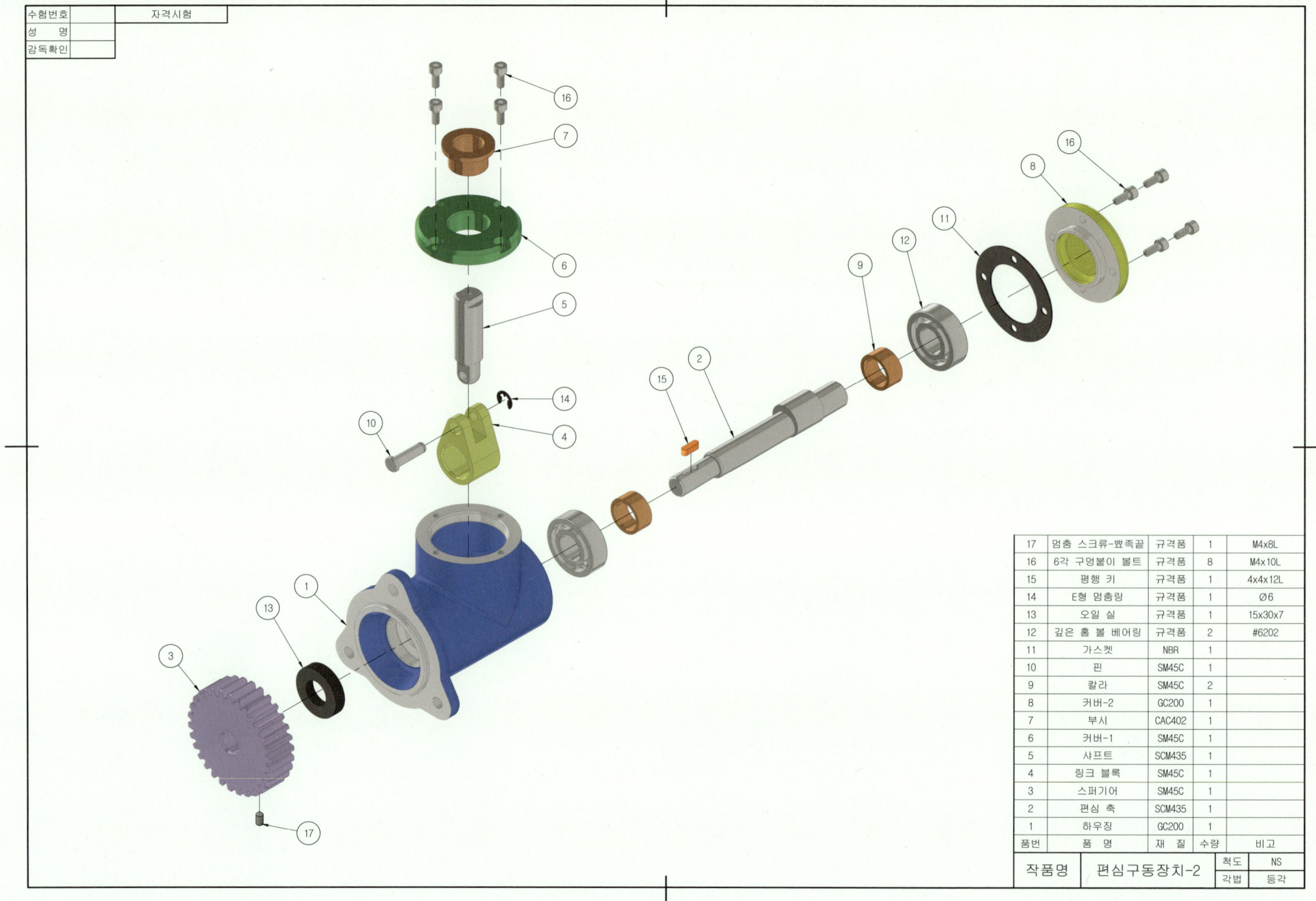

편심구동장치-2 조립도

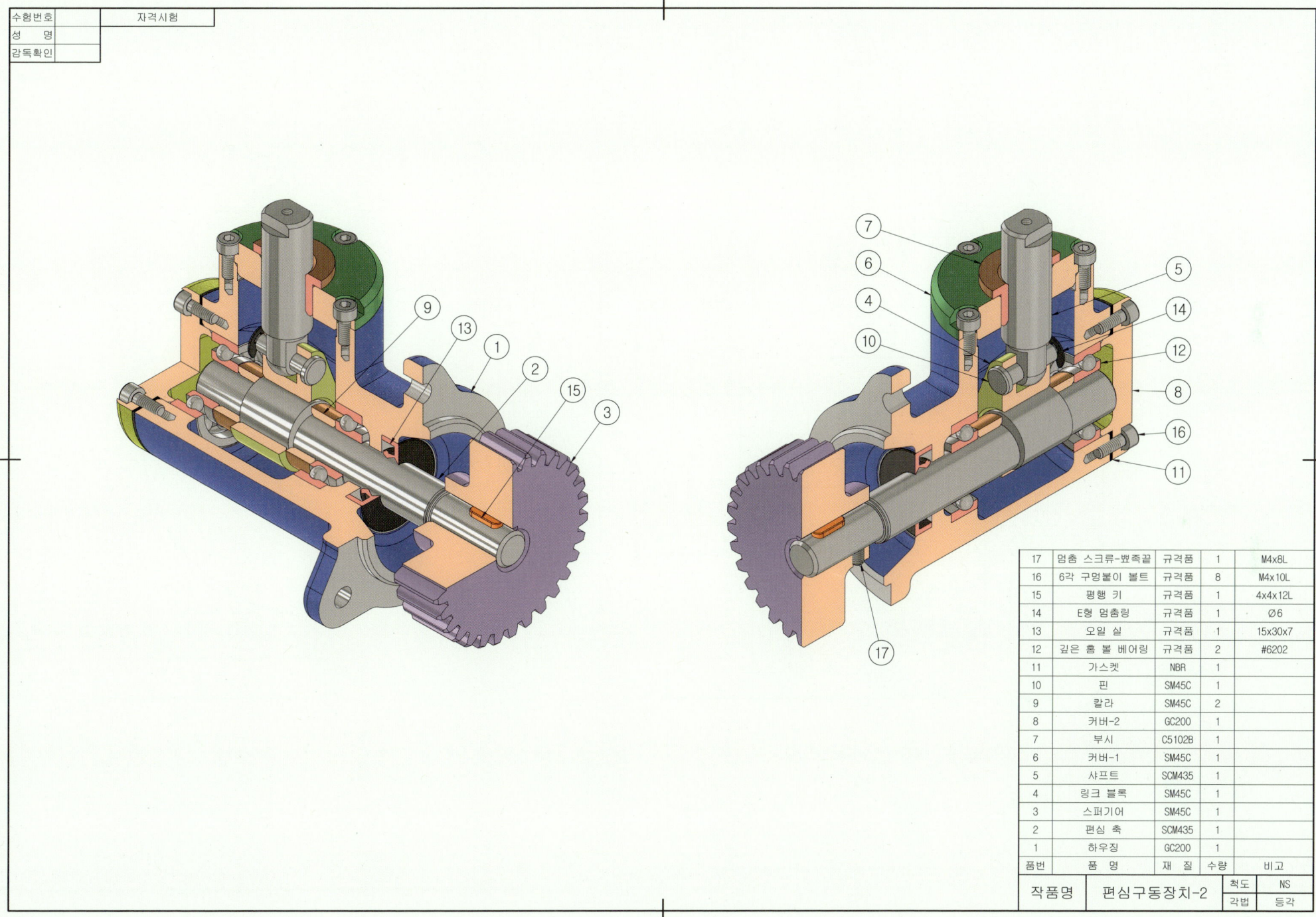

17	멈춤 스크류-뾰족끝	규격품	1	M4x8L
16	6각 구멍붙이 볼트	규격품	8	M4x10L
15	평행 키	규격품	1	4x4x12L
14	E형 멈춤링	규격품	1	Ø6
13	오일 실	규격품	1	15x30x7
12	깊은 홈 볼 베어링	규격품	2	#6202
11	가스켓	NBR	1	
10	핀	SM45C	1	
9	칼라	SM45C	2	
8	커버-2	GC200	1	
7	부시	C5102B	1	
6	커버-1	SM45C	1	
5	샤프트	SCM435	1	
4	링크 블록	SM45C	1	
3	스퍼기어	SM45C	1	
2	편심 축	SCM435	1	
1	하우징	GC200	1	
품번	품 명	재 질	수량	비고

작품명	편심구동장치-2	척도	NS
		각법	등각

● 편심구동장치-3 문제 도면

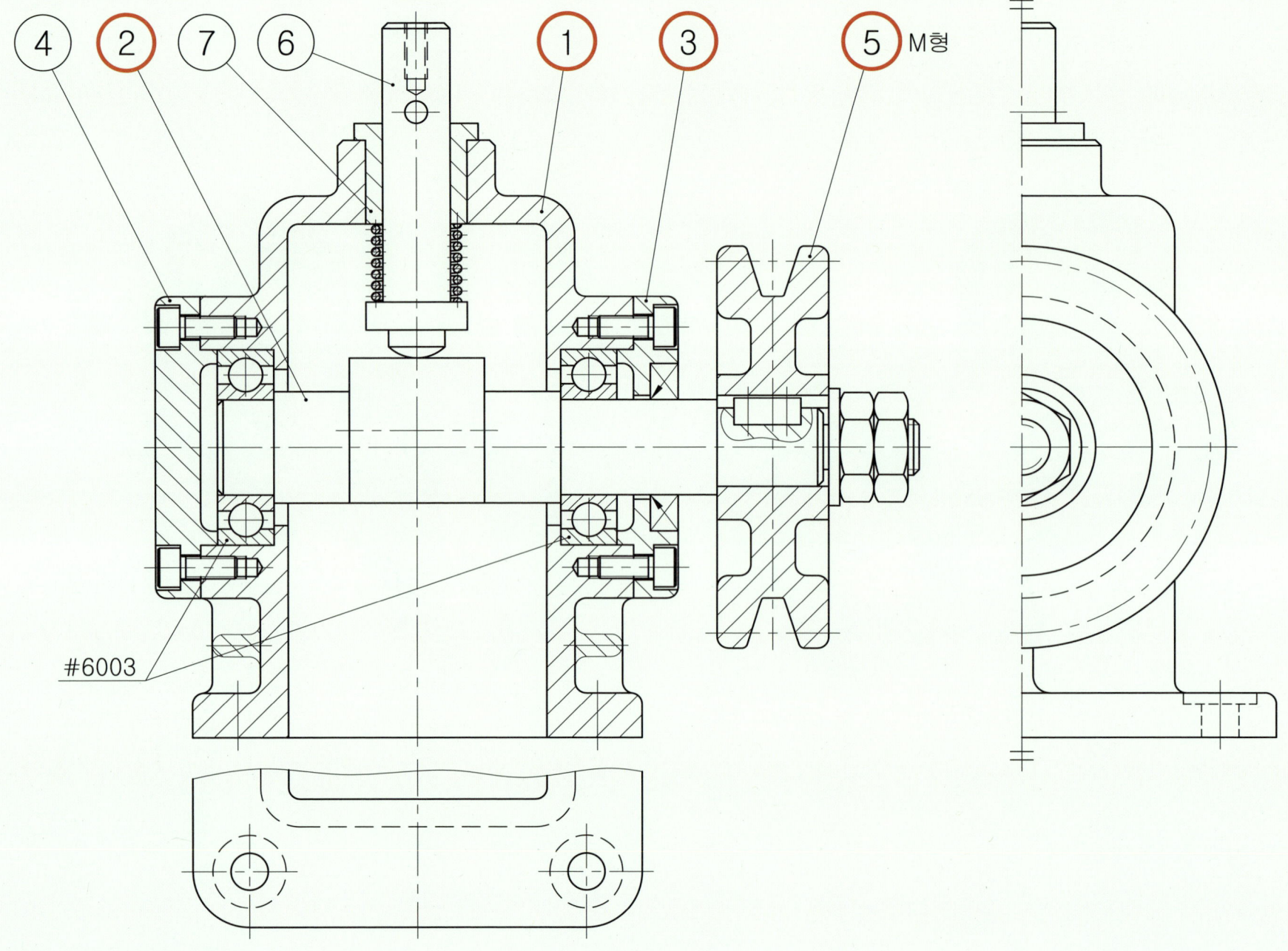

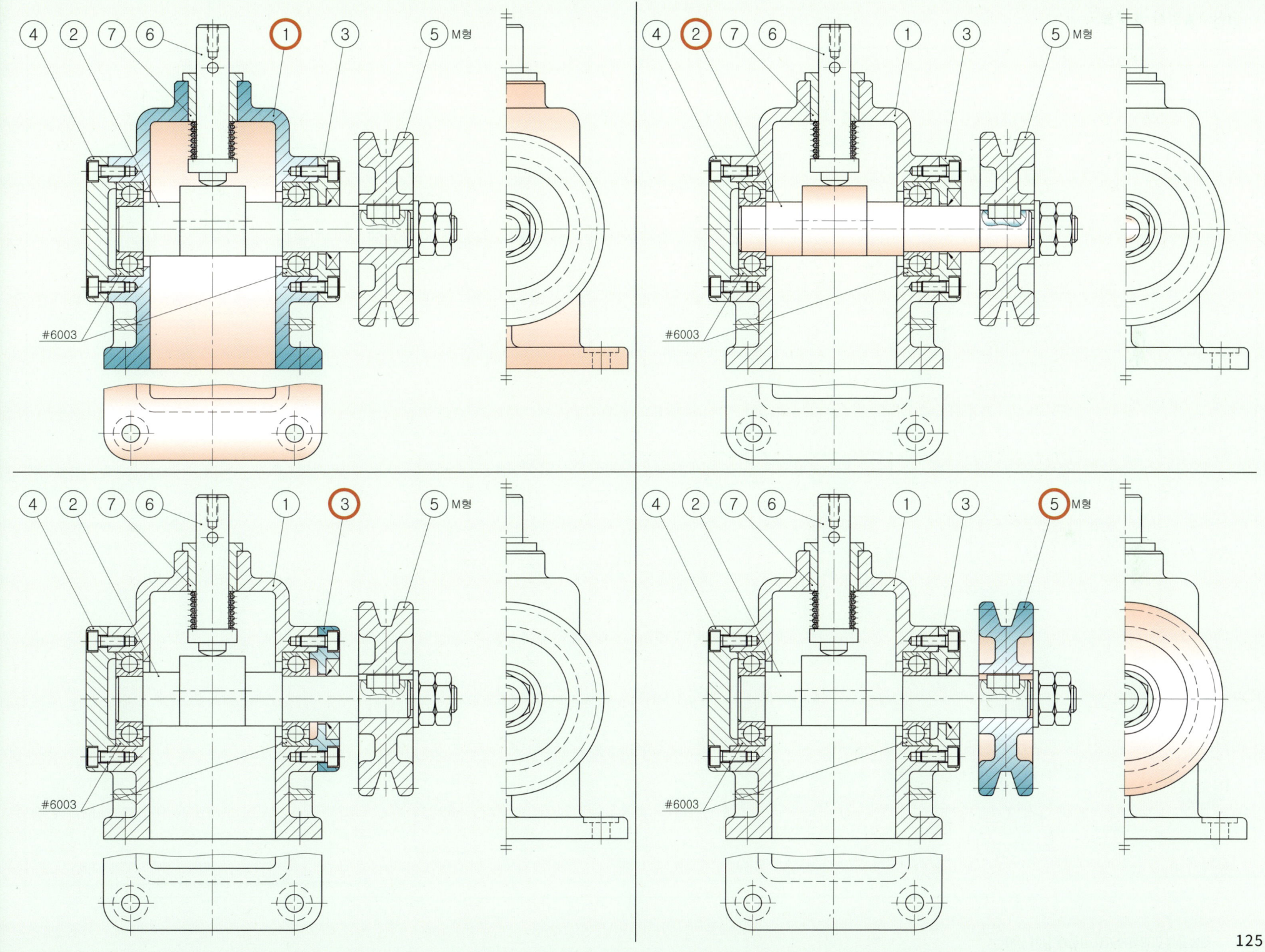

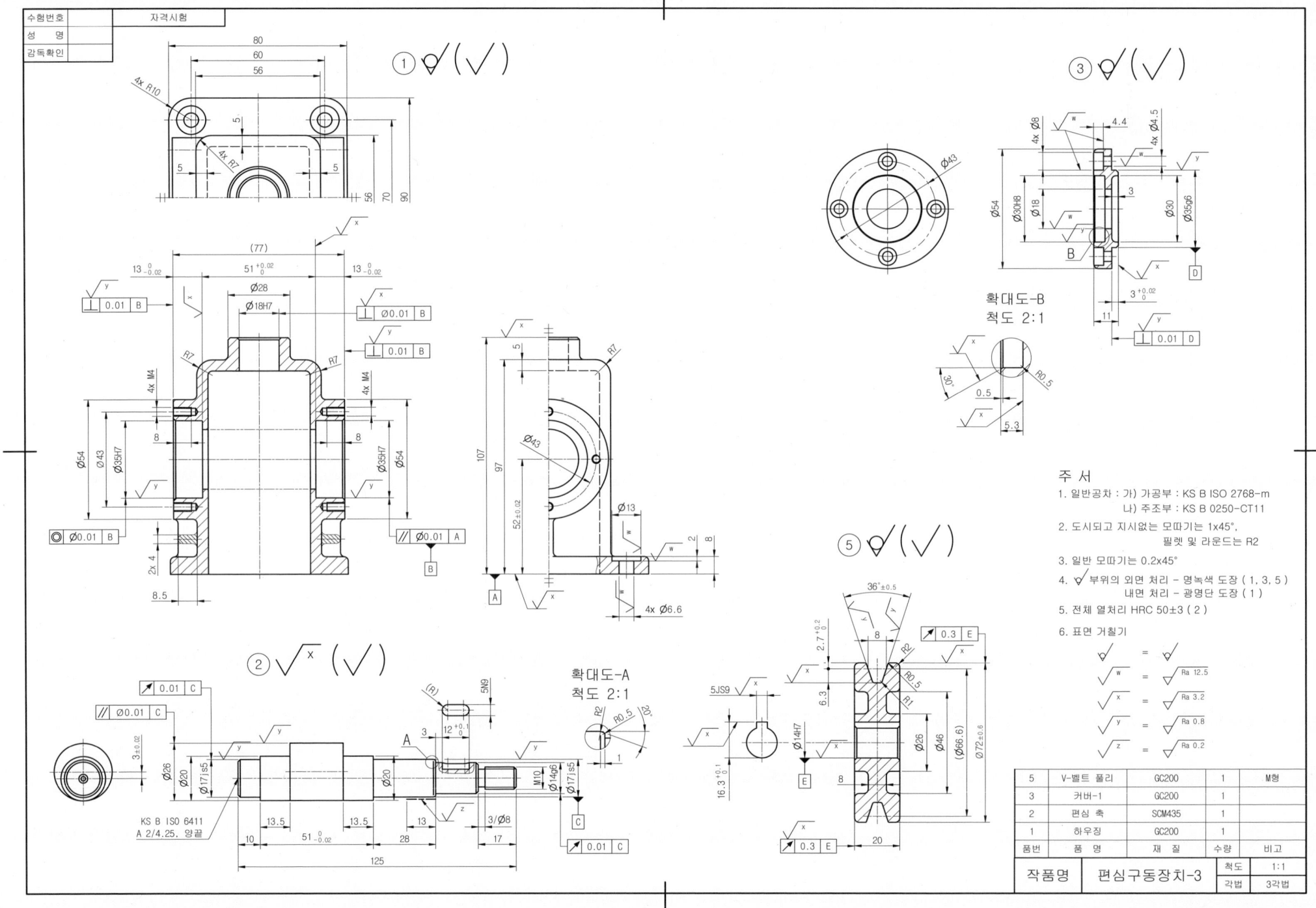

● 편심구동장치-3 등각 투상도

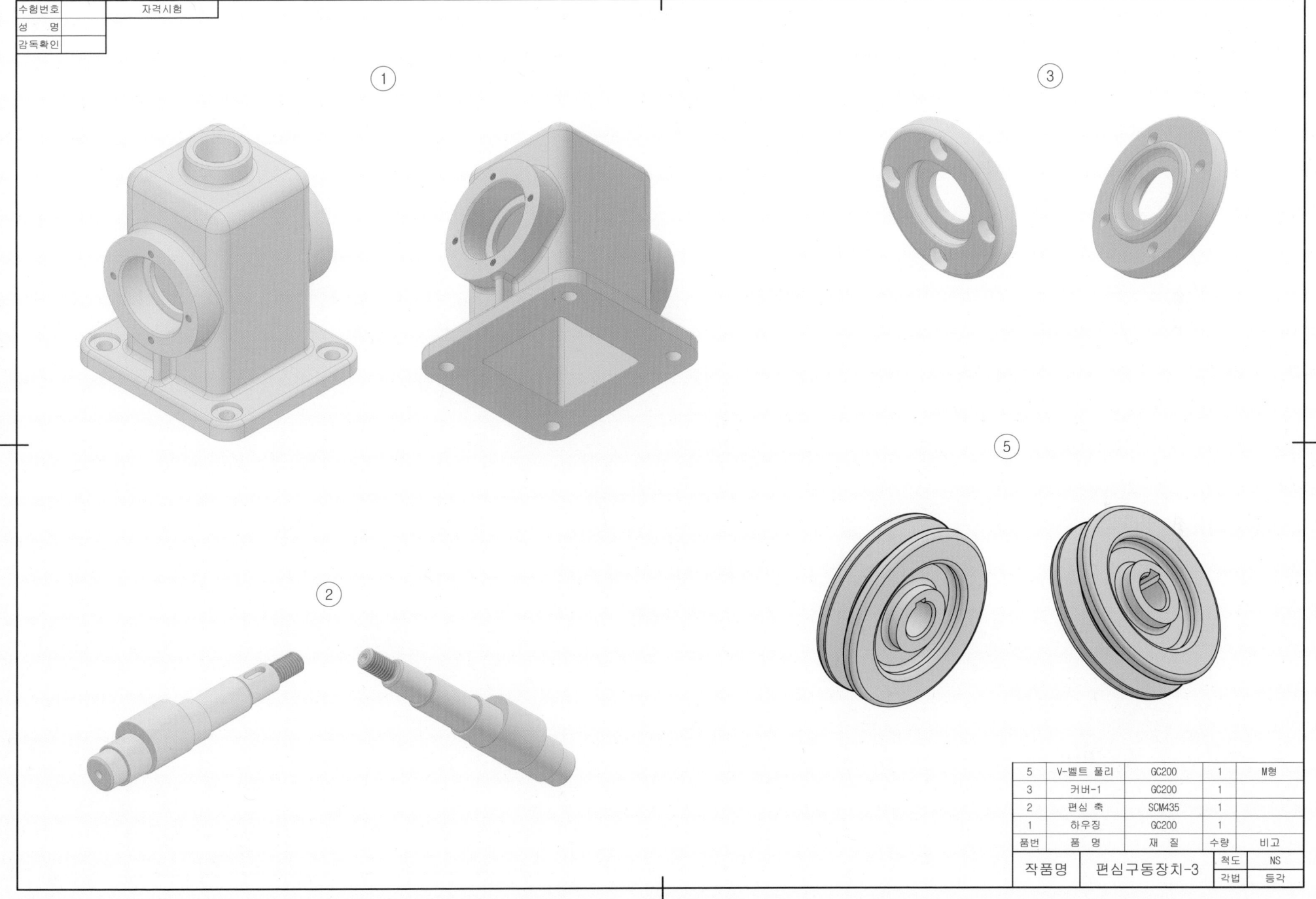

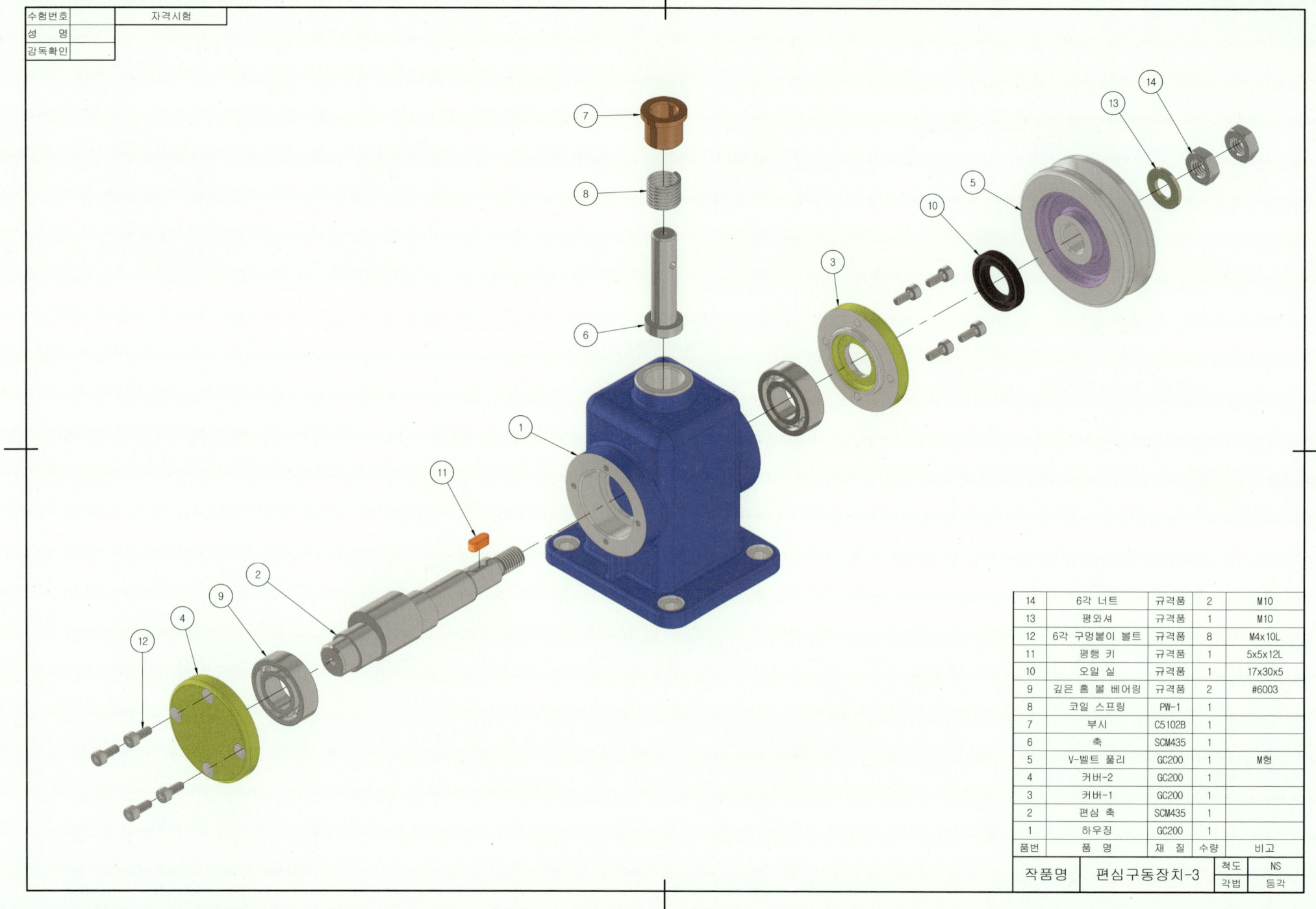

편심구동장치-3 조립도

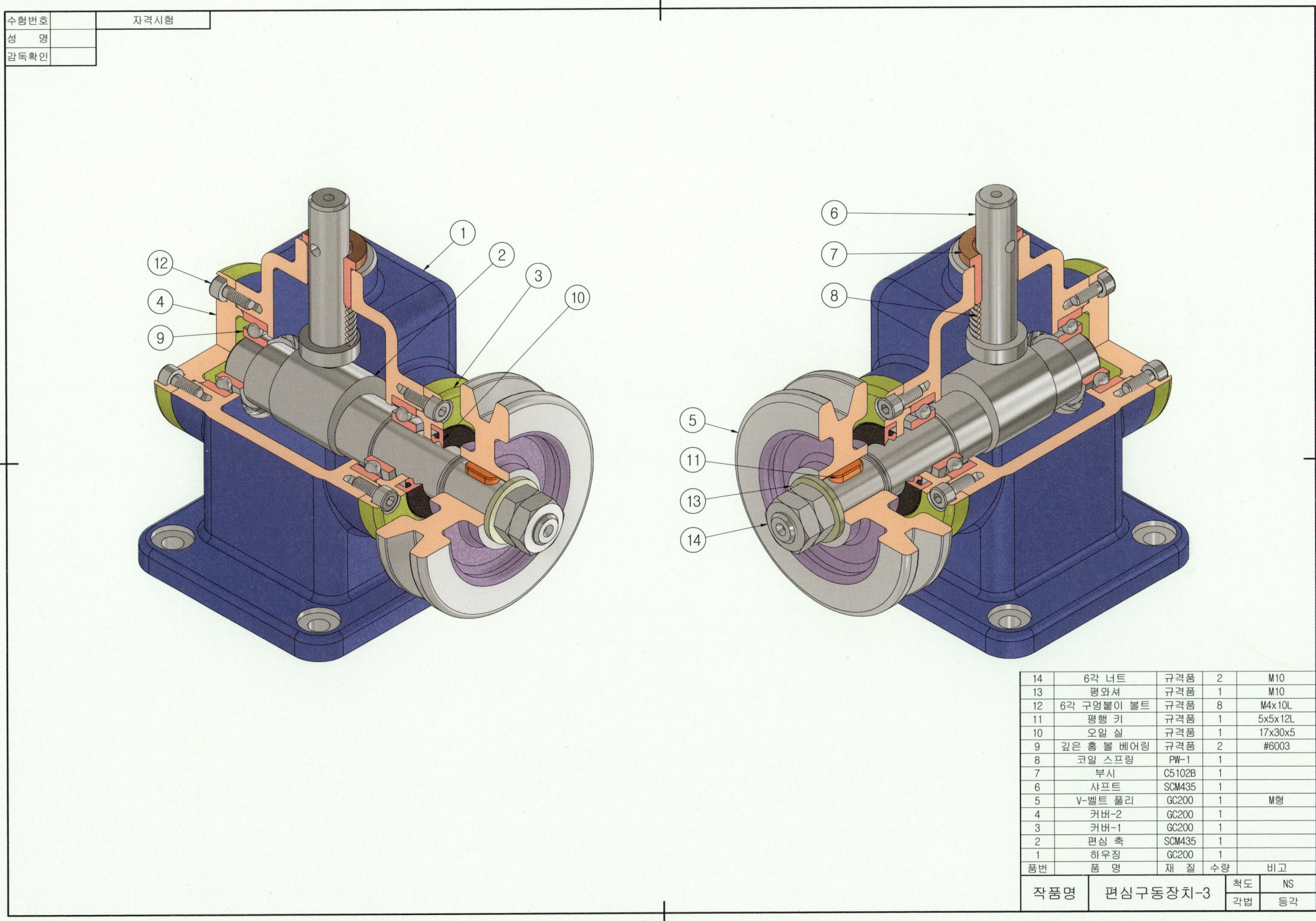

14	6각 너트	규격품	2	M10
13	평와셔	규격품	1	M10
12	6각 구멍붙이 볼트	규격품	8	M4x10L
11	평행 키	규격품	1	5x5x12L
10	오일 실	규격품	1	17x30x5
9	깊은 홈 볼 베어링	규격품	2	#6003
8	코일 스프링	PW-1	1	
7	부시	C5102B	1	
6	샤프트	SCM435	1	
5	V-벨트 풀리	GC200	1	M형
4	커버-2	GC200	1	
3	커버-1	GC200	1	
2	편심 축	SCM435	1	
1	하우징	GC200	1	
품번	품 명	재 질	수량	비고

작품명	편심구동장치-3	척도	NS
		각법	등각

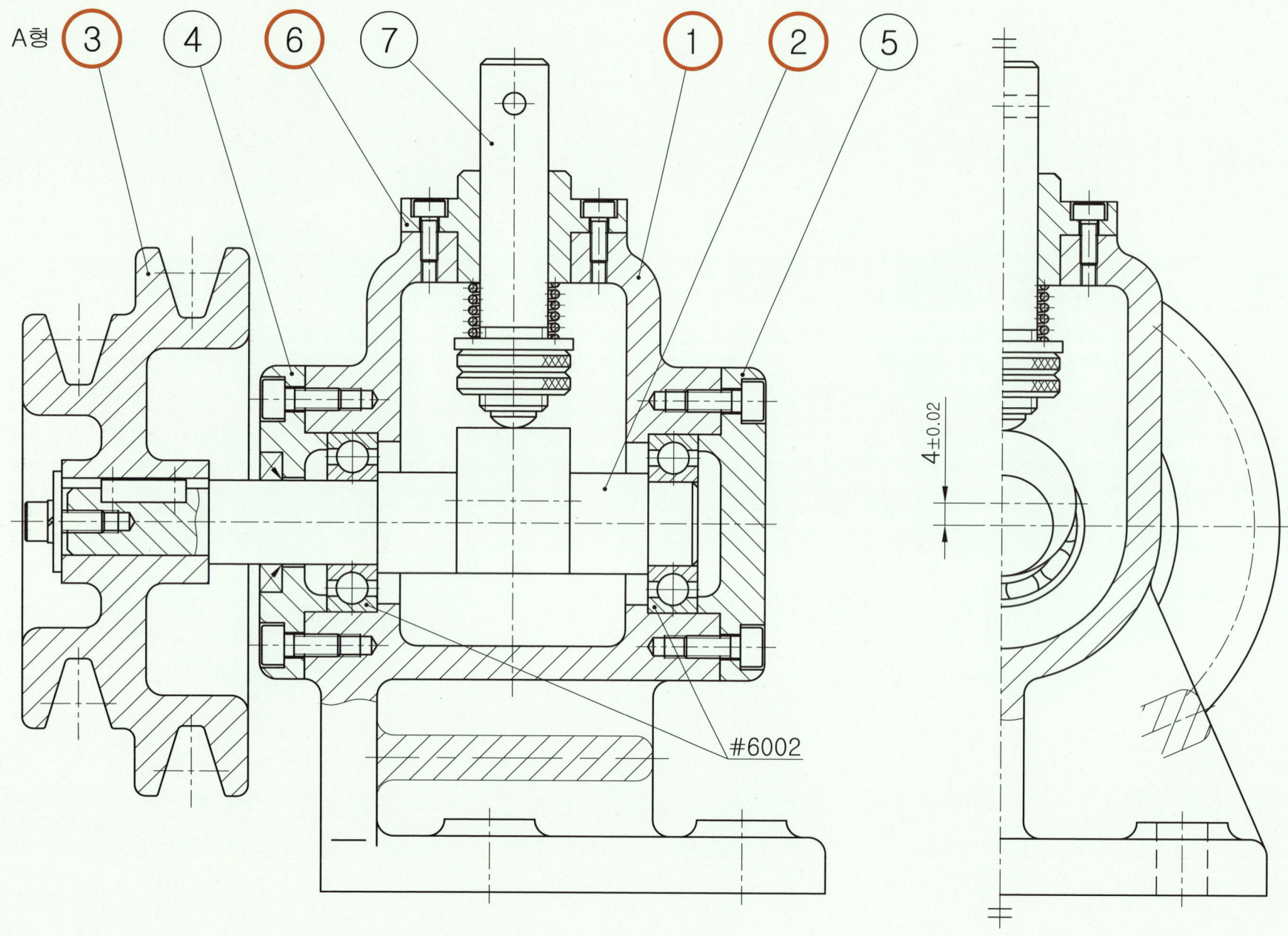

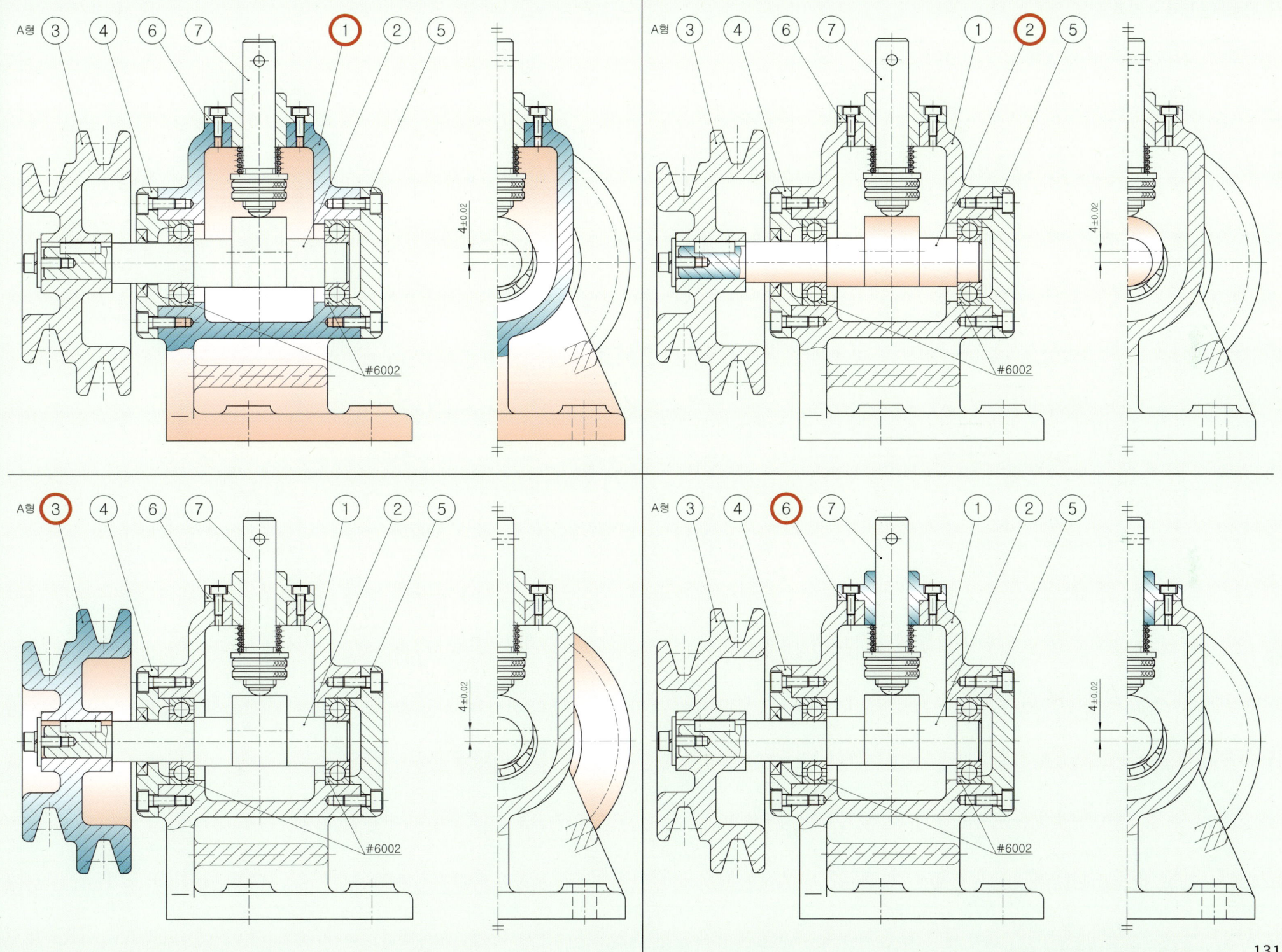

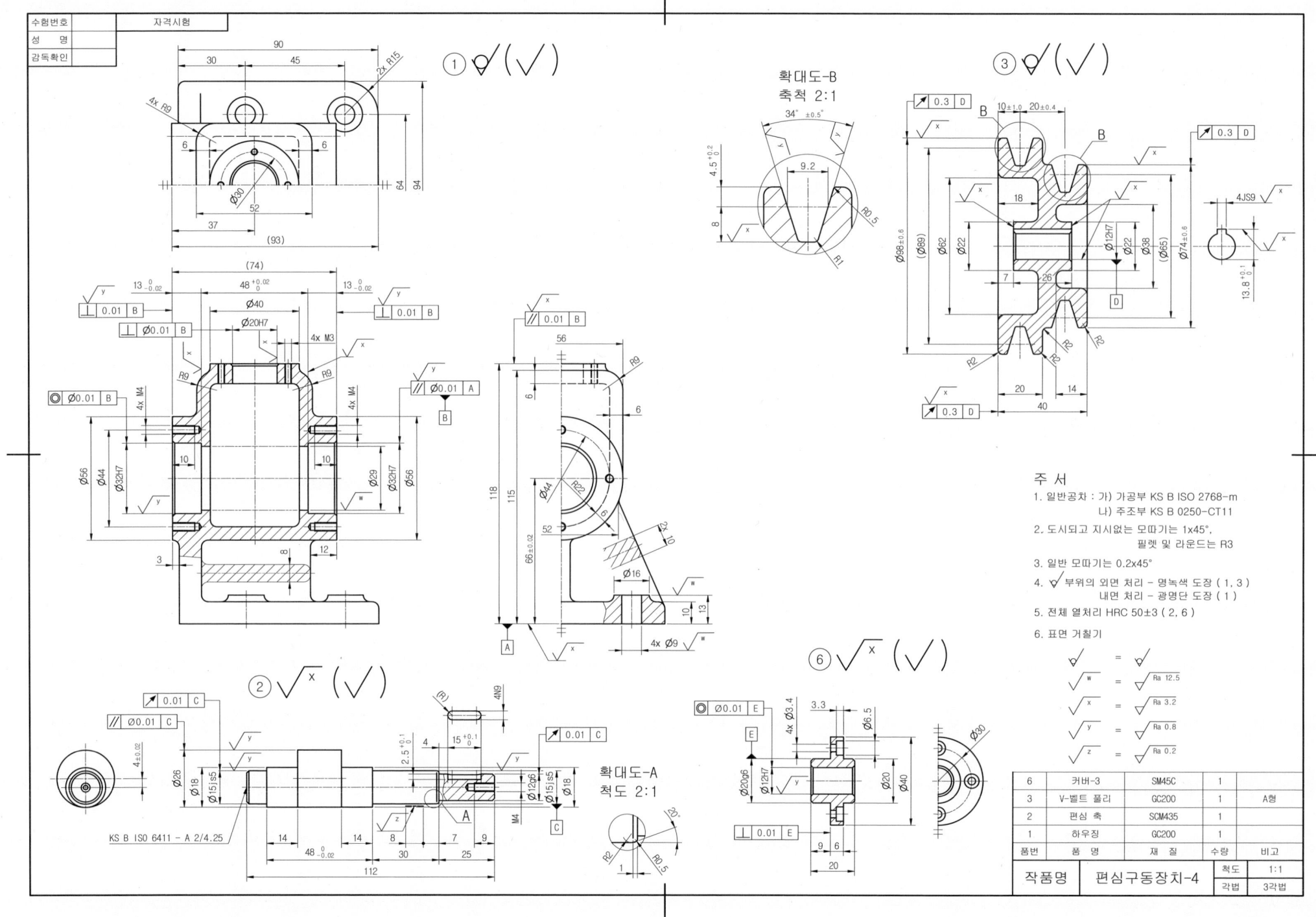

● 편심구동장치-4 등각 투상도

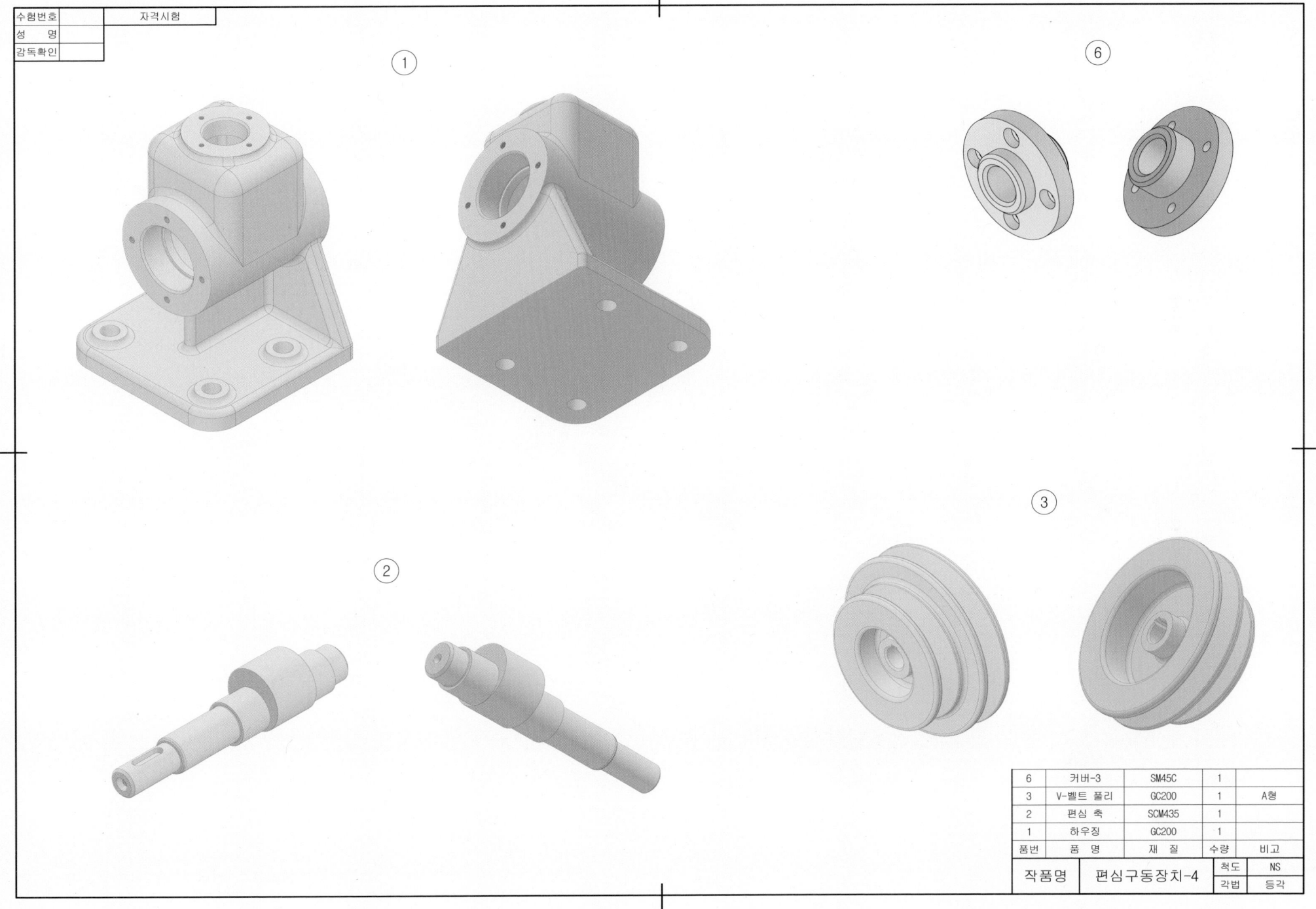

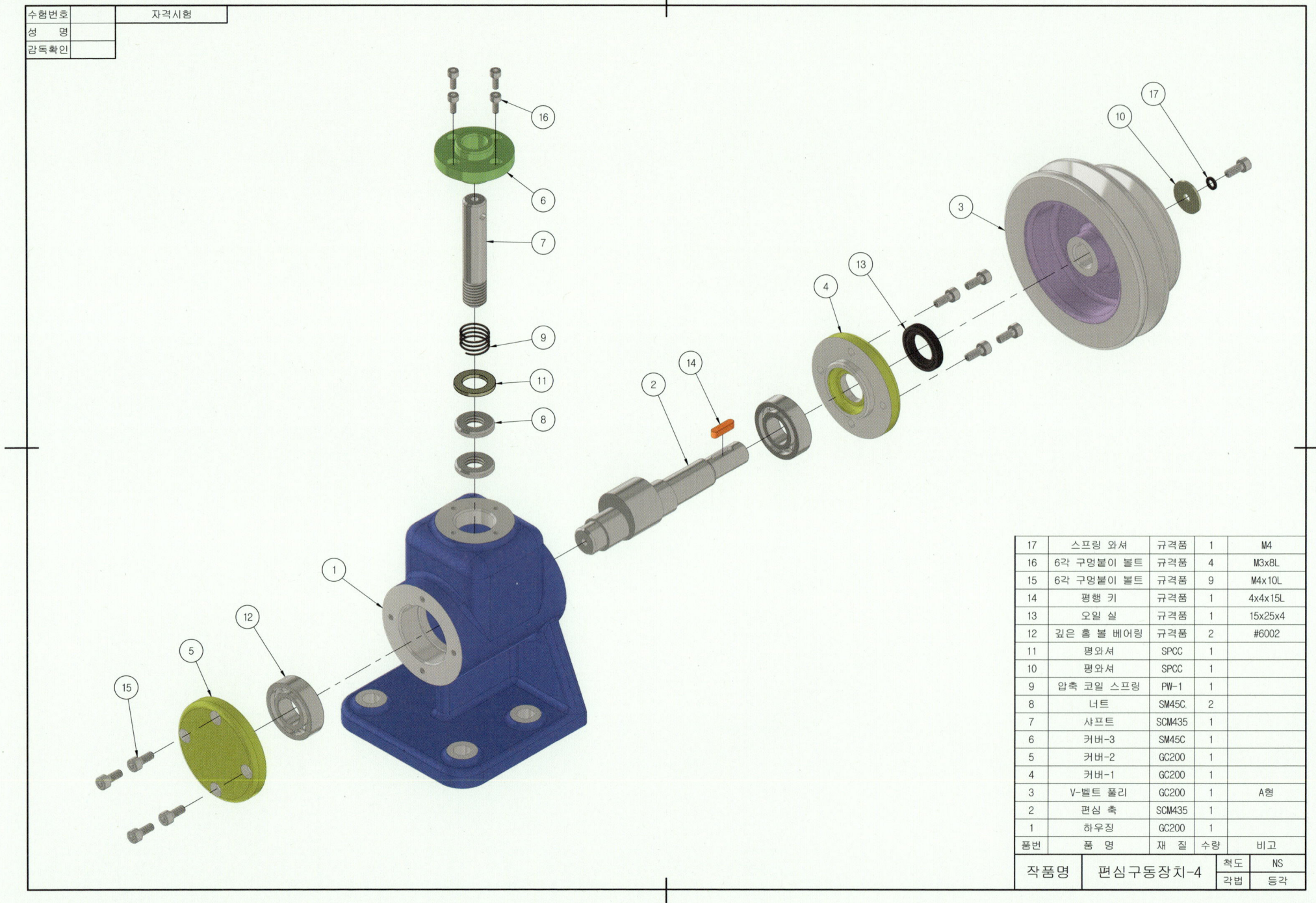

● 편심구동장치-4 조립도

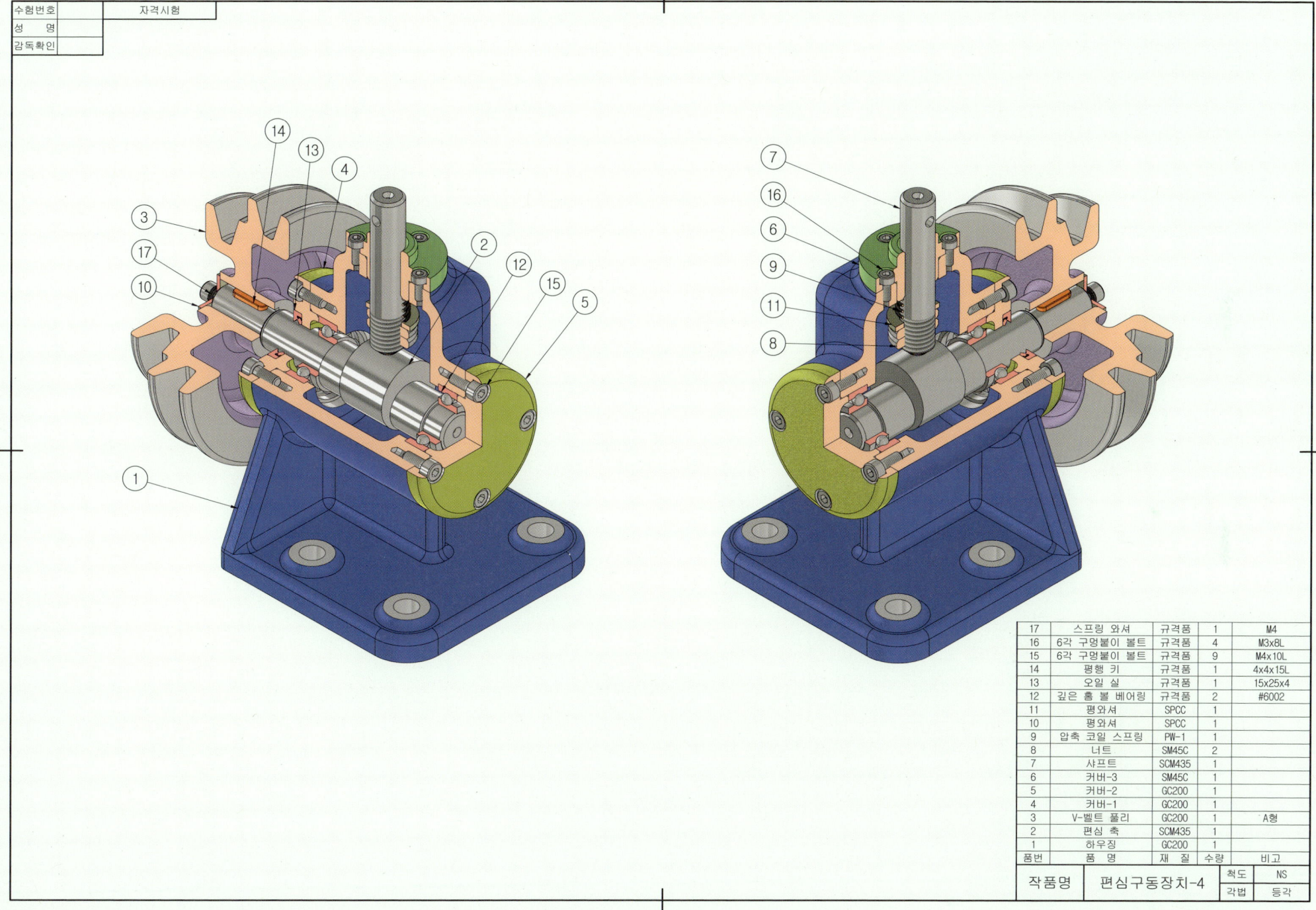

17	스프링 와셔	규격품	1	M4
16	6각 구멍붙이 볼트	규격품	4	M3x8L
15	6각 구멍붙이 볼트	규격품	9	M4x10L
14	평행 키	규격품	1	4x4x15L
13	오일 실	규격품	1	15x25x4
12	깊은 홈 볼 베어링	규격품	2	#6002
11	평와셔	SPCC	1	
10	평와셔	SPCC	1	
9	압축 코일 스프링	PW-1	1	
8	너트	SM45C	2	
7	샤프트	SCM435	1	
6	커버-3	SM45C	1	
5	커버-2	GC200	1	
4	커버-1	GC200	1	
3	V-벨트 풀리	GC200	1	A형
2	편심 축	SCM435	1	
1	하우징	GC200	1	
품번	품 명	재 질	수량	비고

작품명	편심구동장치-4	척도	NS
		각법	등각

● 드릴지그-1 문제 도면

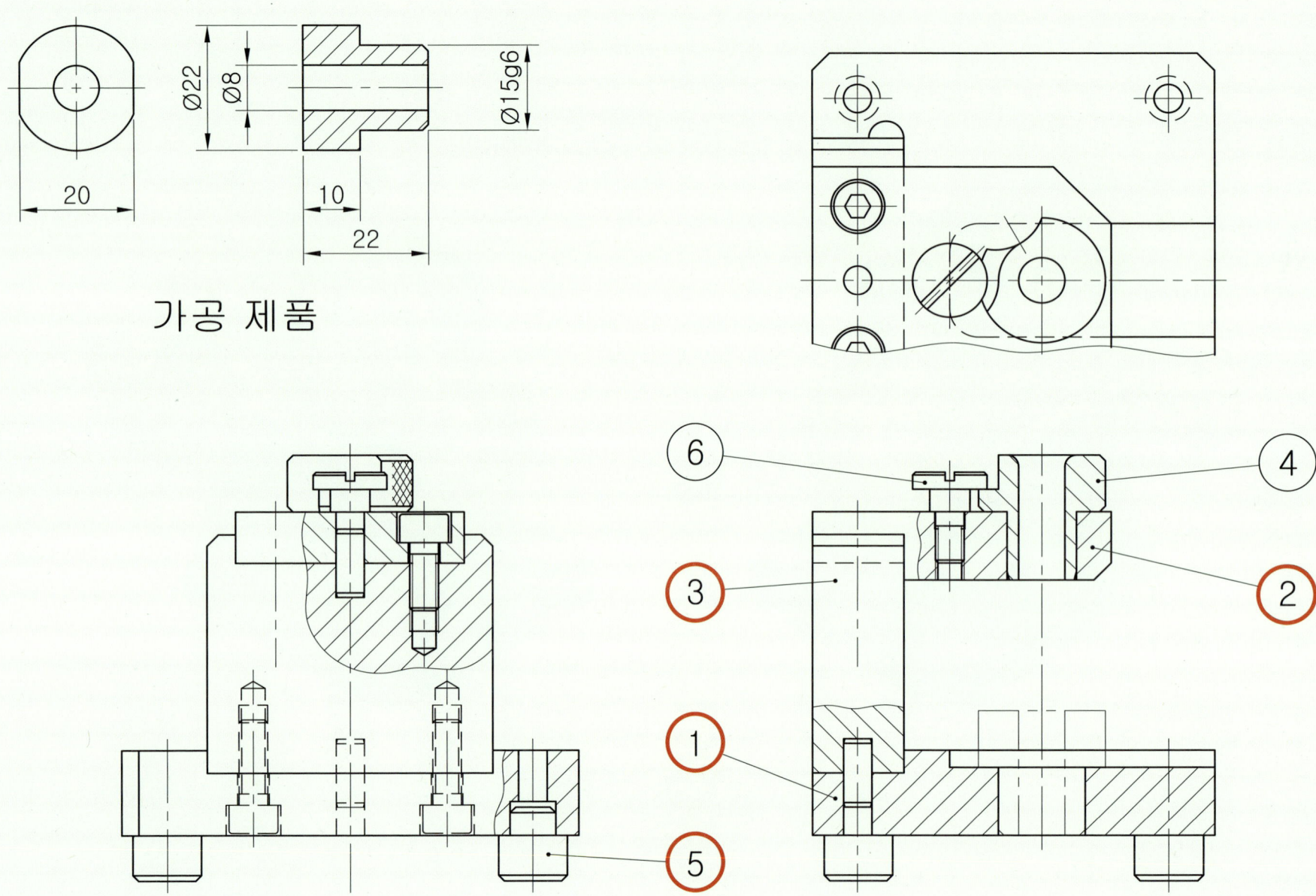

가공 제품

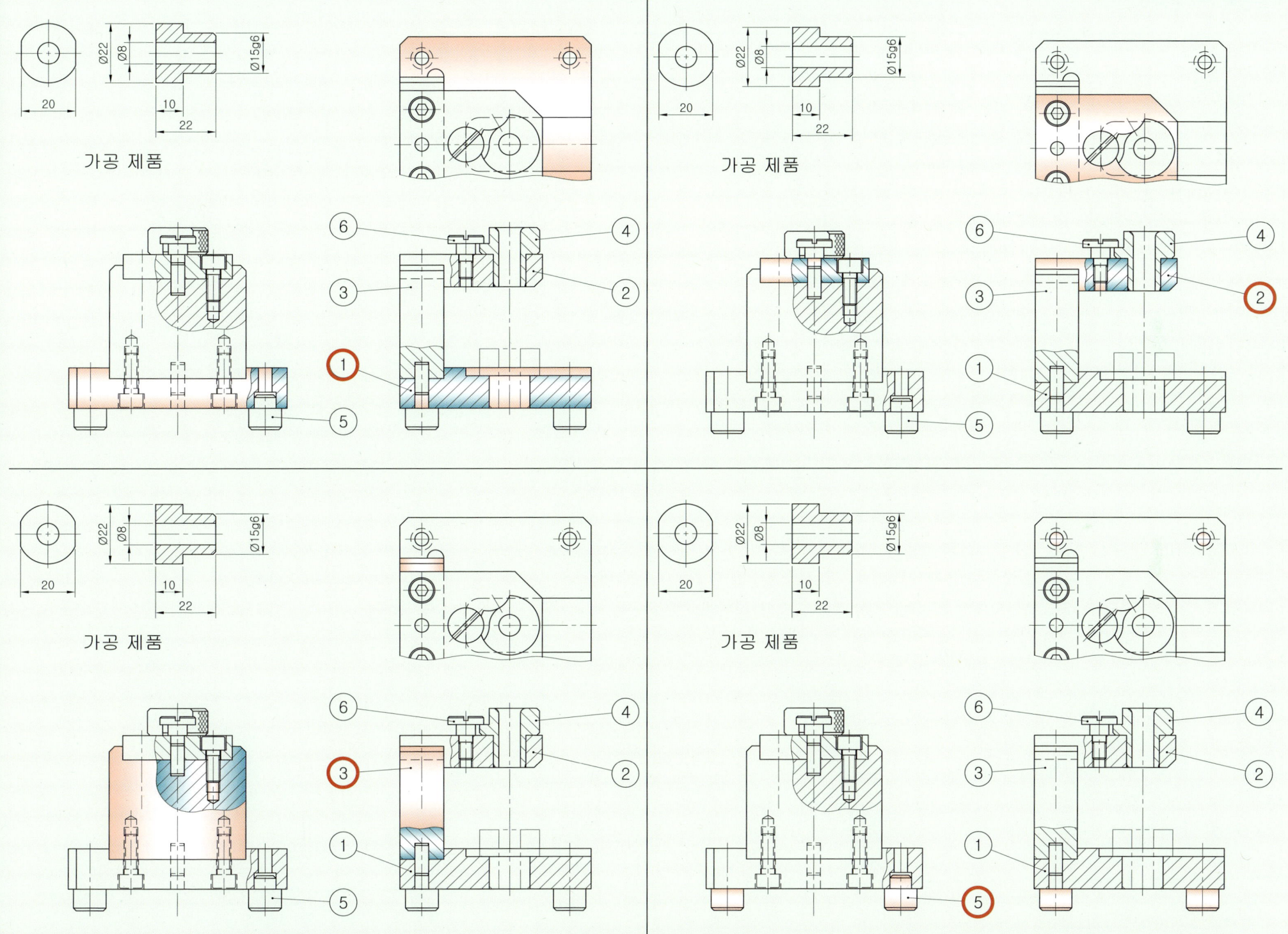

● 드릴지그-1 부품도

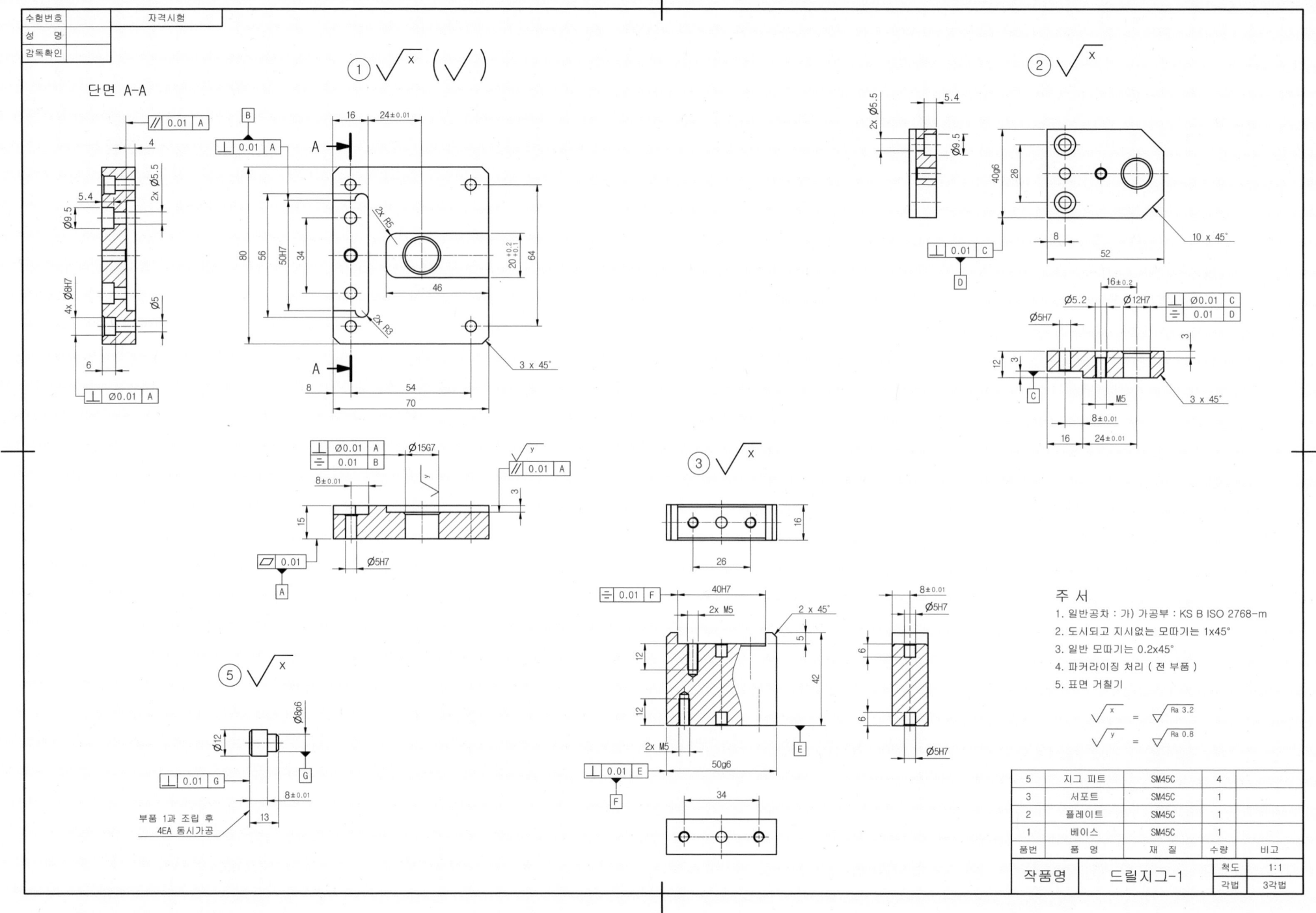

● 드릴지그-1 등각 투상도

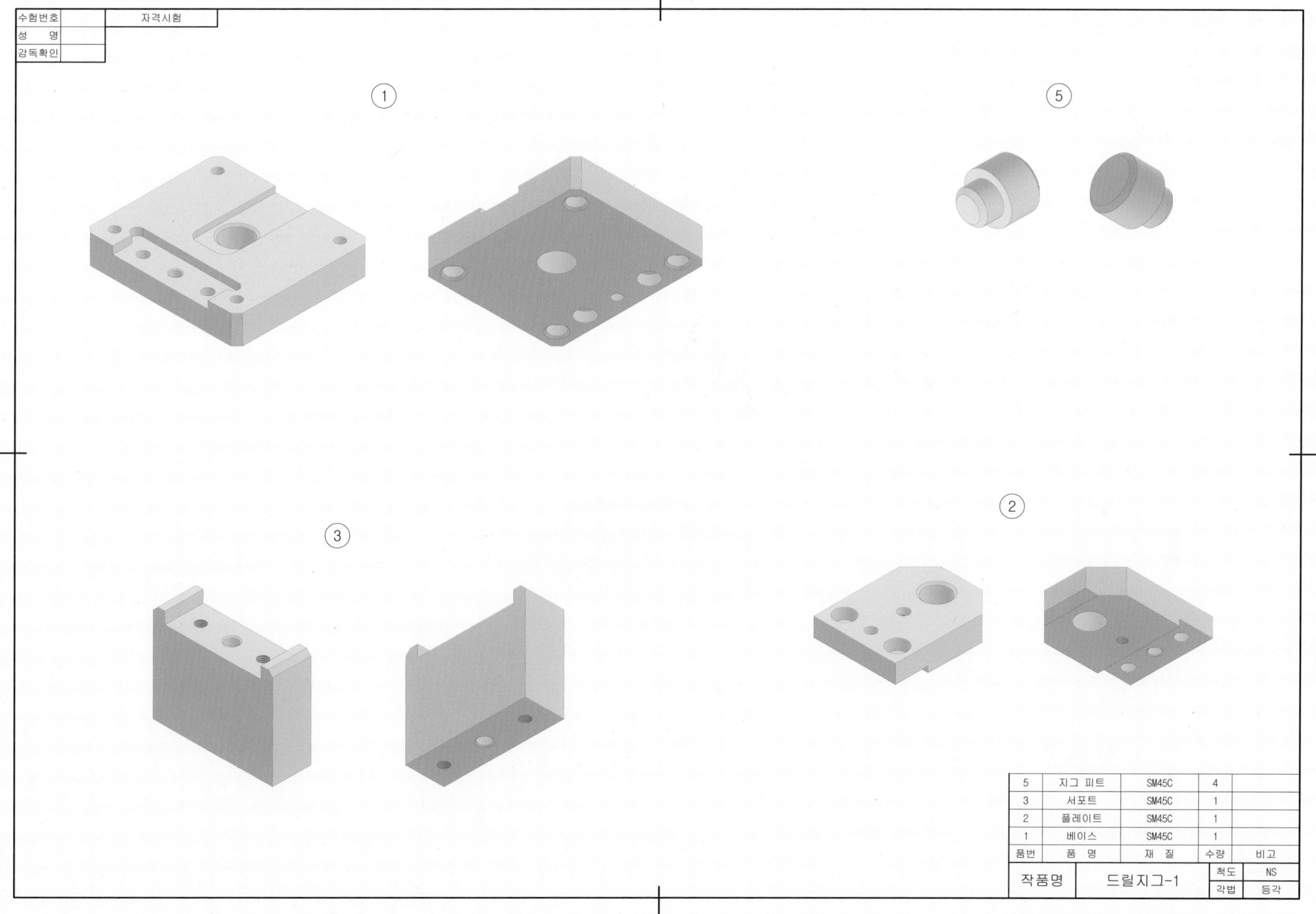

● 드릴지그-1 분해도

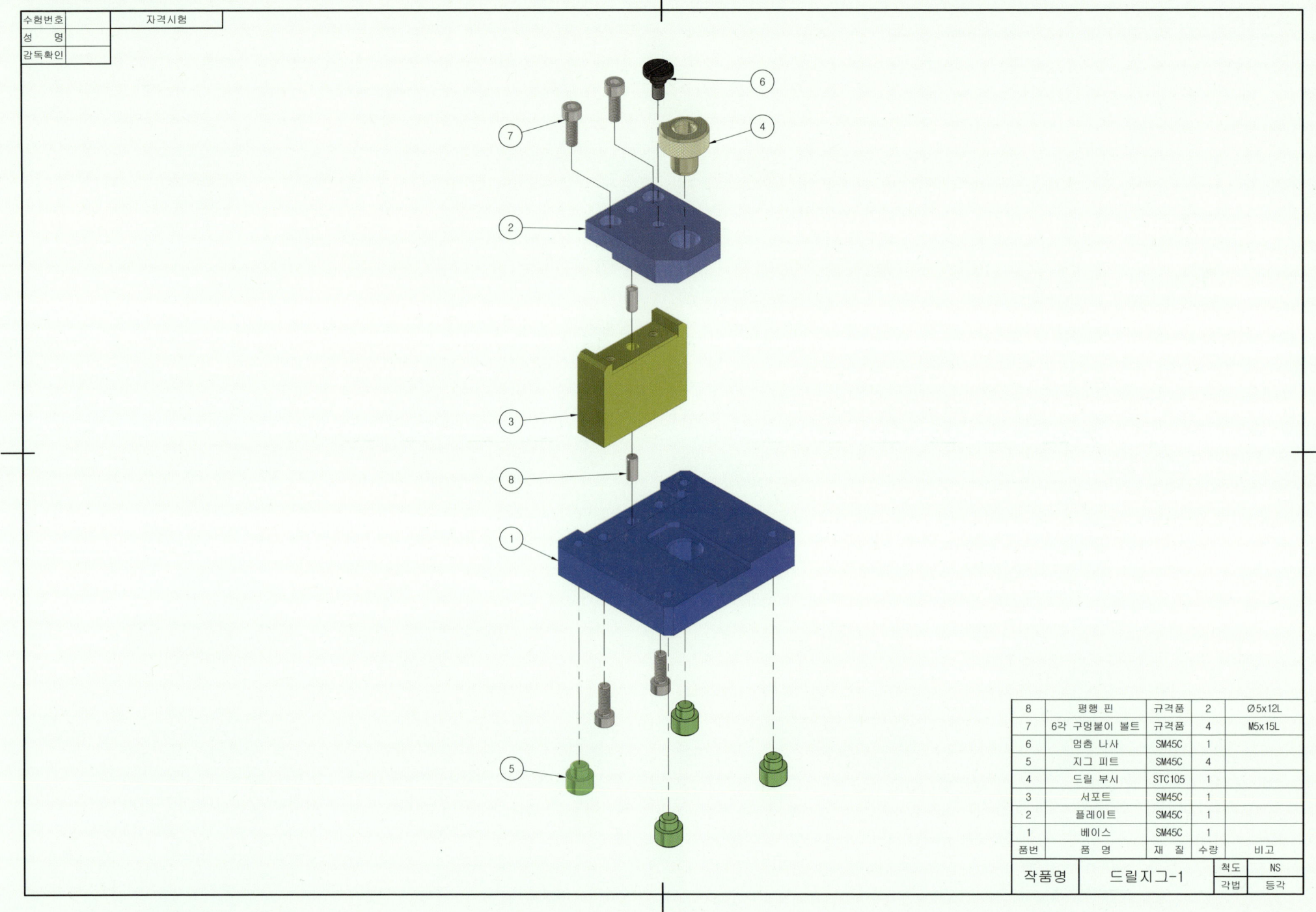

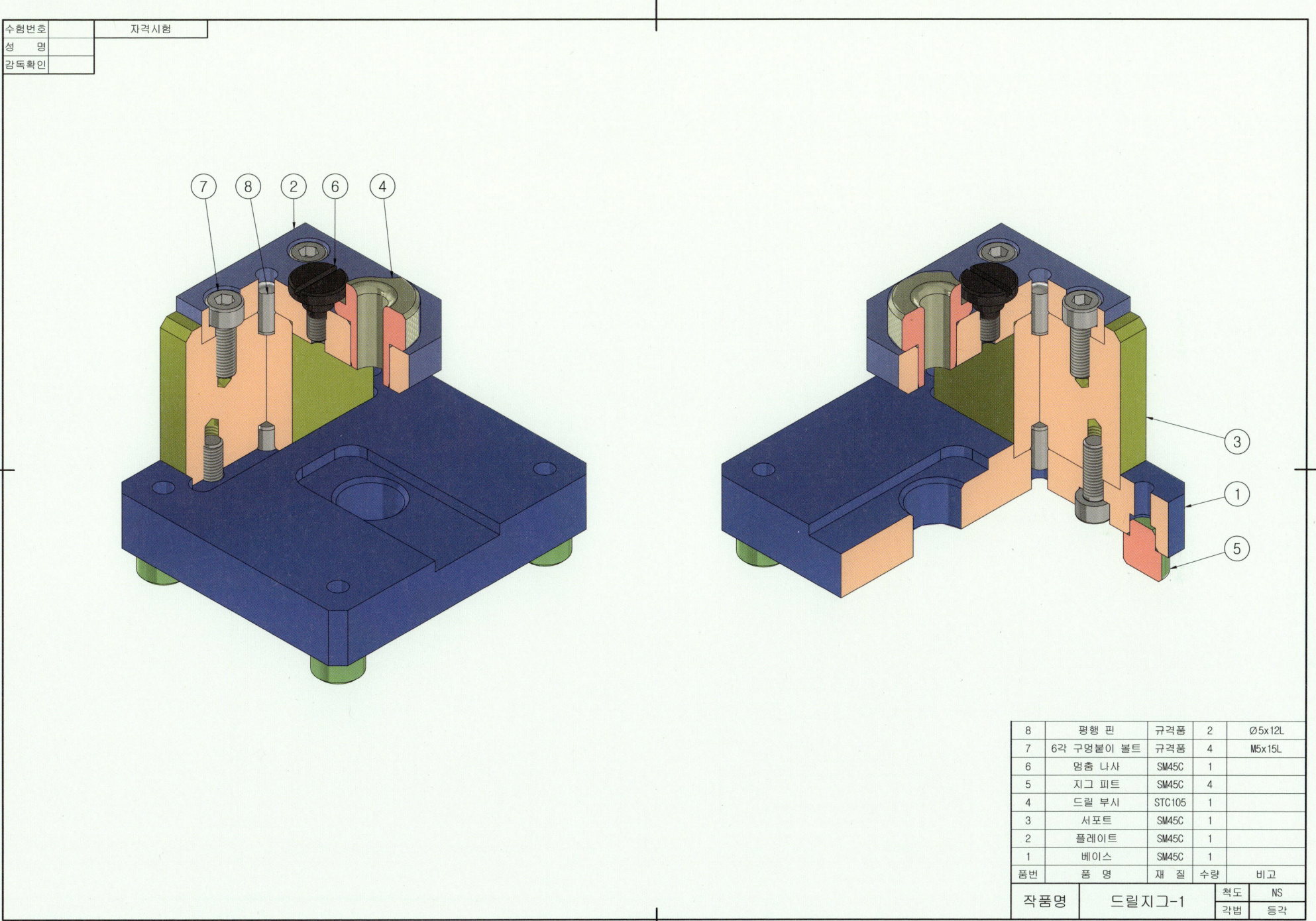

드릴지그-2 문제 도면

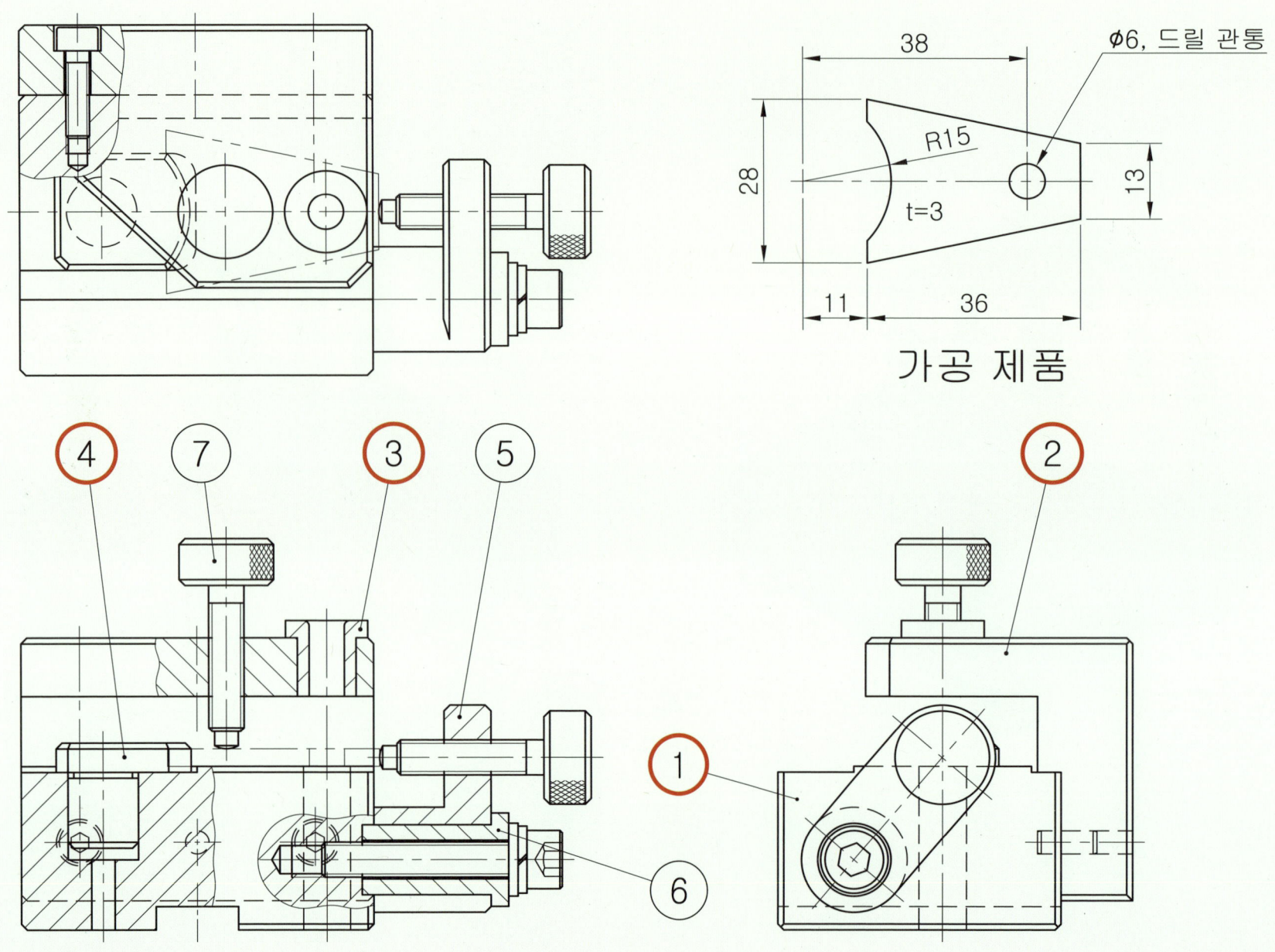

가공 제품

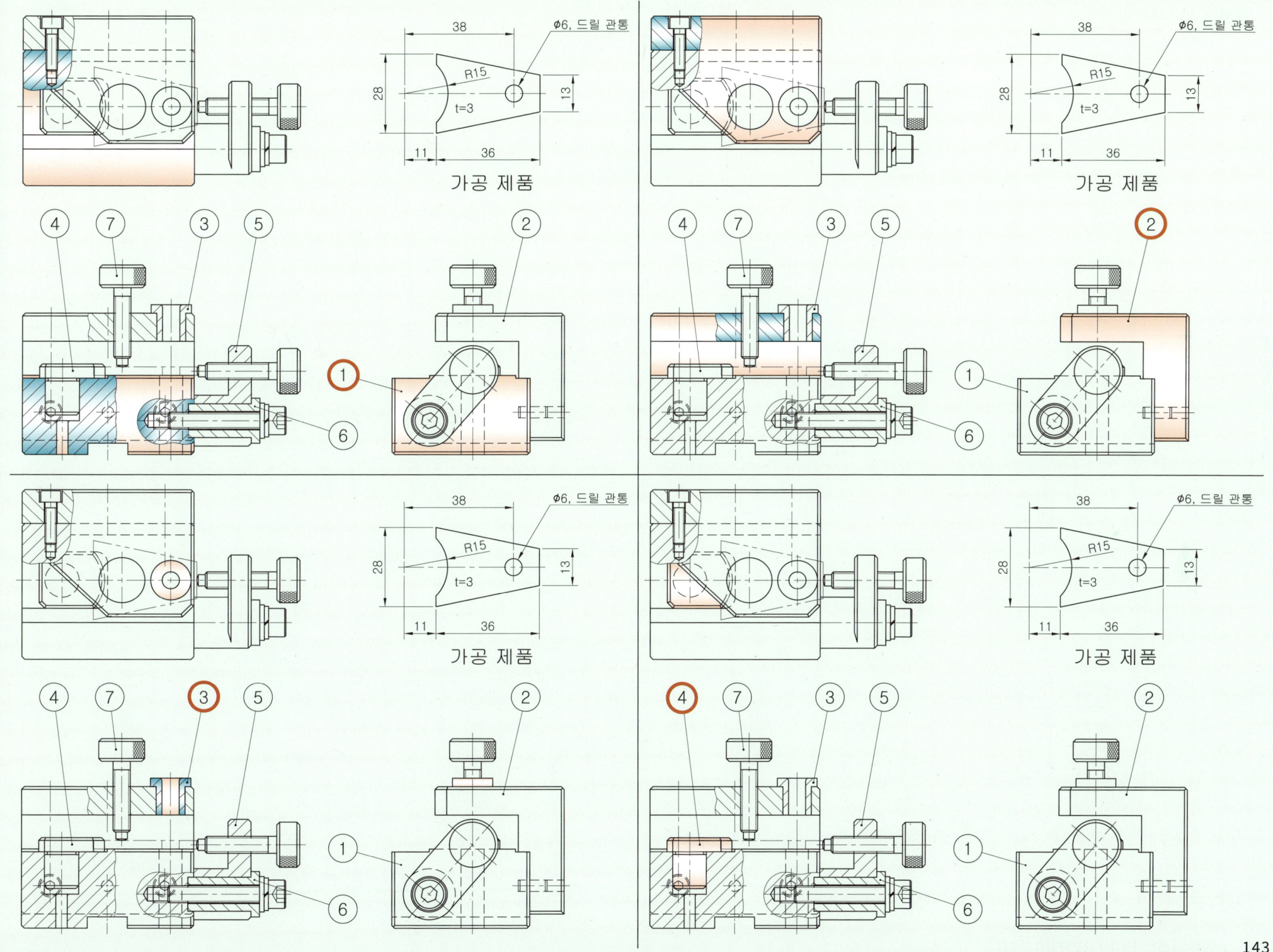

드릴지그-2 부품도

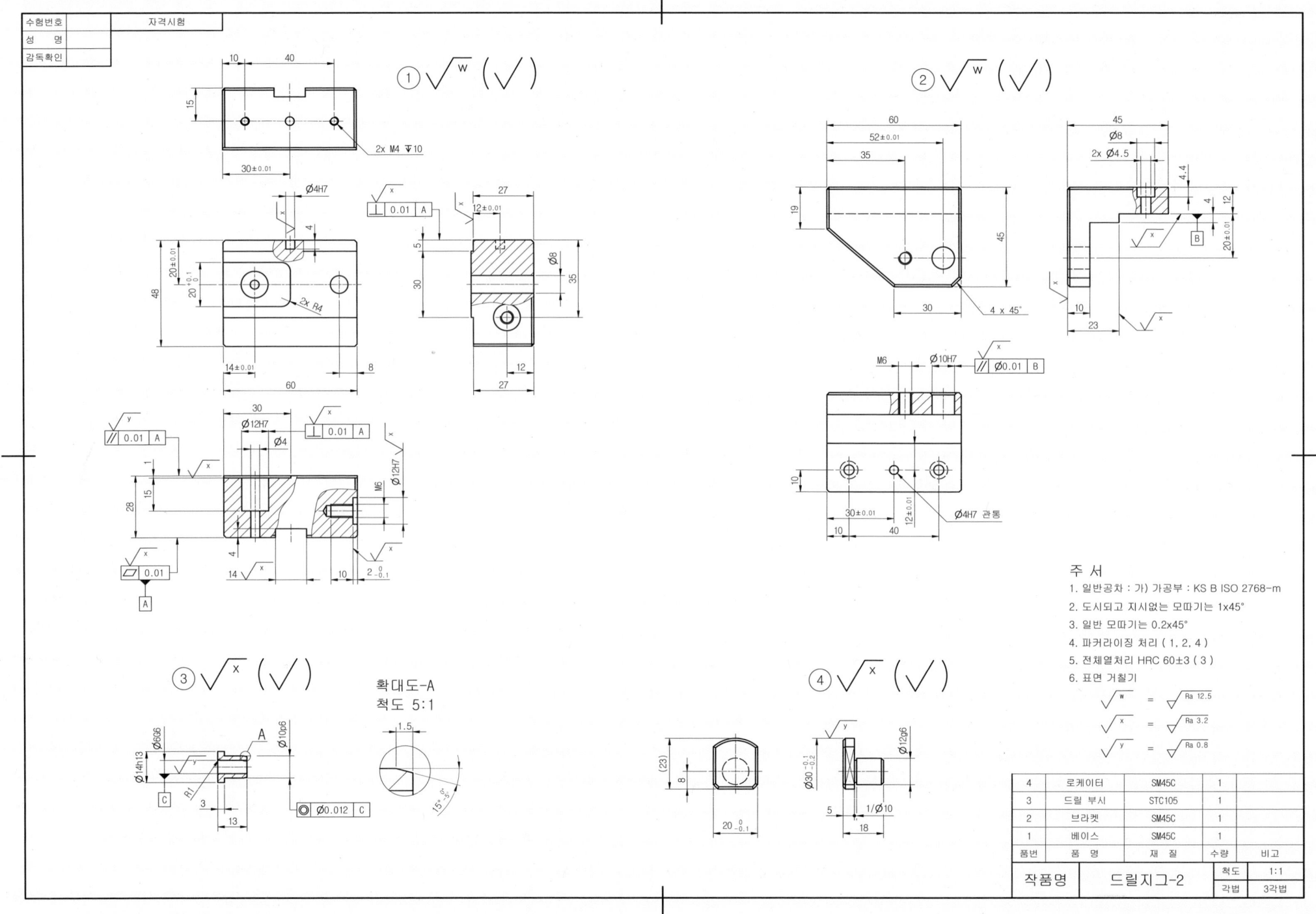

● 드릴지그-2 등각 투상도

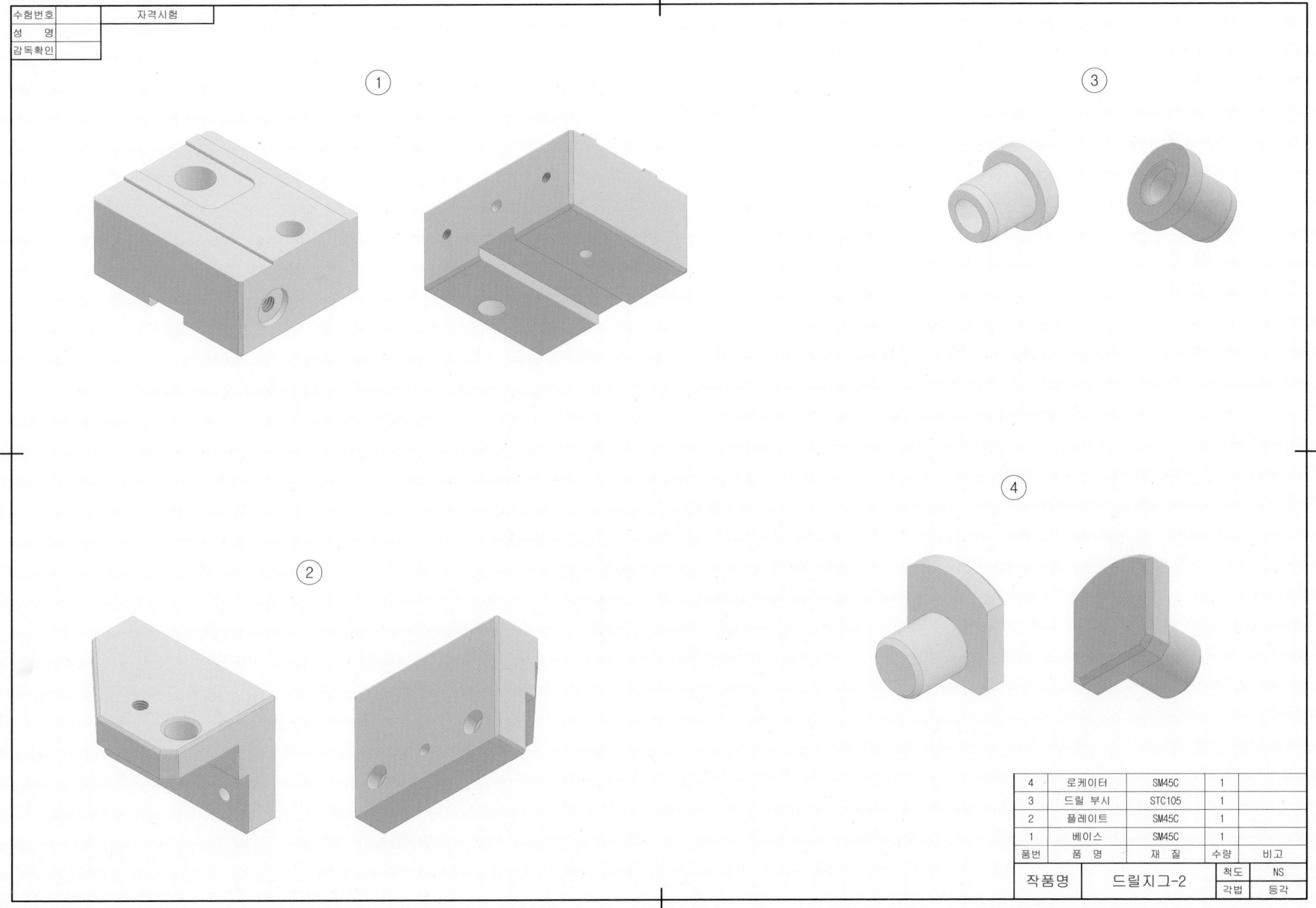

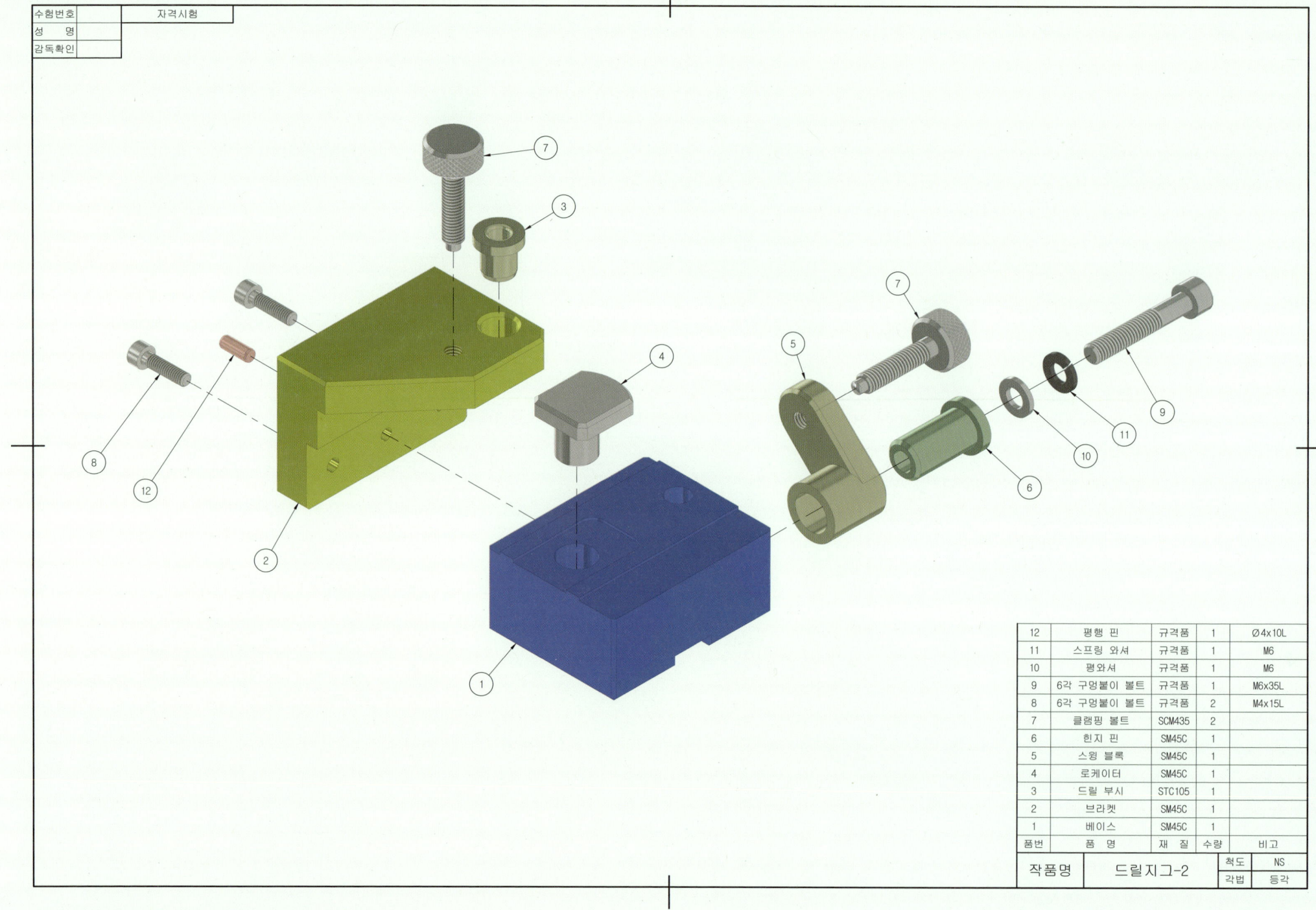

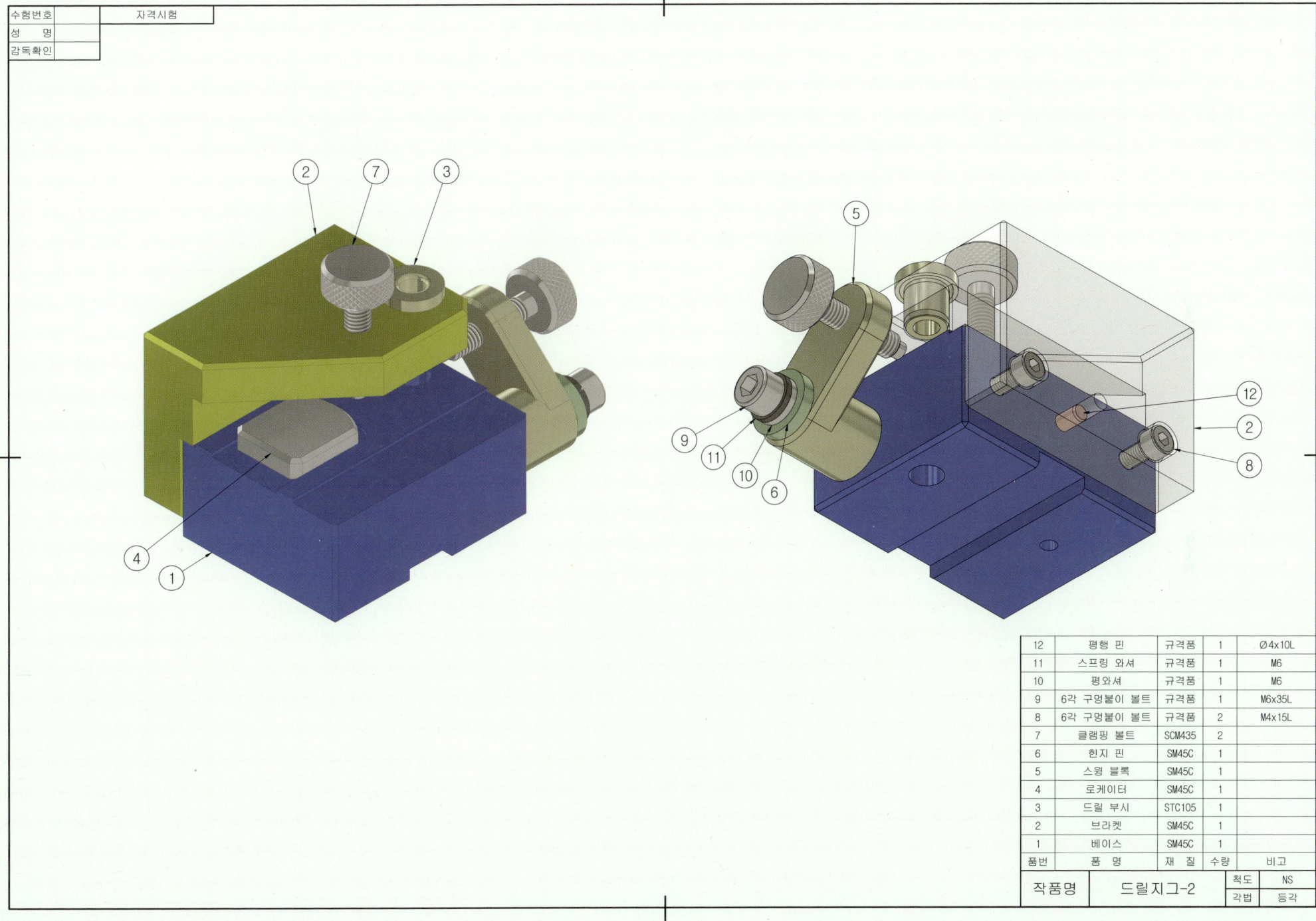

드릴지그-3 문제 도면

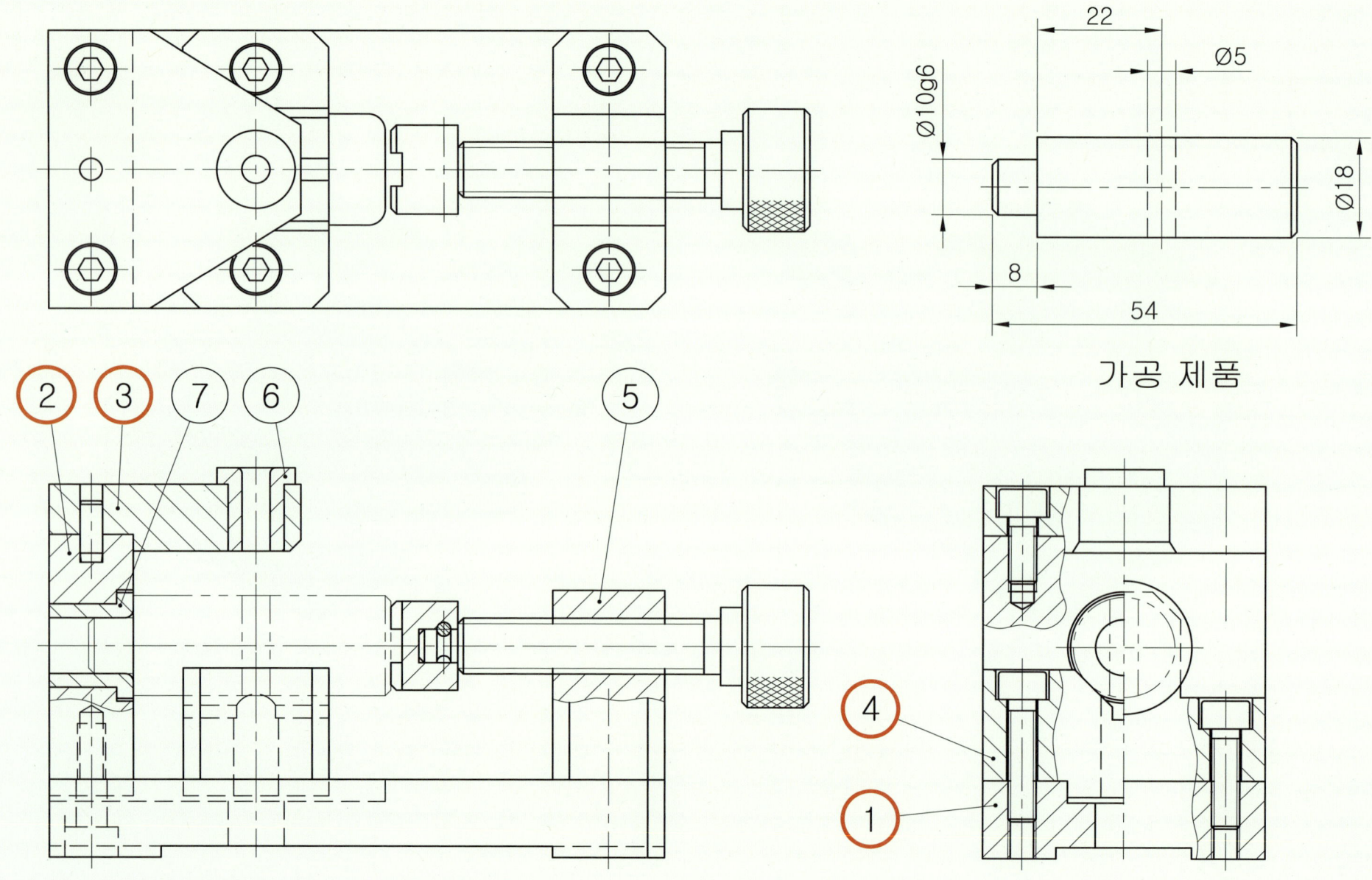

가공 제품

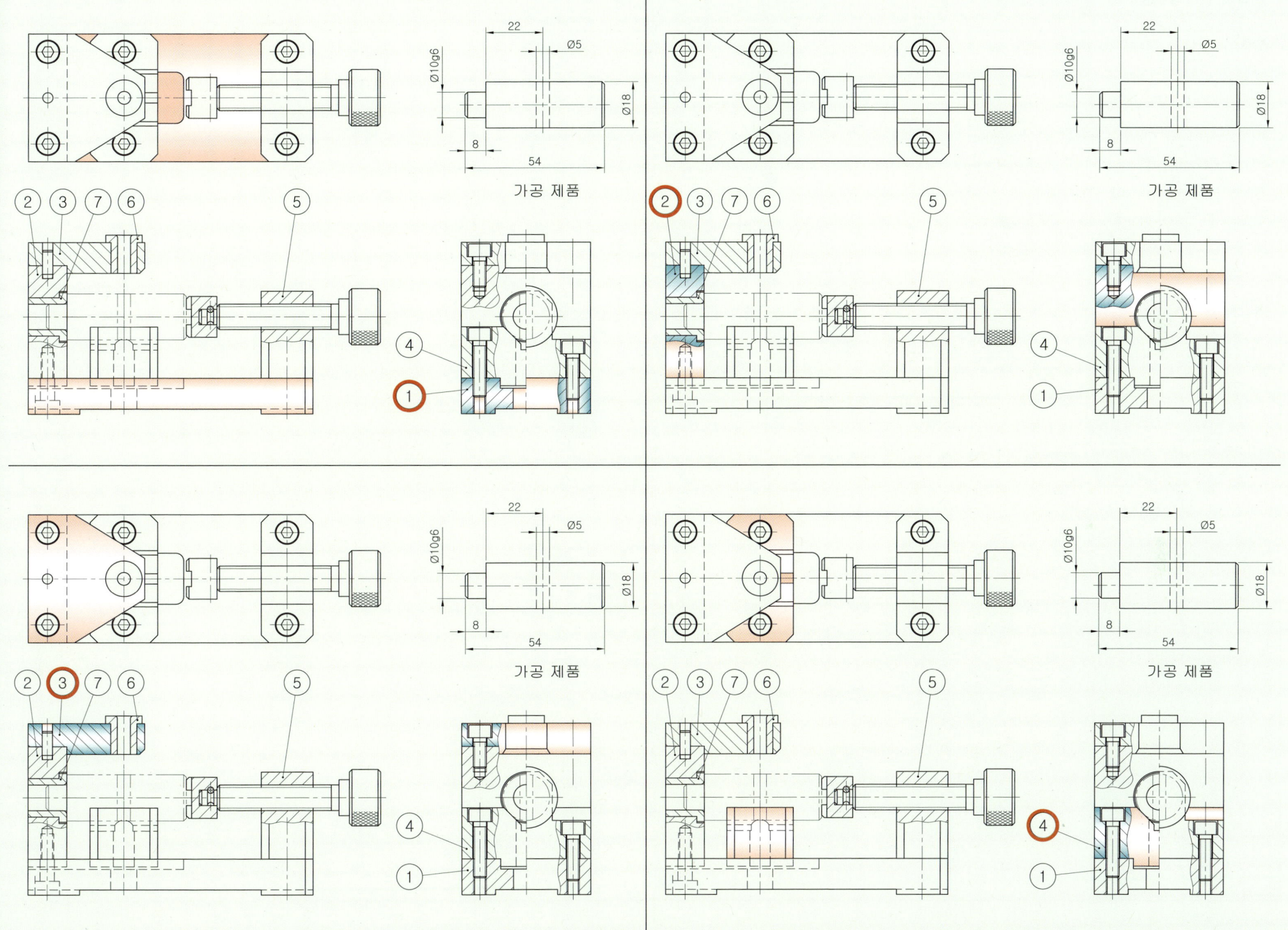

● 드릴지그-3 부품도

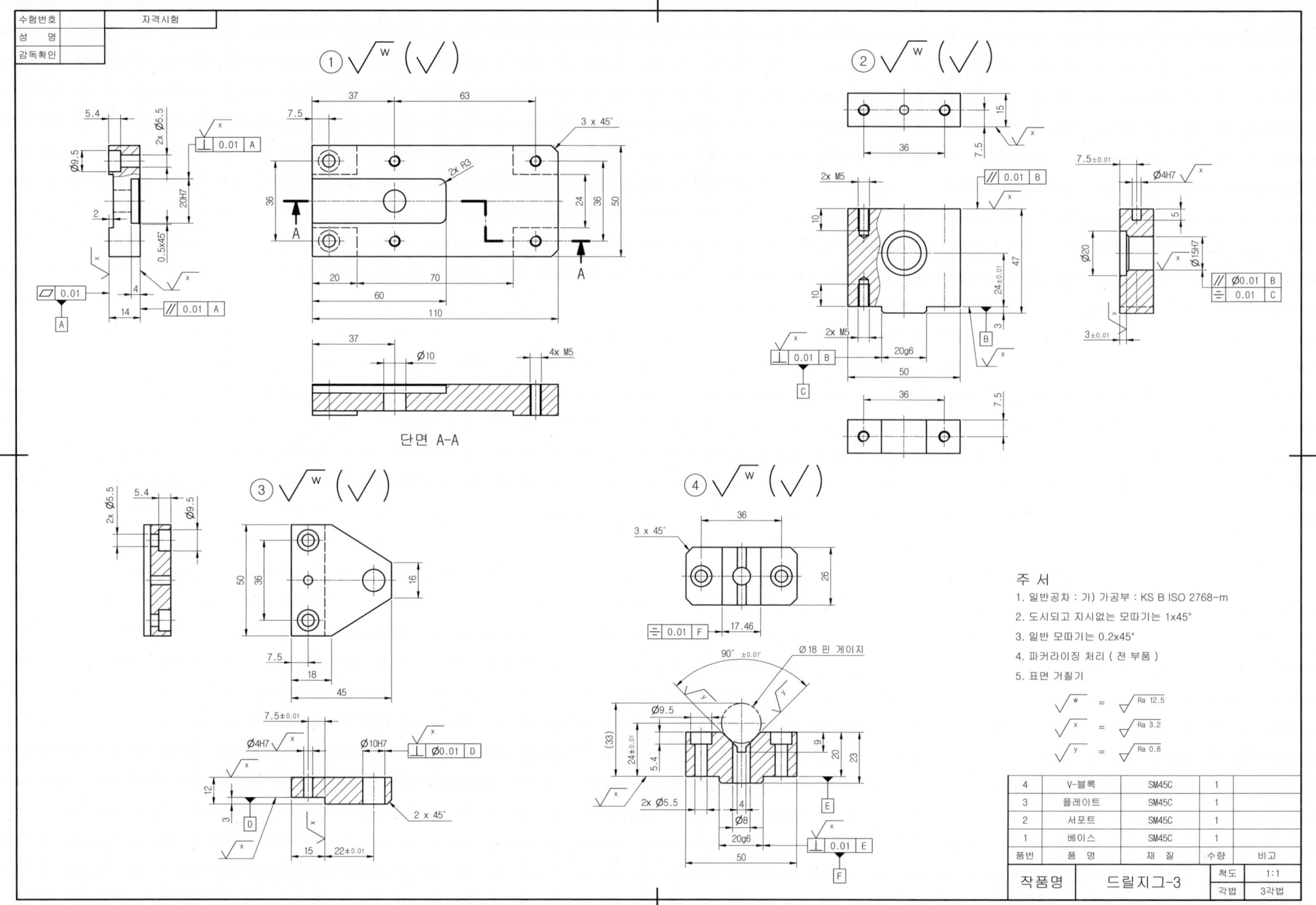

● 드릴지그-3 등각 투상도

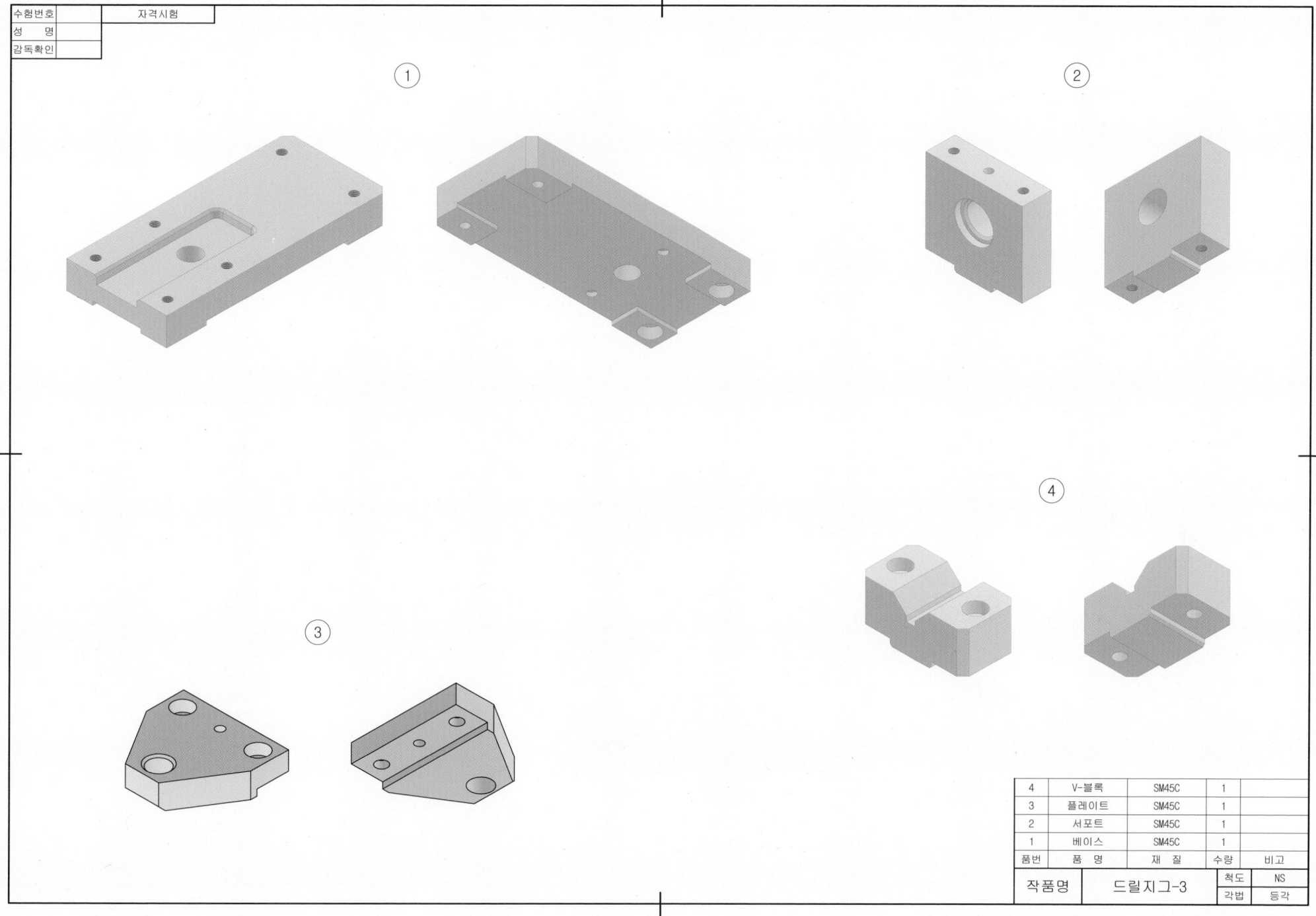

● 드릴지그-3 분해도

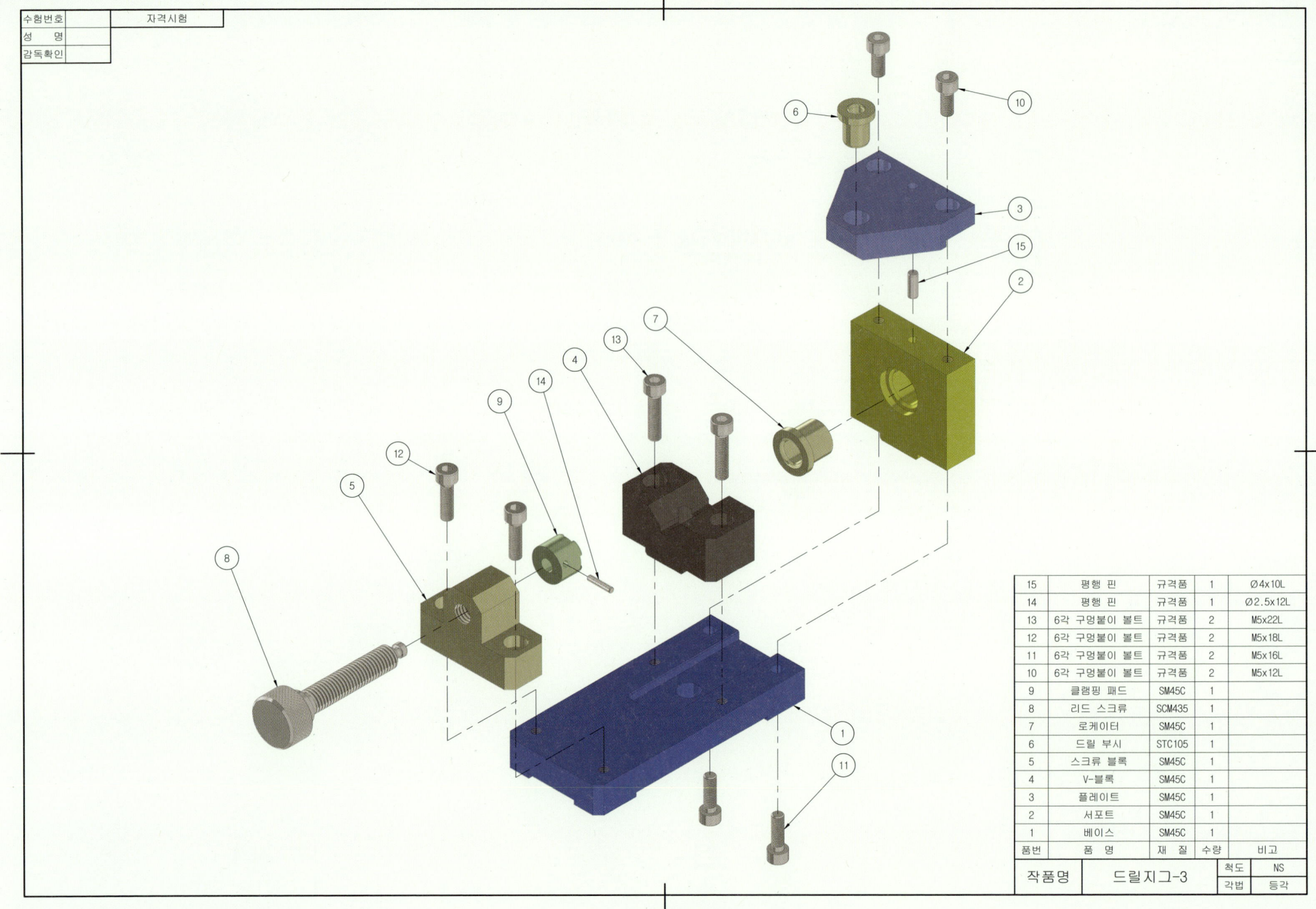

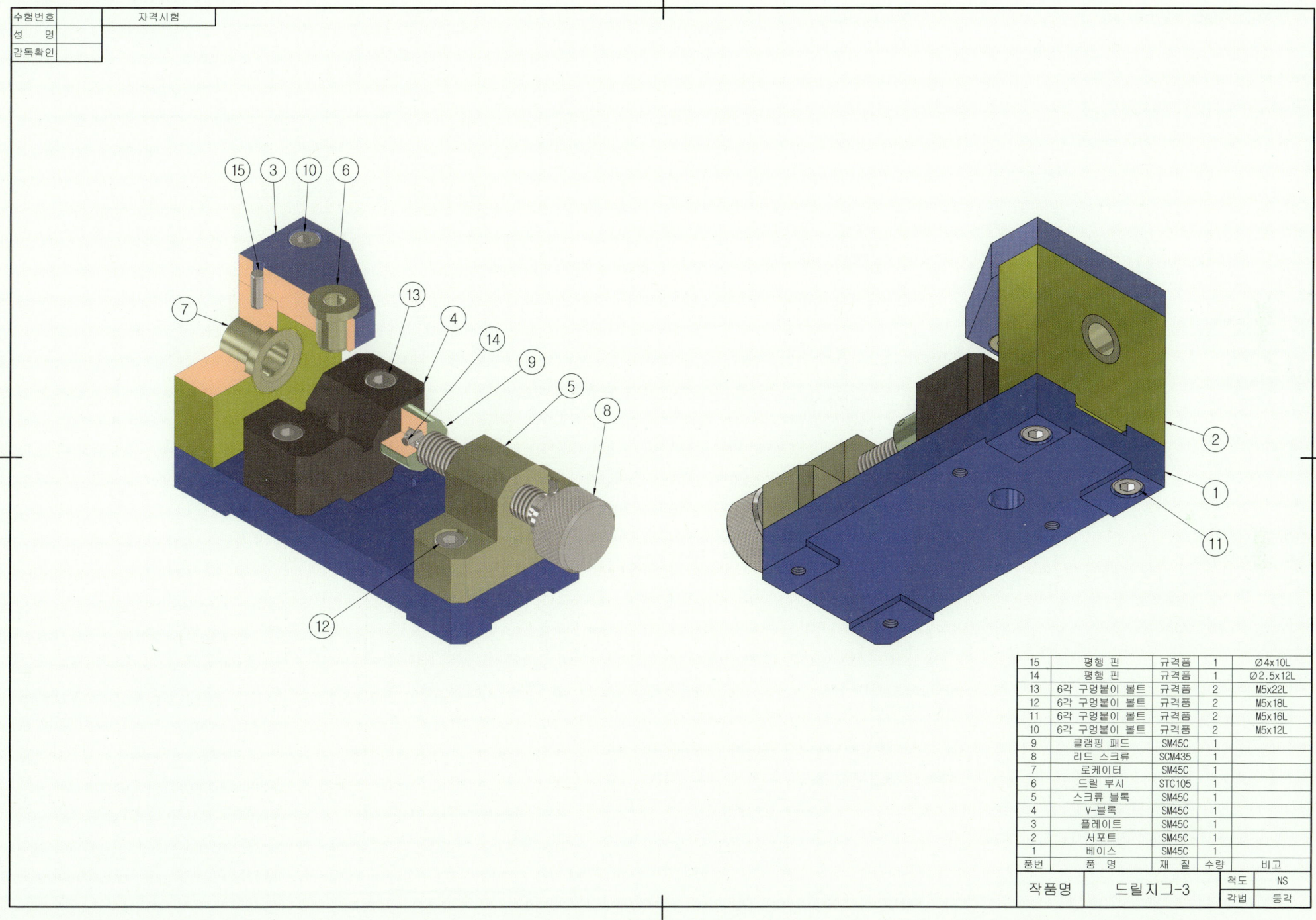

● 드릴지그-4 문제 도면

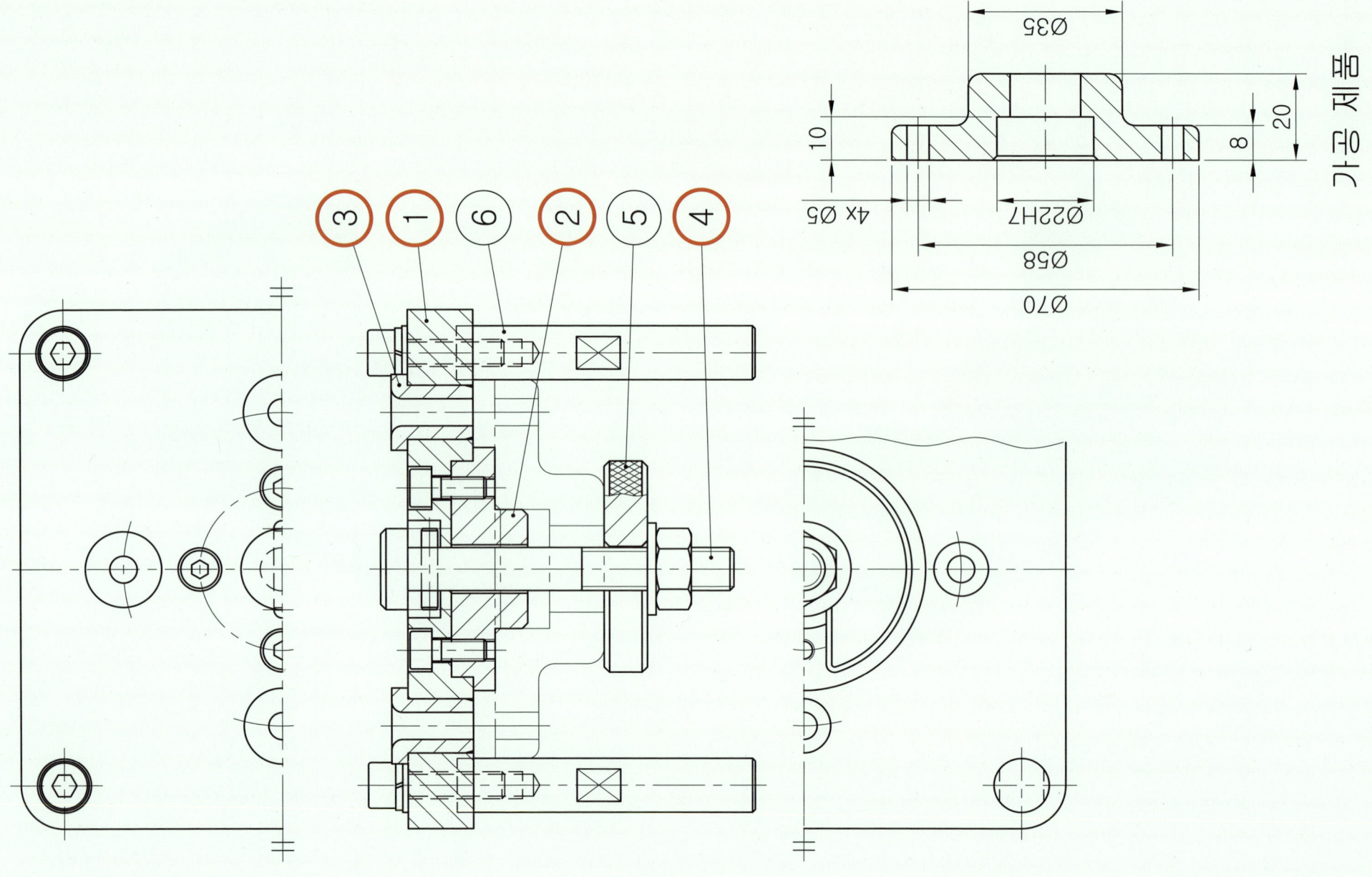

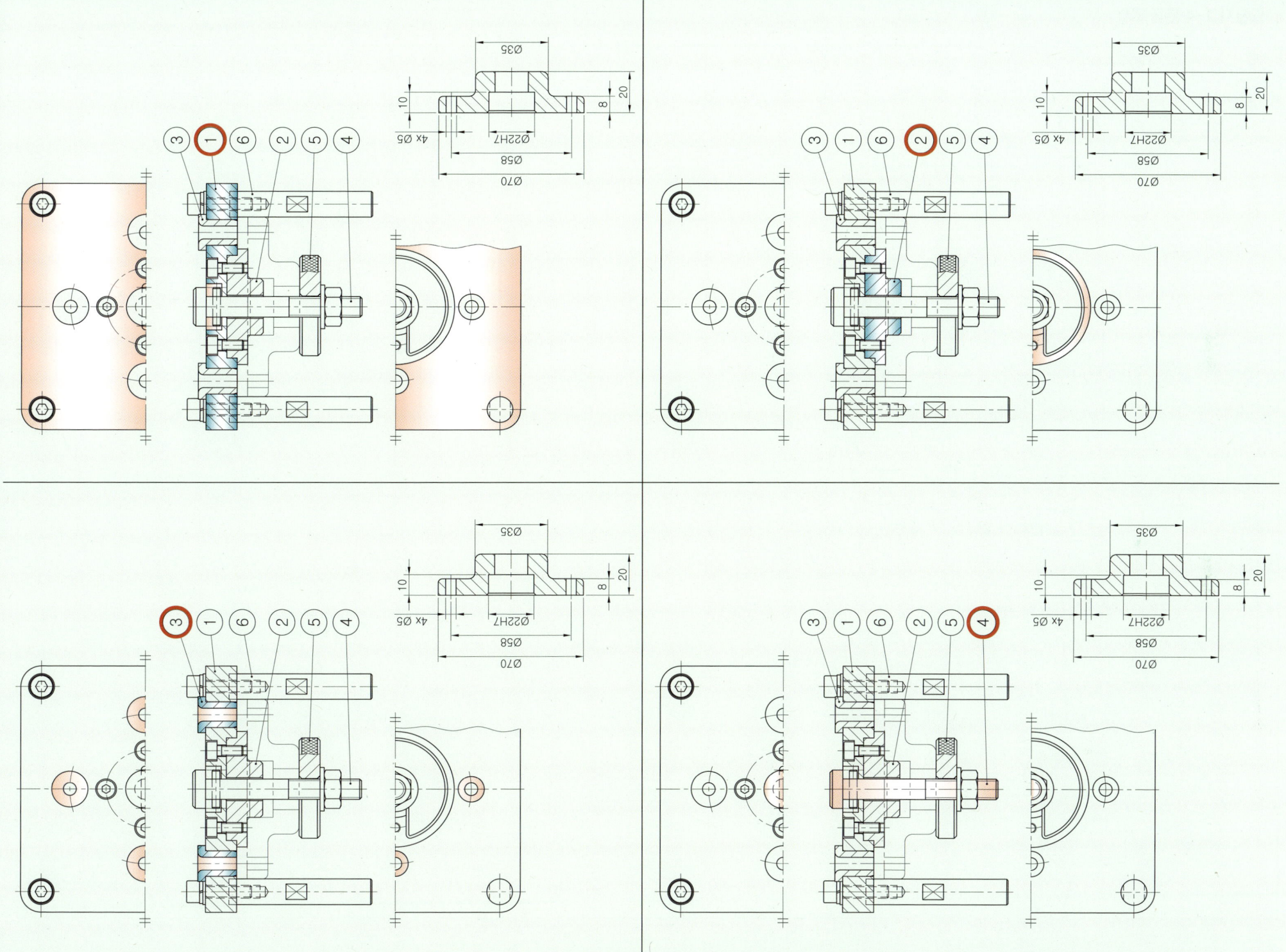

드릴지그-4 부품도

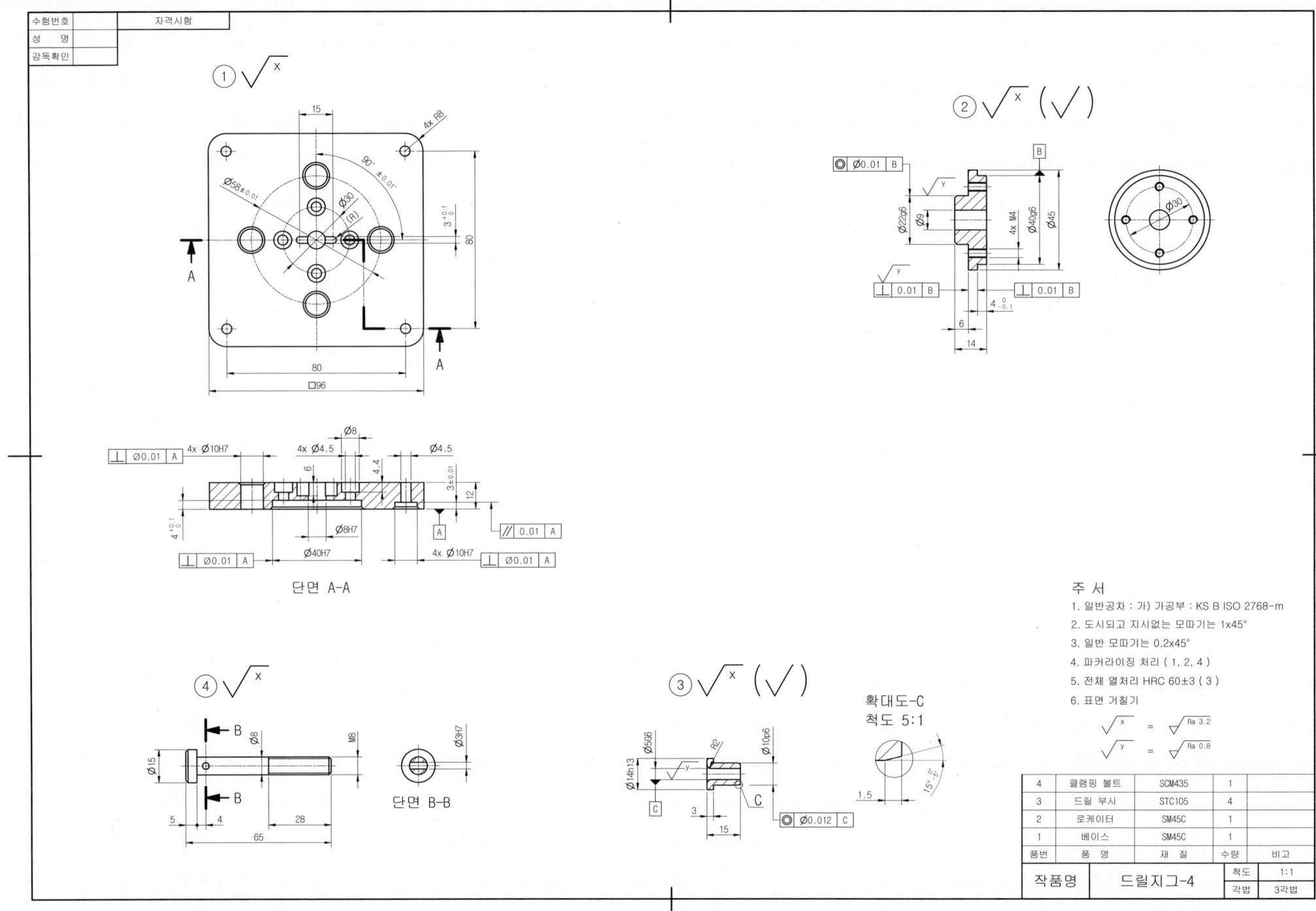

● 드릴지그-4 등각 투상도

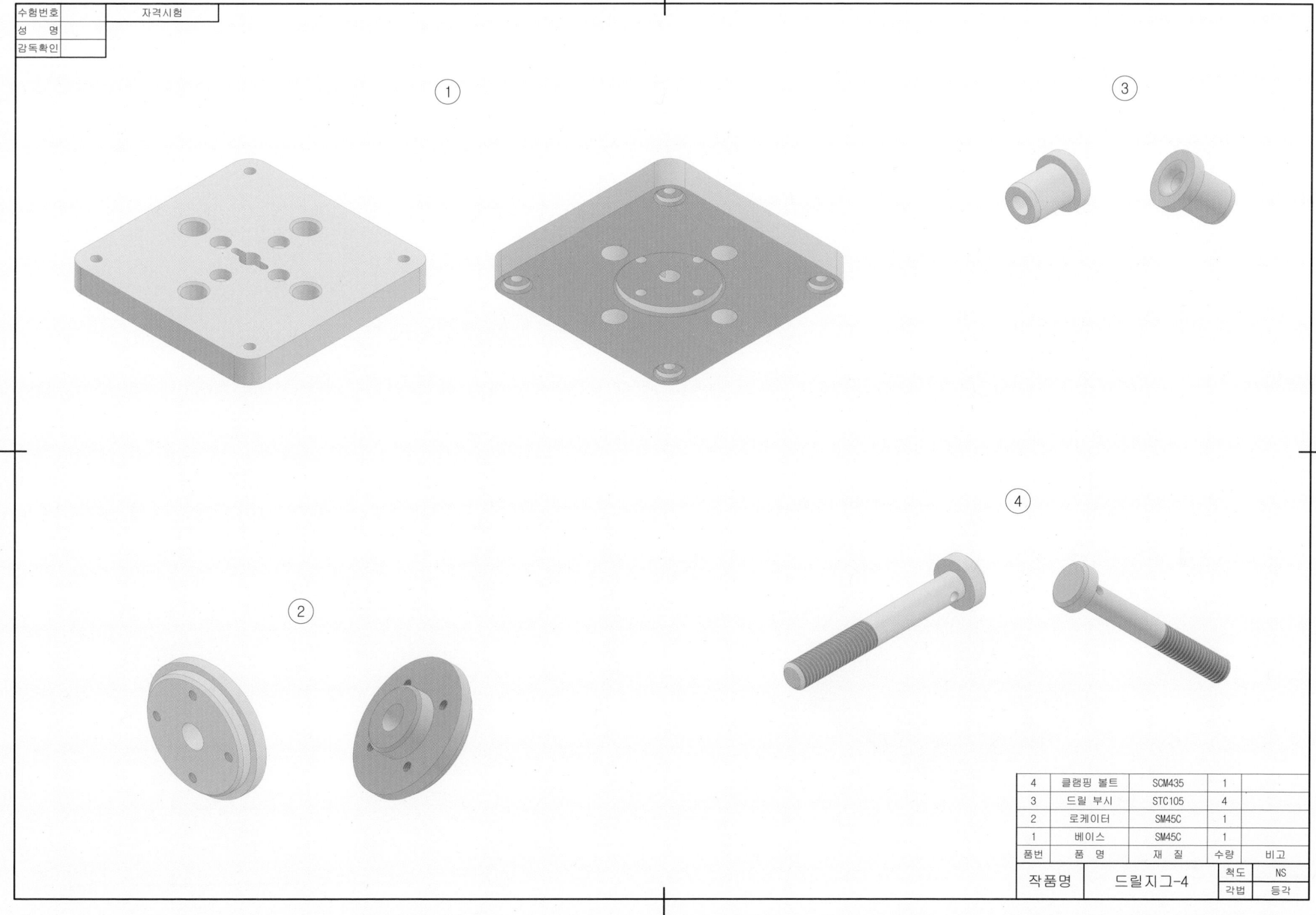

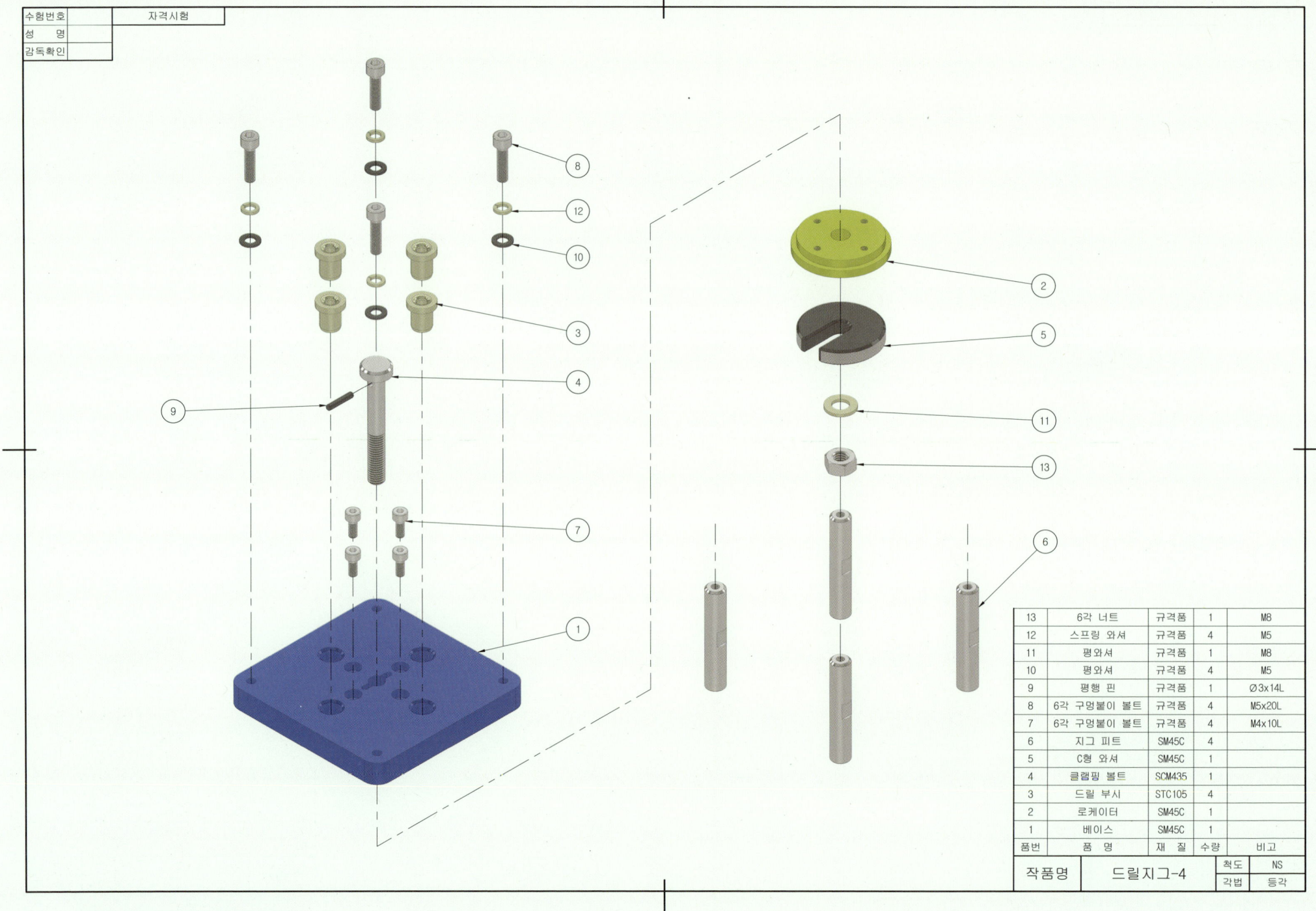

● 드릴지그-4 조립도

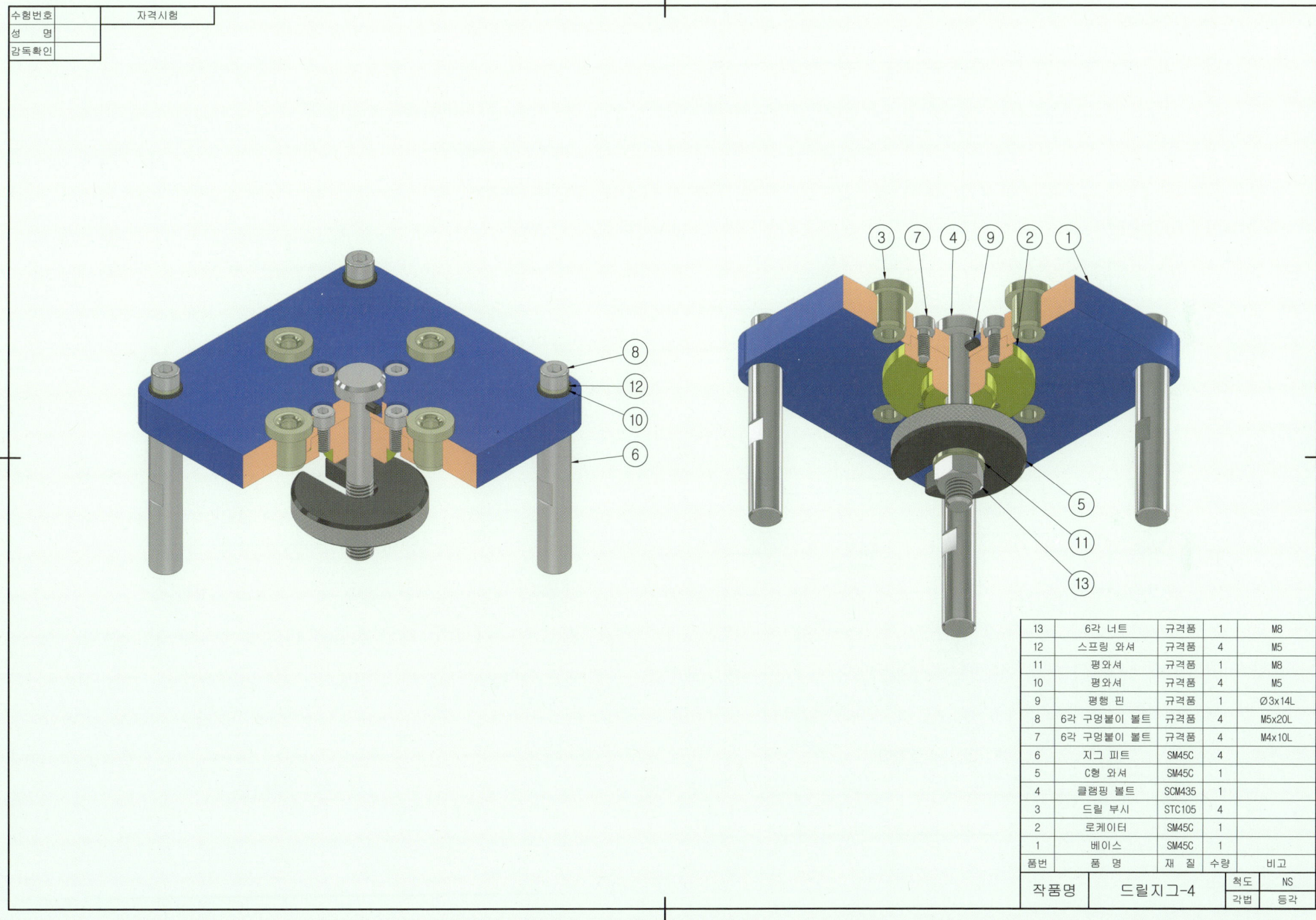

● 드릴지그-5 문제 도면

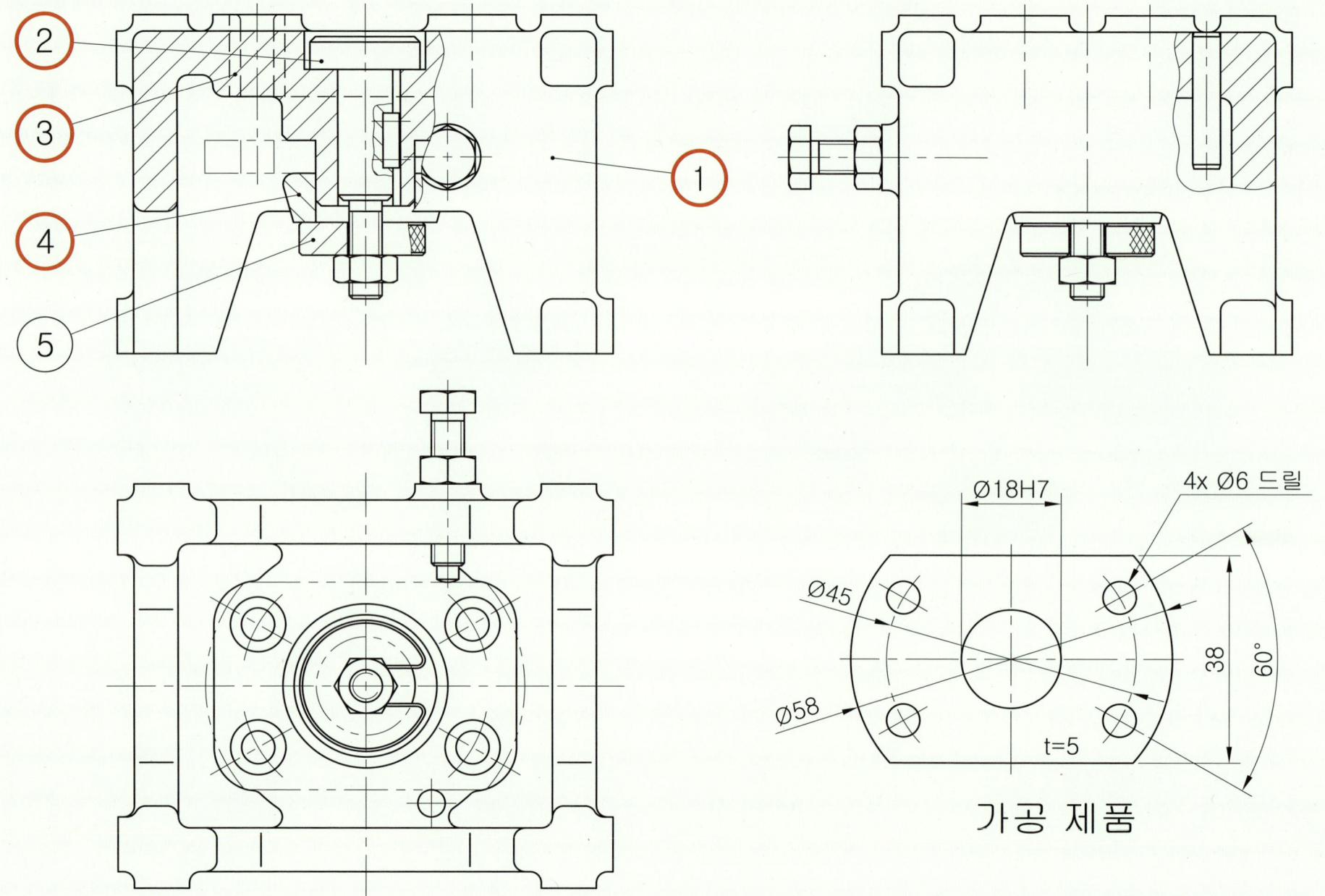

가공 제품

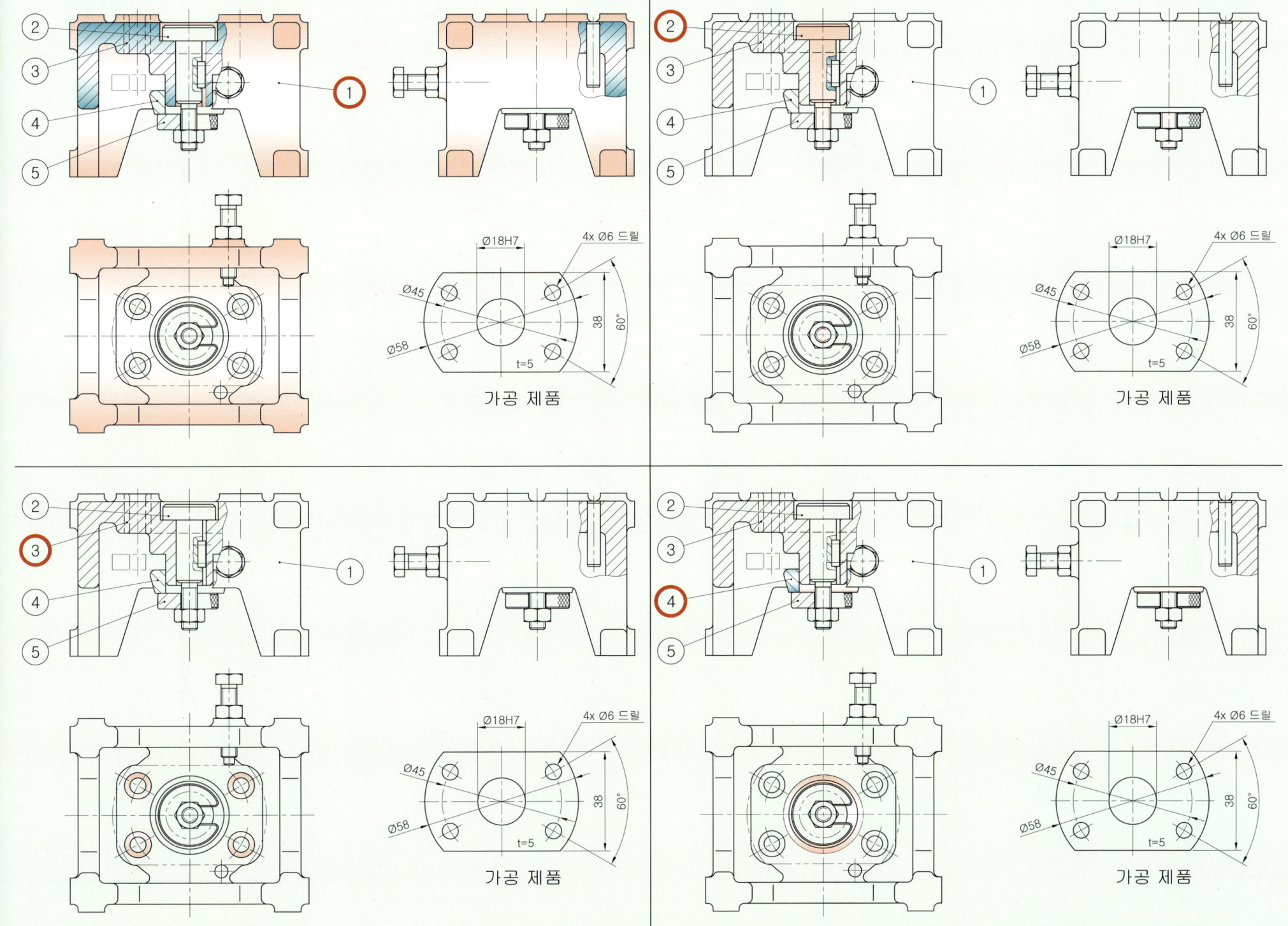

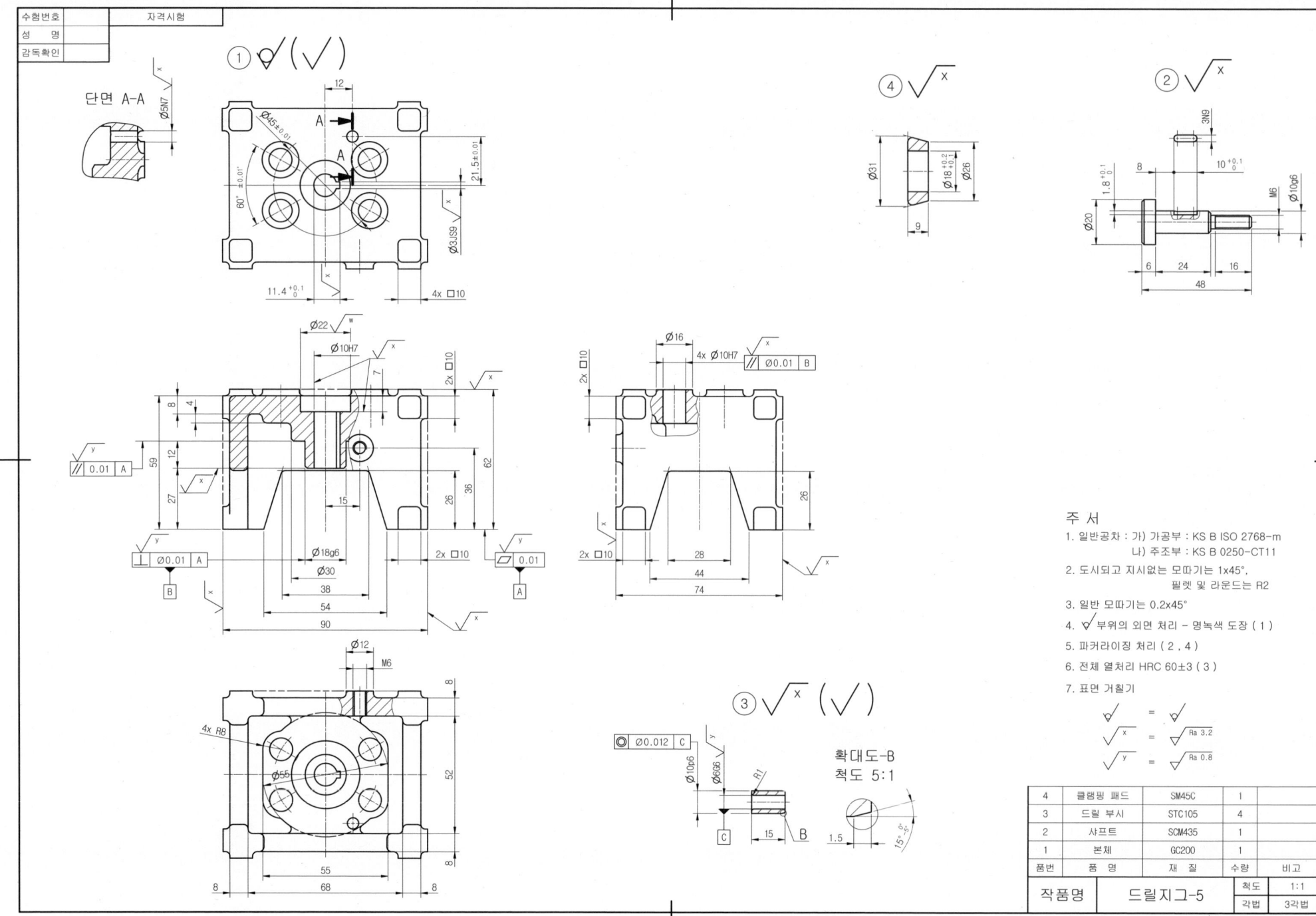

- 드릴지그-5 등각 투상도

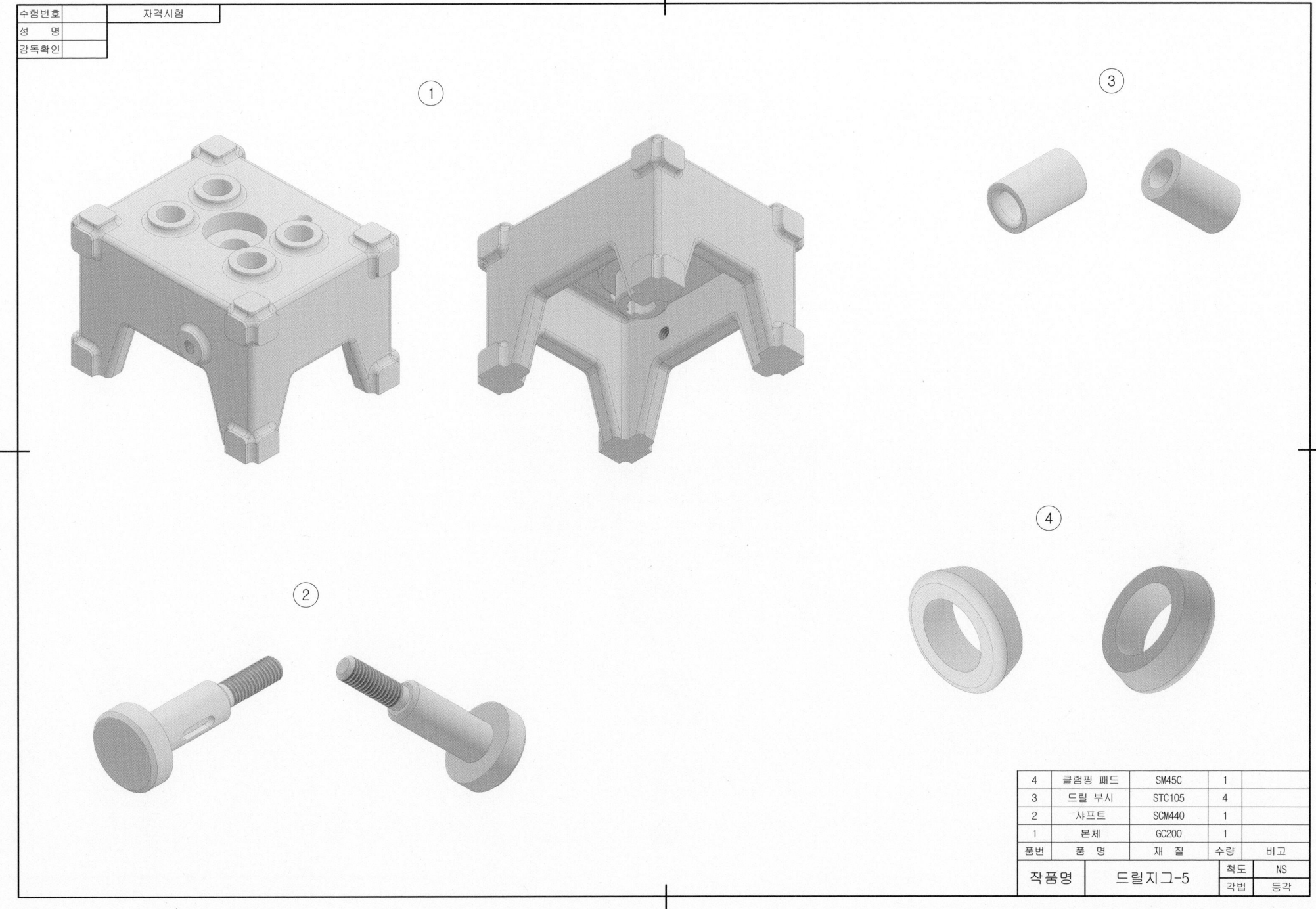

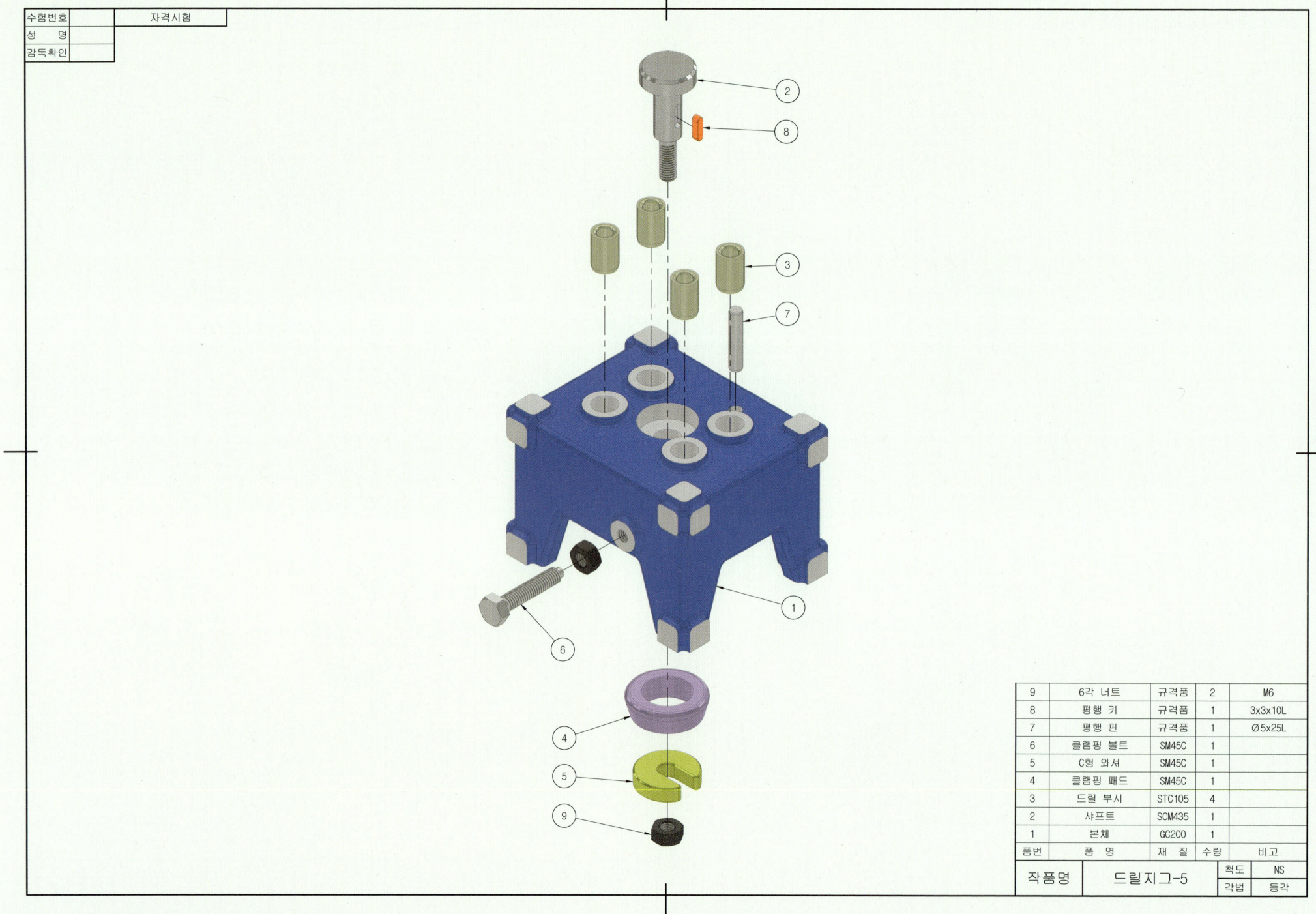

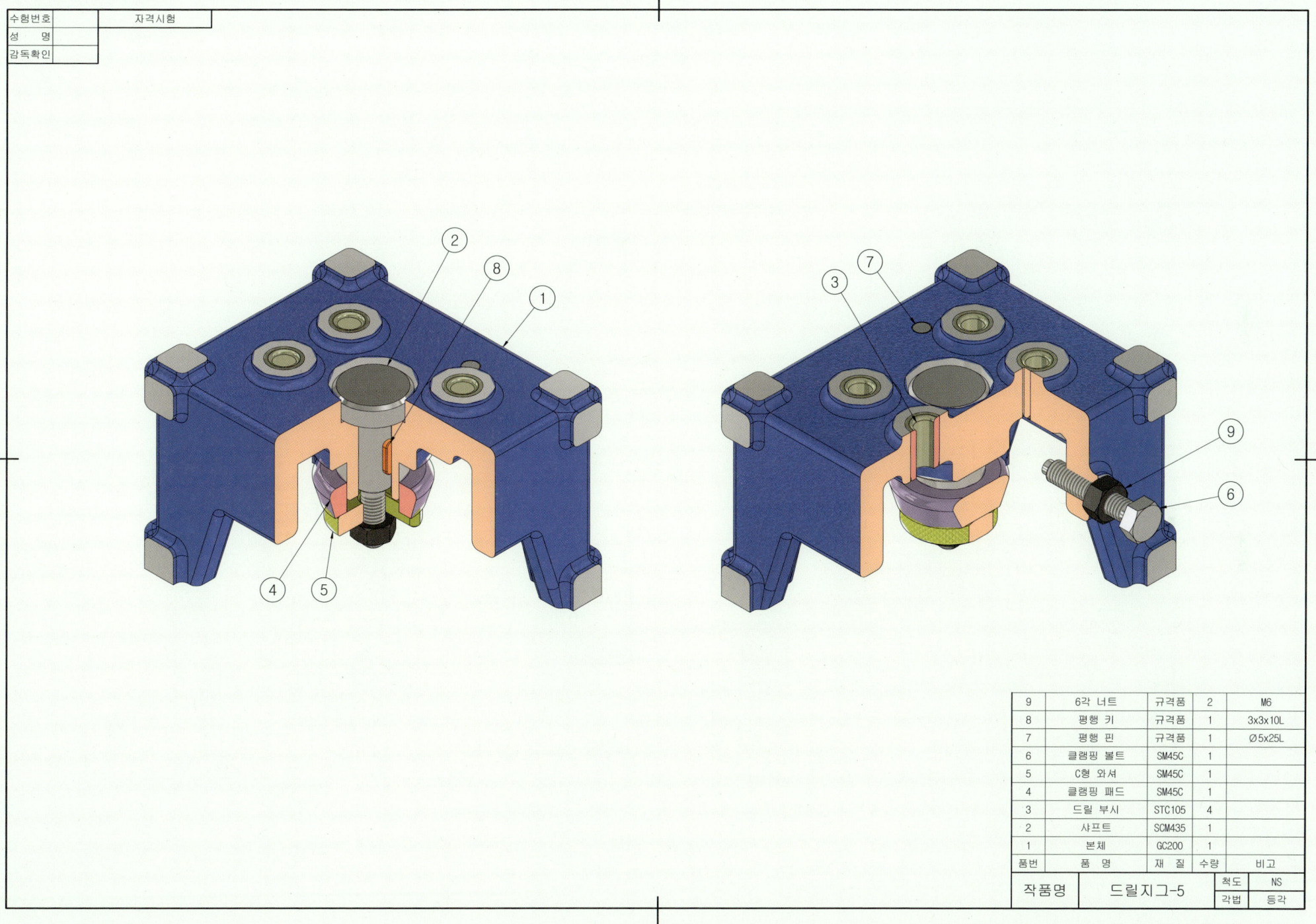

● 드릴지그-6 문제 도면

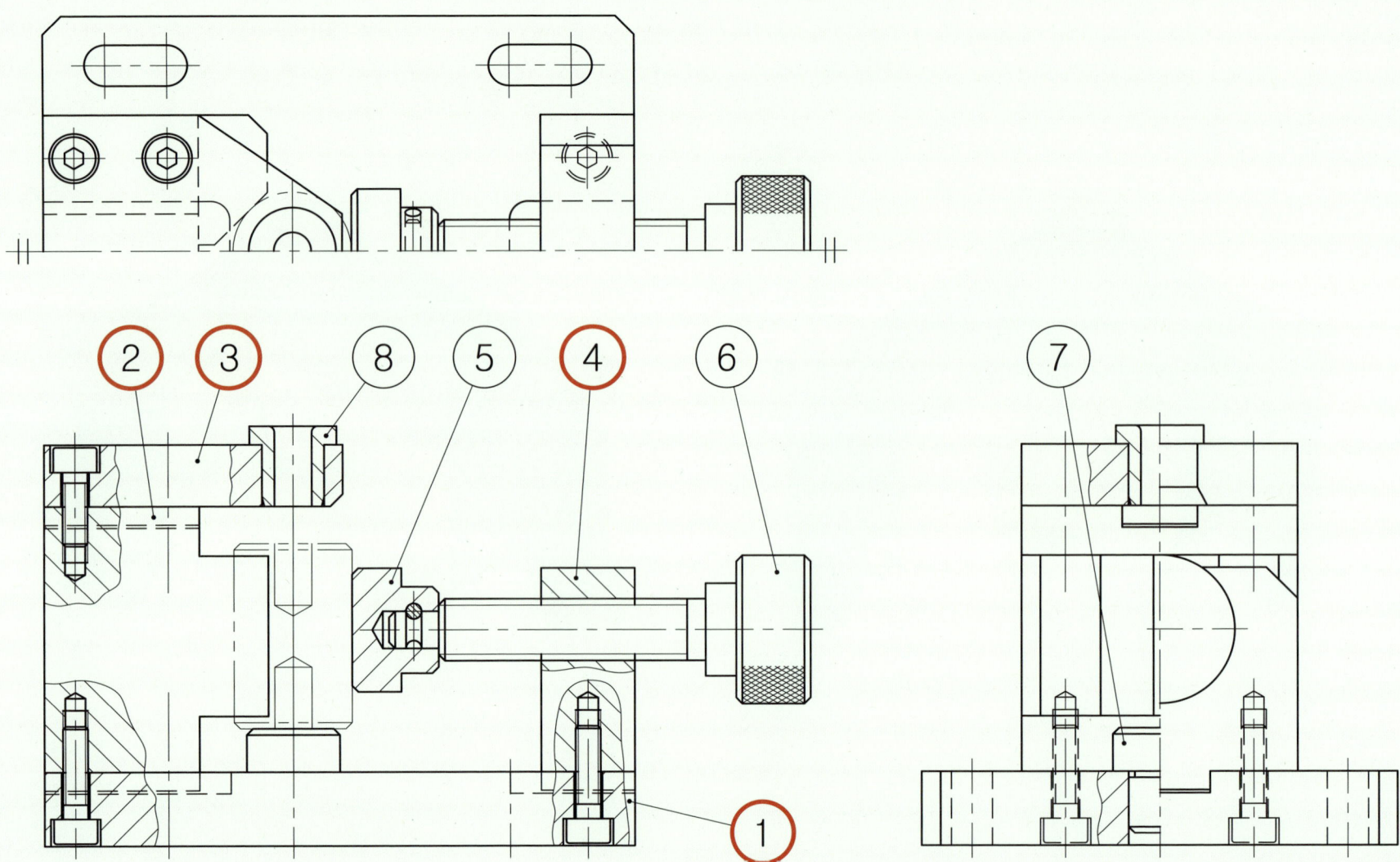

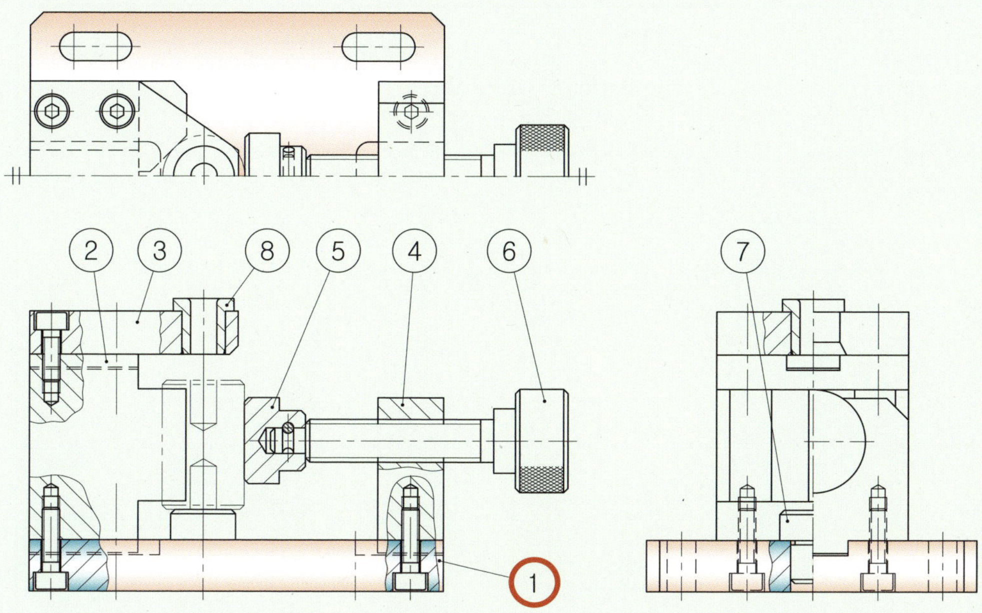
2
3
8
5
4
6
7
1

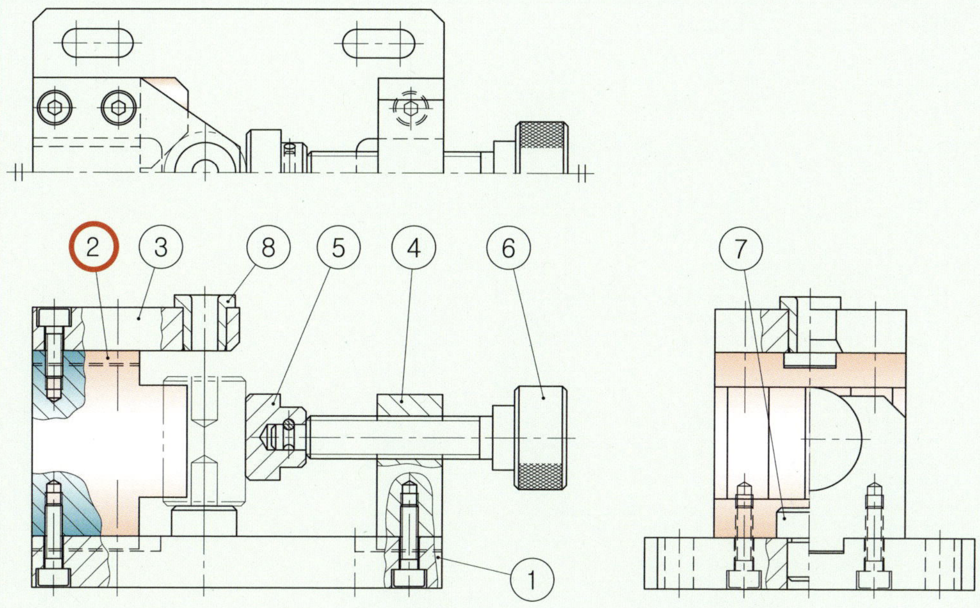
2
3
8
5
4
6
7
1

2
3
8
5
4
6
7
1

2
3
8
5
4
6
7
1

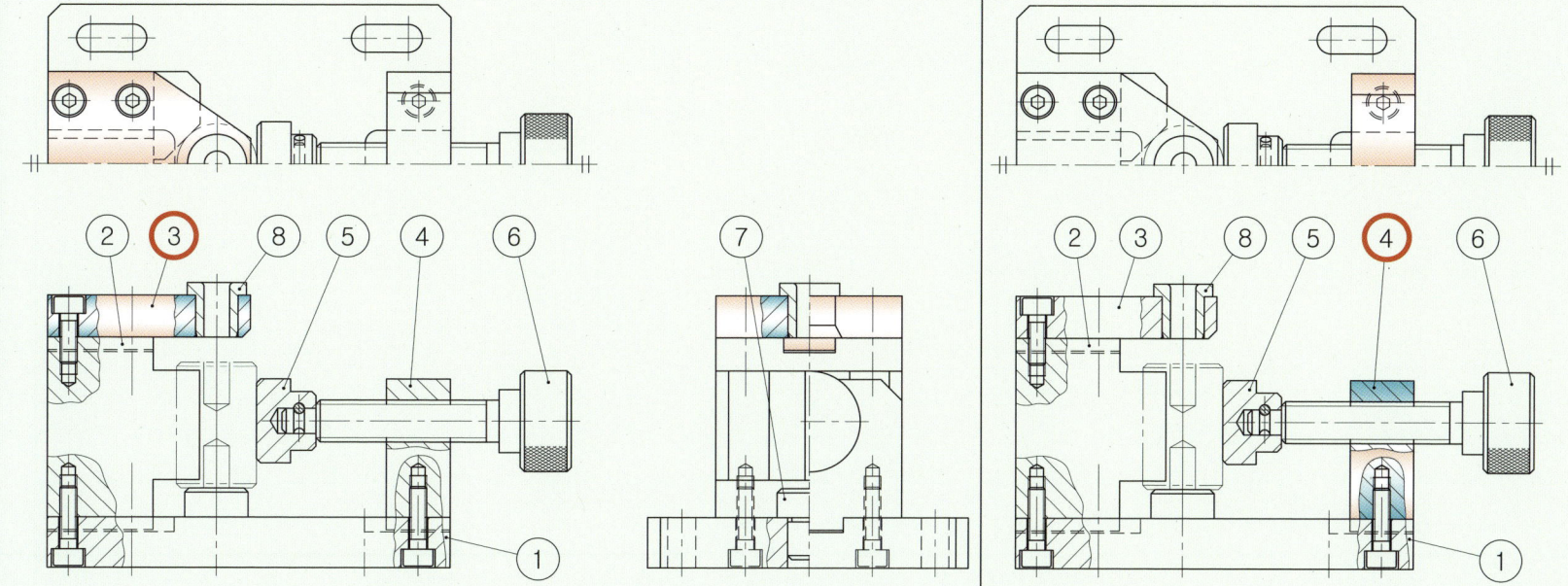

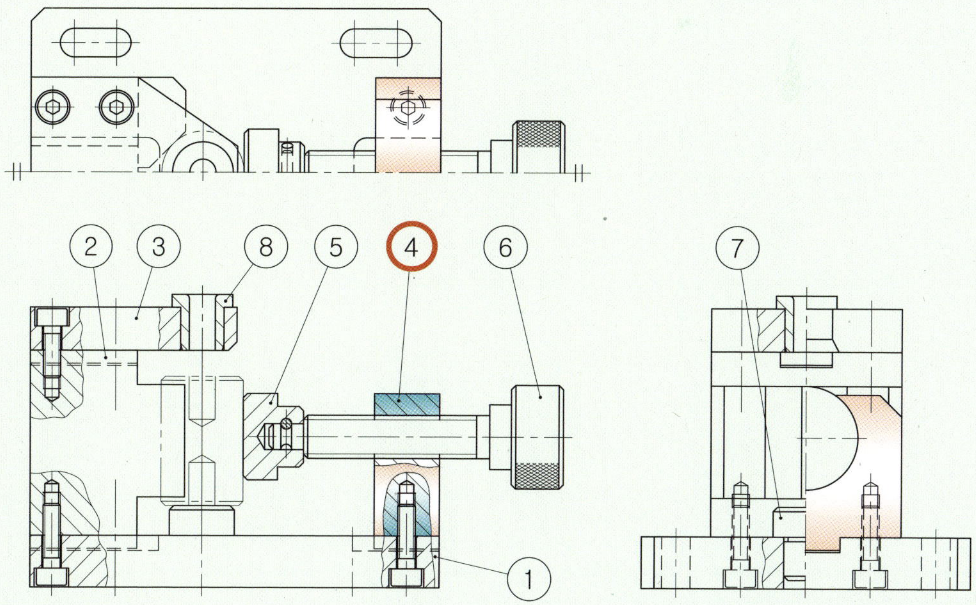

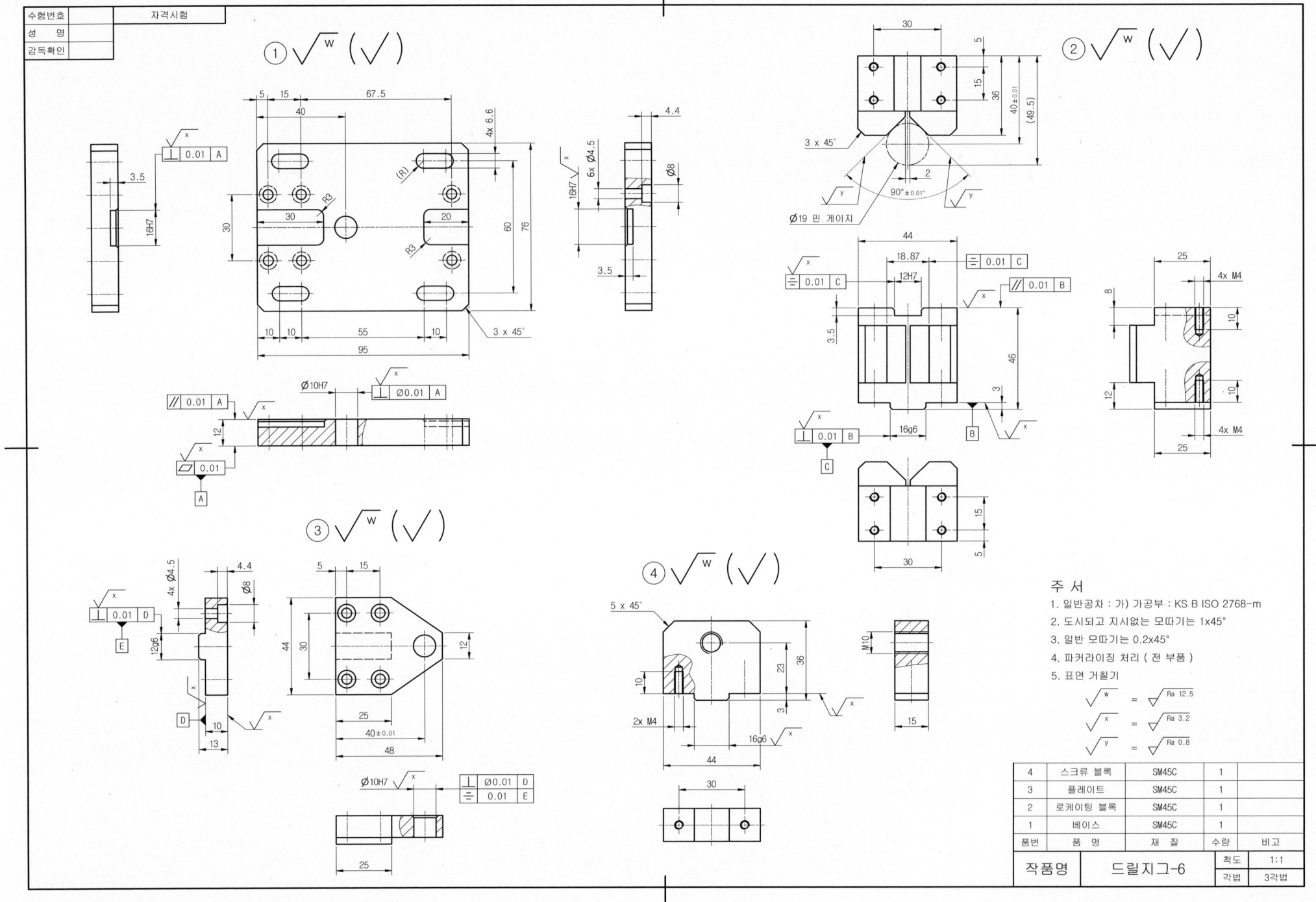

드릴지그-6 등각 투상도

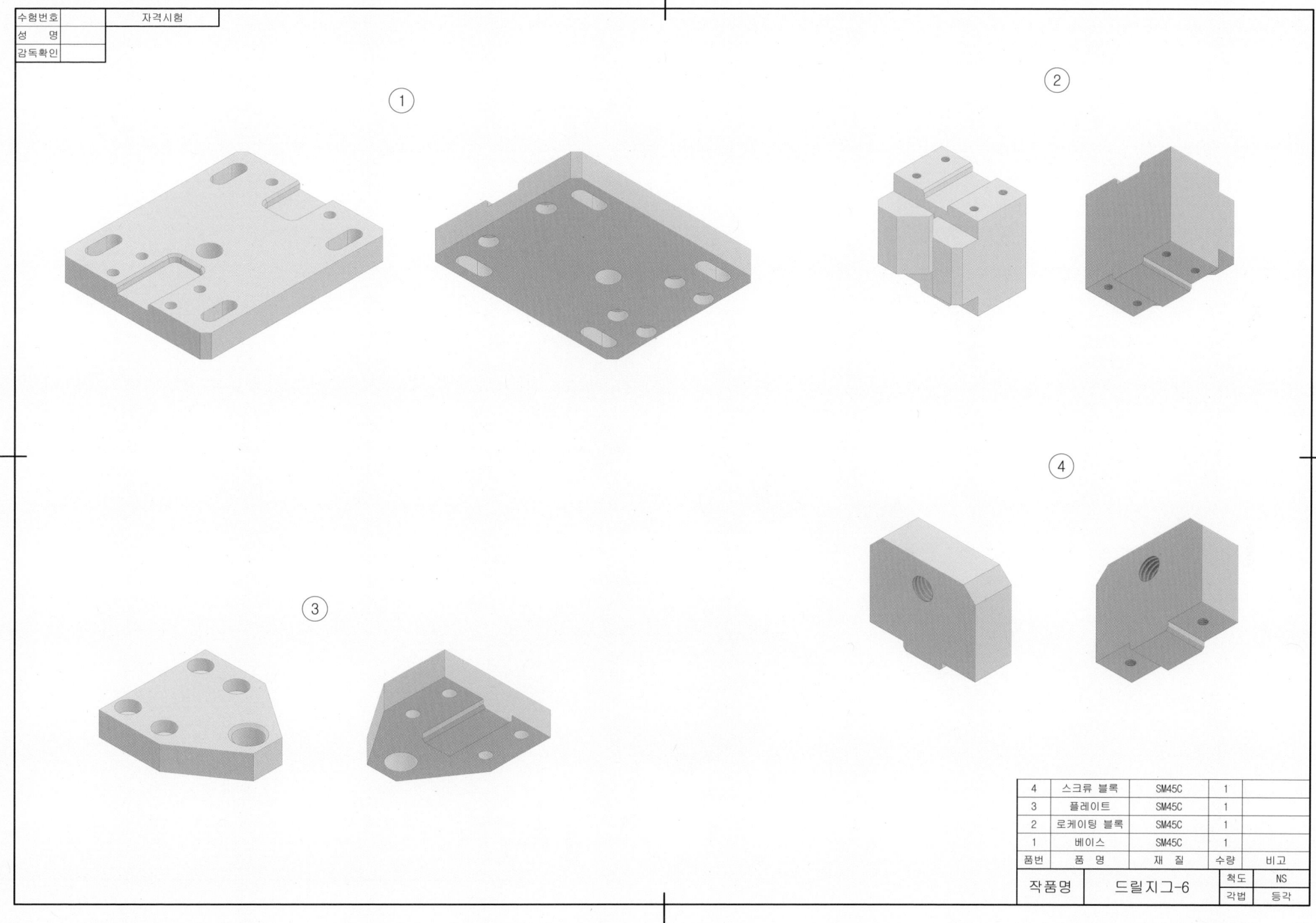

● 드릴지그-6 분해도

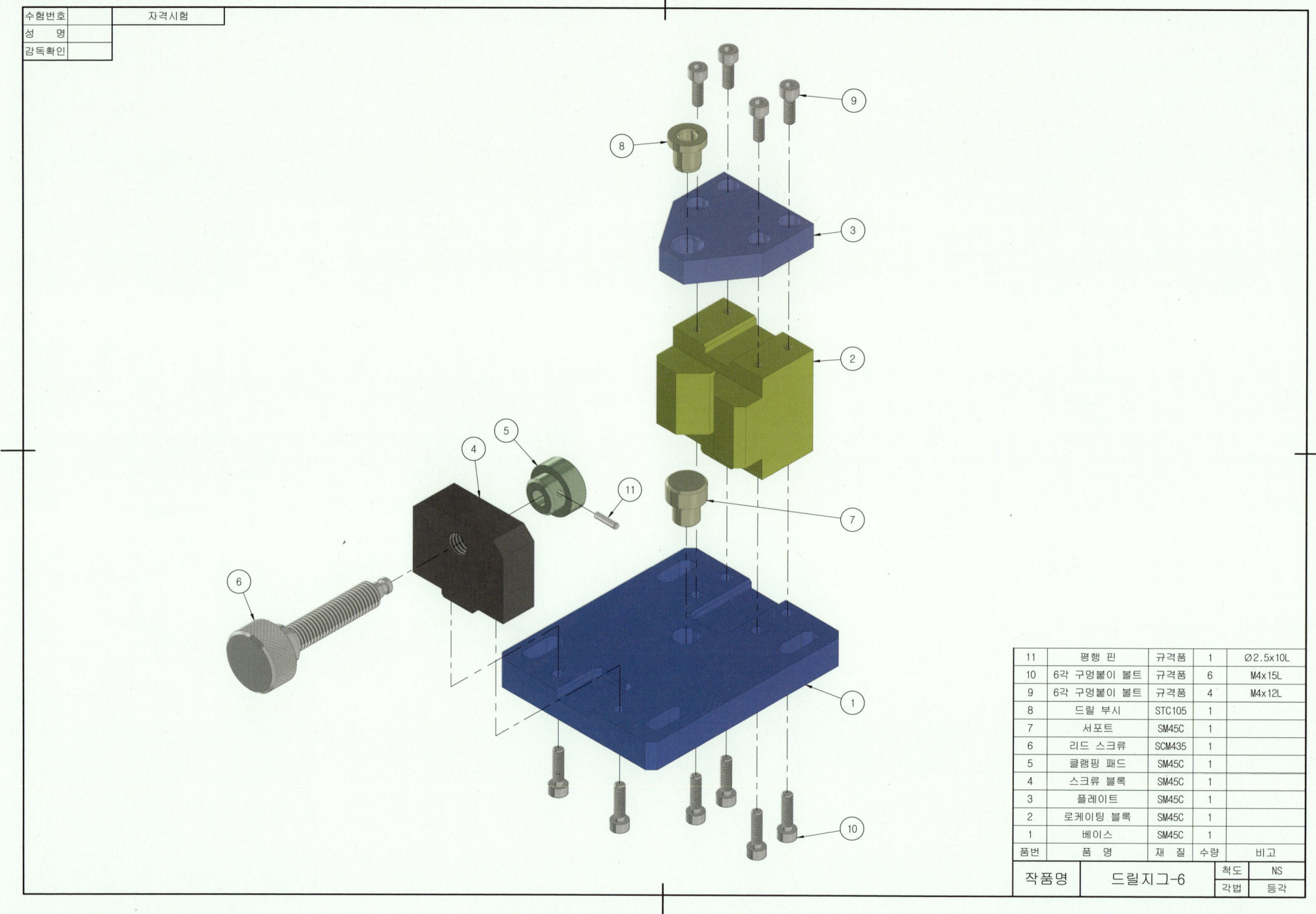

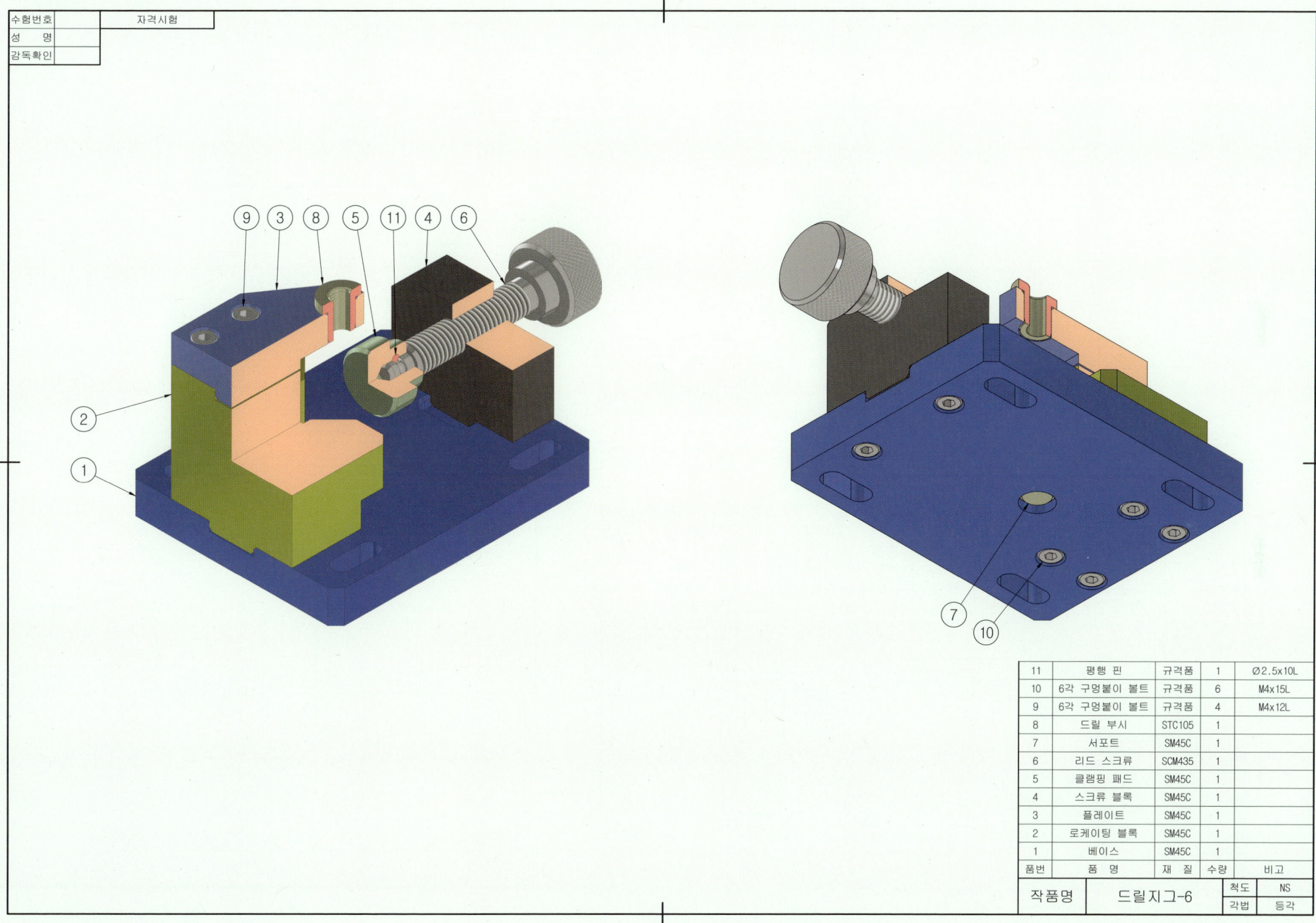

드릴지그-7 문제 도면

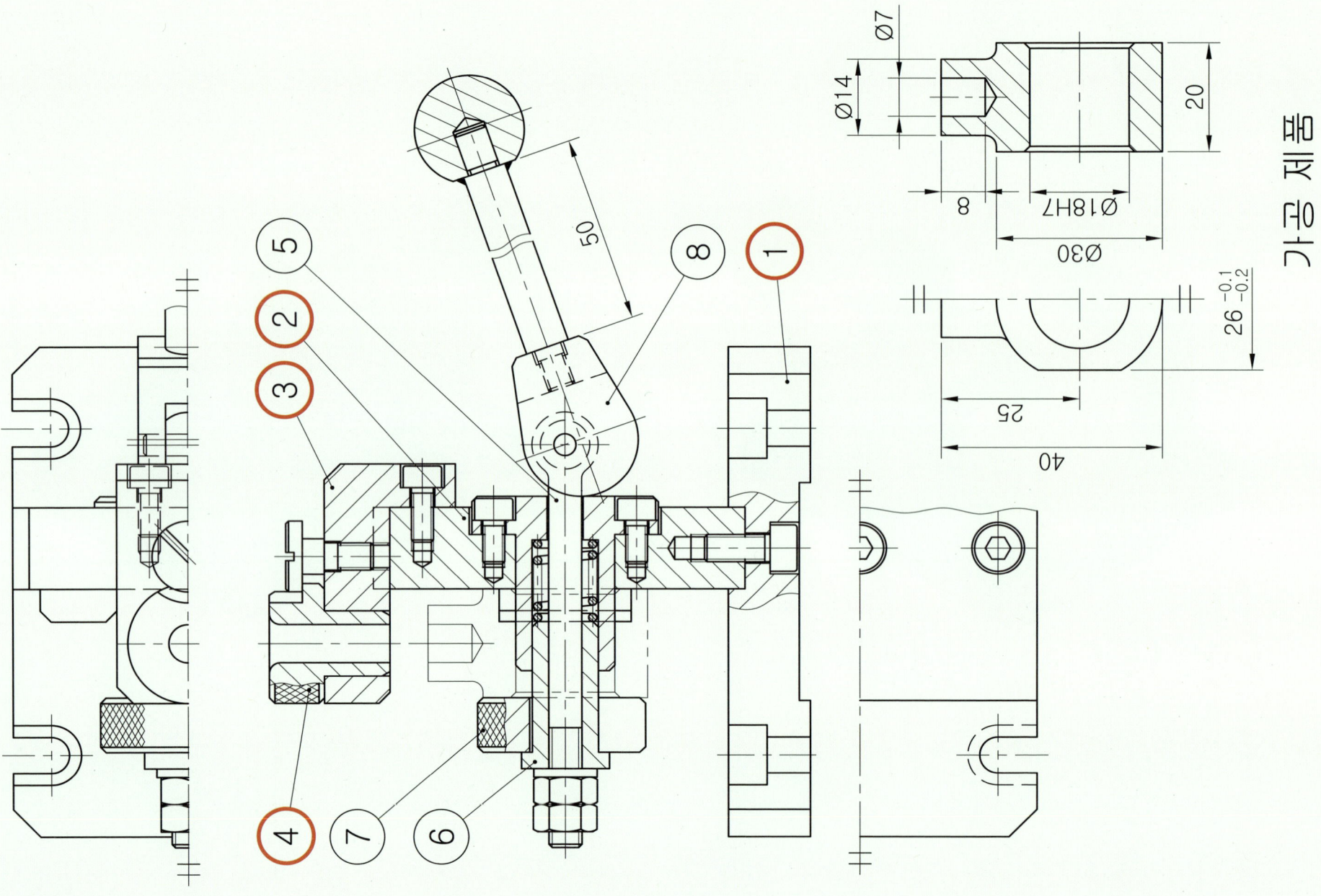

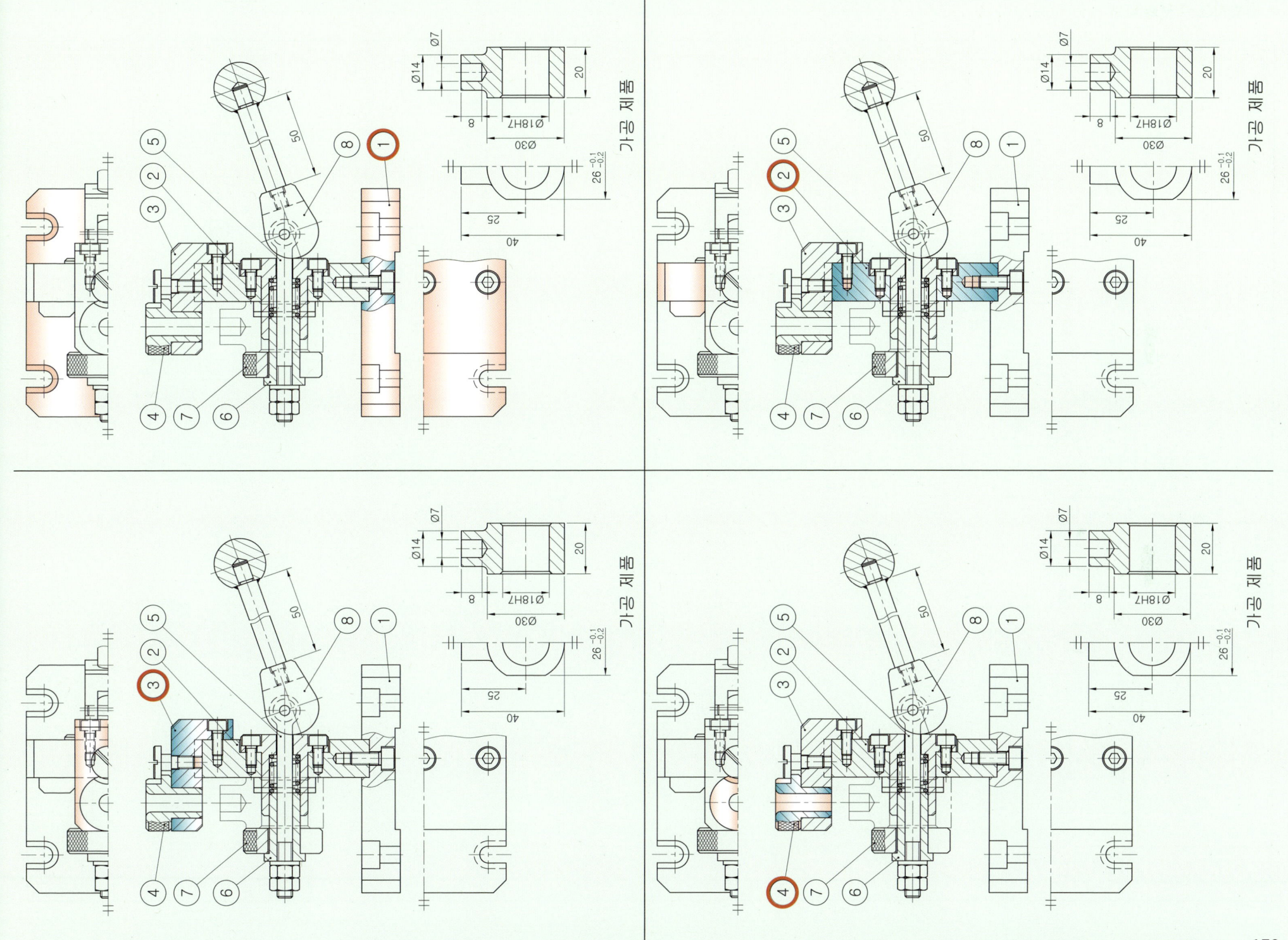

드릴지그-7 부품도

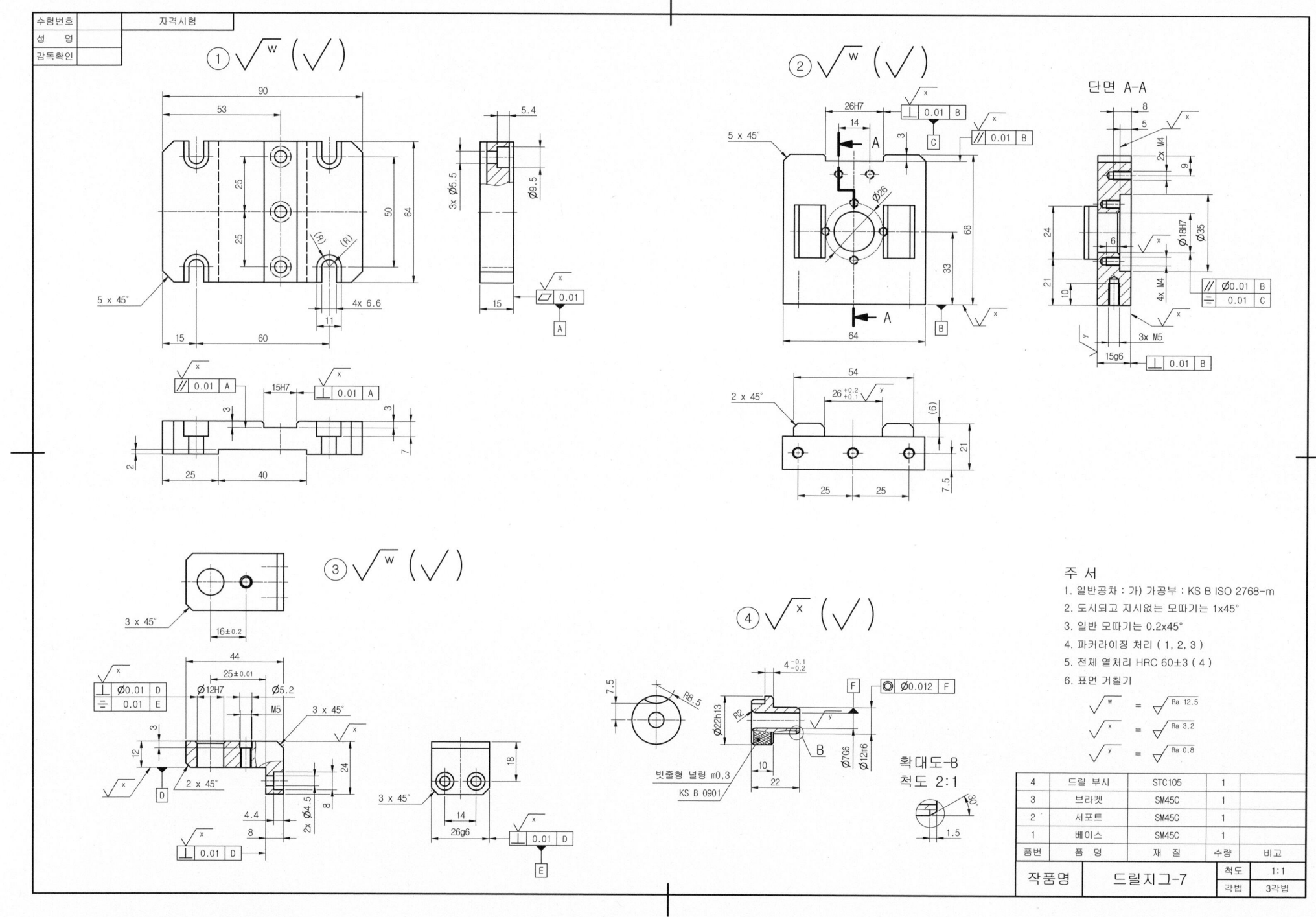

- 드릴지그-7 등각 투상도

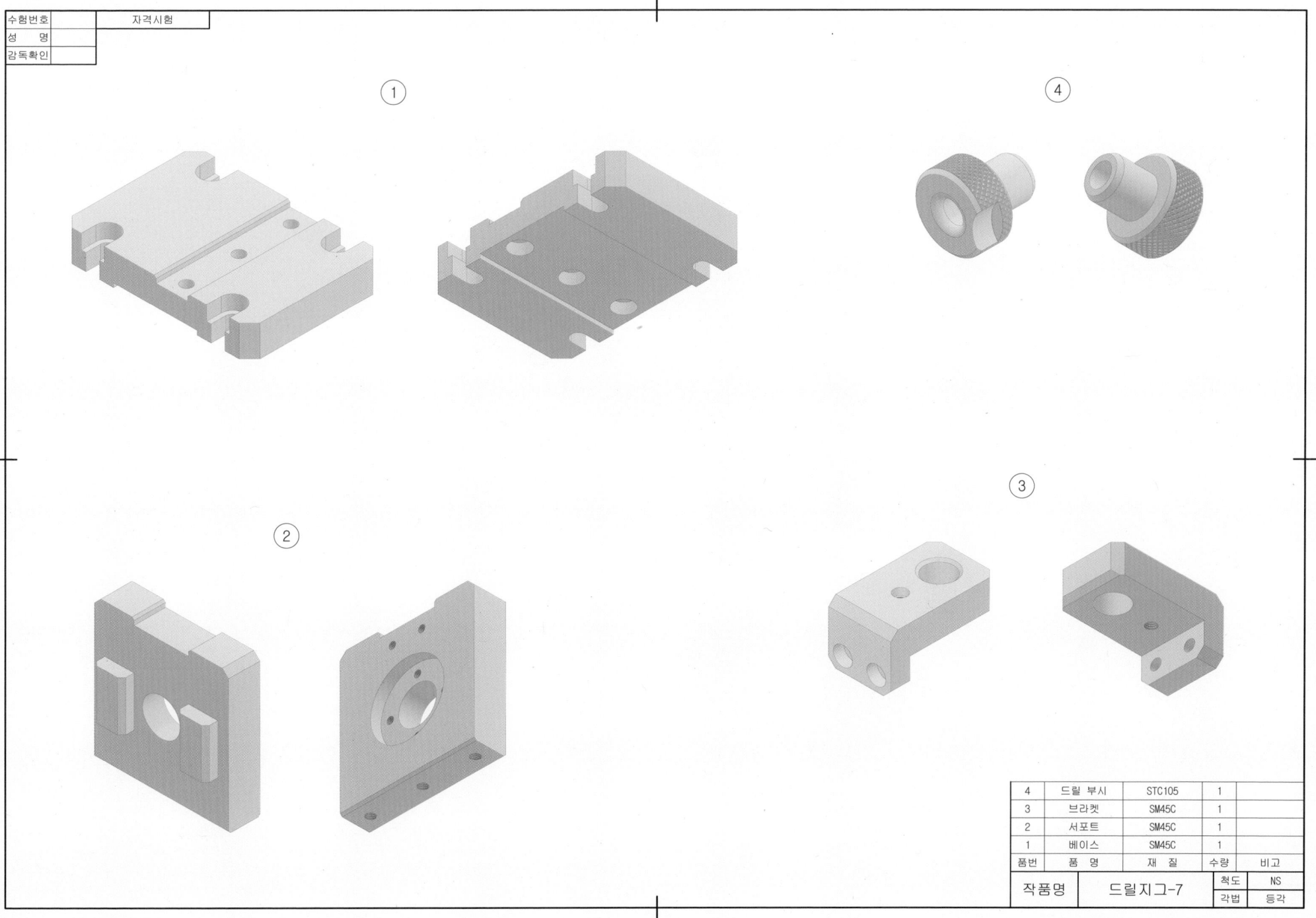

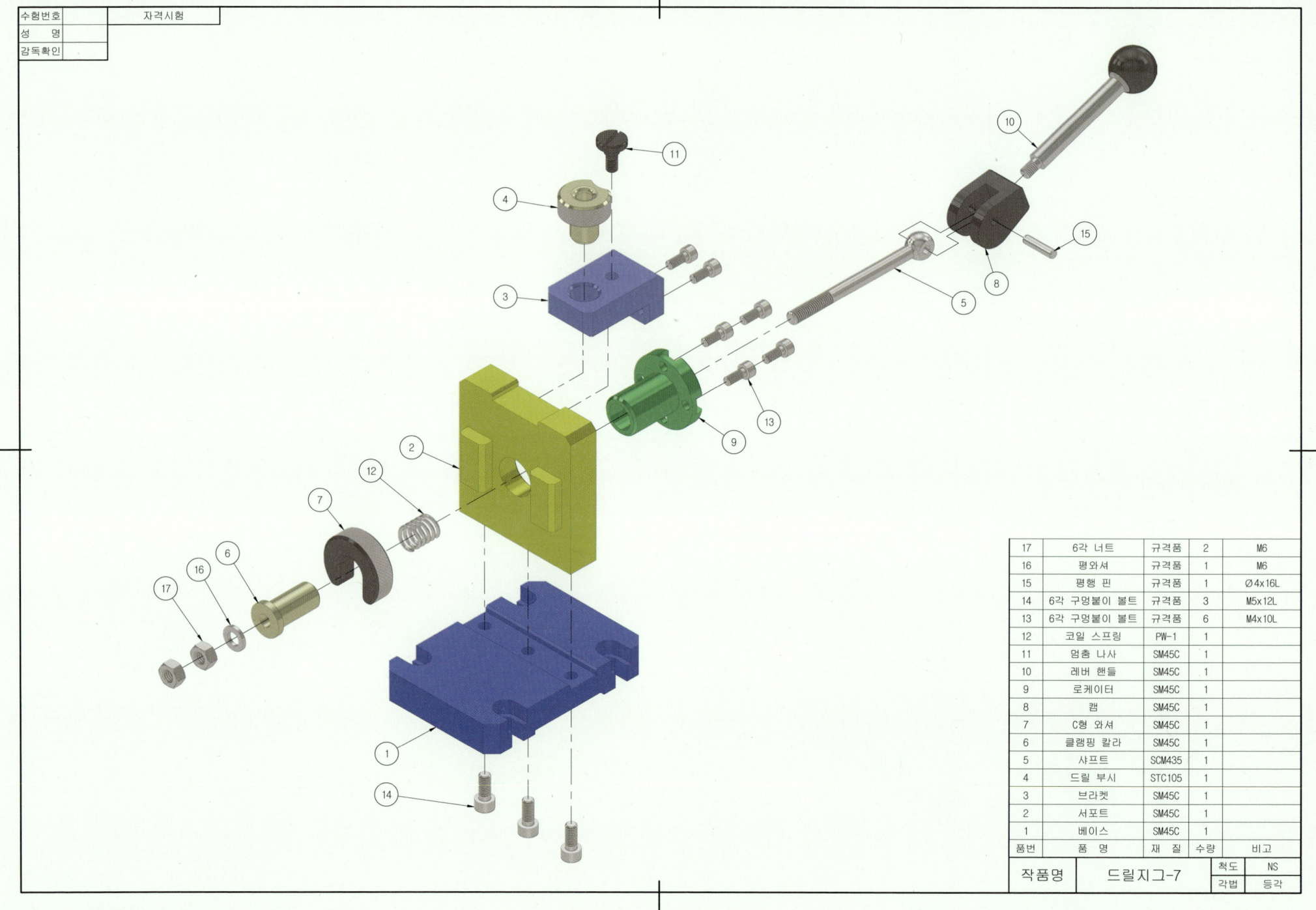

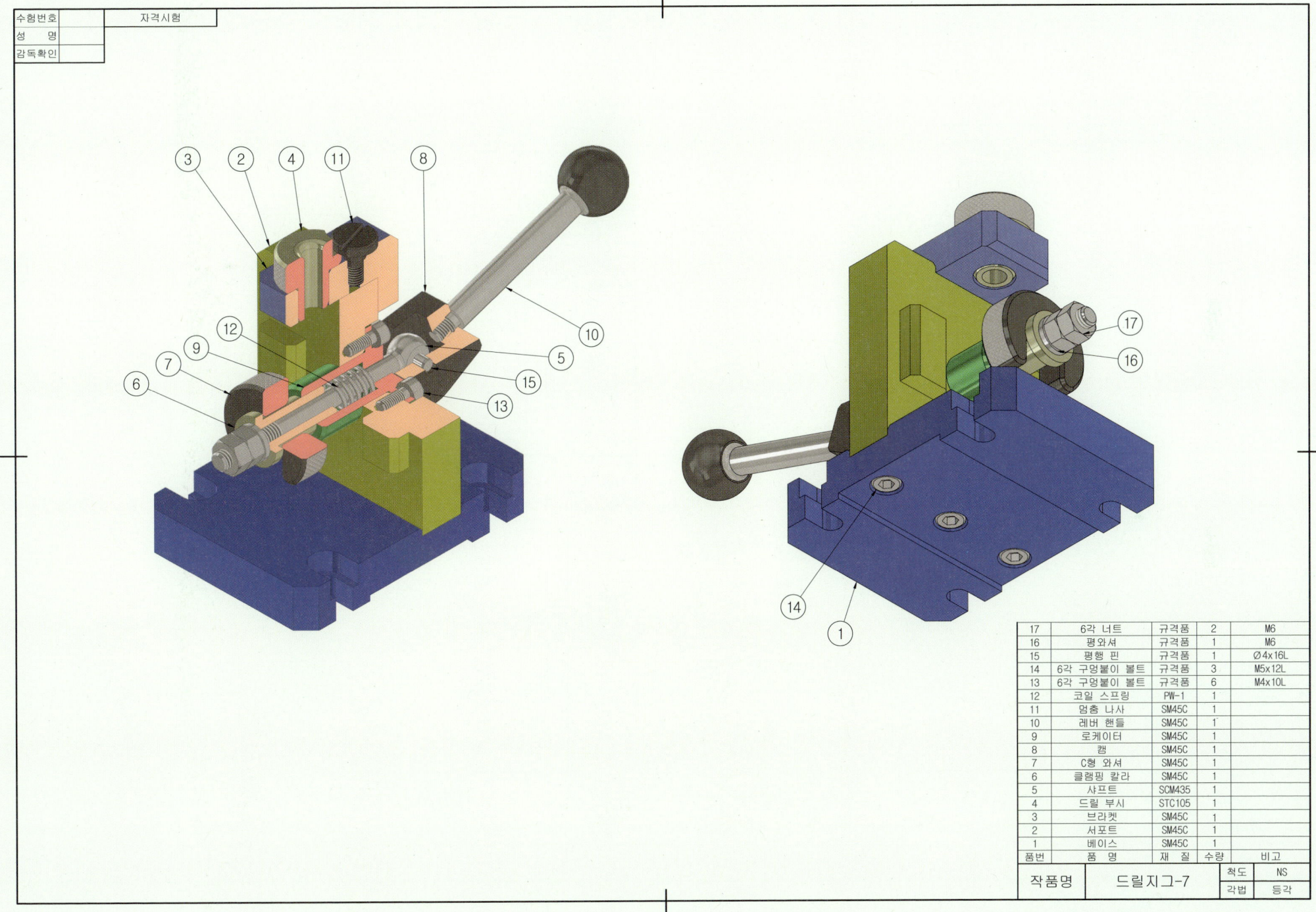

드릴지그-8 문제 도면

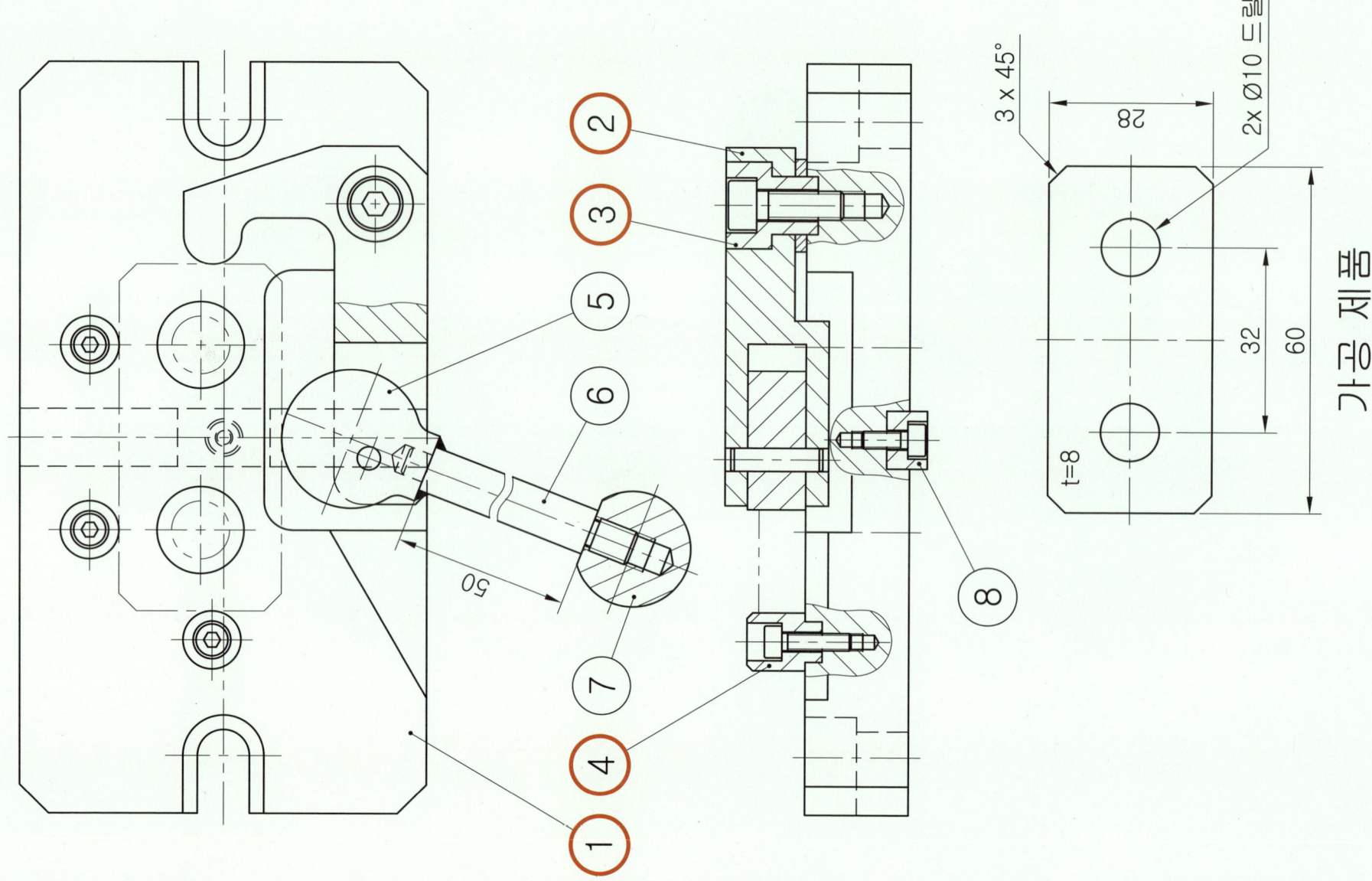

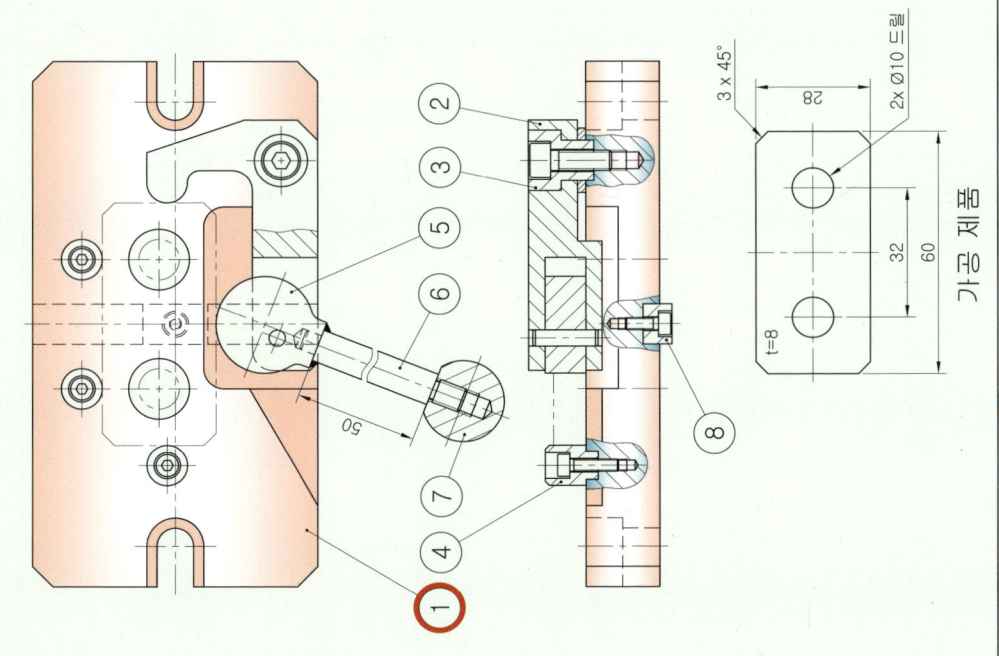
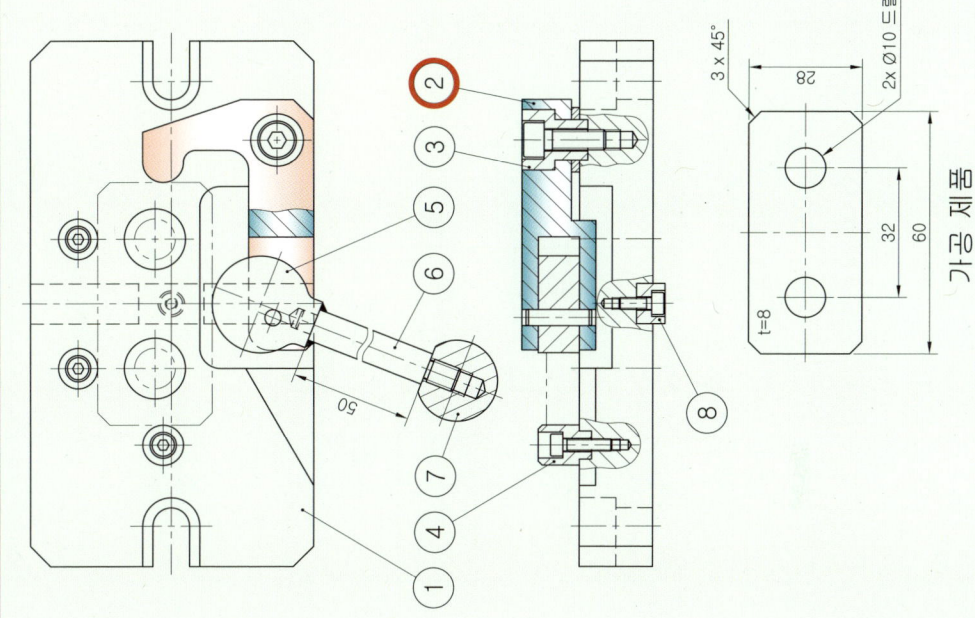
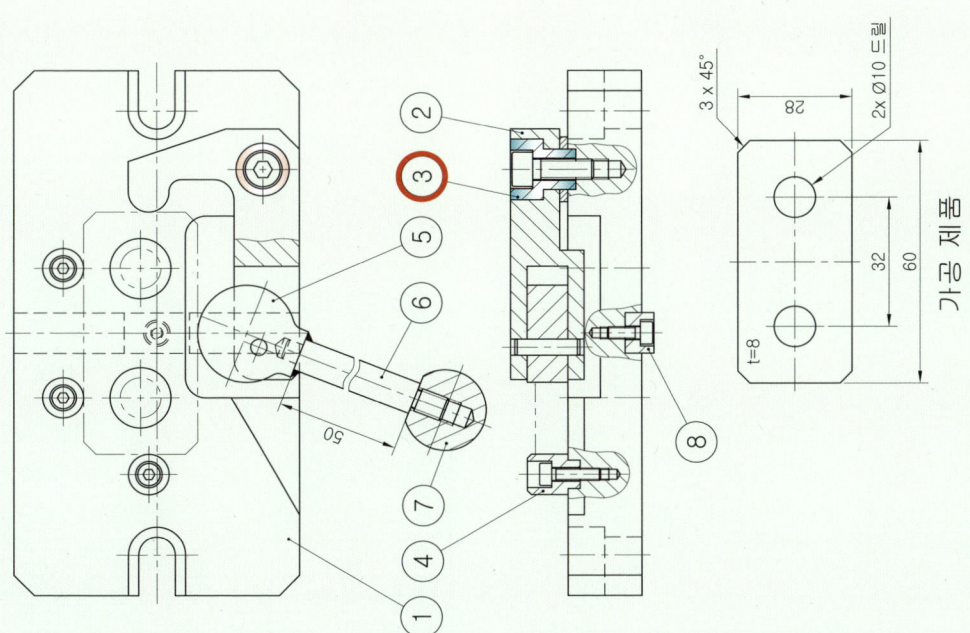
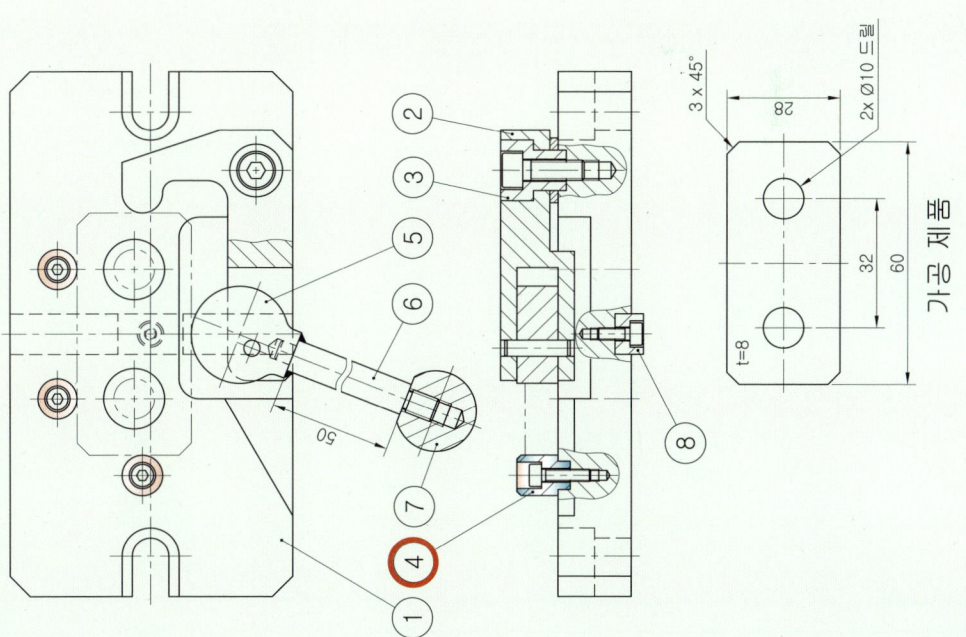

드릴지그-8 부품도

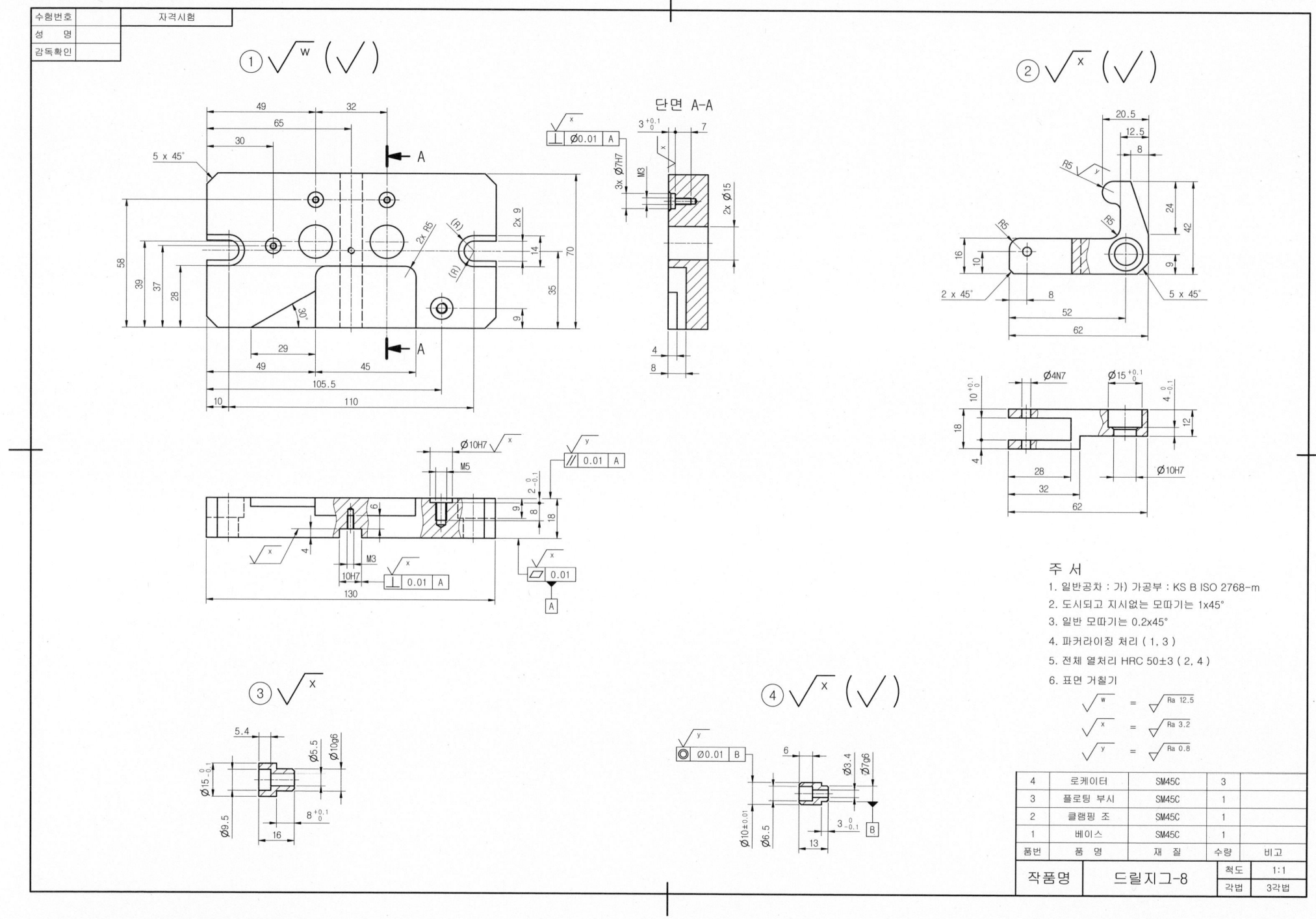

● 드릴지그-8 등각 투상도

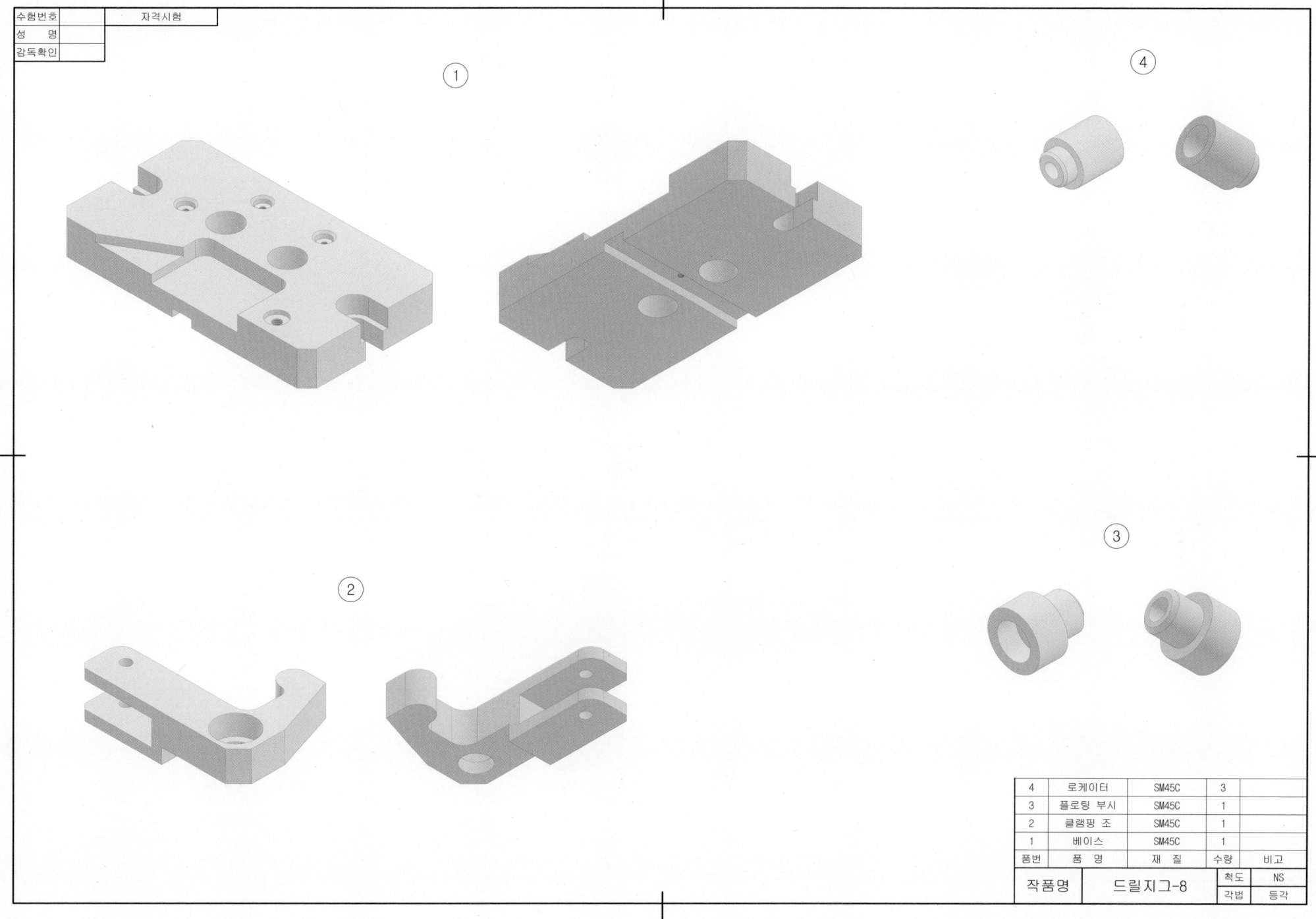

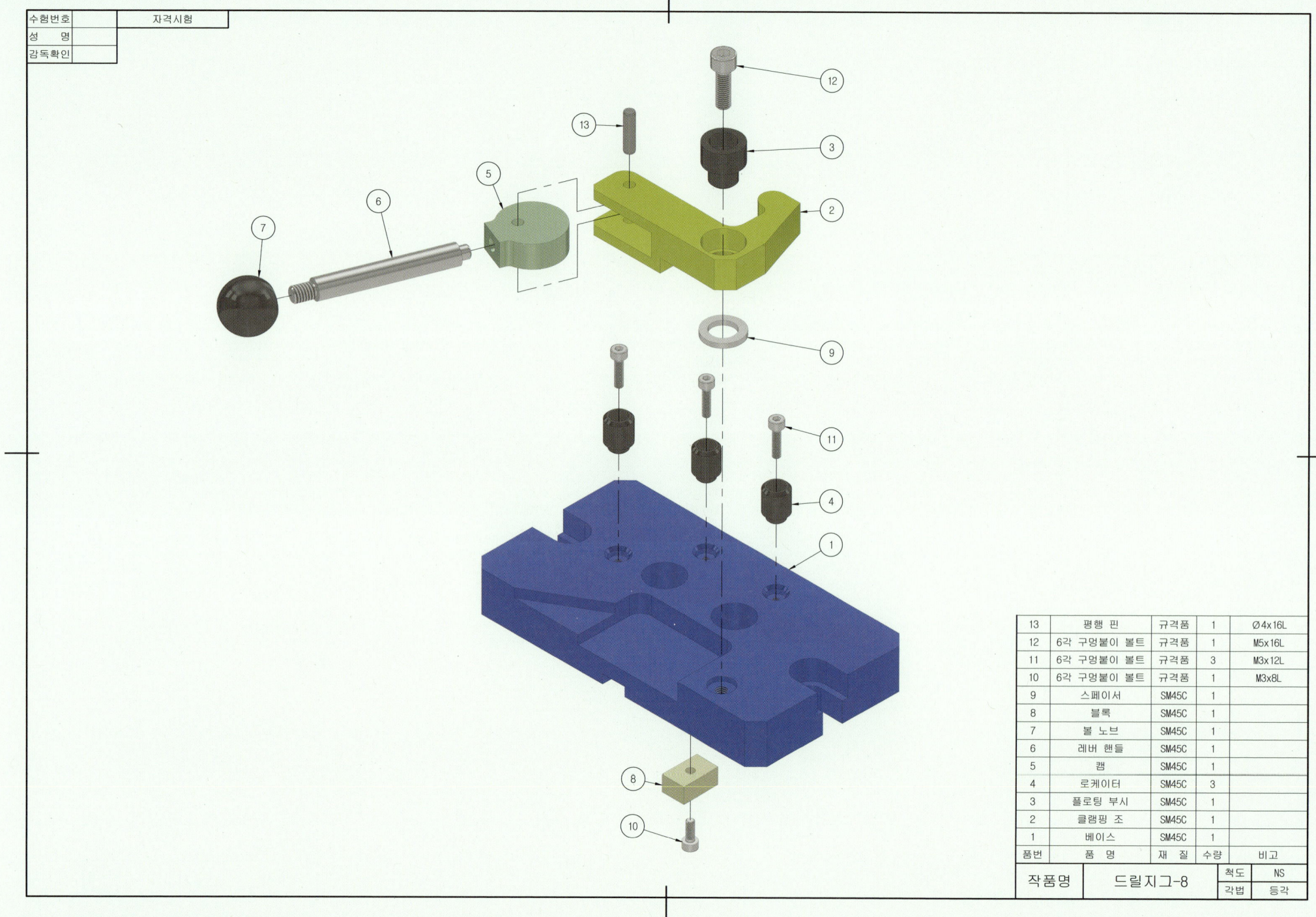

● 드릴지그-8 조립도

13	평행 핀	규격품	1	Ø4x16L
12	6각 구멍붙이 볼트	규격품	1	M5x16L
11	6각 구멍붙이 볼트	규격품	3	M3x12L
10	6각 구멍붙이 볼트	규격품	1	M3x8L
9	스페이서	SM45C	1	
8	블록	SM45C	1	
7	볼 노브	SM45C	1	
6	레버 핸들	SM45C	1	
5	캠	SM45C	1	
4	로케이터	SM45C	3	
3	플로팅 부시	SM45C	1	
2	클램핑 조	SM45C	1	
1	베이스	SM45C	1	
품번	품 명	재 질	수량	비고

작품명	드릴지그-8	척도	NS
		각법	등각

● 드릴지그-9 문제 도면

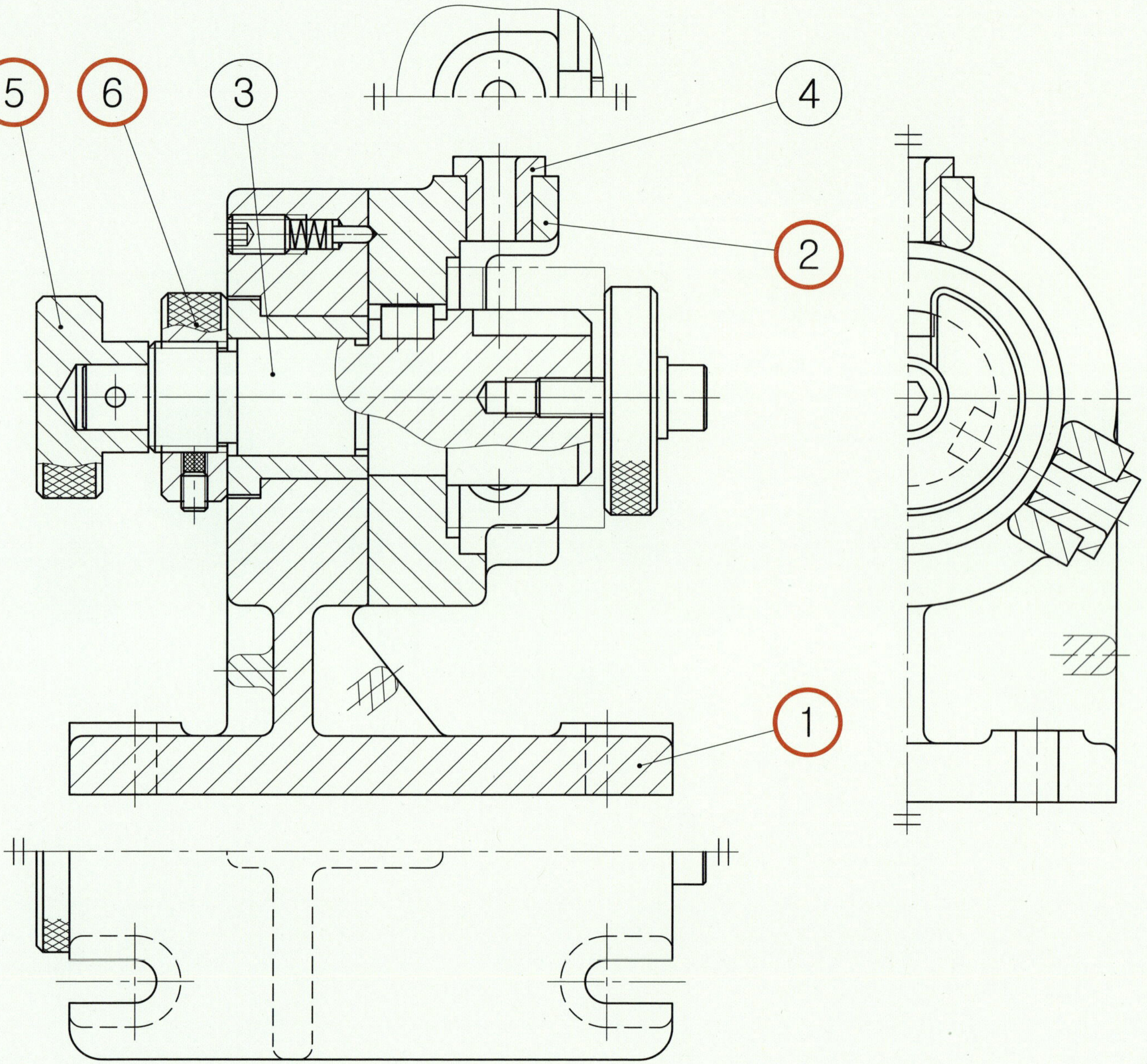

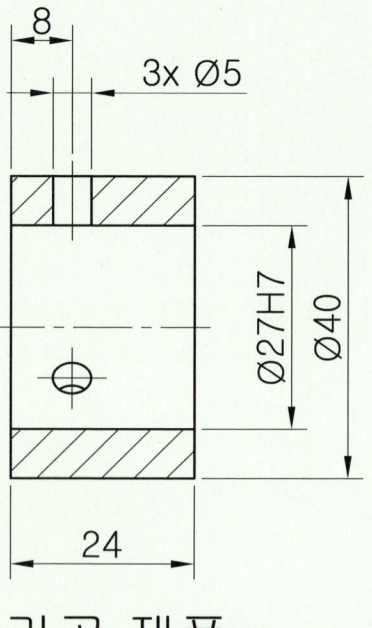

가공 제품

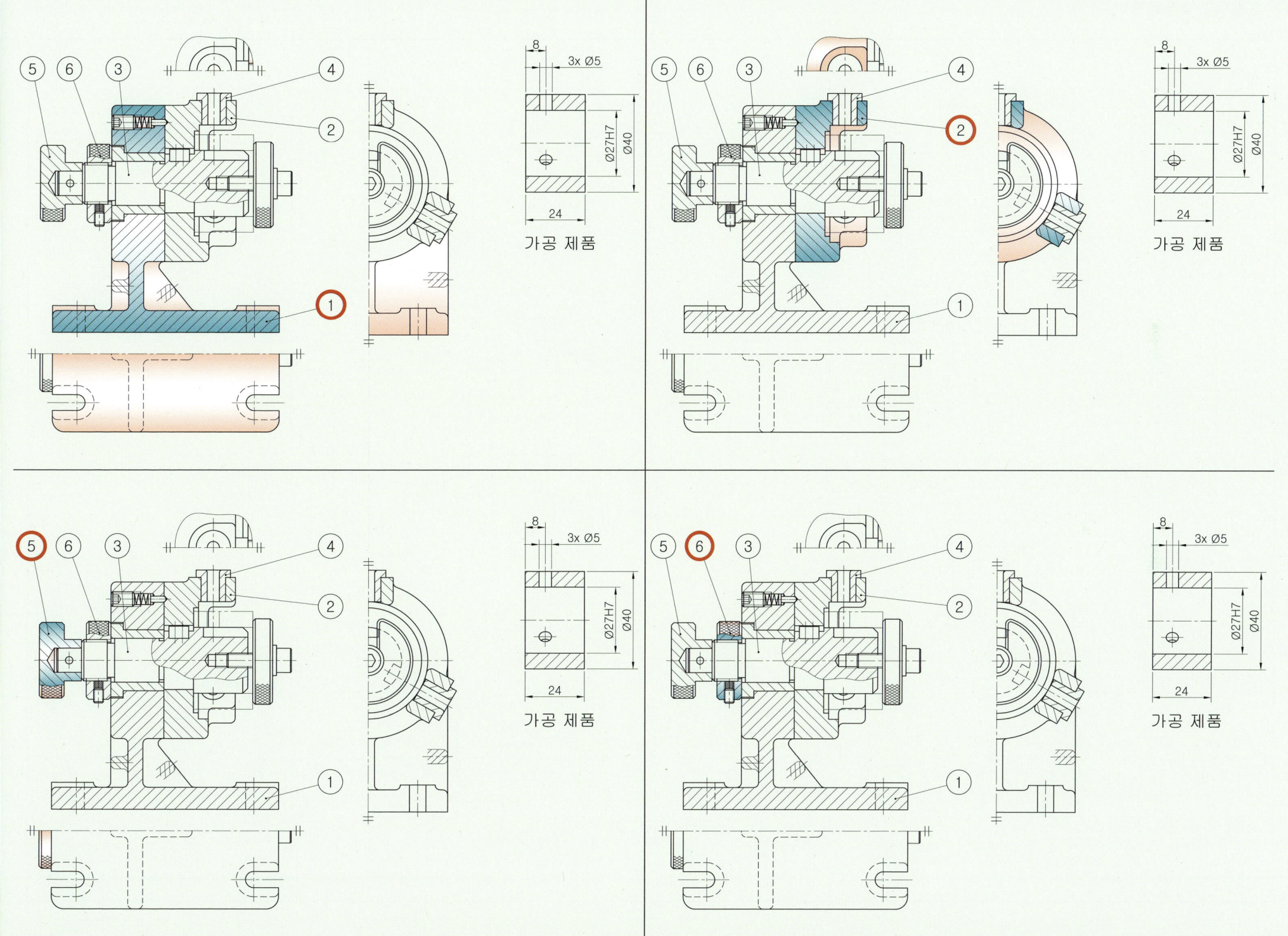

드릴지그-9 부품도

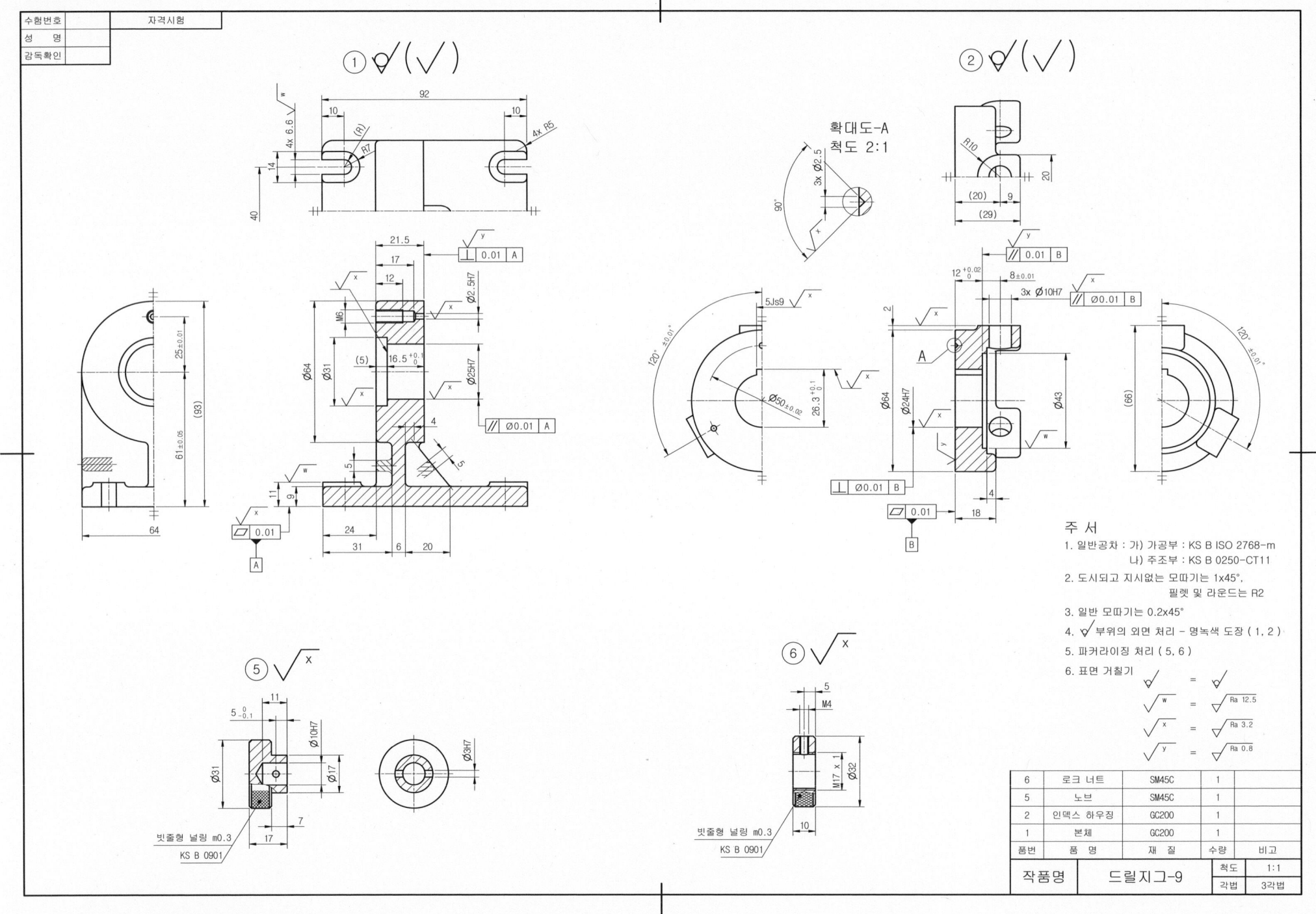

● 드릴지그-9 등각 투상도

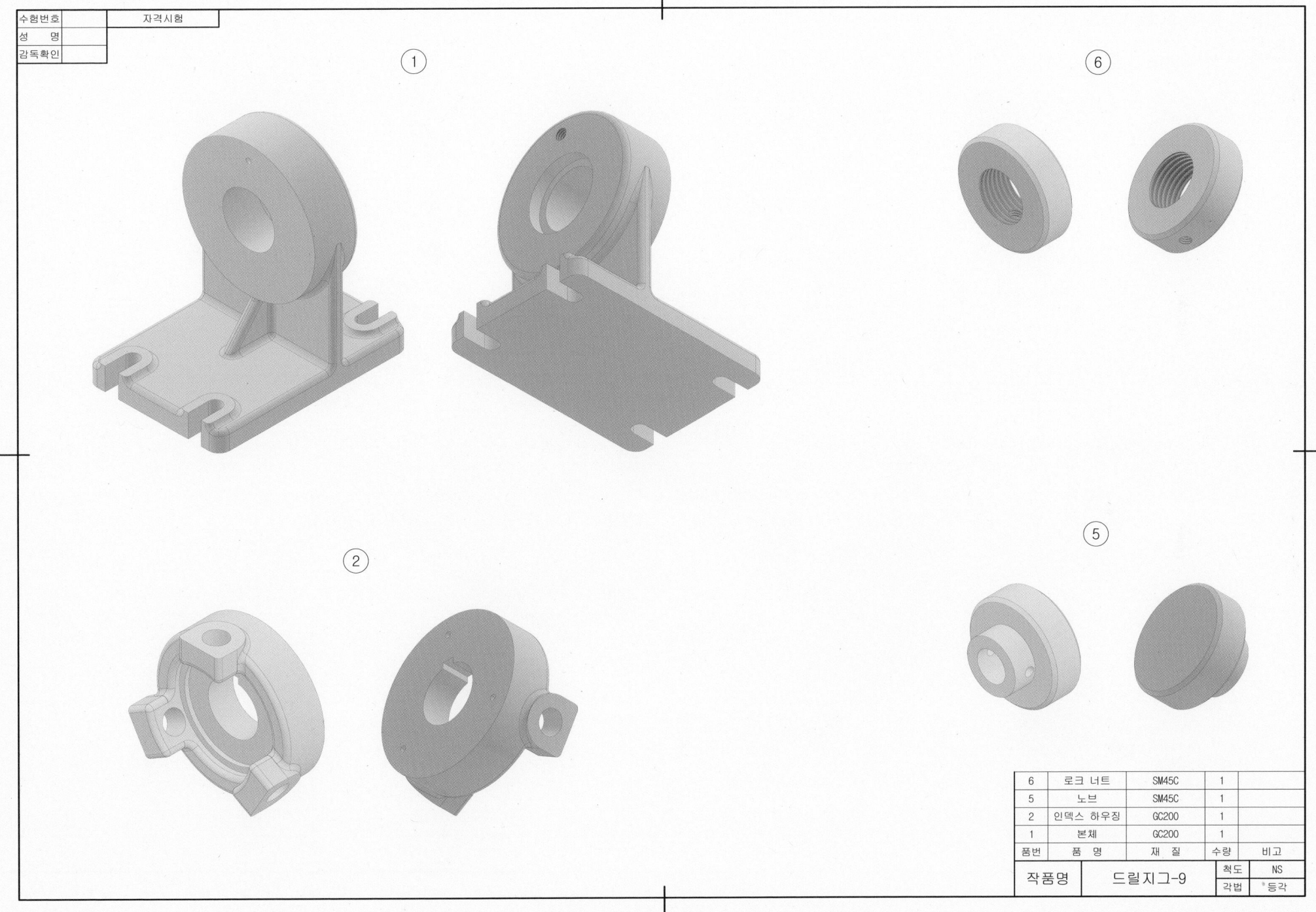

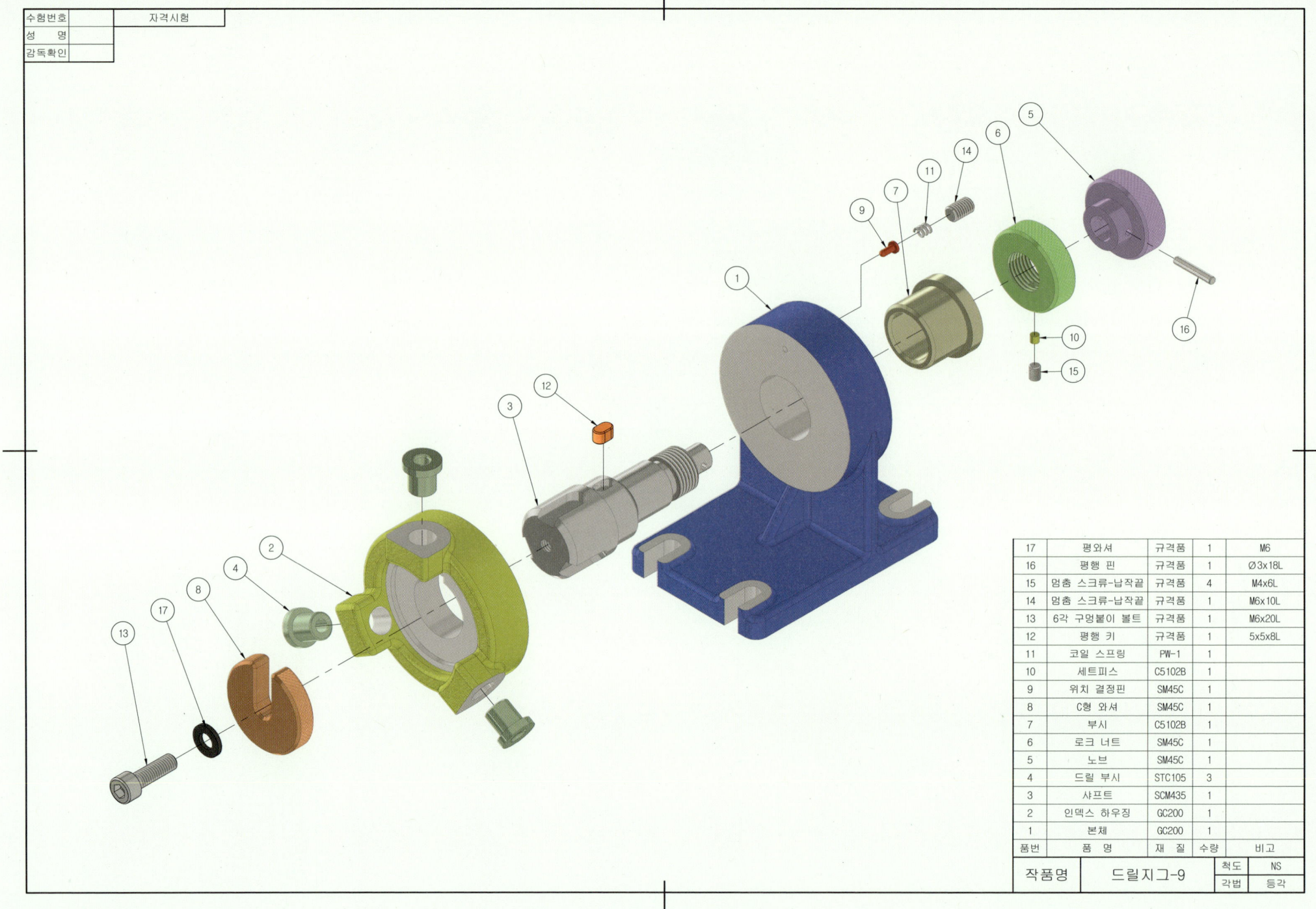

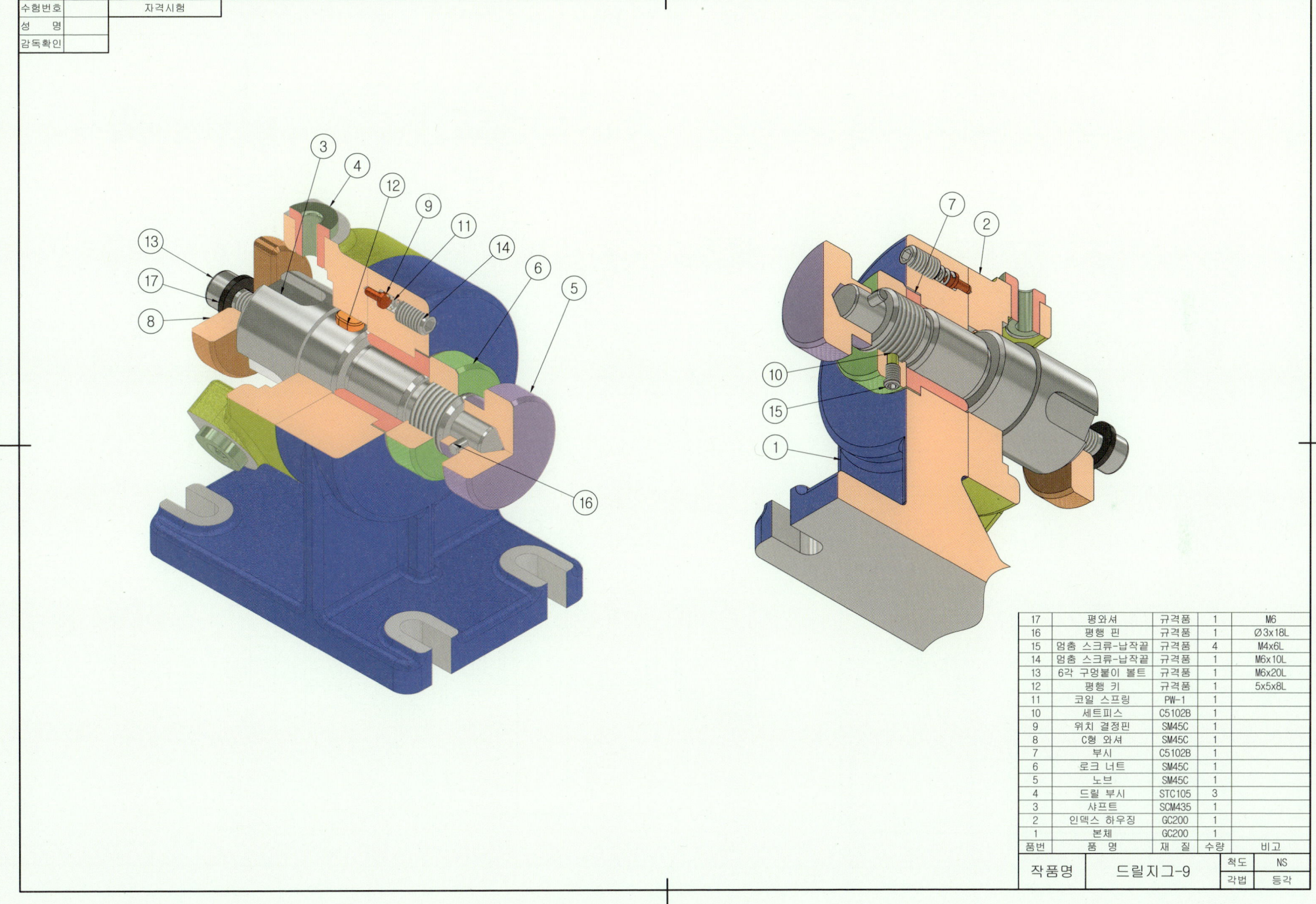

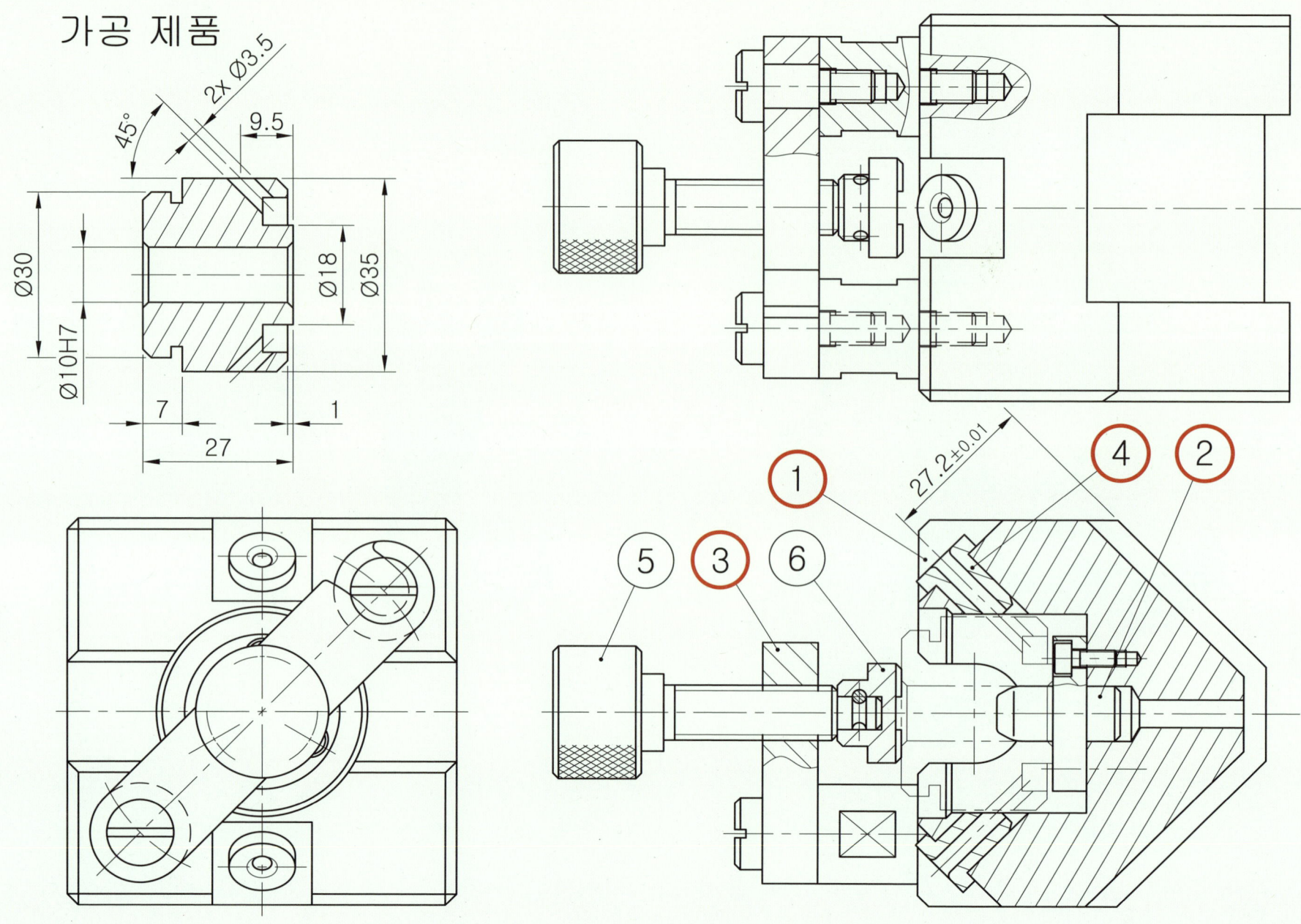

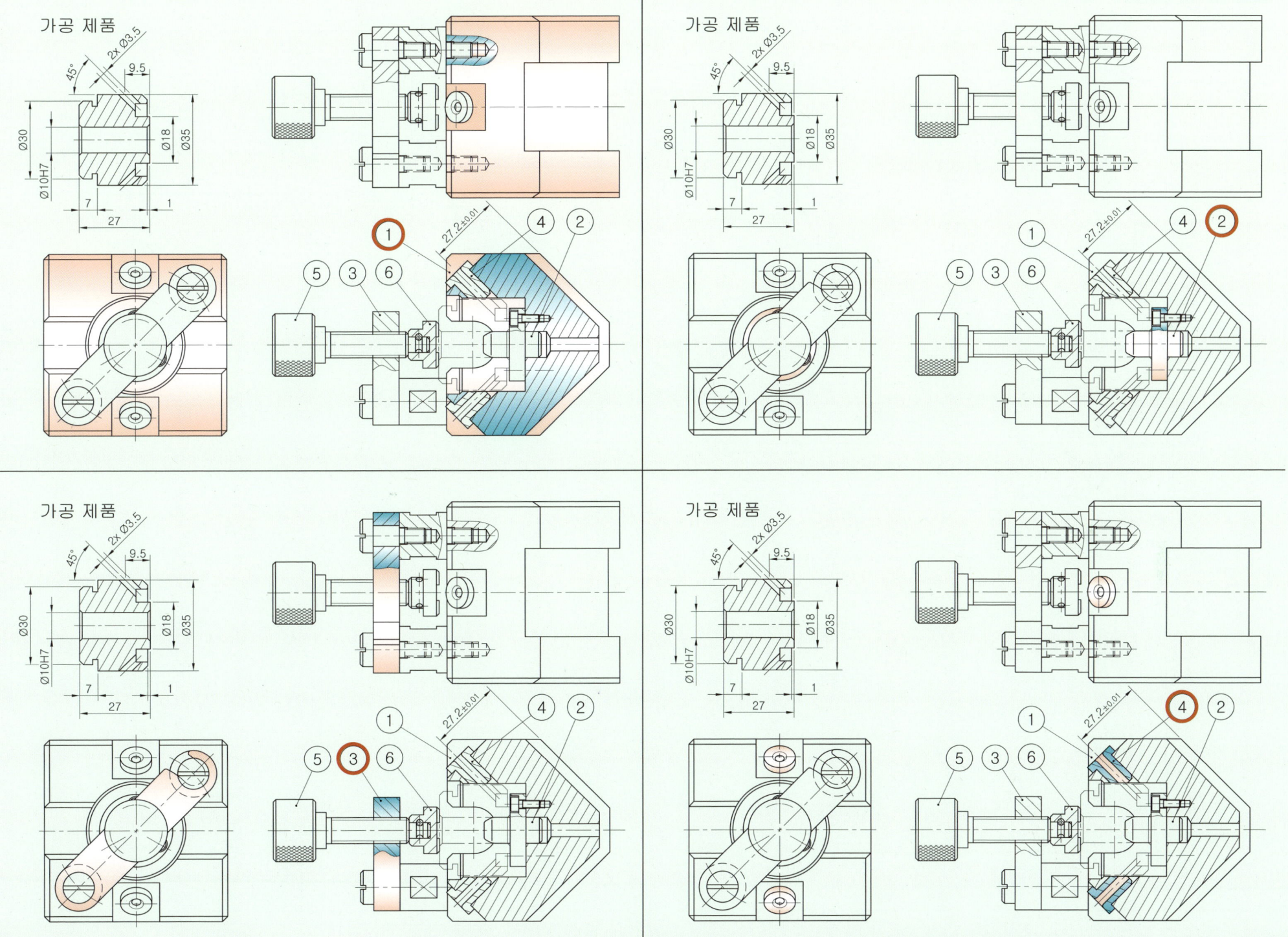

● 드릴지그-10 부품도

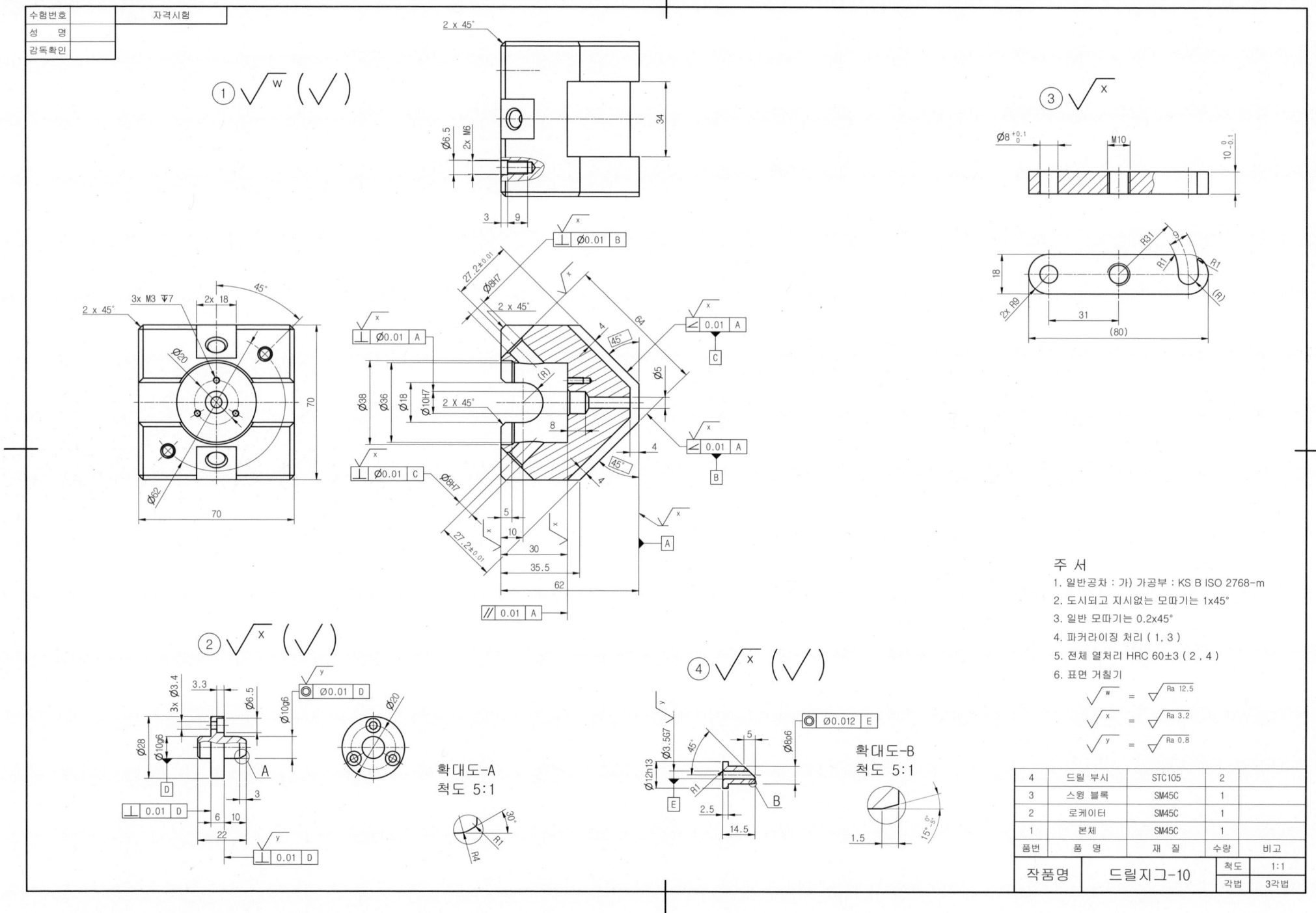

● 드릴지그-10 등각 투상도

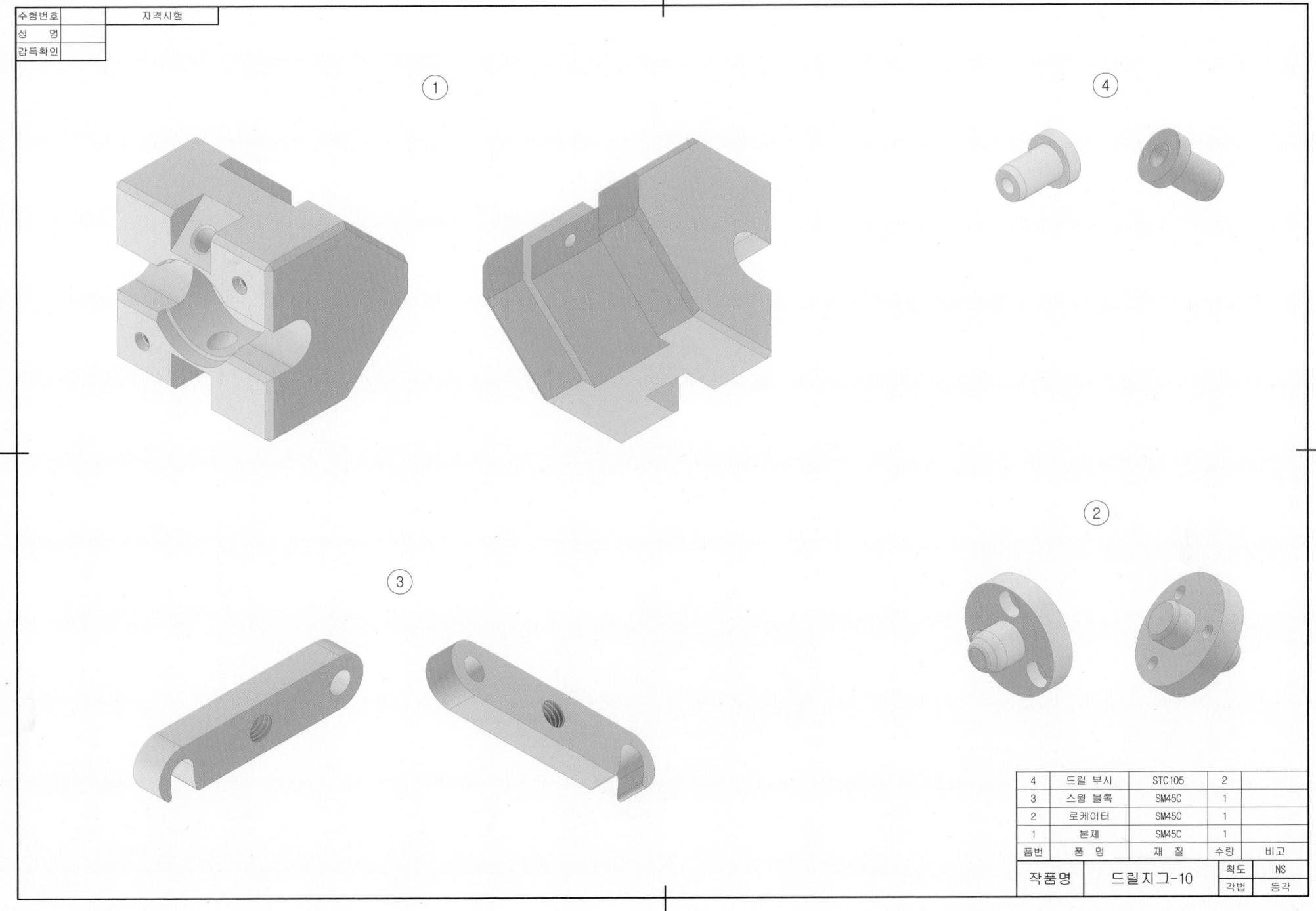

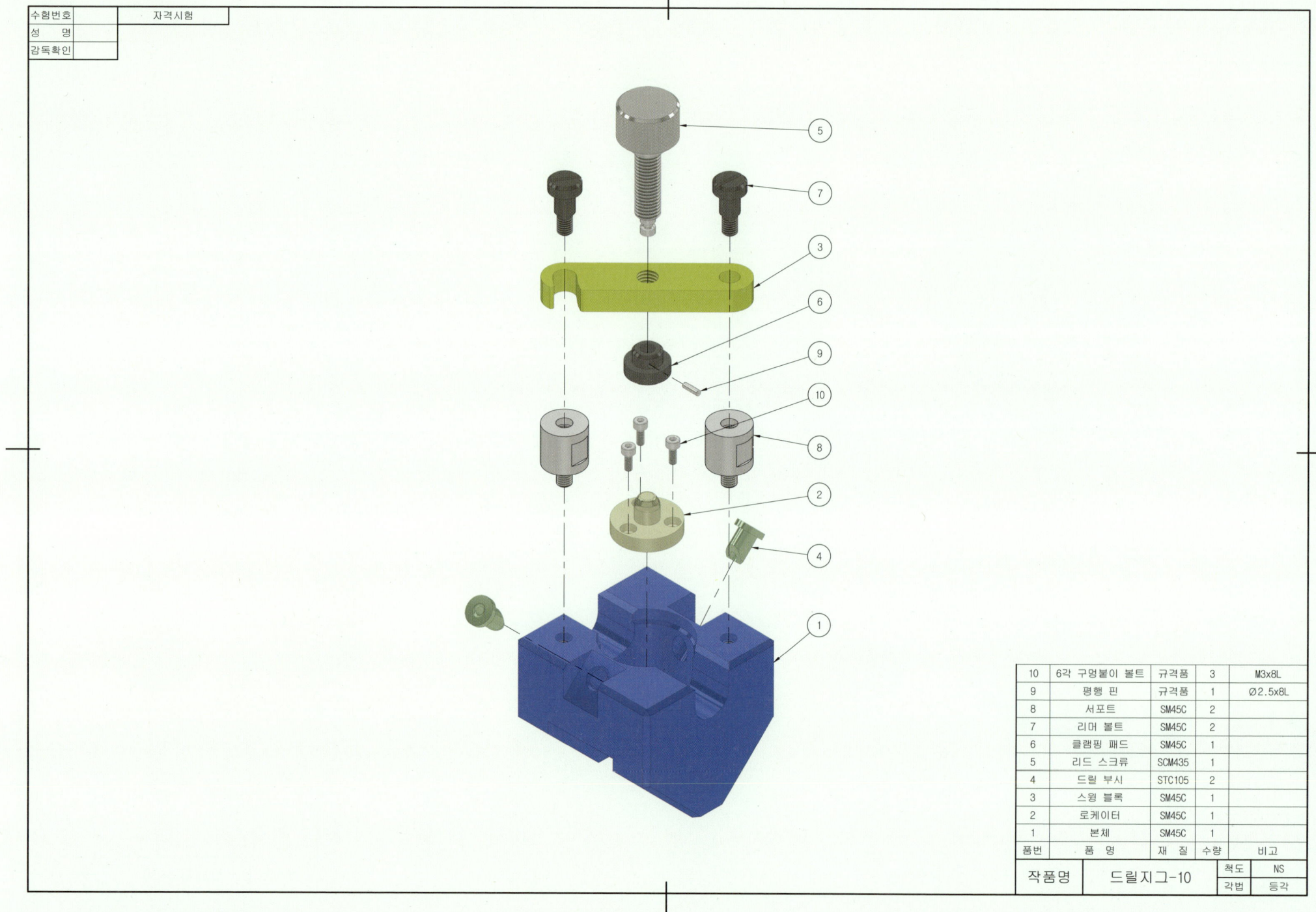

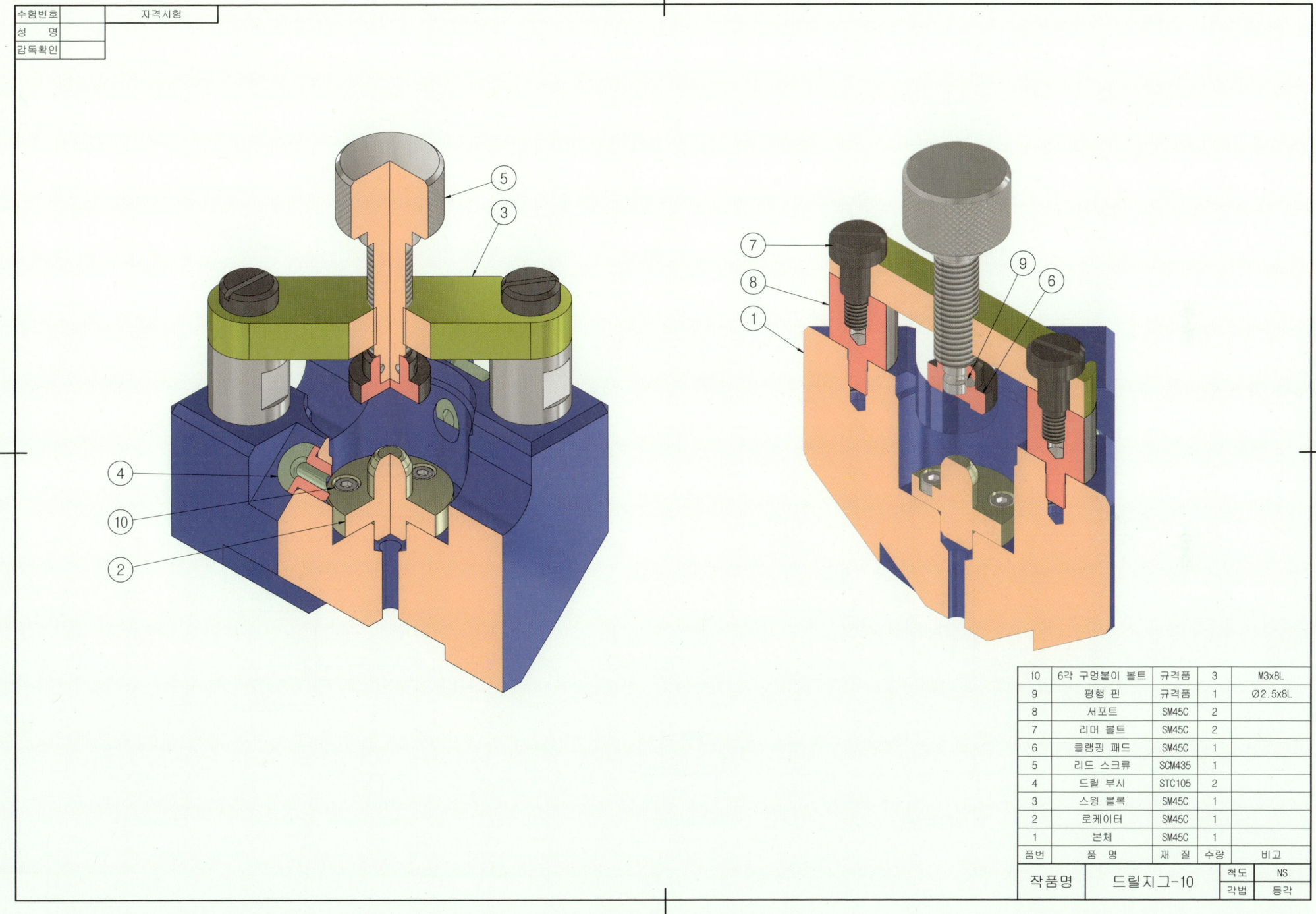

• 드릴지그-11 문제 도면

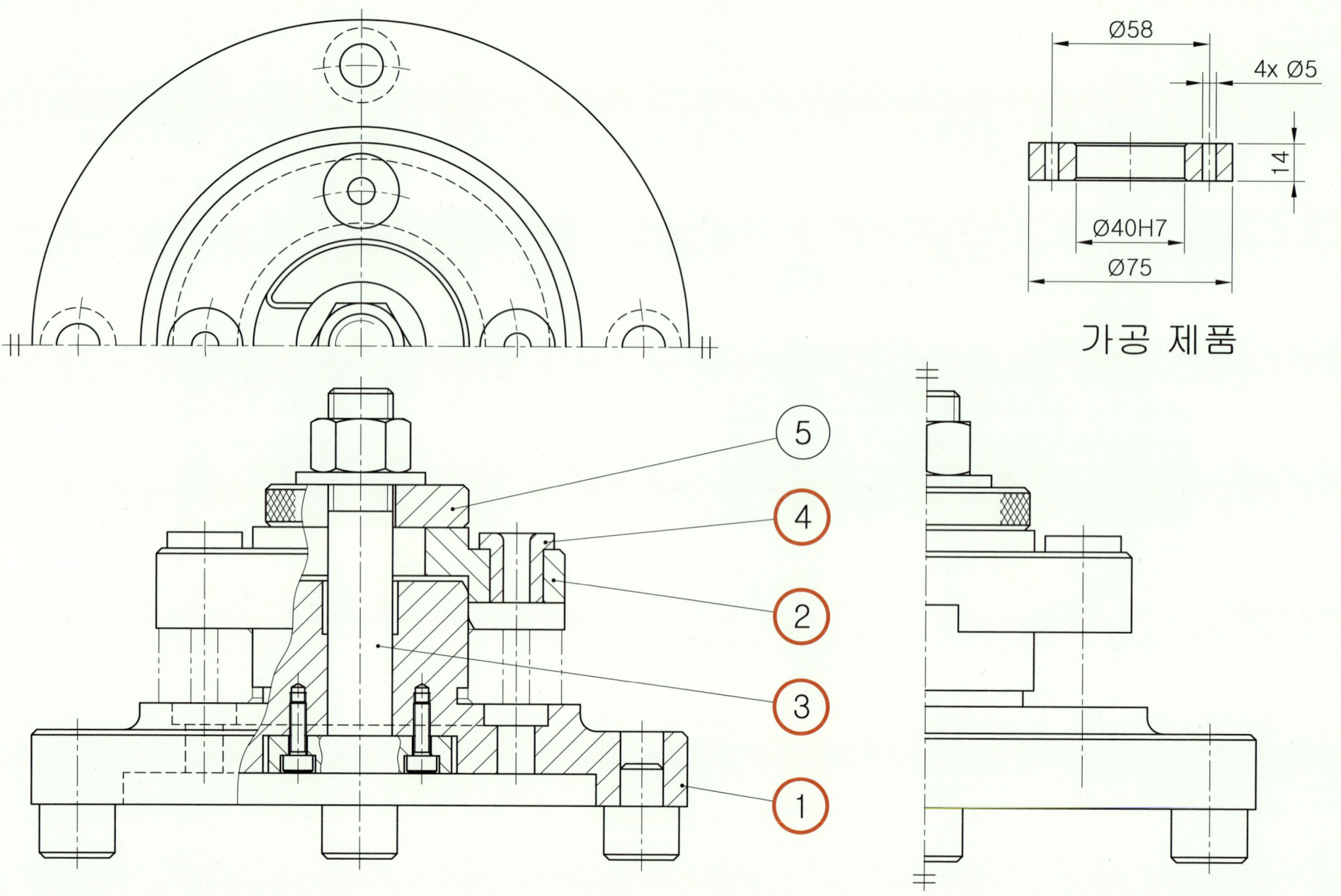

가공 제품

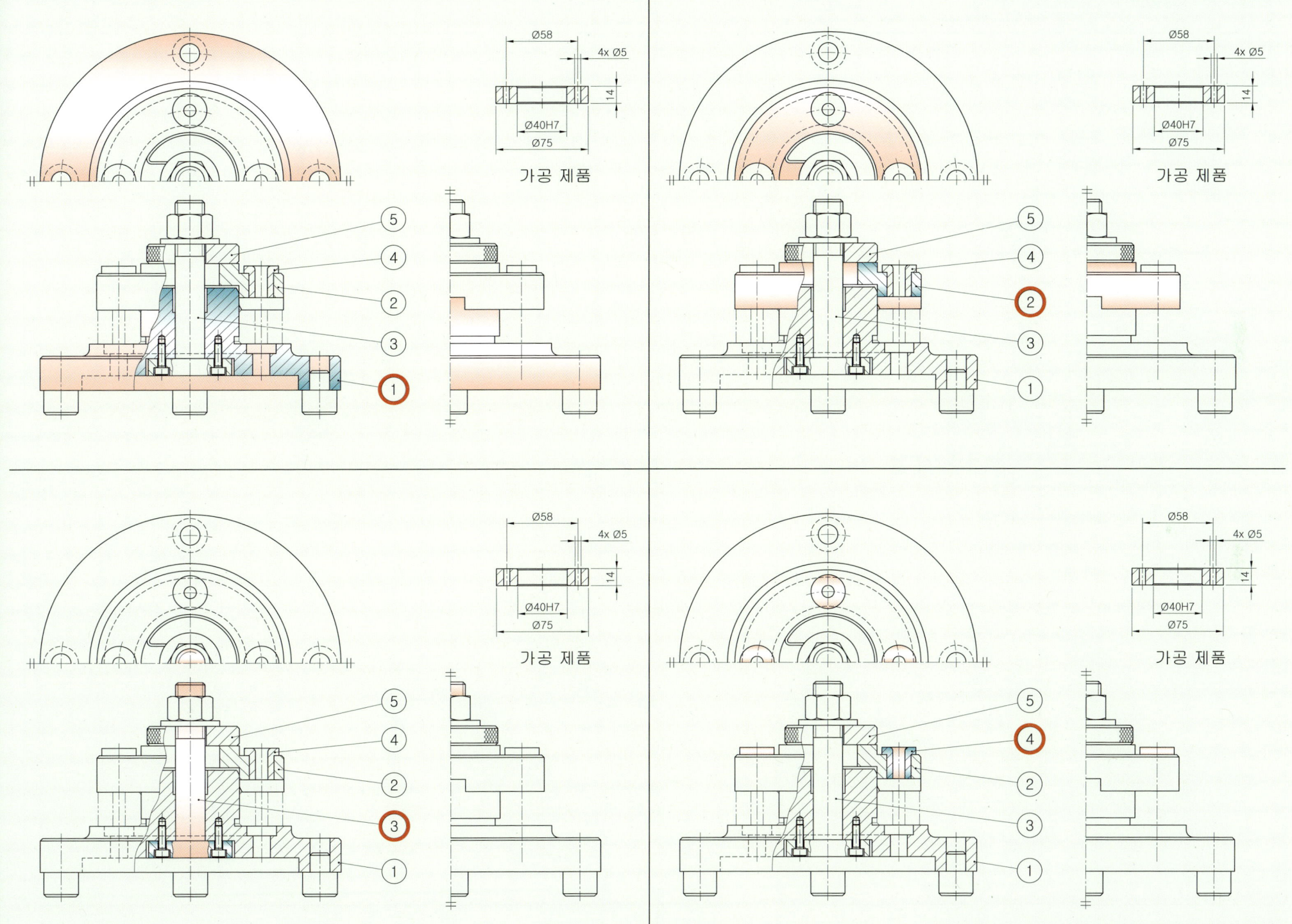

● 드릴지그-11 부품도

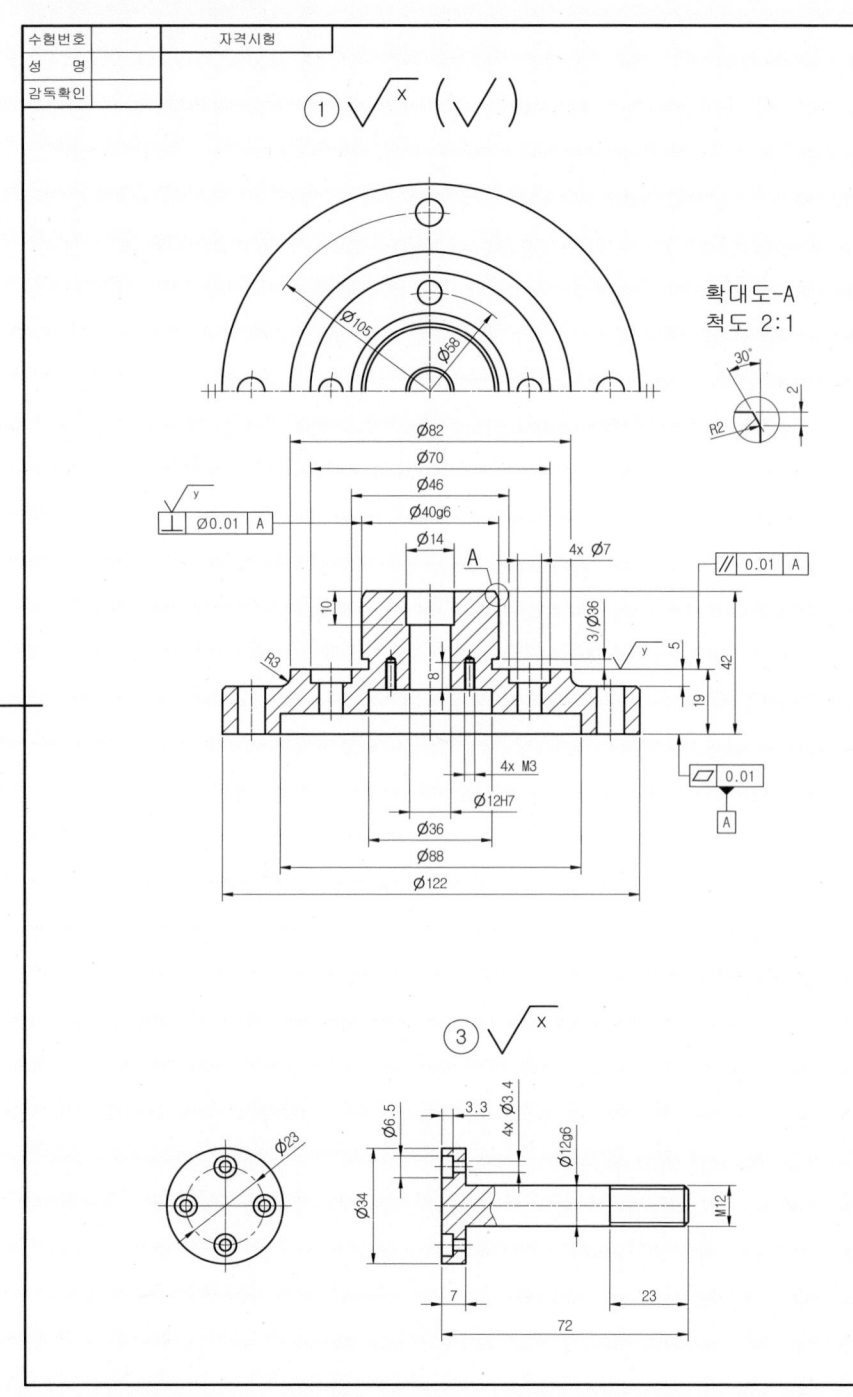
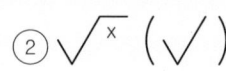
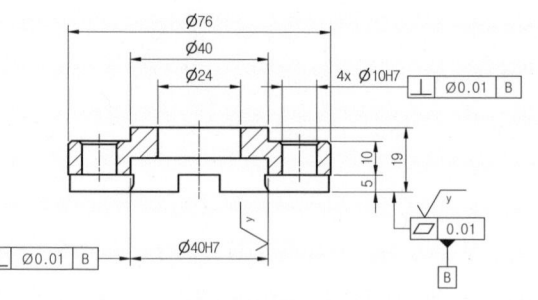
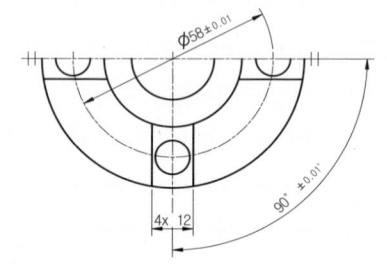

주 서

1. 일반공차 : 가) 가공부 : KS B ISO 2768-m
2. 도시되고 지시없는 모따기는 1x45°
3. 일반 모따기는 0.2x45°
4. 파커라이징 처리 (1, 2, 3)
5. 전체 열처리 HRC 60±3 (4)
6. 표면 거칠기

$\sqrt{}^x = \sqrt{}$ Ra 3.2

$\sqrt{}^y = \sqrt{}$ Ra 0.8

4	드릴 부시	STC105	4
3	샤프트	SM45C	1
2	가이드 홀더	SM45C	1
1	베이스	SM45C	1
품번	품 명	재 질	수량	비고

| 작품명 | 드릴지그-11 | 척도 | 1:1 |
| | | 각법 | 3각법 |

● 드릴지그-11 등각 투상도

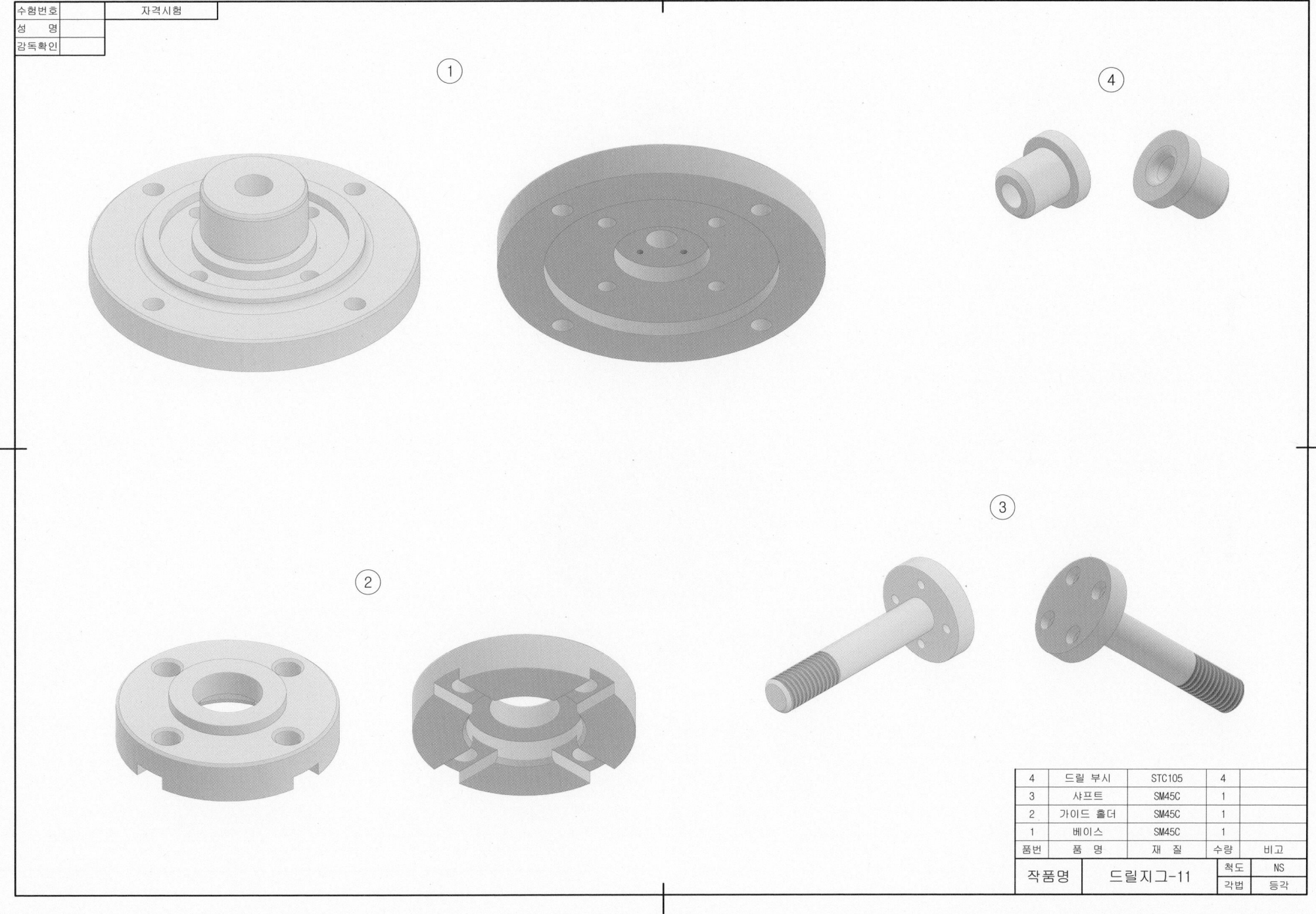

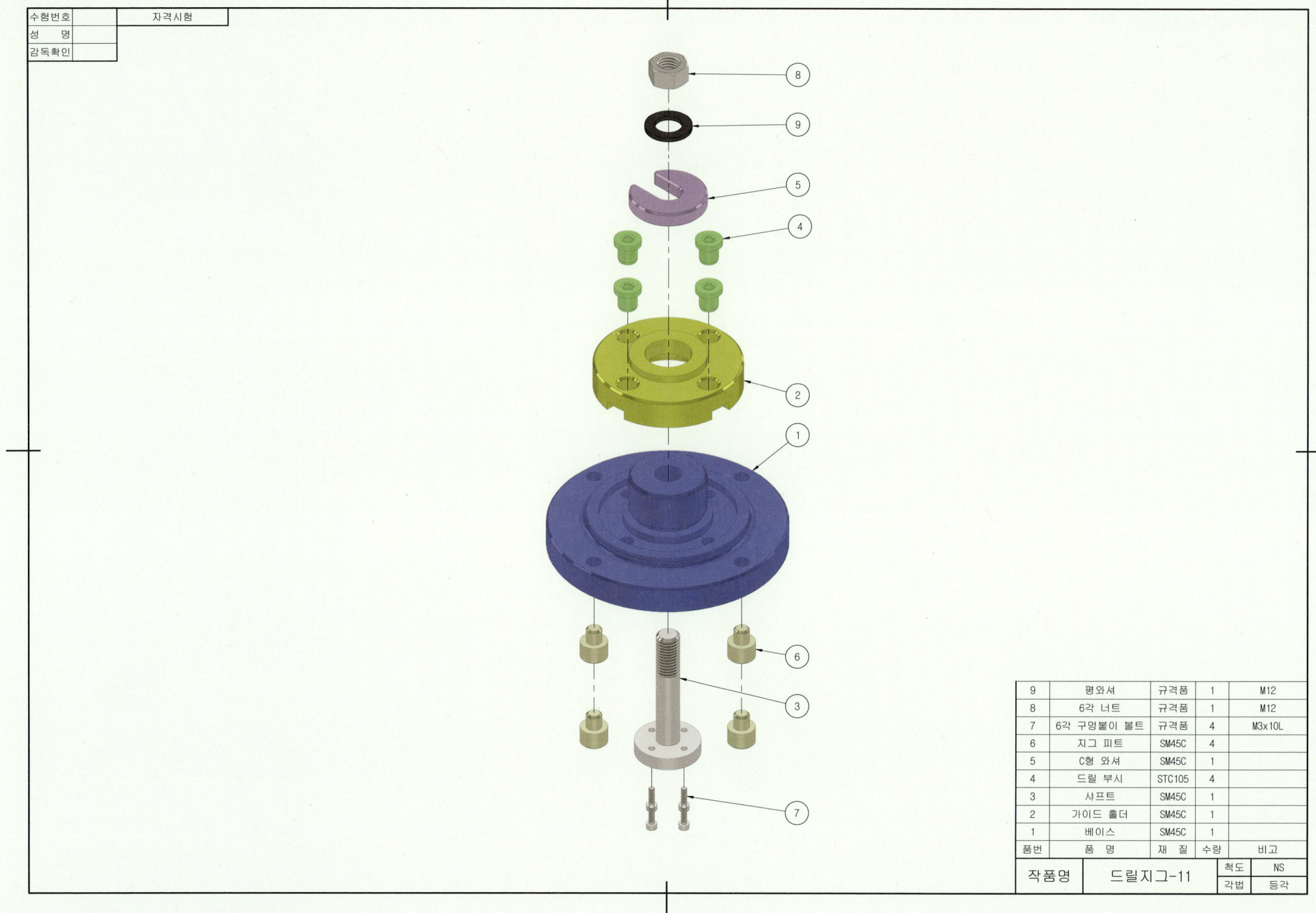

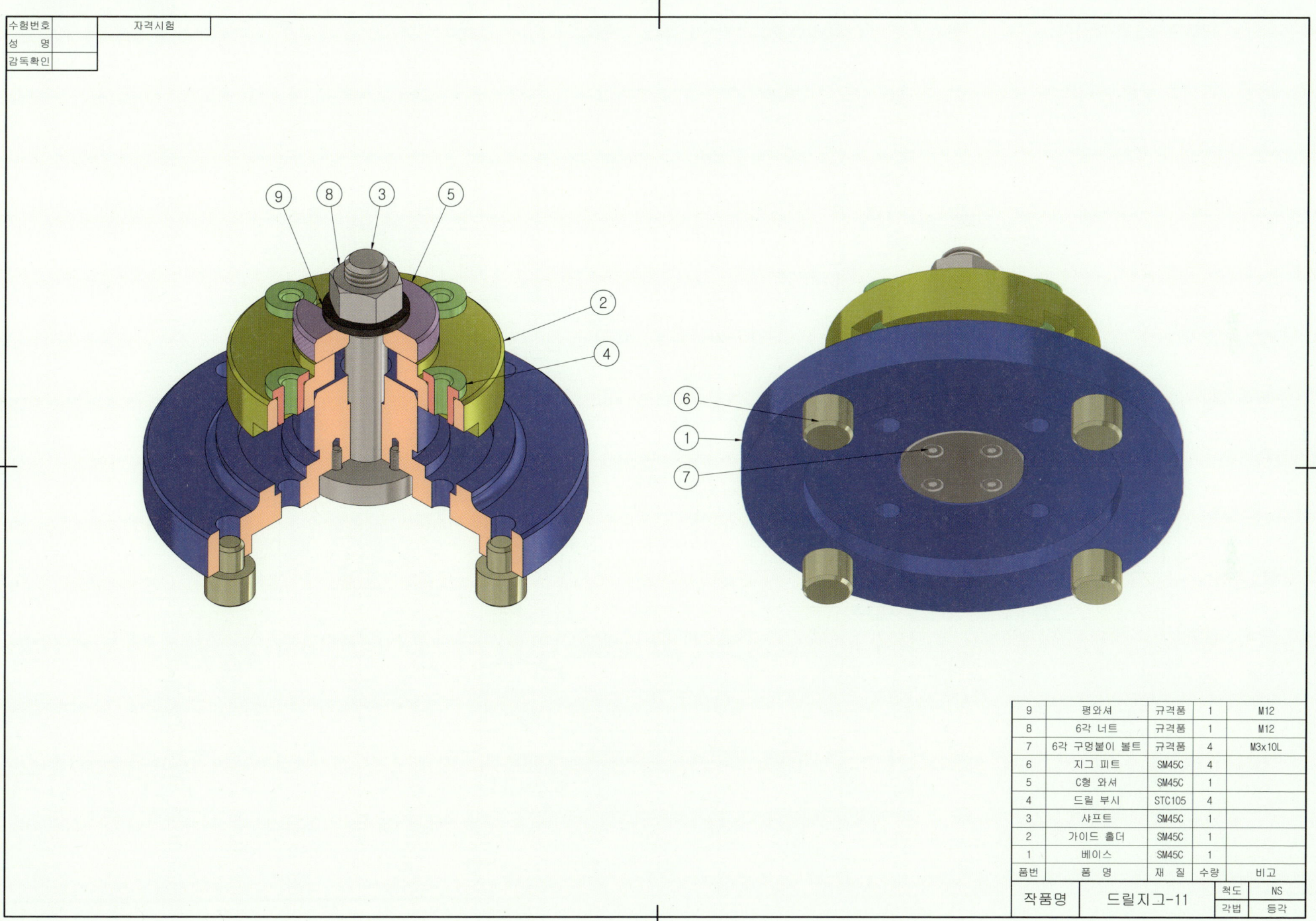

● 바이스-1 문제 도면

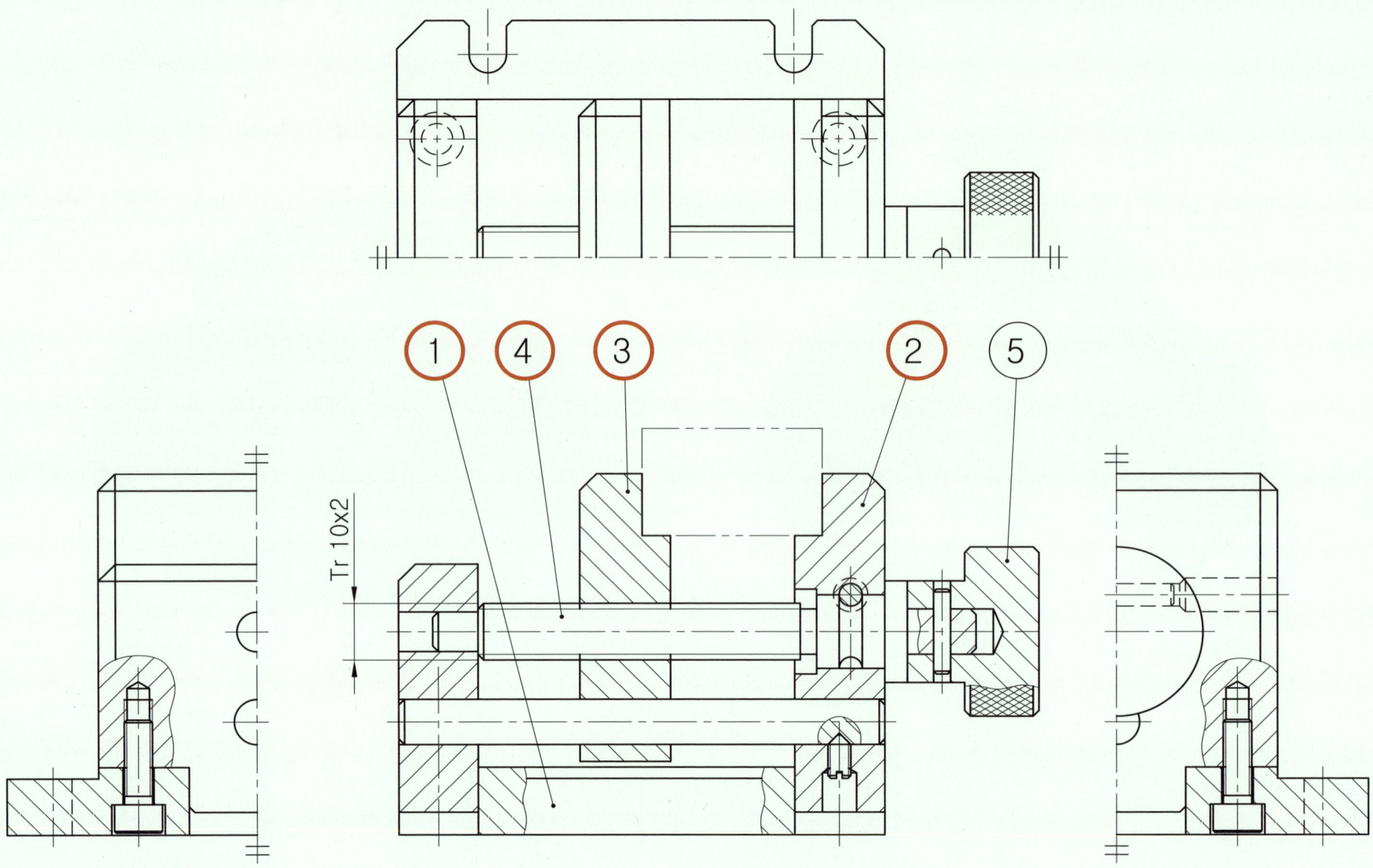

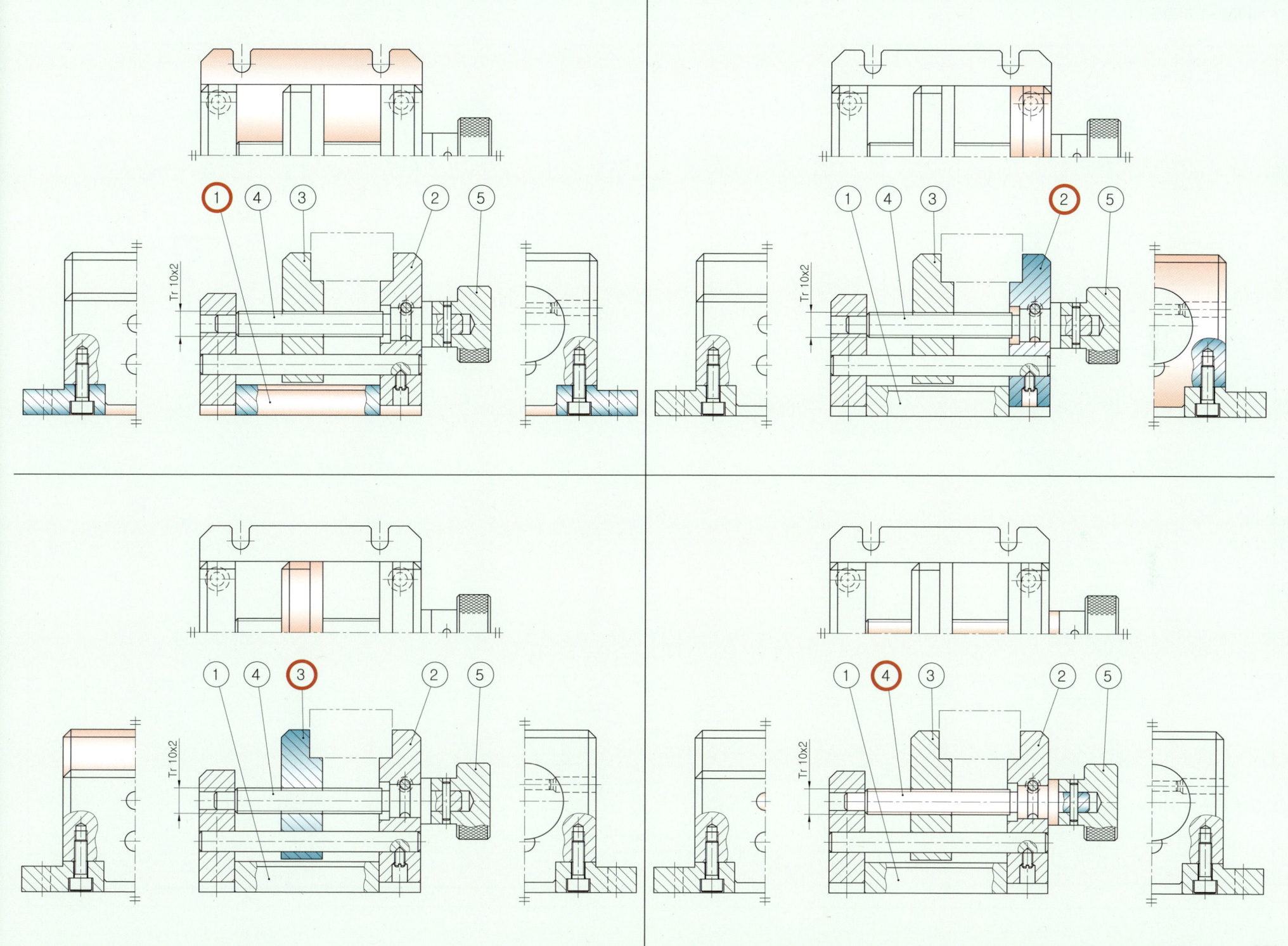

203

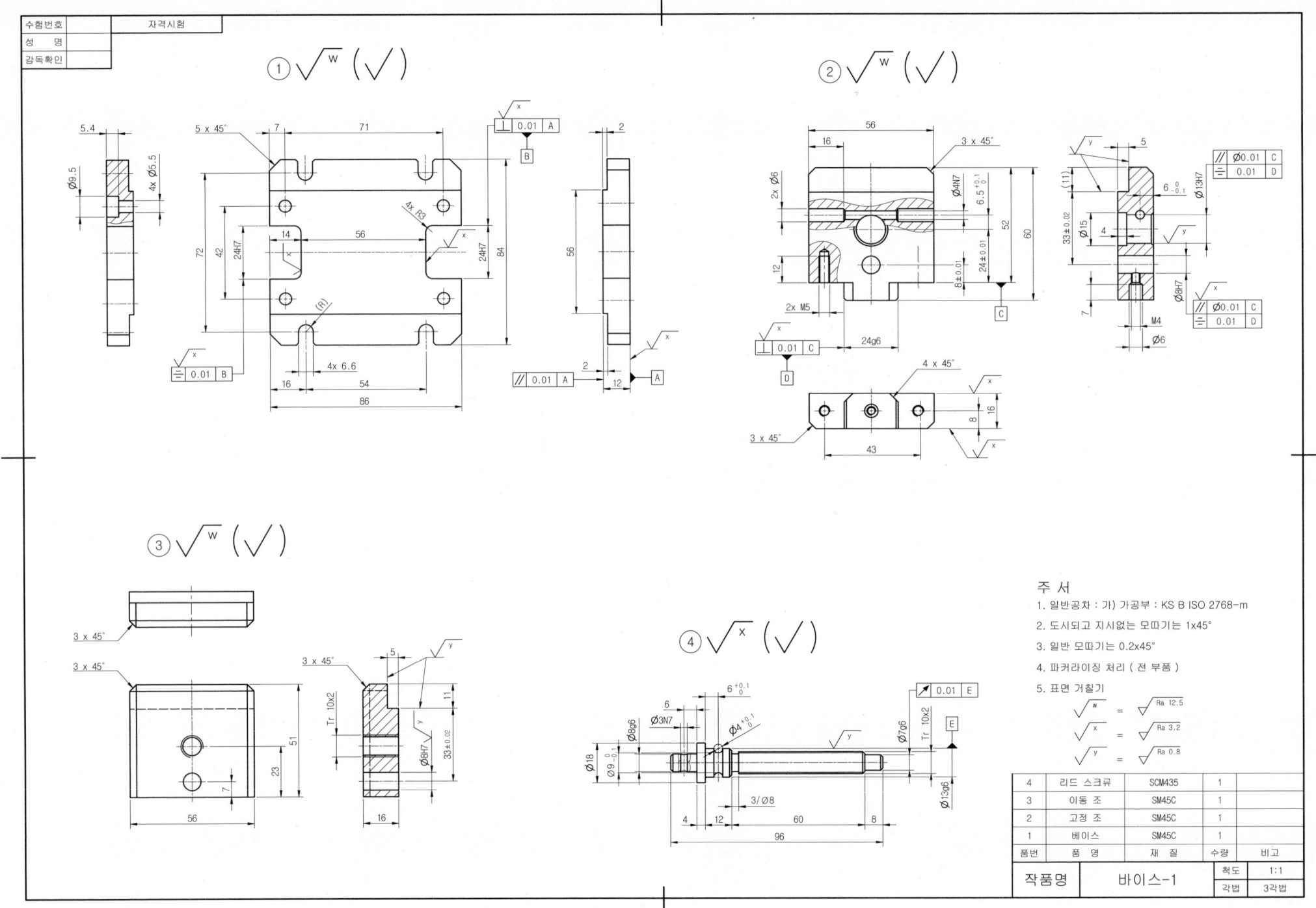

● 바이스-1 등각 투상도

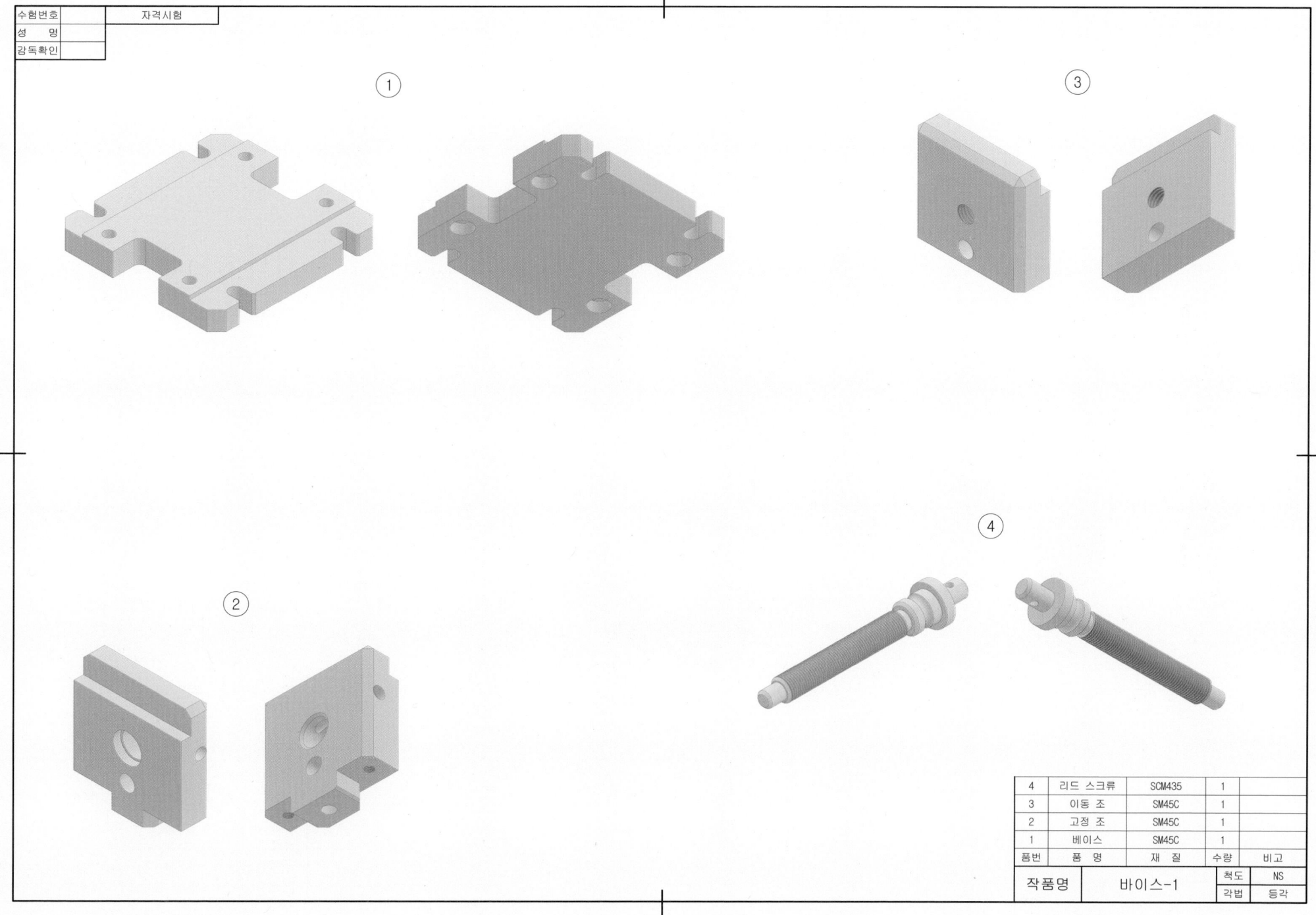

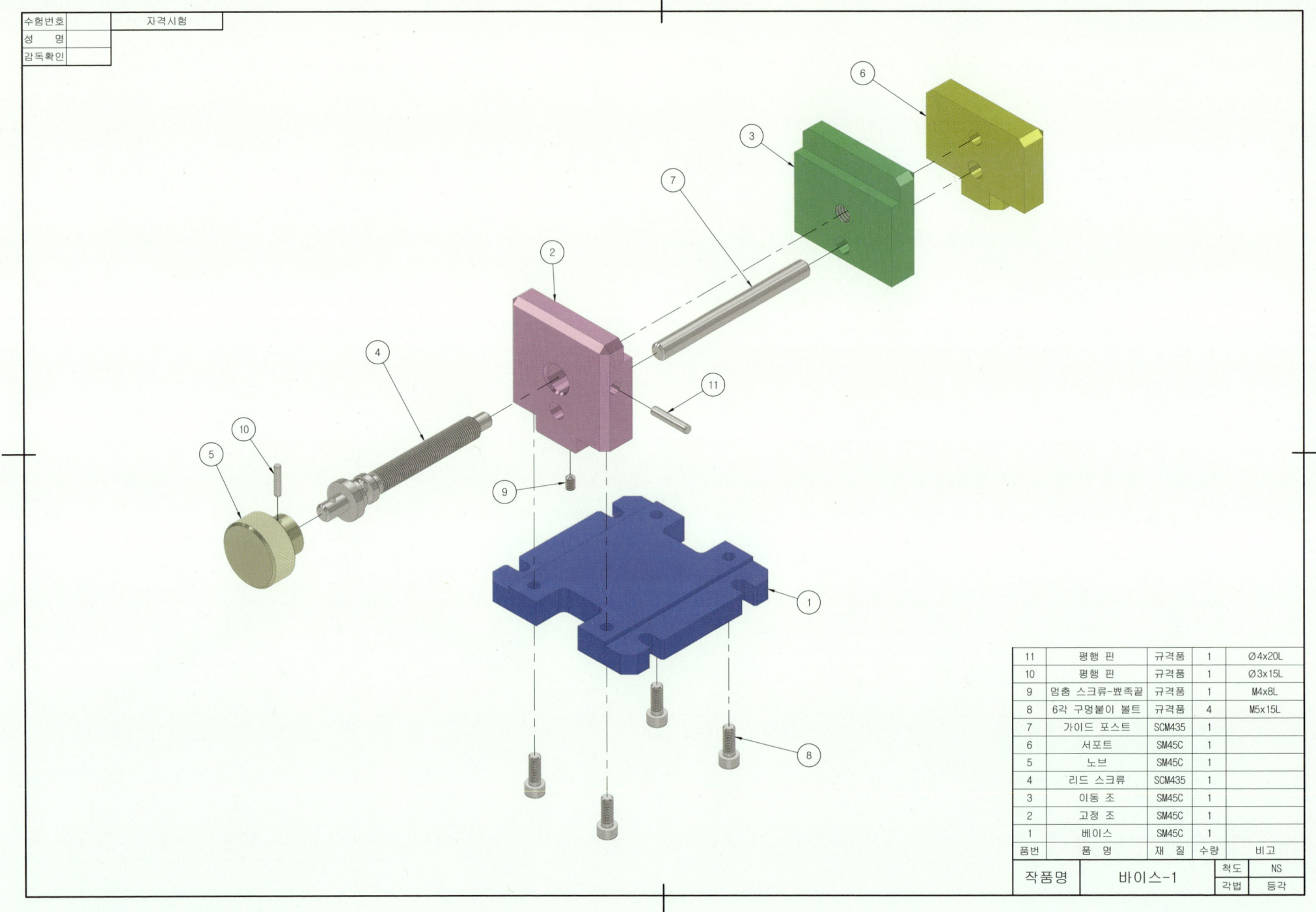

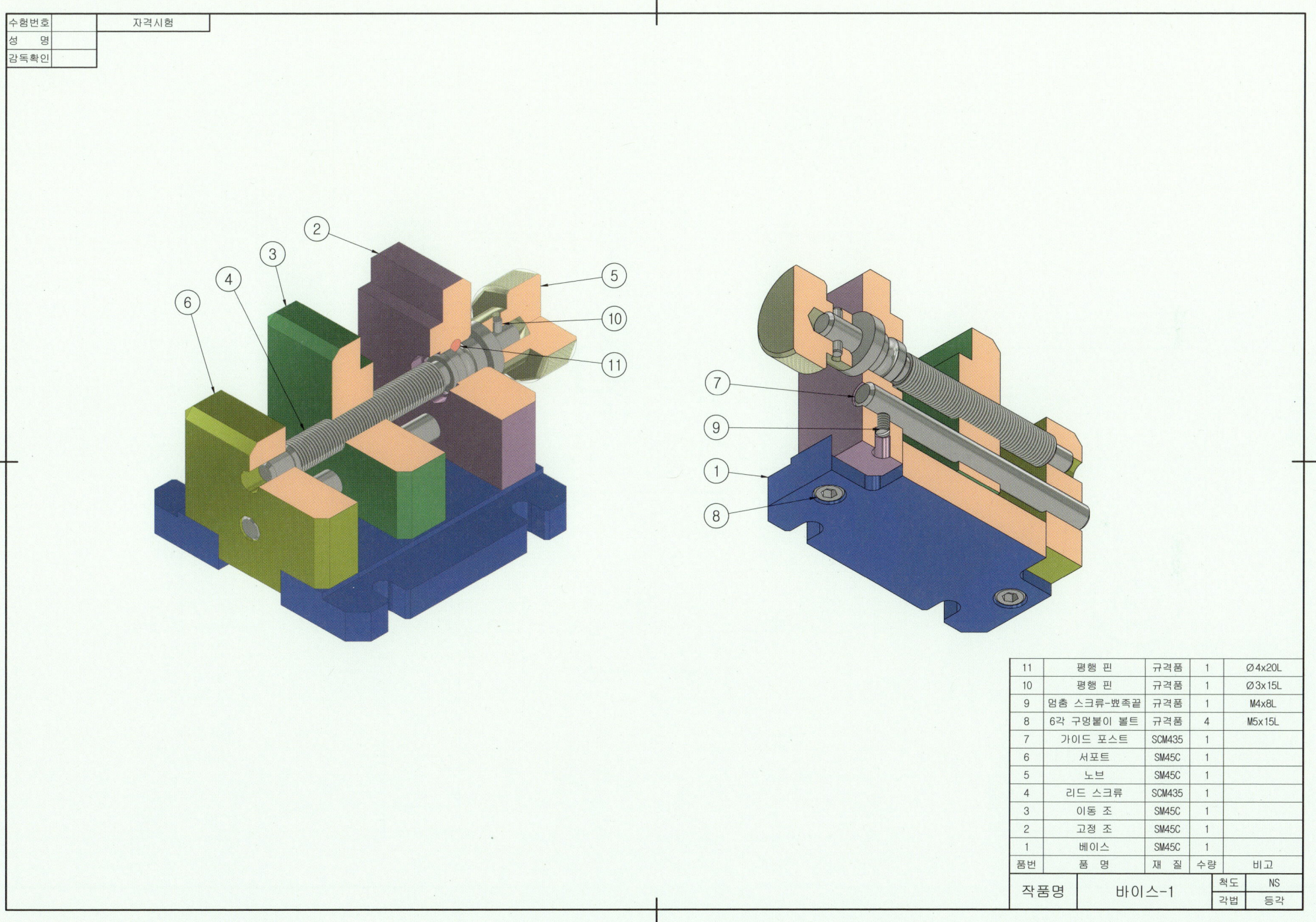

바이스-2 문제 도면

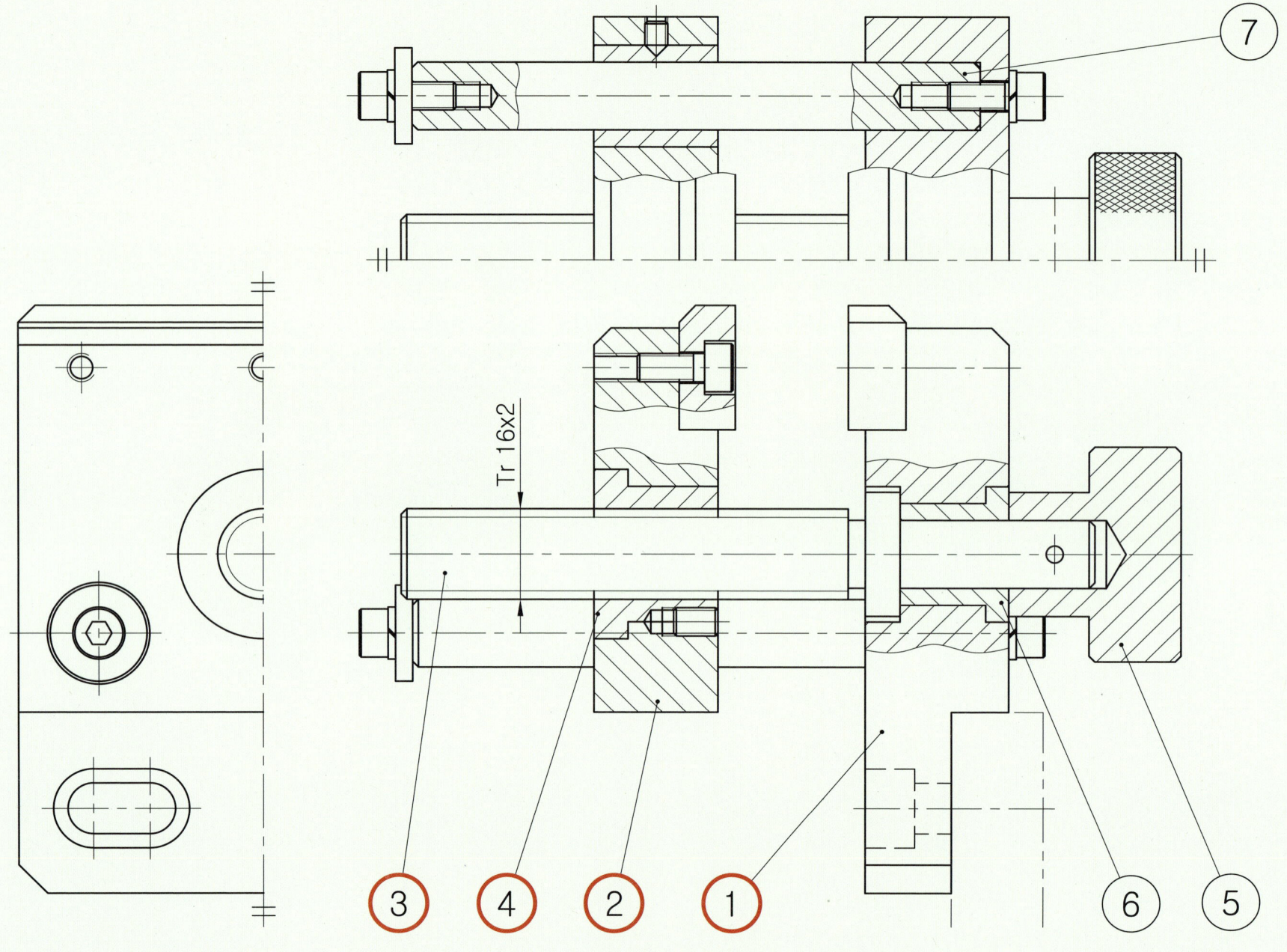

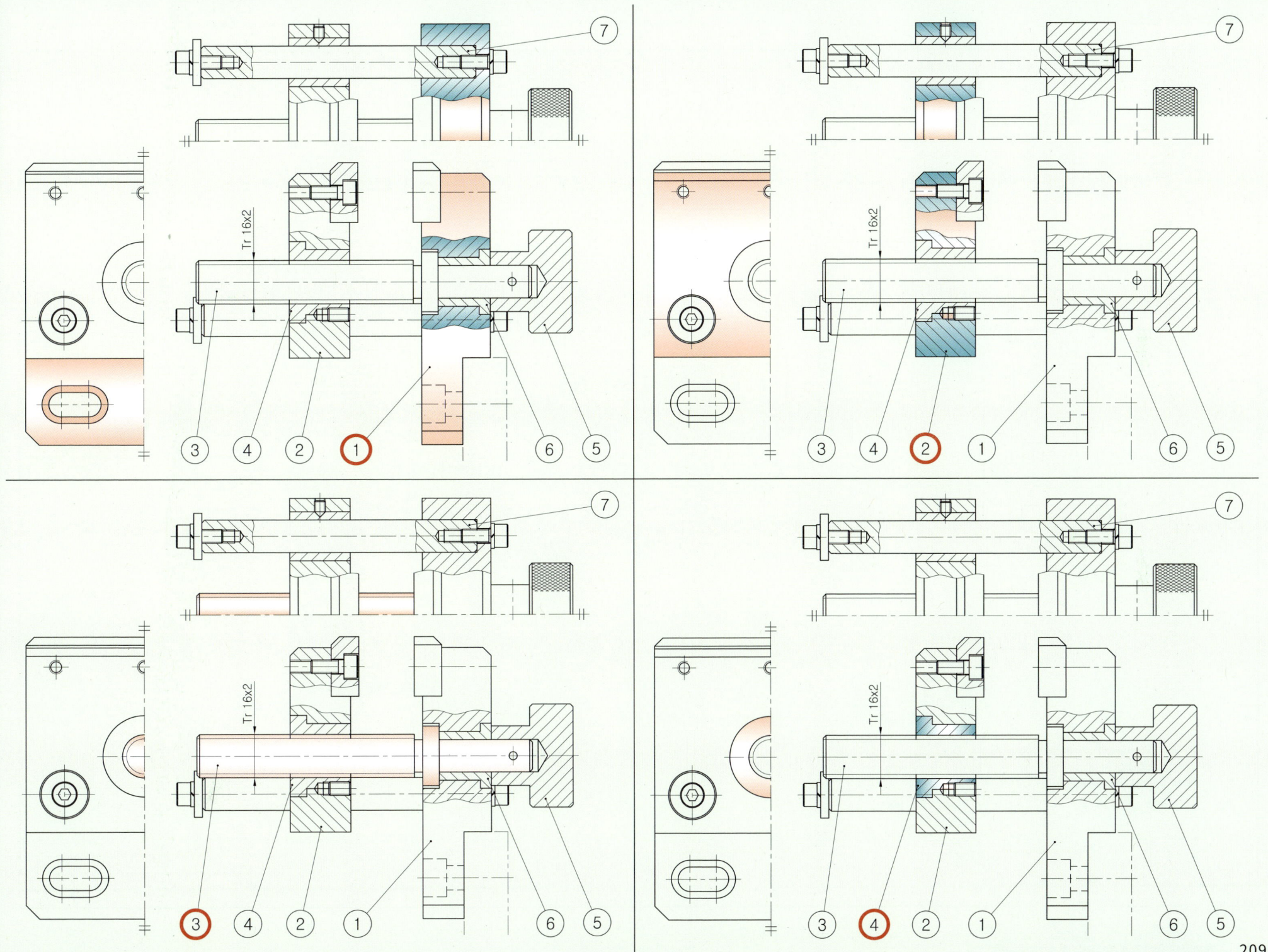

바이스-2 부품도

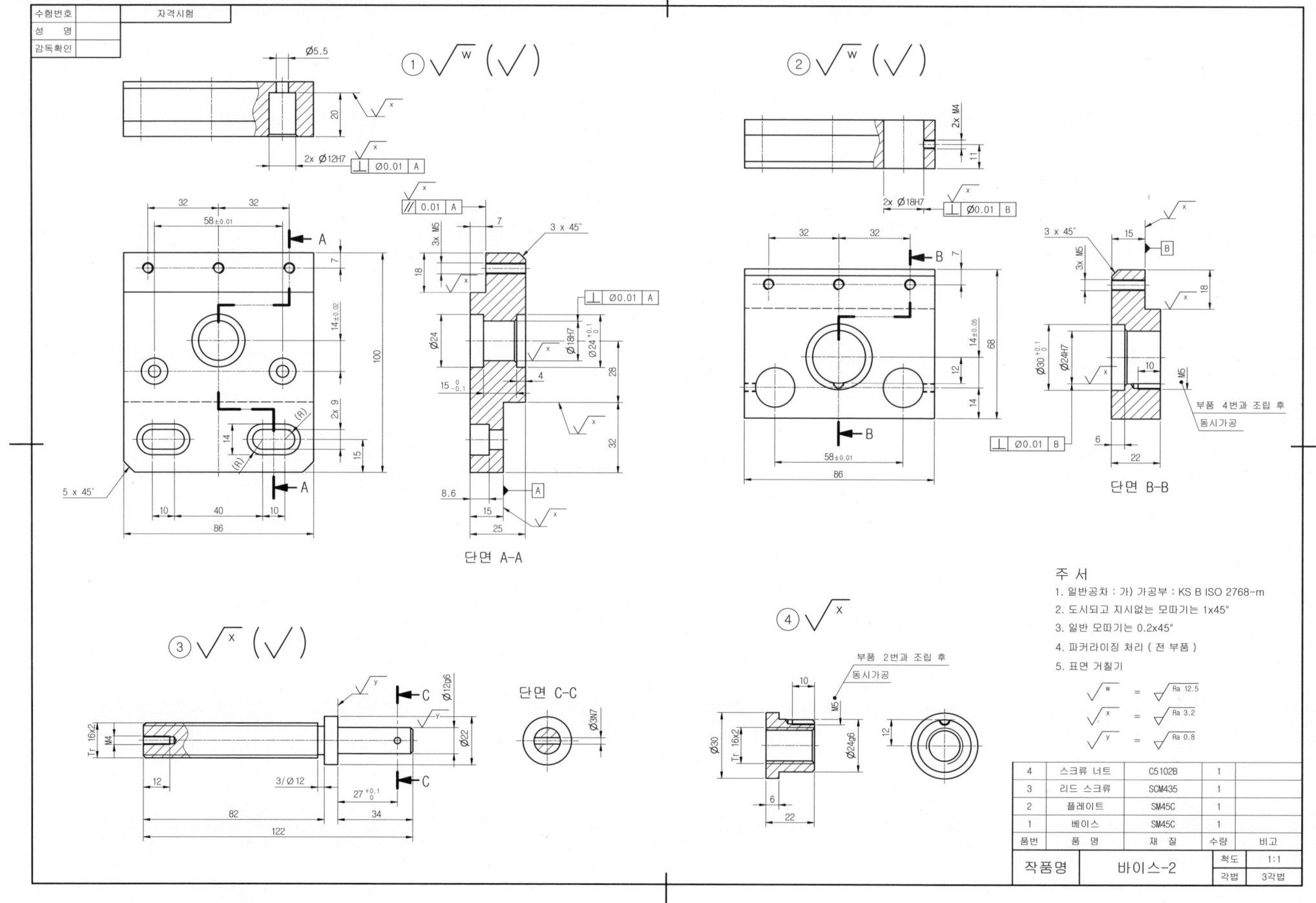

● 바이스-2 등각 투상도

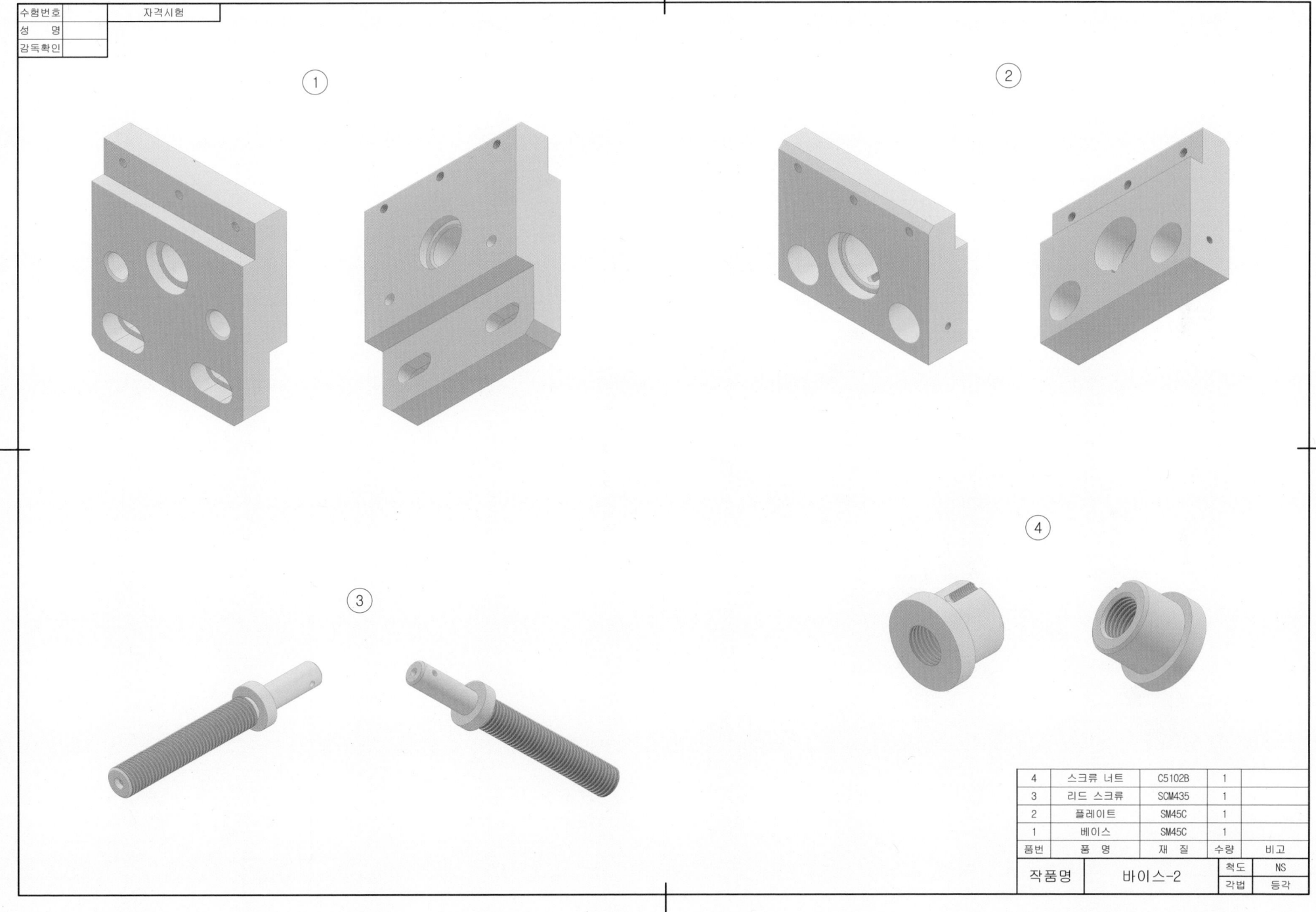

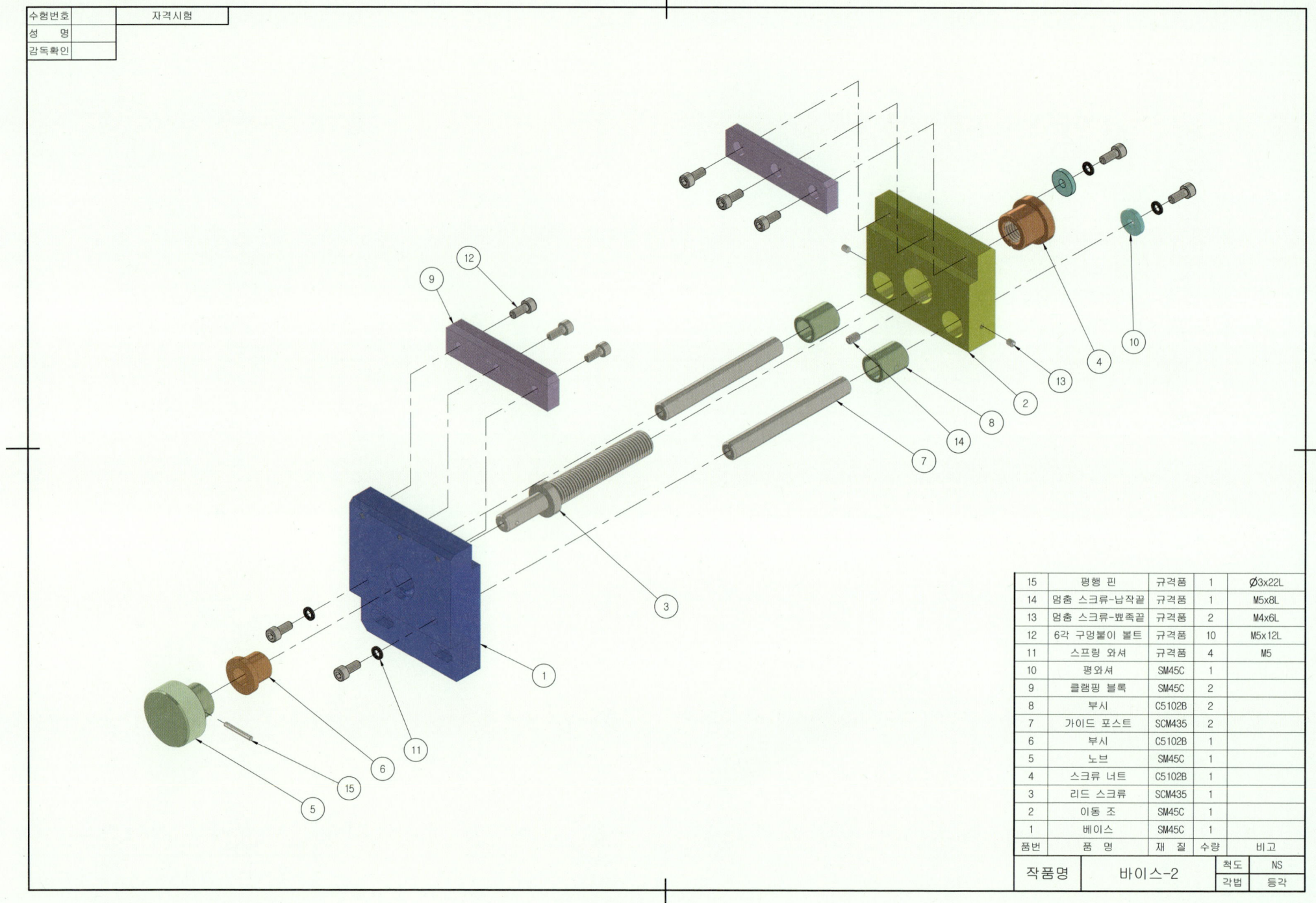

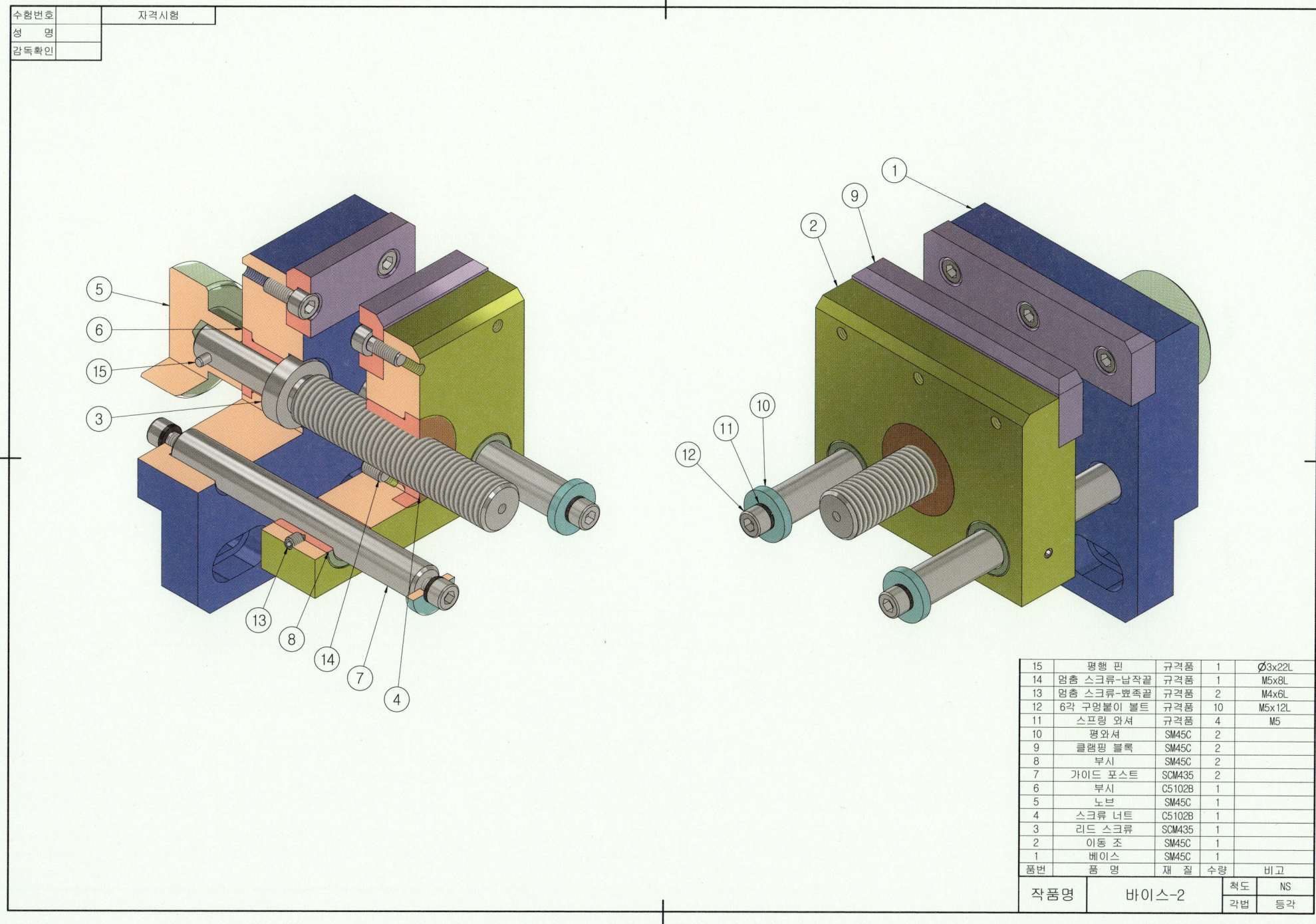

바이스-3 문제 도면

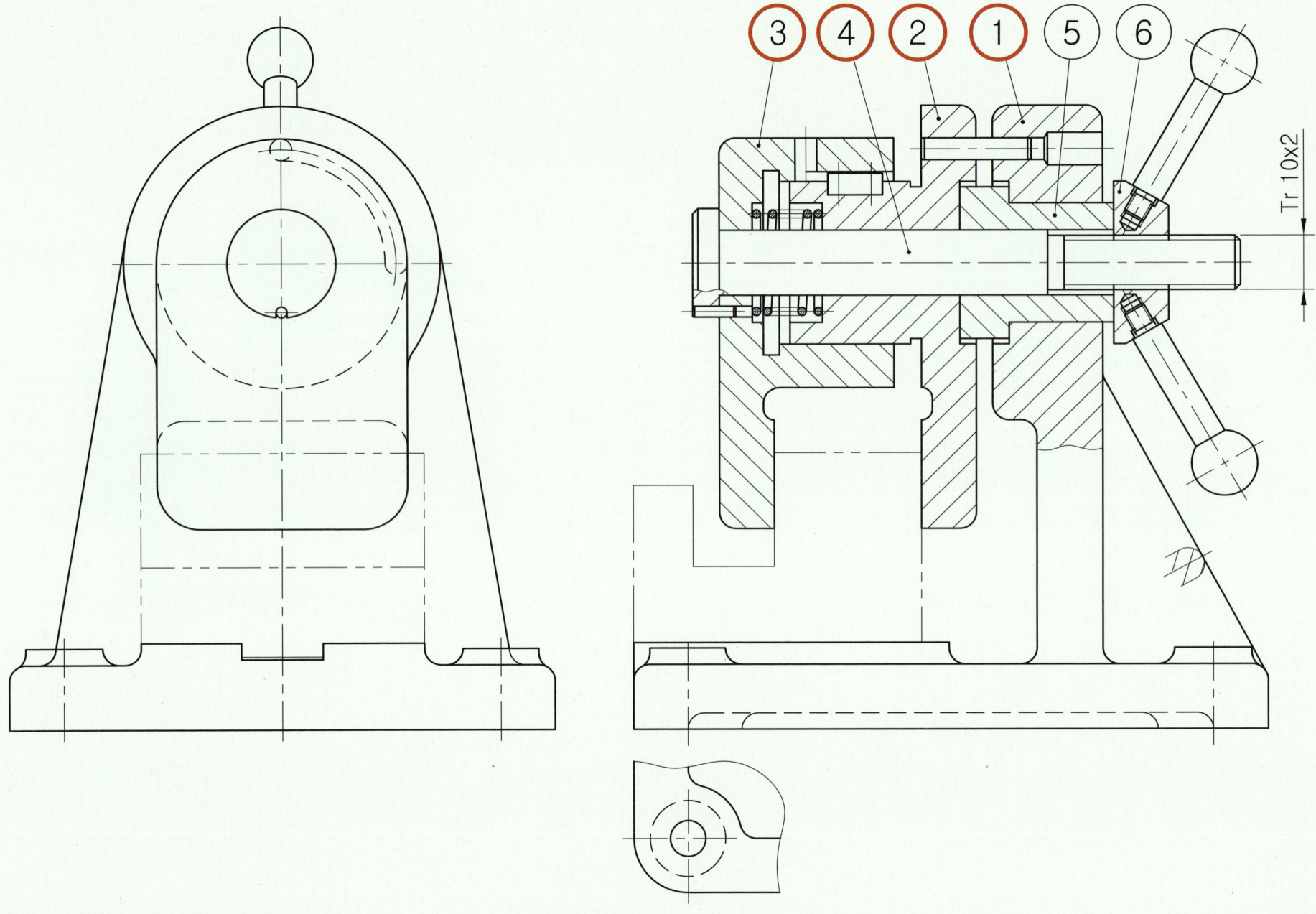

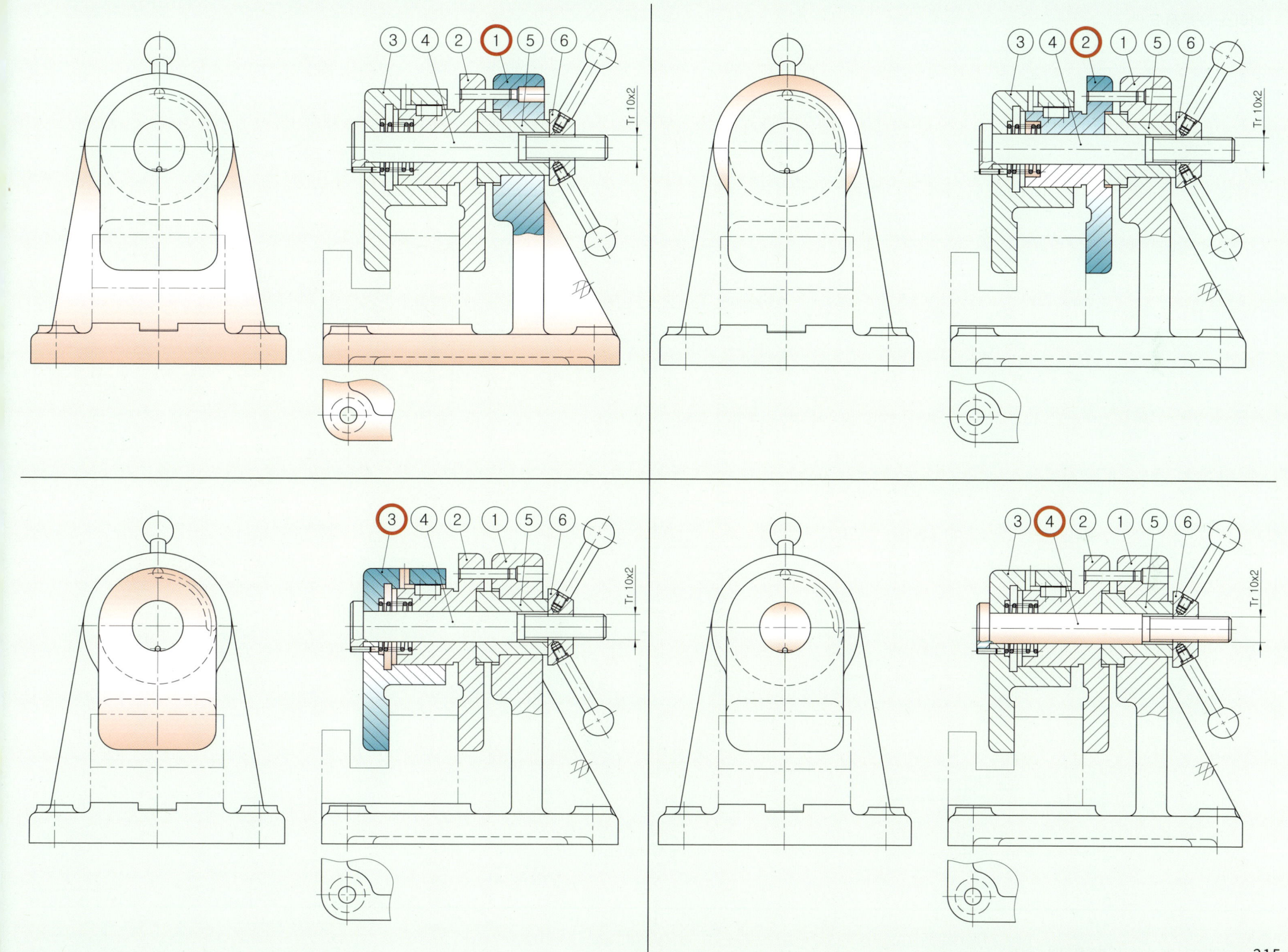

바이스-3 부품도

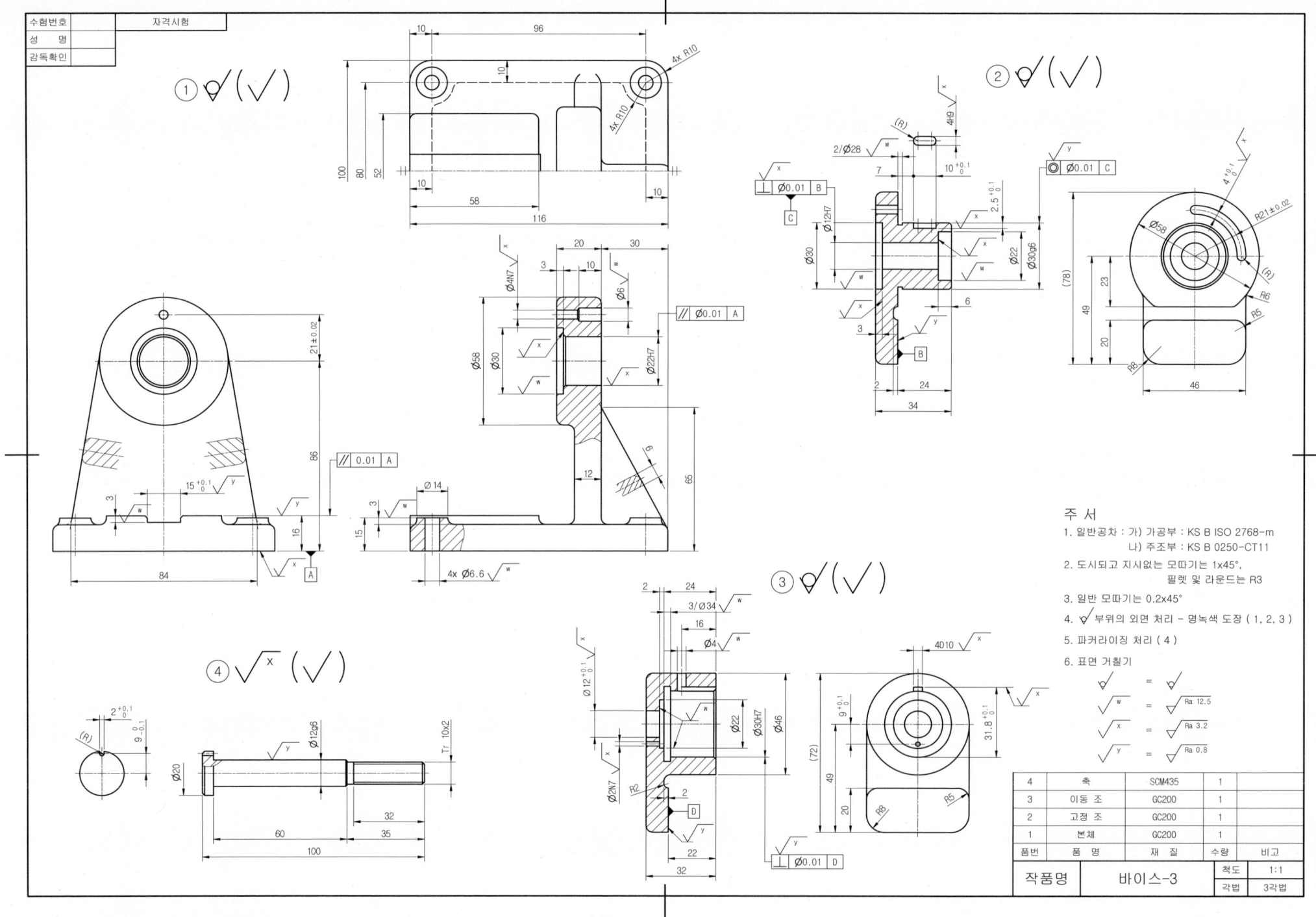

바이스-3 등각 투상도

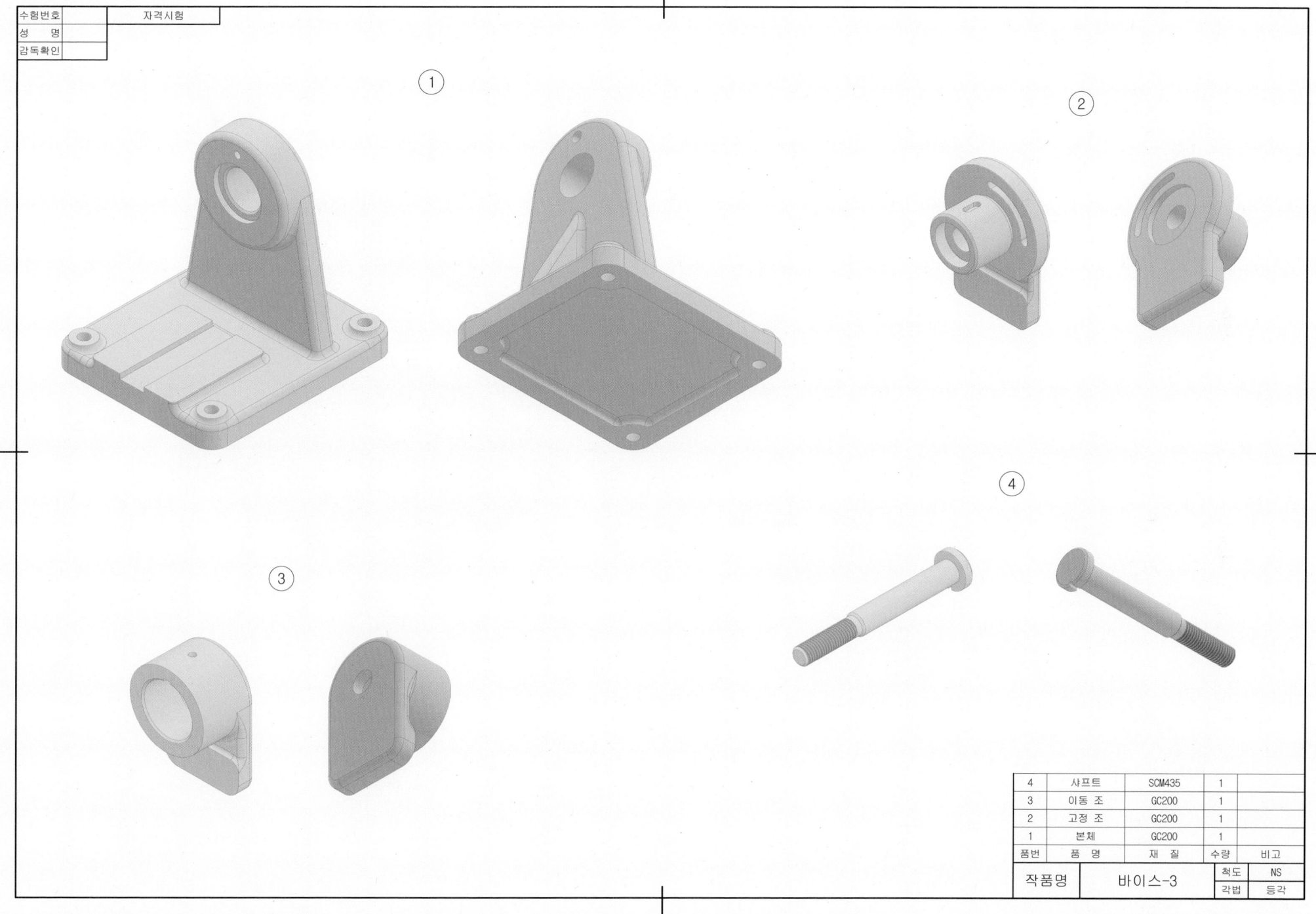

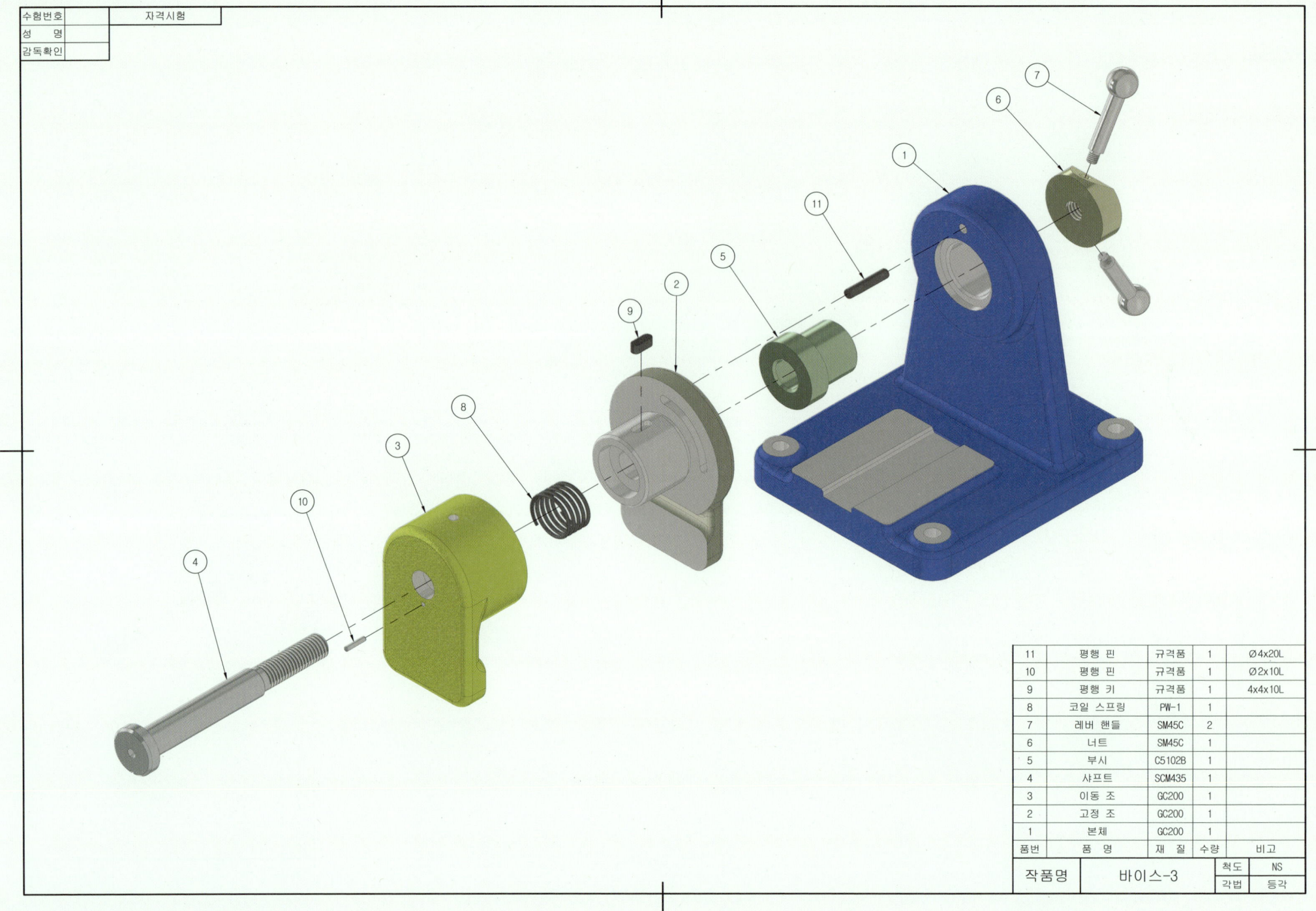

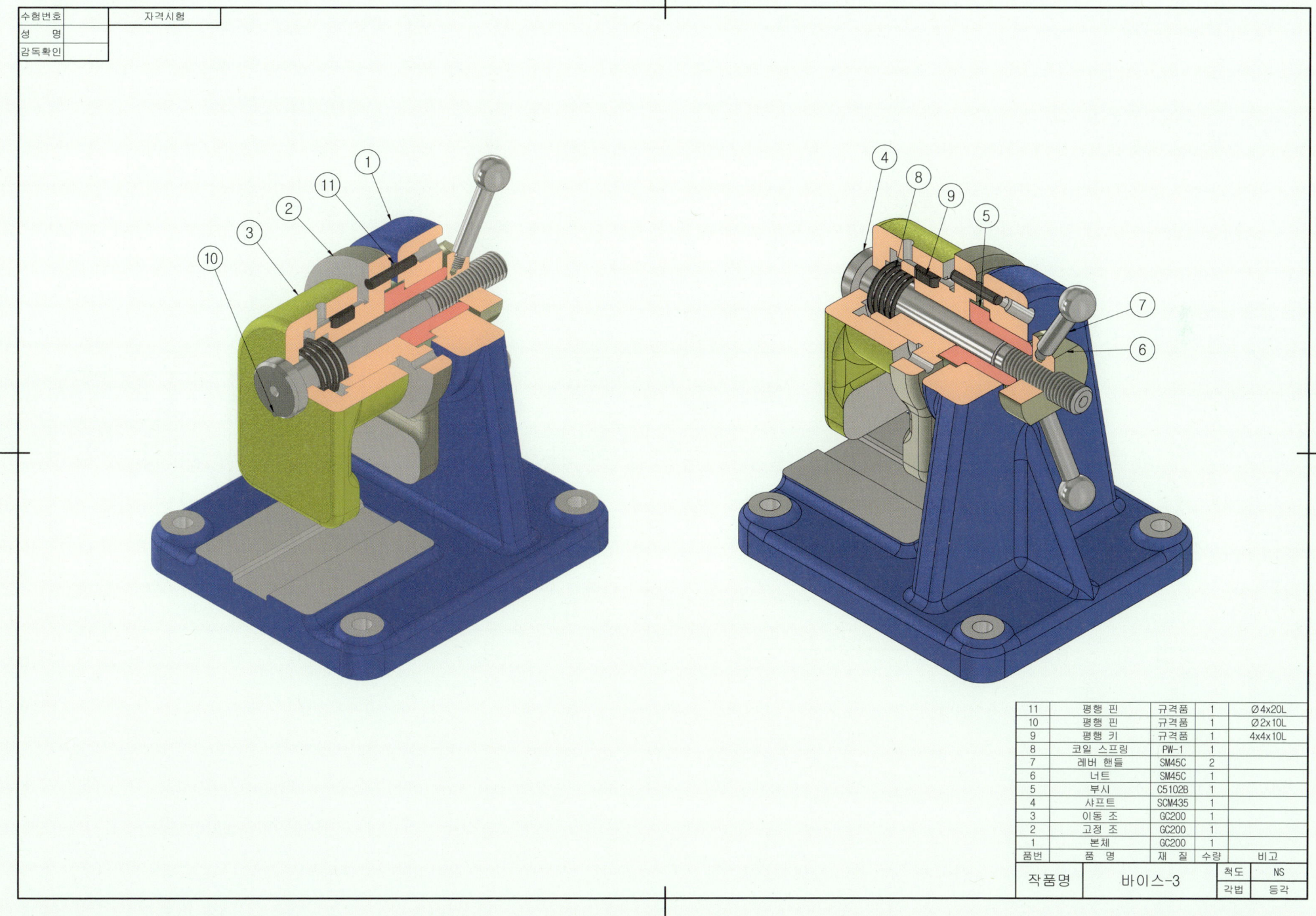

● 에어 클램프-1 문제 도면

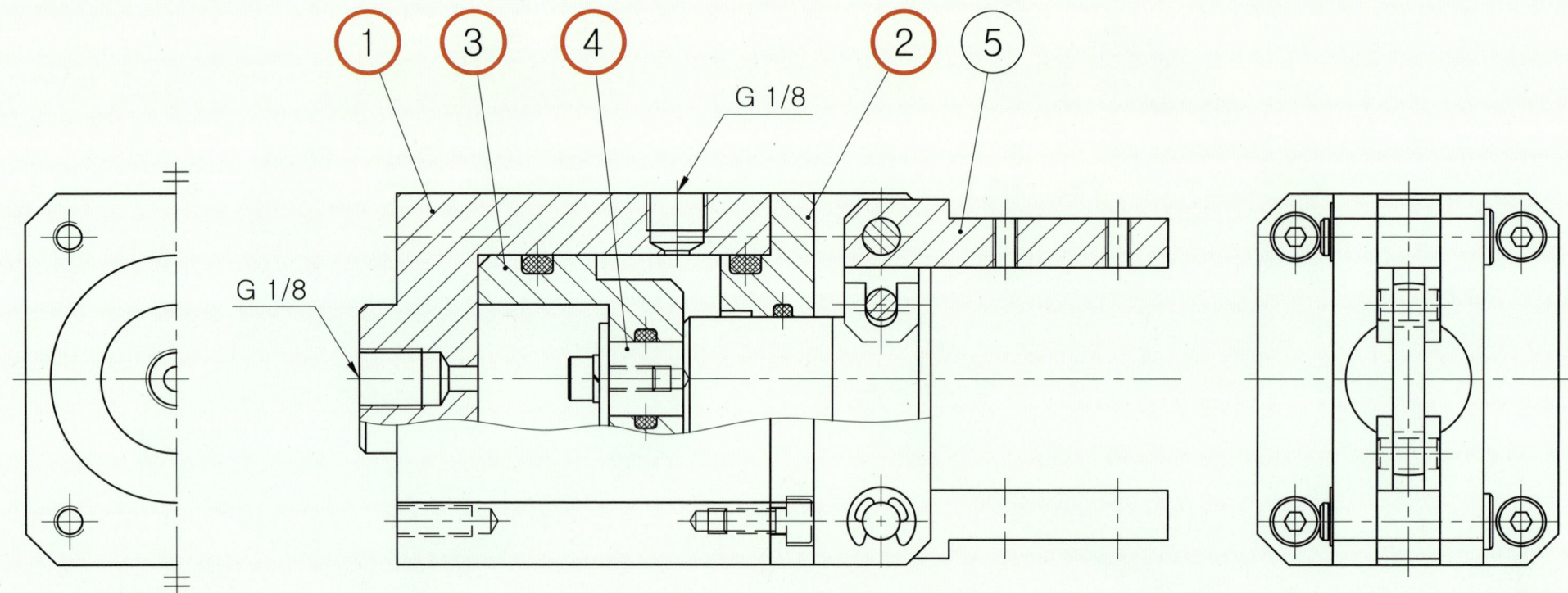

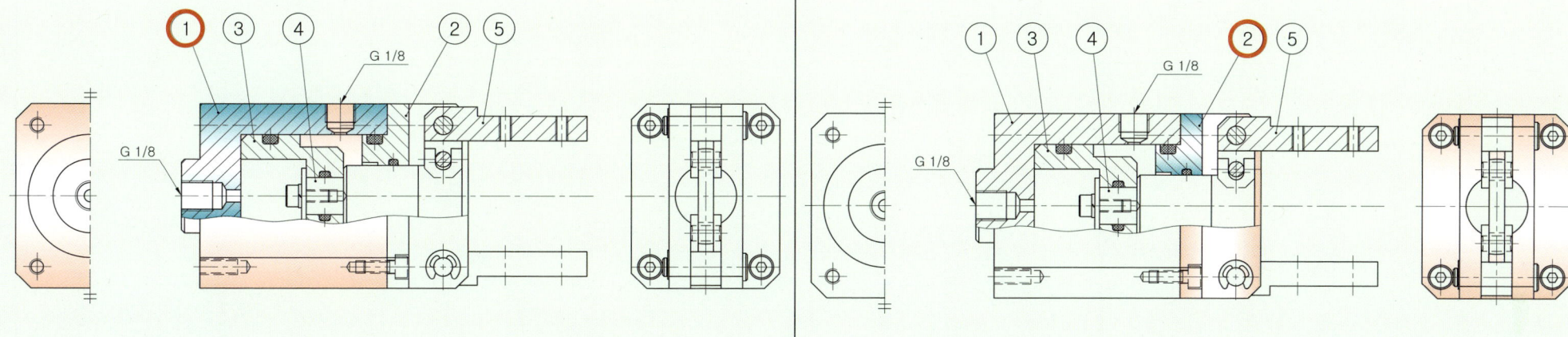
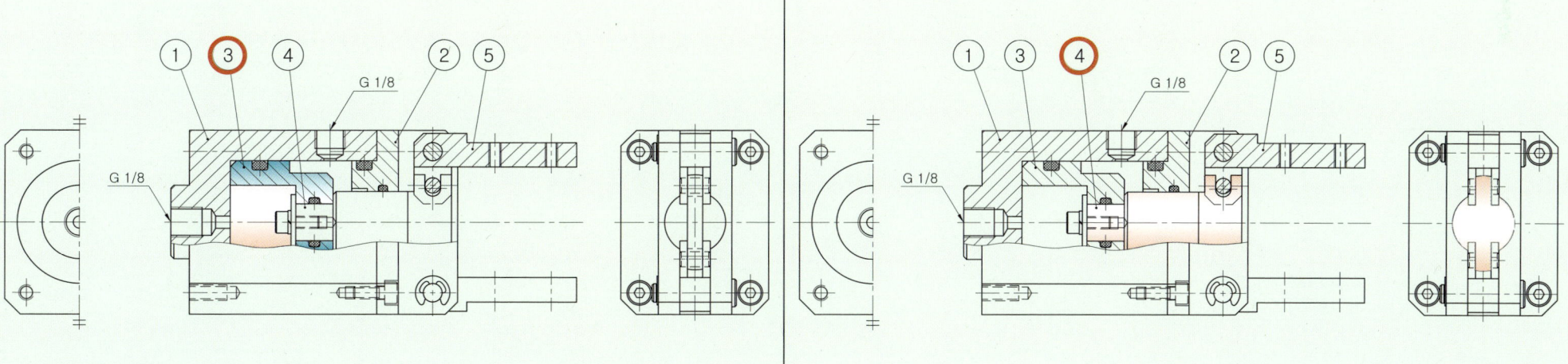

221

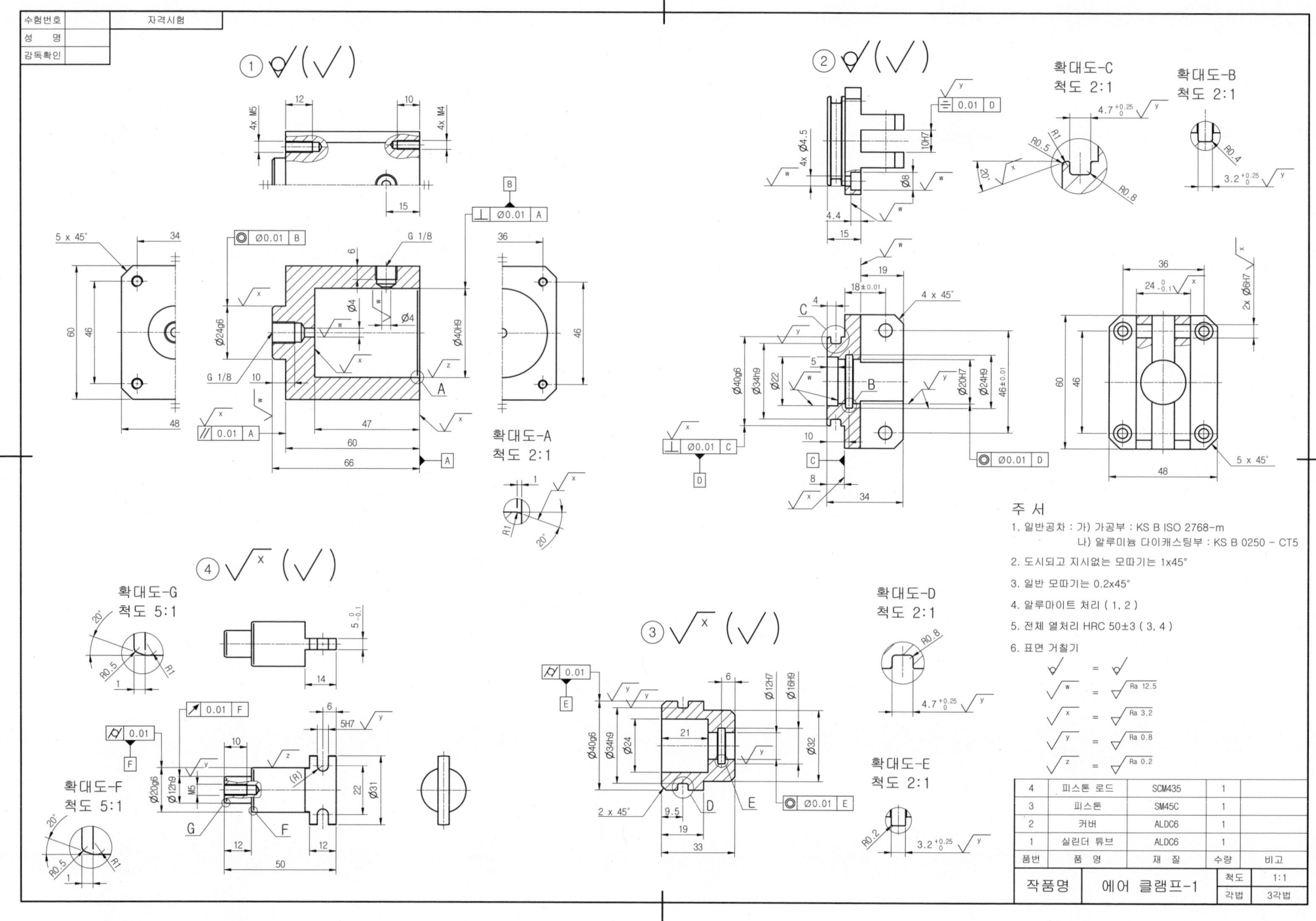

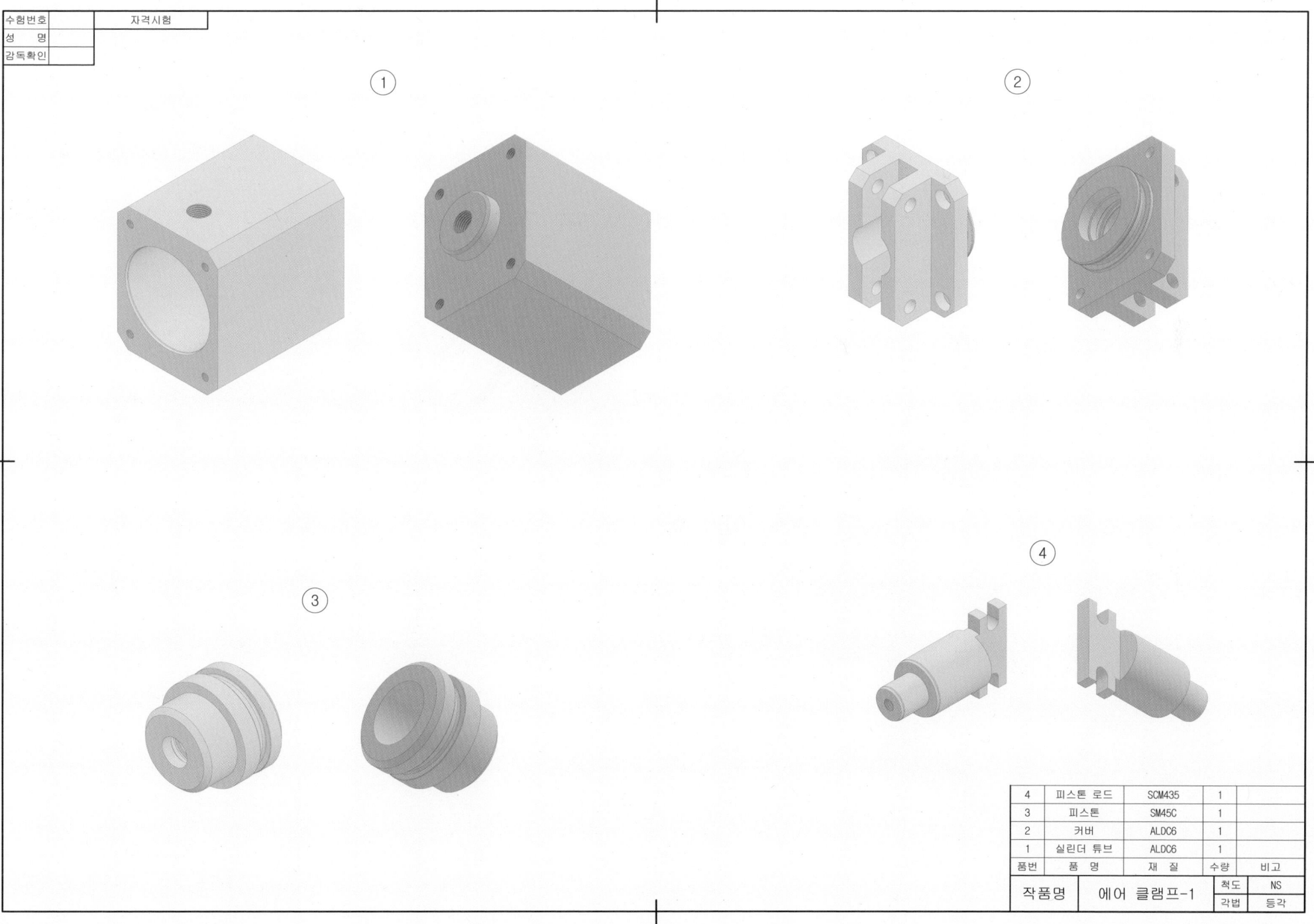

● 에어 클램프-1 분해도

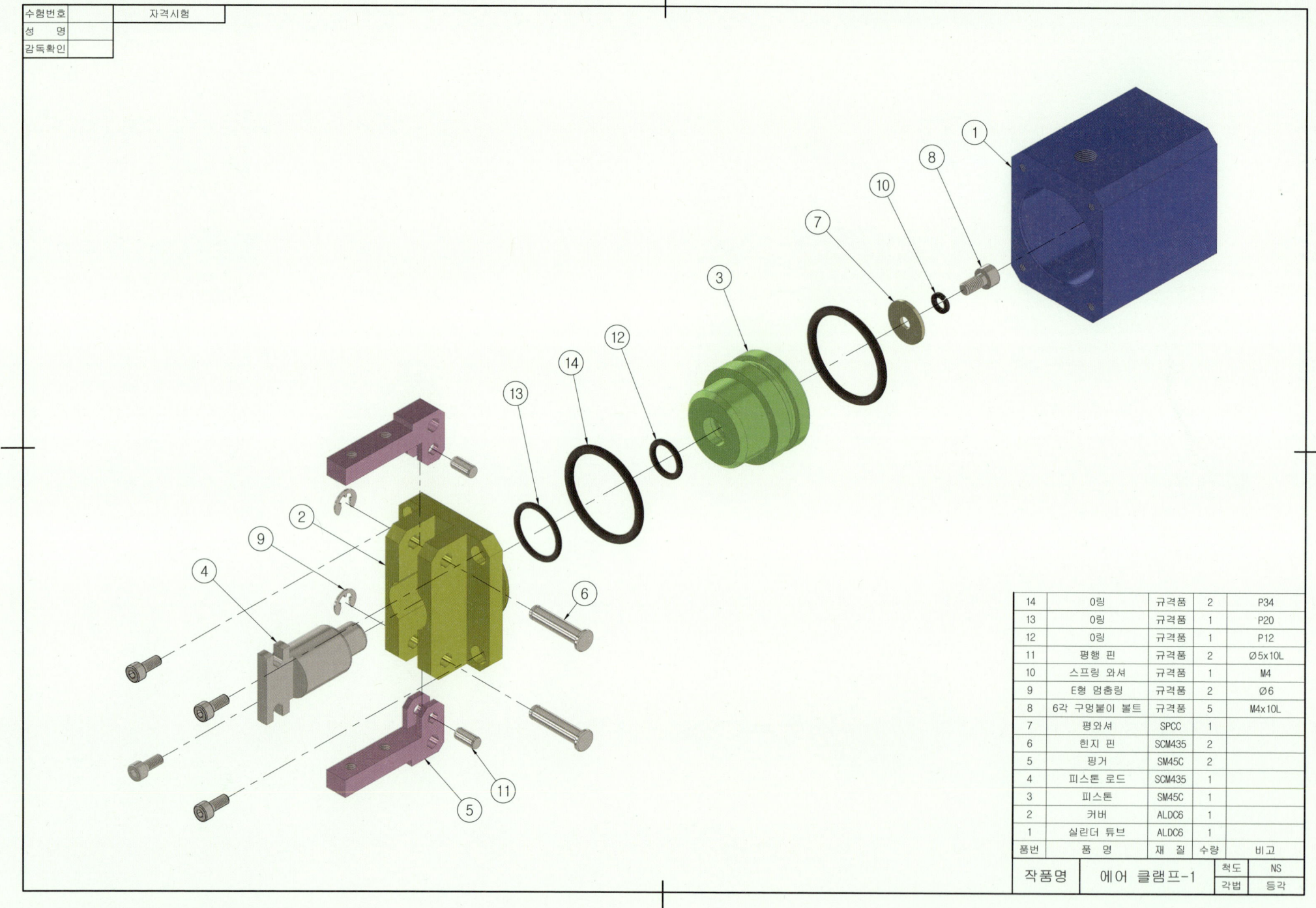

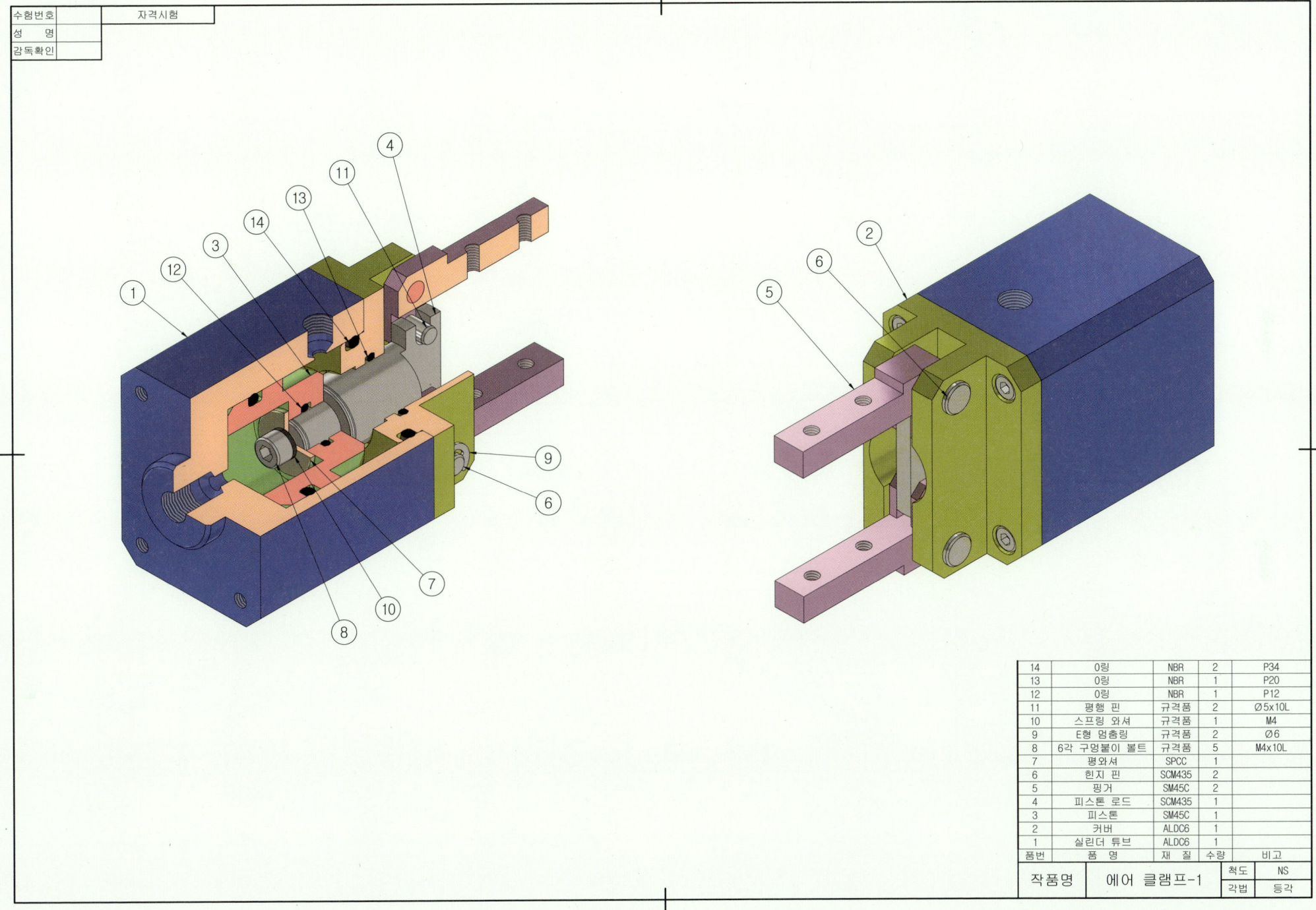

에어 클램프-2 문제 도면

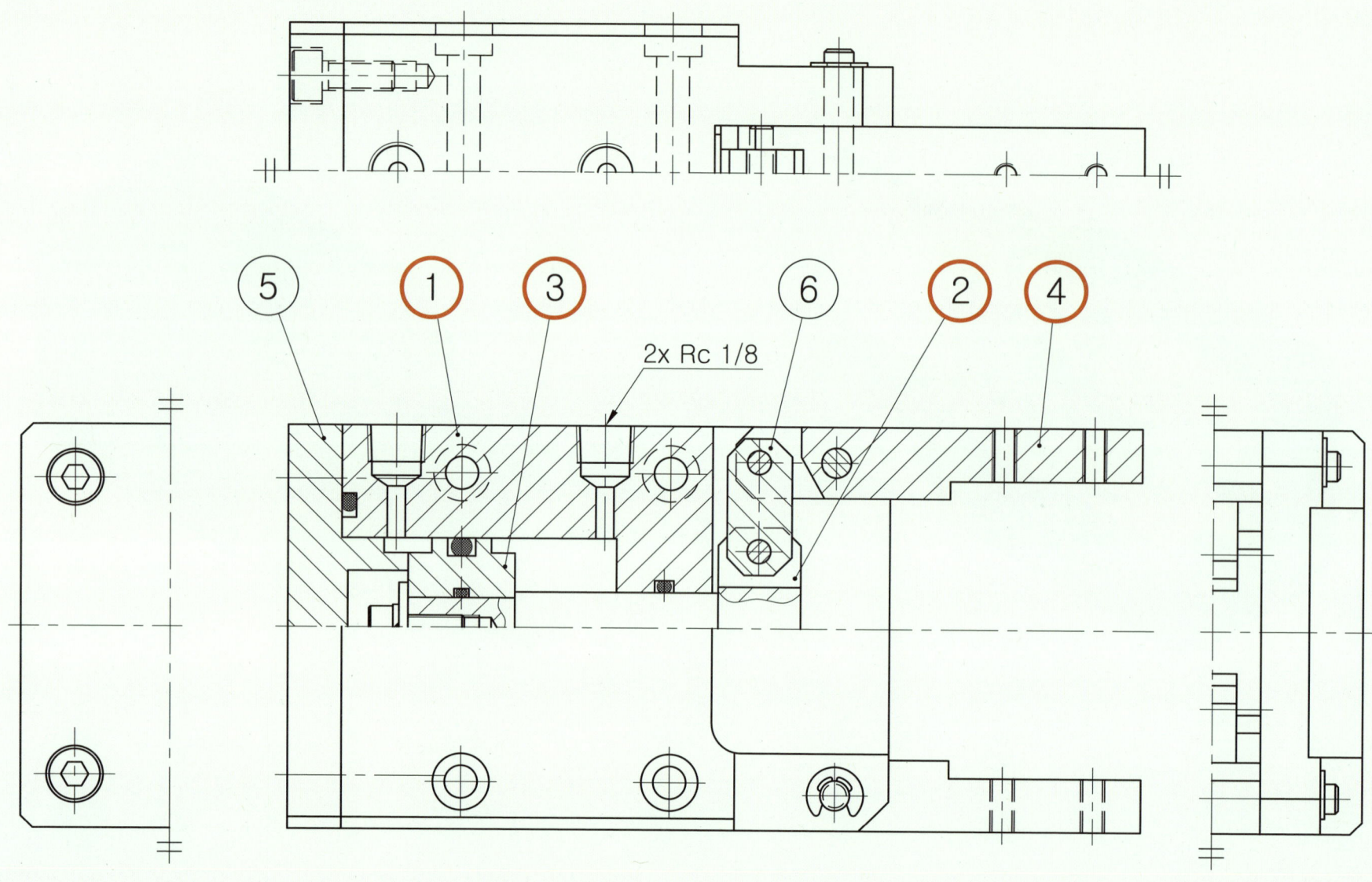

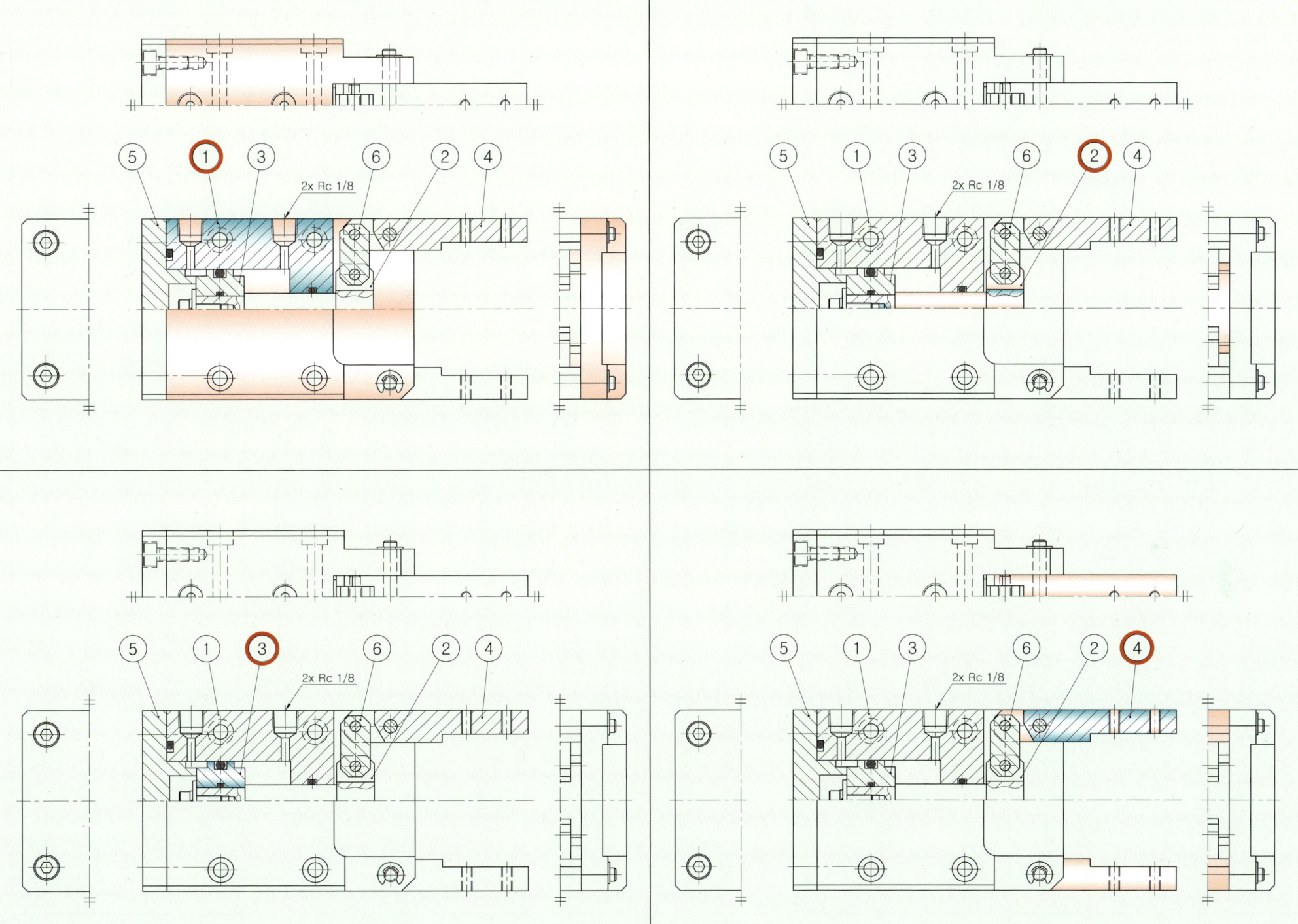

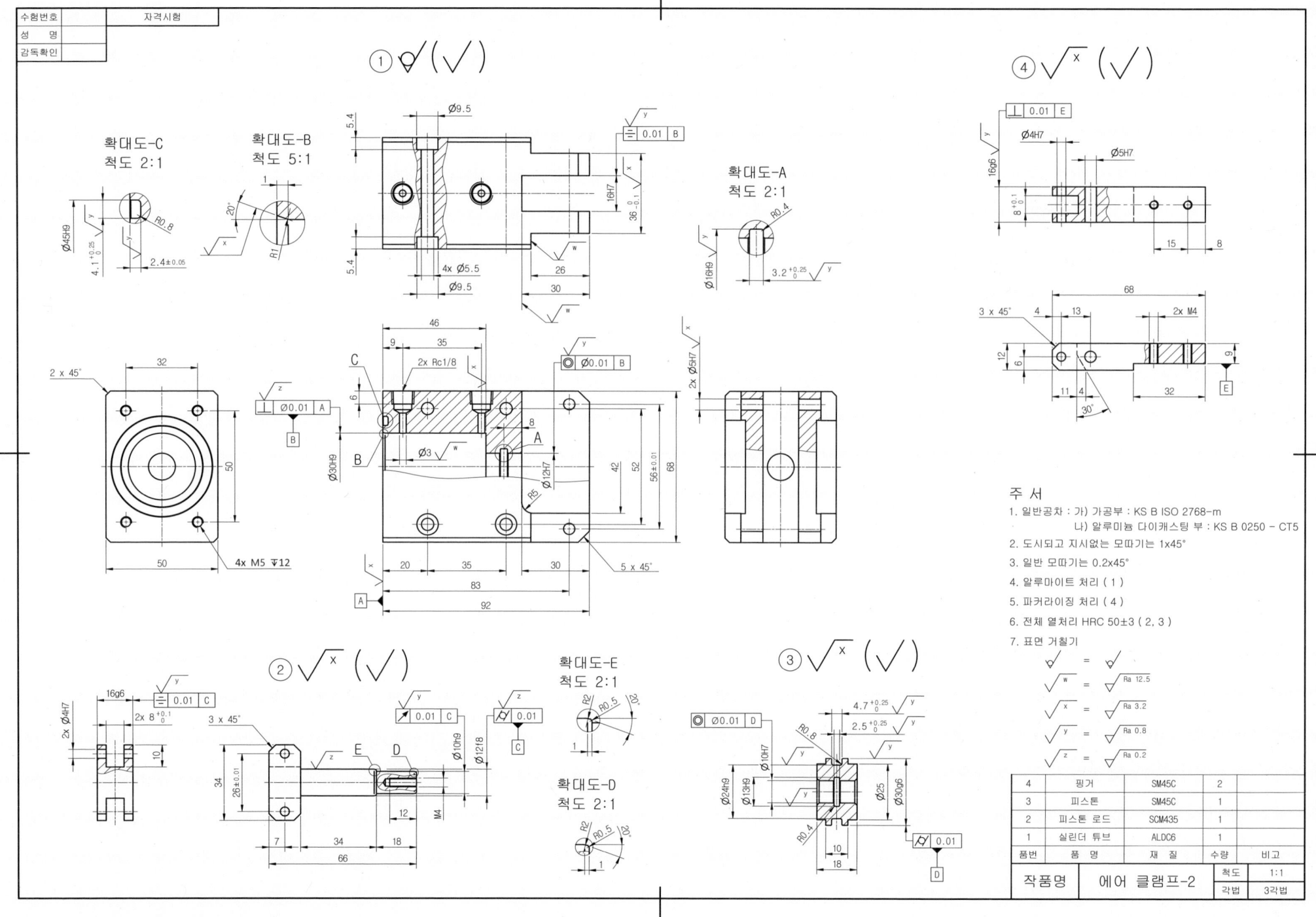

● 에어 클램프-2 등각 투상도

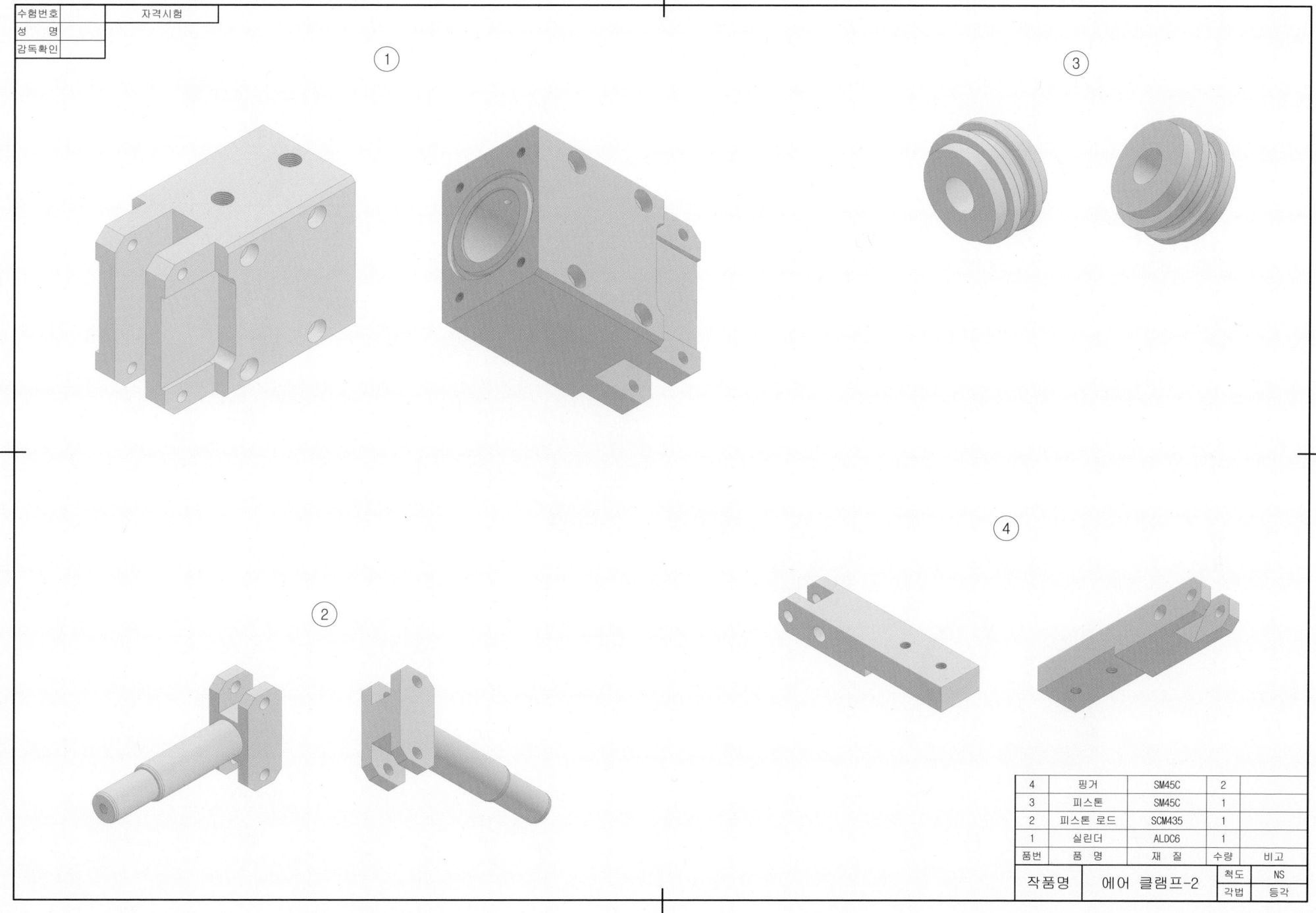

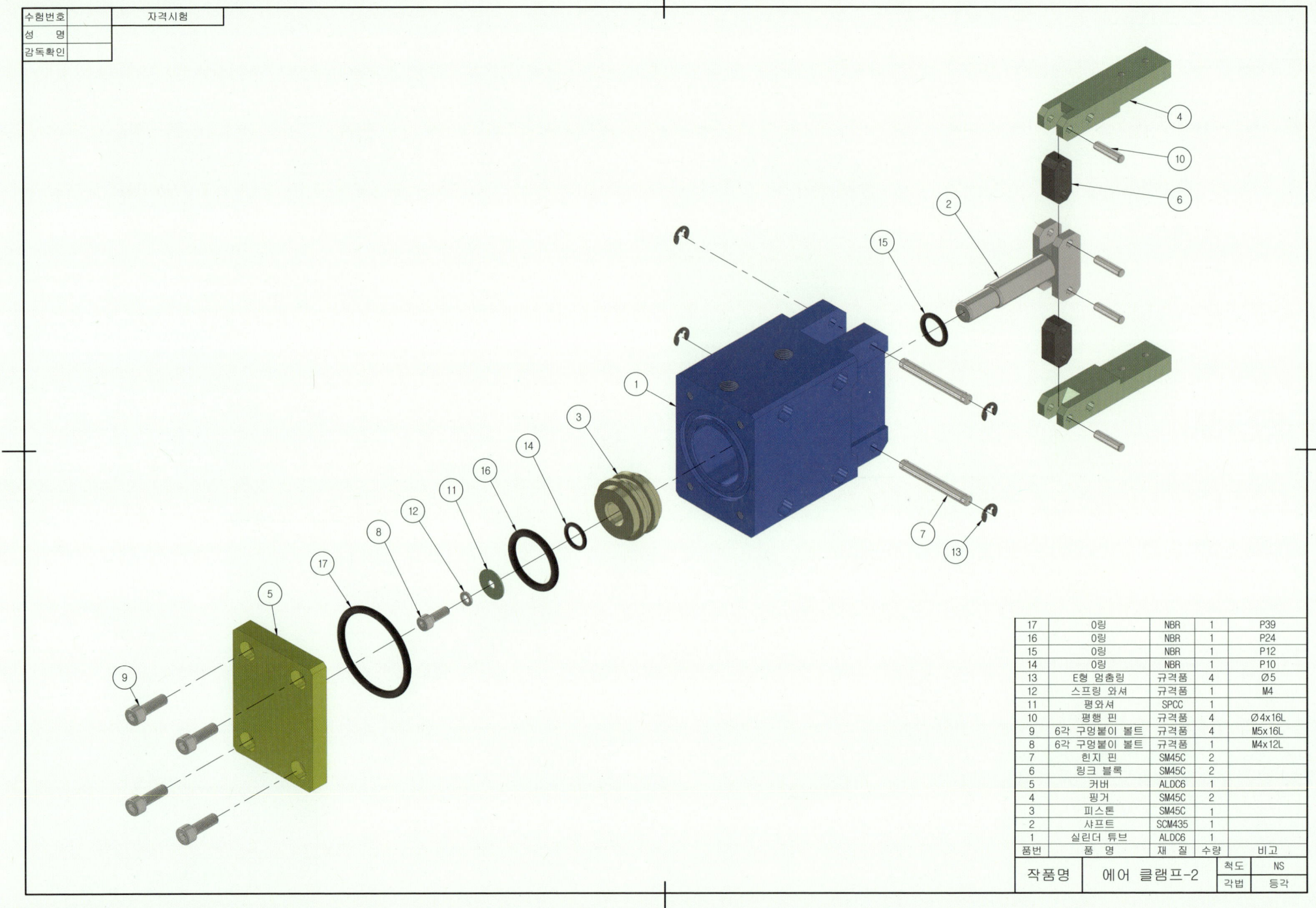

● 에어 클램프-2 조립도

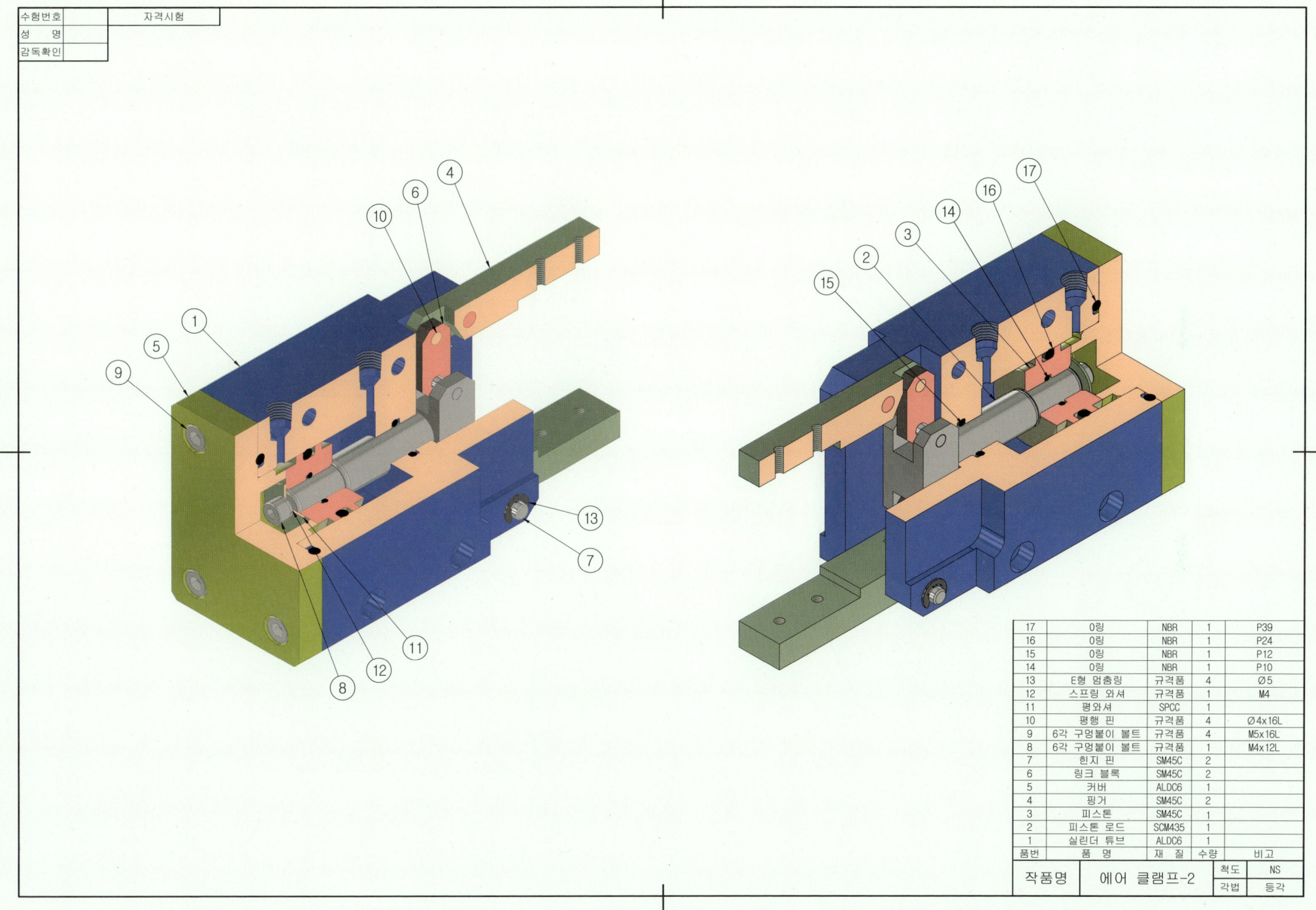

● 기어 펌프-1 문제 도면

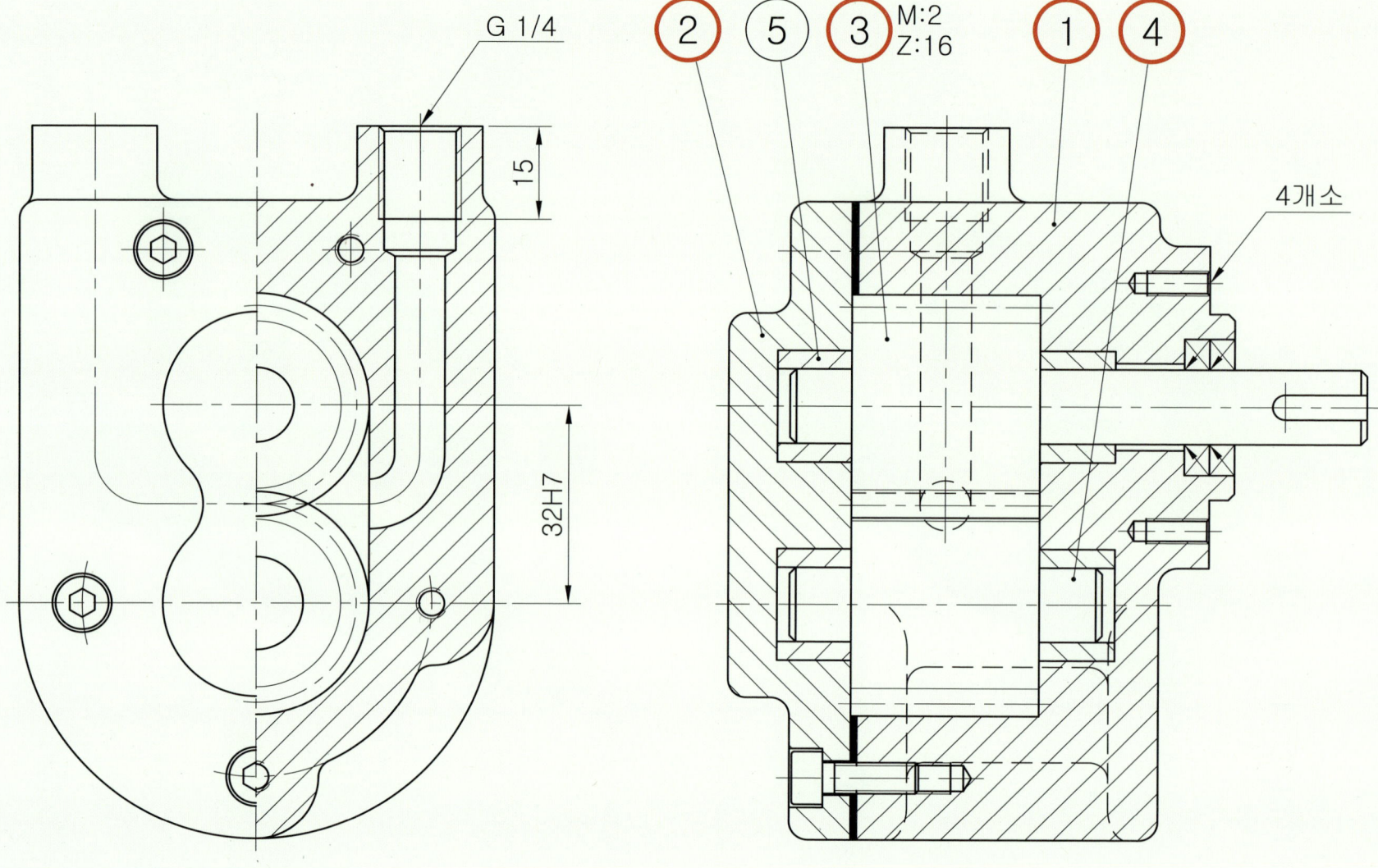

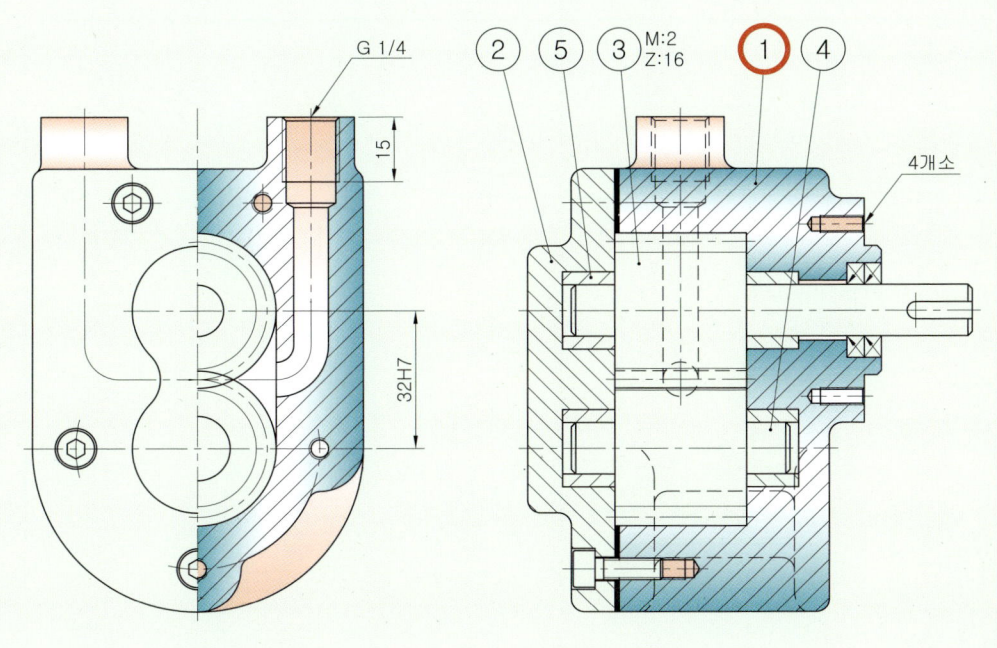
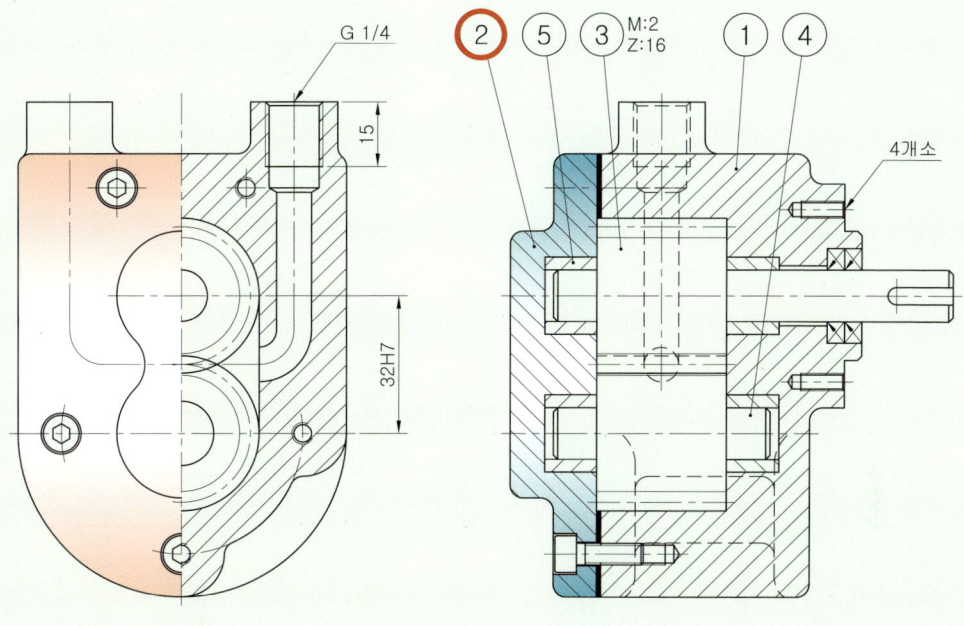
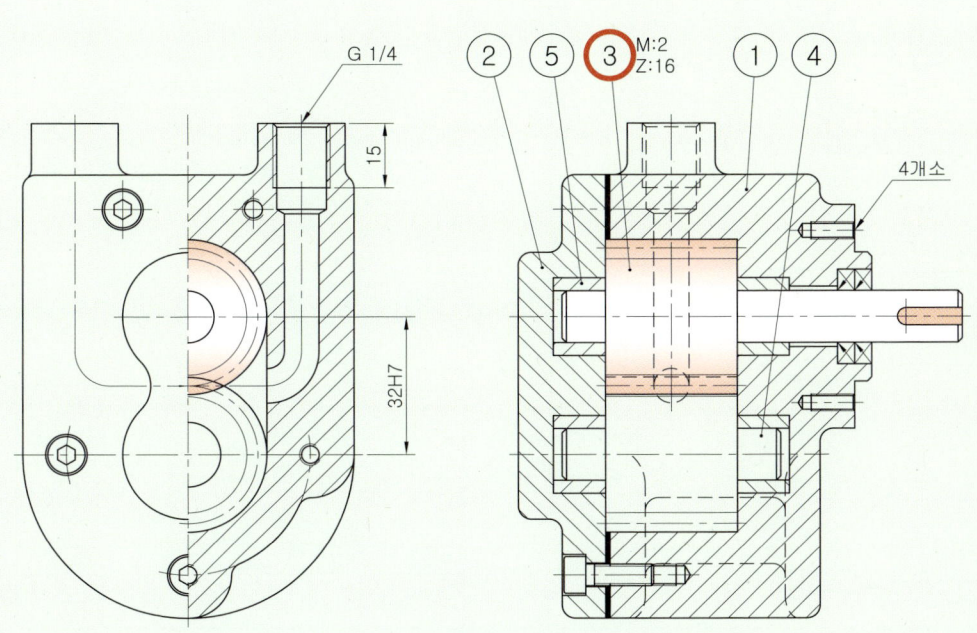
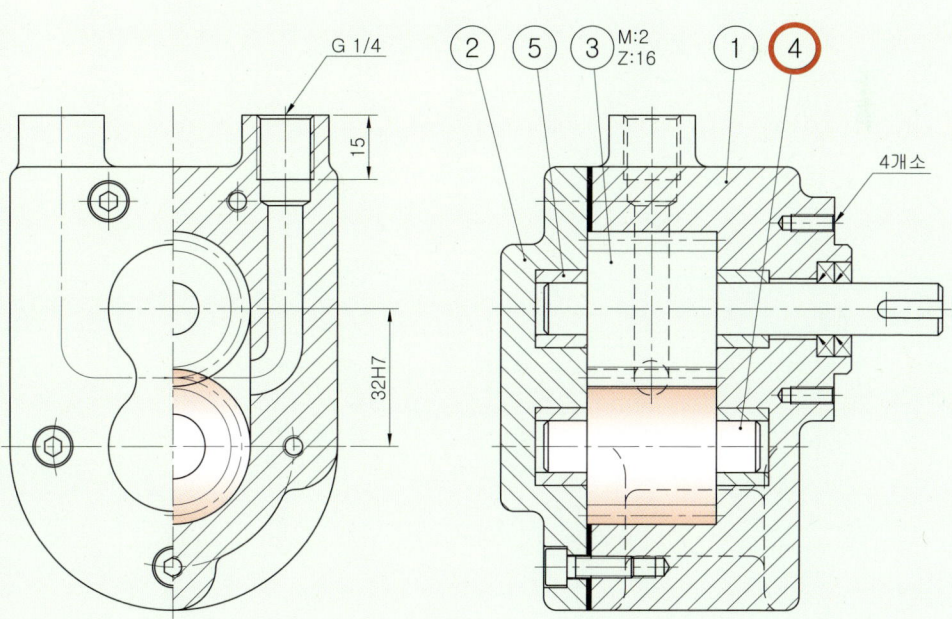

기어 펌프-1 부품도

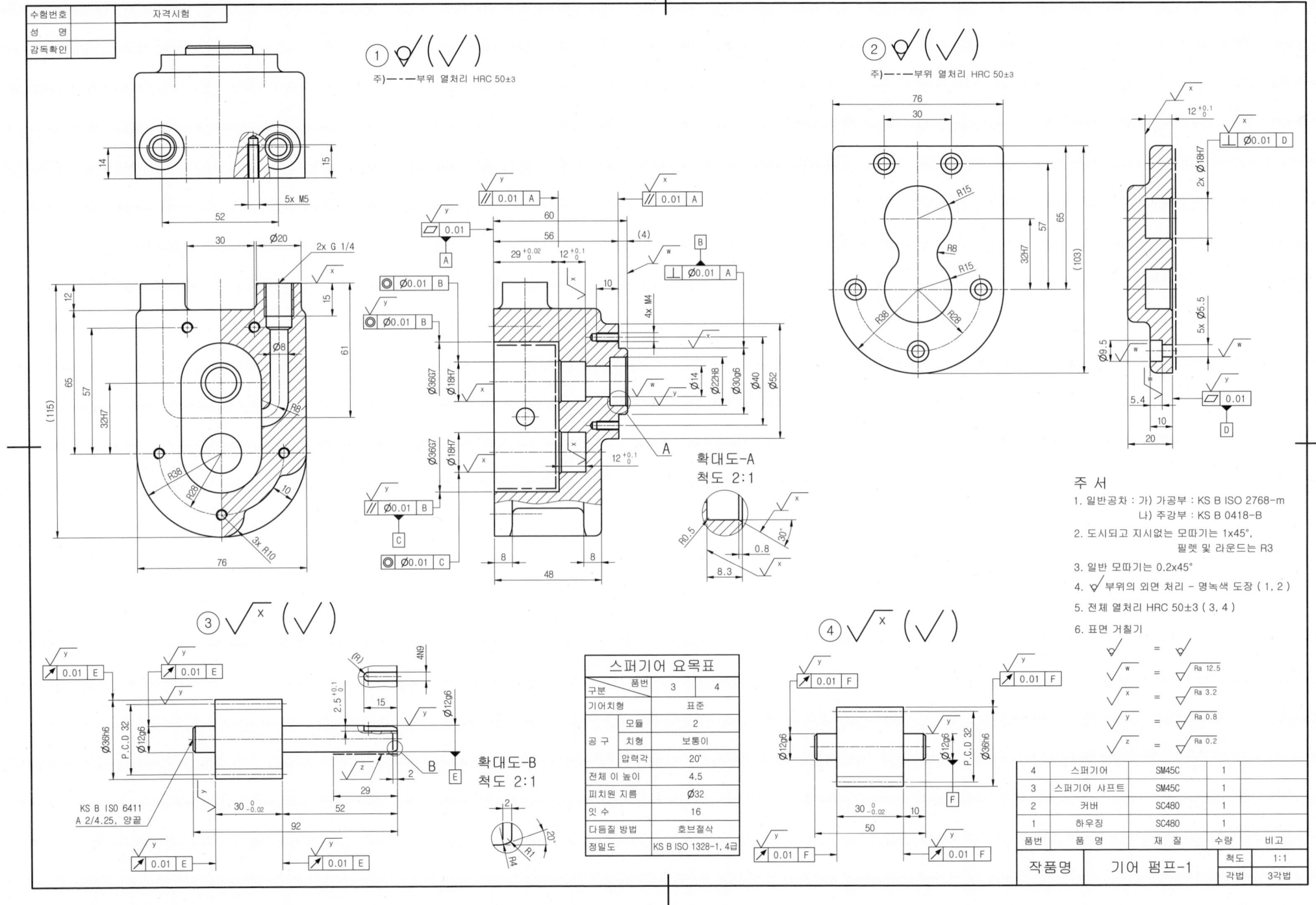

● **기어 펌프-1 등각 투상도**

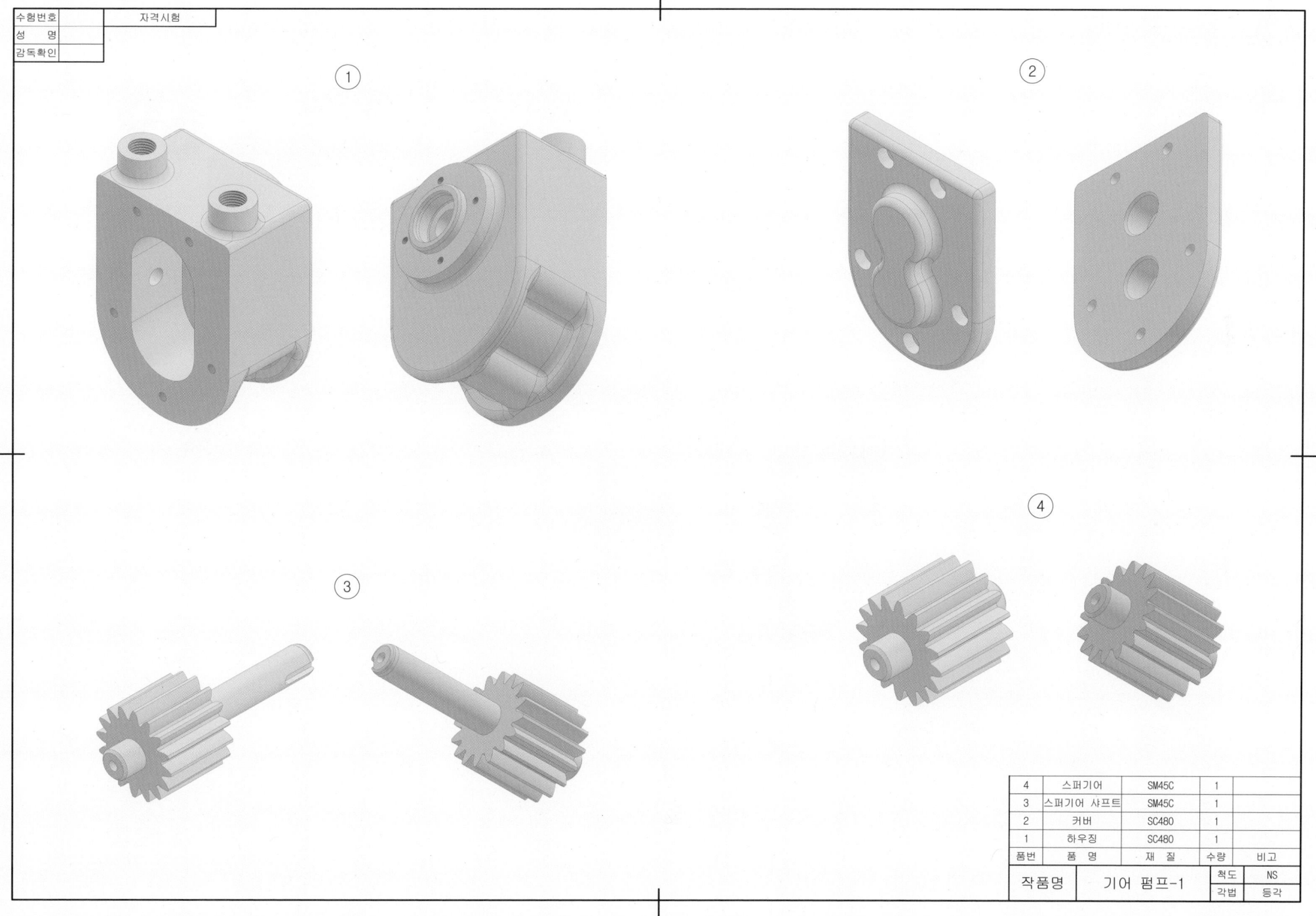

기어 펌프-1 분해도

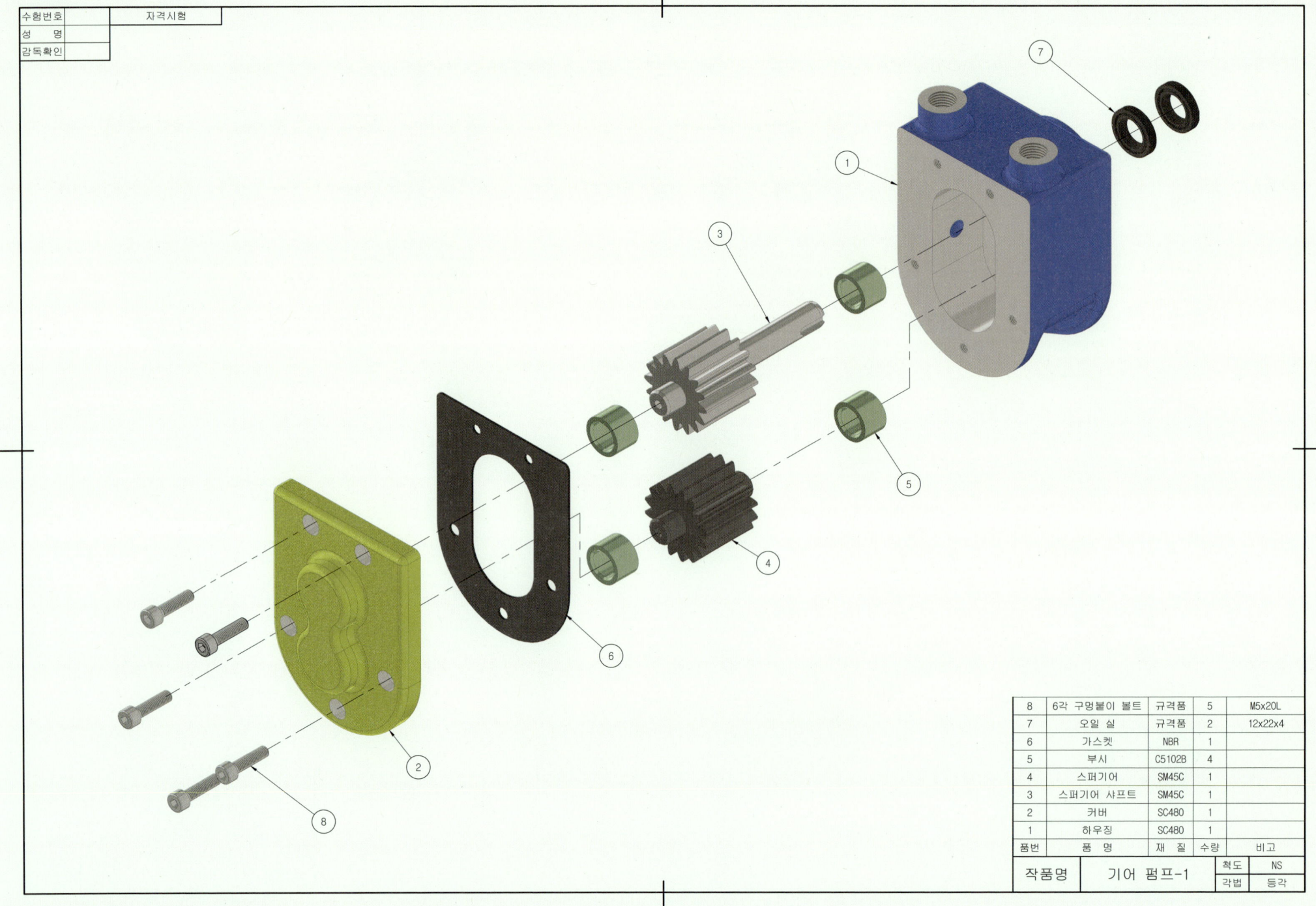

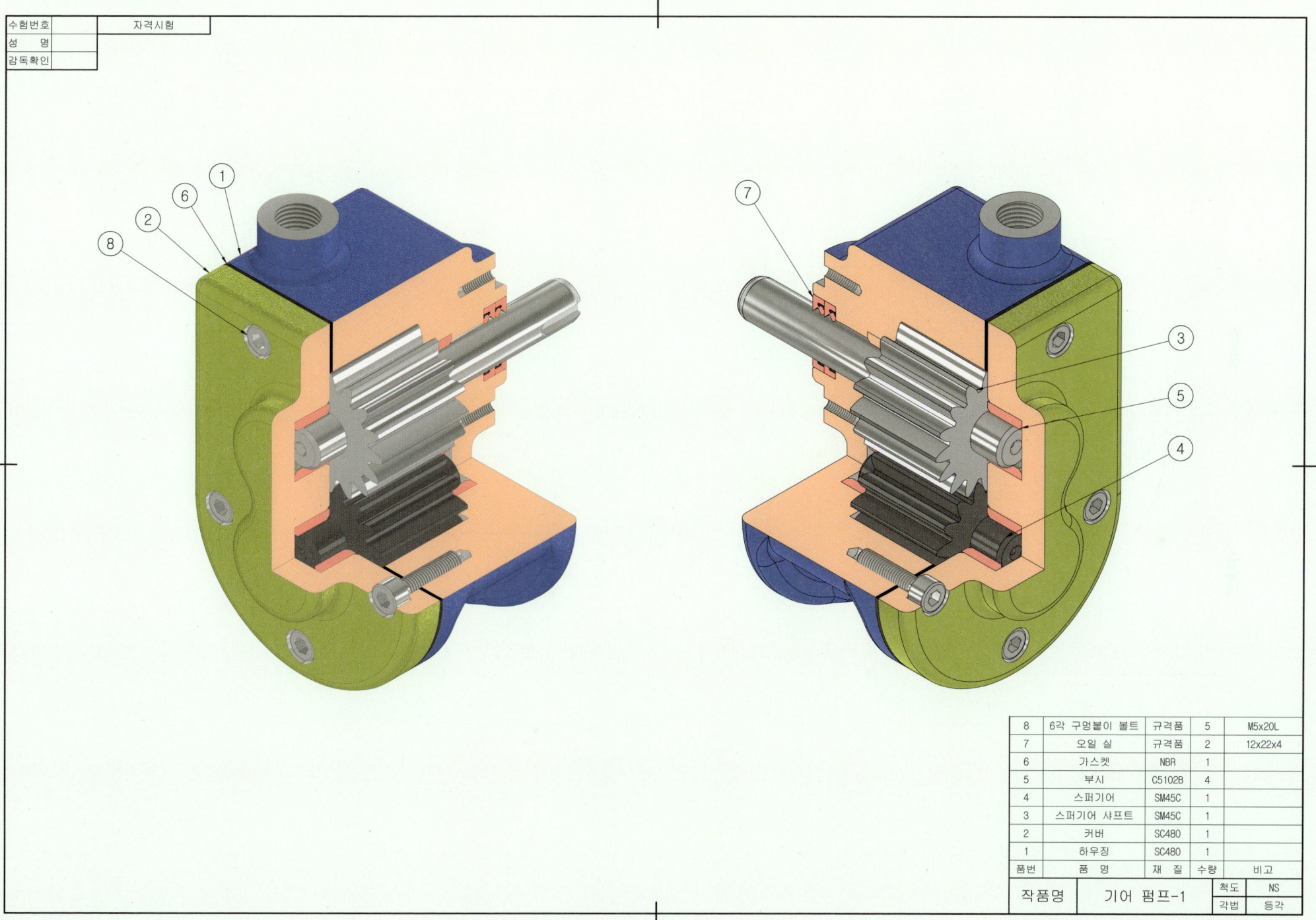

● 기어 펌프-2 문제 도면

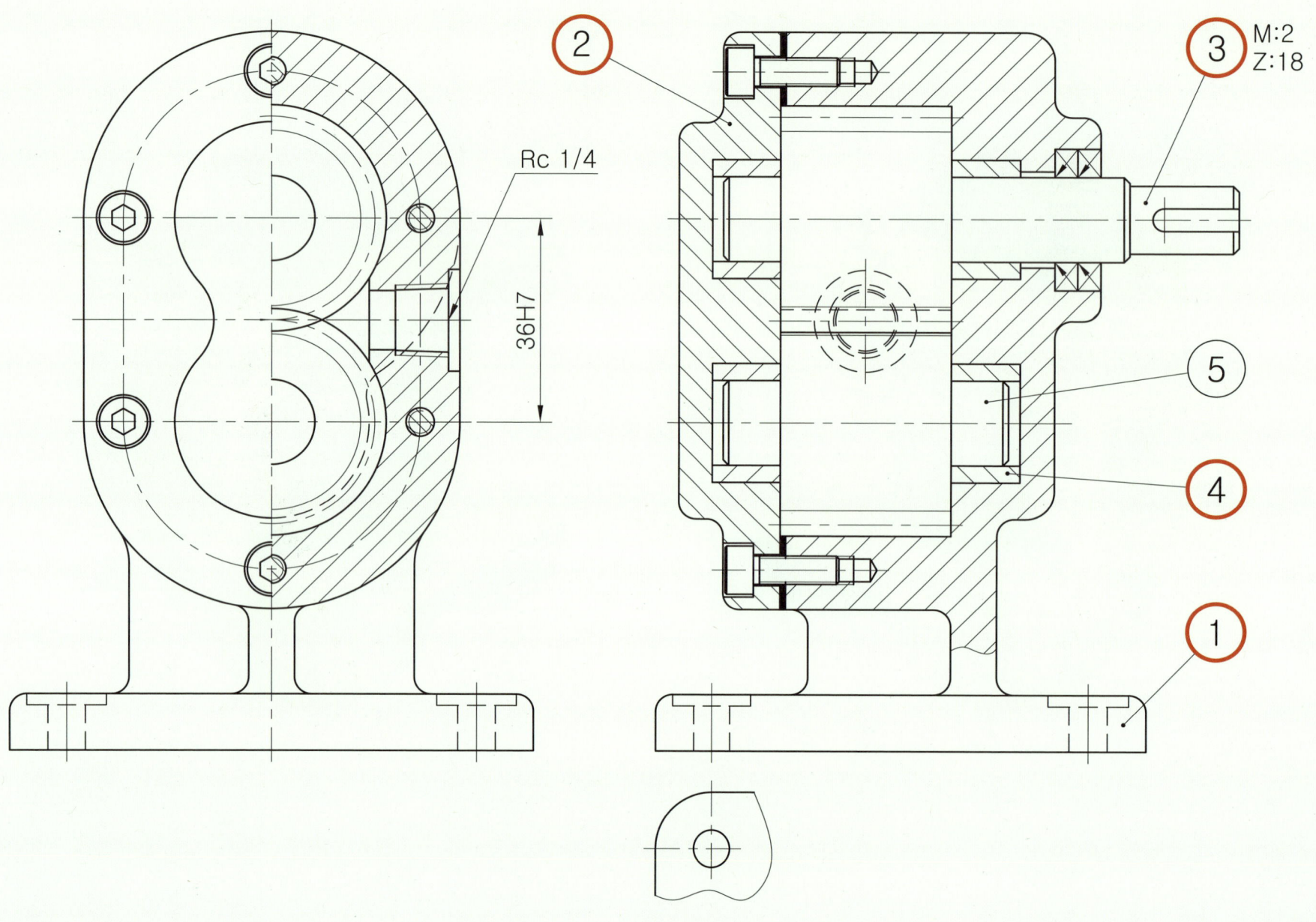

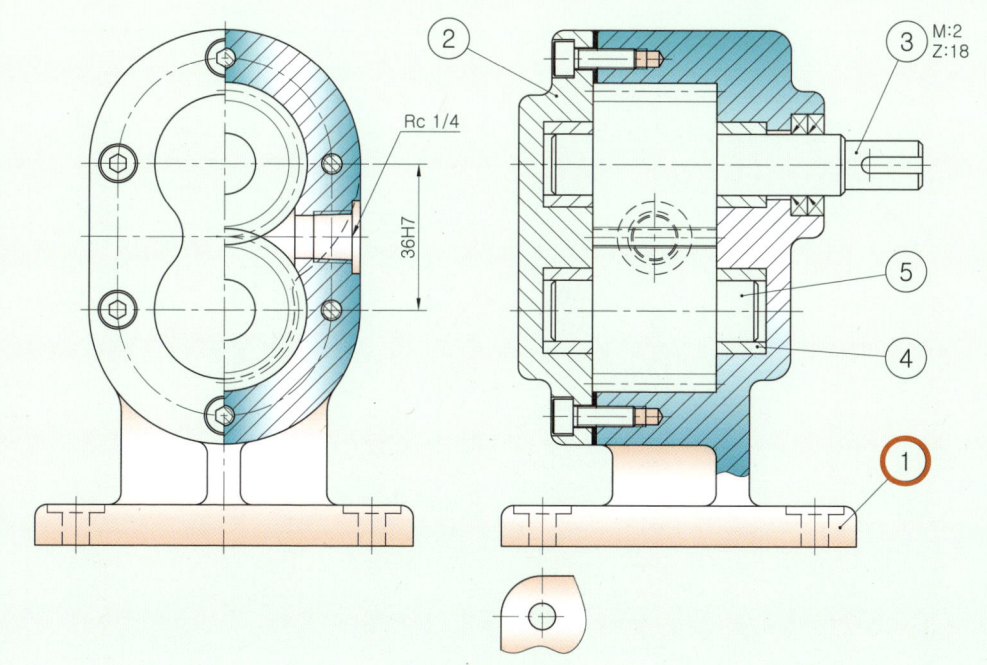
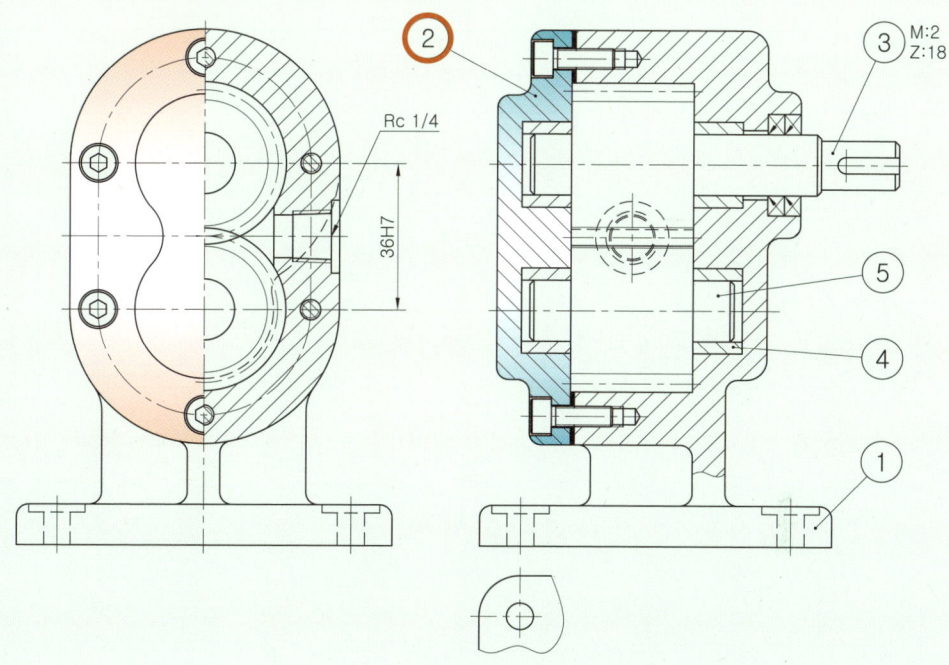
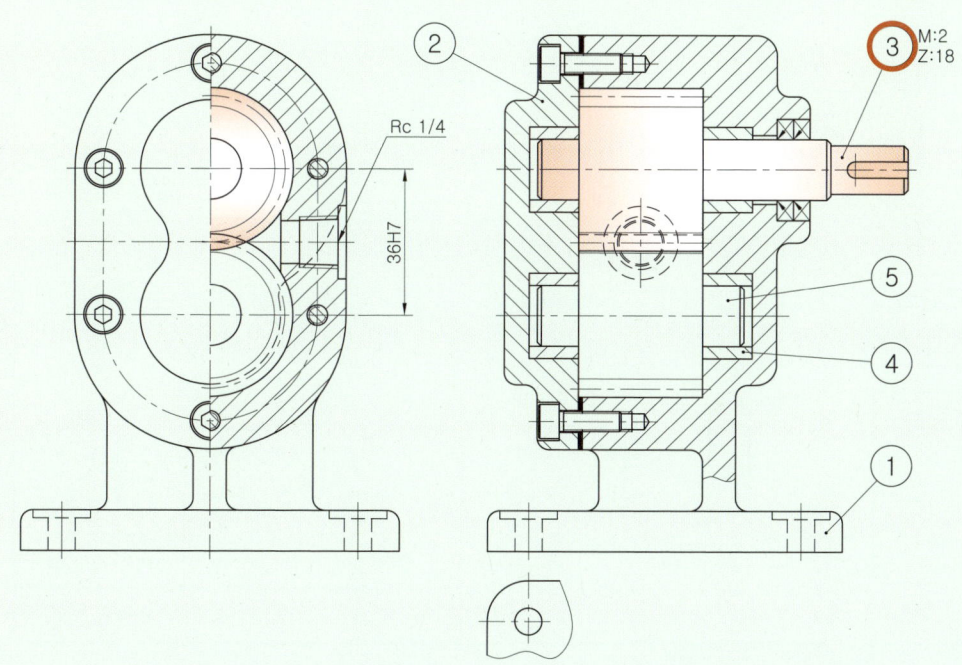
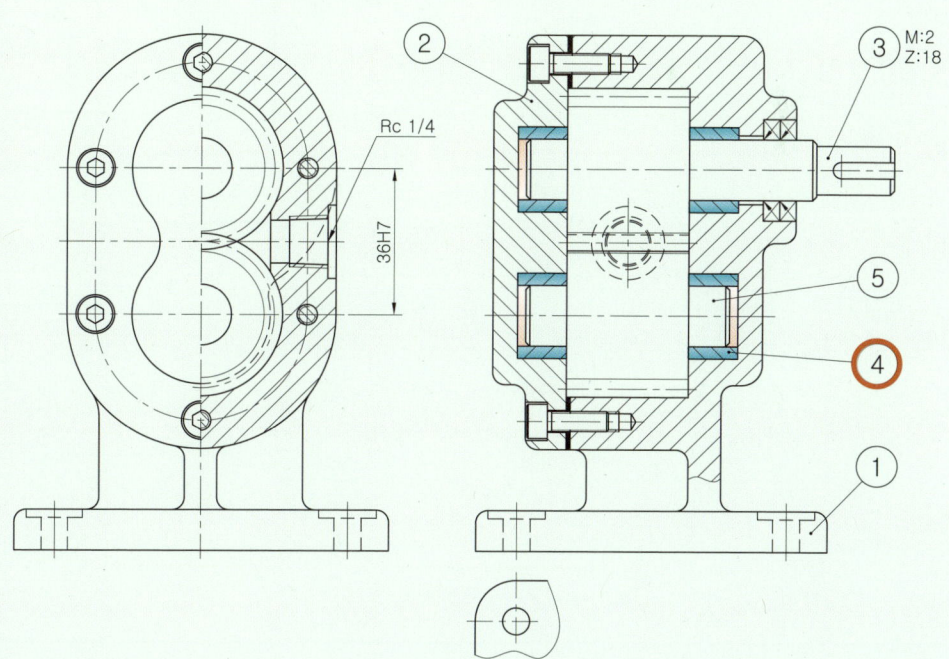

기어 펌프-2 부품도

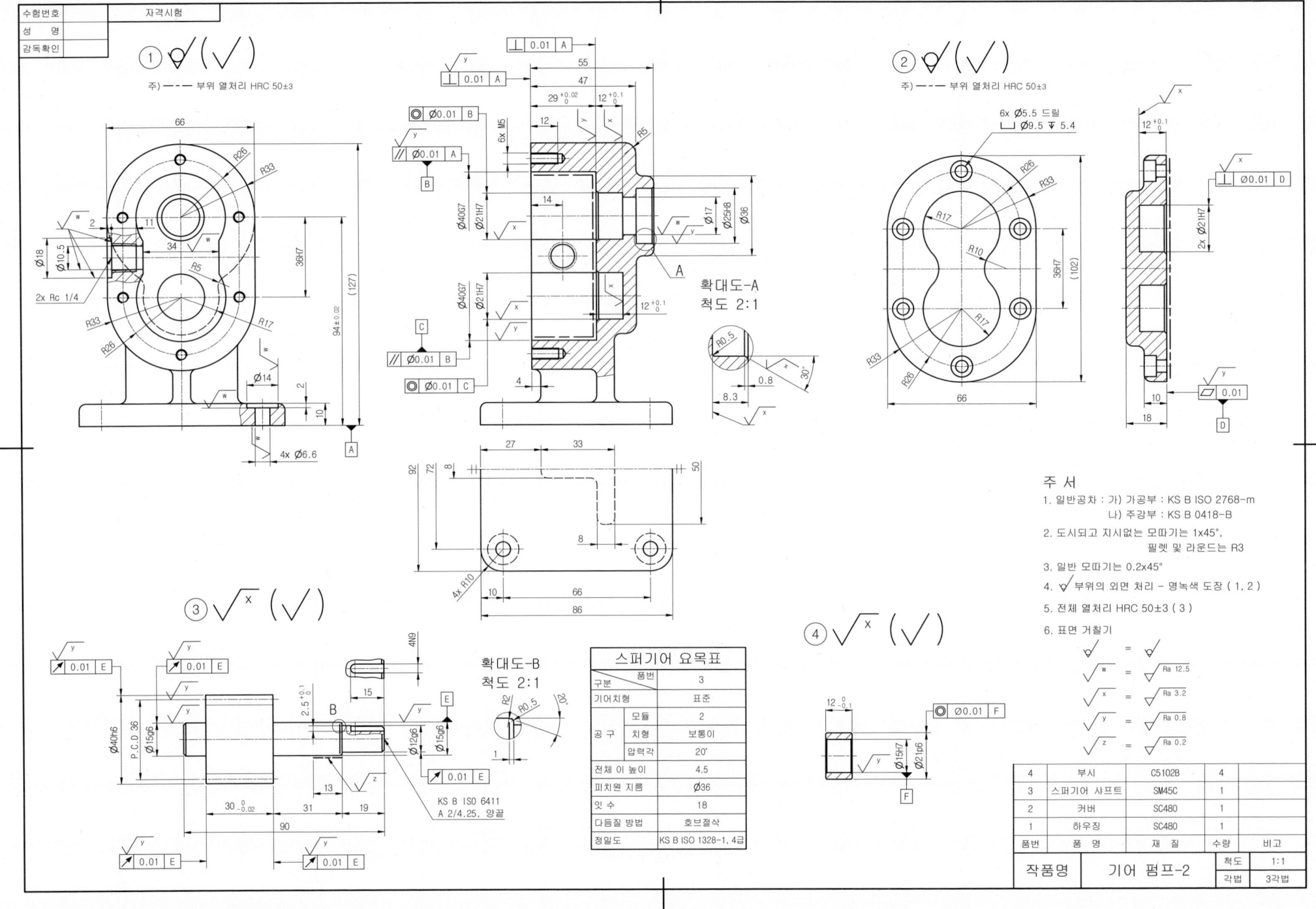

기어 펌프-2 등각 투상도

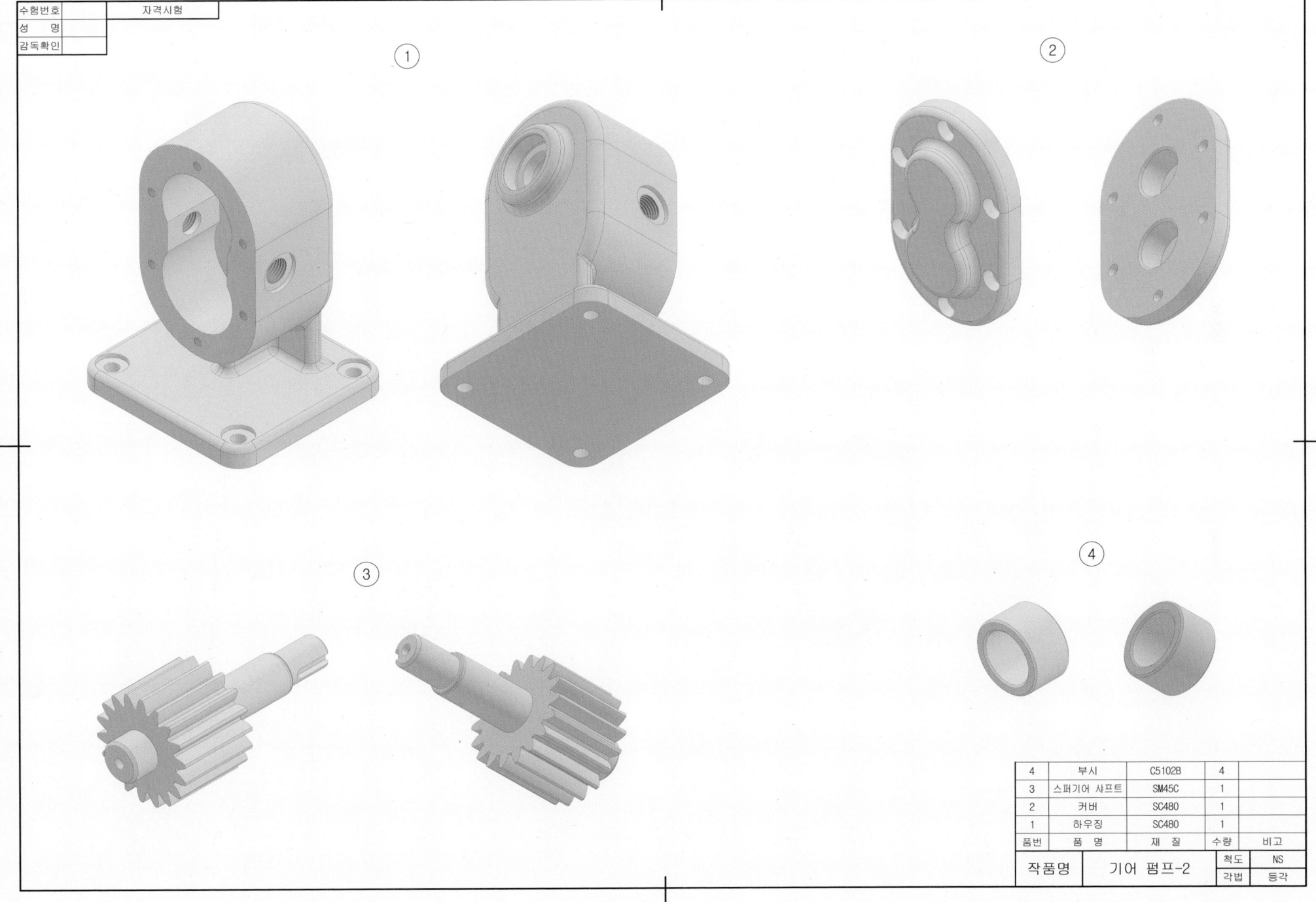

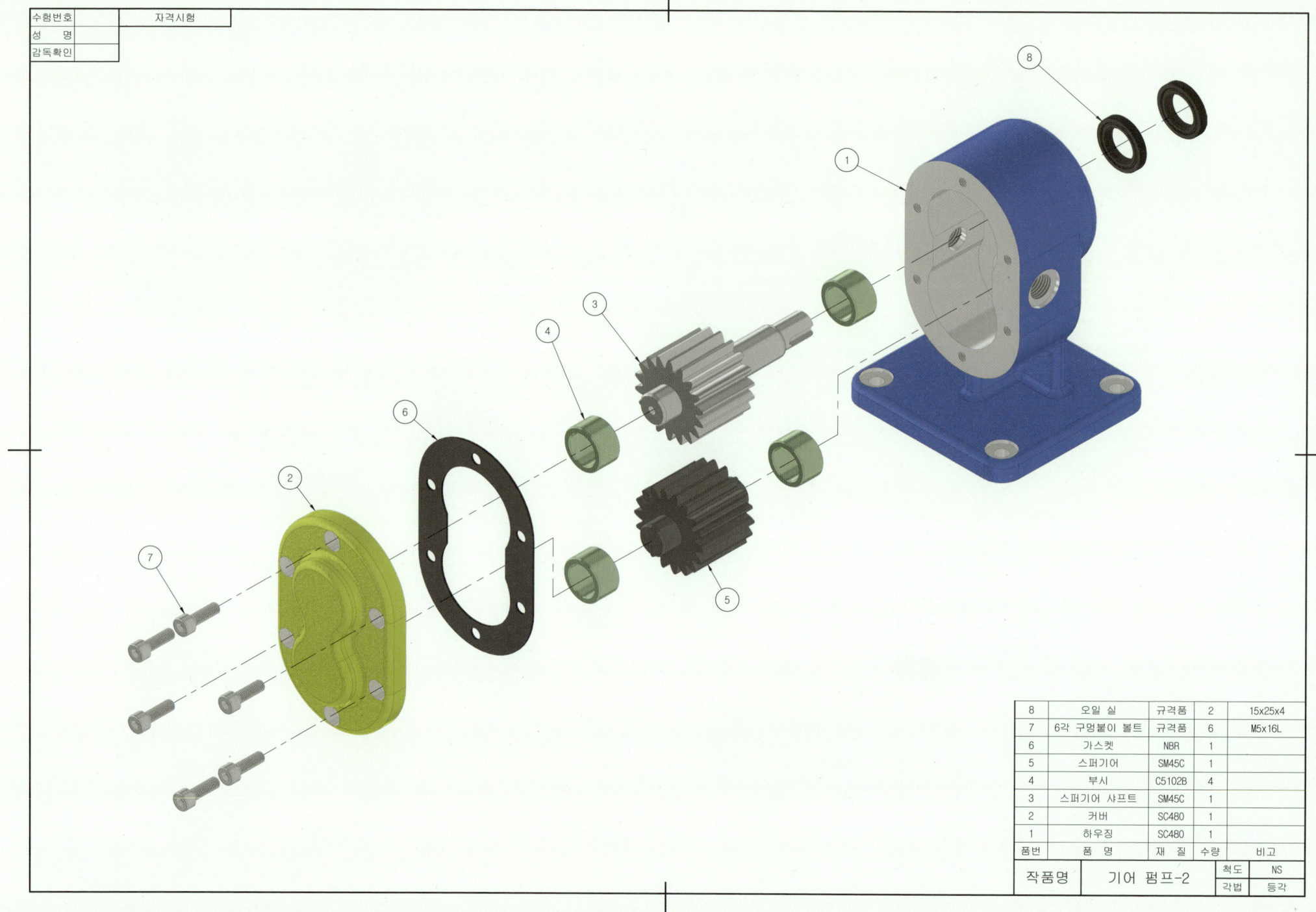

● 기어 펌프-2 조립도

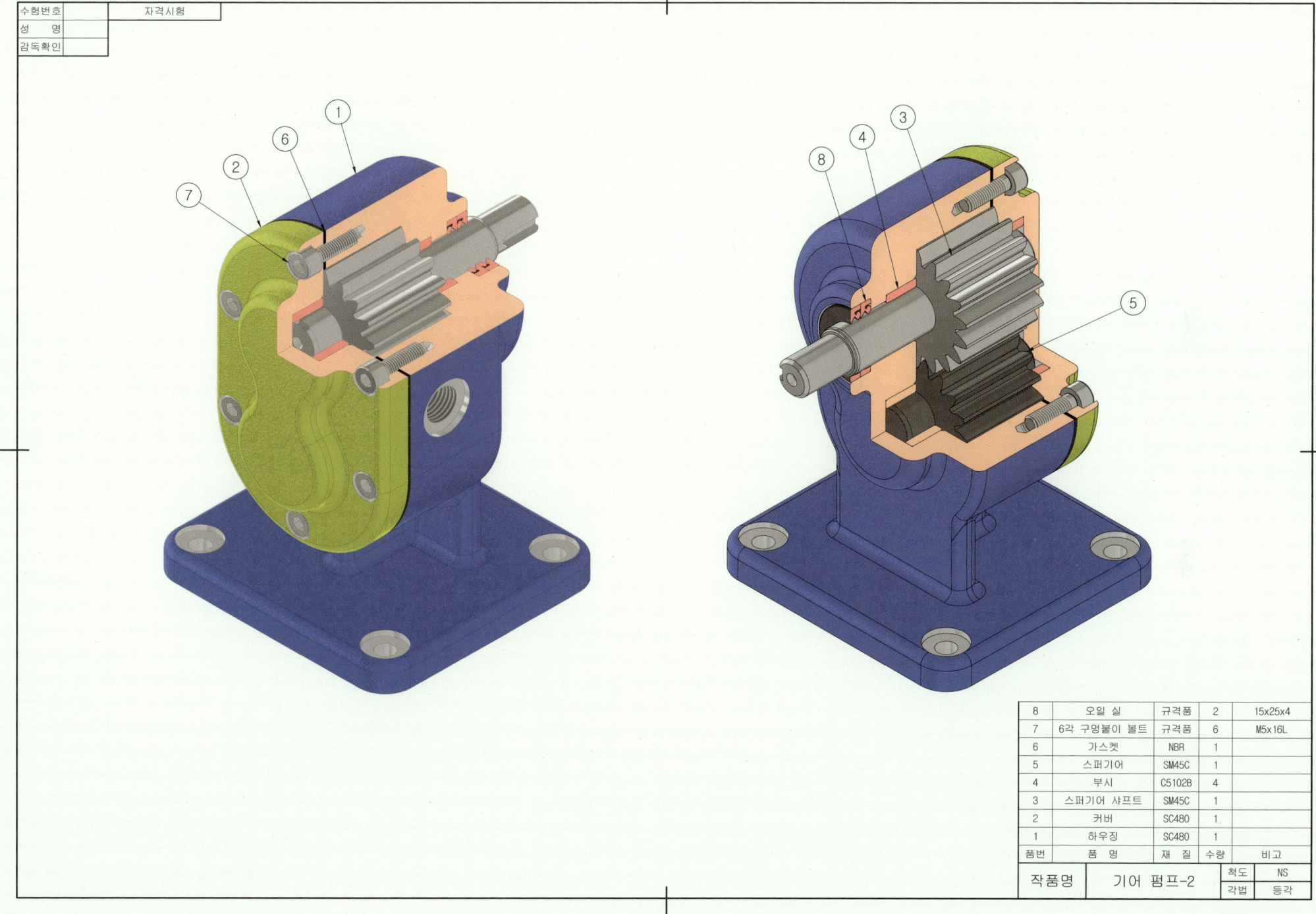

8	오일 실	규격품	2	15x25x4
7	6각 구멍붙이 볼트	규격품	6	M5x16L
6	가스켓	NBR	1	
5	스퍼기어	SM45C	1	
4	부시	C5102B	4	
3	스퍼기어 샤프트	SM45C	1	
2	커버	SC480	1	
1	하우징	SC480	1	
품번	품 명	재 질	수량	비고

작품명	기어 펌프-2	척도	NS
		각법	등각

기어 펌프-3 문제 도면

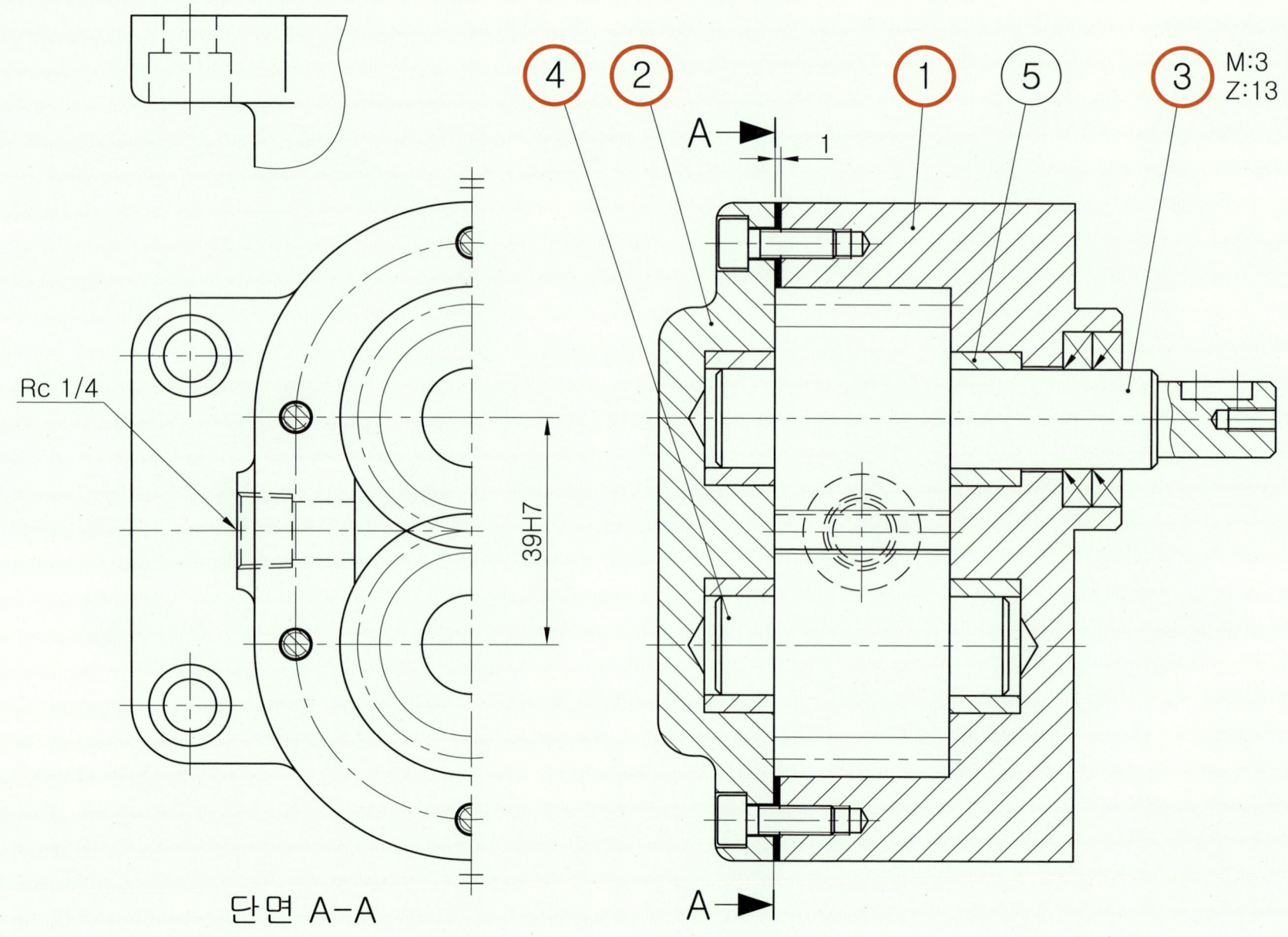

단면 A-A

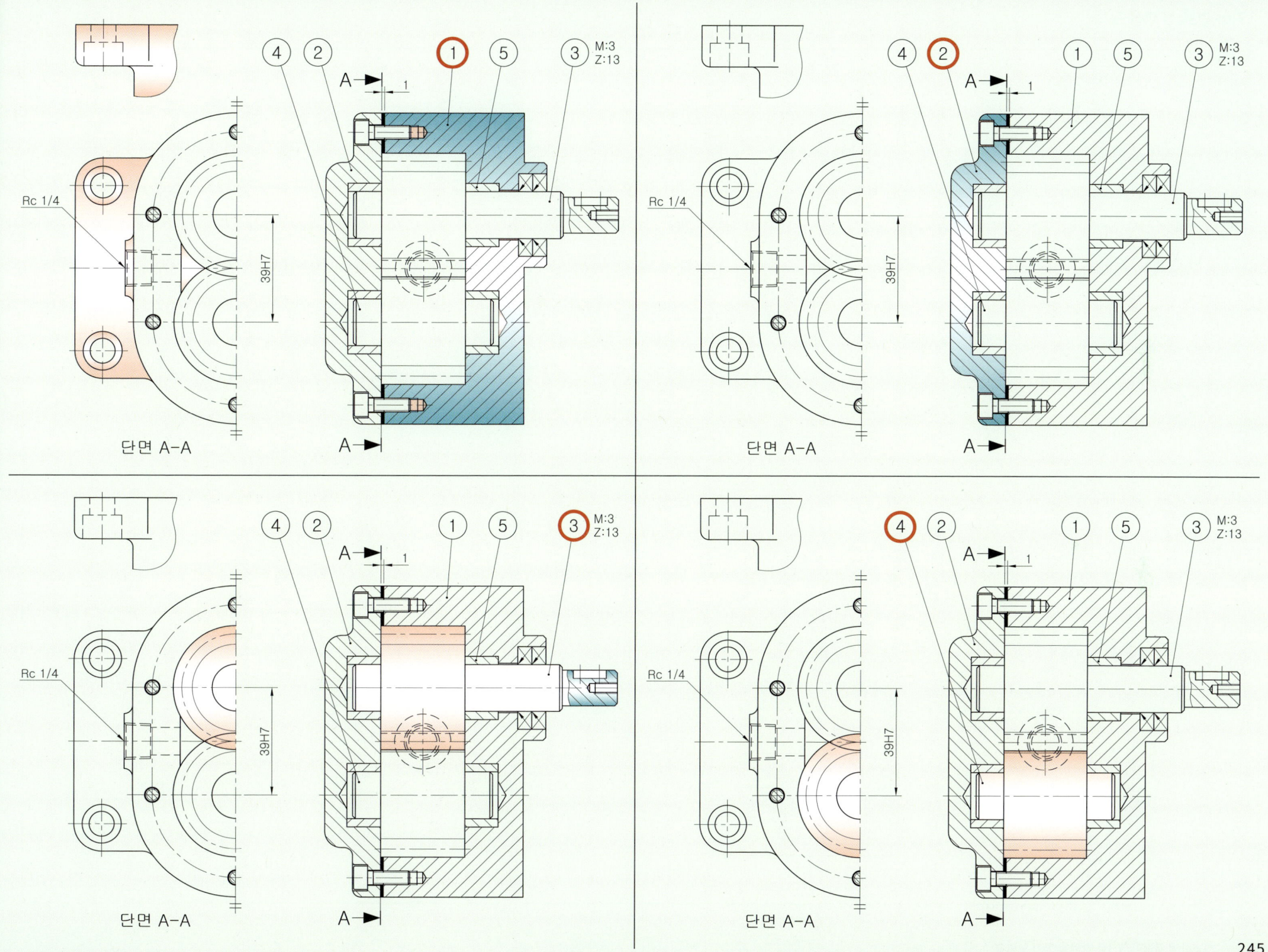

기어 펌프-3 부품도

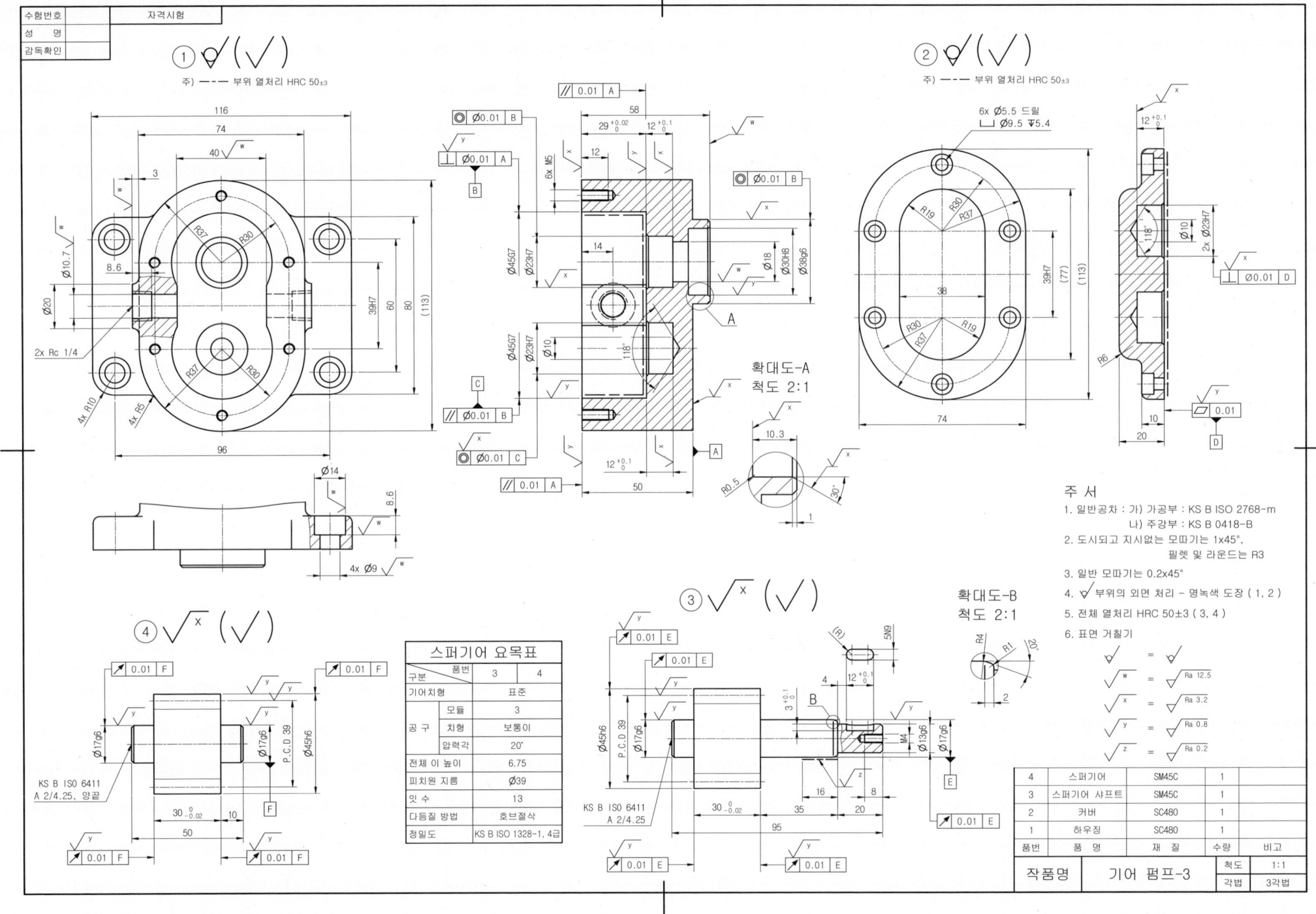

● 기어 펌프-3 등각 투상도

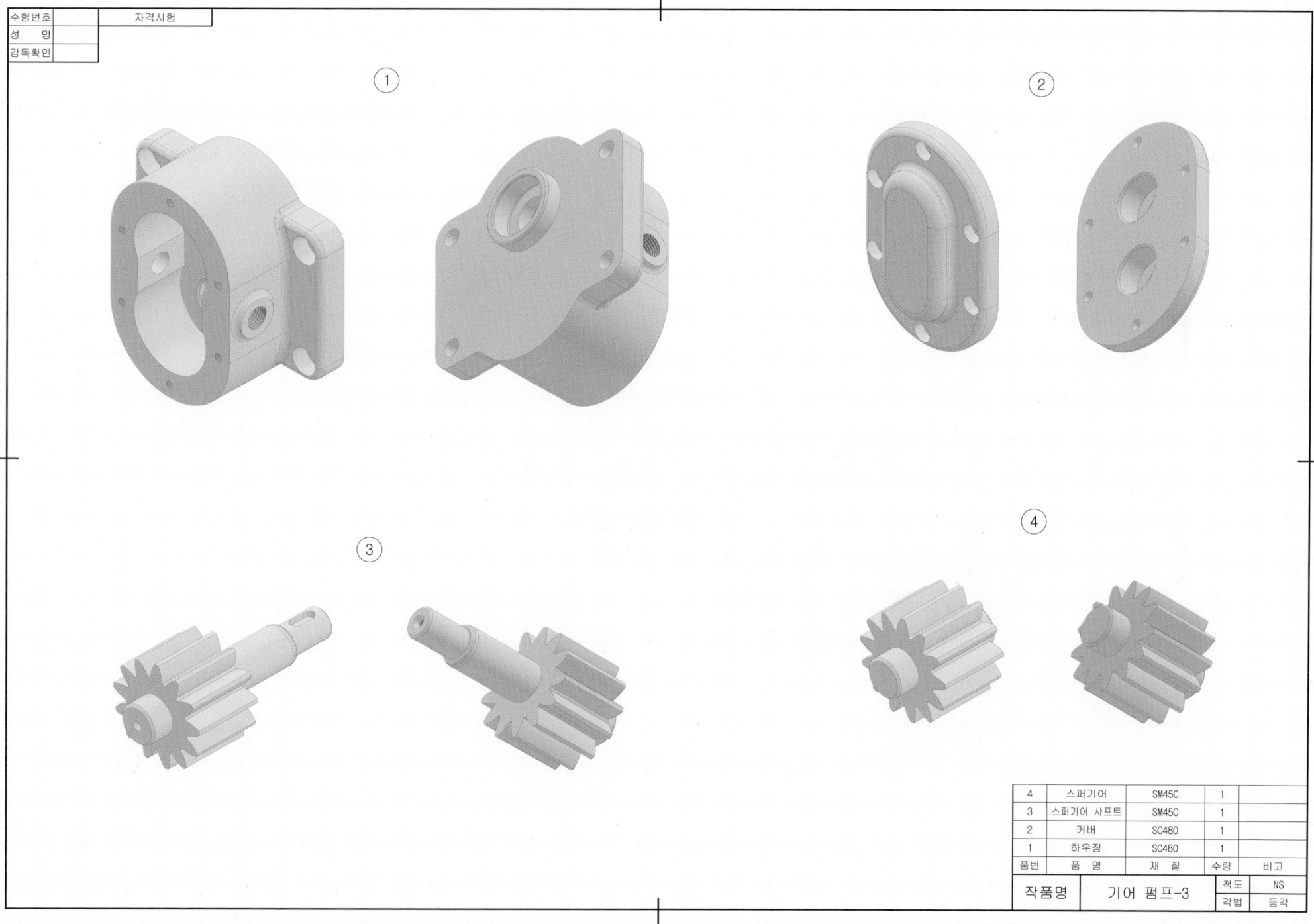

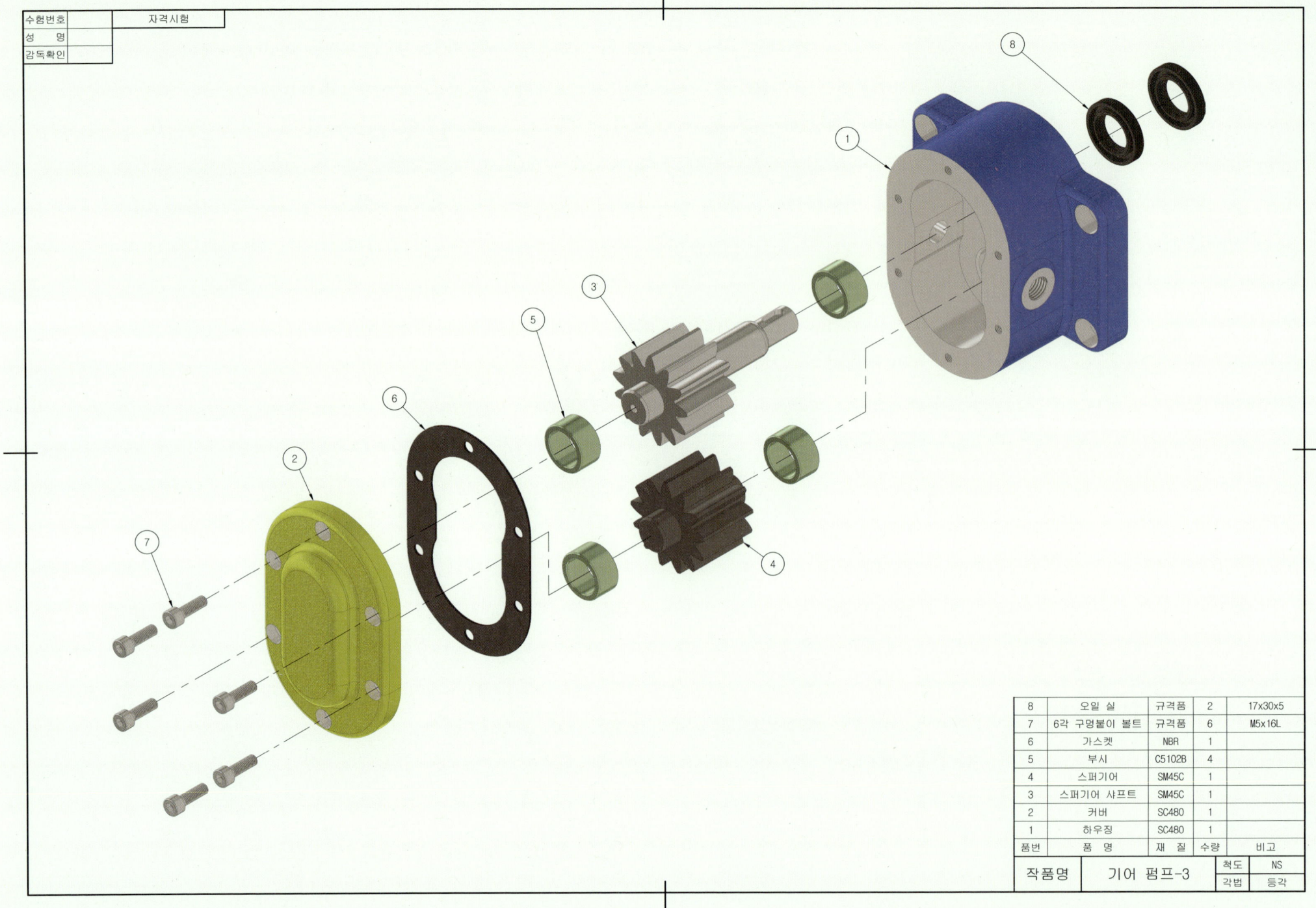

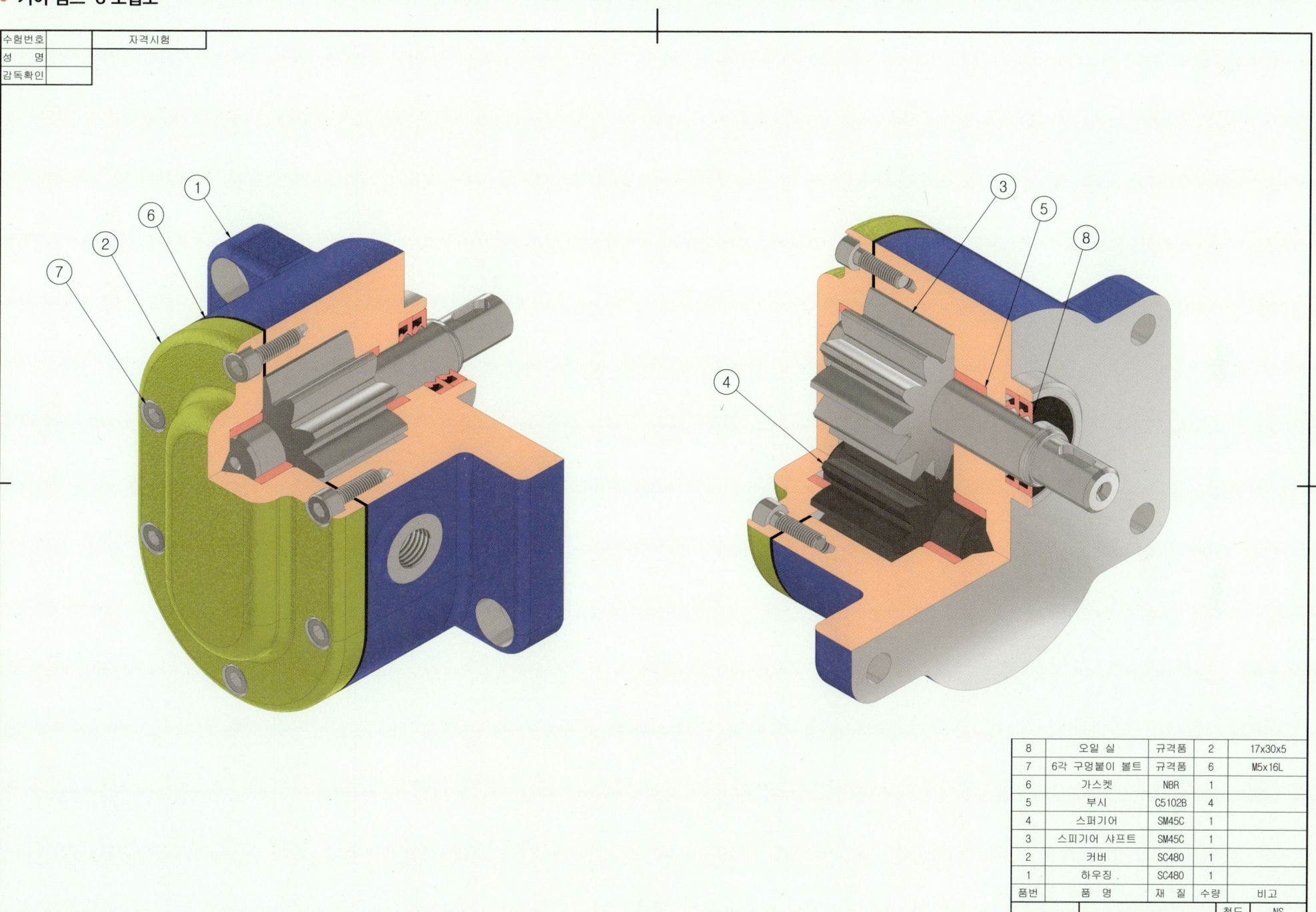

기어 펌프-4 문제 도면

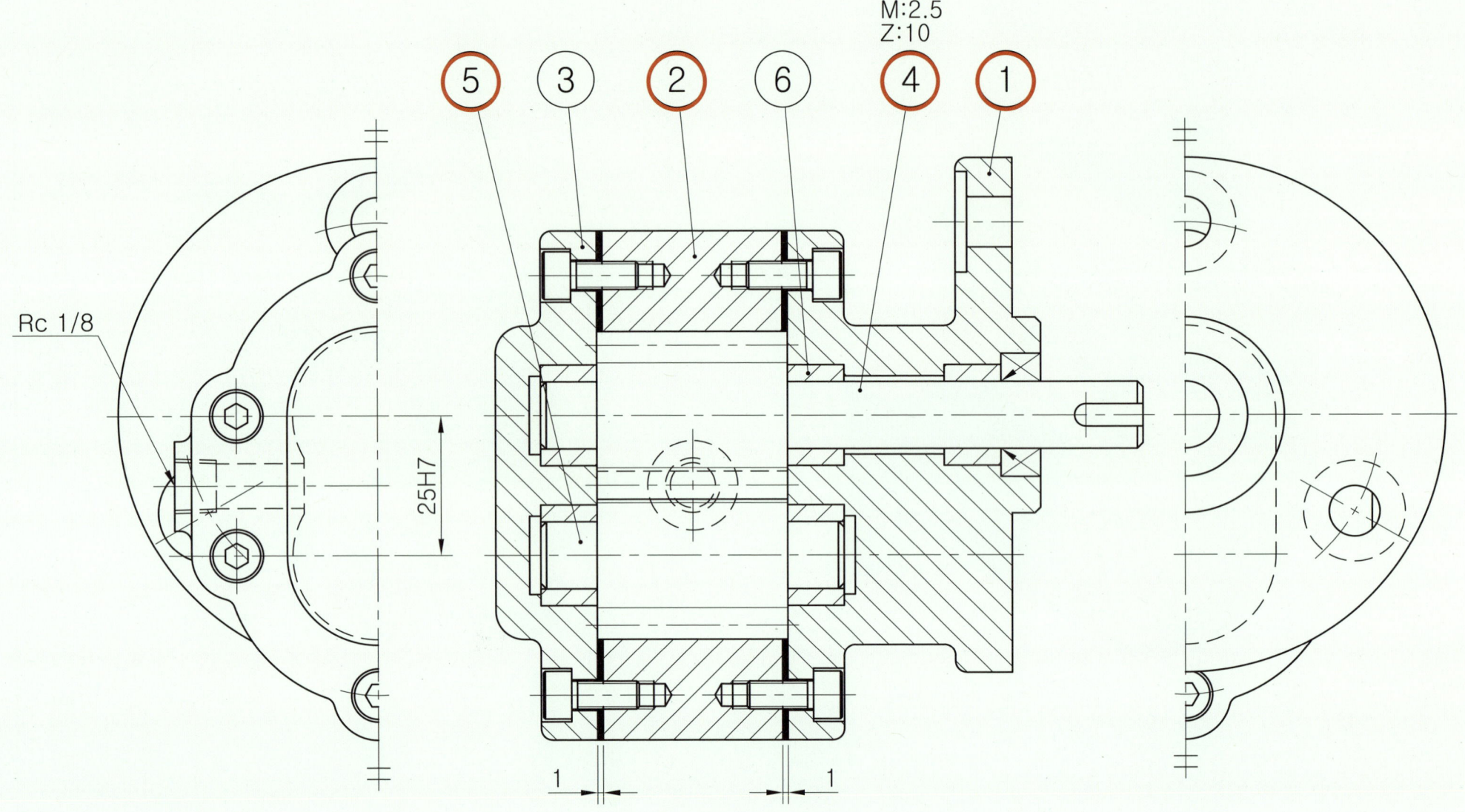

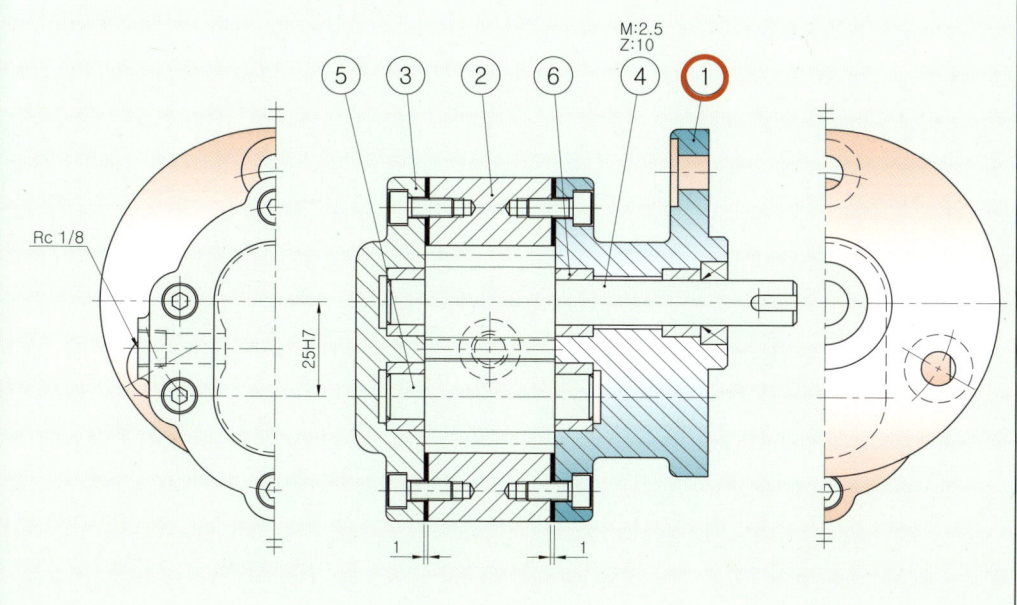
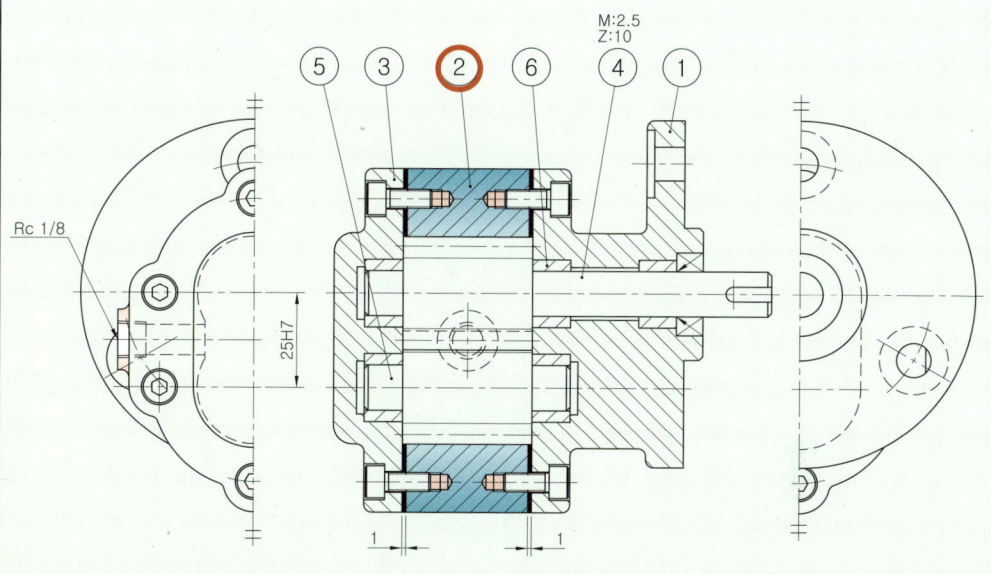
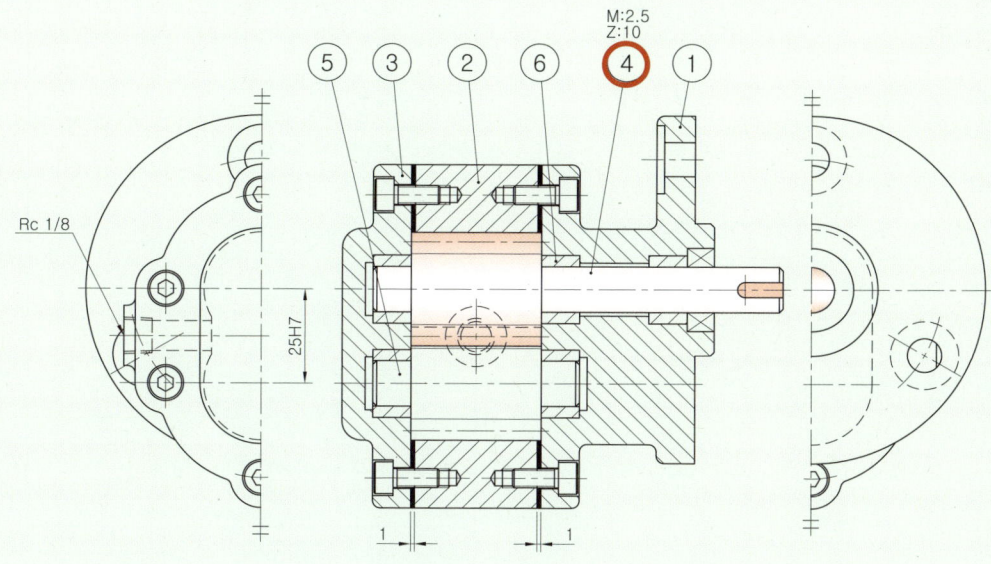
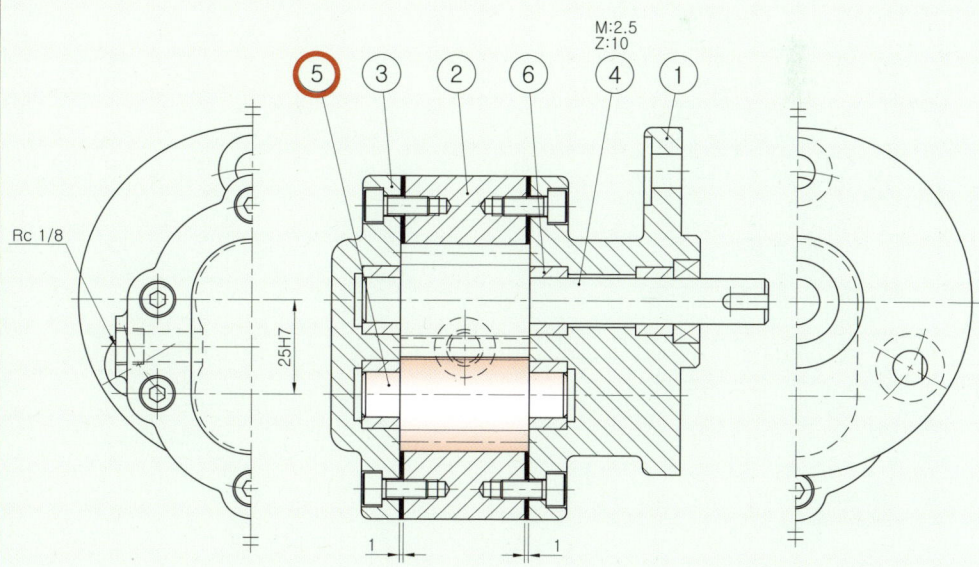

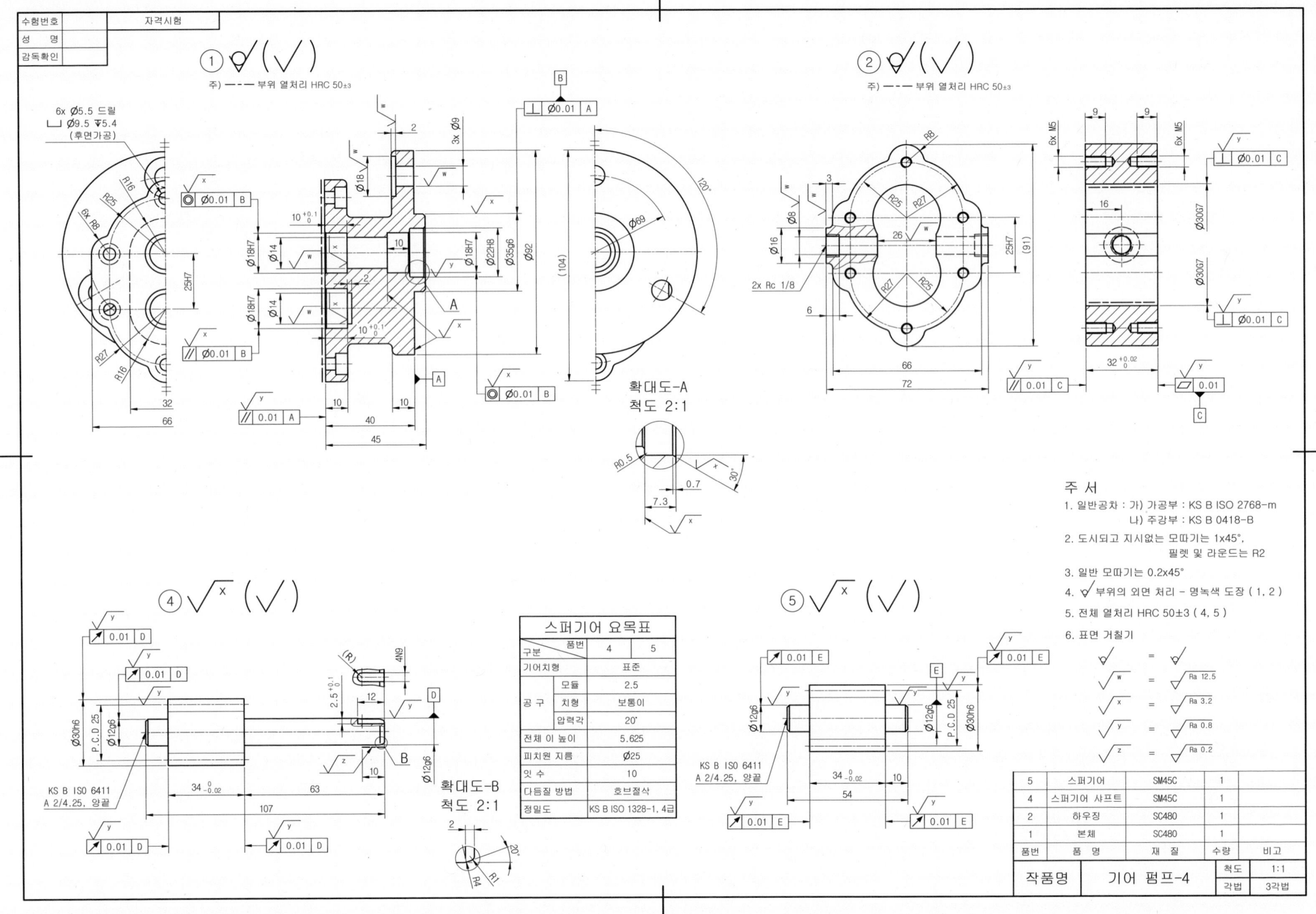

● 기어 펌프-4 등각 투상도

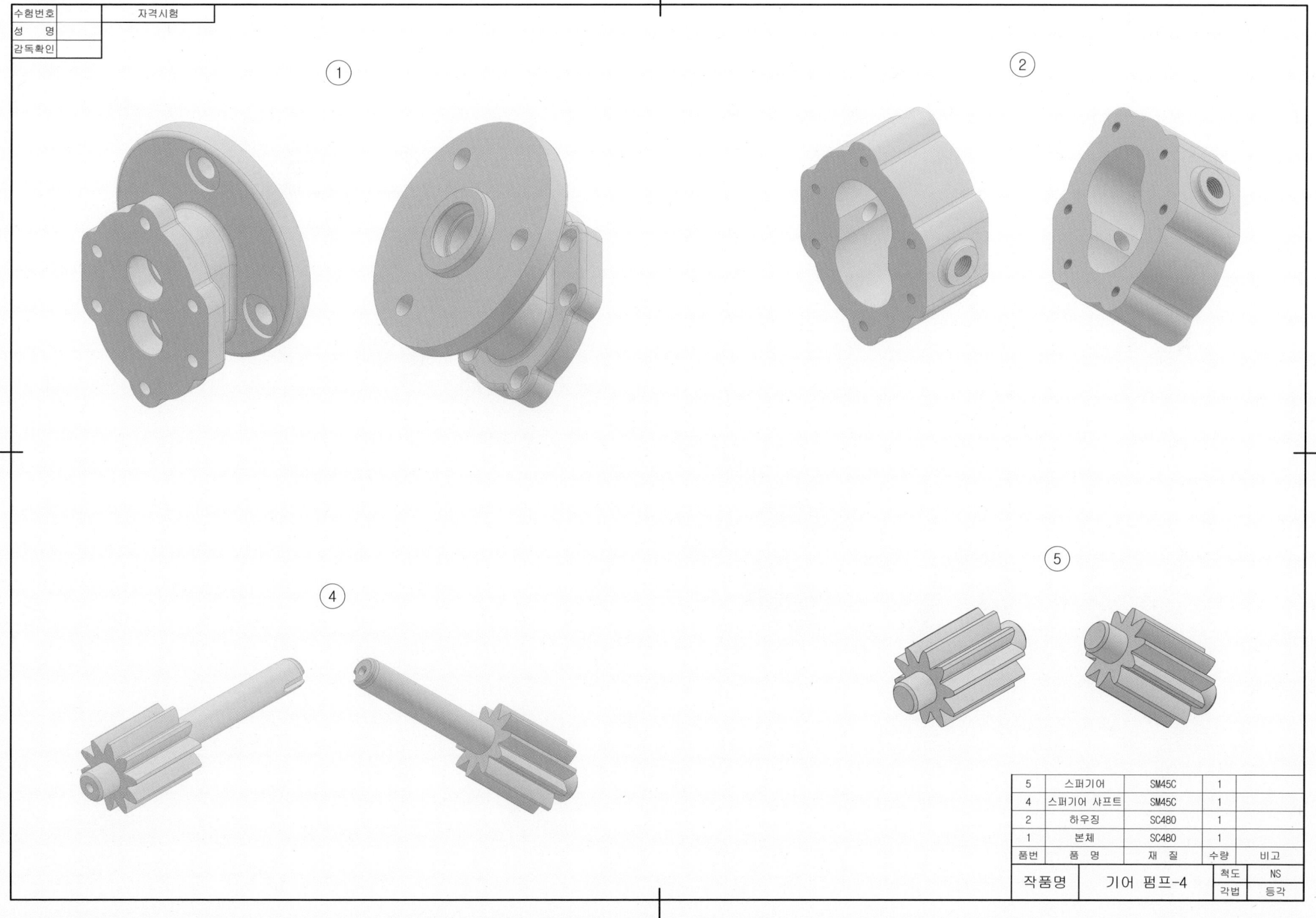

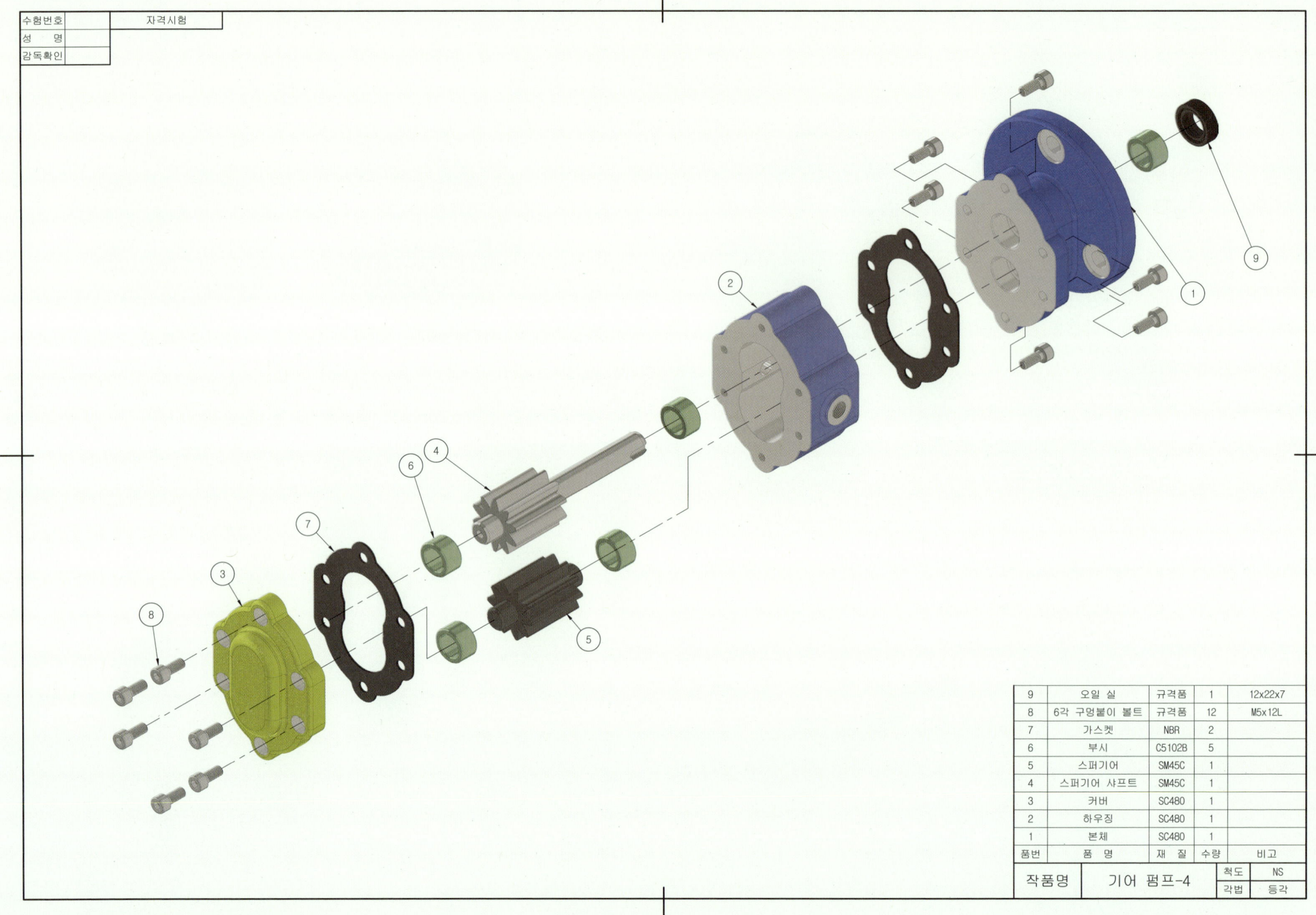

● 기어 펌프-4 조립도

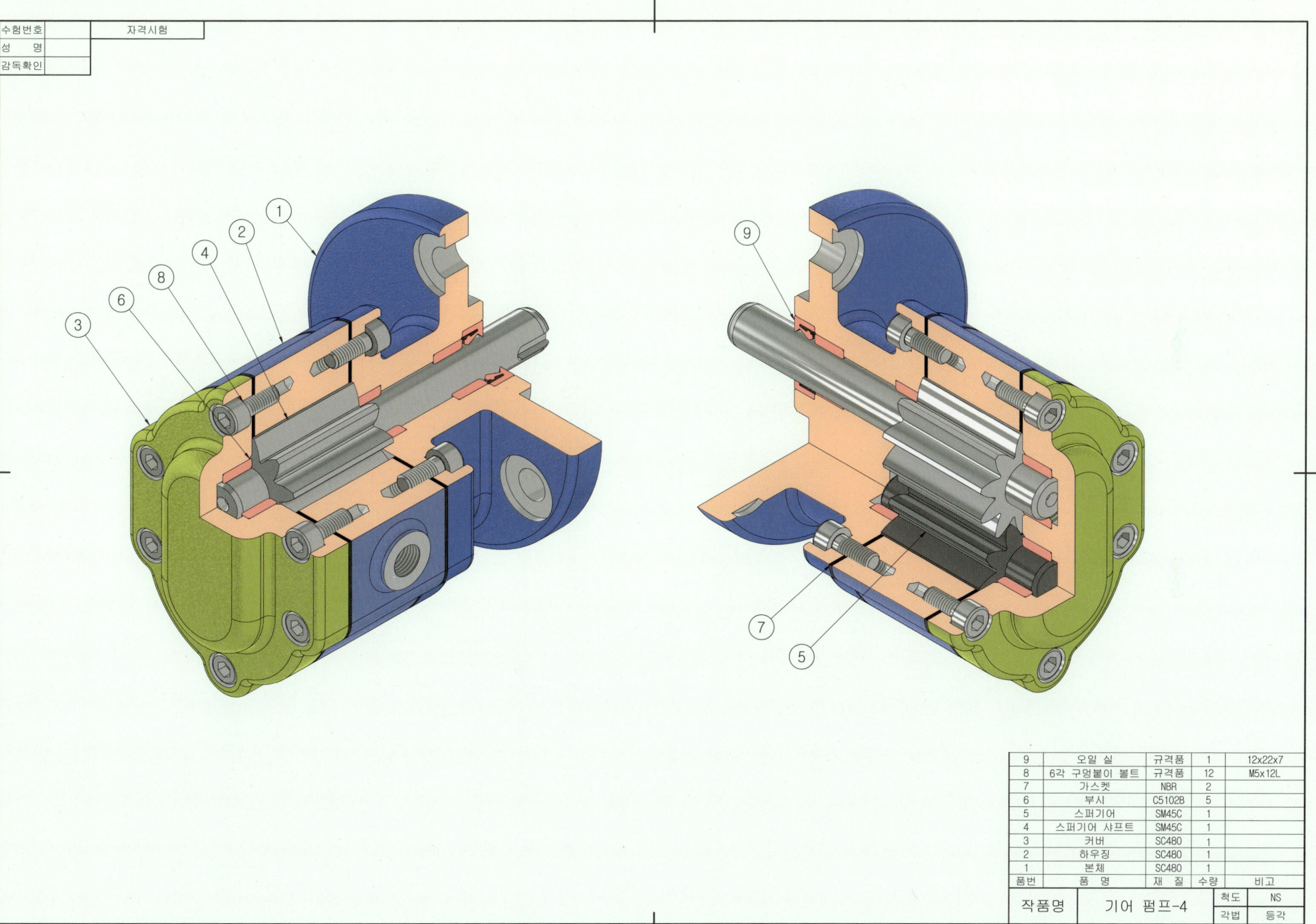

기어 펌프-5 문제 도면

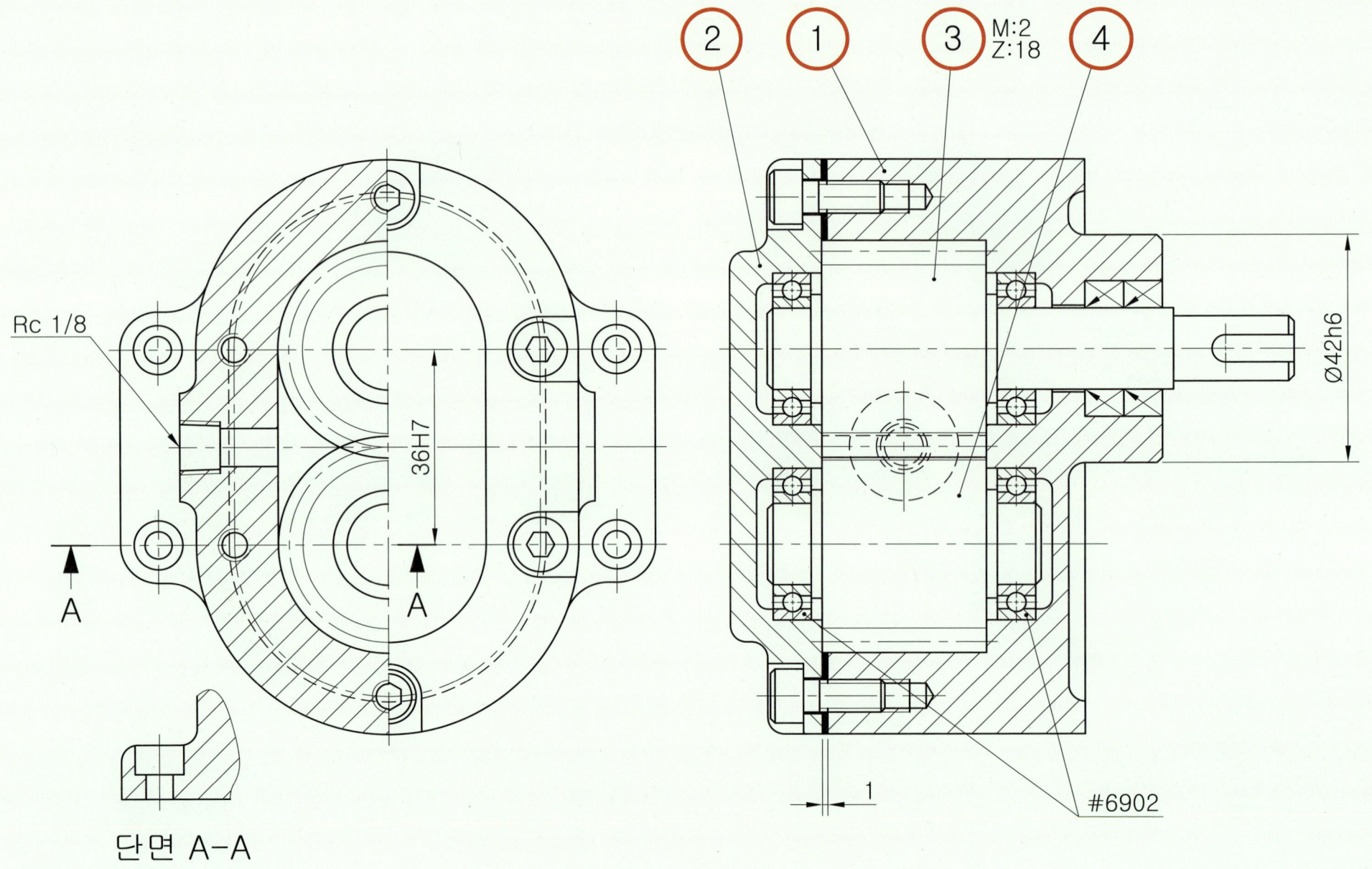

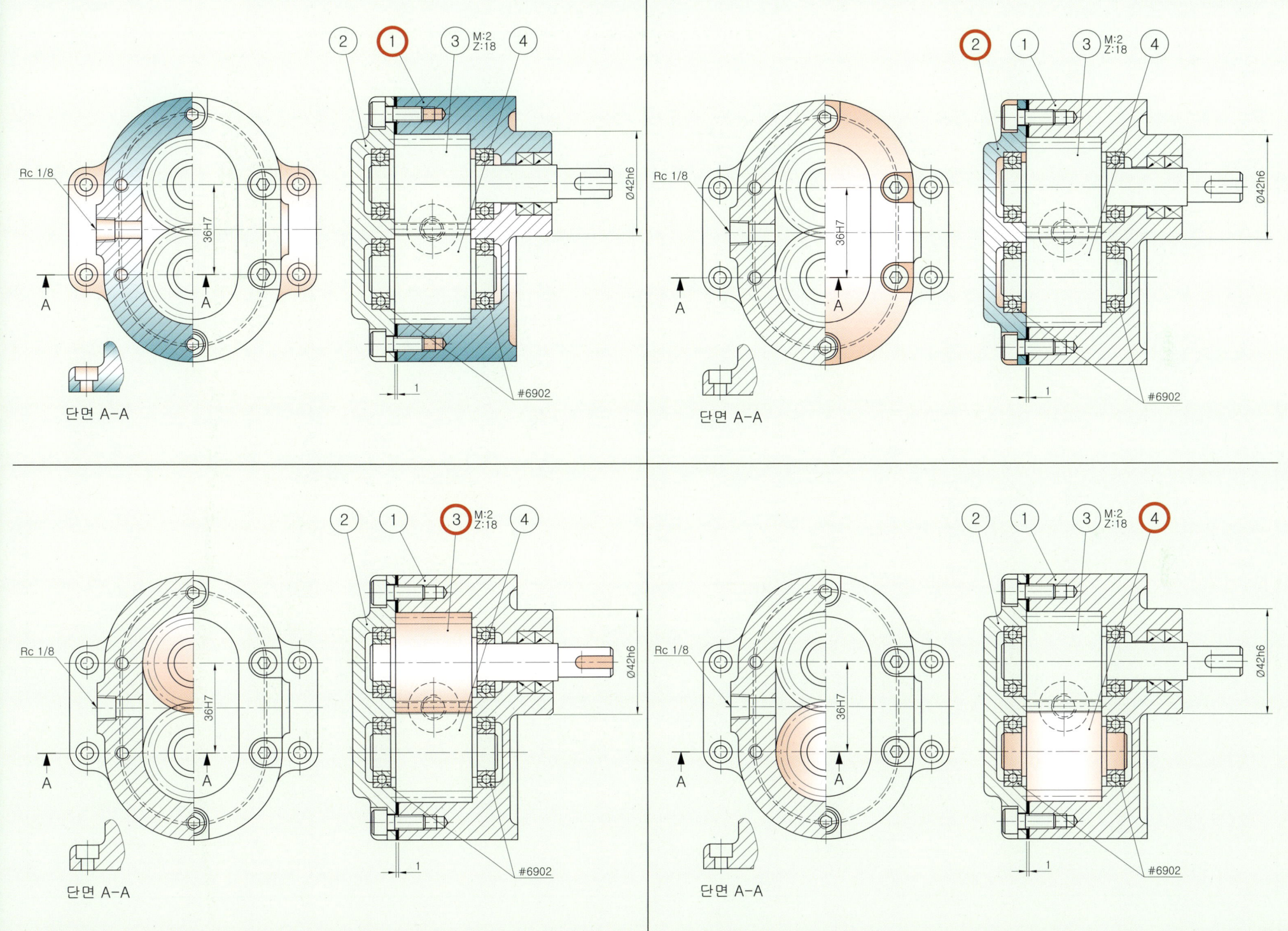

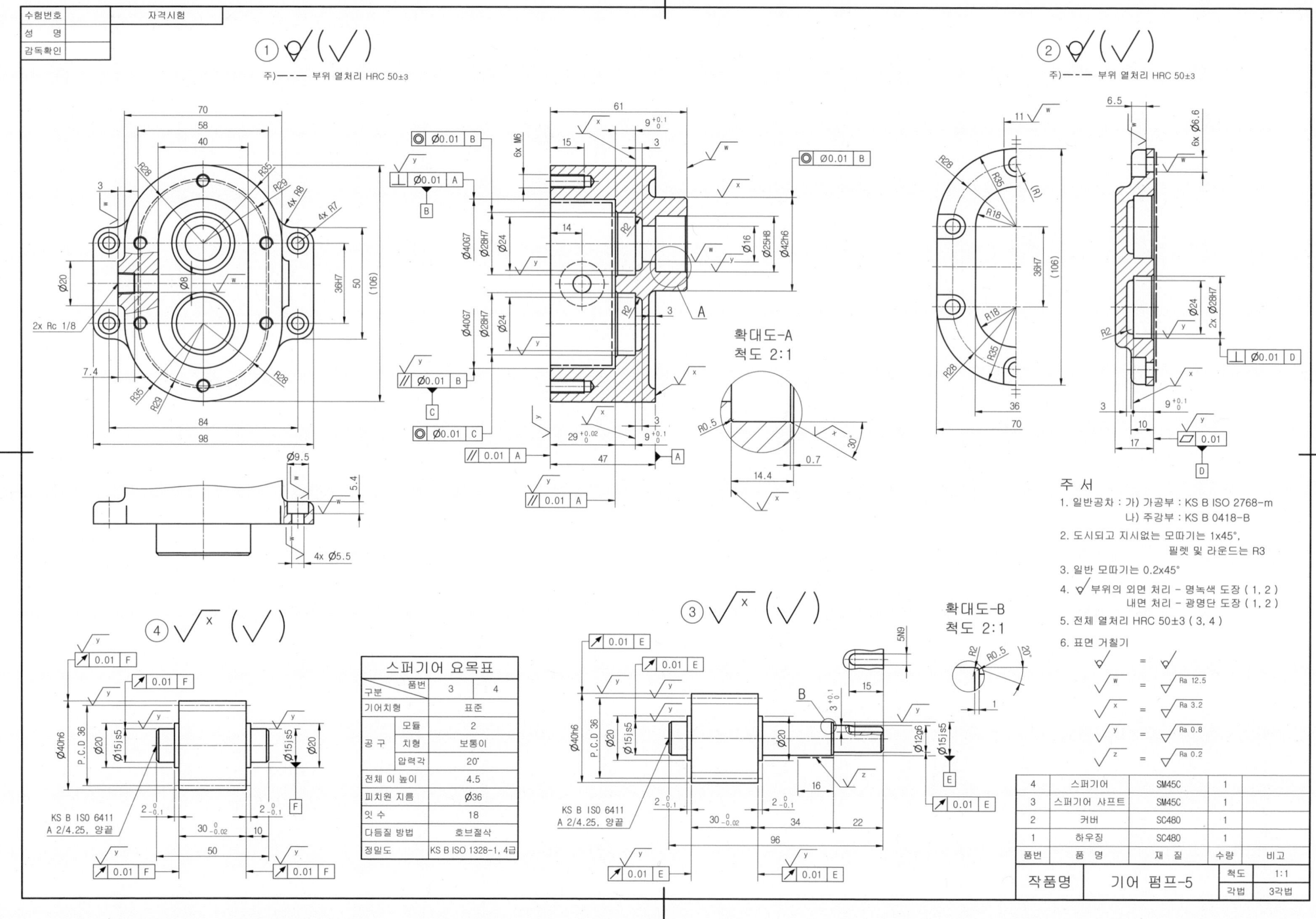

● 기어 펌프-5 등각 투상도

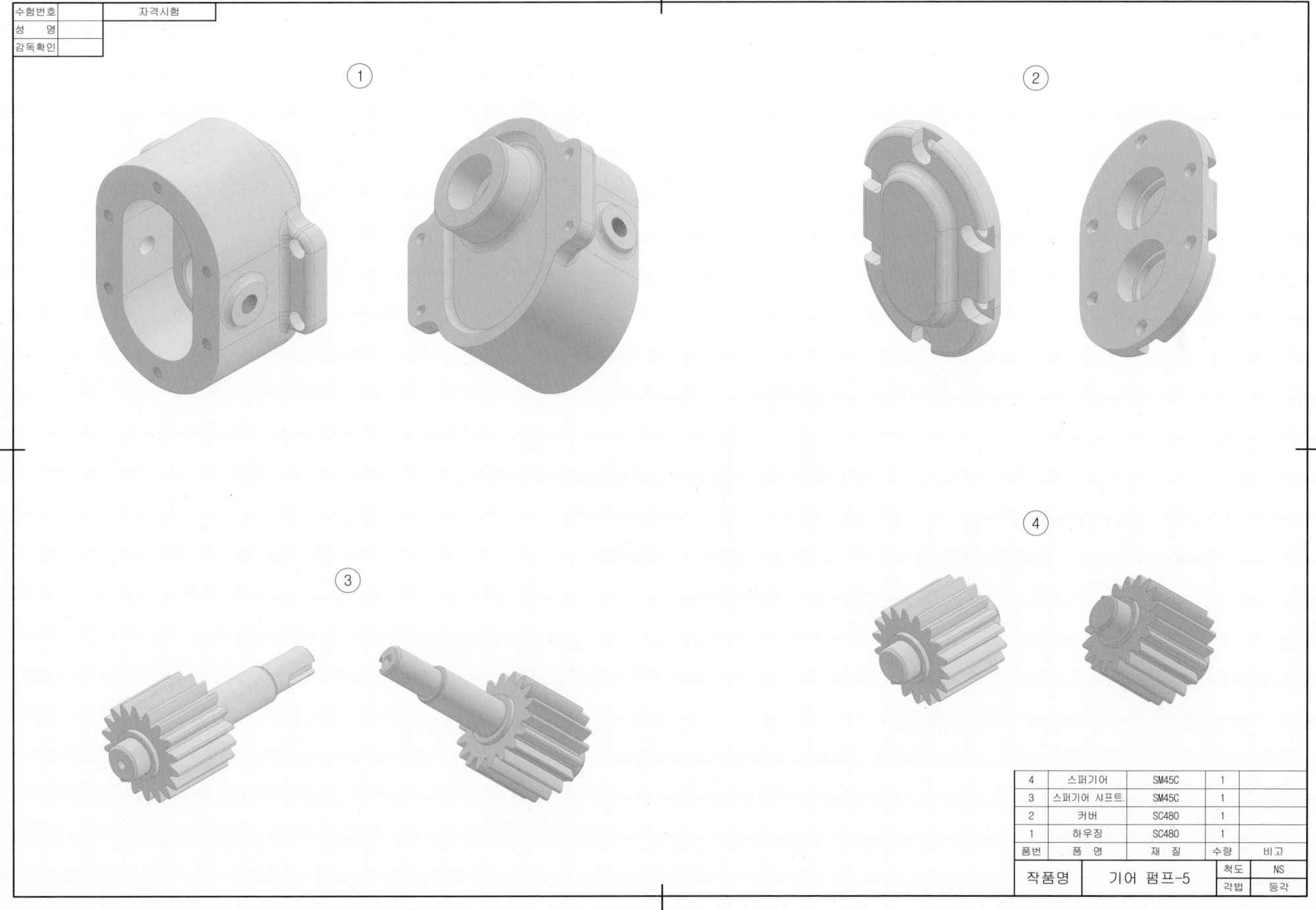

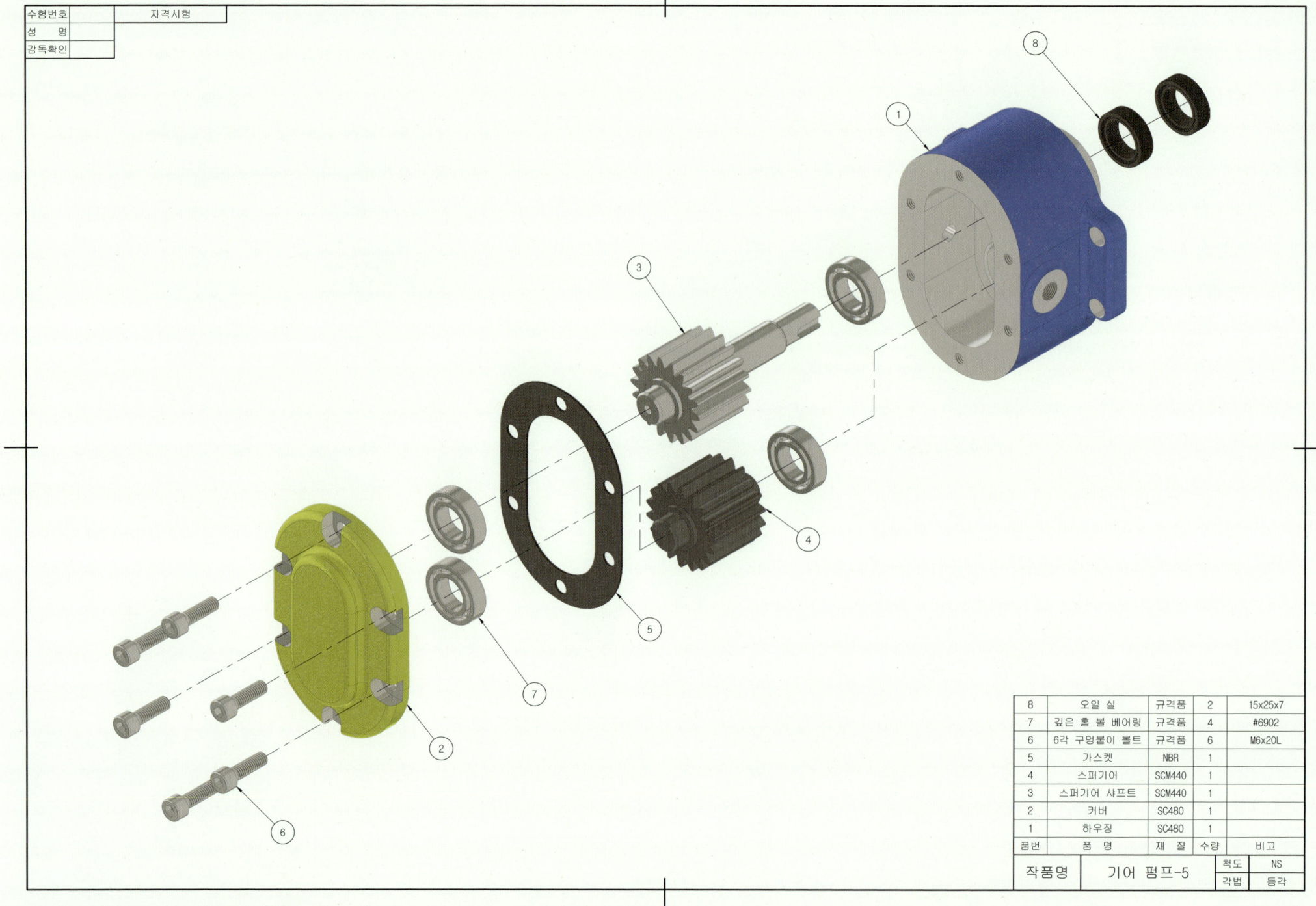

기어 펌프-5 조립도

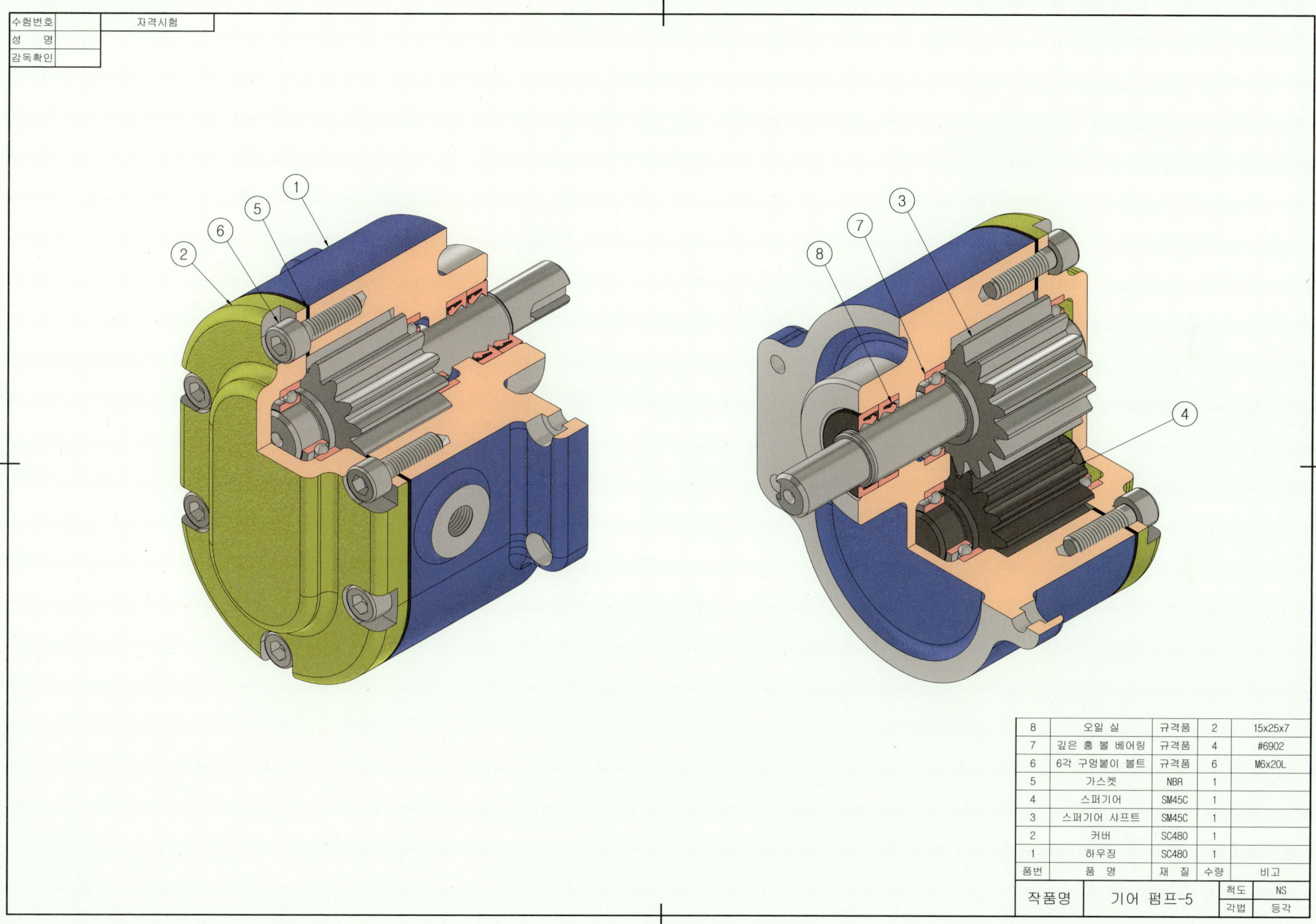

기어 펌프-6 문제 도면

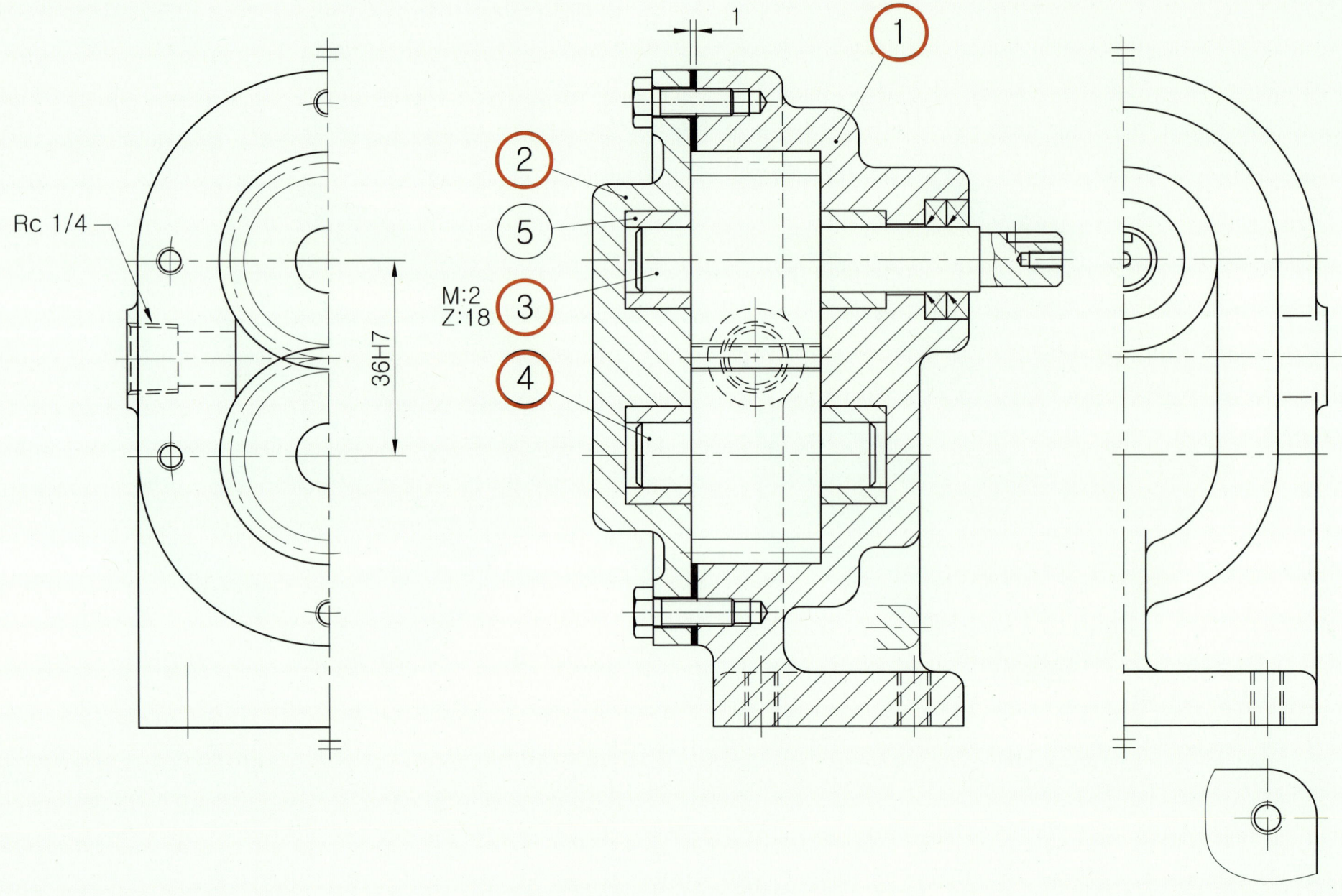

1
1
2
5
3
4
M:2
Z:18
Rc 1/4
36H7

1
1
2
5
3
4
M:2
Z:18
Rc 1/4
36H7

1
1
2
5
3
4
M:2
Z:18
Rc 1/4
36H7

1
1
2
5
3
4
M:2
Z:18
Rc 1/4
36H7

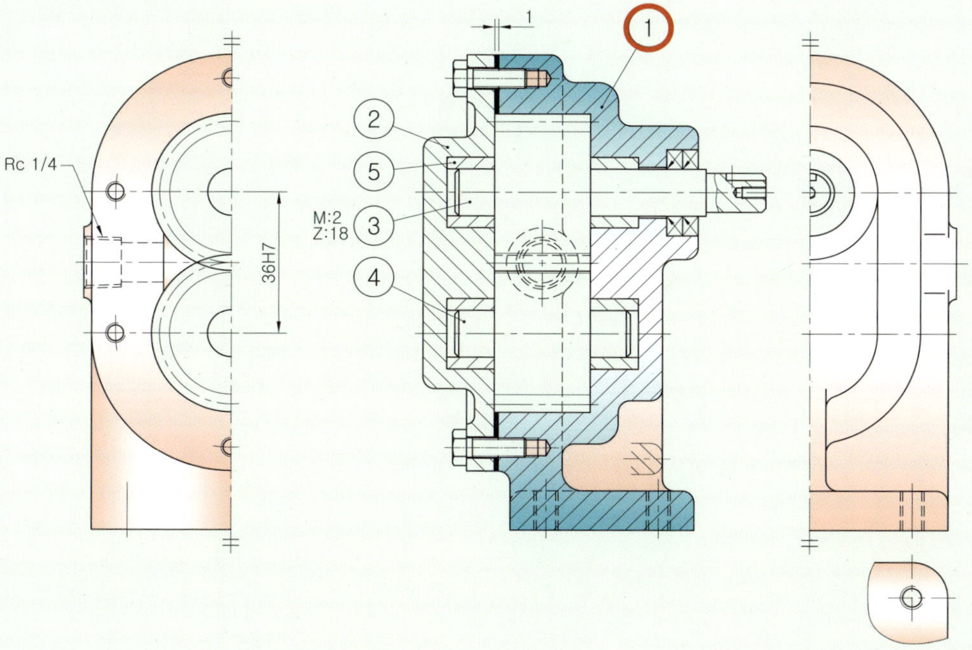

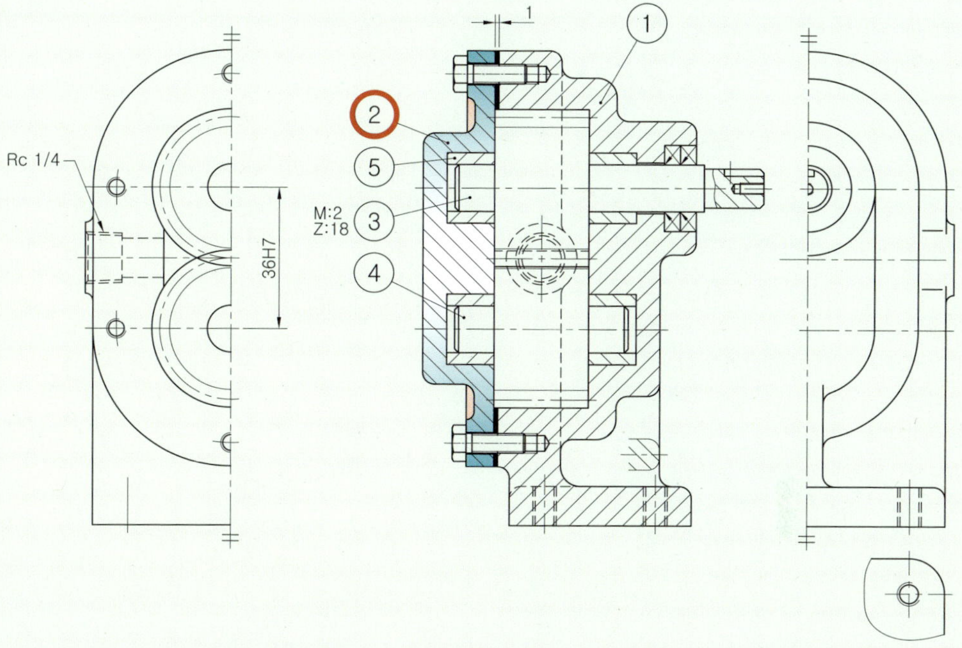

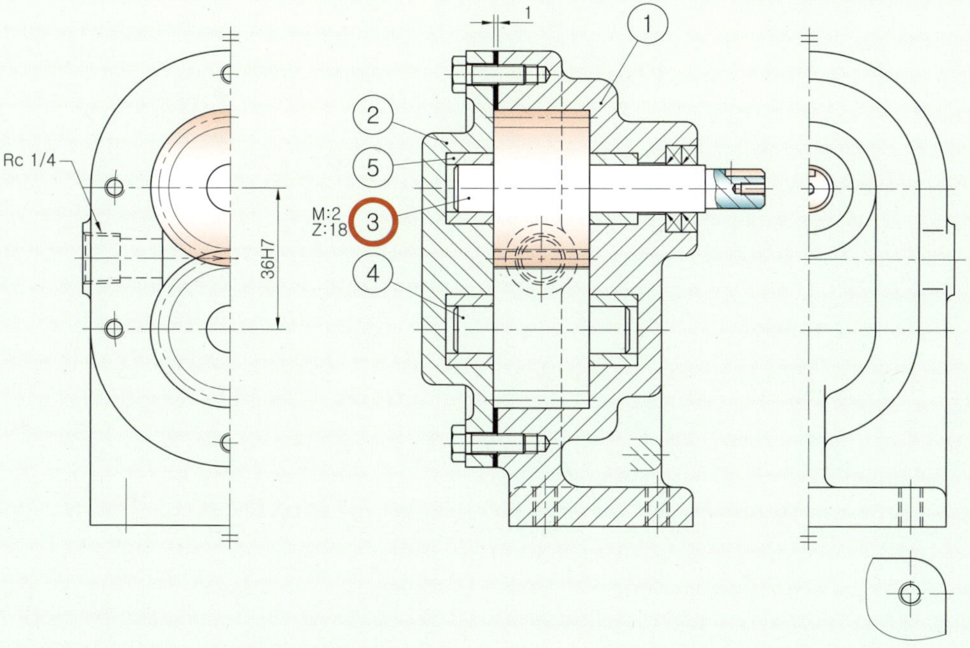

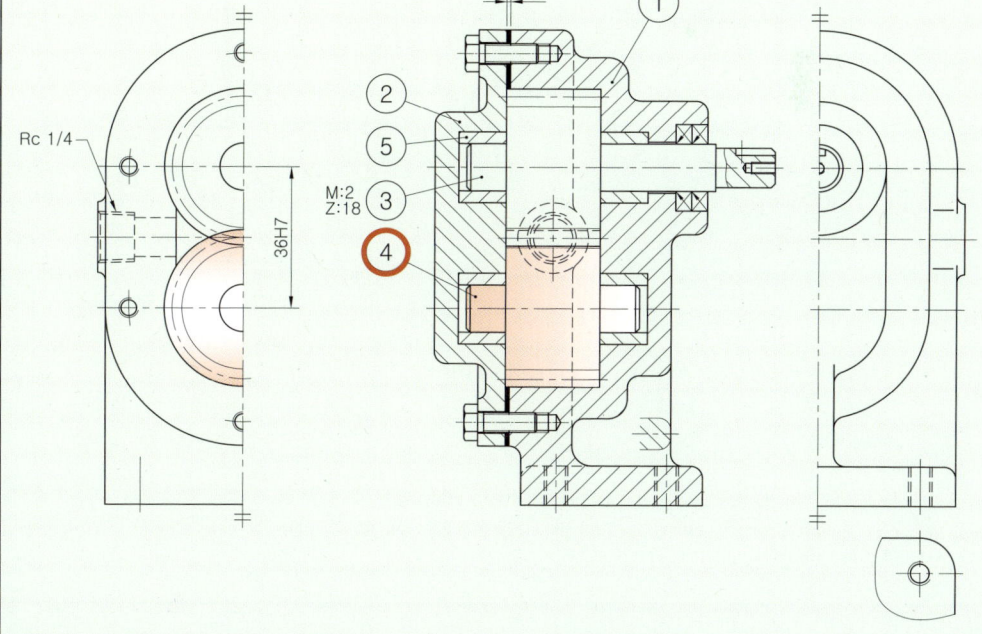

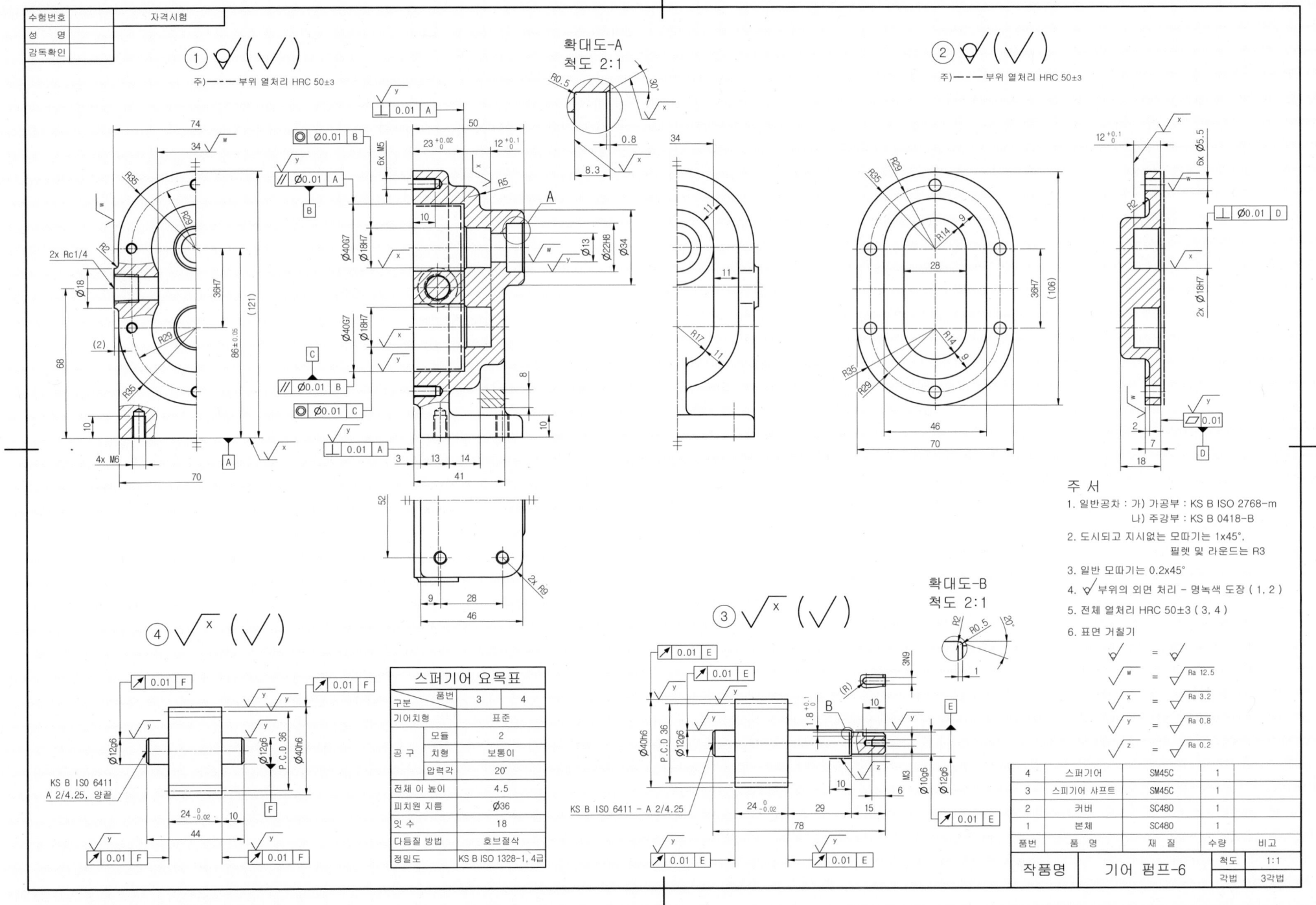

기어 펌프-6 등각 투상도

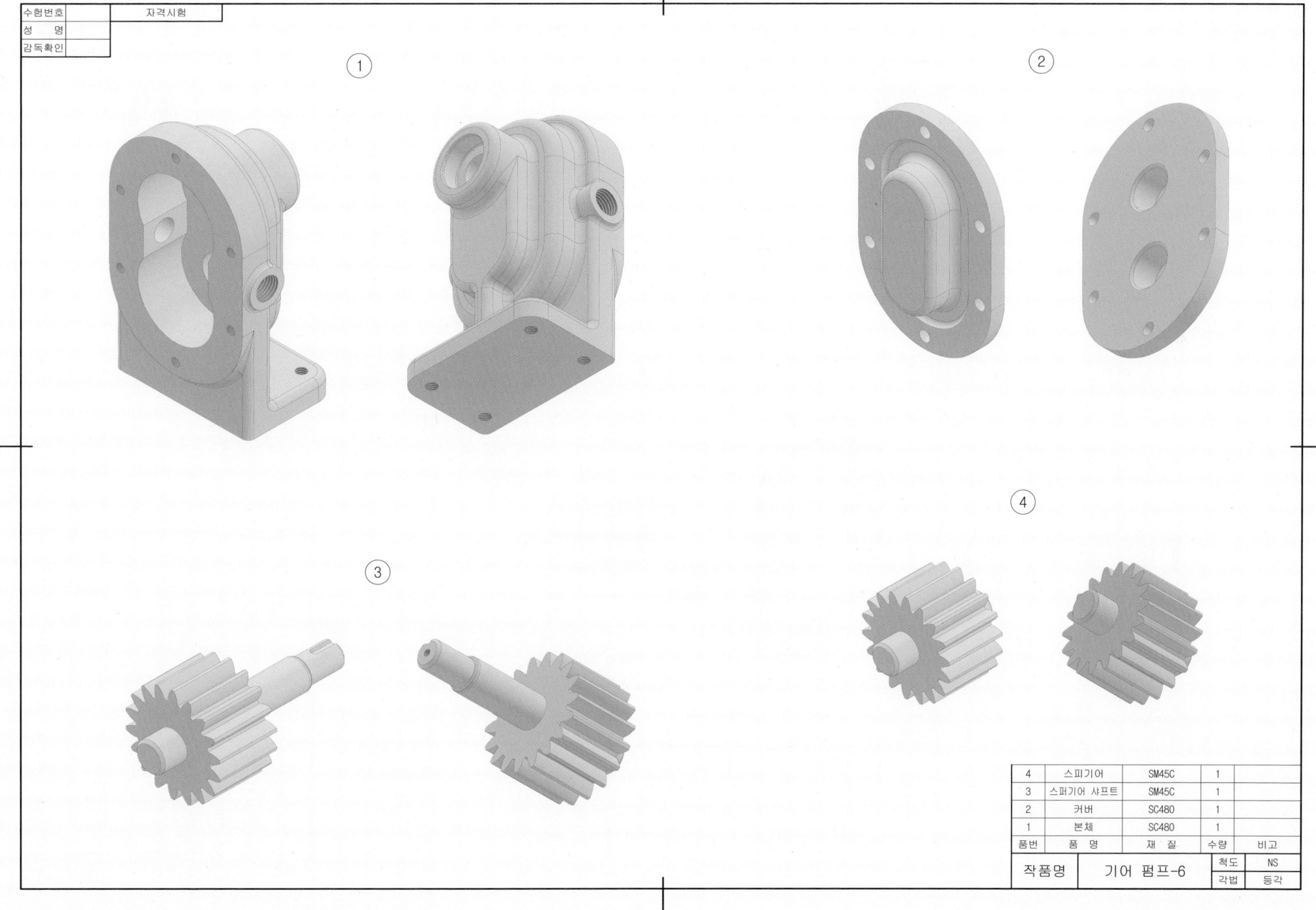

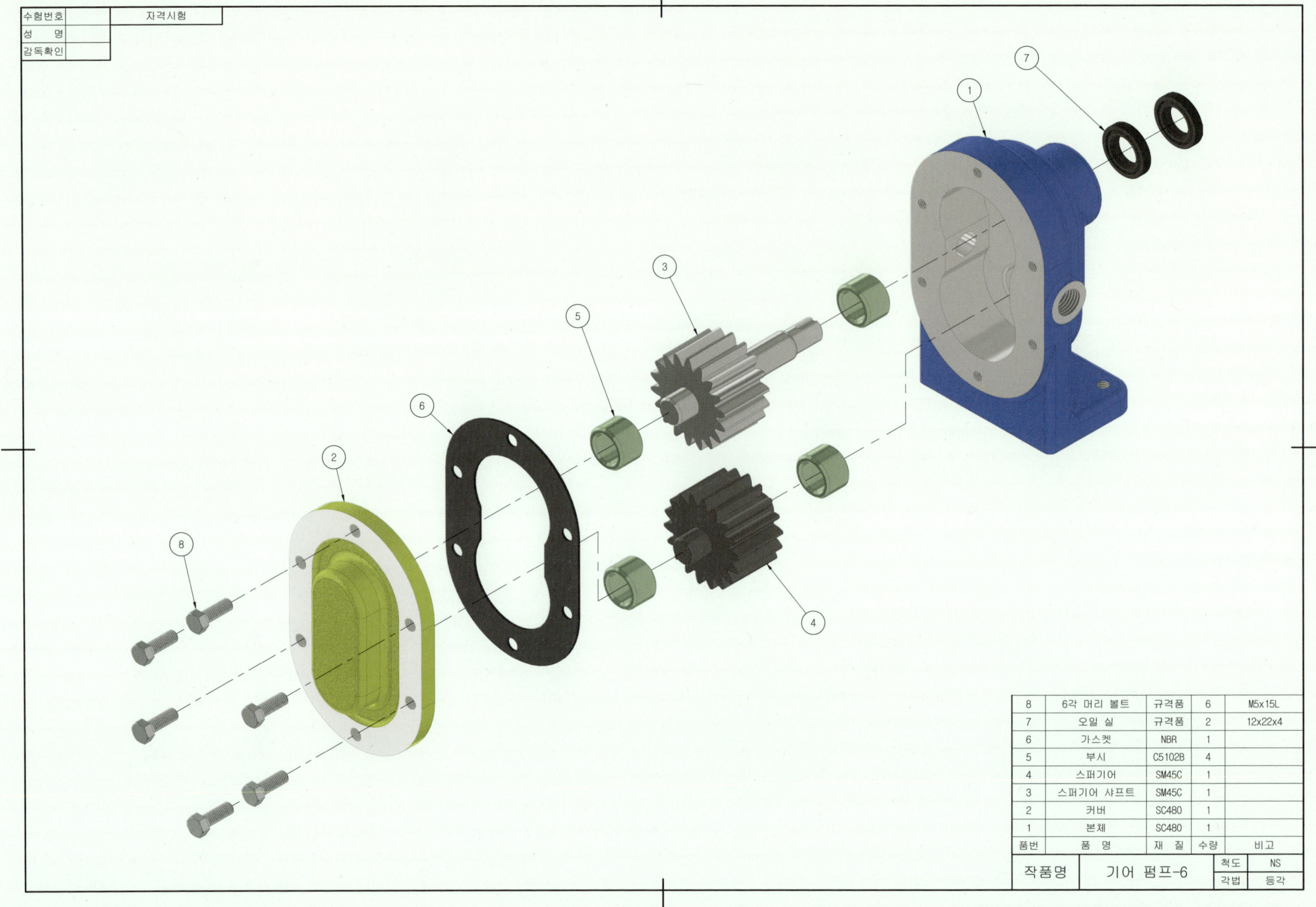

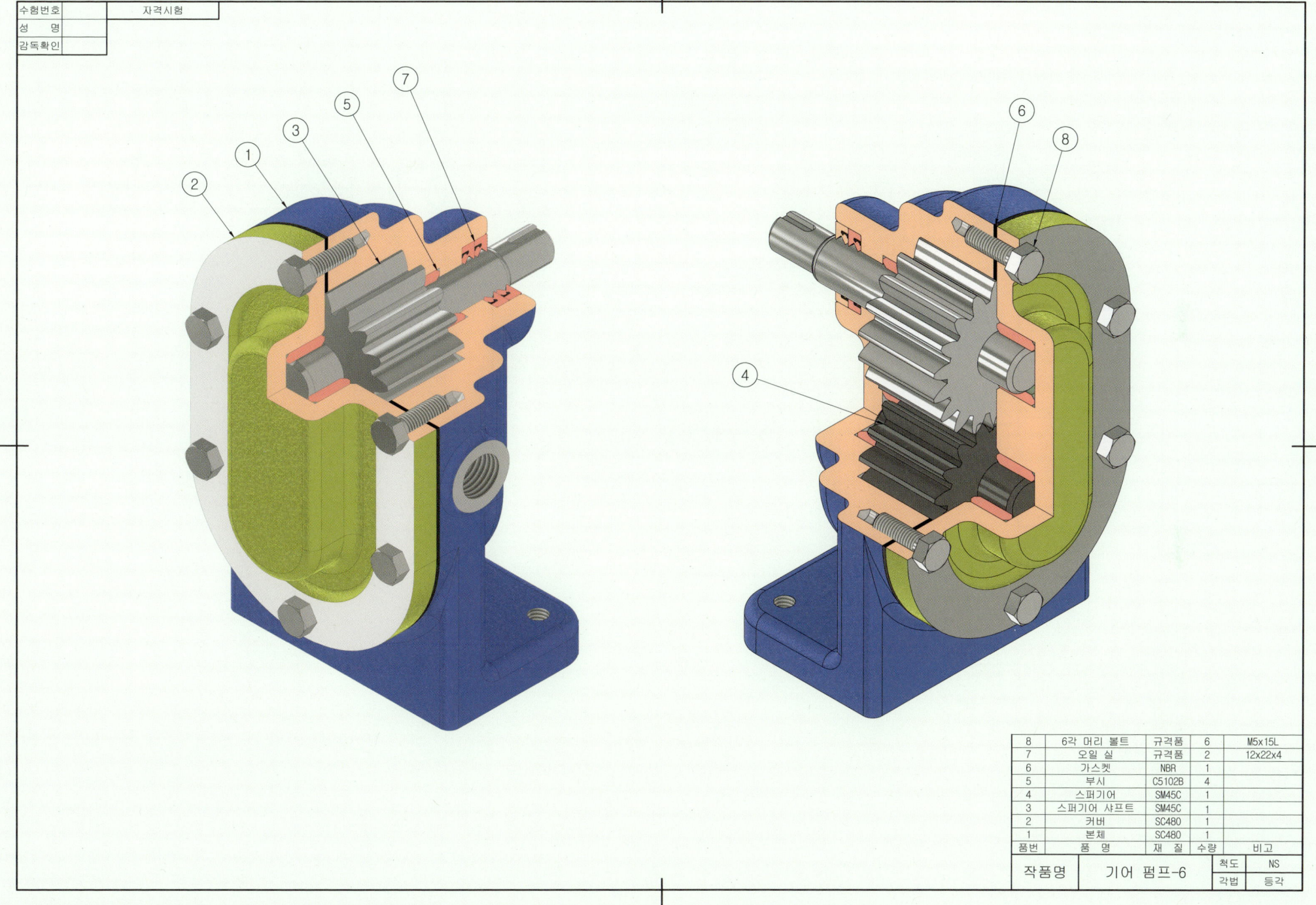

● 기어 박스-1 문제 도면

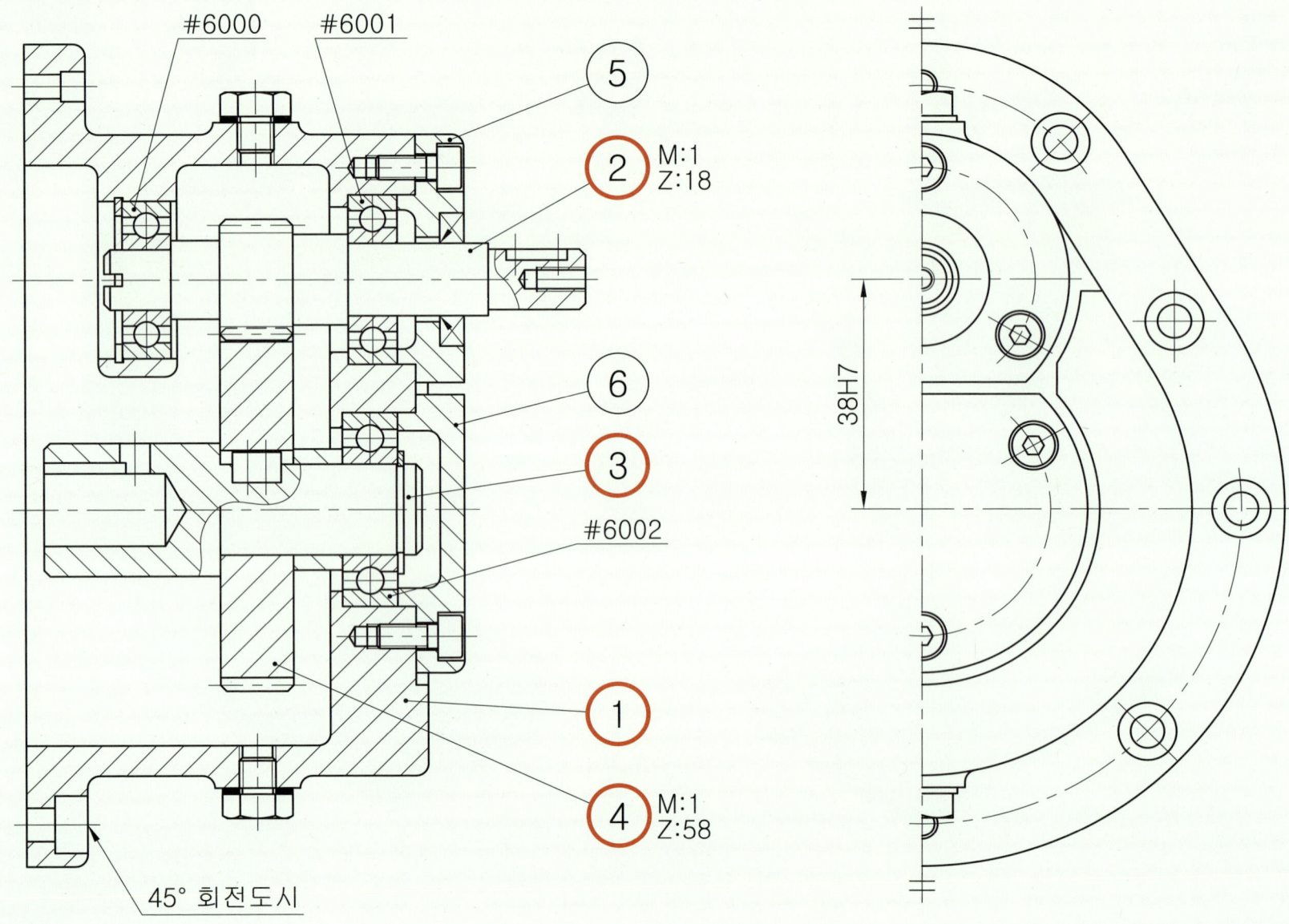

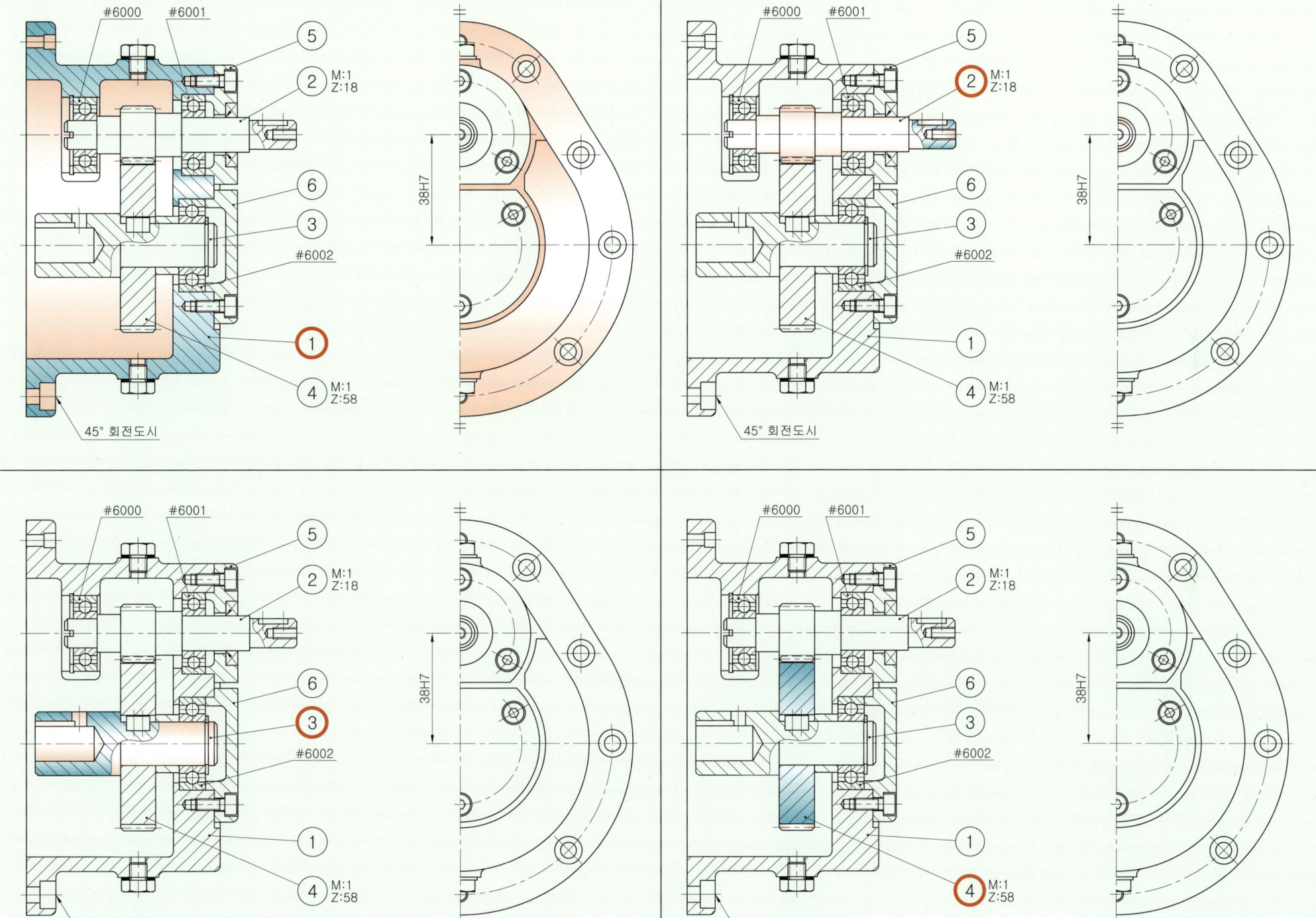

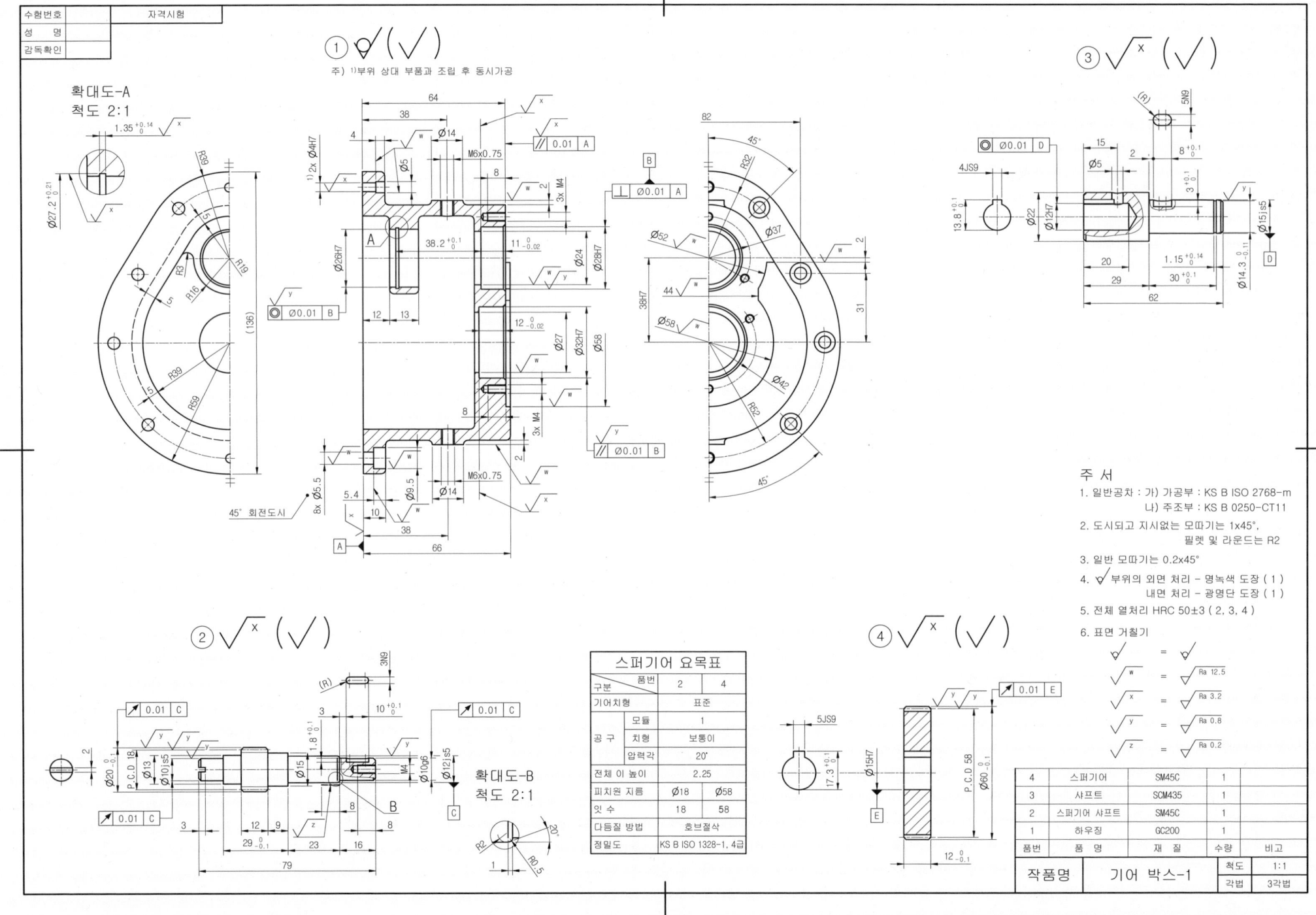

● 기어 박스-1 등각 투상도

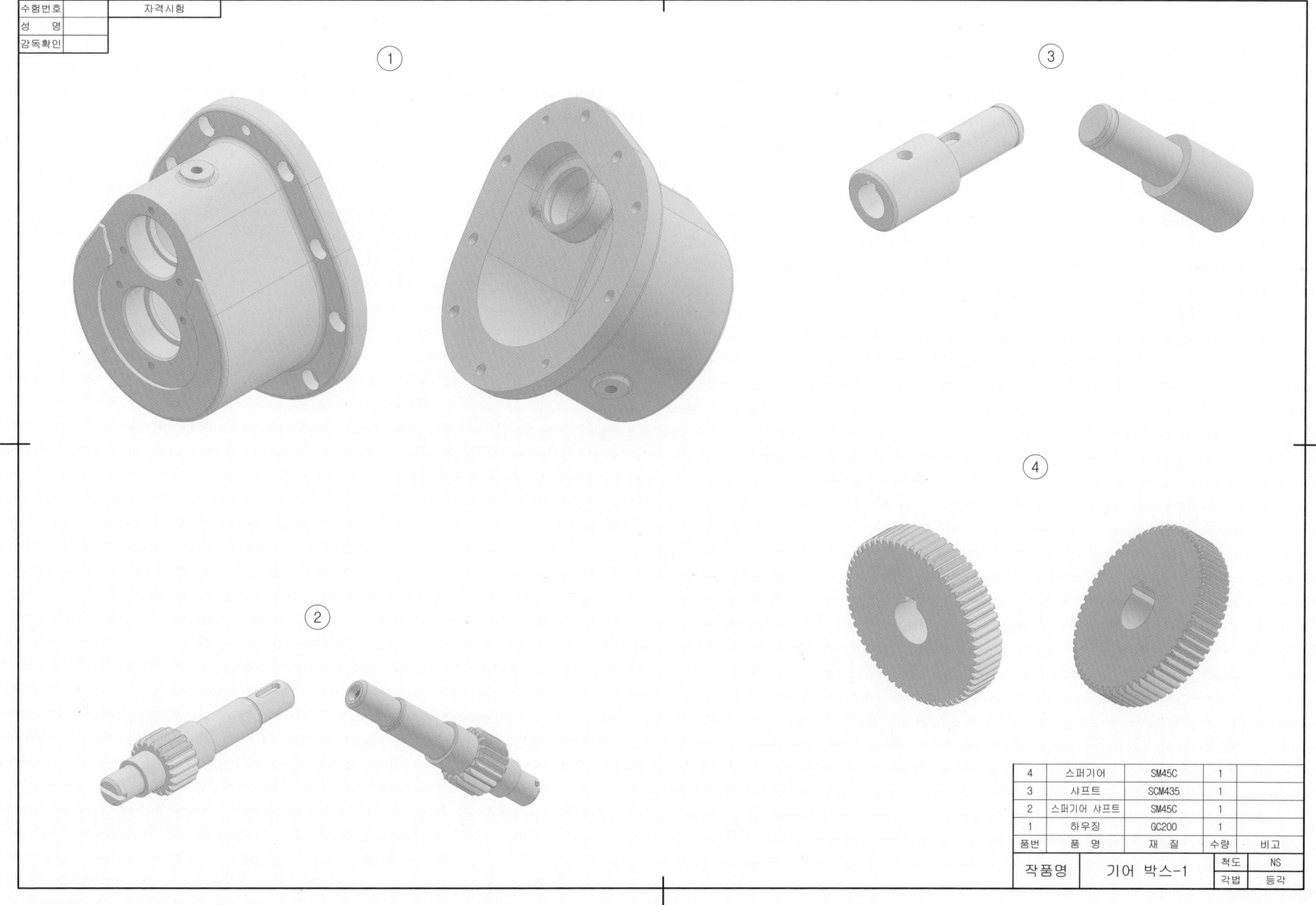

기어 박스-1 분해도

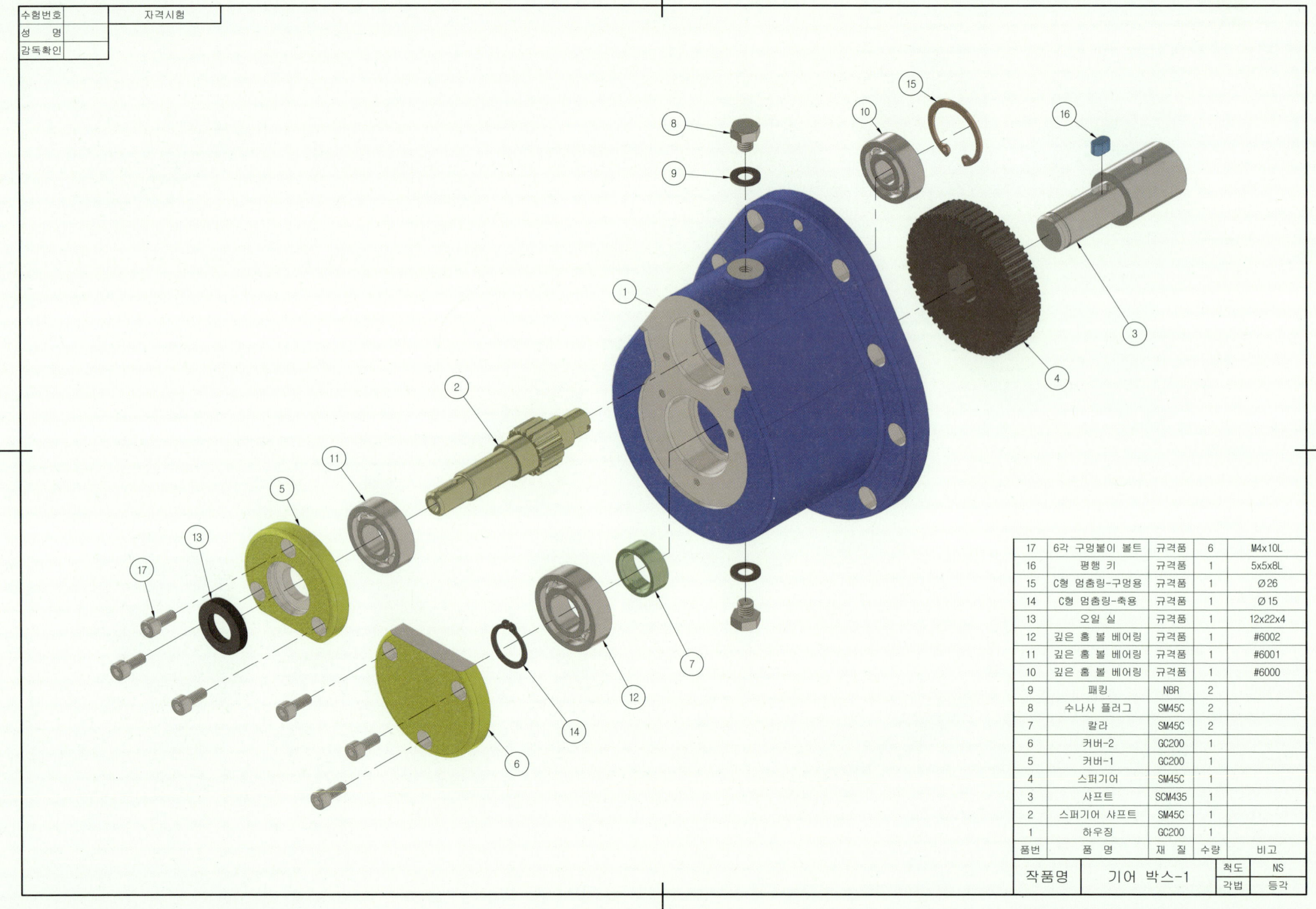

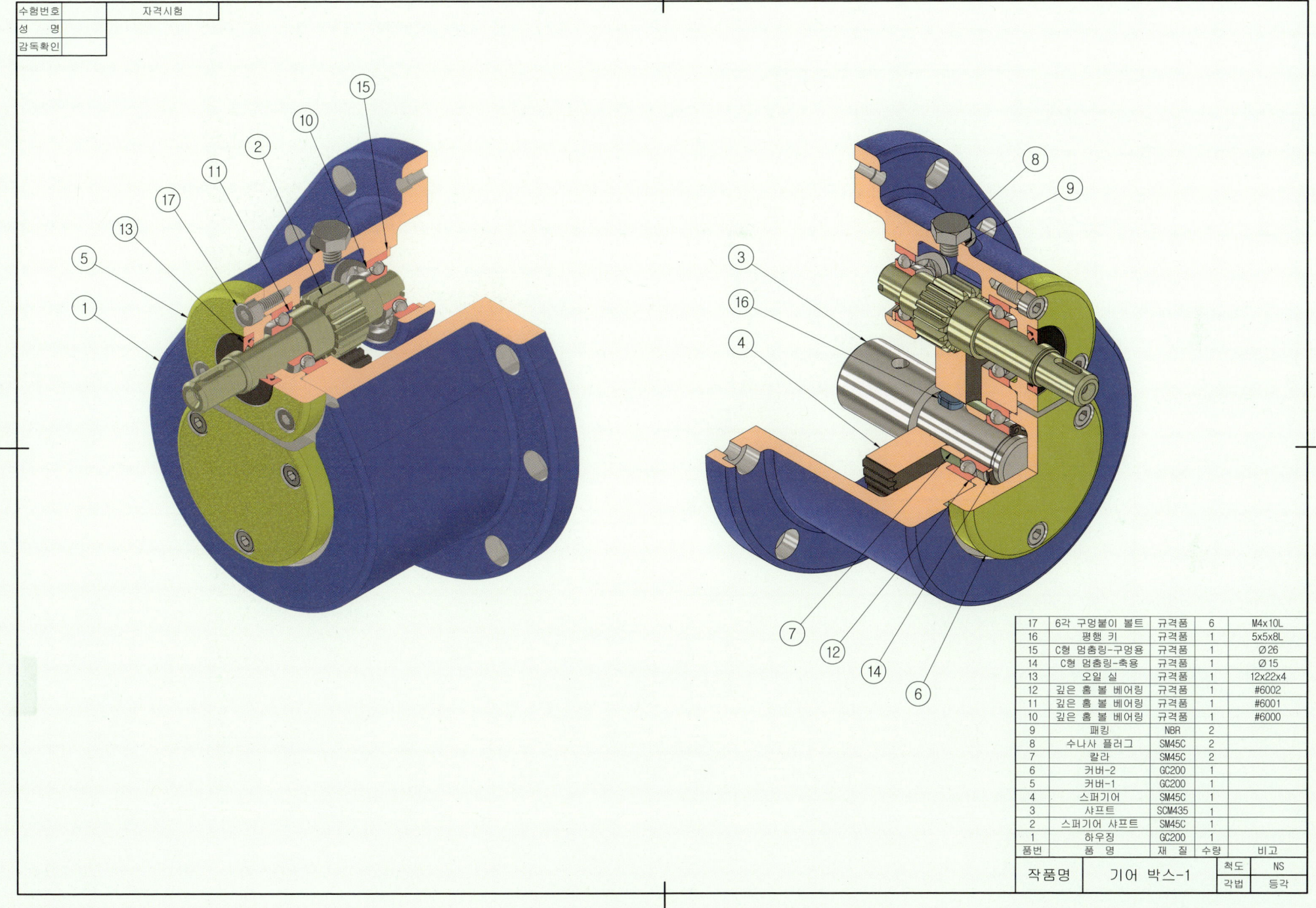

● 기어 박스-2 문제 도면

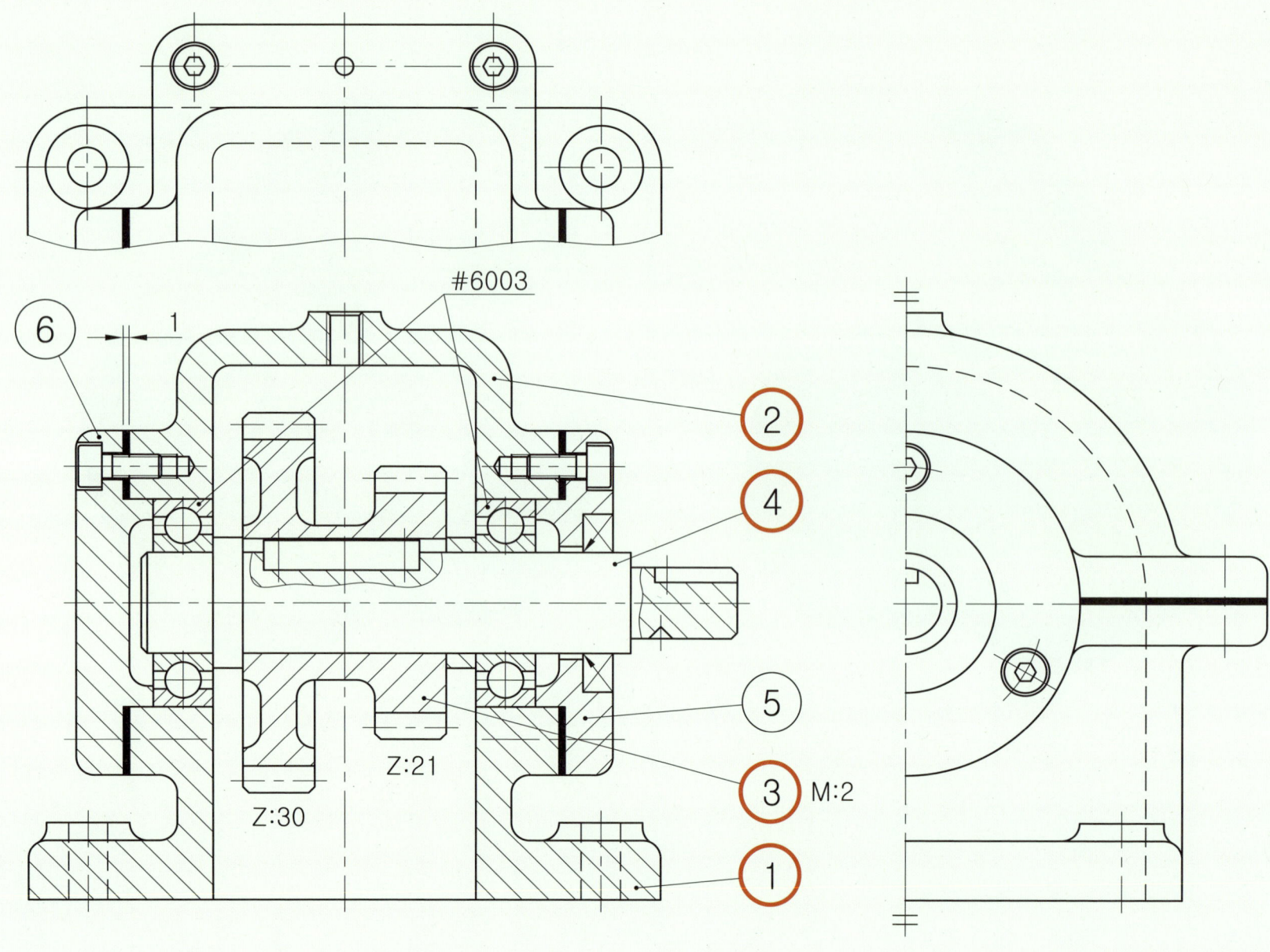

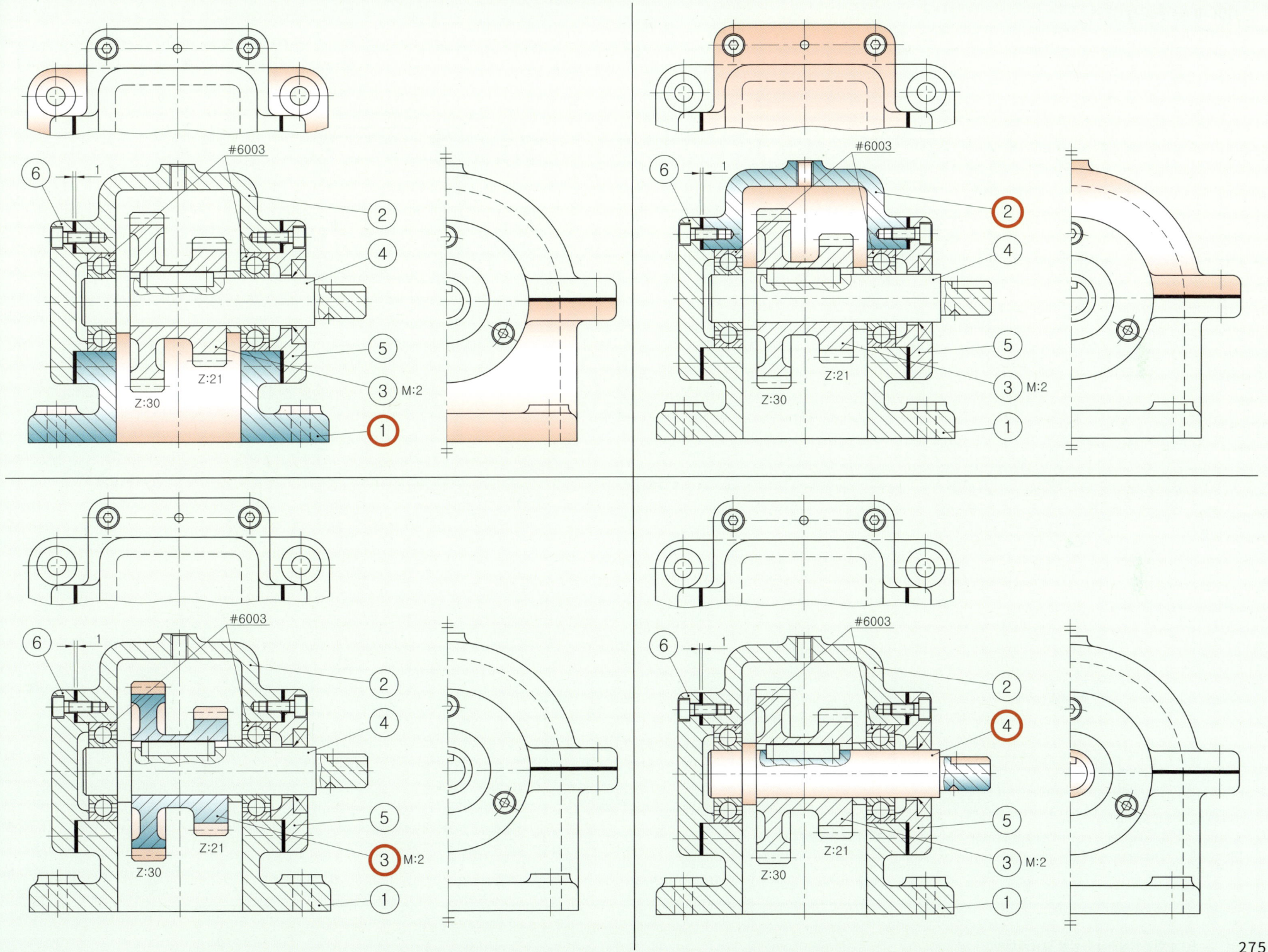

기어 박스-2 부품도

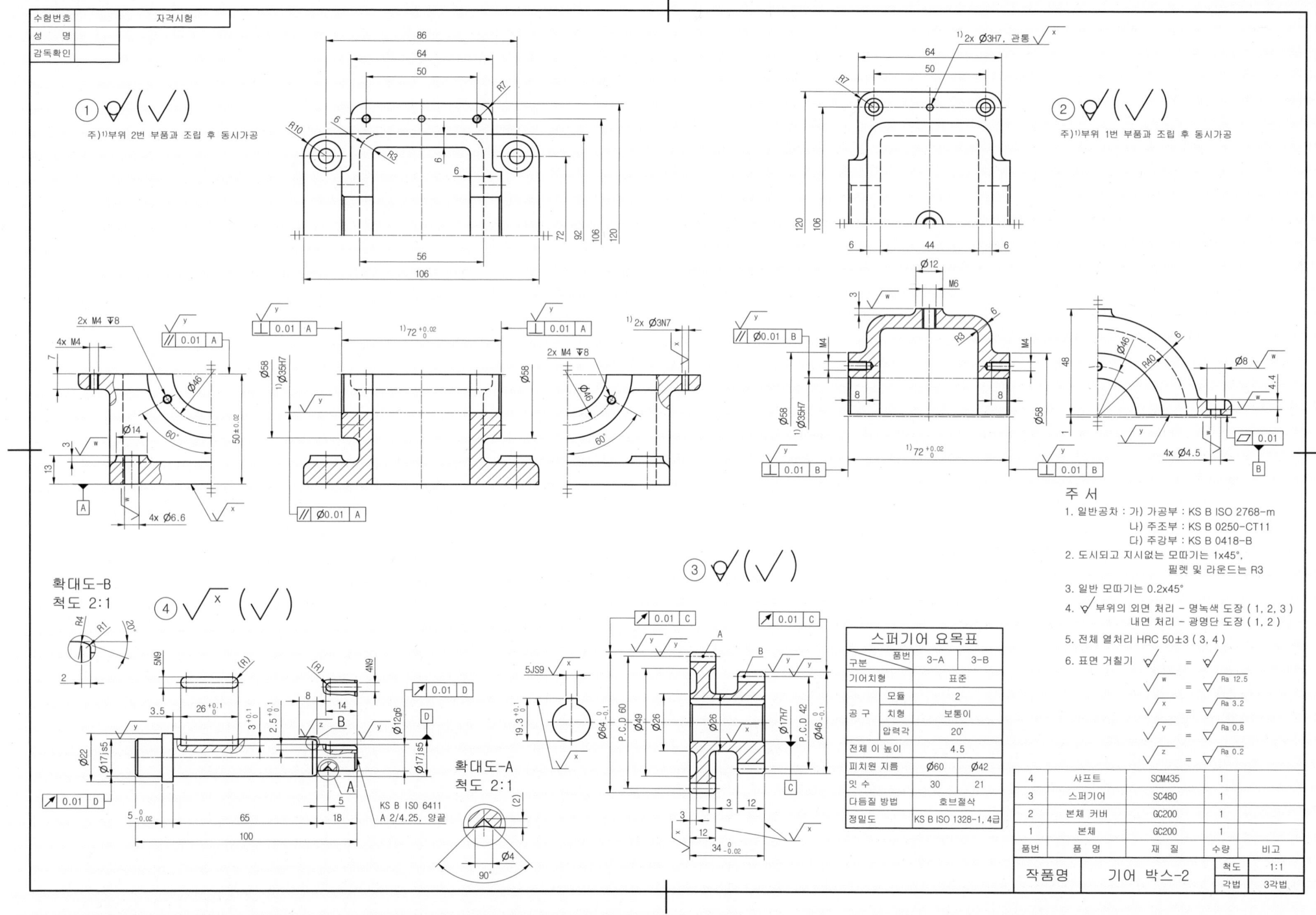

● 기어 박스-2 등각 투상도

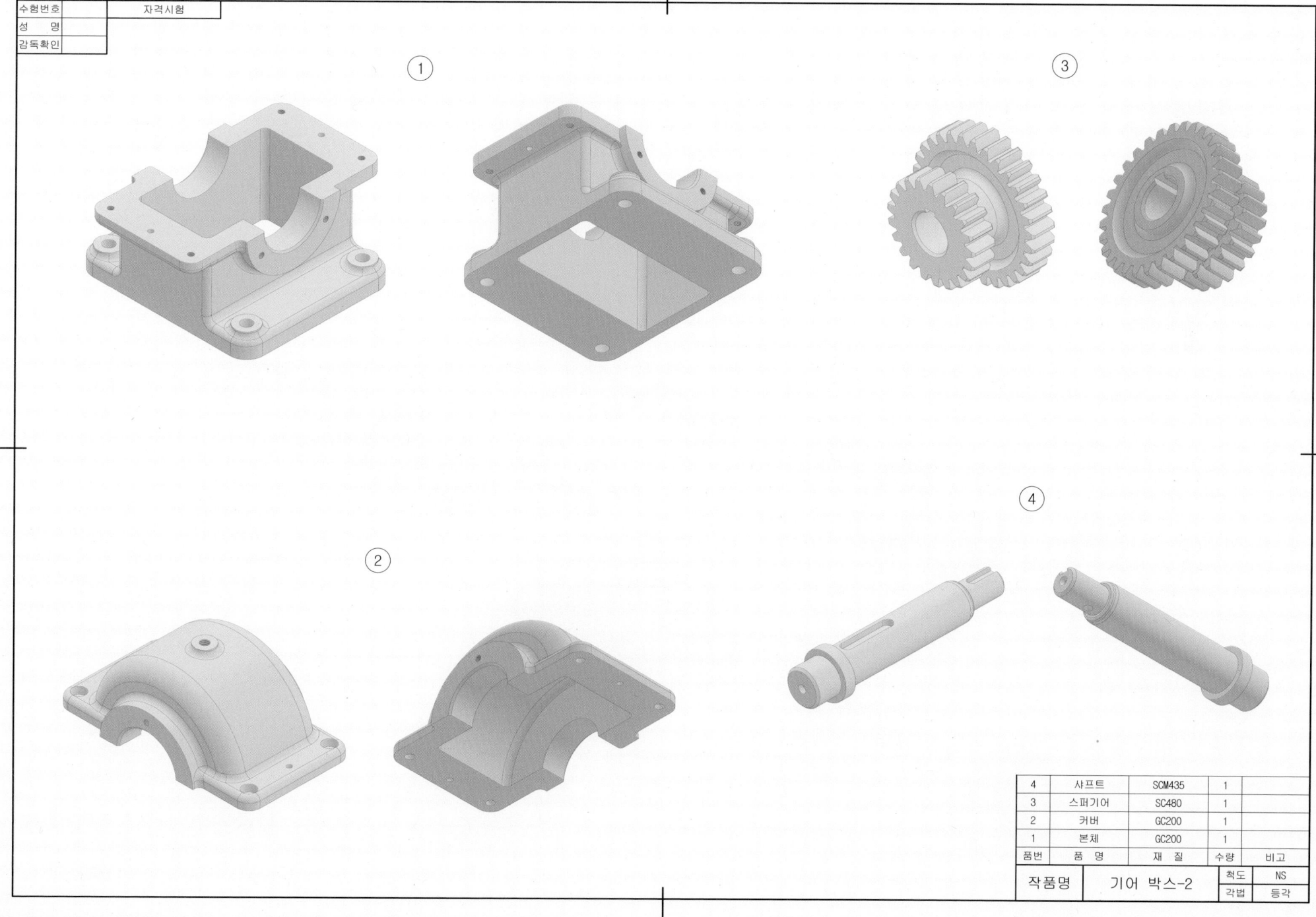

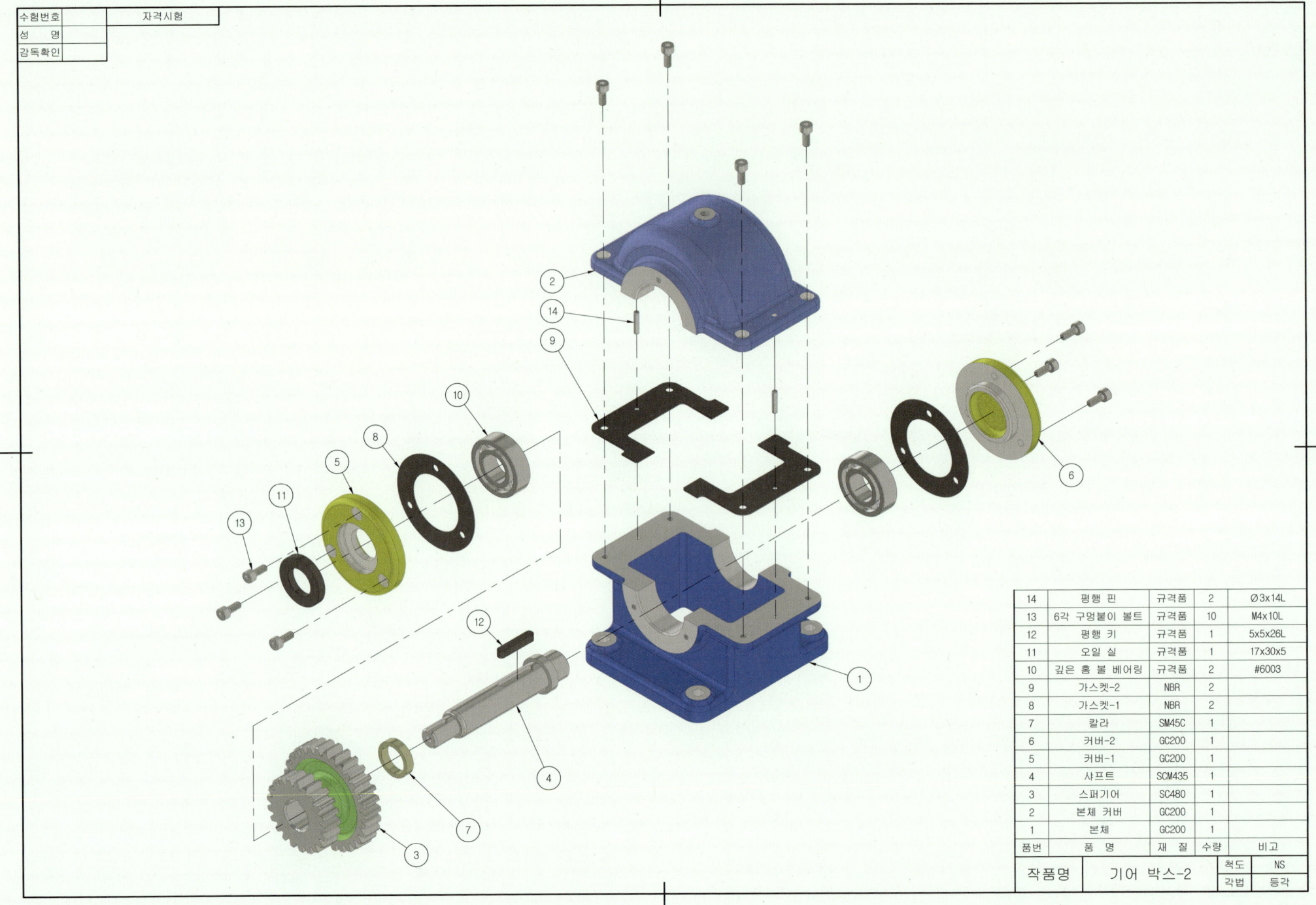

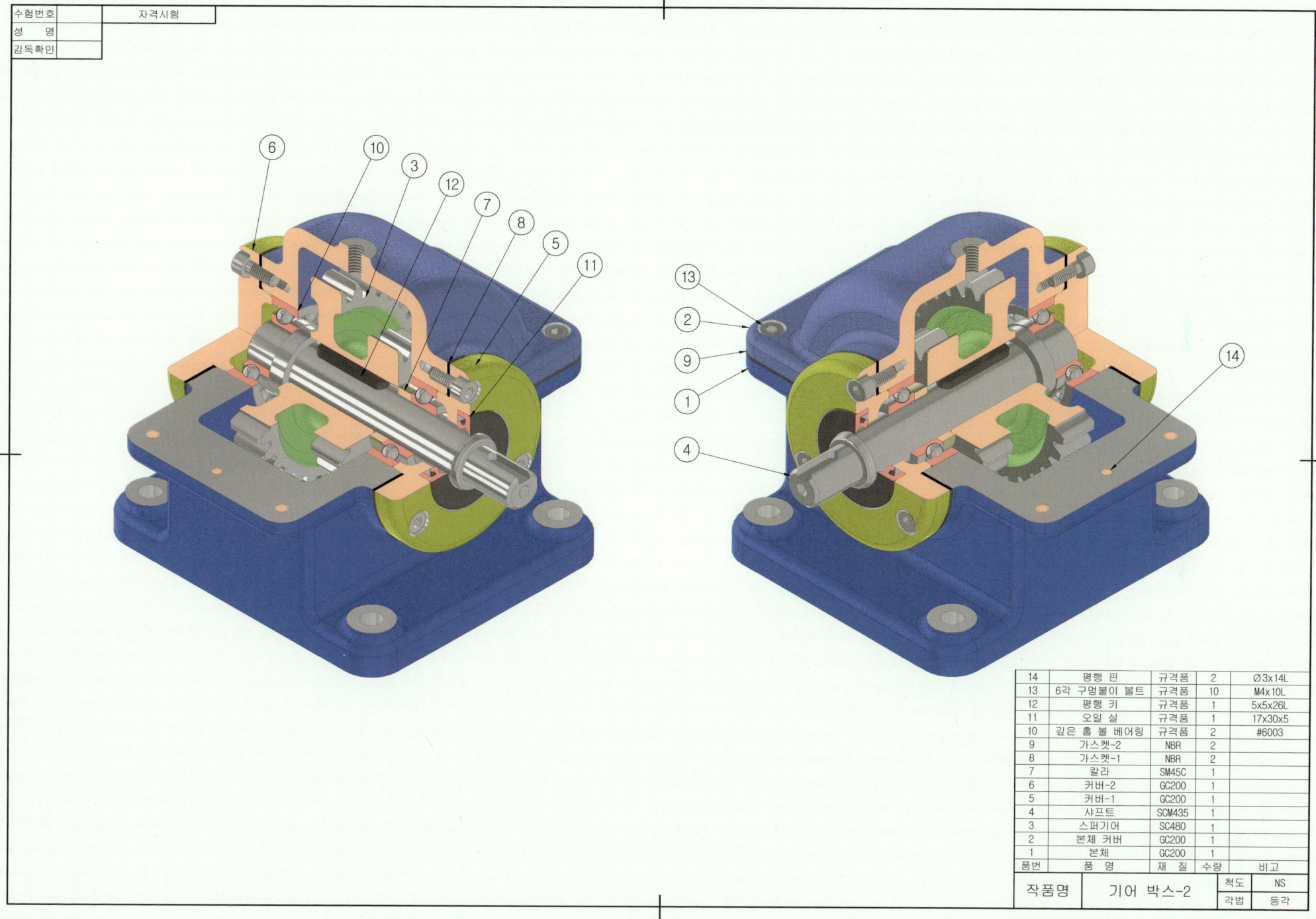

동력변환장치-1 문제 도면

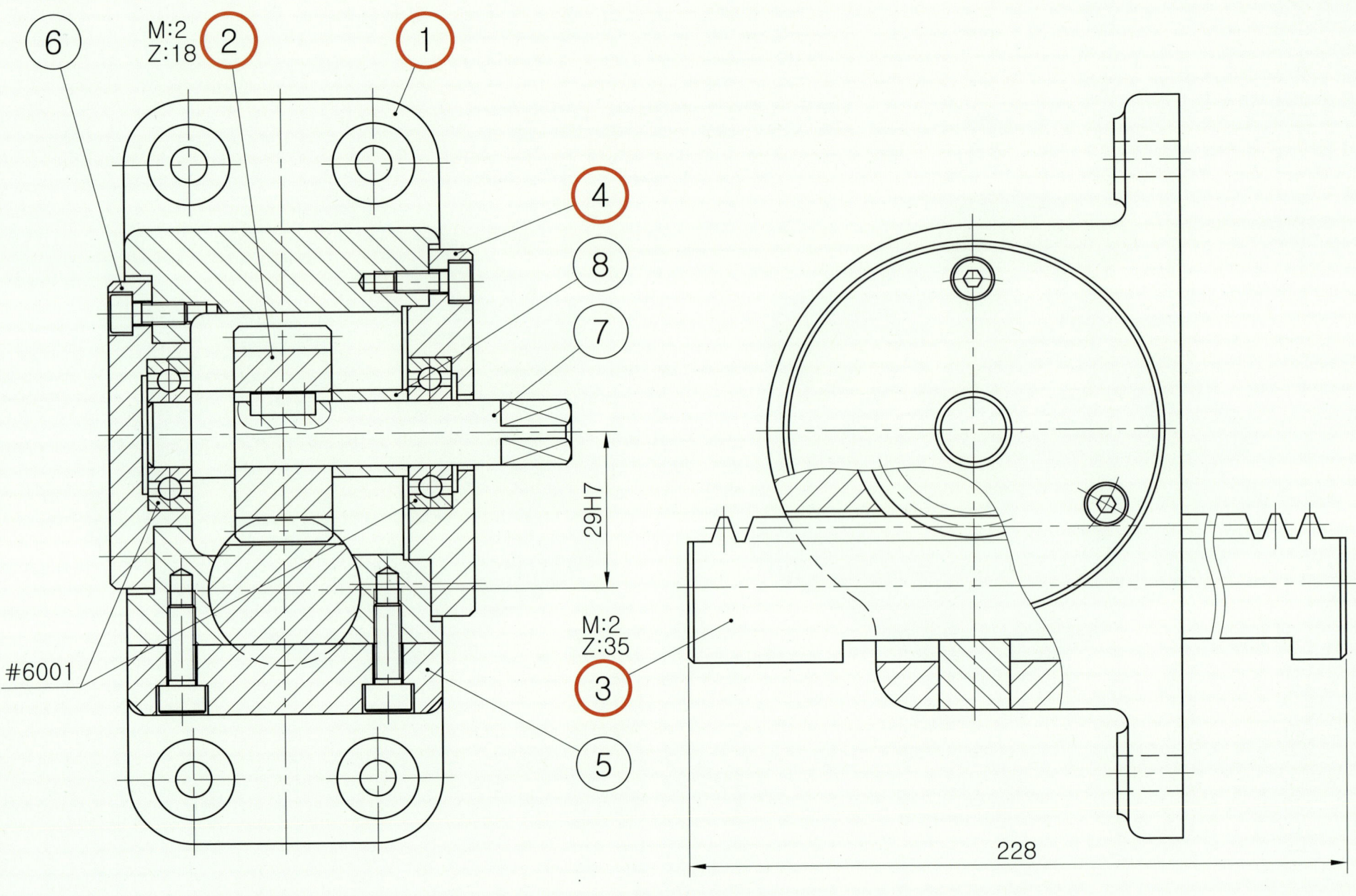

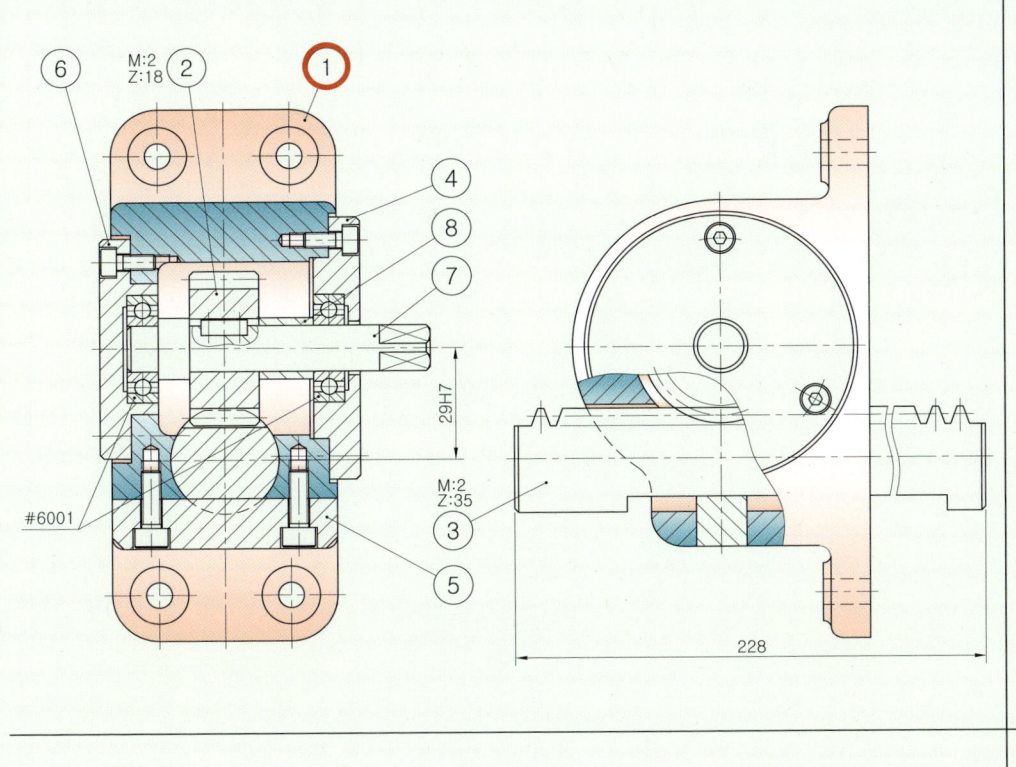
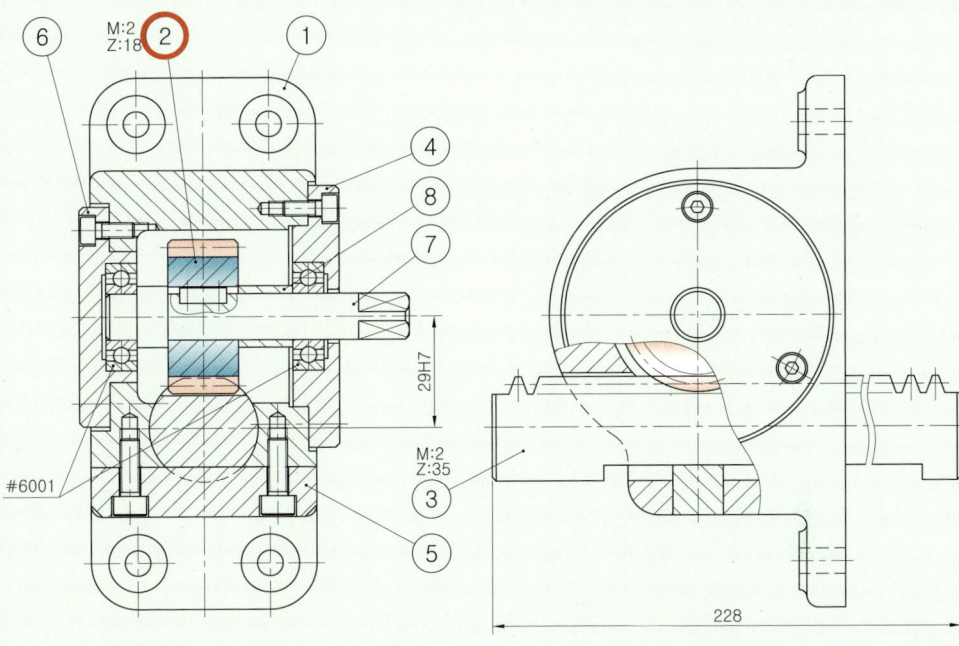
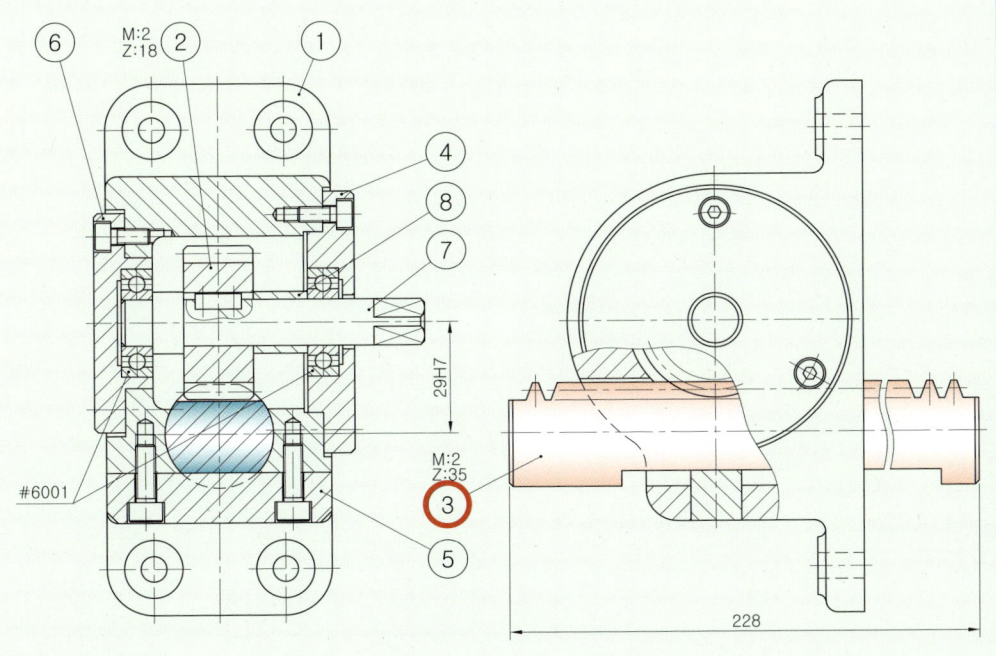
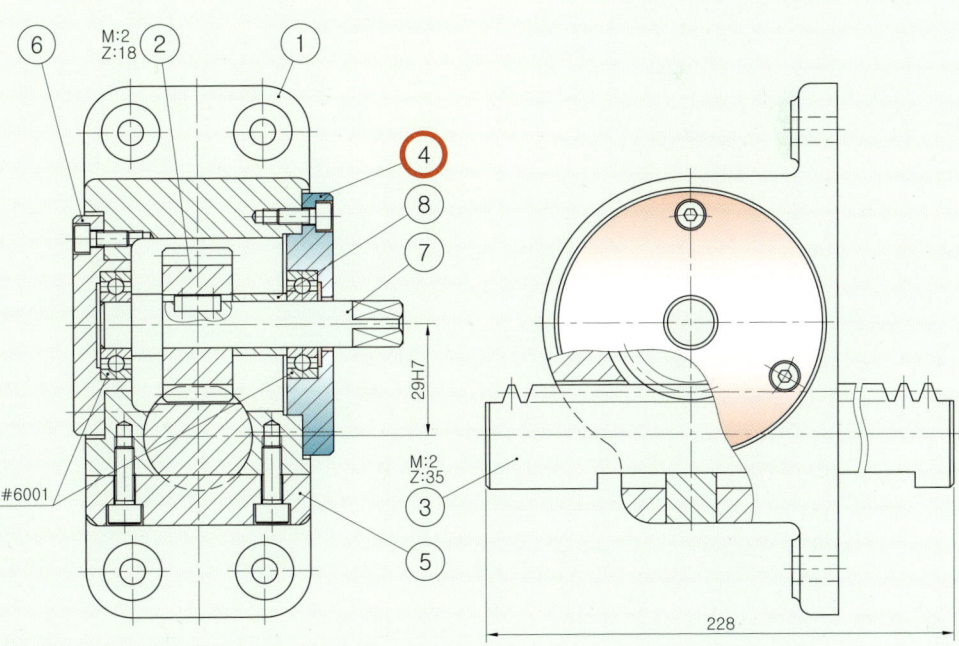

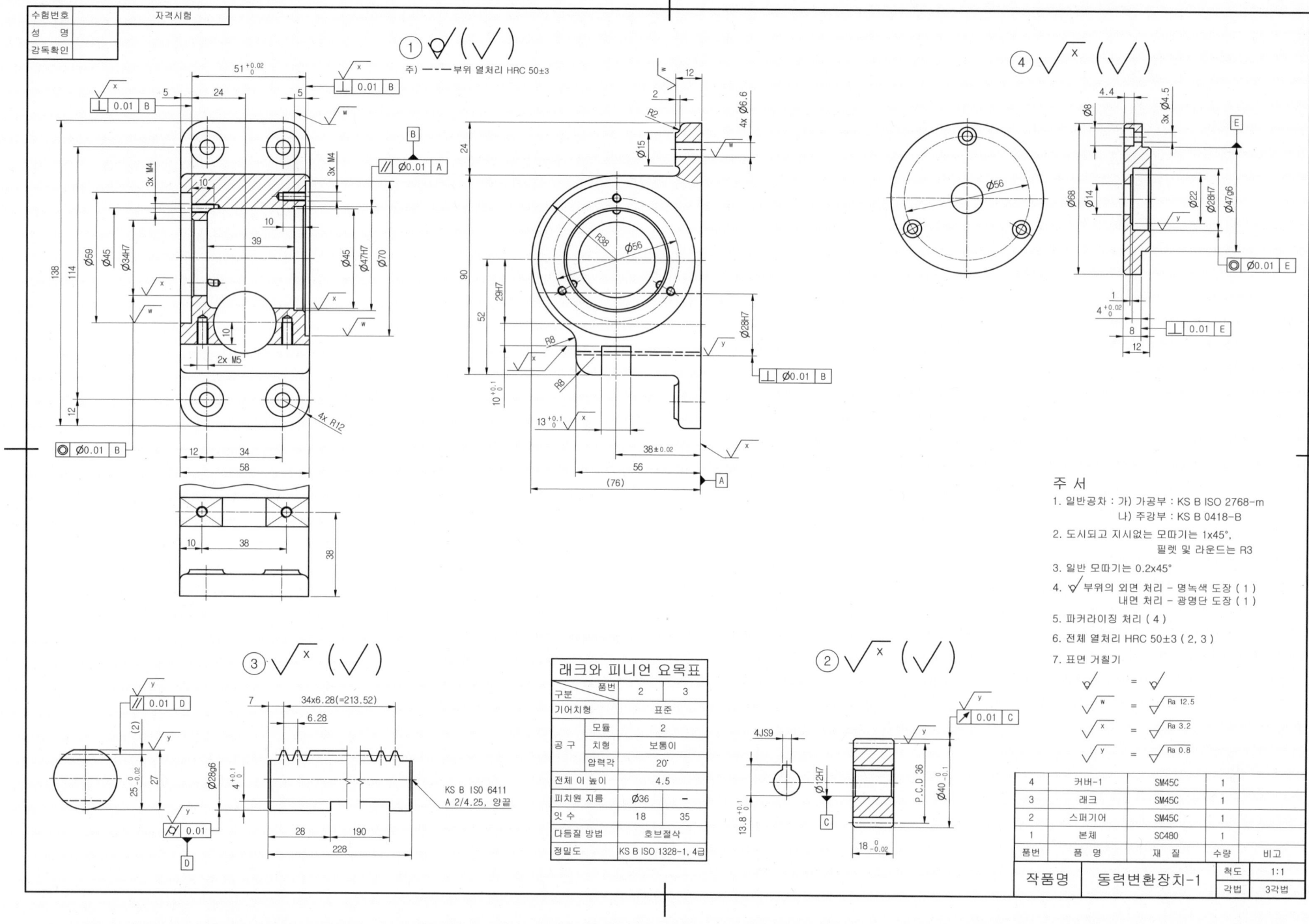

● 동력변환장치-1 등각 투상도

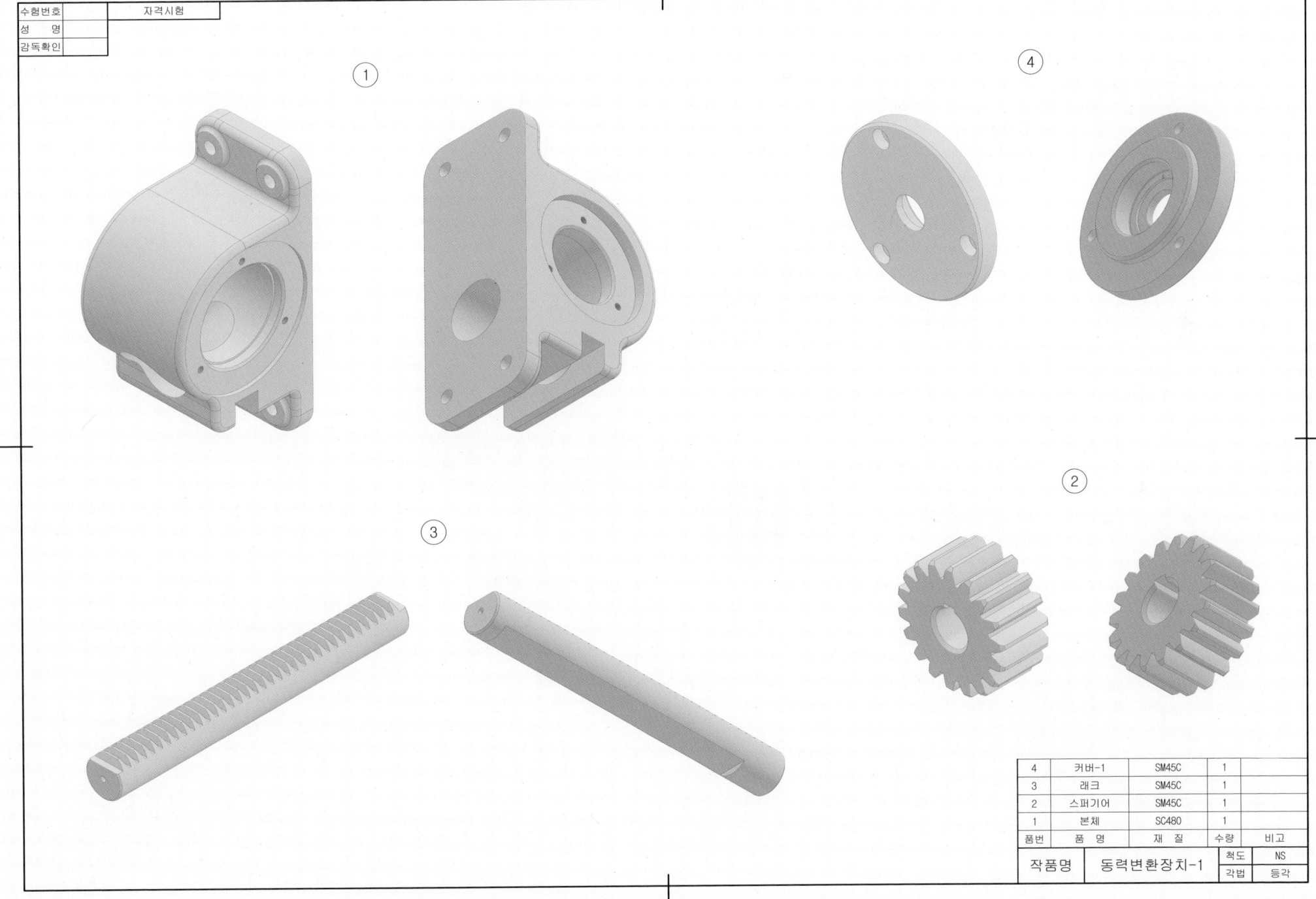

● 동력변환장치-1 분해도

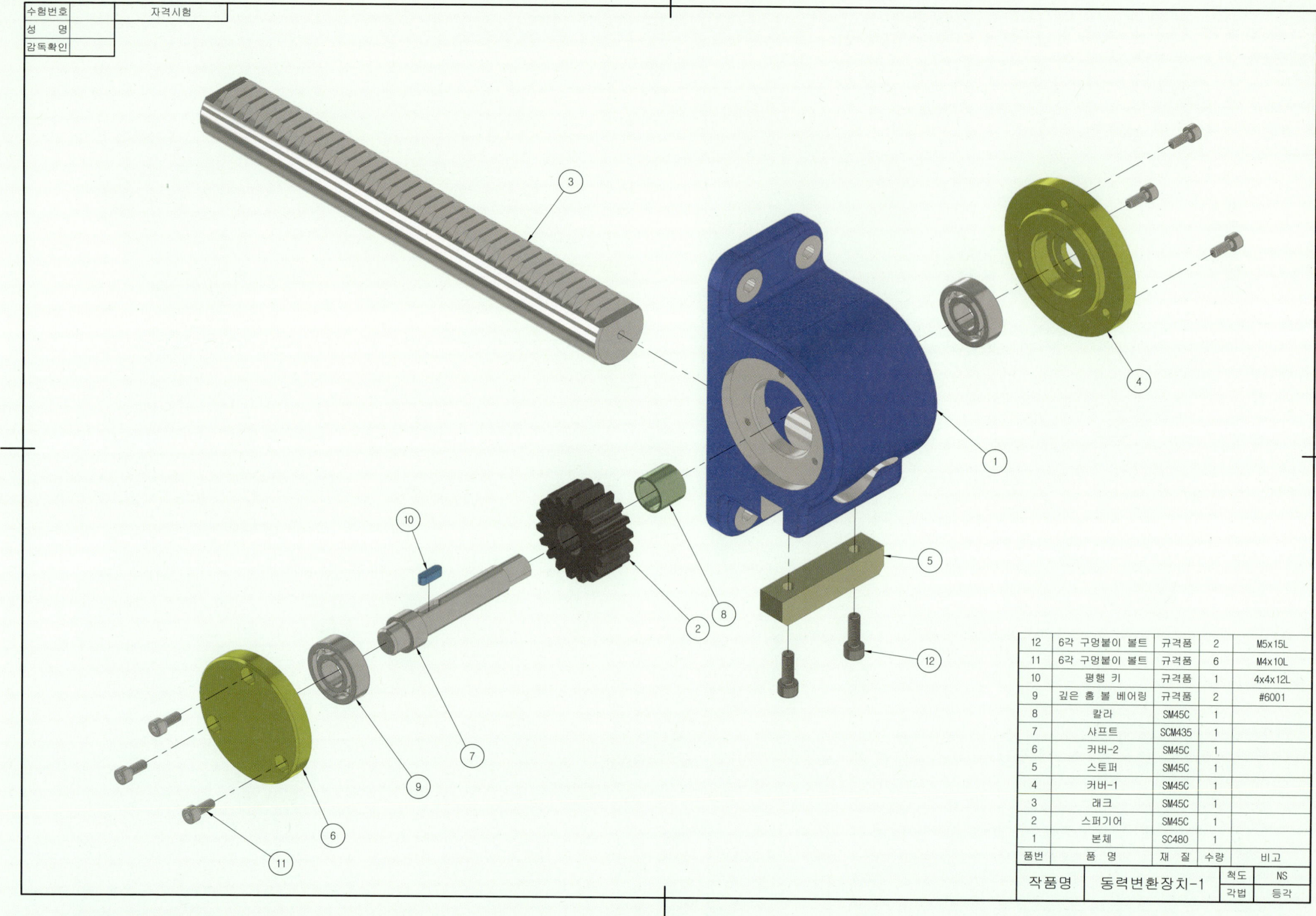

12	6각 구멍붙이 볼트	규격품	2	M5x15L
11	6각 구멍붙이 볼트	규격품	6	M4x10L
10	평행 키	규격품	1	4x4x12L
9	깊은 홈 볼 베어링	규격품	2	#6001
8	칼라	SM45C	1	
7	샤프트	SCM435	1	
6	커버-2	SM45C	1	
5	스토퍼	SM45C	1	
4	커버-1	SM45C	1	
3	래크	SM45C	1	
2	스퍼기어	SM45C	1	
1	본체	SC480	1	
품번	품 명	재 질	수량	비고

작품명	동력변환장치-1	척도	NS
		각법	등각

● 동력변환장치-1 조립도

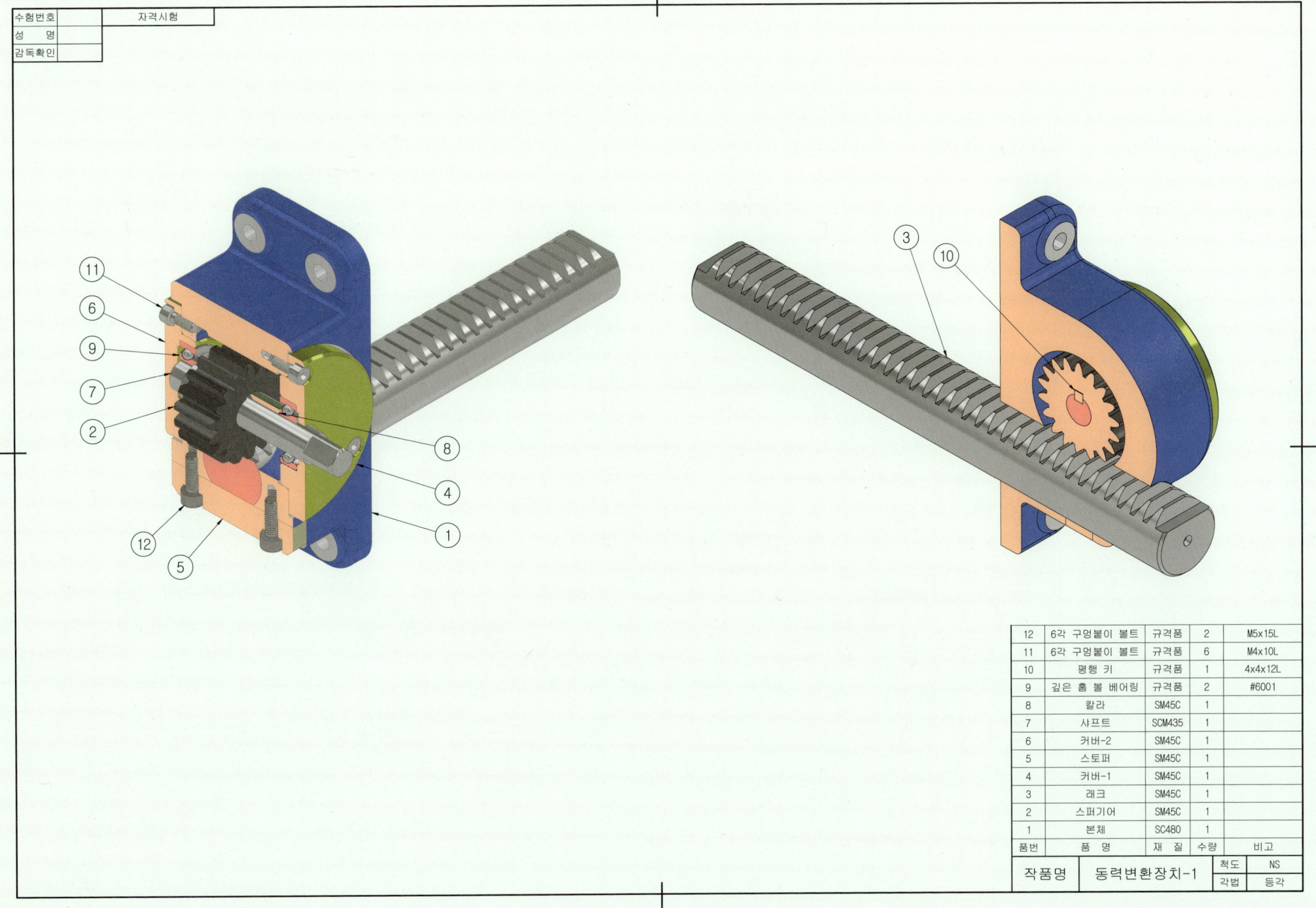

동력변환장치-2 문제 도면

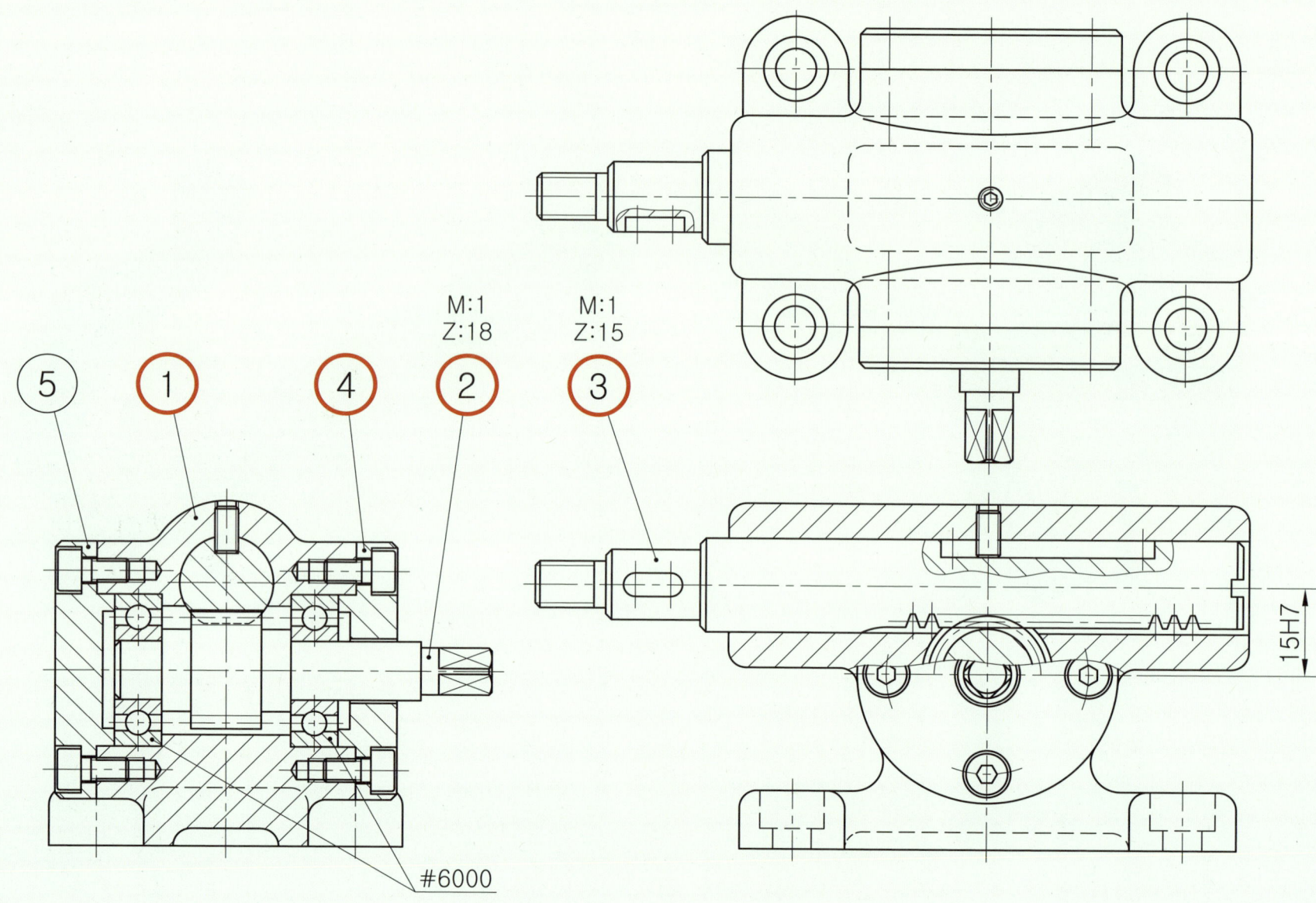

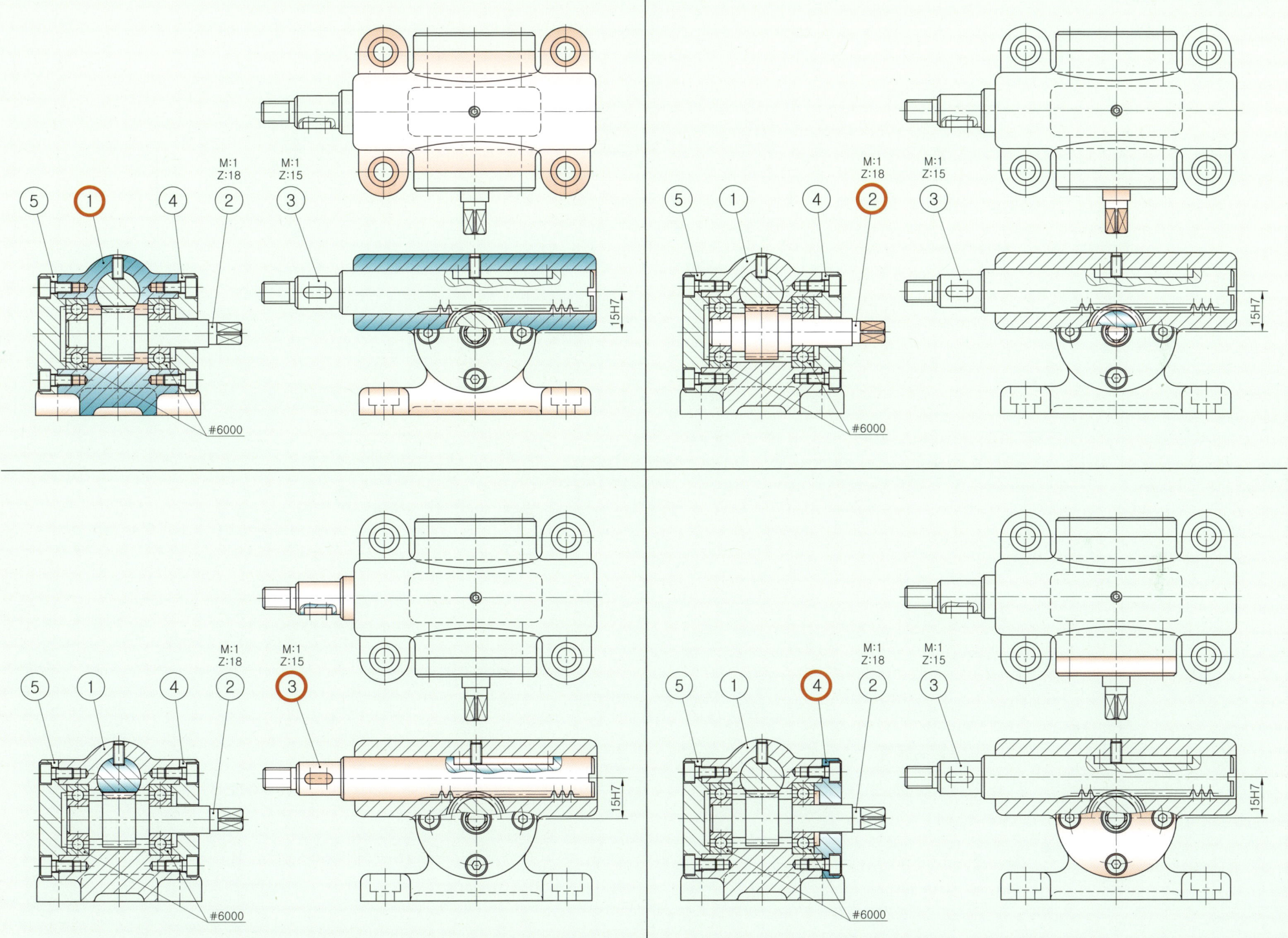

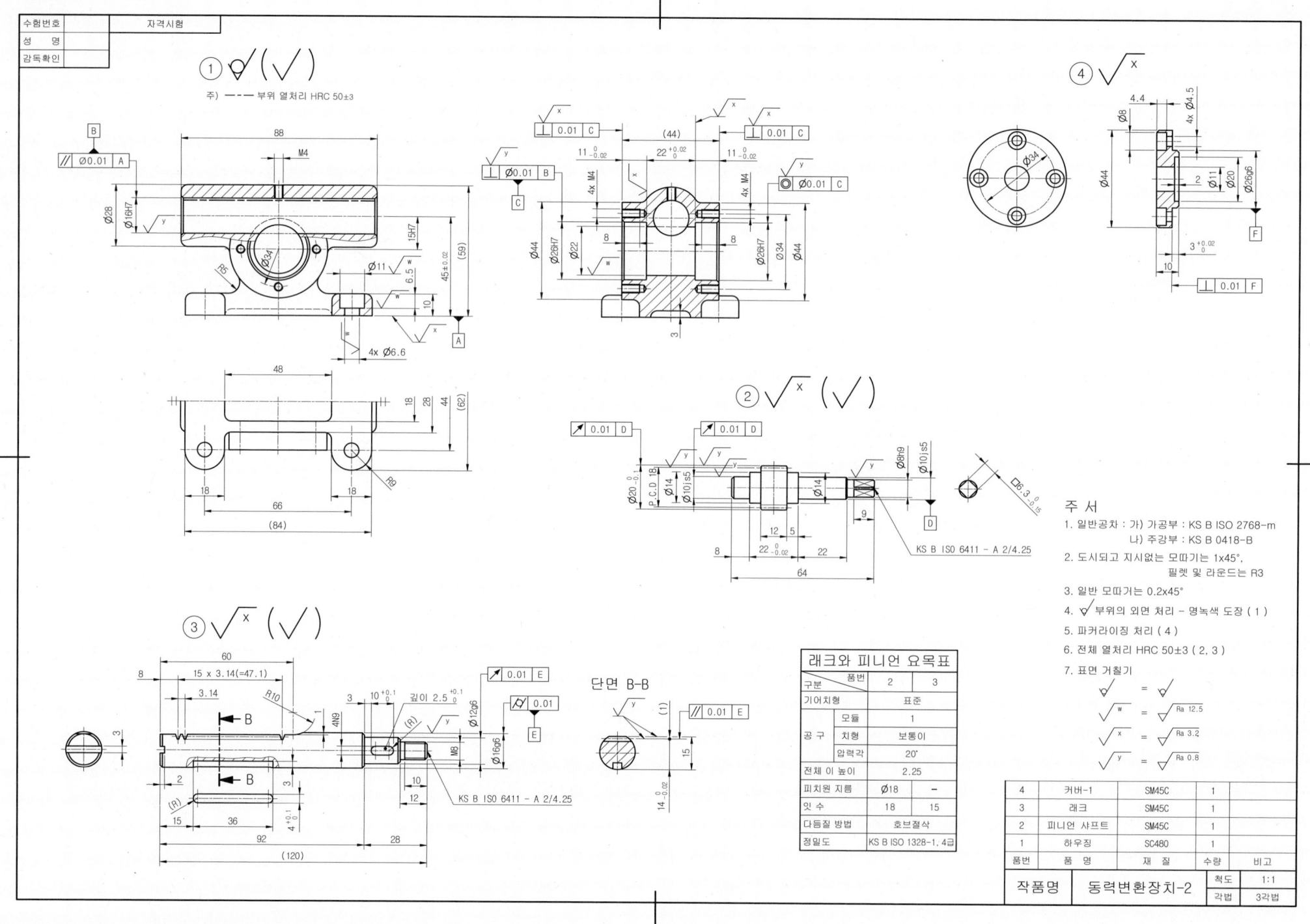

● 동력변환장치-2 등각 투상도

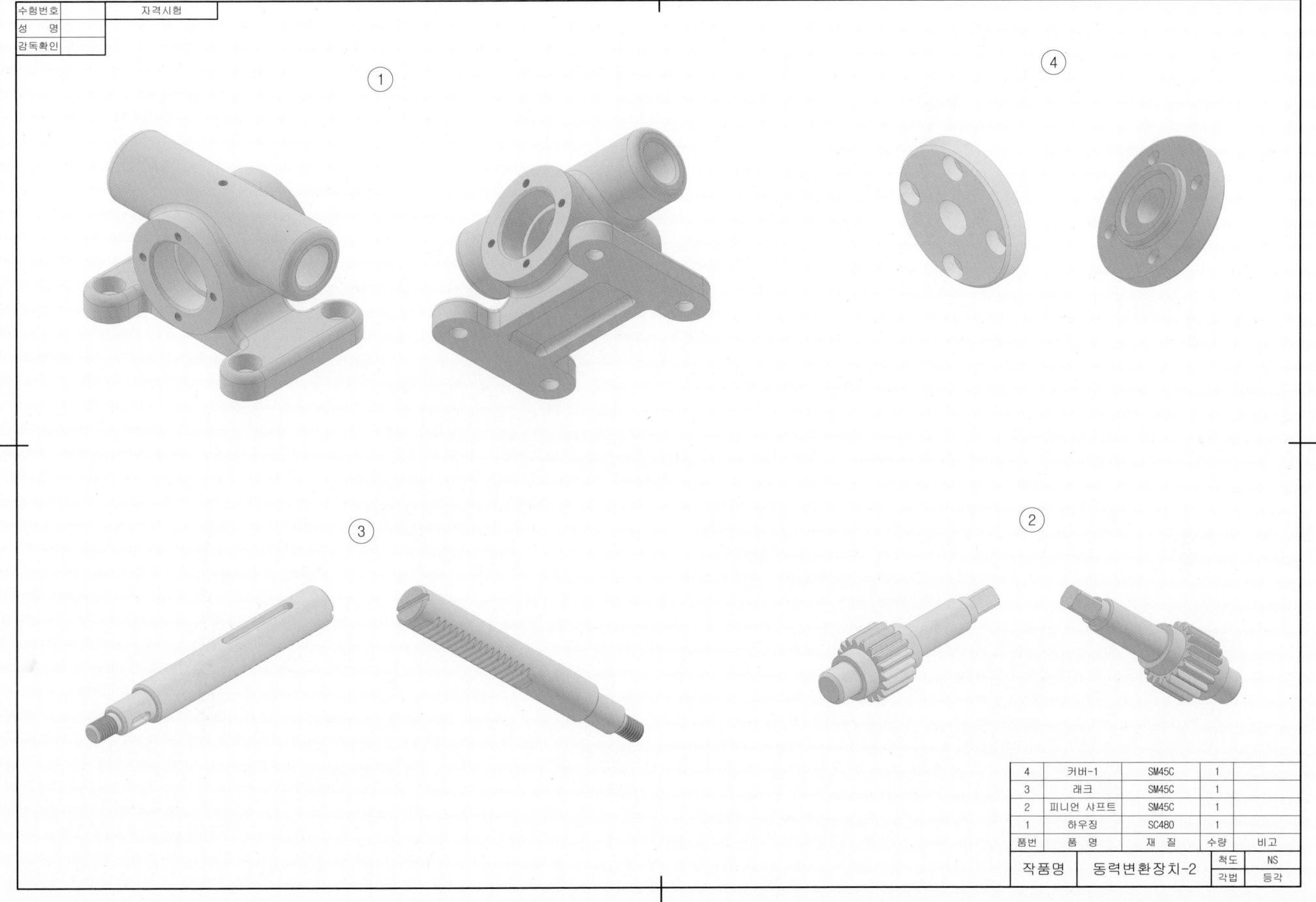

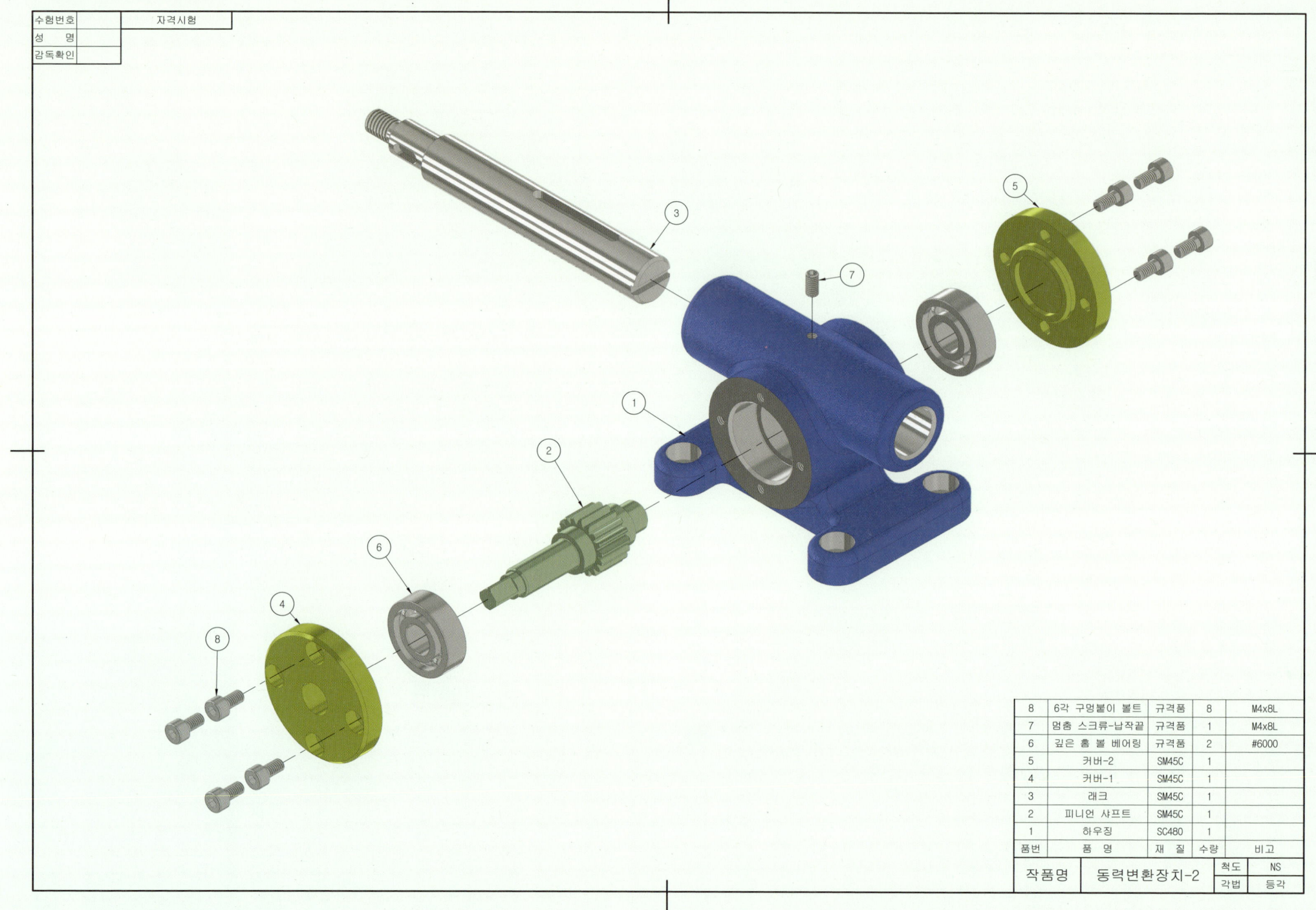

● 동력변환장치-2 조립도

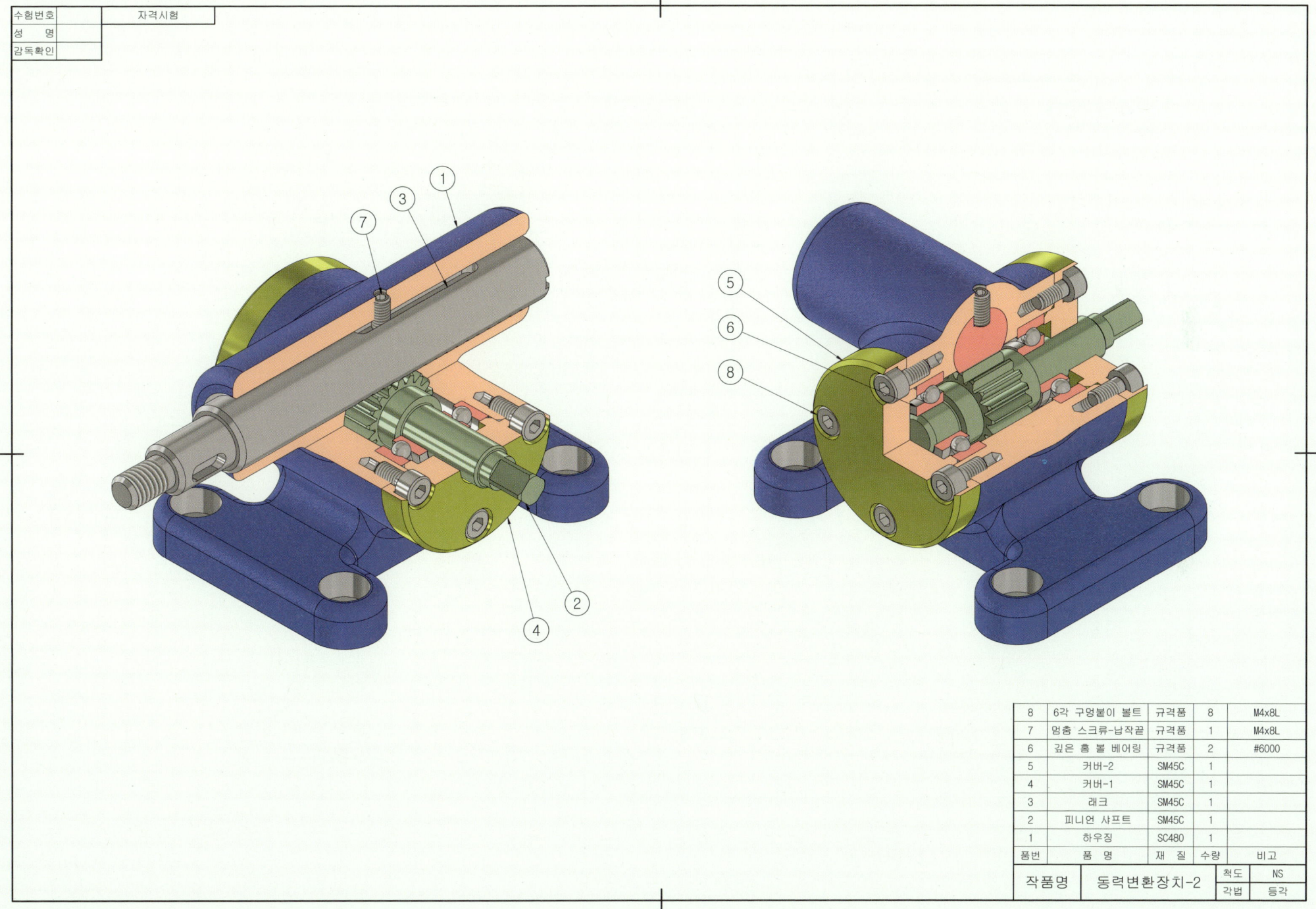

동력변환장치-3 문제 도면

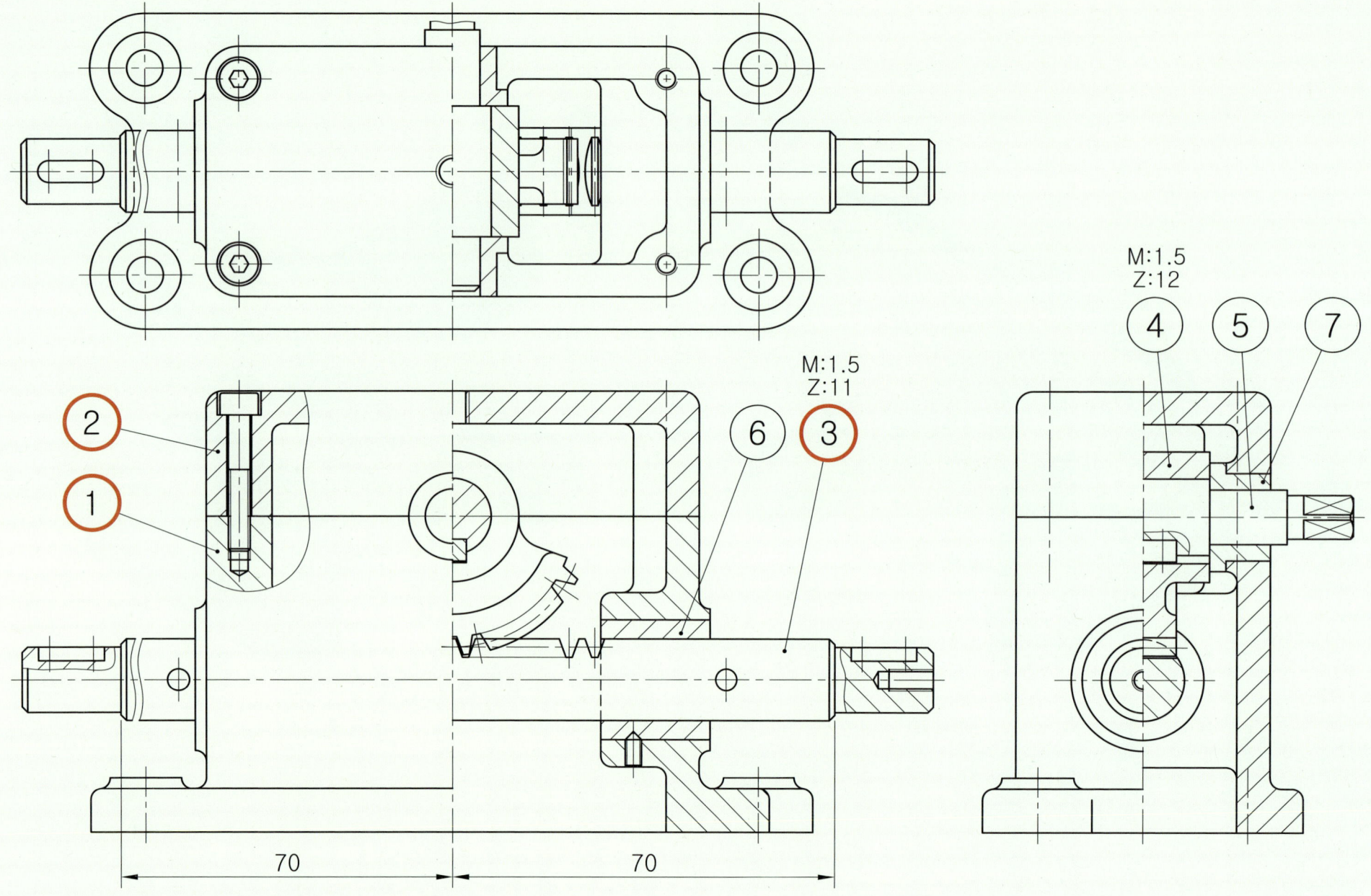

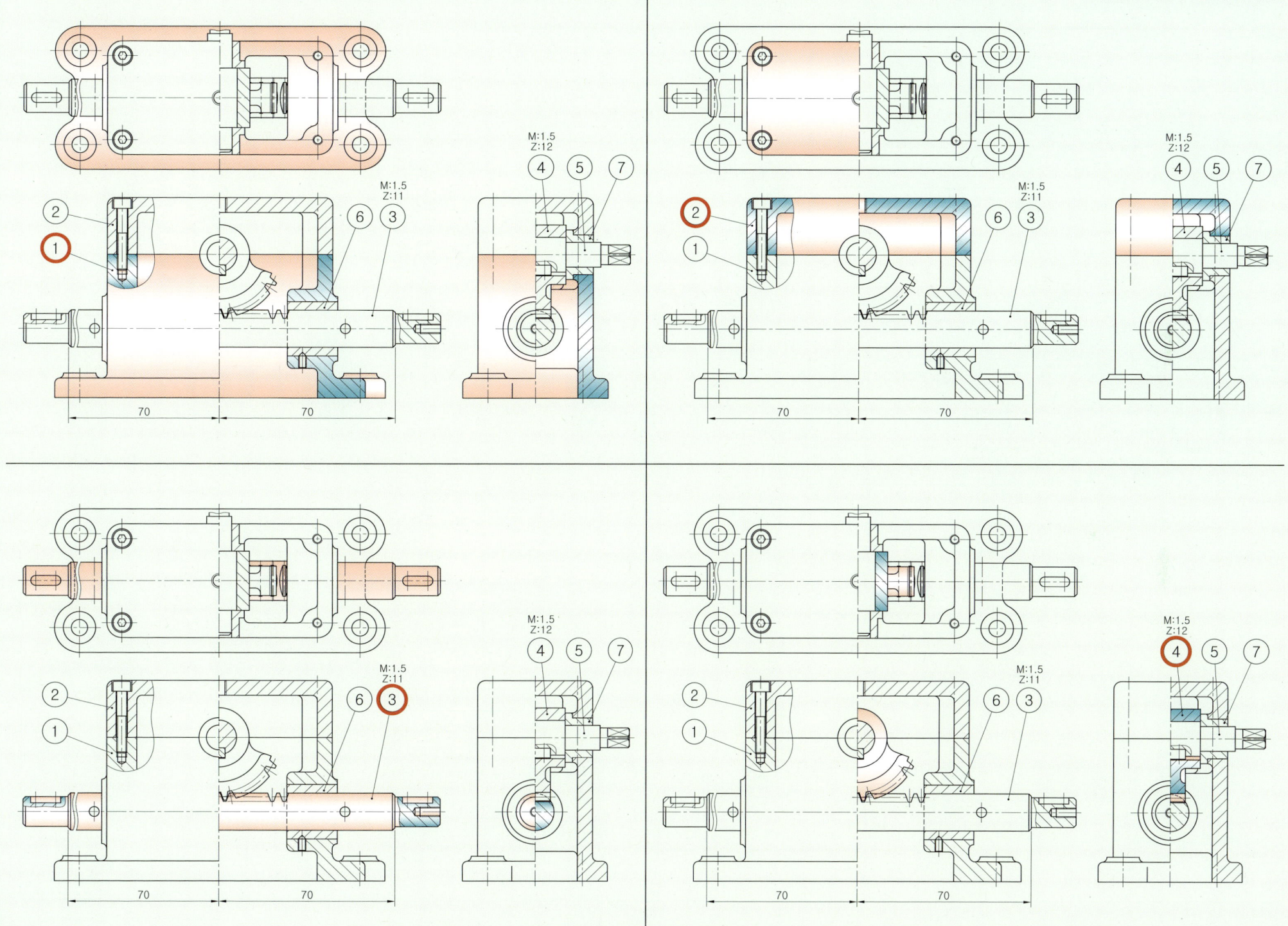

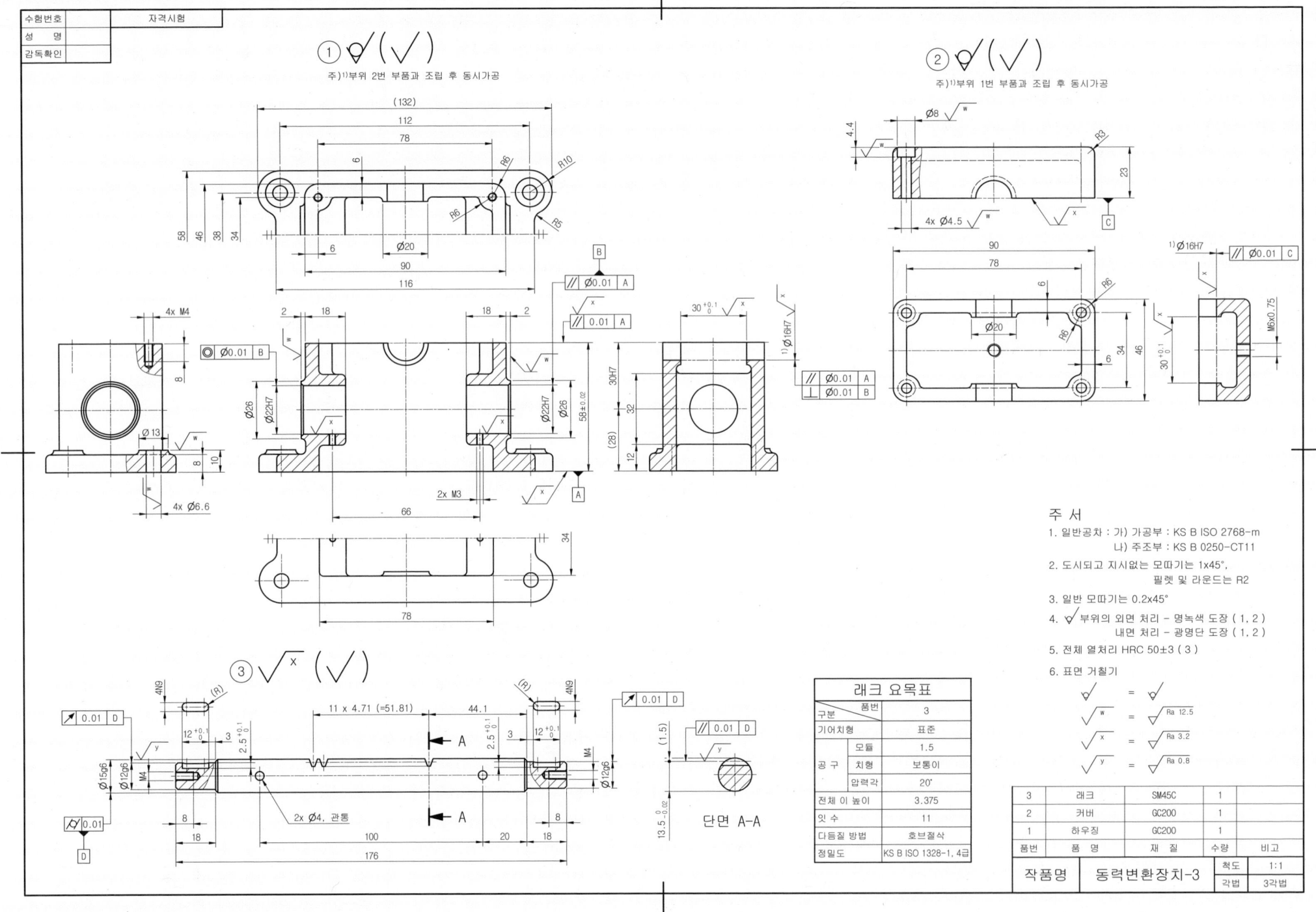

● 동력변환장치-3 등각 투상도

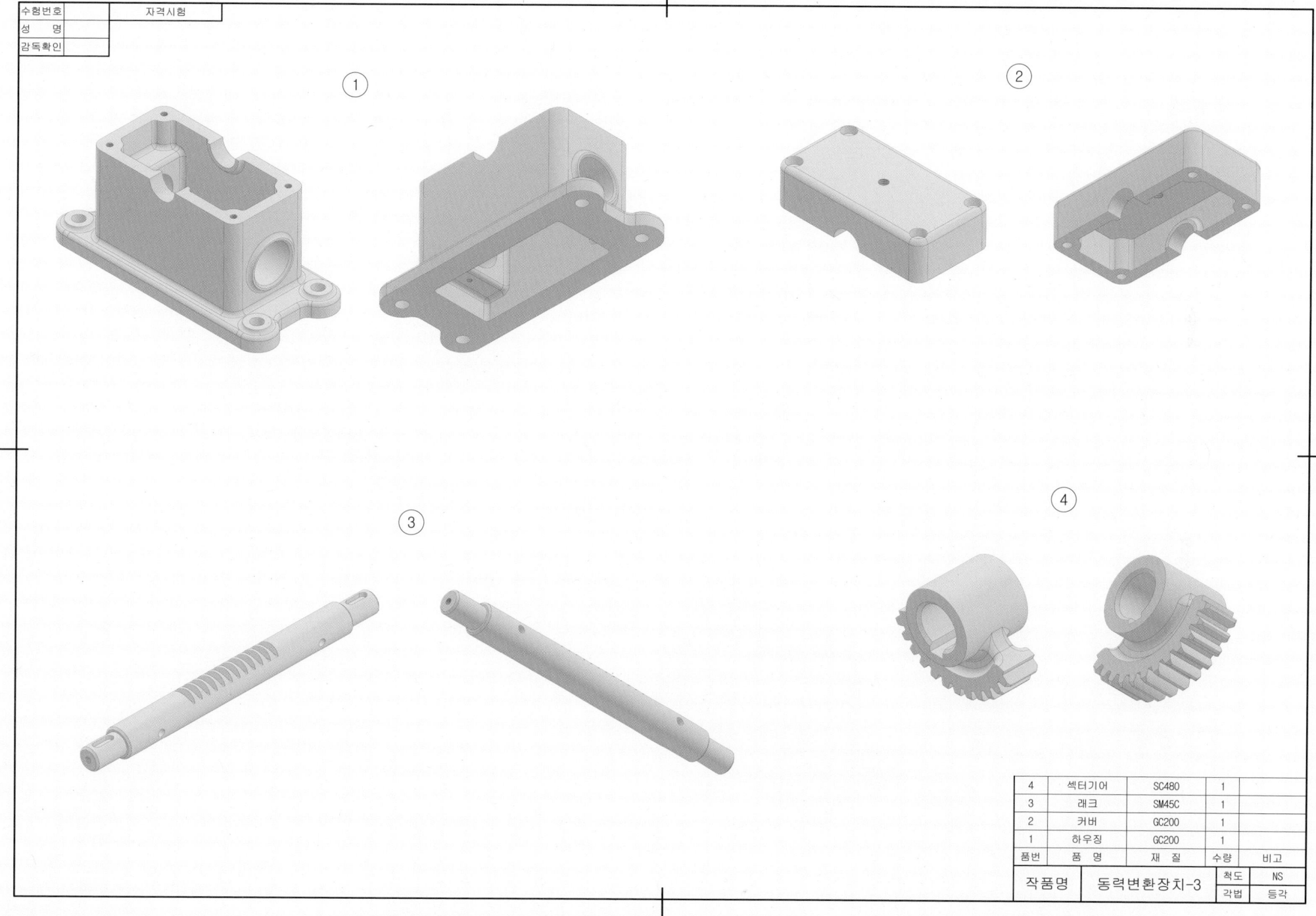

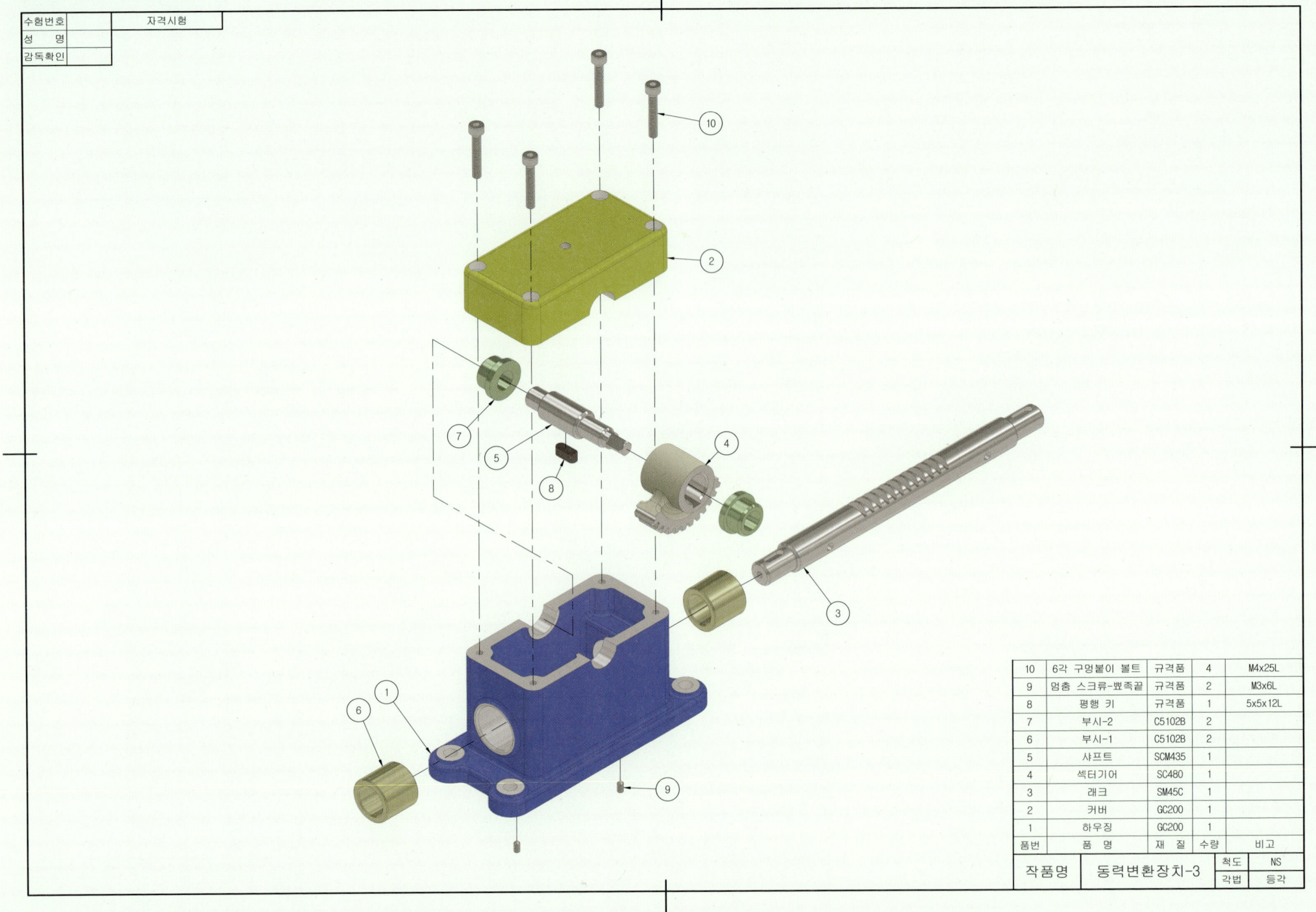

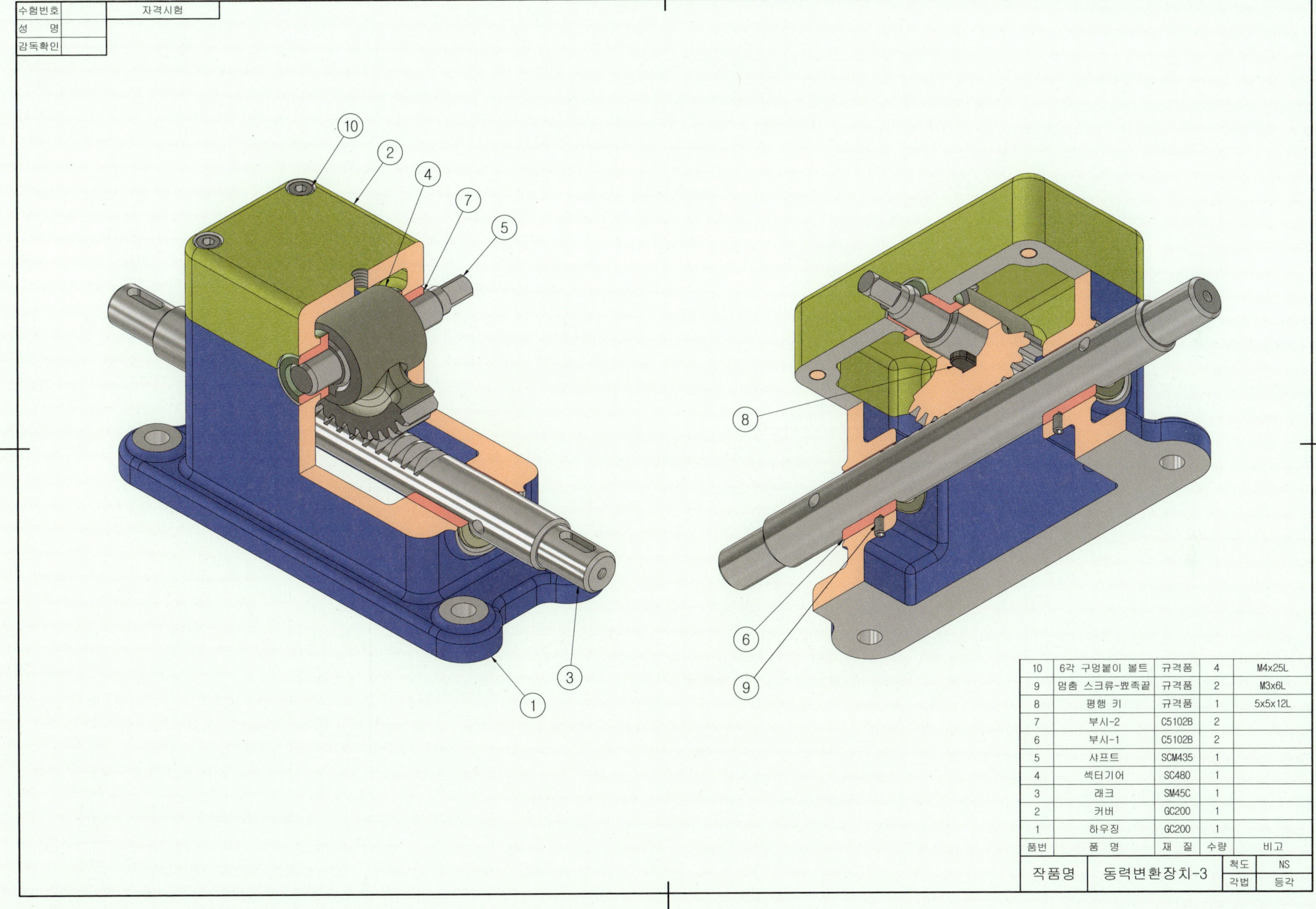

동력변환장치-4 문제 도면

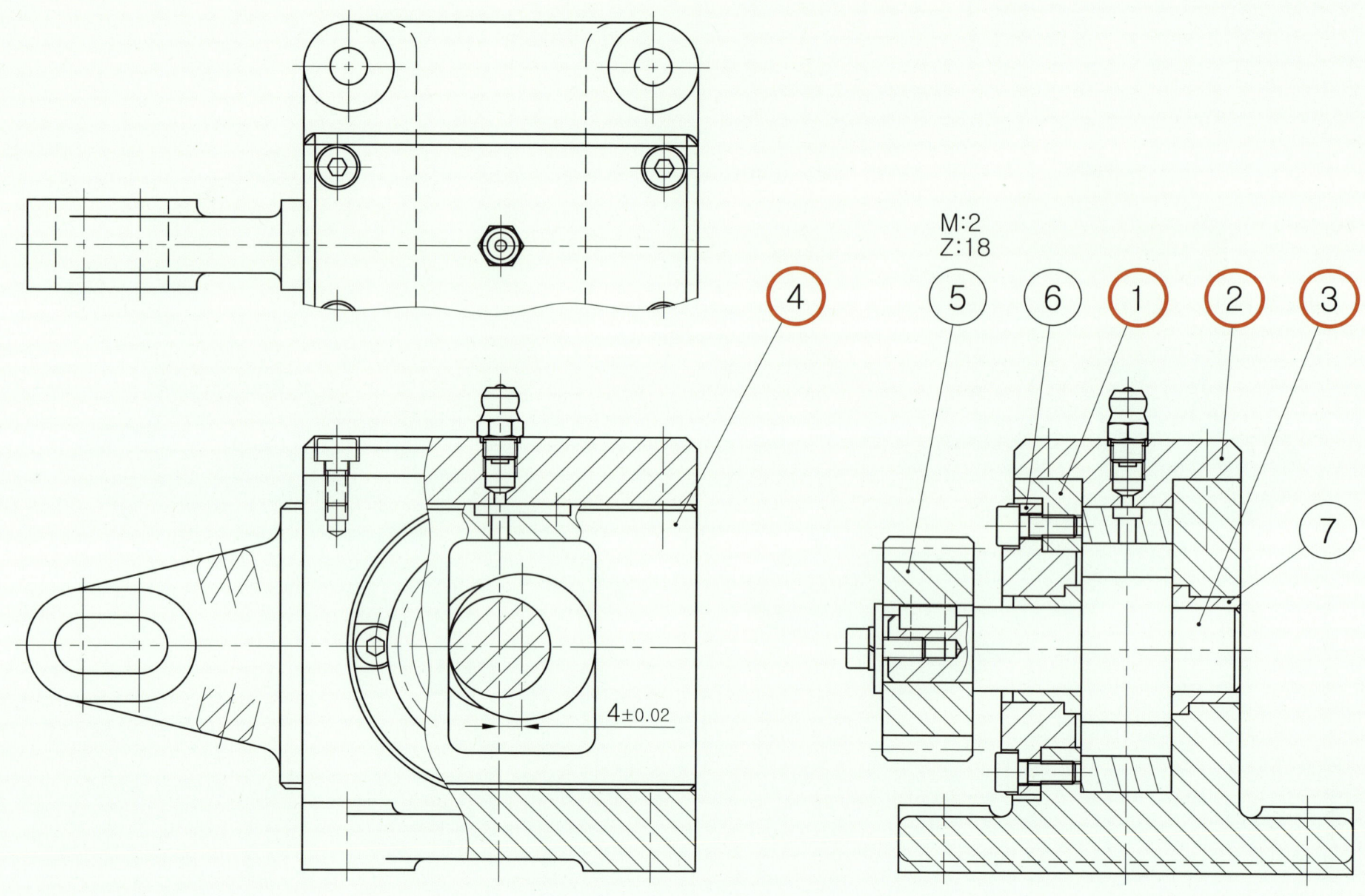

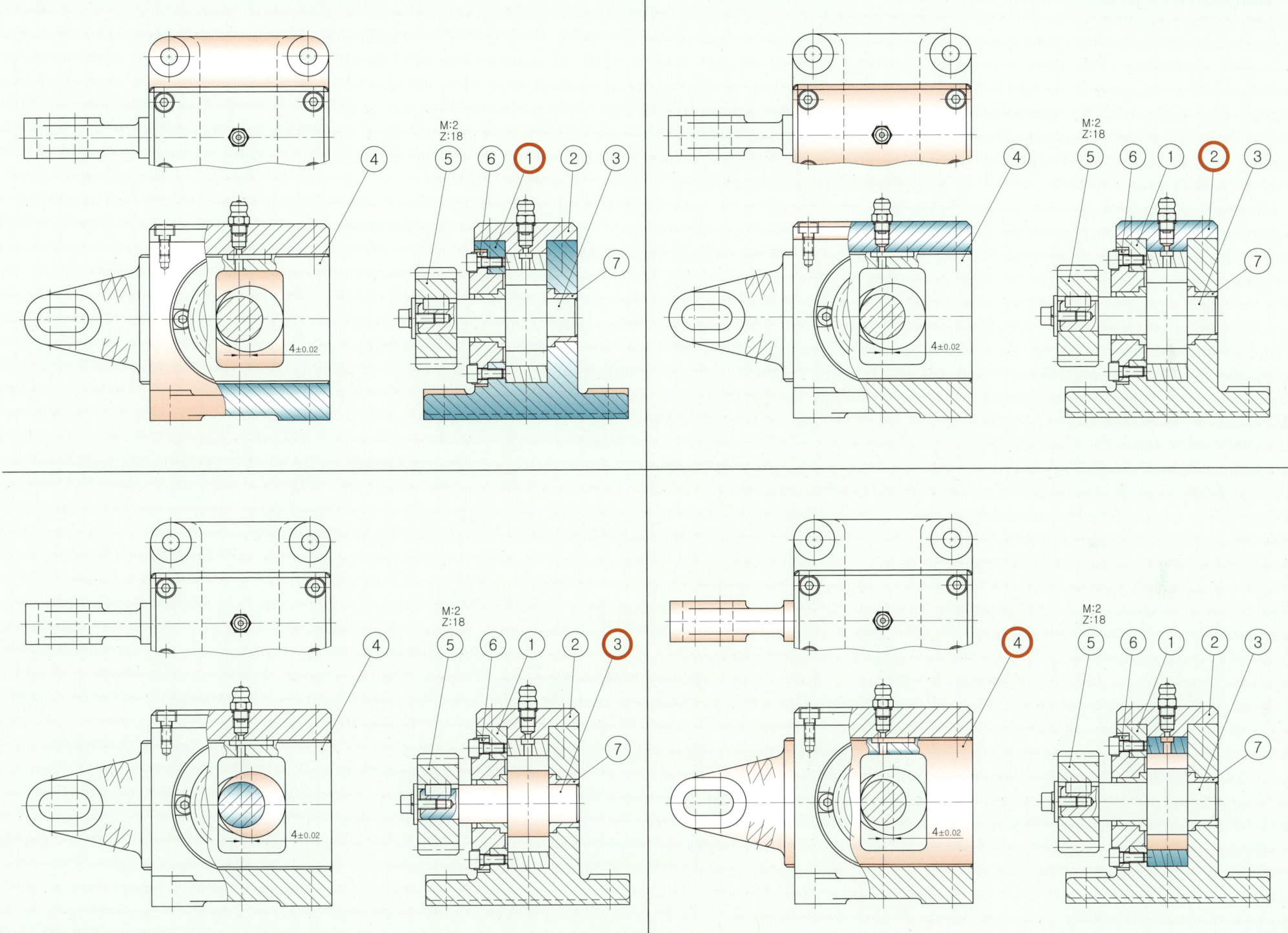

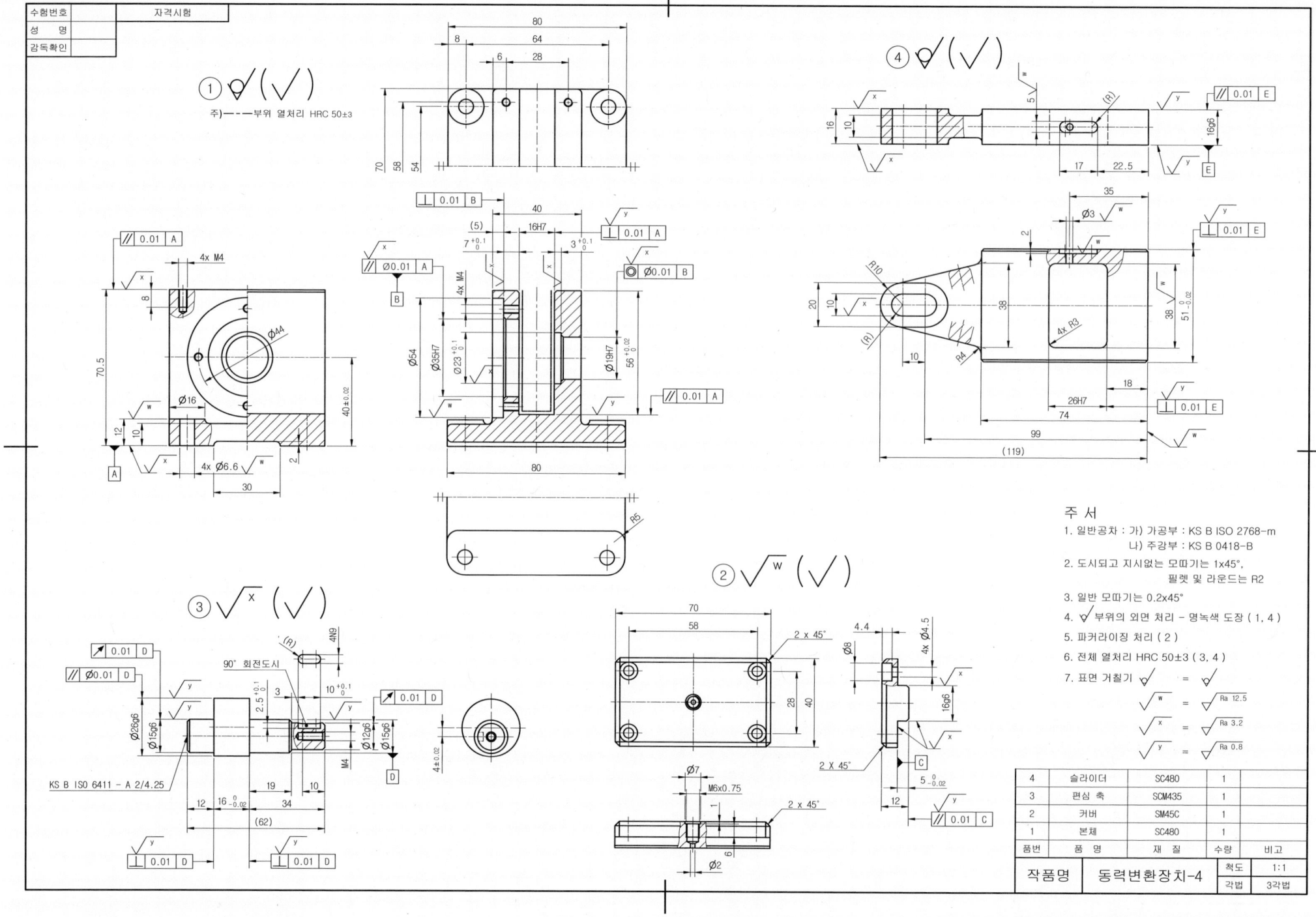

● 동력변환장치-4 등각 투상도

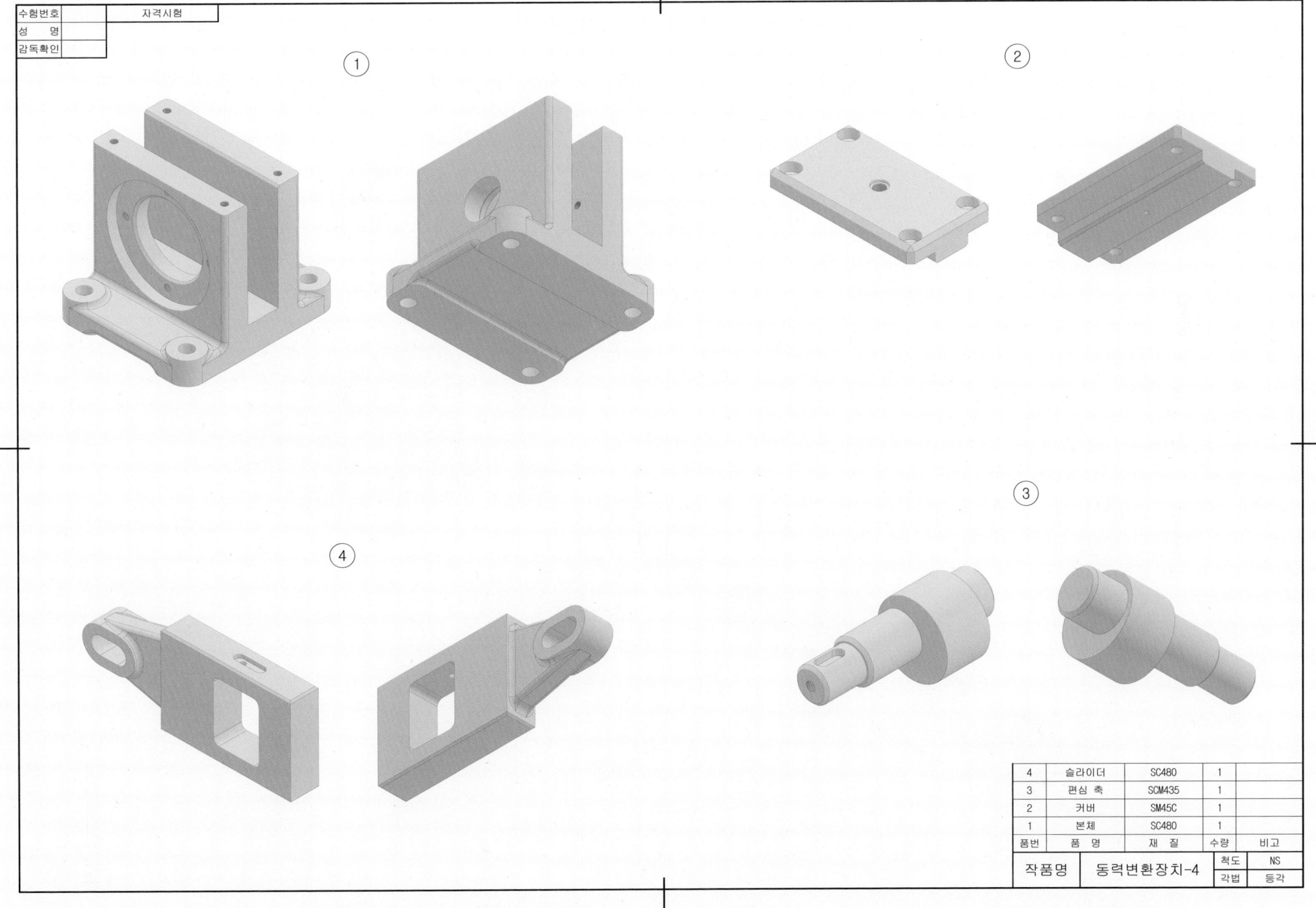

동력변환장치-4 분해도

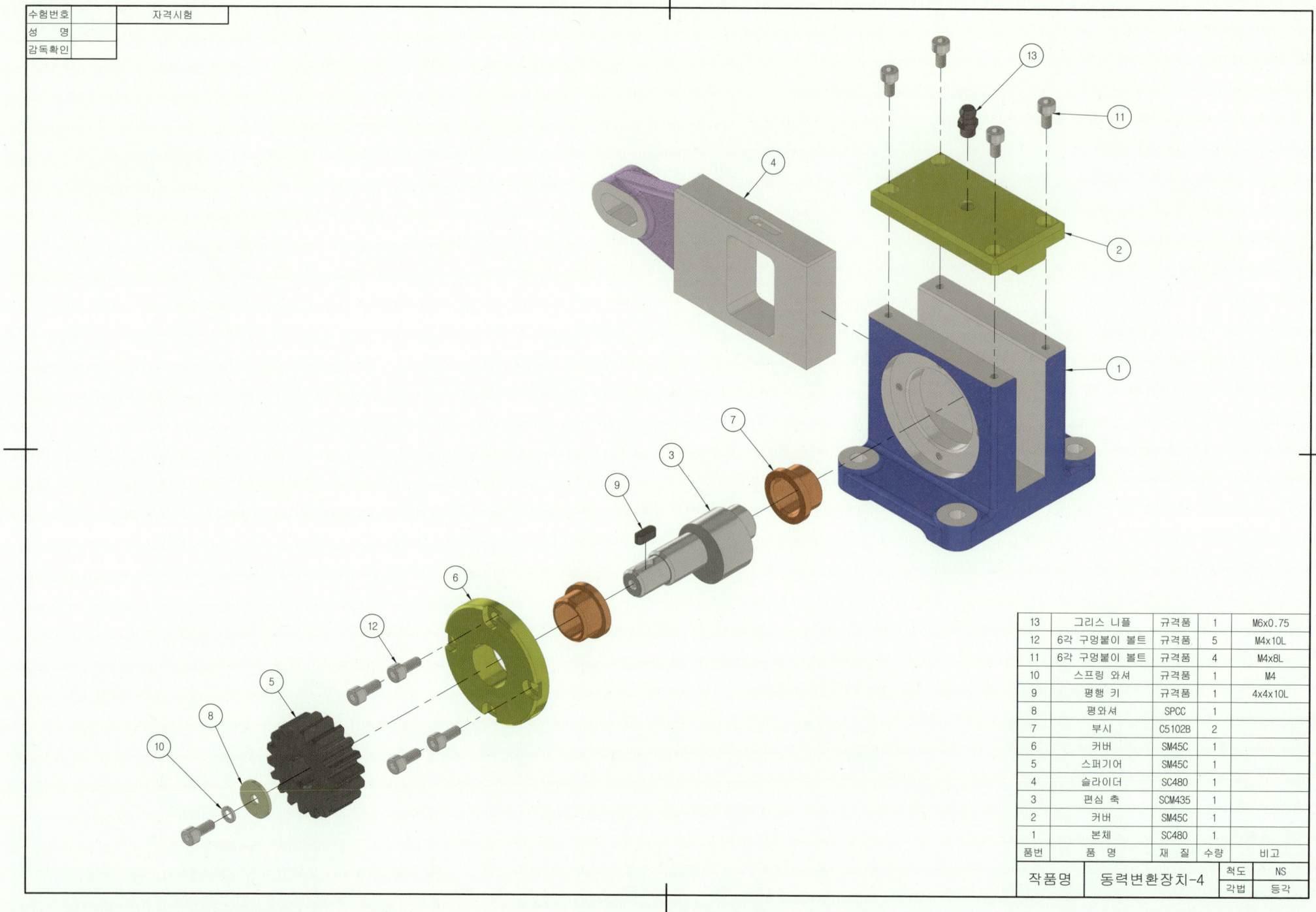

● 동력변환장치-4 조립도

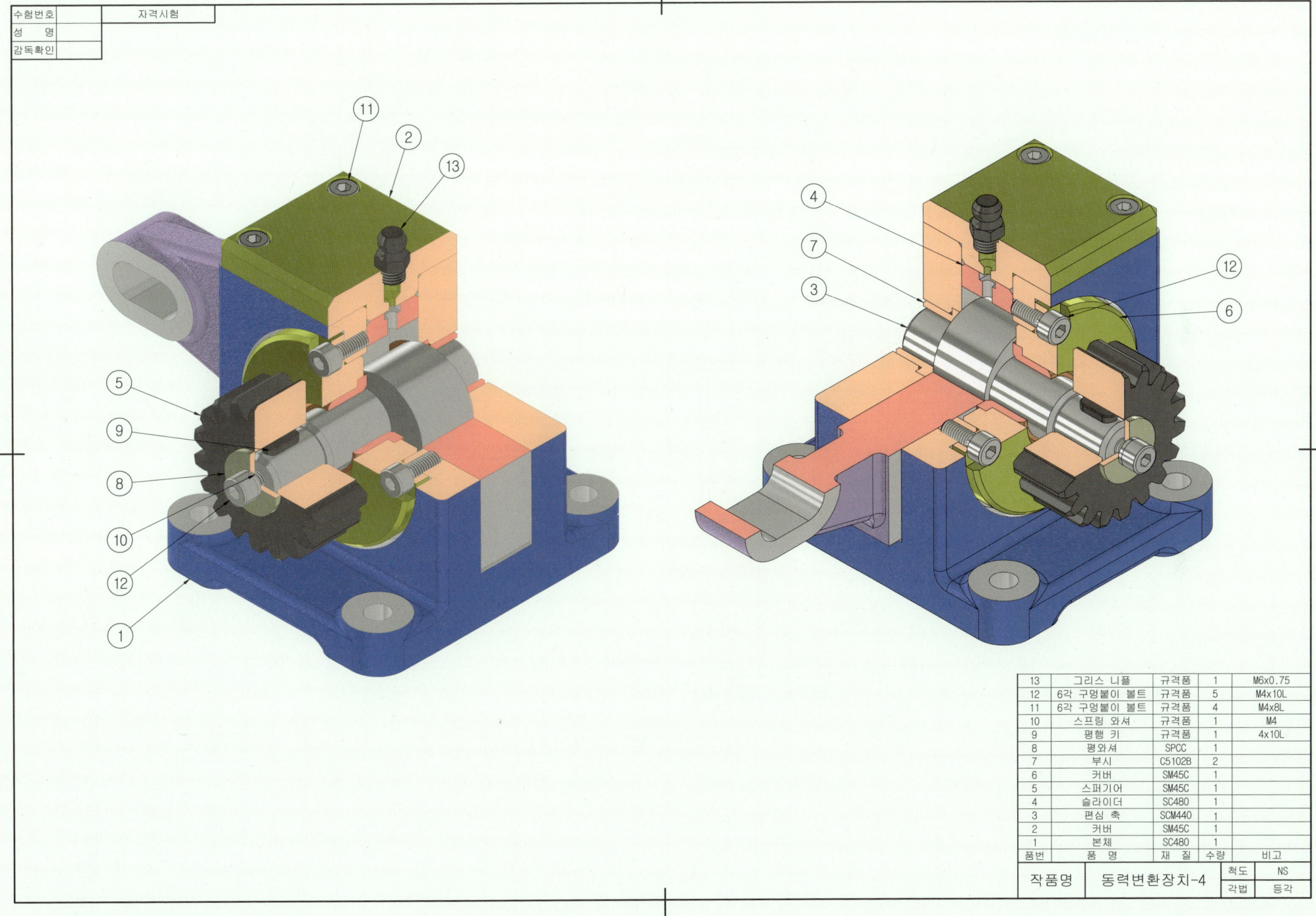

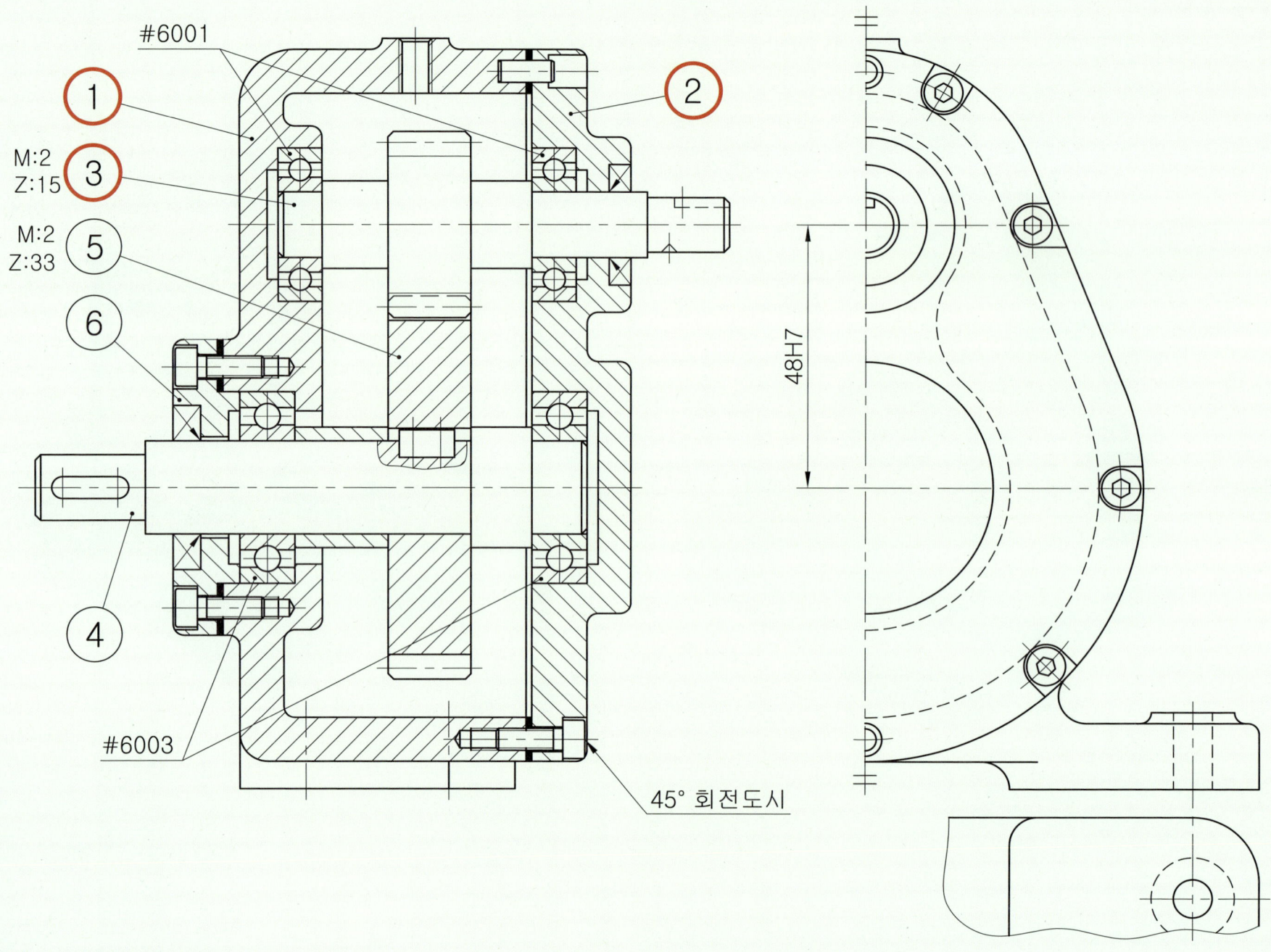

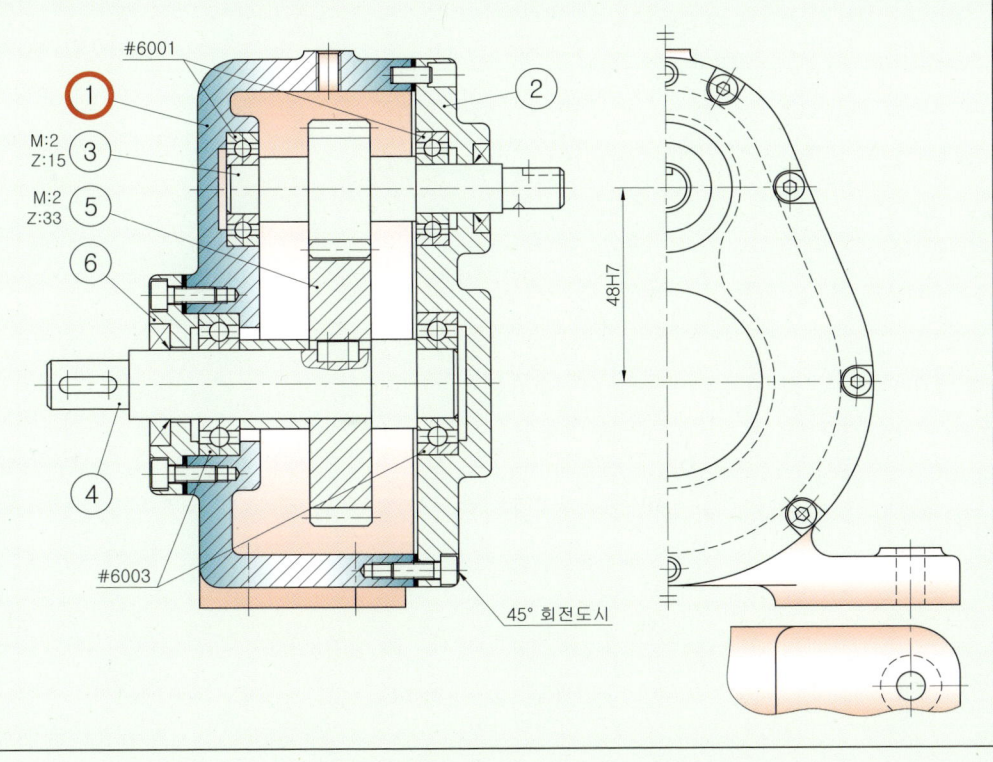
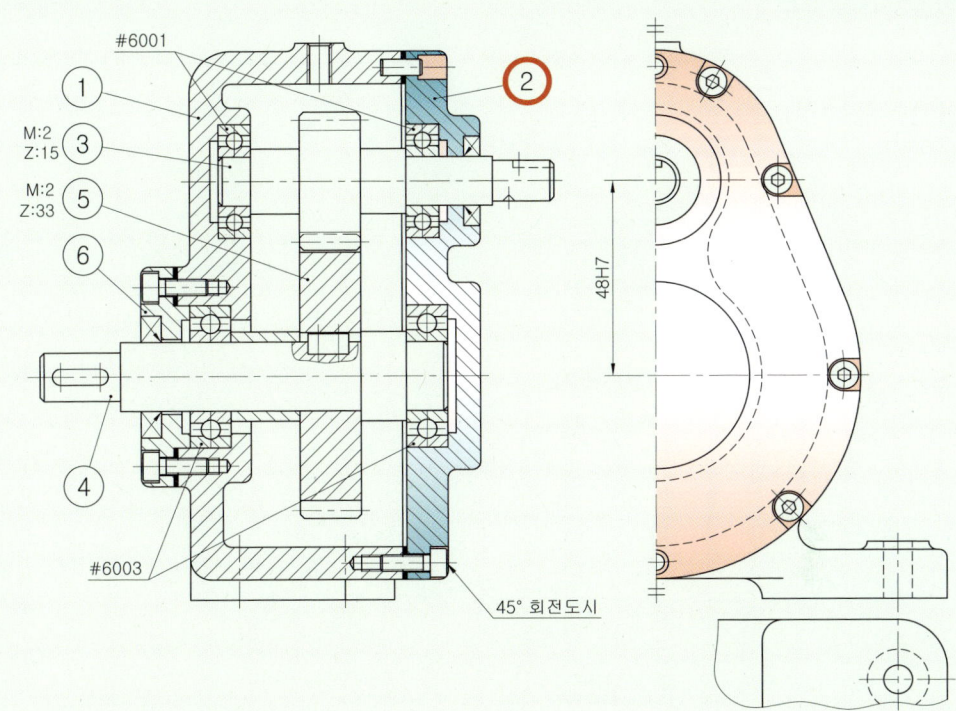
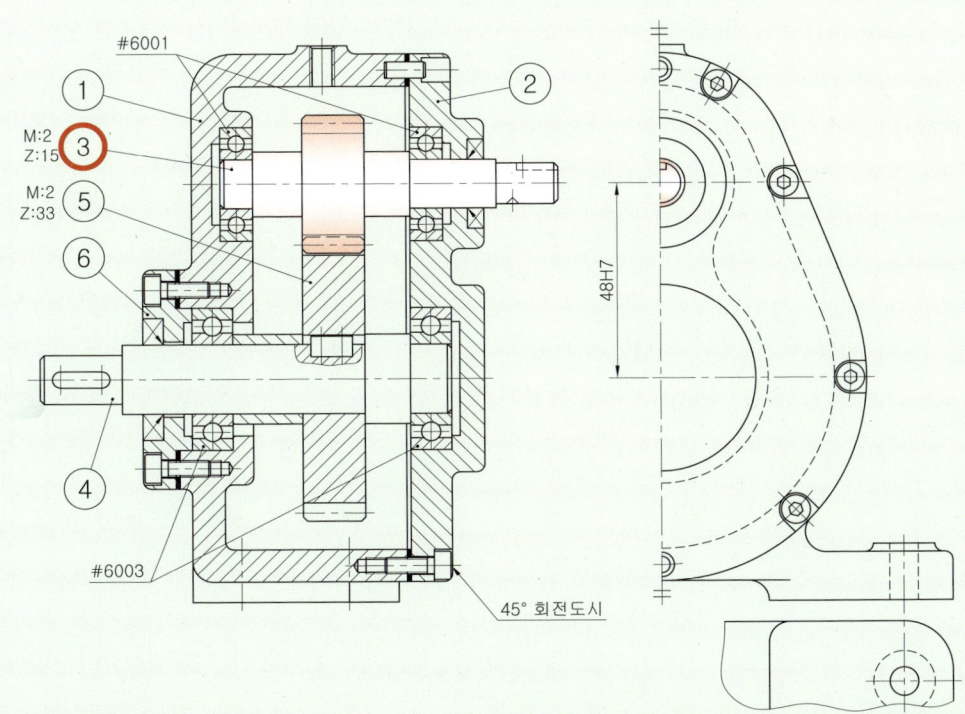
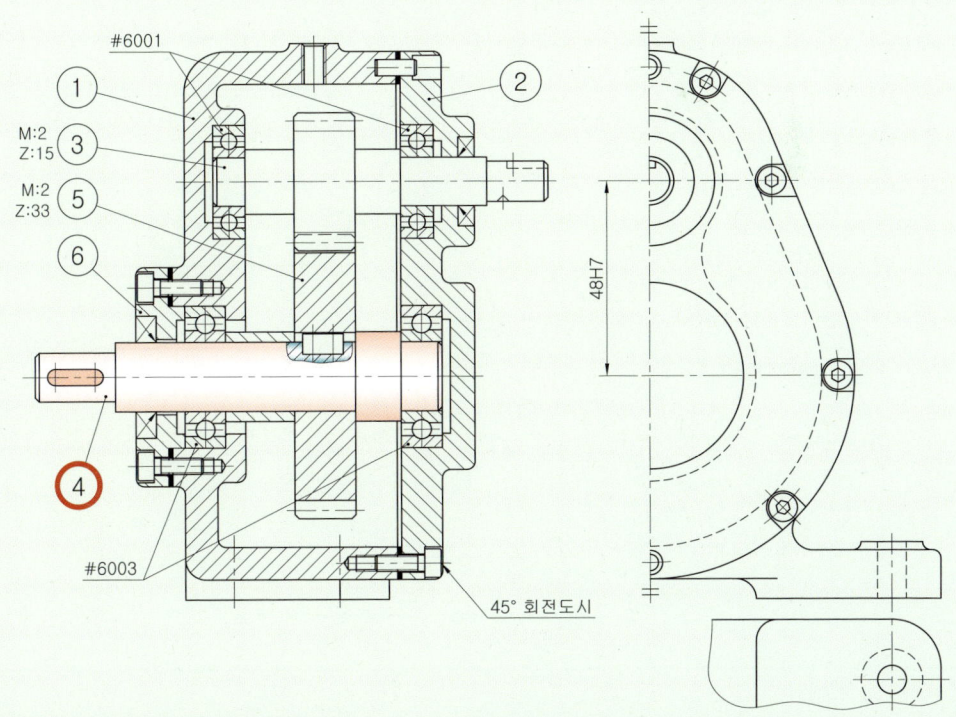

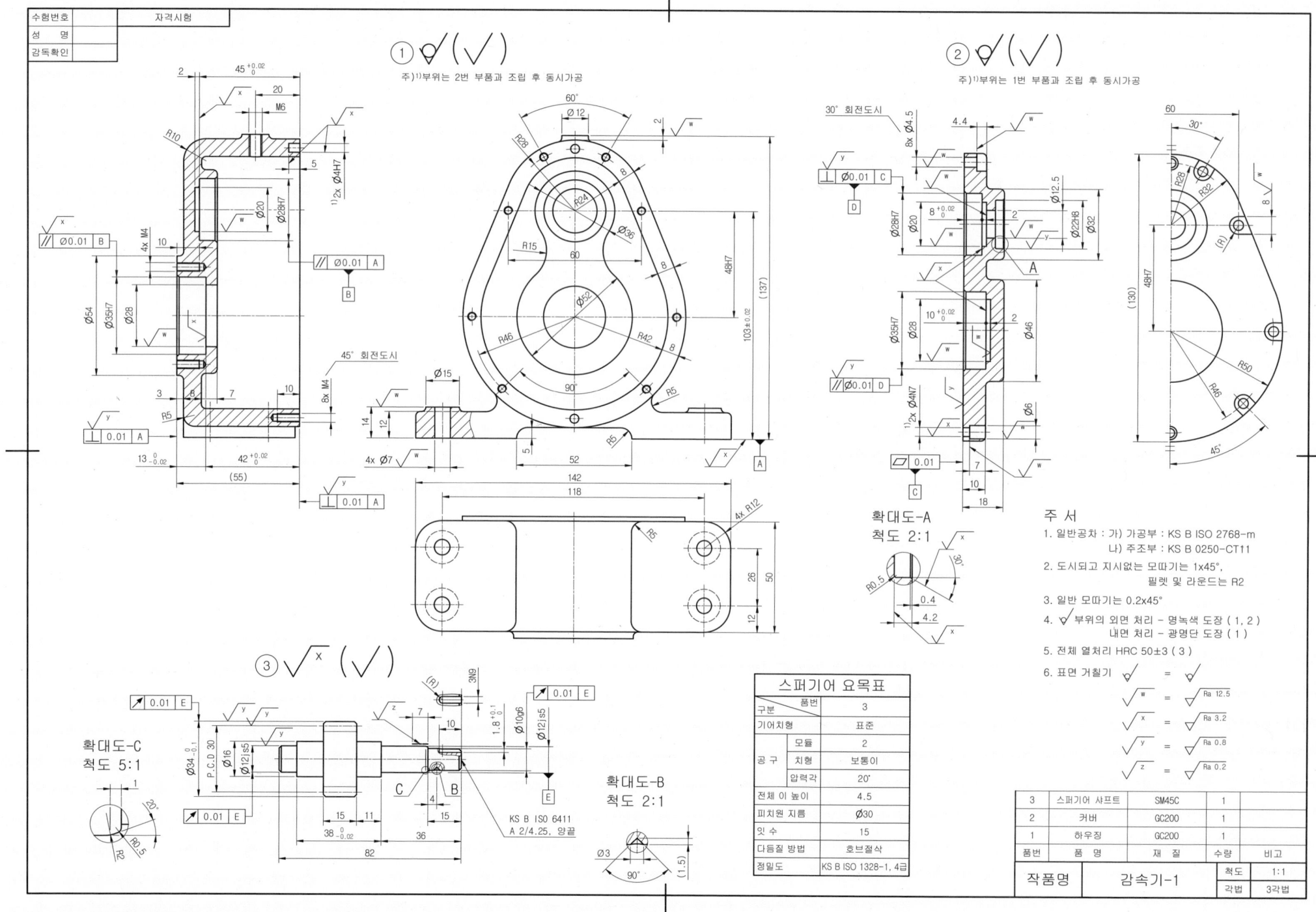

● 감속기-1 등각 투상도

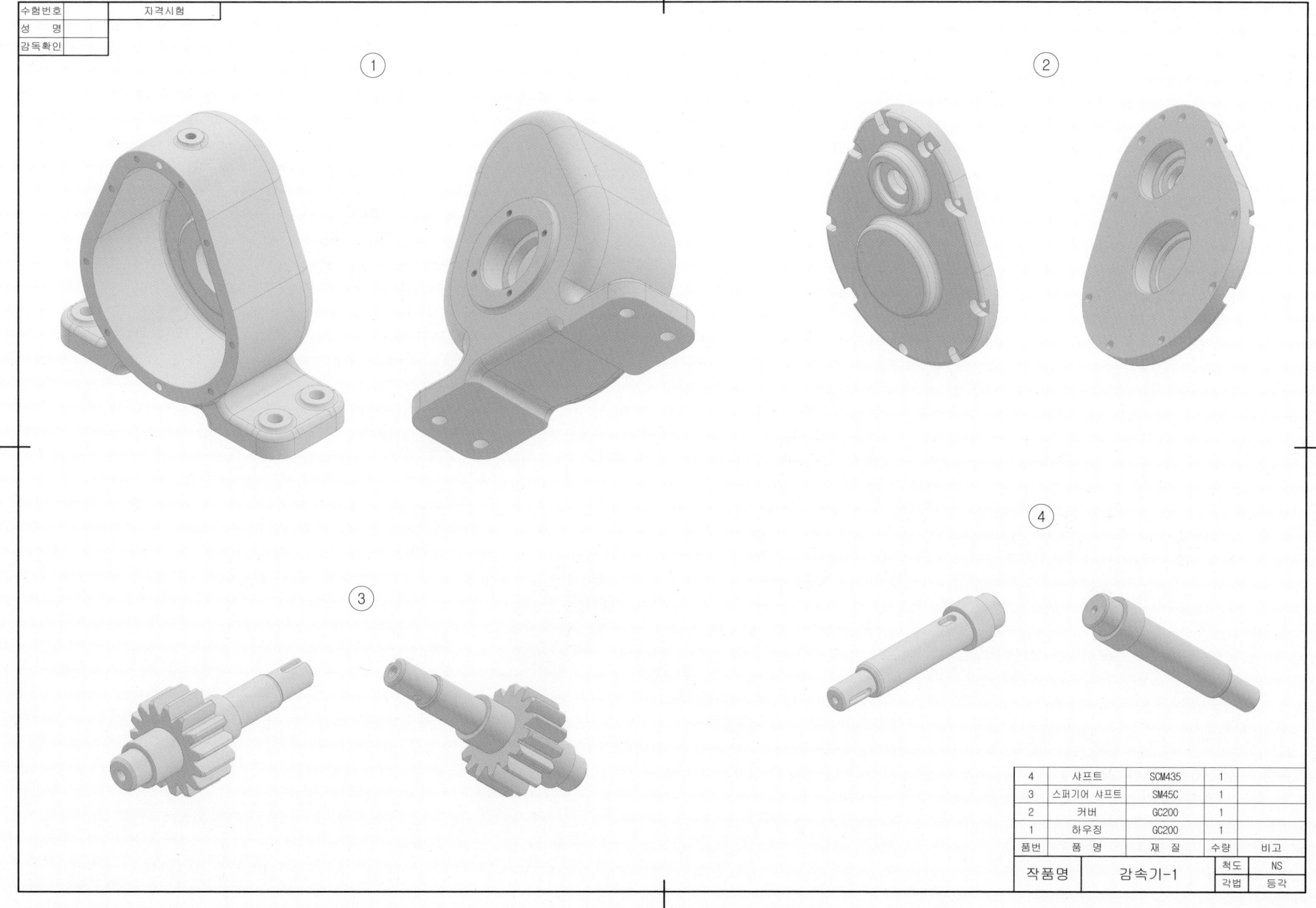

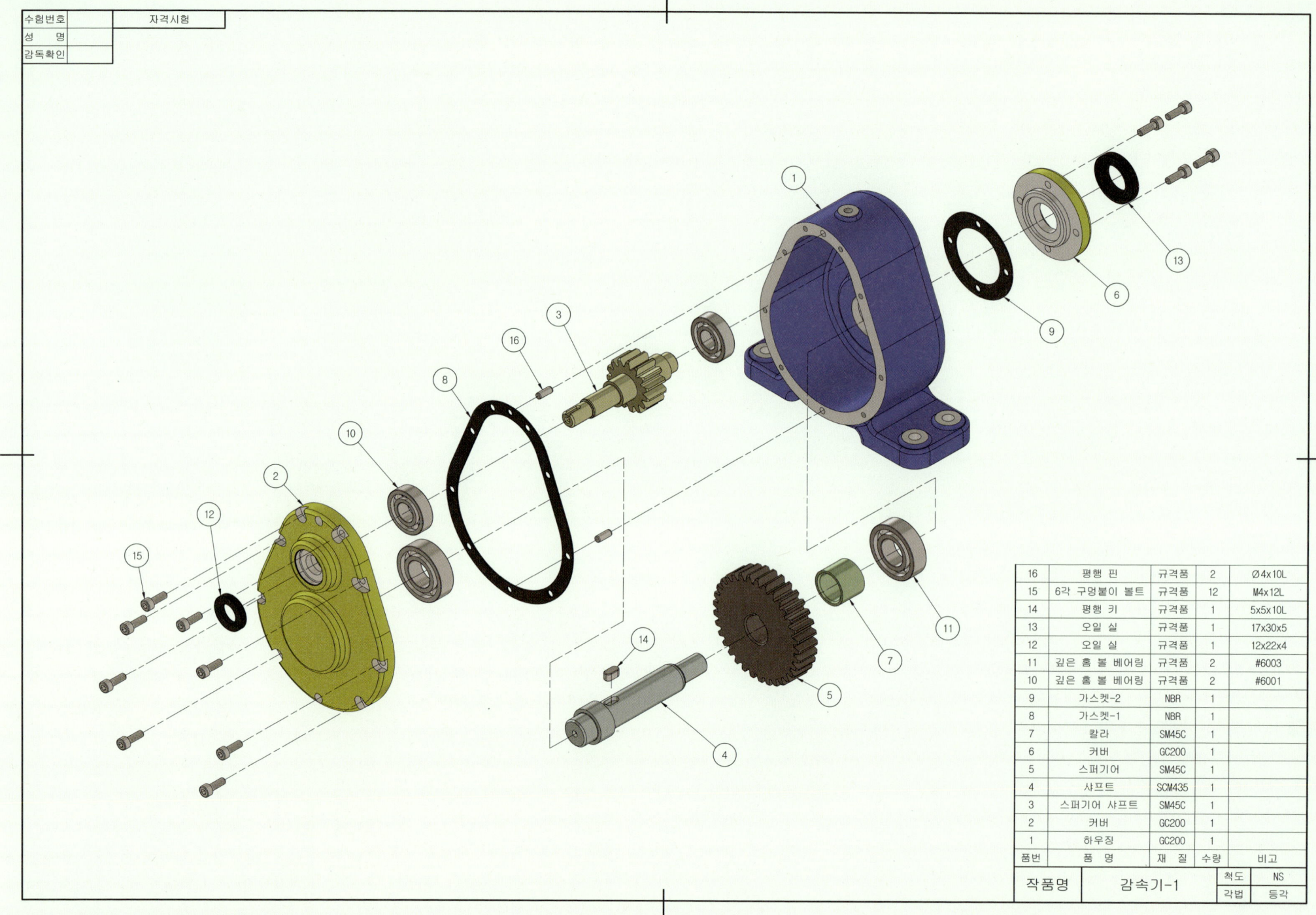

● 감속기-1 조립도

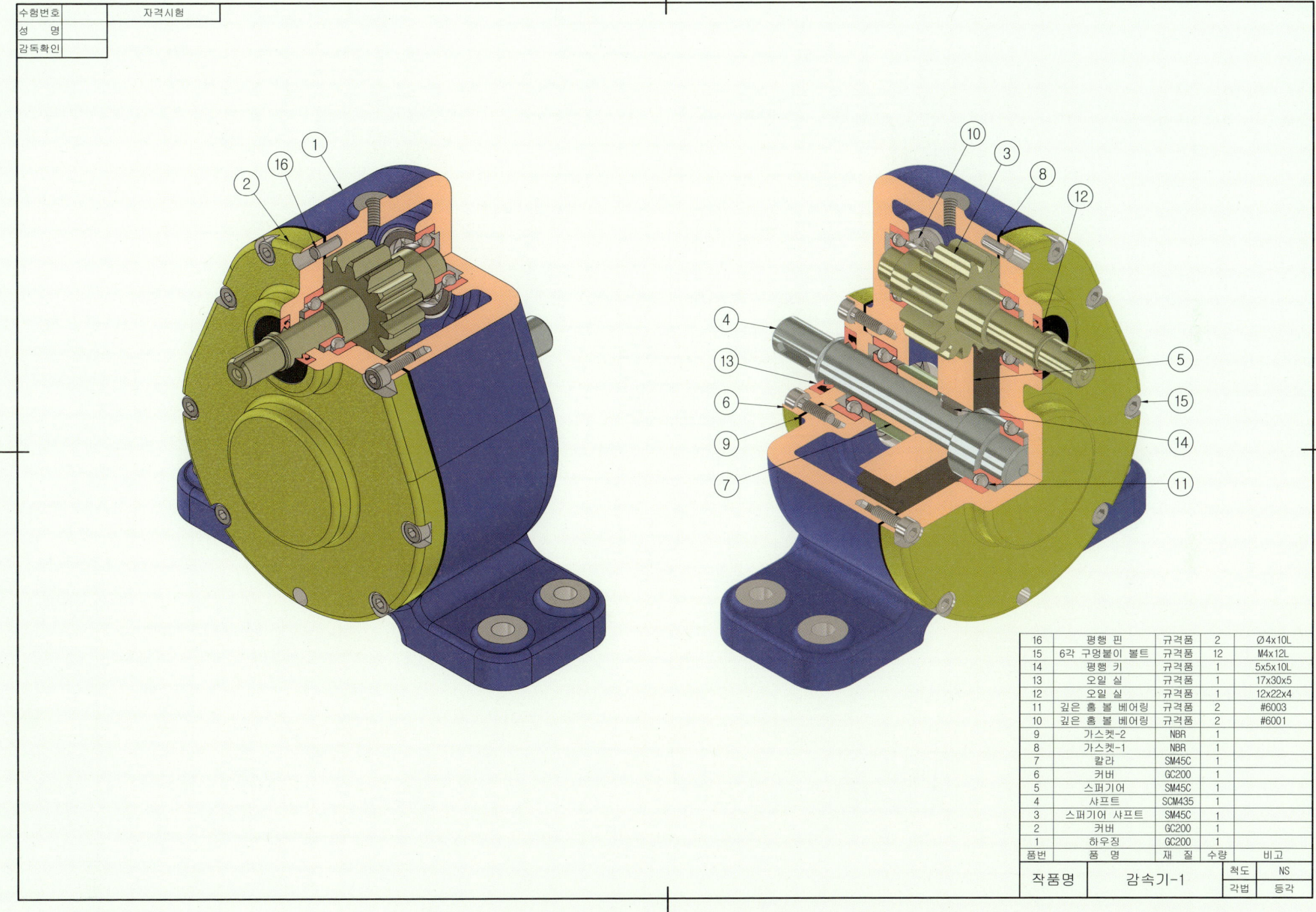

감속기-2 문제 도면

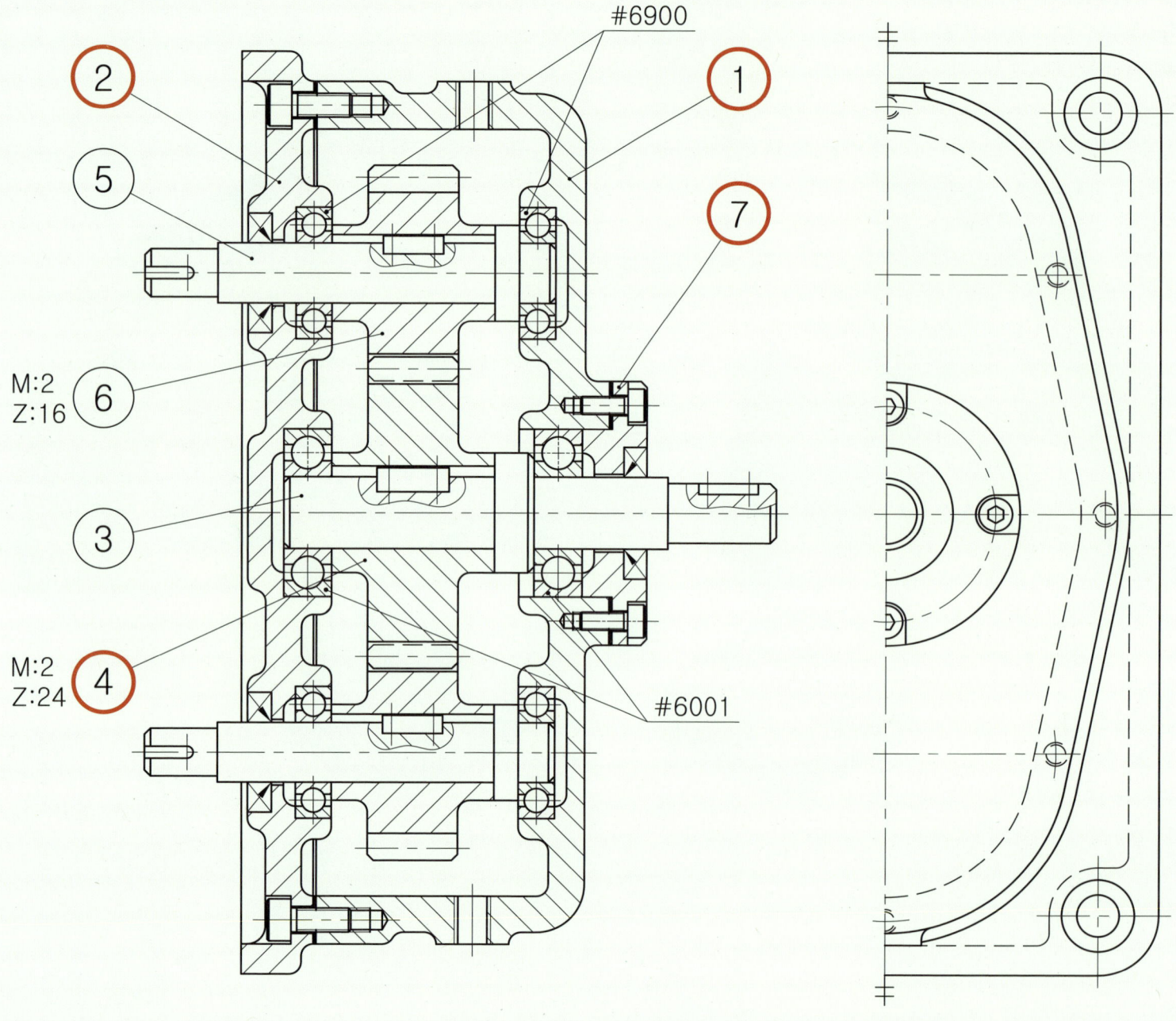

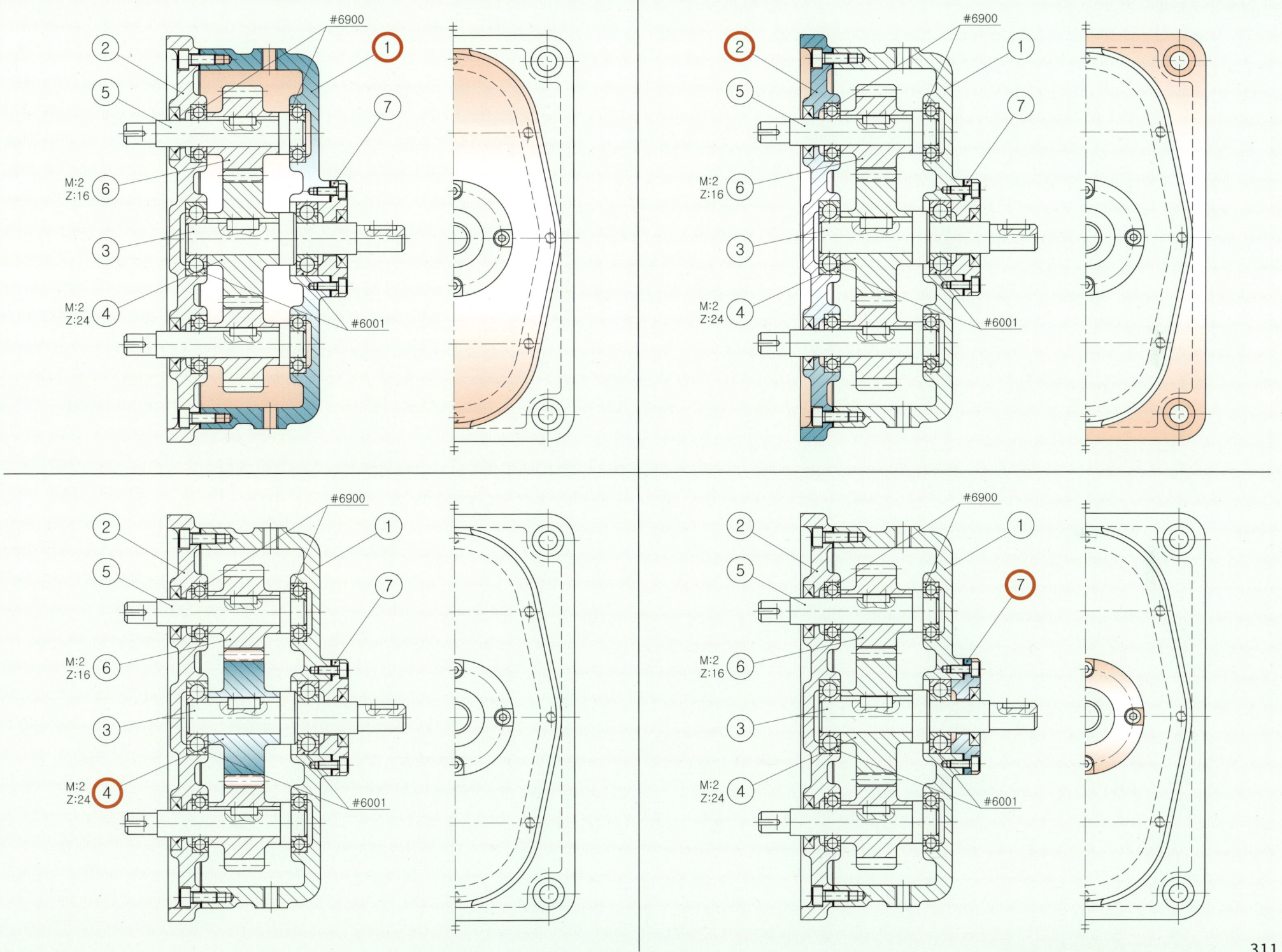

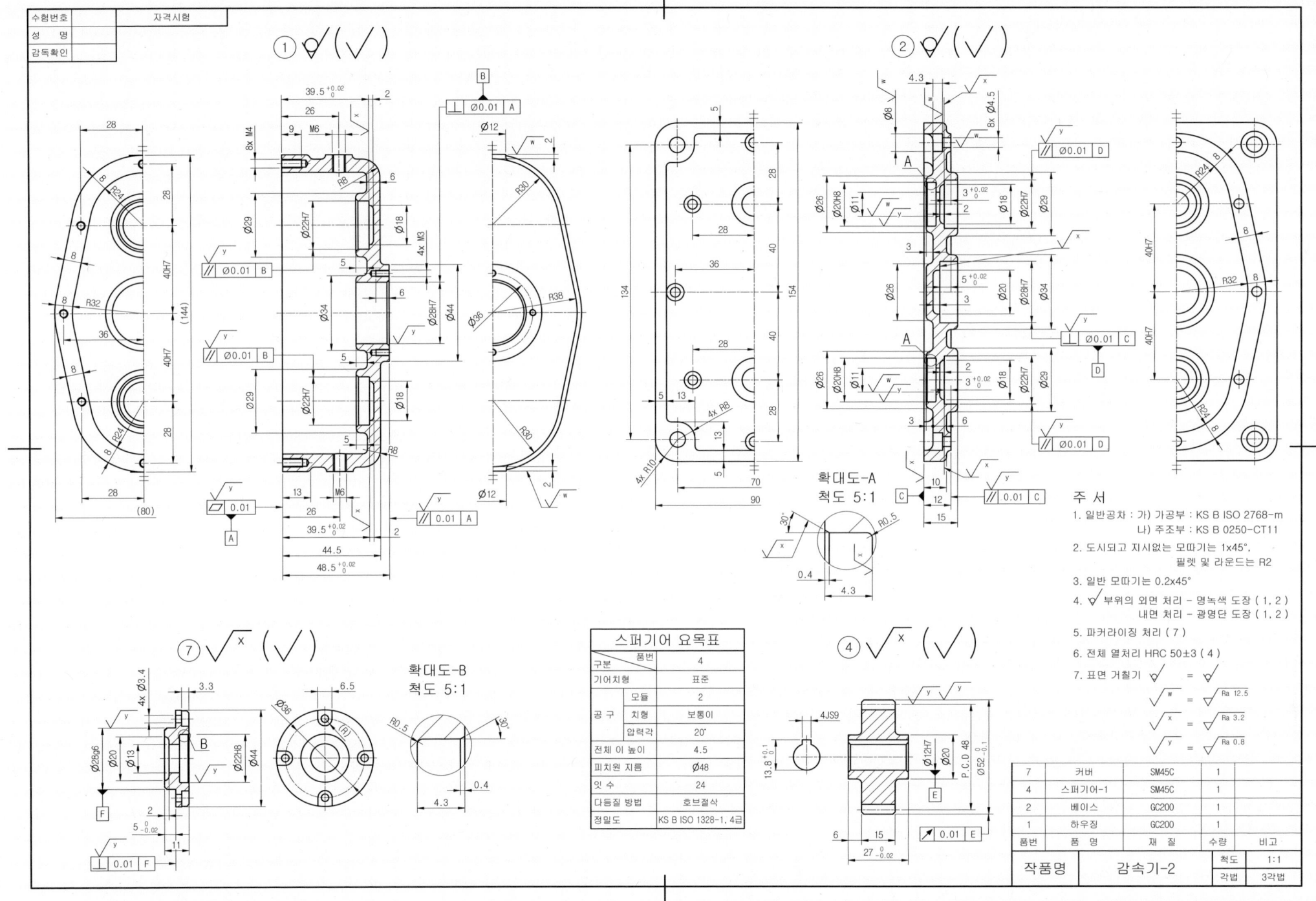

● 감속기-2 등각 투상도

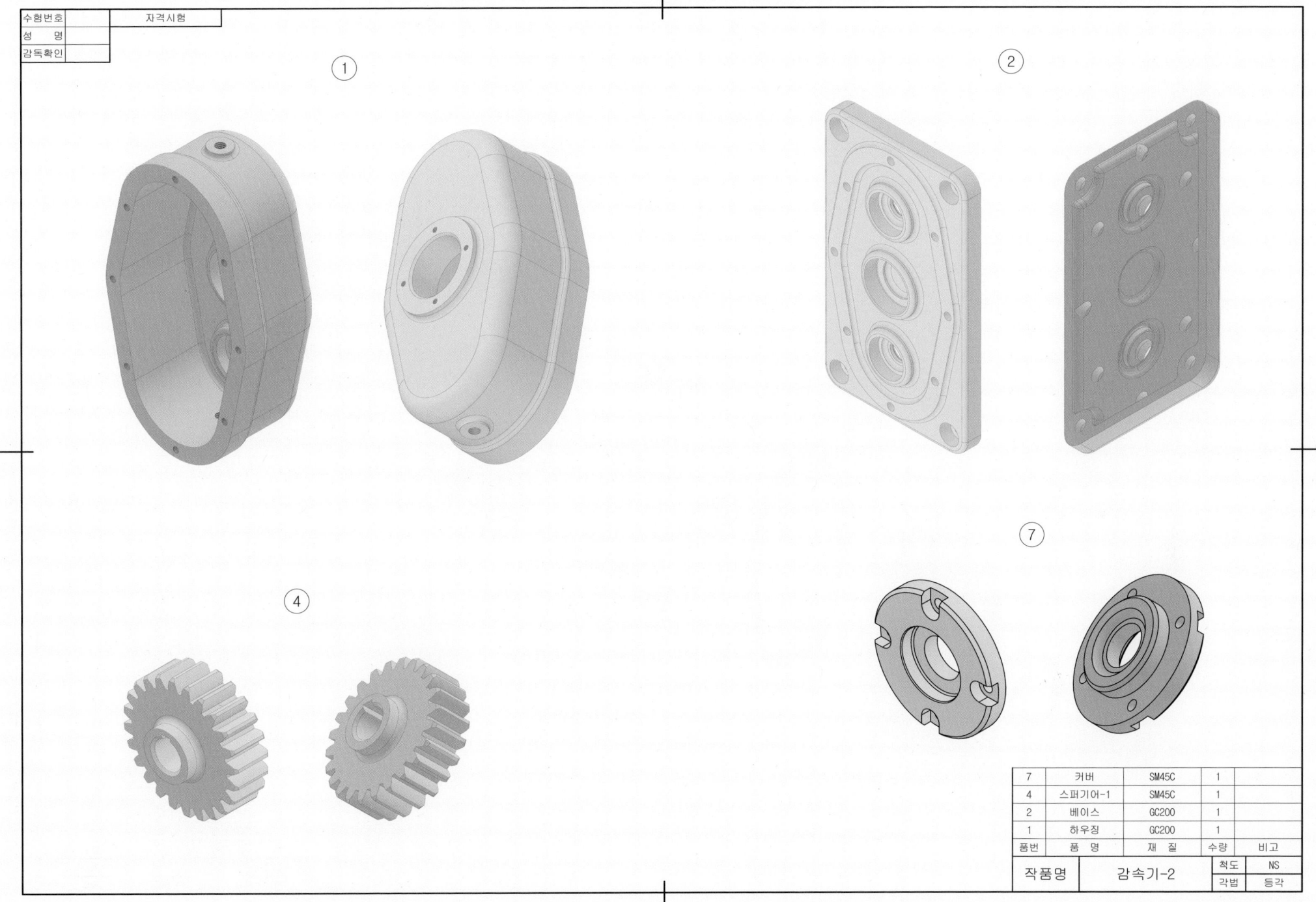

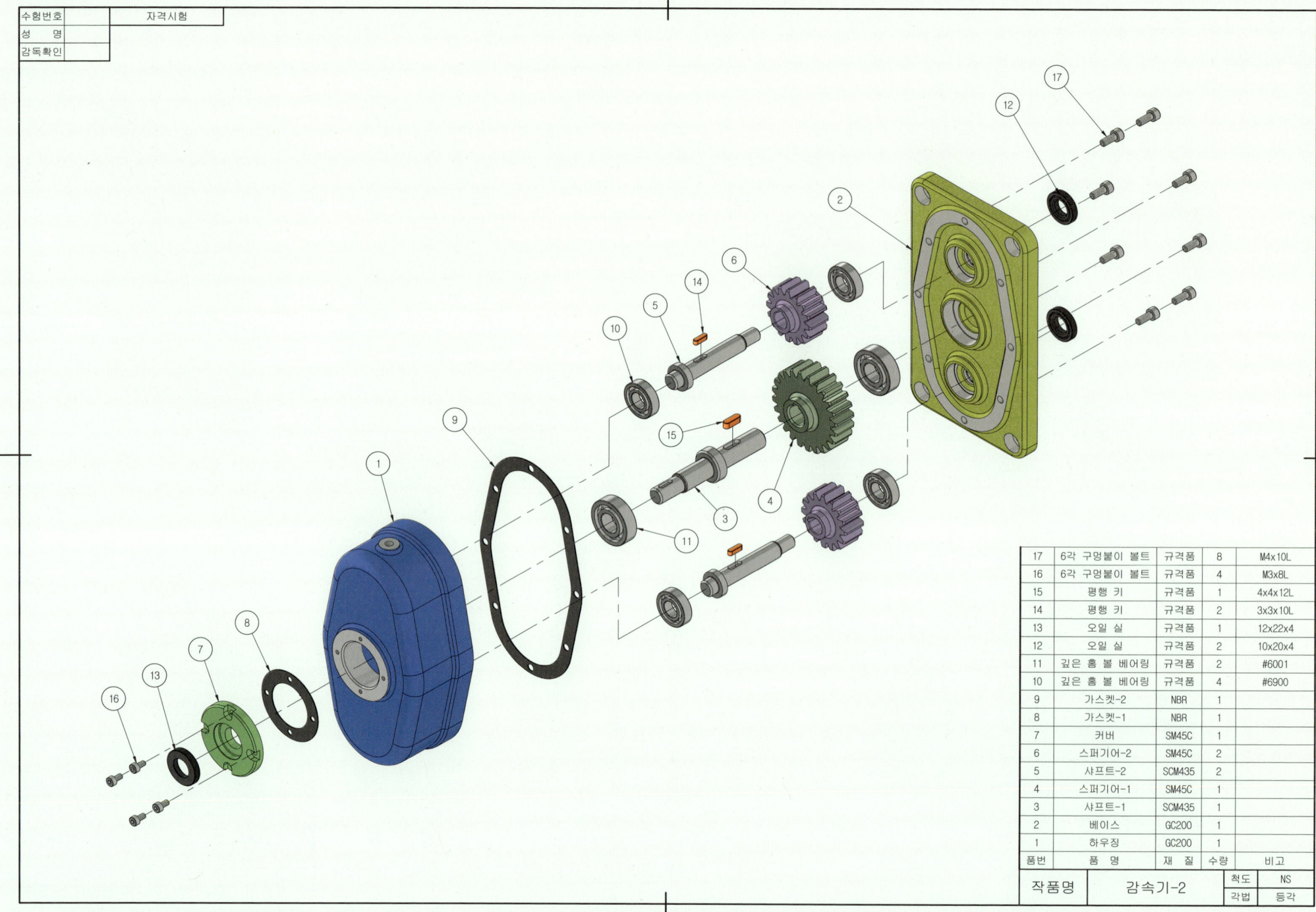

● 감속기-2 조립도

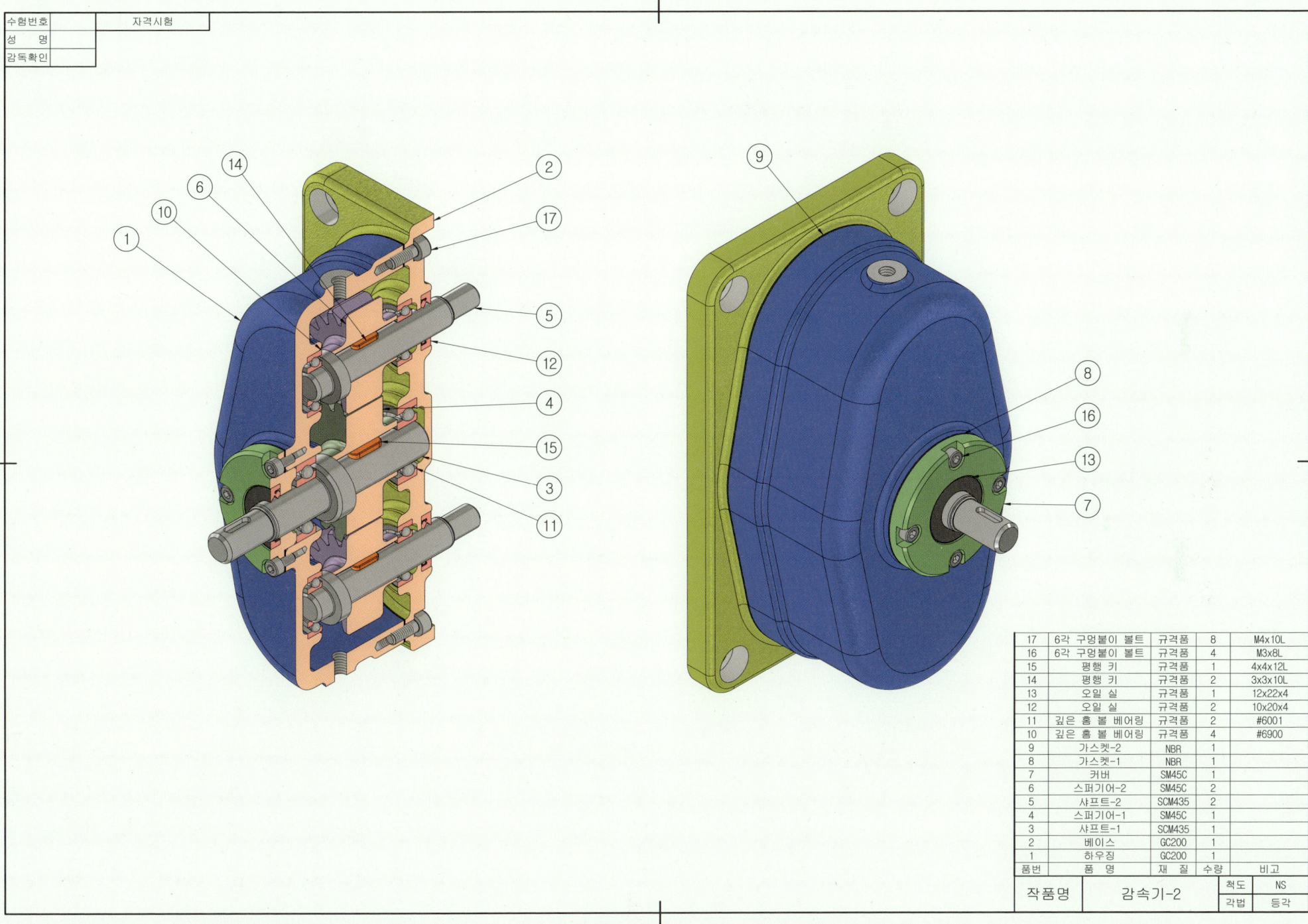

17	6각 구멍붙이 볼트	규격품	8	M4x10L
16	6각 구멍붙이 볼트	규격품	4	M3x8L
15	평행 키	규격품	1	4x4x12L
14	평행 키	규격품	2	3x3x10L
13	오일 실	규격품	1	12x22x4
12	오일 실	규격품	2	10x20x4
11	깊은 홈 볼 베어링	규격품	2	#6001
10	깊은 홈 볼 베어링	규격품	4	#6900
9	가스켓-2	NBR	1	
8	가스켓-1	NBR	1	
7	커버	SM45C	1	
6	스퍼기어-2	SM45C	2	
5	샤프트-2	SCM435	2	
4	스퍼기어-1	SM45C	1	
3	샤프트-1	SCM435	1	
2	베이스	GC200	1	
1	하우징	GC200	1	
품번	품 명	재 질	수량	비고

작품명	감속기-2	척도	NS
		각법	등각

CHAPTER. 03

KS 기계제도 규격

01 표면의 결에 대한 그림 기호의 구성(예)

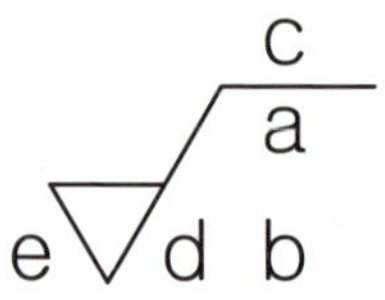

a : 단일 표면의 결에 대한 요구사항 - 예) 0.005-0.8 / Rz 6.8
b : 2개 이상 표면의 결 요구사항에 대해 2번째 요구사항 위치
c : 제작 방법 - 예) 선반, 연삭
d : 표면의 무늬결의 자세 - 예) X, M
e : 기계 가공 여유(mm단위) - 예) 3

02 끼워 맞춤 공차

기준 구멍	축의 공차역 클래스						
	헐거운		중간			억지	
H6		g5	h5	js5	k5	m5	
	f6	g6	h6	js6	k6	m6	n6	p6
H7	f6	g6	h6	js6	k6	m6	n6	p6	r6
	f7		h7	js7				
H8	f7		h7					
	f8		h8					

기준 축	구멍의 공차역 클래스						
	헐거운		중간			억지	
h5			H6	JS6	K6	M6	N6	P6
h6	F6	G6	H6	JS6	K6	M6	N6	P6
	F7	G7	H7	JS7	K7	M7	N7	P7	R7
h7	F7		H7					
	F8		H8					
h8	F8		H8					

03 IT 공차

단위 : ㎛

치수		등급 IT4 4급	IT5 5급	IT6 6급	IT7 7급
초과	이하				
-	3	3	4	6	10
3	6	4	5	8	12
6	10	4	6	9	15
10	18	5	8	11	18
18	30	6	9	13	21
30	50	7	11	16	25
50	80	8	13	19	30
80	120	10	15	22	35
120	180	12	18	25	40
180	250	14	20	29	46
250	315	16	23	32	52
315	400	18	25	36	57
400	500	20	27	40	63

04 중심 거리의 허용차

단위 : ㎛

중심 거리 구분		등급 1급	2급
초과	이하		
-	3	±3	±7
3	6	±4	±9
6	10	±5	±11
10	18	±6	±14
18	30	±7	±17
30	50	±8	±20
50	80	±10	±23
80	120	±11	±27
120	180	±13	±32
180	250	±15	±36
250	315	±16	±41

05 절삭가공부품 모떼기 및 둥글기의 값

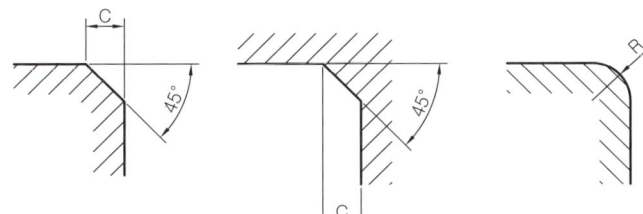

0.1	0.4	0.8	1.6	3 (3.2)	6	12	25	50
0.2	0.5	1.0	2.0	4	8	16	32	-
0.3	0.6	1.2	2.5 (2.4)	5	10	20	40	-

06 널링

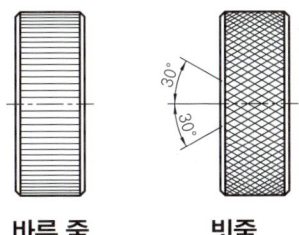

바른 줄   빗줄

바른 줄 형			
모듈 m	0.2	0.3	0.5
피치 t	0.628	0.942	1.571
r	0.06	0.09	0.16
h	0.15	0.22	0.37

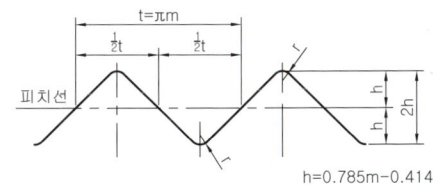

h=0.785m−0.414r

빗줄형			
모듈 m	0.5	0.3	0.2
cos 30°	0.577	0.346	0.230

[비고] 바른 줄 m 0.5
       빗줄 m 0.3

07 T홈

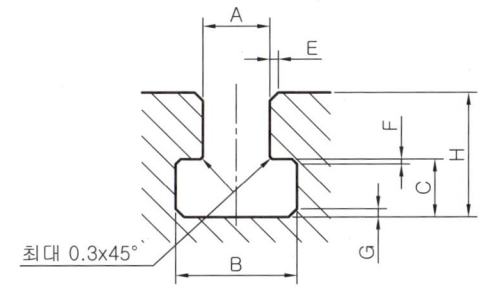

최대 0.3×45°

호칭 (볼트) 치수	A			B		C		H		E	F	G
	기준 치수	허용차		기준 치수		기준 치수				최대 모떼기	최대 모떼기	최대 모떼기
		기준 홈 H8	고정 홈 H12	최소	최대	최소	최대	최소	최대			
M4	5	+0.018 0	+0.12 0	10	11	3.5	4.5	8	10	1	0.6	1
M5	6			11	12.5	5	6	11	13	1	0.6	1
M6	8	+0.022 0	+0.15 0	14.5	16	7	8	15	18	1	0.6	1
M8	10			16	18	7	8	17	21	1	0.6	1
M10	12	+0.027 0	+0.18 0	19	21	8	9	20	25	1	0.6	1
M12	14			23	25	9	11	23	28	1.6	0.6	1.6
M16	18			30	32	12	14	30	36	1.6	1	1.6
M20	22	+0.033 0	+0.21 0	37	40	16	18	38	45	1.6	1	2.5
M24	28			46	50	20	22	48	56	1.6	1	2.5
M30	36	+0.039 0	+0.25 0	56	60	25	28	61	71	2.5	1	2.5
M36	42			68	72	32	35	74	85	2.5	1.6	4
M42	48			80	85	36	40	84	95	2.5	2	6
M48	54	+0.046 0	+0.30 0	90	95	40	44	94	106	2.5	2	6

08 T홈 간격

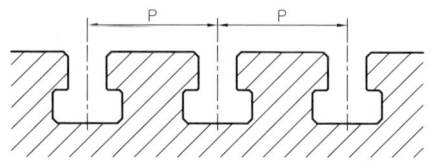

( )호 치수는 되도록 피한다.

T홈의 폭 A	간격 p
5	20 25 32
6	25 32 40
8	32 40 50
10	40 50 63
12	(40) 50 63 80
14	(50) 63 80 100
18	(63) 80 100 125
22	(80) 100 125 160
28	100 125 160 200
36	125 160 200 250
42	160 200 250 320
48	200 250 320 400
54	250 320 400 500

09 T홈 간격 허용차

간격 p	허용차
20~25	±0.2
32~100	±0.3
125~250	±0.5
320~500	±0.8

[비고] 모든 T홈의 간격에 대한 공차는 누적되지 않는다.

10 미터 보통 나사

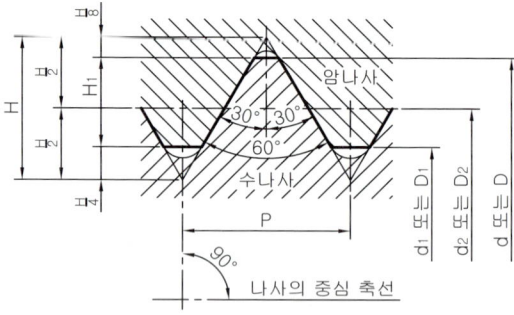

나사의 호칭	피치(P)	접촉 높이 (H_1)	암나사 골 지름 D	유효 지름 D_2	안 지름 D_1
			수나사 바깥 지름 d	유효 지름 d_2	골 지름 d_1
M3	0.5	0.271	3.000	2.675	2.459
M4	0.7	0.379	4.000	3.545	3.242
M5	0.8	0.433	5.000	4.480	4.134
M6	1	0.541	6.000	5.350	4.917
M8	1.25	0.677	8.000	7.188	6.647
M10	1.5	0.812	10.000	9.026	8.376
M12	1.75	0.947	12.000	10.863	10.106
M16	2	1.083	16.000	14.701	13.835

11 미터 가는 나사

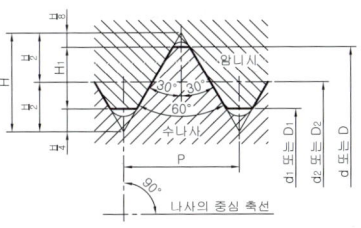

나사의 호칭	접촉 높이 (H₁)	암나사 골 지름 D / 수나사 바깥 지름 d	유효 지름 D₂ / 유효 지름 d₂	안 지름 D₁ / 골 지름 d₁
M 1 × 0.2		1.000	0.870	0.783
M 1.1 × 0.2		1.100	0.970	0.883
M 1.2 × 0.2	0.108	1.200	1.070	0.983
M 1.4 × 0.2		1.400	1.270	1.183
M 1.6 × 0.2		1.600	1.470	1.383
M 1.8 × 0.2		1.800	1.670	1.583
M 2 × 0.25	0.135	2.000	1.838	1.729
M 2.2 × 0.25		2.200	2.038	1.929
M 2.5 × 0.35		2.500	2.273	2.121
M 3 × 0.35	0.189	3.000	2.773	2.621
M 3.5 × 0.35		3.500	3.273	3.121
M 4 × 0.5		4.000	3.675	3.459
M 4.5 × 0.5	0.271	4.500	4.175	3.959
M 5 × 0.5		5.000	4.675	4.459
M 5.5 × 0.5		5.500	5.175	4.959
M 6 × 0.75	0.406	6.000	5.513	5.188
M 7 × 0.75	0.406	7.000	6.513	6.188
M 8 × 1	0.541	8.000	7.350	6.917
M 8 × 0.75	0.406	8.000	7.513	7.188
M 9 × 1	0.541	9.000	8.350	7.917
M 9 × 0.75	0.406	9.000	8.513	8.188
M 10 × 1.25	0.677	10.000	9.188	8.647
M 10 × 1	0.541	10.000	9.350	8.917
M 10 × 0.75	0.406	10.000	9.513	9.188
M 11 × 1	0.541	11.000	10.350	9.917
M 11 × 0.75	0.406	11.000	10.513	10.188
M 12 × 1.5	0.812	12.000	11.026	10.376
M 12 × 1.25	0.677	12.000	11.188	10.647
M 12 × 1	0.541	12.000	11.350	10.917
M 14 × 1.5	0.812	14.000	13.026	12.376
M 14 × 1.25	0.677	14.000	13.188	12.647
M 14 × 1	0.541	14.000	13.350	12.917
M 15 × 1.5	0.812	15.000	14.026	13.376
M 15 × 1	0.541	15.000	14.350	13.917
M 16 × 1.5	0.812	16.000	15.026	14.376
M 16 × 1	0.541	16.000	15.350	14.917

12 미터 사다리꼴 나사

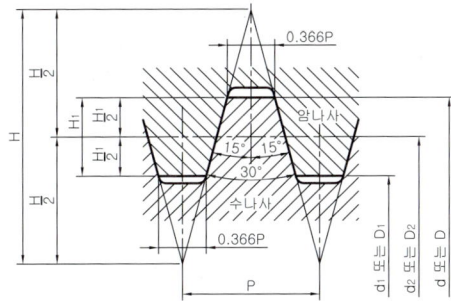

기준 공식

$H = 1.866P \qquad d_2 = d - 0.5P \qquad D = d$

$H_1 = 0.5P \qquad d_1 = d - P \qquad D_2 = d_2$

$\qquad\qquad\qquad\qquad\qquad\qquad\qquad D_1 = d_1$

나사의 호칭	피치(P)	접촉 높이 (H₁)	암나사 골 지름 D / 수나사 바깥 지름 d	유효 지름 D₂ / 유효 지름 d₂	안 지름 D₁ / 골 지름 d₁
Tr 10×2	2	1	10.000	9.000	8.000
Tr 10×1.5	1.5	0.75	10.000	9.250	8.500
Tr 11×3	3	1.5	11.000	9.500	8.000
Tr 11×2	2	1	11.000	10.000	9.000
Tr 12×3	3	1.5	12.000	10.500	9.000
Tr 12×2	2	1	12.000	11.000	10.000
Tr 14×3	3	1.5	14.000	12.500	11.000
Tr 14×2	2	1	14.000	13.000	12.000
Tr 16×4	4	2	16.000	14.000	12.000
Tr 16×2	2	1	16.000	15.000	14.000
Tr 18×4	4	2	18.000	16.000	14.000
Tr 18×2	2	1	18.000	17.000	16.000
Tr 20×4	4	2	20.000	18.000	16.000
Tr 20×2	2	1	20.000	19.000	18.000

13 관용 평행 나사

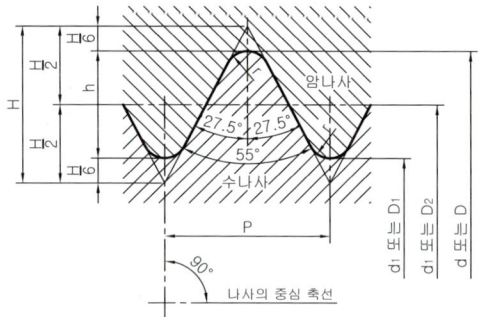

[나사의 표시 방법]

수나사의 경우 G 1A, G 1B

암나사의 경우 G1

나사의 호칭	나사 산수 25.4mm에 대하여 n	피치 P (참고)	나사산의 높이 h	산의 봉우리 및 골의 둥글기 r	암나사 골 지름 D	유효 지름 D_2	안 지름 D_1
					수나사 바깥 지름 d	유효 지름 d_2	골 지름 d_1
G 1/8	28	0.9071	0.581	0.12	9.728	9.147	8.566
G 1/4	19	1.3368	0.856	0.18	13.157	12.301	11.445
G 3/8	19	1.3368	0.856	0.18	16.662	15.806	14.950
G 1/2	14	1.8143	1.162	0.25	20.955	19.793	18.631
G 5/8	14	1.8143	1.162	0.25	22.911	21.749	20.587
G 3/4	14	1.8143	1.162	0.25	26.441	25.279	24.117
G 7/8	14	1.8143	1.162	0.25	30.201	29.039	27.877
G 1	11	2.3091	1.479	0.32	33.249	31.770	30.291
G 1 1/8	11	2.3091	1.479	0.32	37.897	36.418	34.939
G 1 1/4	11	2.3091	1.479	0.32	41.910	40.431	38.952
G 1 1/2	11	2.3091	1.479	0.32	47.803	46.324	44.845
G 1 3/4	11	2.3091	1.479	0.32	53.746	52.267	50.788
G 2	11	2.3091	1.479	0.32	59.614	58.135	56.656
G 2 1/4	11	2.3091	1.479	0.32	65.710	64.231	62.752
G 2 1/2	11	2.3091	1.479	0.32	75.184	73.705	72.226

14 관용 테이퍼 나사

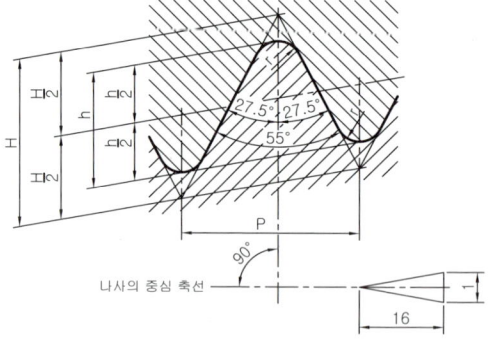

[나사의 표시 방법]

수나사의 경우 R 1½

암나사의 경우 R_c 1½

나사의 호칭	나사 산수 25.4mm에 대하여 n	피치 P (참고)	나사산의 높이 h	둥글기 r 또는 r^1	암나사 골 지름 D	유효 지름 D_2	안 지름 D_1	수나사 기본지름위치 관 끝으로부터	암나사 기본지름 위치 관 끝부분
					수나사 바깥 지름 d	유효 지름 d_2	골 지름 d_1	기본길이 a	축선방향 허용차 ±b / 축선방향 허용차 ±c
R 1/16	28	0.9071	0.581	0.12	7.723	7.142	6.561	3.97	0.91	1.13
R 1/8	28	0.9071	0.581	0.12	9.728	9.147	8.566	3.97	0.91	1.13
R 1/4	19	1.3368	0.856	0.18	13.157	12.301	11.445	6.01	1.34	1.67
R 3/8	19	1.3368	0.856	0.18	16.662	15.806	14.950	6.35	1.34	1.67
R 1/2	14	1.8143	1.162	0.25	20.955	19.793	18.631	8.16	1.81	2.27
R 3/4	14	1.8143	1.162	0.25	26.441	25.279	24.117	9.53	1.81	2.27
R1	11	2.3091	1.479	0.32	33.249	31.770	30.291	10.39	2.31	2.89
R1 1/4	11	2.3091	1.479	0.32	41.910	40.431	38.952	12.70	2.31	2.89
R1 1/2	11	2.3091	1.479	0.32	47.803	46.324	44.845	12.70	2.31	2.89
R2	11	2.3091	1.479	0.32	59.614	58.135	56.656	15.88	2.31	2.89
R2 1/2	11	2.3091	1.479	0.32	75.184	73.705	72.226	17.46	3.46	3.46
R3	11	2.3091	1.479	0.32	87.884	86.405	84.926	20.64	3.46	3.46
R4	11	2.3091	1.479	0.32	113.030	111.551	110.072	25.40	3.46	3.46
R5	11	2.3091	1.479	0.32	138.430	136.951	135.472	28.58	3.46	3.46
R6	11	2.3091	1.479	0.32	163.830	162.351	160.872	28.58	3.46	3.46

15 볼트 구멍 지름(2급 기준) 및 카운터 보어 지름의 치수

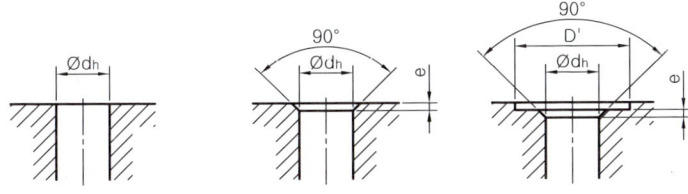

나사 호칭 지름	3	4	5	6	8	10	12	14	16
볼트 구멍 지름 ød_h	3.4	4.5	5.5	6.6	9	11	13.5	15.5	17.5
모떼기 e	0.3	0.4	0.4	0.4	0.6	0.6	1.1	1.1	1.1
카운터 보어 지름 D'	9	11	13	15	20	24	28	32	35

16 6각 구멍붙이 볼트

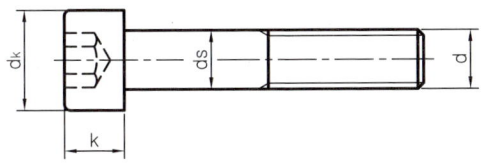

나사 호칭 지름(d)	M3	M4	M5	M6	M8	M10	M12	(M14)	M16
머리부 지름 (dk, mm)	5.32 ~ 5.68	6.78 ~ 7.22	8.28 ~ 8.72	9.78 ~ 10.22	12.73 ~ 13.27	15.73 ~ 16.27	17.73 ~ 18.27	20.67 ~ 21.33	23.67 ~ 24.33
머리부 높이 (k, mm)	2.86 ~ 3.00	3.82 ~ 4.00	4.82 ~ 5.00	5.70 ~ 6.00	7.64 ~ 8.00	9.64 ~ 10.00	11.57 ~ 12.00	13.57 ~ 14.00	15.57 ~ 16.00
목부 지름 (ds, mm)	2.86 ~ 3.00	3.82 ~ 4.00	4.82 ~ 5.00	5.82 ~ 6.00	7.78 ~ 8.00	9.78 ~ 10.00	11.73 ~ 12.00	13.73 ~ 14.00	15.73 ~ 16.00

※ 6각 구멍붙이 볼트용 카운터 보어(KS B 3505)는 현재 폐지되었으니 참고하시기 바랍니다.

17 불완전 나사부 길이

나사의 절단 끝부에 있어서 불완전 나사부 길이 (x)

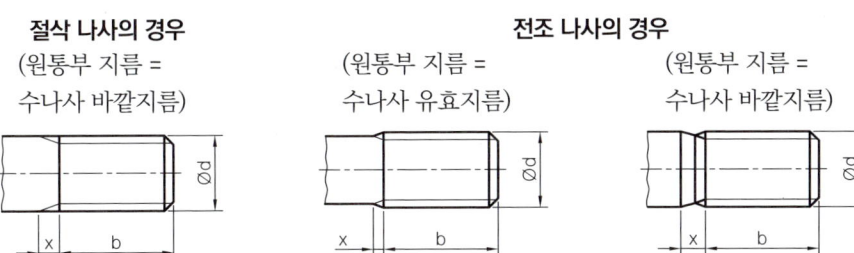

절삭 나사의 경우 (원통부 지름 = 수나사 바깥지름)

전조 나사의 경우 (원통부 지름 = 수나사 유효지름) / (원통부 지름 = 수나사 바깥지름)

[비고] 그림 중의 b는 나사부 길이를 표시한다.

온나사에 있어서 불완전 나사부 길이 (a)

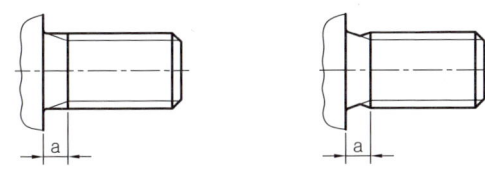

나사의 피치	x (최대)		a (최대)		
	보통 것	짧은 것	보통 것	짧은 것	긴 것
0.5	1.25	0.7	1.5	1	2
0.7	1.75	0.9	2.1	1.4	2.8
0.8	2	1	2.4	1.6	3.2
1	2.5	1.25	3	2	4
1.25	3.2	1.6	4	2.5	5
1.5	3.8	1.9	4.5	3	6
1.75	4.3	2.2	5.3	3.5	7
2	5	2.5	6	4	8

18 나사의 틈새

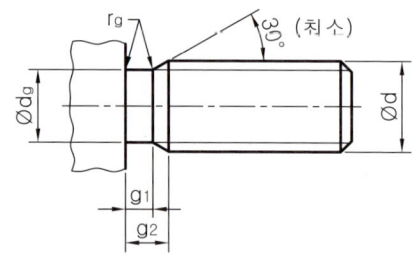

나사의 피치	dg 기준 치수	dg 허용차	g₁ 최소	g₂ 최대	r_g 약
0.5	d - 0.8	호칭지름이 3mm 이하는 h12, 호칭지름이 3mm 초과는 h13 적용	0.8	1.5	0.2
0.7	d - 1.1		1.1	2.1	0.4
0.8	d - 1.3		1.3	2.4	0.4
1	d - 1.6		1.6	3	0.6
1.25	d - 2		2	3.75	0.6
1.5	d - 2.3		2.5	4.5	0.8
1.75	d - 2.6		3	5.25	1
2	d - 3		3.4	6	1

19 뾰족끝 홈붙이 멈춤 스크루

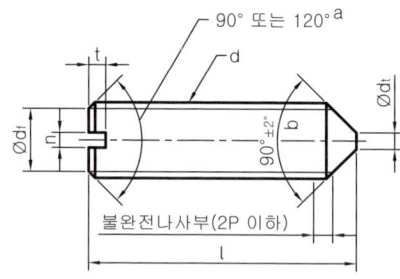

나사의 호칭 d	M 1.2	M 1.6	M 2	M 2.5	M 3	(M3.5)[a]	M 4	M 5	M 6	M 8	M 10	M 12
P[b]	0.25	0.35	0.4	0.45	0.5	0.6	0.7	0.8	1	1.25	1.5	1.75
d_f	나사산의 골지름											
l[a,d]												

기준 치수	최소	최대
2	1.8	2.2
2.5	2.3	2.7
3	2.8	3.2
4	3.7	4.3
5	4.7	5.3
6	5.7	6.3
8	7.7	8.3
10	9.7	10.3
12	11.6	12.4
(14)	13.6	14.4
16	15.6	16.4
20	19.6	20.4
25	24.6	25.4
30	29.6	30.4

상용 길이의 범위

20 멈춤링

1 C형 멈춤링

1 축용 멈춤링

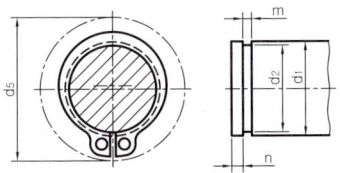

d_5는 축에 끼울 때 바깥 둘레의 최대 지름

축 치수 d1	d2 기준 치수	d2 허용차	m 기준 치수	m 허용차	n 최소	멈춤링 두께 기준 치수	멈춤링 두께 허용차
10	9.6	0 -0.09	1.15	+0.14 0	1.5	1	±0.05
11	10.5						
12	11.5						
13	12.4	0 -0.11					
14	13.4						
15	14.3						
16	15.2						
17	16.2						
18	17						
19	18						
20	19		1.35			1.2	
21	20						
22	21						
24	22.9	0 -0.21					±0.06
25	23.9						
26	24.9						
28	26.6						
29	27.6						
30	28.6		1.75			1.6	
32	30.3						
34	32.3	0 -0.25					
35	33						
36	34		1.95		2	1.8	±0.07
38	36						

2 구멍용 멈춤링

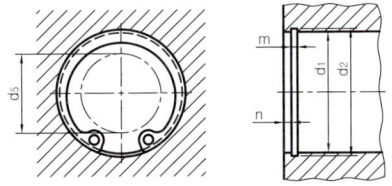

d_5는 구멍에 끼울 때 안둘레의 최소 지름

구멍 치수 d1	d2 기준 치수	d2 허용차	m 기준 치수	m 허용차	n 최소	멈춤링 두께 기준 치수	멈춤링 두께 허용차
10	10.4	+0.11 0	1.15	+0.14 0	1.5	1	±0.05
11	11.4						
12	12.5						
13	13.6						
14	14.6						
15	15.7						
16	16.8						
17	17.8						
18	19						
19	20						
20	21						
21	22	+0.21 0					
22	23						
24	25.2		1.35			1.2	
25	26.5						
26	27.2						
28	29.4						±0.06
30	31.4						
32	33.7						
34	35.7	+0.25 0					
35	37		1.75		2	1.6	
36	38						
37	39						

2 E형 멈춤링

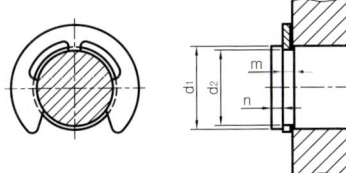

축 치수 d1		d2		m		n	멈춤링 두께	
초과	이하	기준 치수	허용차	기준 치수	허용차	최소	기준 치수	허용차
1	1.4	0.8	+0.05 0	0.3	+0.05 0	0.4	0.2	±0.02
1.4	2	1.2		0.4		0.6	0.3	±0.025
2	2.5	1.5				0.8		
2.5	3.2	2	+0.06 0	0.5			0.4	±0.03
3.2	4	2.5				1		
4	5	3						
5	7	4	+0.075 0	0.7	+0.1 0	0.6		±0.04
6	8	5				1.2		
7	9	6						
8	11	7		0.9		1.5	0.8	
9	12	8	+0.09 0			1.8		
10	14	9				2		
11	15	10		1.15	+0.14 0		1.0	±0.05
13	18	12	+0.11 0			2.5		
16	24	15		1.75		3	1.6	±0.06
20	31	19	+0.13 0			3.5		
25	38	24		2.2		4	2.0	±0.07

3 C형 동심 멈춤링

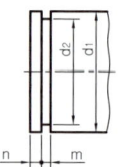

축 치수 d1	d2 기준치수	d2 허용차	m 기준치수	m 허용차	n 최소	멈춤링 두께 기준치수	멈춤링 두께 허용차
20	19	0 / -0.21	1.35	+0.14 / 0	1.5	1.2	±0.07
22	21		1.35			1.2	
25	23.9						
28	26.6						
30	28.6		1.75			1.6	
32	30.3						
35	33						
40	38	0 / -0.25	1.9		2	1.75	±0.08
45	42.5		1.9			1.75	
50	47		2.2			2	

구멍 치수 d1	d2 기준치수	d2 허용차	m 기준치수	m 허용차	n 최소	멈춤링 두께 기준치수	멈춤링 두께 허용차
20	21	+0.21 / 0	1.15	+0.14 / 0	1.5	1	±0.07
22	23		1.15			1	
25	26.2						
28	29.4		1.35			1.2	
30	31.4						
35	37		1.75			1.6	
40	42.5	+0.25 / 0	1.9		2	1.75	±0.08
45	47.5		1.9			1.75	
50	53		2.2			2	

21 생크

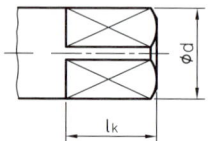

ød 초과	ød 이하	K 기준 치수	K 허용차(h12)	l_k
7.5	8.5	6.3	0 / -0.15	9
8.5	9.5	7.1		10
9.5	10.6	8		11
10.6	11.8	9		12
11.8	13.2	10		13
13.2	15	11.2		14
15	17	12.5	0 / -0.18	16
17	19	14		18
19	21.2	16		20
21.2	23.6	18		22
23.6	26.5	20		24
26.5	30	22.4	0 / -0.21	26
30	33.5	25		28
33.5	37.5	28		31

22 평행 키 (키 홈)

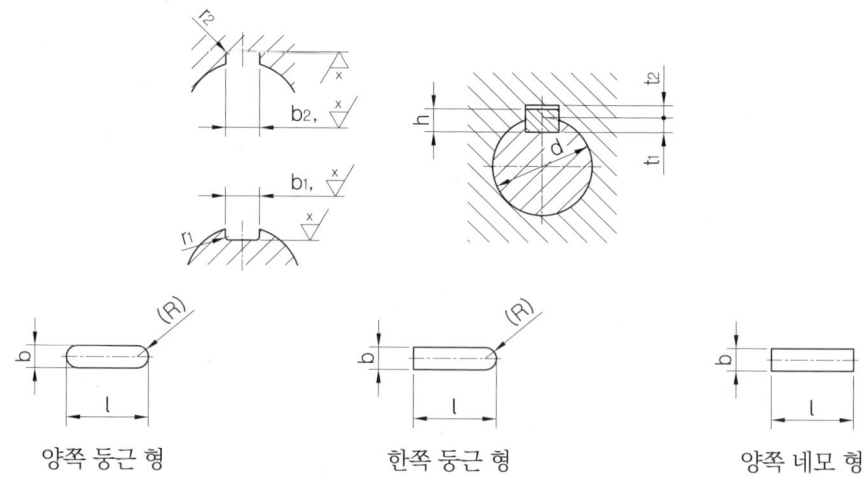

양쪽 둥근 형   한쪽 둥근 형   양쪽 네모 형

키 홈의 치수								적용하는 축 지름 d (초과~이하)
b_1 및 b_2의 기준 치수	활동형		보통형		t_1의 기준 치수	t_2의 기준 치수	t_1 및 t_2의 허용차	
	b_1 허용차	b_2 허용차	b_1 허용차	b_2 허용차				
2	H9	D10	N9	JS9	1.2	1.0	+0.1 / 0	6~8
3					1.8	1.4		8~10
4					2.5	1.8		10~12
5					3.0	2.3		12~17
6					3.5	2.8		17~22

23 반달 키 (키 홈)

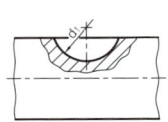
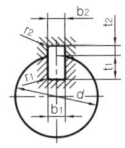
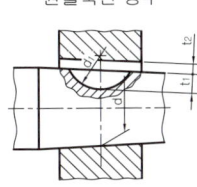

원뿔축인 경우

키의 호칭 치수 b × d₀	b₁ 및 b₂의 기준 치수	보통형 b₁ 허용차 (N9)	보통형 b₂ 허용차 (Js9)	조립형 b₁ 및 b₂ 허용차 (P9)	t₁ 기준 치수	t₁ 허용차	t₂ 기준 치수	t₂ 허용차	r₁ 및 r₂	d₁ 기준 치수	d₁ 허용차
1X4	1	-0.004 -0.029	±0.012	-0.006 -0.031	1.0	+0.1 0	0.6	+0.1 0	0.08~0.16	4	+0.1 0
1.5X7	1.5				2.0		0.8			7	
2X7	2				1.8		1.0			7	
2X10					2.9					10	
2.5X10	2.5				2.7		1.2			10	
(3X10)	3				2.5		1.4			10	+0.2 0
3X13					3.8	+0.2 0				13	
3X16					5.3					16	
(4X13)	4				3.5	+0.1 0	1.7			13	
4X16					5.0		1.8			16	
4X19					6.0	+0.2 0				19	+0.3 0
5X16	5	0 -0.030	±0.015	-0.012 -0.042	4.5		2.3			16	+0.2 0
5X19					5.5					19	
5X22					7.0					22	
6X22	6				6.5	+0.3 0	2.8	+0.2 0	0.16~0.25	22	
6X25					7.5					25	
(6X28)					8.6					28	
(6X32)					10.6		2.6			32	
(7X22)	7				6.4	+0.1 0	+0.1 0			22	
(7X25)					7.4					25	
(7X28)					8.4		2.8			28	
(7X32)					10.4					32	+0.3 0
(7X38)					12.4					38	
(7X45)					13.4					45	
(8X25)	8	0 -0.036	±0.018	-0.015 -0.051	7.2		3.0			25	
8X28					8.0	+0.3 0	3.3	+0.2 0	0.25~0.40	28	
(8X32)					10.2	+0.1 0	3.0	+0.1 0	0.16~0.25	32	
(8X38)					12.2					38	
10X32	10				10.0	+0.3 0	3.3			32	
(10X45)					12.8					45	
(10X55)					13.8		3.4		0.25~0.40	55	
(10X65)					15.8	+0.1 0		+0.1 0		65	+0.5 0
(12X65)	12	0 -0.043	±0.022	-0.018 -0.061	15.2		4.0			65	
(12X80)					20.2					80	

23 반달 키 (키 홈) - 반달 키에 적용하는 축지름

키의 호칭 치수	계열 1	계열 2	계열 3	전단 단면적 mm²
1X4	3~4	3~4	-	-
1.5X7	4~5	4~6	-	-
2X7	5~6	6~8	-	-
2X10	6~7	8~10	-	-
2.5X10	7~8	10~12	7~12	21
(3X10)	-	-	8~14	26
3X13	8~10	12~15	9~16	35
3X16	10~12	15~18	11~18	45
(4X13)	-	-	11~18	46
4X16	12~14	18~20	12~20	57
4X19	14~16	20~22	14~22	70
5X16	16~18	22~25	14~22	72
5X19	18~20	25~28	15~24	86
5X22	20~22	28~32	17~26	102
6X22	22~25	32~36	19~28	121
6X25	25~28	36~40	20~30	141
(6X28)	-	-	22~32	155
(6X32)	-	-	24~34	180
(7X22)	-	-	20~29	139
(7X25)	-	-	22~32	159
(7X28)	-	-	24~34	179
(7X32)	-	-	26~37	209
(7X38)	-	-	29~41	249
(7X45)	-	-	31~45	288
(8X25)	-	-	24~34	181
8X28	28~32	40~ -	26~37	203
(8X32)	-	-	28~40	239
(8X38)	-	-	30~44	283
10X32	32~38	-	31~46	295
(10X45)	-	-	38~54	406
(10X55)	-	-	42~60	477
(10X65)	-	-	46~65	558
(12X65)	-	-	50~73	660
(12X80)	-	-	58~82	834

※ 계열 1 : 키에 의해 토크를 전달하는 결합에 사용
  계열 2 : 키에 의해 위치결정을 하는 경우 사용
  계열 3 : 표에 나타나는 전단 단면적에서의 키의 전단강도 대응에 사용

24 깊은 홈 볼 베어링

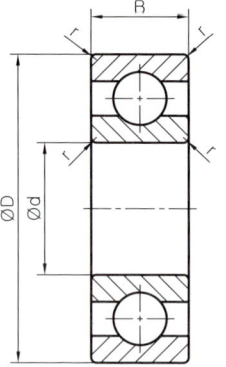

호칭번호 (68계열)	치수			
	d	D	B	r
6800	10	19	5	0.3
6801	12	21		
6802	15	24		
6803	17	26		
6804	20	32		
6805	25	37		
6806	30	42		
6807	35	47	7	
6808	40	52		
6809	45	58		
6810	50	65		

호칭번호 (64계열)	치수			
	d	D	B	r
6403	17	62	17	1.1
6404	20	72	19	1.1
6405	25	80	21	1.5
6406	30	90	23	1.5
6407	35	100	25	1.5
6408	40	110	27	2
6409	45	120	29	2
6410	50	130	31	2.1
6411	55	140	33	2.1
6412	60	150	35	2.1
6413	65	160	37	2.1

호칭번호 (69계열)	치수			
	d	D	B	r
6900	10	22	6	0.3
6901	12	24		
6902	15	28	7	
6903	17	30		
6904	20	37		
6905	25	42	9	
6906	30	47		
6907	35	55	10	0.6
6908	40	62	12	

호칭번호 (60계열)	치수			
	d	D	B	r
6000	10	26	8	0.3
6001	12	28		
6002	15	32	9	
6003	17	35	10	
6004	20	42	12	0.6
6005	25	47		
6006	30	55	13	
6007	35	62	14	1
6008	40	68	15	

호칭번호 (62계열)	치수			
	d	D	B	r
6200	10	30	9	0.6
6201	12	32	10	0.6
6202	15	35	11	0.6
6203	17	40	12	0.6
6204	20	47	14	1
6205	25	52	15	1
6206	30	62	16	1
6207	35	72	17	1.1
6208	40	80	18	1.1

호칭번호 (63계열)	치수			
	d	D	B	r
6300	10	35	11	0.6
6301	12	37	12	1
6302	15	42	13	1
6303	17	47	14	1
6304	20	52	15	1.1
6305	25	62	17	1.1

25 앵귤러 볼 베어링

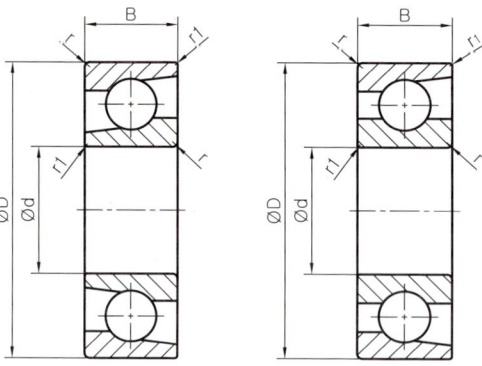

호칭번호 (70계열)	치수				
	d	D	B	r	r_1
7000A	10	26	8	0.3	0.15
7001A	12	28	8	0.3	0.15
7002A	15	32	9	0.3	0.15
7003A	17	35	10	0.3	0.15
7004A	20	42	12	0.6	0.3
7005A	25	47	12	0.6	0.3
7006A	30	55	13	1	0.6
7007A	35	62	14	1	0.6
7008A	40	68	15	1	0.6
7009A	45	75	16	1	0.6

호칭번호 (72계열)	치수				
	d	D	B	r	r_1
7200A	10	30	9	0.6	0.3
7201A	12	32	10	0.6	0.3
7202A	15	35	11	0.6	0.3
7203A	17	40	12	0.6	0.3
7204A	20	47	14	1	0.6
7205A	25	52	15	1	0.6
7206A	30	62	16	1	0.6

호칭번호 (73계열)	치수				
	d	D	B	r	r_1
7300A	10	35	11	0.6	0.3
7301A	12	37	12	1	0.6
7302A	15	42	13	1	0.6
7303A	17	47	14	1	0.6
7304A	20	52	15	1.1	0.6
7305A	25	62	17	1.1	0.6
7306A	30	72	19	1.1	0.6

호칭번호 (74계열)	치수				
	d	D	B	r	r_1
7404A	20	72	19	1.1	0.6
7405A	25	80	21	1.5	1
7406A	30	90	23	1.5	1

26 원통 롤러 베어링

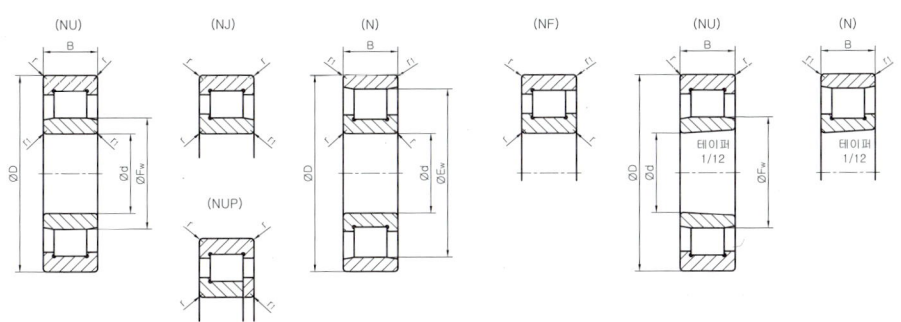

호칭 번호 (NU2, NUP2, N2, NF2 계열)					치수				
원통 구멍				테이퍼 구멍	d	D	B	r	r₁
-	-	-	N203	-	-	17	40	12	0.6	0.3
NU204	NJ204	NUP204	N204	NF204	NU204K	-	20	47	14	1	0.6
NU205	NJ205	NUP205	N205	NF205	NU205K	-	25	52	15	1	0.6
NU206	NJ206	NUP206	N206	NF206	NU206K	N206K	30	62	16	1	0.6
NU207	NJ207	NUP207	N207	NF207	NU207K	N207K	35	72	17	1.1	0.6
NU208	NJ208	NUP208	N208	NF208	NU208K	N208K	40	80	18	1.1	1.1

호칭 번호 (NU22, NUP22, NJ22 계열)				치수				
원통 구멍			테이퍼 구멍	d	D	B	r	r₁
NU2204	NJ2204	NUP2204	-	20	47	18	1	0.6
NU2205	NJ2205	NUP2205	NU2205K	25	52	18	1	0.6
NU2206	NJ2206	NUP2206	NU2206K	30	62	20	1	0.6
NU2207	NJ2207	NUP2207	NU2207K	35	72	23	1.1	0.6
NU2208	NJ2208	NUP2208	NU2208K	40	80	23	1.1	1.1
NU2209	NJ2209	NUP2209	NU2209K	45	85	23	1.1	1.1

호칭 번호 (NU3, NJ3, NUP3, N3, NF3 계열)					치수				
원통 구멍				테이퍼 구멍		d	D	B	r	r₁
NU304	NJ304	NUP304	N304	NF304	NU304K	-	20	52	15	1.1	0.6
NU305	NJ305	NUP305	N305	NF305	NU305K	-	25	62	17	1.1	1.1
NU306	NJ306	NUP306	N306	NF306	NU306K	N306K	30	72	19	1.1	1.1
NU307	NJ307	NUP307	N307	NF307	NU307K	N307K	35	80	21	1.5	1.1
NU308	NJ308	NUP308	N308	NF308	NU308K	N308K	40	90	23	1.5	1.5
NU309	NJ309	NUP309	N309	NF309	NU309K	N309K	45	100	25	1.5	1.5
NU310	NJ310	NUP310	N310	NF310	NU310K	N310K	50	110	27	2	2

호칭 번호 (NU23, NJ23, NUP23 계열)				치수				
원통 구멍			테이퍼 구멍	d	D	B	r	r₁
NU2305	NJ2305	NUP2305	NU2305 K	25	62	24	1.1	1.1
NU2306	NJ2306	NUP2306	NU2306 K	30	72	27	1.1	1.1
NU2307	NJ2307	NUP2307	NU2307 K	35	80	31	1.5	1.1
NU2308	NJ2308	NUP2308	NU2308 K	40	90	33	1.5	1.5
NU2309	NJ2309	NUP2309	NU2309 K	45	100	36	1.5	1.5
NU2310	NJ2310	NUP2310	NU2310 K	50	110	40	2	2

호칭 번호 (NU4, NJ4, NUP4, N4, NF4 계열)					치수				
NU406	NJ406	NUP406	N406	NF406	30	90	23	1.5	1.5
NU407	NJ407	NUP407	N407	NF407	35	100	25	1.5	1.5
NU408	NJ408	NUP408	N408	NF408	40	110	27	2	2
NU409	NJ409	NUP409	N409	NF409	45	120	29	2	2
NU410	NJ410	NUP410	N410	NF410	50	130	31	2.1	2.1
NU411	NJ411	NUP411	N411	NF411	55	140	33	2.1	2.1

호칭 번호 (NN30 계열)		치수				
원통 구멍	테이퍼 구멍	d	D	B	r	r₁
NN 3005	NN 3005 K	25	47	16	0.6	0.6
NN 3006	NN 3006 K	30	55	19	1	1
NN 3007	NN 3007 K	35	62	20	1	1
NN 3008	NN 3008 K	40	68	21	1	1
NN 3009	NN 3009 K	45	75	23	1	1
NN 3010	NN 3010 K	50	80	23	1	1

호칭 번호 (NU10 계열)	치수				
	d	D	B	r	r₁
NU 1005	25	47	12	0.6	0.3
NU 1006	30	55	13	1	0.6
NU 1007	35	62	14	1	0.6
NU 1008	40	68	15	1	0.6
NU 1009	45	75	16	1	0.6
NU 1010	50	80	16	1	0.6

27 테이퍼 롤러 베어링

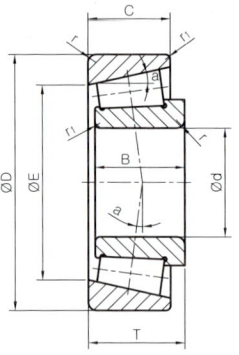

호칭 번호 (302 계열)	d	D	T	B	C	r 내륜	r 외륜	r₁
30203 K	17	40	13.25	12	11	1	1	0.3
30204 K	20	47	15.25	14	12	1	1	0.3
30205 K	25	52	16.25	15	13	1	1	0.3
30206 K	30	62	17.25	16	14	1	1	0.3
30207 K	35	72	18.25	17	15	1.5	1.5	0.6
30208 K	40	80	19.75	18	16	1.5	1.5	0.6

호칭 번호 (320 계열)	d	D	T	B	C	r 내륜	r 외륜	r₁
32004 K	20	42	15	15	12	0.6	0.6	0.15
32005 K	25	47	15	15	11.5	0.6	0.6	0.15
32006 K	30	55	17	17	13	1	1	0.3
32007 K	35	62	18	18	14	1	1	0.3
32008 K	40	68	19	19	14.5	1	1	0.3
32009 K	45	75	20	20	15.5	1	1	0.3

호칭 번호 (322 계열)	d	D	T	B	C	r 내륜	r 외륜	r₁
32203 K	17	40	17.25	16	14	1	1	0.3
32204 K	20	47	19.25	18	15	1	1	0.3
32205 K	25	52	19.25	18	16	1	1	0.3
32206 K	30	62	21.25	20	17	1	1	0.3
32207 K	35	72	24.25	23	19	1.5	1.5	0.6
32208 K	40	80	25.75	23	19	1.5	1.5	0.6

호칭 번호 (303 계열)	d	D	T	B	C	r 내륜	r 외륜	r₁
30302 K	15	42	14.25	13	11	1	1	0.3
30303 K	17	47	15.25	14	12	1	1	0.3
30304 K	20	52	16.25	15	13	1.5	1.5	0.6
30305 K	25	62	18.25	17	15	1.5	1.5	0.6
30306 K	30	72	20.75	19	16	1.5	1.5	0.6
30307 K	35	80	22.75	21	18	2	1.5	0.6

호칭 번호 (303 D 계열)	d	D	T	B	C	r 내륜	r 외륜	r₁
30305D K	25	62	18.25	17	13	1.5	1.5	0.6
30306D K	30	72	20.75	19	14	1.5	1.5	0.6
30307D K	35	80	22.75	21	15	2	1.5	0.6

호칭 번호 (323 계열)	d	D	T	B	C	r 내륜	r 외륜	r₁
32303 K	17	47	20.25	19	16	1	1	0.3
32304 K	20	52	22.25	21	18	1.5	1.5	0.6
32305 K	25	62	25.25	24	20	1.5	1.5	0.6
32306 K	30	72	28.75	27	23	1.5	1.5	0.6
32307 K	35	80	32.75	31	25	2	1.5	0.6
32308 K	40	90	35.25	33	27	2	1.5	0.6

28 니들 롤러 베어링

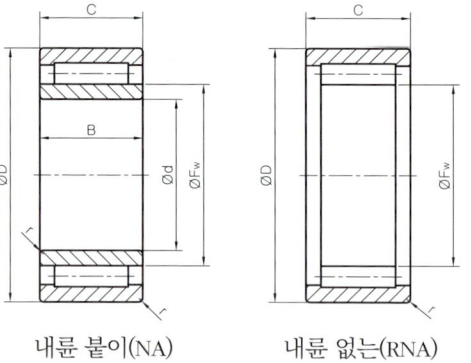

내륜 붙이(NA)   내륜 없는(RNA)

호칭 번호 (NA49 계열)	d	D	B, C	r
NA498	8	19	11	0.2
NA499	9	20	11	0.3
NA4900	10	22	13	0.3
NA4901	12	24	13	0.3
NA4902	15	28	13	0.3
NA4903	17	30	13	0.3

호칭 번호 (RNA49 계열)	Fw	D	C	r
RNA493	5	11	10	0.15
RNA494	6	12	10	0.15
RNA495	7	13	10	0.15
RNA496	8	15	10	0.15
RNA497	9	17	10	0.15
RNA498	10	19	11	0.2
RNA499	12	20	11	0.3
RNA4900	14	22	13	0.3
RNA4901	16	24	13	0.3

29 평면 자리형 스러스트 볼 베어링

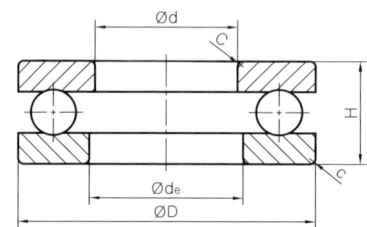

호칭 번호 (511계열)	d	de	D	H	c
511 00	10	11	24	9	0.5
511 01	12	13	26	9	0.5
511 02	15	16	28	9	0.5
511 03	17	18	30	9	0.5
511 04	20	21	35	10	0.5
511 05	25	26	42	11	1

호칭 번호 (512계열)	d	de	D	H	c
512 00	10	12	26	11	1
512 01	12	14	28	11	1
512 02	15	17	32	12	1
512 03	17	19	35	12	1
512 04	20	22	40	14	1
512 05	25	27	47	15	1

호칭 번호 (513계열)	d	de	D	H	c
513 05	25	27	52	18	1.5
513 06	30	32	60	21	1.5
513 07	35	37	68	24	1.5
513 08	40	42	78	26	1.5
513 09	45	47	85	28	1.5
513 10	50	52	95	31	2

호칭 번호 (514계열)	d	de	D	H	c
514 05	25	27	60	24	1.5
514 06	30	32	70	28	1.5
514 07	35	37	80	32	2
514 08	40	42	90	36	2
514 09	45	47	100	39	2
514 10	50	52	110	43	2.5

30 평면 자리형 스러스트 볼 베어링(복식)

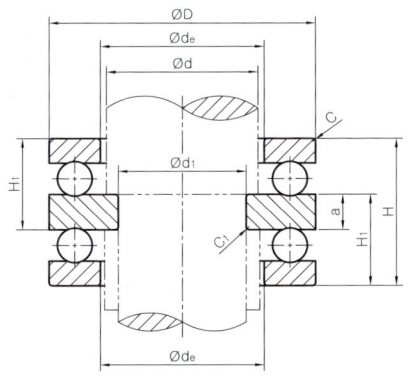

호칭 번호	치수								
(522계열)	d	di	de	D	H	H₁	a	c	c₁
522 02	15	10	17	32	22	13.5	5	1	0.5
522 04	20	15	22	40	26	16	6	1	0.5
522 05	25	20	27	47	28	17.5	7	1	0.5
522 06	30	25	32	52	29	18	7	1	0.5
522 07	35	30	37	62	34	21	8	1.5	0.5
522 08	40	30	42	68	36	22.5	9	1.5	1

호칭 번호	치수								
(523계열)	d	di	de	D	H	H₁	a	c	c₁
523 05	25	20	27	52	34	21	8	1.5	0.5
523 06	30	25	32	60	38	23.5	9	1.5	0.5
523 07	35	30	37	68	44	27	10	1.5	0.5
523 08	40	30	42	78	49	30.5	12	1.5	1
523 09	45	35	47	85	52	32	12	1.5	1
523 10	50	40	52	95	58	36	14	2	1

호칭 번호	치수								
(524계열)	d	di	de	D	H	H₁	a	c	c₁
524 05	25	15	27	60	45	28	11	1.5	1
524 06	30	20	32	70	52	32	12	1.5	1
524 07	35	25	37	80	59	36.5	14	2	1
524 08	40	30	42	90	65	40	15	2	1
524 09	45	35	47	100	72	44.5	17	2	1
524 10	50	40	52	110	78	48	18	2.5	1

31 구름 베어링용 로크너트 와셔

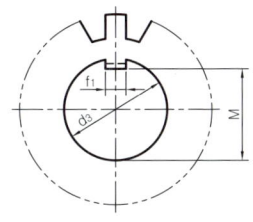

(A형, X형 동일하게 적용)

호칭번호	d3	M	f1	호칭번호	d3	M	f1
AW00X	10	8.5	3	AW07X	35	32.5	6
AW01X	12	10.5	3	AW08X	40	37.5	6
AW02X	15	13.5	4	AW09X	45	42.5	6
AW03X	17	15.5	4	AW10X	50	47.5	6
AW04X	20	18.5	4	AW11X	55	52.5	8
AW/22X	22	20.5	4	AW12X	60	57.5	8
AW05X	25	23	5	AW13X	65	62.5	8
AW/28X	28	26	5	AW14X	70	66.5	8
AW06X	30	27.5	5	AW15X	75	71.5	8
AW/32X	32	29.5	5	AW16X	80	76.5	10

32 베어링의 끼워 맞춤

내륜회전 하중 또는 방향 부정 하중(보통 하중)			
볼 베어링	원통, 테이퍼 롤러 베어링	자동조심 롤러 베어링	허용차 등급
축 지름			
18 이하	-	-	js5
18 초과 100 이하	40 이하	40 이하	k5
100 초과 200 이하	40 초과 100 이하	40 초과 65 이하	m5

내륜정지 하중			
볼 베어링	원통, 테이퍼 롤러 베어링	자동조심 롤러 베어링	허용차 등급
축 지름			
내륜이 축 위를 쉽게 움직일 필요가 있다.	전체 축 지름		g6
내륜이 축 위를 쉽게 움직일 필요가 없다.	전체 축 지름		h6

하우징 구멍 공차		
외륜 정지 하중	모든 종류의 하중	H7
외륜 회전 하중	보통하중 또는 중하중	N7

스러스트 베어링			
축 지름			
중심 축 하중		전체 축 지름	
합성 하중 (스러스트 자동 조심롤러 베어링)	내륜 정지 하중	전체 축 지름	js6
	내륜 회전 하중 또는 방향 부정 하중	200 이하	k6

스러스트 베어링		
중심 축 하중		H8
합성 하중 (스러스트 자동 조심롤러 베어링)	내륜 정지 하중	H7
	내륜 회전 하중 또는 방향 부정 하중	K7

33 그리스 니플

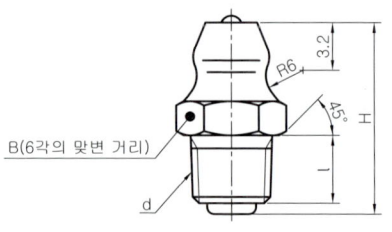

A형	
형식	나사의 호칭 지름
A-M6F	M6x0.75
A-MT6x0.75	MT6x0.75

34 O링(원통면)

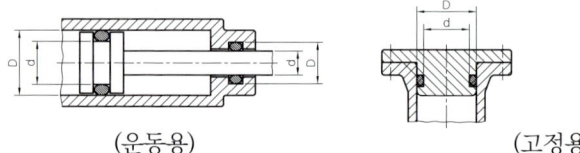
(운동용)

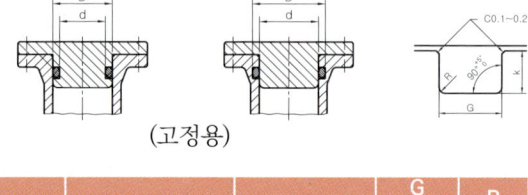
(고정용)

O링의 호칭번호	d	d의 끼워맞춤	D	D의 끼워맞춤	G +0.25 0	R (최대)
P3	3		6	H10		
P4	4		7			
P5	5		8			
P6	6	0 -0.05	9	+0.05 0		
P7	7	h9	10	H9	2.5	0.4
P8	8		11			
P9	9		12			
P10	10		13			
P10A	10		14			
P11	11		15			
P11.2	11.2		15.2			
P12	12		16			
P12.5	12.5		16.5			
P14	14	0 -0.06	18	+0.06 0		
P15	15	h9	19	H9	3.2	0.4
P16	16		20			
P18	18		22			
P20	20		24			
P21	21		25			
P22	22		26			

O링의 호칭번호	d	d의 끼워맞춤	D	D의 끼워맞춤	G +0.25 0	R (최대)
P22A	22		28			
P22.4	22.4		28.4			
P24	24		30			
P25	25		31			
P25.5	25.5		31.5			
P26	26		32			
P28	28		34			
P29	29		35			
P29.5	29.5	0 -0.08	35.5	+0.08 0		
P30	30	h9	36	H9	4.7	0.8
P31	31		37			
P31.5	31.5		37.5			
P32	32		38			
P34	34		40			
P35	35		41			
P35.5	35.5		41.5			
P36	36		42			
P38	38		44			
P39	39		45			
P40	40		46			
P41	41		47			
P42	42		48			
P44	44	0 -0.08	50	+0.08 0		
P45	45	h9	51	H9	4.7	0.8
P46	46		52			
P48	48		54			
P49	49		55			
P50	50		56			
P48A	48		58			
P50A	50		60			
P52	52		62			
P53	53		63			
P55	55		65			
P56	56		66			
P58	58		68			
P60	60	0 -0.10	70	+0.10 0		
P62	62	h9	72	H9	7.5	0.8
P63	63		73			
P65	65		75			
P67	67		77			
P70	70		80			
P71	71		81			
P75	75		85			
P80	80		90			

O링의 호칭번호	d	d의 끼워맞춤	D	D의 끼워맞춤	G +0.25 0	R (최대)
G25	25		30			
G30	30		35			
G35	35		40	H10		
G40	40		45			
G45	45		50			
G50	50		55			
G55	55		60			
G60	60	0 −0.10 h9	65	+0.10 0	4.1	0.7
G65	65		70			
G70	70		75			
G75	75		80	H9		
G80	80		85			
G85	85		90			
G90	90		95			
G95	95		100			
G100	100		105			

35 O링 부착부의 예리한 모서리를 제거하는 설계 방법

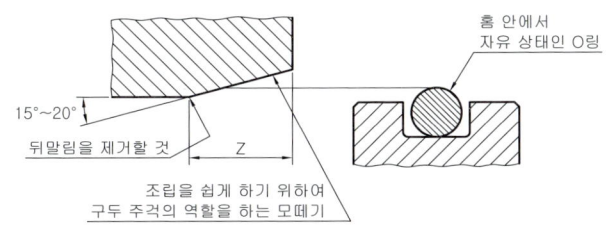

O링의 호칭 번호	O링의 굵기	Z(최소)
P 3 ~ P 10	1.9±0.08	1.2
P 10A ~ P 22	2.4±0.09	1.4
P 22A ~ P 50	3.5±0.10	1.8
P 48A ~ P 150	5.7±0.13	3.0
P 150A ~ P 400	8.4±0.15	4.3
G 25 ~ G 145	3.1±0.10	1.7
G150 ~ G 300	5.7±0.13	3.0

36 O링(평면)

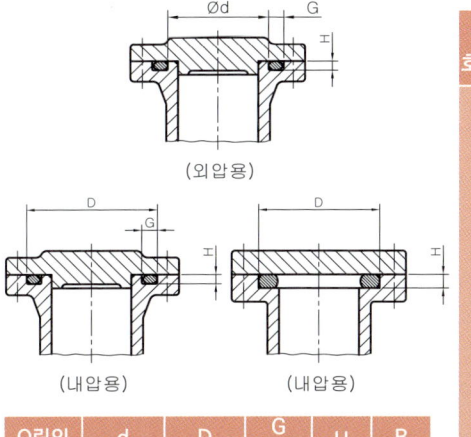

O링의 호칭번호	d (외압용)	D (내압용)	G +0.25 0	H ±0.05	R (최대)
G25	25	30			
G30	30	35			
G35	35	40			
G40	40	45			
G45	45	50			
G50	50	55			
G55	55	60			
G60	60	65			
G65	65	70			
G70	70	75			
G75	75	80			
G80	80	85	4.1	2.4	0.7
G85	85	90			
G90	90	95			
G95	95	100			
G100	100	105			
G105	105	110			
G110	110	115			
G115	115	120			
G120	120	125			
G125	125	130			
G130	130	135			
G135	135	140			
G140	140	145			
G145	145	150			

O링의 호칭번호	d (외압용)	D (내압용)	G +0.25 0	H ±0.05	R (최대)
P3	3	6.2			
P4	4	7.2			
P5	5	8.2			
P6	6	9.2	2.5	1.4	0.4
P7	7	10.2			
P8	8	11.2			
P9	9	12.2			
P10	10	13.2			
P10A	10	14			
P11	11	15			
P11.2	11.2	15.2			
P12	12	16			
P12.5	12.5	16.5			
P14	14	18	3.2	1.8	0.4
P15	15	19			
P16	16	20			
P18	18	22			
P20	20	24			
P21	21	25			
P22	22	26			
P22A	22	28			
P22.4	22.4	28.4			
P24	24	30			
P25	25	31			
P25.5	25.5	31.5			
P26	26	32			
P28	28	34	4.7	2.7	0.8
P29	29	35			
P29.5	29.5	35.5			
P30	30	36			
P31	31	37			
P31.5	31.5	37.5			
P32	32	38			

O링의 호칭번호	d (외압용)	D (내압용)	G +0.25 0	H ±0.05	R (최대)
P34	34	40			
P35	35	41			
P35.5	35.5	41.5			
P36	36	42			
P38	38	44			
P39	39	45			
P40	40	46			
P41	41	47	4.7	2.7	0.8
P42	42	48			
P44	44	50			
P45	45	51			
P46	46	52			
P48	48	54			
P49	49	55			
P50	50	56			
P48A	48	58			
P50A	50	60			
P52	52	62			
P53	53	63	7.5	4.6	0.8
P55	55	65			
P56	56	66			

O링의 호칭번호	d (외압용)	D (내압용)	G +0.25 0	H ±0.05	R (최대)
P58	58	68			
P60	60	70			
P62	62	72			
P63	63	73			
P65	65	75			
P67	67	77			
P70	70	80			
P71	71	81			
P75	75	85			
P80	80	90			
P85	85	95			
P90	90	100			
P95	95	105			
P100	100	110	7.5	4.6	0.8
P102	102	112			
P105	1005	115			
P110	110	120			
P112	112	122			
P115	115	125			
P120	120	130			
P125	125	135			
P130	130	140			
P132	132	142			
P135	135	145			
P140	140	150			
P145	145	155			
P150	150	160			

37 오일실

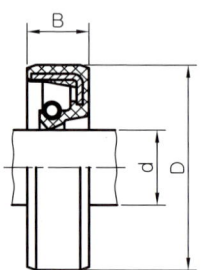

1 S, SM, SA, D, DM, DA 계열치수

호칭 안지름 d	D	B
7	18	7
	20	
8	18	7
	22	
9	20	7
	22	
10	20	7
	25	
11	22	7
	25	
12	22	7
	25	
*13	25	7
	58	
14	25	7
	28	
15	25	7
	30	
16	28	7
	30	
17	30	8
	32	
18	30	8
	35	
20	32	8
	35	
22	35	8
	38	
24	38	8
	40	
25	38	8
	40	
*26	38	8
	42	
28	40	8
	45	
30	42	8
	45	
32	52	11
35	55	

2 G, GM, GA 계열치수

호칭 안지름 d	D	B
7	18	4
	20	7
8	18	4
	22	7
9	20	4
	22	7
10	20	4
	25	7
11	22	4
	25	7
12	22	4
	25	7
*13	25	4
	58	7
14	25	4
	28	7
15	25	4
	30	7
16	28	4
	30	7
17	30	5
	32	8
18	30	5
	35	8
20	32	5
	35	8
22	35	5
	38	8
24	38	5
	40	8
25	38	5
	40	8
*26	38	5
	42	8
28	40	5
	45	8
30	42	5
	45	8
32	45	5
	52	11
35	48	5
	55	11

38 오일 실 부착 관계 (축 및 하우징 구멍의 모떼기와 둥글기)

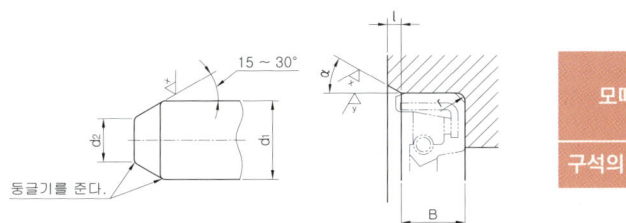

모떼기	$\alpha = 15° \sim 30°$
	$\ell = 0.1B \sim 0.15B$
구석의 둥글기	$r \geq 0.5mm$

d_1	d_2(최대)	d_1	d_2(최대)	d_1	d_2(최대)
7	5.7	17	14.9	35	32
8	6.6	18	15.8	38	34.9
9	7.5	20	17.7	40	36.8
10	8.4	22	19.6	42	38.7
11	9.3	24	21.5	45	41.6
12	10.2	25	22.5	48	44.5
*13	11.2	*26	23.4	50	46.4
14	12.1	28	25.3		
15	13.1	30	27.3		
16	14	32	29.2		

[비고] *을 붙인 것은 KS B 0406에 없다.
- 바깥지름에 대응하는 하우징의 구멍 지름의 허용차는 원칙적으로 KS B 0401의 H8로 한다.
- 축의 호칭 지름은 오일시일에 적합한 지름과 같고 그 허용차는 원칙적으로 KS B 0401 h8로 한다.

39 롤러체인, 스프로킷

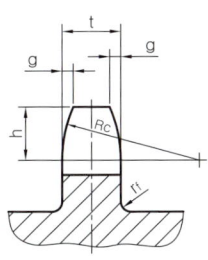
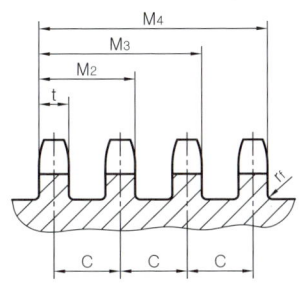

호칭번호	가로치형							적용 롤러		
	모떼기 폭 g (약)	모떼기 깊이 h (약)	모떼기 반지름 Rc (최소)	둥글기 rf (최대)	이나비 t(최대)			가로 피치 c	피치 p	롤러 바깥지름 d_1 (최대)	안쪽 링크 안쪽 나비 b_1 (최소)
					단열	2열, 3열	4열 이상				
25	0.8	3.2	6.8	0.3	2.8	2.7	2.4	6.4	6.35	3.30	3.10
35	1.2	4.8	10.1	0.4	4.3	4.1	3.8	10.1	9.525	5.08	4.68
41	1.6	6.4	13.5	0.5	5.8	-	-	-	12.70	7.77	6.25
40	1.6	6.4	13.5	0.5	7.2	7.0	6.5	14.4	12.70	7.95	7.85
50	2.0	7.9	16.9	0.6	8.7	8.4	7.9	18.1	15.875	10.16	9.40
60	2.4	9.5	20.3	0.8	11.7	11.3	10.6	22.8	19.05	11.91	12.57
80	3.2	12.7	27.0	1.0	14.6	14.1	13.3	29.3	25.40	15.88	15.75
100	4.0	15.9	33.8	1.3	17.6	17.0	16.1	35.8	31.75	19.05	18.90
120	4.8	19.0	40.5	1.5	23.5	22.7	21.5	45.4	38.10	22.23	25.22
140	5.6	22.2	47.3	1.8	23.5	22.7	21.5	48.9	44.45	25.40	25.22
160	6.4	25.4	54.0	2.0	29.4	28.4	27.0	58.5	50.80	28.58	31.55
200	7.9	31.8	67.5	2.5	35.3	34.1	32.5	71.6	63.50	39.68	37.85
240	9.5	38.1	81.0	3.0	44.1	42.7	40.7	87.8	76.20	47.63	47.35

스프로킷 기준 치수 (단위 : mm)

항 목	계산식
피치원 지름(D_P)	$D_P = \dfrac{P}{\sin\dfrac{180°}{N}}$
바깥지름(D_0)	$D_0 = P\left(0.6 + \cot\dfrac{180°}{N}\right)$
이뿌리원 지름(D_B)	$D_B = D_P - d_1$
이뿌리 거리(D_C)	$D_C = D_B$ (짝수 톱니) $D_C = D_P \cos\dfrac{90°}{N} - d_1$ (홀수 톱니) $= P \cdot \dfrac{1}{2\sin\dfrac{180°}{2N}} - d_1$
최대 보스 지름 및 최대 홈지름(D_H)	$D_H = P\left(\cot\dfrac{180°}{N} - 1\right) - 0.76$
여기에서 P : 롤러 체인의 피치 d_1 : 롤러 체인의 롤러 바깥지름 N : 잇수	

호칭번호 25

잇수 N	피치원지름 D_P	바깥지름 D_O	이뿌리원지름 D_B	이뿌리거리 D_C	최대보스지름 D_H
25	50.66	54	47.36	47.27	43
26	52.68	56	49.38	49.38	45
27	54.70	58	51.40	51.30	47
28	56.71	60	53.41	53.41	49
29	58.73	62	55.43	55.35	51
30	60.75	64	57.45	57.45	53
31	62.77	66	59.47	59.39	55
32	64.78	68	61.48	61.48	57
33	66.80	70	63.50	63.43	59
34	68.82	72	65.52	65.52	61
35	70.84	74	67.54	67.47	63
36	72.86	76	69.56	69.56	65
37	74.88	78	71.58	71.51	67
38	76.90	80	73.60	73.60	70
39	78.91	82	75.61	75.55	72
40	80.93	84	77.63	77.63	74
41	82.95	87	79.65	79.59	76
42	84.97	89	81.67	81.67	78
43	86.99	91	83.69	83.63	80
44	89.01	93	85.71	85.71	82
45	91.03	95	87.73	87.68	84
46	93.05	97	89.75	89.75	86
47	95.07	99	91.77	91.72	88
48	97.09	101	93.79	93.79	90
49	99.11	103	95.81	75.76	92
50	101.13	105	97.83	97.83	94
51	103.15	107	99.85	99.80	96
52	105.17	109	101.87	101.87	98
53	107.19	111	103.89	103.84	100
54	109.21	113	105.91	105.91	102
55	111.23	115	107.93	107.88	104
56	113.25	117	109.95	109.95	106
57	115.27	119	111.97	111.93	108
58	117.29	121	113.99	113.99	110
59	119.31	123	116.01	115.97	112
60	121.33	125	118.03	118.03	114
61	123.35	127	120.05	120.01	116
62	125.37	129	122.07	122.07	118
63	127.39	131	124.09	124.05	120
64	129.41	133	126.11	126.11	122
65	131.43	135	128.13	128.10	124

호칭번호 35

잇수 N	피치원지름 D_P	바깥지름 D_O	이뿌리원지름 D_B	이뿌리거리 D_C	최대보스지름 D_H
21	63.91	69	58.83	58.65	53
22	66.93	72	61.85	61.85	56
23	69.95	75	64.87	64.71	59
24	72.97	78	67.89	67.89	62
25	76.00	81	70.92	70.77	65
26	79.02	84	73.94	73.94	68
27	82.05	87	76.97	76.83	71
28	85.07	90	79.99	79.99	74
29	88.10	93	83.02	82.89	77
30	91.12	96	84.04	86.04	80
31	94.15	99	89.07	88.95	83
32	97.18	102	92.10	92.10	86
33	100.20	105	95.12	95.01	89
34	103.23	109	98.15	98.15	93
35	106.26	112	101.18	101.07	96
36	109.29	115	104.21	104.21	99
37	112.31	118	107.23	107.13	102
38	115.34	121	110.26	110.26	105
39	118.37	124	113.29	113.20	108
40	121.40	127	116.32	116.32	111
41	124.43	130	119.35	119.26	114
42	127.46	133	122.38	122.38	117
43	130.49	136	125.41	125.32	120
44	133.52	139	128.44	128.44	123
45	136.55	142	131.47	131.38	126
46	139.58	145	134.50	134.50	129
47	142.61	148	137.53	137.45	132
48	145.64	151	140.56	140.56	135
49	148.67	154	143.59	143.51	138
50	151.70	157	146.62	146.62	141

호칭번호 40

잇수 N	피치원지름 D_P	바깥지름 D_O	이뿌리원지름 D_B	이뿌리거리 D_C	최대보스지름 D_H
16	65.10	71	57.15	57.15	50
17	69.12	76	61.17	60.87	54
18	73.14	80	65.19	65.19	59
19	77.16	84	69.21	68.95	63
20	81.18	88	73.23	73.23	67
21	85.21	92	77.26	77.02	71
22	89.24	96	81.29	81.29	75
23	93.27	100	85.32	85.10	79
24	97.30	104	89.35	89.35	83
25	101.33	108	93.38	93.18	87
26	105.36	112	97.41	97.41	91
27	109.40	116	101.45	101.26	95
28	113.43	120	105.48	105.48	99
29	117.46	124	109.51	109.34	103
30	121.50	128	113.55	113.55	107
31	125.53	133	117.58	117.42	111
32	129.57	137	121.62	121.62	115
33	133.61	141	125.66	125.50	120
34	137.64	145	129.69	129.69	124
35	141.68	149	133.73	133.59	128
36	145.72	153	137.77	137.77	132
37	149.75	157	141.80	141.67	136
38	153.79	161	145.84	145.84	140
39	157.83	165	149.88	149.75	144
40	161.87	169	153.92	153.92	148

호칭번호 41

잇수 N	피치원지름 D_P	바깥지름 D_O	이뿌리원지름 D_B	이뿌리거리 D_C	최대보스지름 D_H
16	65.10	71	57.33	57.33	50
17	69.12	76	61.35	61.05	54
18	73.14	80	65.37	65.37	59
19	77.16	84	69.39	69.13	63
20	81.18	88	73.41	73.41	67
21	85.21	92	77.44	77.20	71
22	89.24	96	81.47	81.47	75
23	93.27	100	85.50	85.28	79
24	97.30	104	89.53	89.53	83
25	103.33	108	93.56	93.36	87
26	105.36	112	97.59	97.59	91
27	109.40	116	101.63	101.44	95
28	113.43	120	105.66	105.66	99
29	117.46	124	109.69	109.52	103
30	121.50	128	113.73	113.73	107
31	123.53	133	117.76	117.60	111
32	129.57	137	121.80	121.80	115
33	133.61	141	125.84	125.68	120
34	137.64	145	129.87	129.87	124
35	141.68	149	133.91	133.77	128
36	145.72	153	137.95	137.95	132
37	149.75	157	141.98	141.85	136
38	153.79	161	146.02	146.02	140
39	157.83	165	150.06	149.93	144
40	161.87	169	154.10	154.10	148

40 V 벨트 풀리

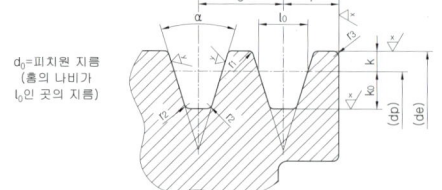

d_p=피치원 지름
(홈의 나비가 l_0인 곳의 지름)

V 벨트 형별	α의 허용차(°)	k의 허용차	e의 허용차	f의 허용차
M	±0.5	+0.2	-	±1.0
A			±0.4	
B		0		

호칭지름 (mm)	바깥지름 d_e 허용차	바깥둘레 흔들림 허용값	림 측면 흔들림 허용값
75 이상 118 이하	±0.6	0.3	0.3
125 이상 300 이하	±0.8	0.4	0.4

V 벨트 형별	호칭 지름	α(°)	l_0	k	k_0	e	f	r_1	r_2	r_3
M	50 이상 ~71 이하	34	8.0	2.7	6.3	-	9.5	0.2 ~ 0.5	0.5 ~ 1.0	1~2
	71 초과~90 이하	36								
	90 초과	38								
A	71 이상~100 이하	34	9.2	4.5	8.0	15.0	10.0	0.2 ~ 0.5	0.5 ~ 1.0	1~2
	100 초과~125 이하	36								
	125 초과	38								
B	125 이상~165 이하	34	12.5	5.5	9.5	19.0	12.5	0.2 ~ 0.5	0.5 ~ 1.0	1~2
	165 초과~200 이하	36								
	200 초과	38								

[비고] M형은 원칙적으로 한 줄만 걸친다.(e)

41 지그용 부시 및 그 부속 부품 (고정 부시)

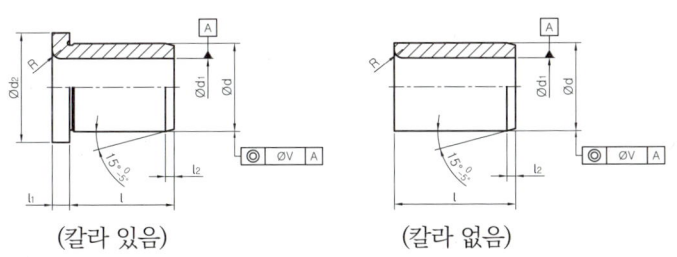

(칼라 있음) (칼라 없음)

d_1		d		d_2		l	l_1	l_2	R
초과	이하	기준 치수	허용차	기준 치수	허용차				
2	3	7	p6	11	h13	8 10 12 16	2.5	1.5	0.8
3	4	8		12					1.0
4	6	10		14					
6	8	12		16		10 12 16 20	3		
8	10	15		19					
10	12	18		22		12 16 20 25			2.0
12	15	22		26		16 20 28 36	4		
15	18	26		30		20 25 36 45			

동심도 (단위 : mm)

구멍지름 (d_1)	V(동심도)		
	고정 라이너	고정 부시	삽입 부시
18.0 이하	0.012	0.012	0.012
18.0 초과 50.0 이하	0.020	0.020	0.020
50.0 초과 100.0 이하	0.025	0.025	0.025

42 삽입 부시

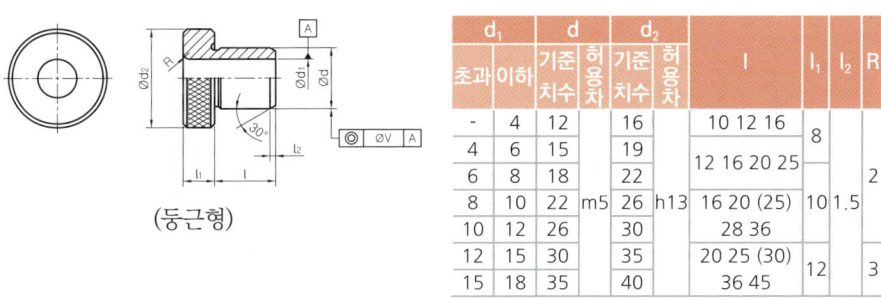

(둥근형)

d_1		d		d_2		l	l_1	l_2	R
초과	이하	기준 치수	허용차	기준 치수	허용차				
-	4	12	m5	16	h13	10 12 16	8	1.5	2
4	6	15		19		12 16 20 25			
6	8	18		22					
8	10	22		26		16 20 (25)	10		
10	12	26		30		28 36			
12	15	30		35		20 25 (30)	12		3
15	18	35		40		36 45			

※ 드릴용 구멍 지름 d_1의 허용차는 KS B 0401에 규정하는 G6으로 하고, 리머용 구멍지름 d_1의 허용차는 KS B 0401에 규정하는 F7로 한다.

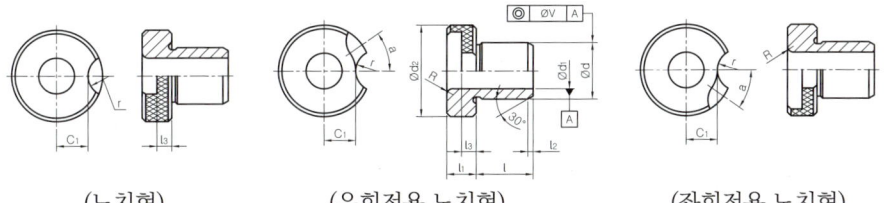

(노치형) (우회전용 노치형) (좌회전용 노치형)

d_1		d		d_2		l	l_1	l_2	R	l_3		C_1	r	a(°)
초과	이하	기준 치수	허용차	기준 치수	허용차					기준 치수	허용차			
	4	8	m6	15	h13	10 12 16	8	1.5	1	3		4.5	7	65
4	6	10		18		12 16 20 25						6		60
6	8	12		22								7.5		
8	10	15		26		16 20 28 36	10		2	4		9.5	8.5	50
10	12	18		30								11.5		
12	15	22		34		20 25 36 45						13		35
15	18	26		39								15.5		
18	22	30		46		25 36 45 56	12	3		5.5	-0.1	19	10.5	
22	26	35		52							-0.2	22		30
26	30	42		59								25.5		
30	35	48		66		30 35 45 56						28.5		
35	42	55		74								32.5		
42	48	62		82		35 45 56 67						36.5		25
48	55	70		90								40.5	12.5	
55	63	78		100			16	4		7		45.5		
63	70	85		110		40 56 67 78						50.5		
70	78	95		120								55.5		20
78	85	105		130		45 50 67 89						60.5		

※ 드릴용 구멍 지름 d_1의 허용차는 KS B 0401에 규정하는 G6으로 하고, 리머용 구멍지름 d_1의 허용차는 KS B 0401에 규정하는 F7로 한다.

※ 동심도(V)는 **41. 지그용 부시 및 그 부속 부품** 항목 참조.

43 지그용 부시 및 그 부속 부품 (고정 라이너)

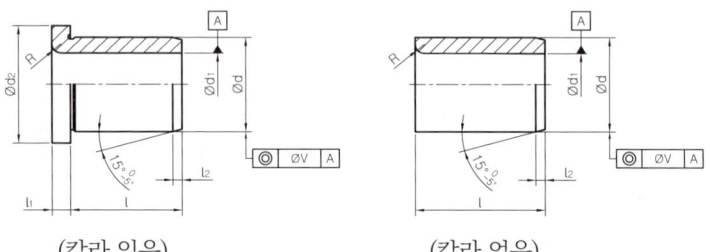

(칼라 있음)　　(칼라 없음)

d_1		d		d_2		l	l_1	l_2	R
기준치수	허용차	기준치수	허용차	기준치수	허용차				
8	F7	12	p6	16	h13	10 12 16	3	1.5	2
10		15		19		12 16 20 25			
12		18		22			4		
15		22		26		16 20 28 36			
18		26		30					
22		30		35		20 25 36 45	5		3
26		35		40					
30		42		47		25 36 45 56			

※ 동심도(V)는 41. 지그용 부시 및 그 부속 부품(고정 부시) 참조.

44 부시와 멈춤쇠 또는 멈춤나사의 중심 거리 및 부착 나사의 가공 치수

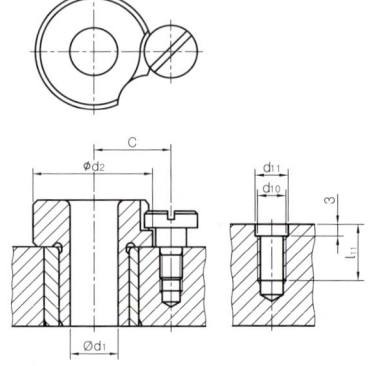

d_1		d_2	d_{10}	c		d_{11}	l_{11}
초과	이하			기준치수	허용차		
	4	15	M5	11.5	±0.2	5.2	11
4	6	18		13			
6	8	22		16			
8	10	26		18			
10	12	30		20			
12	15	34	M6	23.5		6.2	14
15	18	39		26			
18	22	46		29.5			
22	26	52	M8	32.5		8.2	16
26	30	59		36			
30	35	66		41			
35	42	74		45			
42	48	82	M10	49		10.2	20
48	55	90		53			
55	63	100		58			
63	70	110		63			
70	78	120		68			
78	85	130		73			

45 분할 핀

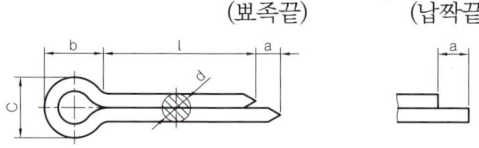

(뾰족끝)　　(납작끝)

호칭 지름		1	1.2	1.6	2	2.5	3.2	4
d	기준 치수	0.9	1	1.4	1.8	2.3	2.9	3.7
	허용차	0				0		
		-0.1				-0.2		
적용하는 볼트	초과	3.5	4.5	55.5	7	9	11	14
	이하	4.5	5.5	7	9	11	14	20

46 주서 (예)

주 서 (예)

1. 일반공차 : 가)가공부 KS B ISO 2768-m
   　　　　　　나)주조부 KS B 0250-CT11

2. 도시되고 지시없는 모따기는 1x45°,
   　　　　　　필렛 및 라운드는 R3

3. 일반 모따기는 0.2x45°

4. ∀ 부위의 외면 처리 - 명녹색 도장
   　　내면 처리 - 광명단 도장

5. 파커라이징 처리

6. 전체 열처리 HRC 50±3

7. 표면 거칠기

   ∀ = ∀

   √w = √Ra 12.5

   √x = √Ra 3.2

   √y = √Ra 0.8

   √z = √Ra 0.2

※ 주서(예) 자료는 예시로서 과제 도면에 맞도록 적절히 수정하셔야 합니다.

47 센터 구멍

센터 구멍의 호칭 방법

센터 구멍의 종류	도시 방법(예)	표시의 보기
R 반지름	KS A ISO 6411-R 3.15/6.7	
A 모따기가 없는 경우	KS A ISO 6411-A 4/8.5	
B 모따기가 있는 경우	KS A ISO 6411-B 2.5/8	

치수 t*에 대해서는 아래 표 A.1을 참조한다.
치수 t**는 센터 구멍 드릴의 길이에 근거하지만, t 보다는 짧으면 안 된다.

표 A.1 – 추천되는 센터 구멍의 치수 (단위 : mm)

d 호칭	종류				
	R형 KS B ISO 2541에 따름 D_1	A형 KS B ISO 866에 따름		B형 KS B ISO 2540에 따름	
		D_2	t	D_3	t
(0.5)	-	1.06	0.5	-	-
(0.63)	-	1.32	0.6	-	-
(0.8)	-	1.70	0.7	-	-
1.0	2.12	2.12	0.9	3.15	0.9
(1.25)	2.65	2.65	1.1	4	1.1
1.6	3.35	3.35	1.4	5	1.4
2.0	4.25	4.25	1.8	6.3	1.8
2.5	5.3	5.30	2.2	8	2.2
3.15	6.7	6.70	2.8	10	2.8
4.0	8.5	8.50	3.5	12.5	3.5
(5.0)	10.6	10.60	4.4	16	4.4
6.3	13.2	13.20	5.5	18	5.5
(8.0)	17.0	17.00	7.0	22.4	7.0
10.0	21.2	21.20	8.7	28	8.7

[비고] 괄호를 붙여서 나타낸 치수의 것은 가능한 한 사용하지 않는다.

48 센터 구멍의 표시 방법

센터 구멍의 기호 및 호칭 방법의 간략 도시 방법 (단위 : mm)

센터 구멍의 필요 여부	그림 기호	도시 방법
필요한 경우		KS A ISO 6411-B 2.5/8
필요하나 기본적 요구가 아닌 경우		KS A ISO 6411-B 2.5/8
필요하지 않는 경우		KS A ISO 6411-B 2.5/8

49 요목표

스퍼기어 요목표		
기어 치형		표준
공구	모듈	□
	치형	보통이
	압력각	20°
전체 이 높이		□
피치원 지름		□
잇 수		□
다듬질 방법		호브 절삭
정밀도		KS B ISO 1328-1, 4급

베벨 기어 요목표	
기어 치형	글리슨 식
모듈	□
치형	보통이
압력각	20°
축 각	90°
전체 이 높이	□
피치원 지름	□
피치원 추각	□
잇 수	□
다듬질 방법	절삭
정밀도	KS B 1412, 4급

헬리컬 기어 요목표

기어 치형		표준
공구	모듈	☐
	치형	보통이
	압력각	20°
전체 이 높이		☐
치형 기준면		치직각
피치원 지름		☐
잇 수		☐
리 드		☐
방 향		☐
비틀림 각		15°
다듬질 방법		호브 절삭
정밀도		KS B ISO 1328-1, 4급

웜과 웜휠 요목표

구분 \ 품번	① (웜)	② (웜휠)
원주 피치	-	☐
리 드	☐	-
피치 원경	☐	☐
잇 수	-	☐
치형 기준 단면	축직각	
줄 수, 방향	☐	
압력각	20°	
진행각	☐	
모 듈	☐	
다듬질 방법	호브절삭	연삭

체인, 스프로킷 요목표

종류	구분 \ 품번	
체인	호칭	☐
	원주피치	☐
	롤러외경	☐
스프로킷	잇수	☐
	치형	☐
	피치원경	☐

래크와 피니언 요목표

구분 \ 품번	① (래크)	② (피니언)
기어 치형	표준	
공구	모듈	☐
	치형	보통이
	압력각	20°
전체 이 높이	☐	☐
피치원 지름	-	☐
잇 수	☐	☐
다듬질 방법	호브절삭	
정밀도	KS B ISO 1328-1, 4급	

래칫 휠

종류	구분 \ 품번	
	잇 수	☐
	원주 피치	☐
	이 높이	☐

50 기계재료 기호 예시 (KS D)

- 본 예시 이외에 해당 부품에 적절한 재료라 판단되면, 다른 재료기호를 사용해도 무방함

명 칭	기 호	명 칭	기 호
회 주철품[1]	GC100, GC150, GC200, GC250	구상흑연 주철품[1]	GCD 350-22, GCD 400-18, GCD 450-10, GCD 500-7
탄소강 주강품[1]	SC360, SC410, SC450, SC480	탄소강 단강품	SF390A, SF440A, SF490A
인청동 주물[1]	CAC502A, CAC502B	청동 주물[1]	CAC402
침탄용 기계구조용 탄소강재	SM9CK, SM15CK, SM20CK	알루미늄 합금주물	AC4C, AC5A
탄소공구강 강재	STC85, STC95, STC105, STC120	기계구조용 탄소강재	SM25C, SM30C, SM35C, SM40C, SM45C
합금공구강 강재	STS3, STD4	화이트메탈	WM3, WM4
크로뮴 몰리브데넘 강	SCM415, SCM430, SCM435	니켈 크로뮴 몰리브데넘 강	SNCM415, SNCM431
니켈 크로뮴 강	SNC415, SNC631	크로뮴 강	SCr415, SCr420, SCr430, SCr435
스프링강재	SPS6, SPS10	스프링용 냉간압연강대	S55C-CSP
피아노선	PW-1	일반 구조용 압연강재	SS235, SS275, SS315
다이캐스팅용 알루미늄 합금	ALDC5, ALDC6	용접 구조용 주강품[1]	SCW410, SCW450
인청동 봉	C5102B	인청동 선	C5102W

[1] : 해당 재료 기호는 KS 규격이 아닌 단체 표준으로 이관

[비고] 다음 항목은 KS 규격이 폐지되었거나 혹은 변경되었으나 기계설계 실무에서 유용하게 적용하는 데이터이므로 국가기술자격 실기시험에서 이 규격을 적용함
- 20. 생크
- 27. 테이퍼 롤러 베어링
- 29. 평면 자리형 스러스트 볼 베어링
- 30. 평면 자리형 스러스트 볼 베어링(복식)
- 32. 베어링의 끼워 맞춤
- 33. 그리스 니플